AF231539

CONFÉRENCES ET TRAVAUX PRATIQUES D'ÉLECTRICITÉ

INDUSTRIELLE

DU CONSERVATOIRE NATIONAL DES ARTS ET MÉTIERS

LES LOIS FONDAMENTALES

DE

L'ÉLECTROTECHNIQUE

PAR

Marcel DEPREZ

Membre de l'Institut,
Professeur d'Électricité Industrielle
au Conservatoire national
des Arts et Métiers.

Maurice SOUBRIER

Ancien Élève de l'École Polytechnique,
Professeur adjoint d'Électricité Industrielle
au Conservatoire national
des Arts et Métiers.

PARIS

DUNOD, ÉDITEUR

Successeur de H. DUNOD et E. PINAT

47 ET 49, QUAI DES GRANDS-AUGUSTINS

1919

LES LOIS FONDAMENTALES

DE

L'ÉLECTROTECHNIQUE

CONFÉRENCES ET TRAVAUX PRATIQUES D'ÉLECTRICITÉ
INDUSTRIELLE

DU CONSERVATOIRE NATIONAL DES ARTS ET MÉTIERS

En préparation :

TRAVAUX PRATIQUES D'ÉLECTROTECHNIQUE

ESSAIS USUELS — MESURES INDUSTRIELLES
PROJETS — EXERCICES

PAR

Maurice SOUBRIER

Ancien Elève de l'Ecole Polytechnique,
Professeur adjoint d'Electricité Industrielle au Conservatoire national
des Arts et Metiers.
Rédacteur en chef de *l'Électricien*.

CONFÉRENCES ET TRAVAUX PRATIQUES D'ÉLECTRICITÉ
INDUSTRIELLE

DU CONSERVATOIRE NATIONAL DES ARTS ET MÉTIERS

LES LOIS FONDAMENTALES

DE

L'ÉLECTROTECHNIQUE

PAR

Marcel DEPREZ
Membre de l'Institut,
Professeur d'Électricité Industrielle
au Conservatoire national
des Arts et Métiers.

Maurice SOUBRIER
Ancien Élève de l'École Polytechnique,
Professeur adjoint d'Électricité Industrielle
au Conservatoire national
des Arts et Métiers

PARIS

DUNOD, ÉDITEUR

Successeur de H. DUNOD et E. PINAT

47 ET 49, QUAI DES GRANDS-AUGUSTINS

1919

AVERTISSEMENT

Les *Conférences et Travaux pratiques d'Électricité Industrielle du Conservatoire national des Arts et Métiers* sont les reproductions complétées et revisées des leçons que nous professons. Elles s'adressent aux Ingénieurs, aux Industriels, aux chefs d'ateliers, aux élèves et anciens élèves des Écoles Techniques et à tous les Praticiens instruits.

En 1898, M. Marcel Deprez a publié un *Traité d'Électricité Industrielle* que les circonstances ne lui ont pas permis d'achever. Depuis lors l'art de l'Ingénieur électricien a été en perpétuelle évolution et il nous a semblé que le moment était venu de remanier, de mettre à jour et de terminer l'œuvre commencée.

D'autre part nous avons pensé que la science du savant et l'art de l'ingénieur, trop longtemps séparés, devaient s'amalgamer, se compléter et se fondre. Aussi avons-nous ménagé une large place dans l'œuvre que nous publions, tantôt aux vues scientifiques du savant, tantôt aux résultats pratiques de l'art de l'ingénieur.

Notre auditoire comprenant, en temps normal, plusieurs centaines d'élèves de tous âges et de toutes origines depuis l'ouvrier instruit jusqu'à l'Ingénieur, nous avons dû nous placer à un niveau scientifique accessible au grand nombre, mais suffisamment élevé pour tenir compte des nécessités d'un enseignement technique supérieur. En conséquence nous avons fait le plus large usage des démonstrations élémentaires en nous efforçant de ne pas dépasser les connaissances qui correspondent aux programmes des cours de mathématiques spéciales. De nombreuses applications numériques et des résumés des principaux chapitres illustrent le texte et en facilitent la lecture.

Le présent ouvrage contient l'étude des *Lois fondamentales de l'Électrotechnique*, c'est-à-dire des lois qui sont à la base de l'Enseignement de l'Électricité industrielle. Ces lois étant immuables, le texte de 1898 a été peu modifié ; seuls, quelques chapitres ont été revus et les courants alternatifs ont été complétés par la représentation vectorielle qui est universellement adoptée aujourd'hui. Les courants polyphasés et les champs magnétiques tournants ont également reçu d'importantes additions. Les développements abstraits et purement spéculatifs qui intéressent exclusivement le savant n'ont pas été négligés, mais ils ont été ramenés aux proportions qui conviennent à notre auditoire spécial. Il est nécessaire que nos auditeurs se persuadent que la connaissance des formules et théorèmes renfermés dans ce livre est indispensable à la formation de l'Ingénieur électricien, aussi bien qu'à la lecture des ouvrages qui reproduiront nos leçons sur les « Générateurs et Récepteurs électriques », sur les « Essais des Machines Électriques », ainsi que sur les « Travaux Pratiques d'Électrotechnique », lesquels ont un caractère essentiellement Industriel et s'adressent spécialement à des Praticiens.

Marcel Deprez.   Maurice Soubrier.

PREMIÈRE PARTIE

ÉLECTRICITÉ STATIQUE

CHAPITRE PREMIER

GÉNÉRALITÉS. — ÉNERGIE
PRINCIPE DE LA CONSERVATION DE L'ÉNERGIE
ÉQUIVALENT MÉCANIQUE DE LA CHALEUR

1. — Il est aussi difficile de définir l'Electricité que la Chaleur, la Lumière et en général les causes de tous les phénomènes naturels qui s'accomplissent journellement sous nos yeux.

Les phénomènes électriques, observés dès la plus haute antiquité et qui consistaient dans l'attraction et la répulsion exercées sur des corps légers par de l'ambre préalablement frotté, n'ont en eux-mêmes rien de plus mystérieux que les actions produites sur les corps par la Chaleur et la Lumière.

Les phénomènes de dilatation, de fusion, de vaporisation produits par la chaleur sont tout aussi incompréhensibles pour nous que les actions électriques ; ces dernières ne sont pas les seules qui s'exercent à distance, puisque la Chaleur et la Lumière peuvent produire des effets mécaniques à des distances considérables de la source dont elles proviennent.

Il existe d'ailleurs une force dont les effets se manifestent à tout instant sous nos yeux, et dont les lois présentent la plus complète analogie avec celles des actions mécaniques de l'Electricité. Cette force, c'est la Pesanteur. Nous verrons bientôt, en effet, que les travaux de Coulomb ont démontré que les lois de l'attraction ou de la répulsion électrique et les lois de l'attraction *gravifique* ont la même expression mathématique ; c'est cela qui a permis de définir avec précision ce qu'on appelle une quantité d'électricité.

En résumé, nous donnerons le nom d'Electricité à la cause

inconnue d'un ensemble de phénomènes de catégorie spéciale que nous allons étudier, qui ne peuvent être attribués ni à la Pesanteur, ni à la Chaleur, ni à la Lumière et dont le point de départ est l'action mécanique exercée à distance par certains corps placés dans certaines conditions.

ÉNERGIE

L'Électricité se manifeste ordinairement comme une des formes les plus commodes de l'Énergie.

On appelle Énergie d'un corps dans des conditions déterminées la faculté que possède ce corps de produire du travail.

2. — Principe de la conservation de l'énergie. — Pour rendre clair le principe auquel on a donné le nom de *principe de la conservation de l'énergie*, et qui domine tous les phénomènes d'ordre physique, nous allons examiner plusieurs exemples complètement distincts et dans lesquels il est mis en évidence avec une grande netteté.

PREMIER EXEMPLE. — Supposons d'abord, qu'une force telle que la pesanteur, soit appliquée à un corps entièrement libre de se mouvoir ; on démontre en mécanique que ce corps prend un mouvement uniformément accéléré, et que sa vitesse V, acquise lorsqu'il est tombé d'une hauteur h en partant du repos, est donnée par la formule :

$$V = \sqrt{2gh} \, ,$$

d'où :

$$h = \frac{V^2}{2g} \, ,$$

en appelant g l'accélération due à la pesanteur.

Or le travail produit est égal à $p \times h$, ou en remplaçant h par sa valeur

$$\mathcal{C} = \frac{pV^2}{2g} \, ,$$

ce qui n'est autre chose que le théorème des forces vives.

Nous voyons donc que le travail produit par la chute du poids p a été entièrement employé à imprimer à ce corps la vitesse V. Sa demi-force vive, $\dfrac{pV^2}{2g}$, s'appelle *énergie actuelle* ou *cinétique* du corps.

Supposons maintenant que le corps arrivant sur le sol avec la vitesse V, tombe sur un ressort parfait n'ayant qu'une masse négligeable ; que va-t-il se passer ? Le corps va comprimer graduellement le ressort, sa vitesse ira en diminuant de plus en plus et finira par devenir nulle ; si à cet instant précis, on immobilise le ressort dans sa position au moyen d'un mécanisme quelconque, le travail développé par la chute du corps, aura été entièrement employé à comprimer le ressort, et si ce ressort est parfait, comme nous l'avons supposé, il sera capable à son tour, en se détendant complètement, de restituer un travail exactement égal à $p \times h$; ce qui veut dire qu'il serait capable de relancer le poids p à la hauteur dont il est tombé.

Si nous analysons rapidement les phases successives du mouvement du poids p, depuis le moment où il commence à tomber en chute libre jusqu'au moment où il revient à son point de départ, grâce à la vitesse qui lui a été imprimée de bas en haut par la détente du ressort, nous voyons que l'on peut diviser le phénomène en quatre parties :

1° *Chute libre du corps.* — Le travail ph est transformé en énergie *cinétique* qui lui est équivalente et qui a pour valeur

$$\frac{pV^2}{2g} = \frac{1}{2} MV^2.$$

2° *Compression du ressort.* — La vitesse du corps va en diminuant graduellement ainsi que son énergie cinétique pendant la compression du ressort ; et quand la vitesse du corps est devenue nulle, l'énergie cinétique est devenue nulle tandis que le ressort a emmagasiné une quantité de travail ou *énergie potentielle*, précisément égale à l'énergie cinétique disparue, c'est-à-dire encore égale à ph.

3° *Détente du ressort.* — Le ressort en se détendant graduellement jusqu'à ce qu'il ait repris sa forme naturelle, imprime au poids p une vitesse dirigée de bas en haut, et qui, la détente achevée, est précisément égale à V. A ce moment, l'*énergie potentielle* a disparu et s'est transformée entièrement en énergie cinétique qui a pour valeur $\dfrac{1}{2}$ MV².

4° *Mouvement ascendant du corps.* — Le corps repartant du point le plus bas avec une vitesse V dirigée de bas en haut, parcourt la hauteur h avec une vitesse décroissante et arrive enfin avec une vitesse nulle à son point de départ. A ce moment, l'énergie cinétique, qui lui avait été communiquée par le ressort, est retransformée en énergie potentielle et la série des phénomènes analysés est prête à recommencer.

SECOND EXEMPLE. — Supposons maintenant que le ressort soit remplacé par un bloc de plomb posé sur une base inébranlable. Au moment où le poids p animé de la vitesse V va entrer en contact avec le bloc de plomb, il ne pourra continuer sa marche qu'en le comprimant graduellement, ce qui va donner lieu à des forces internes, développées par le glissement des molécules de plomb les unes sur les autres, et finalement il en résultera une force retardatrice considérable, qui, appliquée au poids p,. le réduira au repos dans un temps très court. Le plomb n'étant doué d'aucune élasticité, ne tend pas à reprendre sa forme primitive et le phénomène est complètement terminé lorsque la vitesse du corps est devenue nulle.

Dans le premier exemple, l'énergie cinétique du poids s'était complètement transformée en énergie potentielle emmagasinée dans le ressort et pouvant être utilisée plus tard de façon à restituer au corps la totalité de son énergie cinétique. Dans l'exemple actuel, au contraire, l'énergie cinétique du corps paraît complètement détruite après l'écrasement du bloc de plomb. La possibilité de cette destruction a été longtemps admise, et c'est seulement depuis un peu plus d'un demi-siècle que l'indestructibilité de l'énergie a commencé à apparaître dans les ouvrages scientifiques. On a été amené à cette découverte par la constatation d'une loi, d'une très grande généralité, et qui, on peut le dire sans exagération, s'applique à toutes les manifestations des forces physiques dans l'Univers entier.

Cette loi peut s'énoncer ainsi :

Toutes les fois que l'énergie cinétique ou force vive, d'un système matériel, semble disparaître sans qu'on puisse retrouver son équivalent sous forme d'énergie potentielle ou emmagasinée, on peut affirmer qu'il y a eu, non pas destruction de cette énergie, mais transformation en chaleur.

Dans le second exemple, l'écrasement du plomb a donné lieu à une consommation d'énergie, qui, n'étant pas potentielle, apparaît sous forme de chaleur développée dans le plomb : et cette chaleur, sans qu'il soit besoin de faire aucune hypothèse sur sa nature intime, représente exactement l'énergie cinétique primitive du poids p ; c'est du moins la conséquence logique à laquelle on est amené en admettant le principe de la conservation de l'énergie. Or la chaleur, n'étant pas une des formes de l'énergie potentielle, nous ne pouvons la concevoir que comme affectant elle-même la forme de l'énergie cinétique. Ce qui revient à dire, que les molécules d'un corps chaud doivent être animées de vitesses croissantes avec la température du corps, et que l'accroissement de force vive des molécules de ce corps, animées ainsi de vitesses qu'il nous est impossible de mesurer et même de constater, représente exactement la destruction apparente de la force vive du poids p.

3. — Equivalent mécanique de la chaleur. — Les recherches expérimentales, très nombreuses, qui ont été faites pour établir une relation numérique entre la chaleur et l'énergie, ont montré que, *toutes les fois qu'un phénomène quelconque donne lieu à une destruction apparente d'une quantité d'énergie égale à 425 kilogrammètres, il y a production d'une unité de chaleur ou calorie.* Cette unité de chaleur est celle qui est nécessaire pour élever de un degré centigrade, la température de un décimètre cube d'eau prise à la température de 4°.

On donne souvent à cette unité le nom de *grande calorie*, par opposition à l'unité mille fois plus petite appelée *petite calorie*, et dans laquelle l'unité de masse est le centimètre cube d'eau.

Remarquons en passant, que la température n'a pu jusqu'à présent, être ramenée aux unités fondamentales (espace, temps, masse), et qu'elle constitue une unité *sui generis*, absolument empirique ; tandis que la quantité de chaleur, grâce à la découverte de l'équivalence entre la chaleur et le travail, peut être ramenée aux unités fondamentales.

4. — Nous pouvons maintenant évaluer une petite calorie en unité de travail C. G. S.

Nous venons de dire qu'une petite calorie équivaut à la millième partie d'une grande calorie ou à

$$\frac{425 \text{ kilogrammètres}}{1\,000}.$$

Or un kilogrammètre vaut 98 100 000 ergs ; donc une petite calorie a pour valeur les $\frac{425}{1\,000}$ de 98 100 000, c'est-à-dire 41 692 500 ergs.

Inversement un erg exprimé en petite calorie a pour valeur :

$$\frac{1}{41\,692\,500} = 0^c,000\,000\,023\,98.$$

L'unité d'énergie électrique ou joule vaut 10^7 *ergs et par suite* $0^{\text{Cal}},24$.

5. — **Exemple des applications du principe de la conservation de l'énergie.** — Nous avons dit plus haut que ce principe dominait toutes les sciences physiques ; il permet en effet de prévoir une foule de phénomènes dont un certain nombre peuvent être vérifiés par l'expérience ; et dans ce cas, le principe n'a jamais été mis en défaut. Dans d'autres cas, au contraire, l'expérience est impossible à faire, et cependant, on peut

affirmer qu'elle ne saurait contredire les déductions tirées de ce principe.

Prenons, par exemple, une lame d'acier primitivement droite, et à laquelle on donne la forme d'un arc dont les deux extrémités sont maintenues au moyen d'un fil inextensible. Pour courber cette lame, il aura fallu dépenser une certaine quantité de travail qui va rester emmagasiné dans la lame d'acier sous forme d'énergie potentielle.

Portons maintenant le métal à une température capable de ramollir la lame d'acier et de lui faire perdre toute tendance à reprendre la forme rectiligne. (Le fil étant supposé inaltérable sous l'action de la chaleur.)

Pour porter la lame à une température capable de la ramollir, il faut dépenser une certaine quantité de chaleur qui dépend de ce que l'on appelle la chaleur spécifique du métal considéré. Cette quantité de chaleur, étant équivalente à une certaine quantité d'énergie, cela revient à dire que, pour chauffer notre lame à la température voulue, il faut lui fournir une certaine quantité d'énergie. Or elle contenait avant d'être chauffée une quantité d'énergie potentielle équivalente au travail dépensé pour lui donner la forme courbe; cette énergie potentielle n'existe plus après le ramollissement de la lame sous l'action de la chaleur, puisque le métal perd, sous cette action, ses propriétés élastiques. Mais comme cette énergie potentielle est indestructible, elle a nécessairement dû se transformer en chaleur au moment où la lame a perdu son élasticité sous l'action de la température. Il aura donc fallu fournir au métal pour l'amener à cette température, une quantité de chaleur moindre que s'il n'avait pas été courbé à froid.

Nous voyons par cet exemple que la chaleur spécifique d'une lame d'acier courbée d'avance, doit être, *en apparence*, plus petite que celle d'une lame d'acier à l'état naturel.

Cet exemple peut être généralisé d'une foule de manières; c'est ainsi qu'un morceau d'acier aimanté, c'est-à-dire capable de produire du travail par son attraction sur un morceau de fer, doit exiger moins de chaleur pour être porté à la température du rouge, à laquelle il perd son aimantation (sans la recouvrer après par un refroidissement), que s'il n'était pas aimanté avant d'être chauffé.

6. — Il y a beaucoup de formes de l'énergie potentielle : la gravité qui permet de restituer à un corps pesant le travail dépensé pour l'élever à un certain niveau; l'élasticité des solides, des liquides et des gaz, qui permet de leur faire emmagasiner du travail en les déformant ou en diminuant leur volume; les corps explosifs au moyen desquels on peut imprimer à un projectile une force vive qui représente une fraction de l'énergie potentielle qu'ils renferment; en général toutes les actions chimiques dans lesquelles il y a à la fois production de chaleur et emmagasinement d'énergie.

On pourrait même dire que la chaleur elle-même, est une des formes de l'énergie potentielle, puisque, si un corps pouvait être maintenu chaud sans déperdition, on pourrait à un instant quelconque, s'en servir comme d'une source de travail; mais qui ne pourrait, à la vérité, restituer qu'une petite partie de l'énergie totale sous forme de travail mécanique, ainsi que nous l'apprend la théorie mécanique de la chaleur.

7. — Disons en terminant, que dans toute transformation d'énergie, il est impossible de transformer intégralement un travail mécanique en énergie cinétique ou potentielle et qu'il y a toujours une partie de ce travail qui se transforme en chaleur. Il résulte de là que la chaleur est la forme *ultime* vers laquelle tendent les transformations de l'énergie qui s'accomplissent dans un système matériel.

Nous verrons dans la suite de ce cours que le principe sur lequel nous venons de nous étendre est d'une application constante, et que beaucoup de problèmes ne pourraient être résolus sans lui.

CHAPITRE II

PROPRIÉTÉS DES CORPS ÉLECTRISÉS
LOIS DE COULOMB

Dimensions de la quantité d'électricité. — Densité électrique. — Tension électrostatique ou pression électrique. — Pouvoir des pointes.

8. — Rappelons brièvement que :

1° Lorsqu'on frotte l'un contre l'autre deux corps hétérogènes dont l'un au moins n'est pas *conducteur*, ces deux corps s'électrisent, c'est-à-dire deviennent capables d'attirer à distance les corps légers; on dit alors qu'ils sont chargés d'électricité.

2° Si l'on présente successivement chacun d'eux à un troisième corps préalablement électrisé, on constate que les actions mécaniques exercées sur ce troisième corps par chacun des deux autres, sont de sens contraire. On exprime ce fait en disant que l'un d'eux est électrisé positivement et l'autre négativement.

3° Deux corps chargés d'électricités de même signe se repoussent. Deux corps chargés d'électricités de signes contraires s'attirent.

4° Lorsqu'on frotte l'un contre l'autre deux corps ne jouissant avant le frottement d'aucune propriété électrique, et qu'on présente ces deux corps juxtaposés sans les séparer à un troisième corps préalablement électrisé, ils n'exercent sur lui aucune action mécanique, mais dès qu'on vient à séparer les deux corps juxtaposés, les actions indiquées plus haut se manifestent pour disparaître de nouveau quand on les joint;

on exprime ce fait en disant que les quantités d'électricité développées par le frottement des deux corps sont égales et de signes contraires, de sorte que leur réunion ramène l'ensemble à l'état neutre.

9. — Propagation de l'électricité. — Lorsqu'on réunit deux corps électrisés, placés à une certaine distance l'un de l'autre, par un fil métallique, on constate que leur état électrique devient identique dans un temps très court; l'un d'eux perd une certaine quantité d'électricité, tandis que l'autre gagne une quantité égale. Tant que dure cet échange d'électricité entre les deux corps, on dit que le fil est parcouru par un *courant électrique* analogue à un courant hydrauliqué [1]. Les corps qui jouissent ainsi de la propriété de transmettre l'état électrique d'un corps à un autre, s'appellent *corps conducteurs* de l'Électricité.

Tant que l'équilibre électrique n'est pas établi entre deux corps par un conducteur, ce dernier est le siège de phénomènes de nature très diverse connus sous le nom de propriétés des courants électriques. L'étude de ces phénomènes constitue ce qu'on appelle l'*Electrodynamique;* tandis que l'étude des phénomènes mécaniques, ainsi que la distribution de l'état électrique dans les corps électrisés non réunis par des conducteurs, constitue l'*Electrostatique.*

10. — Induction. — Enfin les corps électrisés exercent à travers l'espace sur les autres corps qui les environnent, non seulement des actions mécaniques, mais encore des actions électriques sans lesquelles les actions mécaniques n'existeraient pas; en d'autres termes, un corps électrisé jouit de la propriété d'électriser à distance les corps qui l'environnent sans l'intermédiaire d'aucun conducteur, mais alors la quantité d'élec-

---

1. Les premiers savants assimilaient l'électricité à un fluide subtil et impondérable. Cette hypothèse est abandonnée. Nous supposerons qu'un corps électrisé peut se décomposer en une infinité de petits corps également électrisés dont les actions mutuelles permettront de calculer les phénomènes électriques.

tricité qu'il contient reste invariable. Cette propriété s'appelle l'*Induction*.

11. — Nous étudierons donc :

1° Les actions mécaniques mutuelles des corps électrisés. (Loi de Coulomb.)

2° Les actions électriques mutuelles exercées à distance et que l'on a désigné sous le nom d'*Induction électrostatique*. Ces deux premières divisions constituent l'*Électrostatique*.

3° Les lois du courant électrique lorsque l'on maintient constante la différence des états électriques des deux corps entre lesquels il a lieu.

Cette partie de l'électricité a reçu le nom d'*Électrocinétique*.

ACTIONS MÉCANIQUES DE L'ÉLECTRICITÉ
LOIS DE COULOMB

12. — Soit A une sphère électrisée, B une sphère identique non électrisée (fig. 1) ; si nous mettons en contact la sphère B avec la sphère A, ces deux sphères vont prendre le même état électrique, comme on le constate avec la balance de Coulomb en mesurant successivement pour chacune d'elles l'effort mécanique qu'elle développe sur un petit corps électrisé. Cet effort mécanique est précisément la moitié de ce qu'il était avant le partage de l'électricité entre les deux sphères. Il résulte de là que bien que nous ne sachions pas ce que c'est qu'une quantité d'électricité, nous pouvons diviser une quantité donnée d'électricité en deux parties égales et en généralisant le procédé, il est facile de partager une quantité d'électricité en un nombre quelconque de parties égales. C'est par un procédé de ce genre que Coulomb a pu étudier des efforts mécaniques développés entre des sphères chargées de quantités d'électricité proportionnelles à des nombres donnés. La mesure de ces efforts méca-

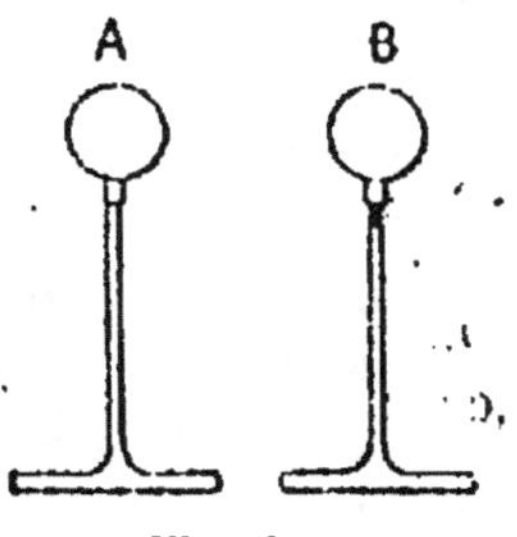

Fig. 1.

niques extrêmement petits, se faisait au moyen de l'instrument qu'il a inventé tout exprès dans ce but et auquel on a donné le nom de balance de torsion de Coulomb. Nous la décrirons dans le chapitre consacré aux instruments de mesure.

13. — Lois de Coulomb. — En étudiant les actions mécaniques mutuelles développées entre deux sphères électrisées dont les centres sont à une distance d, et qui sont chargées de quantités d'électricité respectivement proportionnelles au nombres q et q', Coulomb a trouvé que ces *actions mécaniques étaient représentées par l'équation* :

$$F = f \frac{qq'}{d^2}$$

dans laquelle f est un coefficient numérique dont nous allons préciser le sens. Si nous faisons $q = 1$, $q' = 1$, $d = 1$, il vient : $F = f$; ce qui veut dire que f est égale à l'effort mécanique développé entre deux sphères chargées chacune de l'unité de quantité électrique et dont les centres sont écartés d'une quantité égale à l'unité de longueur.

Réciproquement, nous appellerons *unité de quantité électrique*, celle qui provoque entre deux sphères chargées chacune de cette unité, une action mécanique égale à 1, lorsque la distance des centres est elle-même égale à 1, et *que les sphères sont placées dans le vide ou dans l'air*. Car nous verrons que les quantités q et q' restant invariables, l'effort F et par conséquent le coefficient f varie avec le milieu qui environne les corps électrisés. Dans ce cas, le coefficient f devient égal à 1 et la formule peut s'écrire :

$$F = \frac{qq'}{d^2}.$$

Si on prend comme unité de force le dyne, comme unité de longueur le centimètre ; l'unité de quantité électrique sera déterminée comme nous venons de le dire, dans le système dit UES[1].

1. UES = Unités électrostatiques.

Si dans la formule $F = \dfrac{qq'}{d^2}$, les quantités q et q' sont de même signe, la force F est positive ; c'est le cas où les deux corps se repoussent. Si au contraire les quantités q et q' sont de signes différents, F devient négatif ; c'est le cas de l'attraction.

L'unité de quantité UES est généralement trop petite et l'on emploie l'unité pratique dite *coulomb* qui vaut 3×10^9 UES.

14. — Dimensions de l'unité de quantité électrique. — Si dans l'équation ci-dessus, on fait $q = q'$, elle devient :

$$F = \frac{q^2}{d^2}$$

et par conséquent :

$$q = d\sqrt{F}.$$

Mais l'expression symbolique de F, rapportée aux unités fondamentales, est :

$$F = \frac{ML}{T^2} \cdot$$

D'autre part, d peut être représenté par une longueur L ; de sorte que l'expression symbolique de q est :

$$q = L^{\frac{3}{2}} M^{\frac{1}{2}} T^{-1}.$$

Telles sont les dimensions de l'unité de quantité électrique.

15. — Exemples numériques de l'application de la loi de Coulomb. — Supposons deux sphères égales chargées chacune de 50 unités et dont les centres seraient situés à 10 centimètres l'un de l'autre ; on demande quelle est l'intensité de la répulsion développée entre ces deux sphères.

On n'a qu'à faire dans la formule

$$q = 50,$$
$$q' = 50,$$
$$d = 10 ;$$

on trouve $\qquad\qquad F = 25$ dynes ; c'est-à-dire environ un peu plus de $\dfrac{1}{40}$ de gramme.

Réciproquement, deux sphères chargées d'électricité s'attirent avec un effort de 25 dynes ; la distance de leurs centres étant de 10 centimètres, et les charges étant supposées égales, on demande la valeur de q et de q'.

On doit trouver $q = q' = 50$ unités.

On ramène donc ainsi grâce aux lois de Coulomb, la mesure d'une quantité d'électricité à celle d'une force lorsque les deux sphères sont supposées chargées de la même quantité ; ou lorsque les charges n'étant pas égales, l'une d'elles est connue. Si, en effet, dans la formule :

$$F = \frac{qq'}{d^2}$$

on suppose q connu, on en déduit l'autre quantité q'.

$$q' = \frac{Fd^2}{q} \cdot$$

La première méthode qui fait connaître la quantité q à la condition que les charges soient égales, s'appelle *méthode idiostatique*.

La seconde méthode, dans laquelle on est obligé de connaître une des quantités pour trouver l'autre, s'appelle *méthode hétérostatique*.

16. — Remarque. — Si les corps électrisés au lieu d'être plongés dans l'air ou dans le vide étaient plongés dans un liquide isolant tel que la térébenthine, le pétrole, etc. ; pour des valeurs égales de q et q', l'effort F ne serait plus le même et le second membre de la formule qui représente la loi de Coulomb, devrait être multiplié par un facteur K variable avec la nature du milieu. Nous reviendrons sur cette question en parlant du pouvoir inducteur des corps diélectriques.

DISTRIBUTION DE L'ÉLECTRICITÉ A LA SURFACE D'UN CORPS CONDUCTEUR

17. — Soit une sphère creuse en métal dont l'intérieur est mis en communication avec une source d'électricité au moyen d'un conducteur C qui pénètre dans l'intérieur par une ouverture B (fig. 2) revêtue d'un tube isolant.

Si après avoir mis la paroi intérieure en communication avec la source au moyen du conducteur, on retire ce dernier, qu'on introduise à sa place une petite sphère d'épreuve *b* fixée à l'extrémité d'une tige isolante en verre *bc*, et qu'on la mette en contact avec la paroi intérieure de la sphère puis qu'on la retire et qu'on la mette en présence d'une boule de moelle de sureau suspendue à un fil (pendule électrique), on constate qu'il n'y a aucune action mécanique ; ce qui prouve que la sphère *b* n'a pris aucune charge d'électricité par son contact avec la paroi intérieure de la sphère. Cependant il est bien certain que

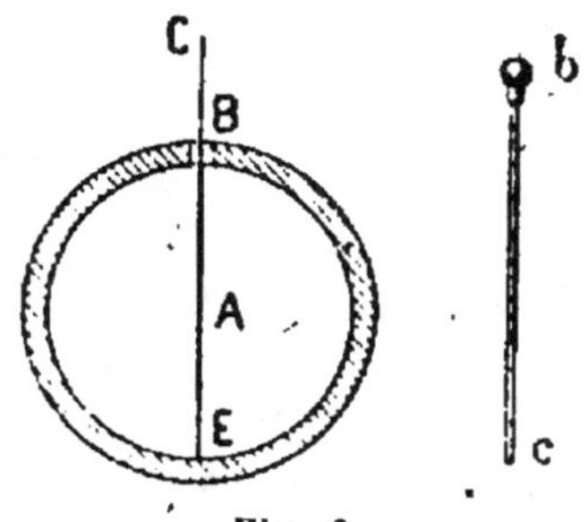

Fig. 2.

la sphère A s'est chargée d'électricité, car si on établit le contact entre elle et la sphère *b* par l'extérieur, on constate en répétant les opérations décrites plus haut, que le pendule électrique est attiré.

On conclut de là que l'état électrique, ou comme l'on dit, la *charge électrique*, existe seulement à la surface extérieure des corps conducteurs.

Il y a plus, si l'on charge d'avance la petite sphère d'épreuve *b* d'une quantité d'électricité qui peut être beaucoup plus petite que celle qu'elle prendrait par son contact avec l'extérieur de la sphère A, et qu'on la mette ainsi chargée, en contact avec l'intérieur de cette sphère, elle perd toute la charge qu'elle possède, et cette charge passe intégralement à l'extérieur de la sphère A ; ce qui est une confirmation complète du principe qui vient d'être énoncé.

18. — Densité électrique. Tension électrostatique ou pression électrique. — On appelle *densité électrique* en un point d'un corps électrisé, la quantité d'électricité répartie sur l'unité de surface en ce point. Si par exemple on a une quantité d'électricité égale à dix unités C.G.S. sur un centimètre carré, on dira que la densité électrique en ce point est égale à dix.

Si nous considérons une sphère creuse métallique de rayon R chargée d'une quantité d'électricité Q, la charge sera répartie uniformément sur toute la sphère et la densité électrique en un point sera égale à $\frac{Q}{S}$, S étant la surface de la sphère. Mais $S = 4\pi R^2$, donc la densité électrique en un point est :

$$\delta = \frac{Q}{4\pi R^2}.$$

Proposons-nous de trouver l'effort p exercé sur l'unité de surface de la sphère par cette charge électrique. Pour cela, nous allons mettre à profit l'identité des lois élémentaires des actions électriques avec celles de la gravitation universelle et calculer d'abord la pression d'une couche liquide matérielle répartie sur une sphère creuse dénuée de masse.

Considérons sur la sphère dont le rayon intérieur est R_0 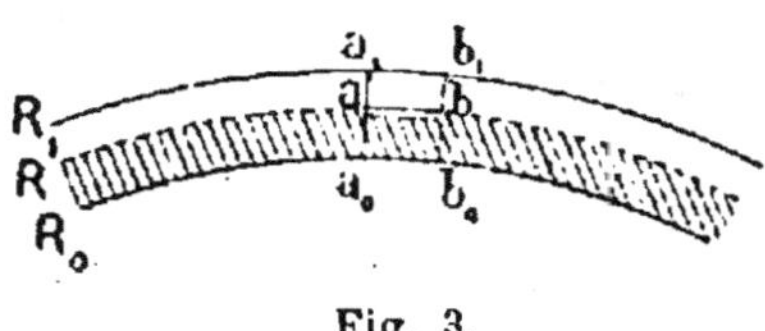 (fig. 3) une surface élémentaire $a_0 b_0$ dont l'aire est égale à l'unité et soit $a_0 a_1 = h$ l'épaisseur de la couche liquide uniforme qui couvre toute la sphère. L'effort exercé sur une couche de liquide infiniment mince ab, faisant partie du petit cylindre considéré, est dû à la différence des efforts exercés sur lui par deux sphères concentriques : l'une qui lui est extérieure et qui est représentée par la zone annulaire comprise entre Ra et $R_1 a_1$, l'autre qui lui est intérieure et qui est représentée par la zone couverte de hachures comprise entre Ra et $R_0 a_0$. Or, comme on sait, la résultante de toutes les forces exercées par une sphère creuse homogène sur un point intérieur est nulle[1] ; donc la couche infiniment mince ab est soumise à une force attractive qui ne dépend que de la seconde zone sphérique $R_0 a_0 Ra$; l'action de cette dernière sur la couche ab qui lui est extérieure est égale au produit de la masse totale de la zone

Fig. 3.

____

1. Voir en note (p. 43).

sphérique comprise entre R_0 et R par la masse de la couche ab, divisé par le carré du rayon R de cette couche. L'attraction exercée sur la couche ab aura donc en définitive pour valeur :

$$\frac{fM\mu a\,dx}{R^2},$$

dx désignant l'épaisseur de la couche ; f l'attraction exercée par l'unité de masse sur l'unité de masse à l'unité de distance ; M la masse totale de la zone sphérique comprise entre R et R_0 ; μ la masse de l'unité de volume du liquide ; a l'aire de la base ab du cylindre.

On peut remplacer R^2 par R_0^2 sans erreur appréciable ; quant à M, masse de la couche sphérique liquide comprise entre R_0 et R, sa valeur diffère très peu du produit de la surface de la sphère de rayon R_0 par la distance x de la couche ab à la surface de cette sphère. Nous écrirons donc :

$$M = 4\pi\mu R_0^2 x.$$

Donc l'action exercée sur la couche d'épaisseur dx, a pour valeur :

$$dF = f4\pi\mu^2 a.x dx.$$

En faisant varier x de 0 à h, et en ajoutant toutes les valeurs de dF correspondantes à ces variations, on trouve :

$$F = 2f\pi\mu^2 a x^2.$$

Donnons à x la valeur h, la formule devient :

$$F = 2f\pi\mu^2 a h^2.$$

Nous pouvons mettre le second membre sous la forme :

$$\frac{2f\pi\mu^2 a^2 h^2}{a} = \frac{2f\pi(\mu a h)^2}{a};$$

mais $\mu a h$ est la masse matérielle du cylindre qui a pour base l'aire a et pour hauteur h ; en désignant cette masse par m, on voit que la formule devient :

$$F = \frac{2f\pi m^2}{a}.$$

d'où on tire en divisant les deux membres par a

$$\frac{F}{a} = 2f\pi \left(\frac{m}{a}\right)^2 .$$

Si nous voulions appliquer ces résultats au cas où, au lieu de masses matérielles, il s'agit de *masses électriques*, il suffira pour interpréter la signification des coefficients, f et $\frac{m}{a}$, de se rappeler la définition de l'unité de quantité ou *unité de masse électrique*. On verra qu'il faut faire $f = 1$ et remplacer $\frac{m}{a}$ par la quantité d'électricité répartie sur un centimètre carré, ou densité électrique δ. *Nous appellerons p la tension électrostatique dont la valeur sera*

$$p = 2\pi\delta^2$$

p est une pression par centimètre carré.

Si on connaît la charge totale q d'électricité répartie sur une sphère de rayon R, la densité δ sera donnée par l'équation :

$$\delta = \frac{q}{4\pi R^2}$$

et la pression p sera donnée par :

$$p = \frac{q^2}{8\pi R^4} .$$

19. — **Exemple numérique.** — Soit une sphère de 10 centimètres de rayon contenant une charge totale de 10 000 unités; la densité δ aura pour valeur :

$$\delta = \frac{10\,000}{4\pi \times 100} = 8.$$

La pression électrique par centimètre carré aura également pour valeur :

$$p = \frac{10\,000^2}{8\pi \times 10^4} = 400 \text{ dynes.}$$

Il est essentiel de remarquer que, en passant du problème dans lequel nous supposions des masses matérielles soumises à l'action de la pesanteur au problème actuel où il s'agit de masses électriques de mêmes signes, les forces attractives deviennent des forces répulsives et par conséquent, la surface sphérique métallique sur laquelle est distribuée la charge électrique, est soumise à des tensions élastiques produites par les répulsions électriques et qui sont dirigées de l'intérieur à l'extérieur, absolument comme si cette sphère était remplie d'un gaz ayant une tension électrique de 400 dynes par centimètre carré $\left(\dfrac{1}{2500} \text{ d'atmosphère}\right)$. Un liquide pesant réparti sur la surface de la même sphère supposée immatérielle, produirait une tendance à l'écrasement.

20. — Pouvoir des pointes. — Les physiciens ont constaté depuis longtemps qu'un corps chargé d'électricité et plongé dans l'air sec, perd sa charge très lentement si ce corps a la forme sphérique ; mais s'il a une forme irrégulière et qu'il possède des parties de très petit rayon de courbure, la déperdition augmente rapidement ; enfin si ce corps porte en l'un des points de sa surface une pointe très aiguë, la déperdition est presque instantanée.

On a expliqué pendant longtemps ce phénomène en disant : que la pression électrique par centimètre carré étant d'autant plus grande que le rayon de courbure est plus petit, la pression à l'extrémité des pointes était très grande, et l'électricité, que l'on comparait à un gaz, triomphait de la pression atmosphérique, à laquelle on attribuait le pouvoir de maintenir la charge électrique sur un corps tant que la pression p était plus petite que un kilogramme par centimètre carré.

Cette assimilation grossière entre l'électricité, dont l'existence propre n'est même pas démontrée, et un gaz possédant une force élastique, ne pouvait conduire qu'à une explication erronée. Le fait qu'un corps électrisé conserve très longtemps, quelle que soit sa forme, sa charge électrique quand il est dans le vide, rend inadmissible l'explication dont nous venons de parler.

Il est parfaitement vrai que, sur un corps de rayon de courbure variable, la pression électrique par unité de surface est d'autant plus grande que le rayon de courbure est plus petit ; mais cette pression est contrebalancée par la résistance élastique du métal auquel l'électricité est, pour ainsi dire, incorporée , et qu'elle ne peut quitter que par l'intermédiaire d'un corps conducteur.

En réalité, la déperdition observée sur les corps portant des pointes, est due à ce que un nombre immense de molécules d'air viennent successivement en contact avec l'extrémité de ces pointes et leur enlèvent à chaque contact une charge proportionnelle à la densité électrique au point considéré. Or, comme cette densité est d'autant plus grande que le rayon de courbure est plus petit, la déperdition croît elle-même quand le rayon de courbure diminue.

Pour représenter graphiquement la valeur de la densité élec-

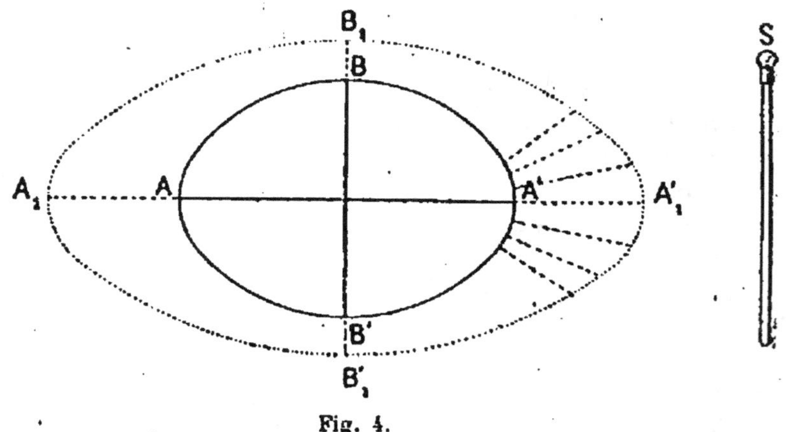

Fig. 4.

trique sur un ellipsoïde O (fig. 4), nous allons porter en chaque point de la surface et suivant la normale, une longueur proportionnelle à la densité électrique en ce point, les extrémités de ces normales seront sur une sorte d'ellipsoïde $A_1A'_1B_1B'_1$. On voit sur la figure que la densité électrique sera beaucoup plus grande aux extrémités du grand axe qu'aux extrémités du petit ainsi que l'indiquent des calculs dans le détail desquels nous ne pouvons pas entrer.

Pour vérifier expérimentalement cette distribution de l'électricité, on emploie une méthode due à Coulomb, dite *méthode du plan d'épreuve*. Cette méthode consiste à toucher le point de la surface dont on veut mesurer la charge, avec une petite sphère S, ou un petit plan fixé à l'extrémité d'une tige isolante en verre. Ce plan d'épreuve prend une charge proportionnelle à celle du point touché ainsi que Coulomb a eu soin de le vérifier préalablement au moyen de la balance de torsion. On constate ainsi que les charges à l'extrémité du grand axe et à l'extrémité du petit axe par exemple, sont bien dans le rapport indiqué par la théorie.

Ces vérifications présentent une grande importance parce qu'elles démontrent que les quantités d'électricité se répartissent en chaque point du corps conducteur comme le feraient des molécules électrisées infiniment petites, dénuées de frottement et chargées chacune de la même quantité d'électricité. Elles légitiment donc ce procédé de calcul qui conduit d'ailleurs à beaucoup d'autres résultats également confirmés par l'expérience comme nous le verrons par la suite. Cependant, il faudrait bien se garder de déduire de là que cet accord entre l'expérience et le calcul permette de conclure que l'électricité est réellement un fluide spécial, composé de molécules douées de la propriété de s'attirer ou de se repousser. Cela permet simplement de conclure que les phénomènes auxquels donnent lieu les corps électrisés, sont les mêmes que ceux auxquels donnerait lieu le fluide hypothétique dont l'emploi est commode dans le calcul.

Le mécanisme de la déperdition de l'électricité par les pointes tel que nous l'avons expliqué, est d'ailleurs parfaitement mis en évidence au moyen d'un petit appareil décrit dans tous les traités de Physique et que l'on nomme le Tourniquet électrique.

CHAPITRE III

LE POTENTIEL

Définition de la fonction potentielle et du potentiel. — Formules $V = \Sigma \dfrac{q}{r}$ et $\mathcal{H}_1 = - \dfrac{dV}{dr_1}$. — Travail électrique $W = (V_* - V_1)\, q$. — Mesure du potentiel à l'aide de la balance de Coulomb. — Flux. — Théorème de Green.

21. — Faits expérimentaux. — On sait que sur un conducteur isolé, en équilibre, la charge se dispose seulement sur la surface, la densité en chaque point dépendant de la forme du conducteur; or si on promène sur la surface un fil long et fin (dé manière à pouvoir négliger les phénomènes d'influence) relié à un électroscope à feuilles d'or, on constatera que l'écartement des feuilles est indépendant du point touché sur la surface extérieure ou intérieure du corps conducteur et, par suite, de la charge de ce corps au point touché. Cet écartement caractérise une propriété nouvelle de l'état d'équilibre électrique d'un corps qu'on appelle son *potentiel électrique*. Le potentiel d'un conducteur est donc le même en tous les points extérieurs du conducteur.

Si l'on réunit deux conducteurs électrisés en équilibre à des potentiels différents, par un fil long et fin, il se produit un échange d'électricité, et finalement l'écartement des feuilles de l'électroscope prouve que les deux corps prennent un même potentiel intermédiaire entre les deux potentiels primitifs. Le système final constitué par les deux corps et le fil se comporte comme un conducteur unique qui s'est mis en équilibre de potentiel.

Ainsi le potentiel électrique apparaît comme une notion assez analogue à celle de *température* en chaleur ou de *niveau* en hydrostatique, puisque deux corps à des températures différentes en communication se mettent en équilibre, le plus chaud cédant de la chaleur au plus froid, et que les niveaux de deux vases communicants se mettent dans un même plan horizontal à la suite d'un échange de liquide entre eux.

On a cherché une définition mathématique de cette notion, et on l'a trouvée dans l'expression de ce fait, que *le travail mis en jeu quand on amène l'unité de masse électrique depuis l'infini jusqu'au contact du corps électrisé est indépendant du point du corps où aura lieu le contact.*

22. — Définition mathématique du potentiel. — Soit une masse positive unité en M repoussée par une masse positive q située en O à une distance x. La force de répulsion $\mathcal{K}$ ou *intensité du champ* en M est :

$$\mathcal{K} = \frac{q}{x^2} \text{ en U. E. S.}$$

Quand (fig. 5) M passe en M', le travail élémentaire est :

$$dT = \frac{q}{x^2} \, MM' \cos \alpha = \frac{q}{x^2} \, dx,$$

et pour un déplacement fini de A en A_1, il sera :

$$T = \int_r^{r_1} \frac{q}{x^2} \, dx = \frac{q}{r} - \frac{q}{r_1} \cdot$$

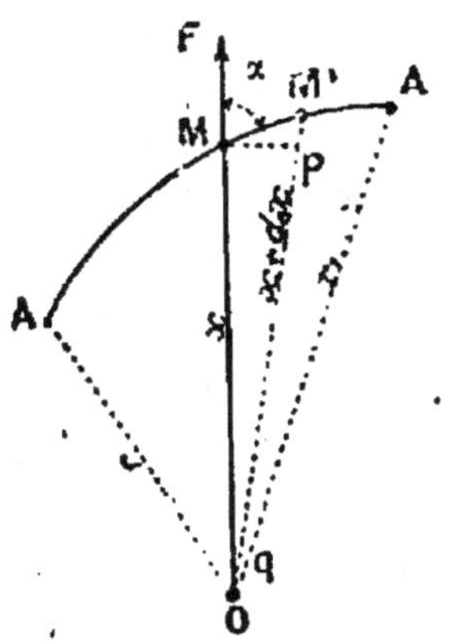

Fig. 5.

Le travail ne dépend donc que des positions initiale et finale, et non du chemin suivi entre A et A_1.

En particulier, si le point A_1 est à l'∞, le travail sera :

$$V = \frac{q}{r} \cdot$$

Si le champ est créé par des masses q, q', q''..., etc., en nombre fini ou infini, le travail de la résultante qu'on appelle encore *Intensité du champ* $\mathfrak{IC}$ sera la somme des travaux des composantes, en sorte que, pour passer de A à l'∞ en présence de ces masses, le travail des forces du champ sera

$$V = \Sigma \frac{q}{r}.$$

C'est l'expression de la fonction *potentielle*, dont la valeur numérique au point A s'appellera simplement le *potentiel* en A.

REMARQUE. — Si la résultante des forces du champ $\mathfrak{IC}$ est positive, la masse positive unité en A sera constamment repoussée et les forces du champ effectueront réellement un travail quand A s'en ira à l'∞. On dit que le potentiel en A est positif. Il serait négatif dans le cas contraire.

On voit encore que si A est libre de se déplacer spontanément sous l'action des forces supposées répulsives du champ, il s'éloignera, c'est-à-dire que V diminuera.

Par suite, *une masse électrique libre de se déplacer sur un conducteur se transportera toujours dans le sens des potentiels décroissants*, et les mouvements des masses électriques seront réglés par les différences de potentiel entre deux points.

On voit bien l'analogie qui existe entre ces résultats et les lois de la pesanteur ou de la transmission de la chaleur. Un corps tombe toujours du niveau le plus haut vers le niveau le plus bas, et la chaleur passe du corps le plus chaud au corps le plus froid. Cela est naturel car la loi de Newton sur l'attraction des masses règle les phénomènes de la pesanteur et l'on sait que la formule de Newton

$$F = \lambda \frac{mm'}{r^2}$$

est tout à fait analogue à la loi de Coulomb :

$$F = f \frac{qq'}{r^2}.$$

Il est donc logique que les conséquences de ces deux lois conduisent à des conclusions semblables.

Dans ce qui suit nous ferons fréquemment appel à l'analogie qui existe entre les phénomènes gravifiques et électriques.

APPLICATIONS. — *6 masses électriques égales alternativement positives et négatives sont disposées sur une ellipse aux deux sommets A et A', et en 4 autres points qui se projettent aux foyers F et F'. On demande le travail qu'il faut accomplir pour déplacer une sphère possédant une charge m' de F en F'.*

Par raison de symétrie, il est évident que les potentiels en F et

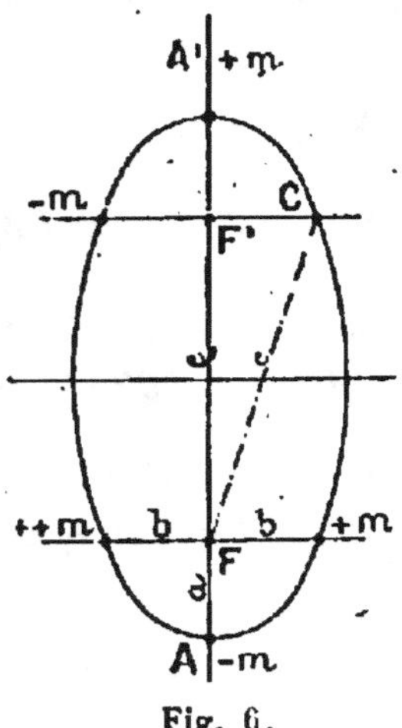

Fig. 6.

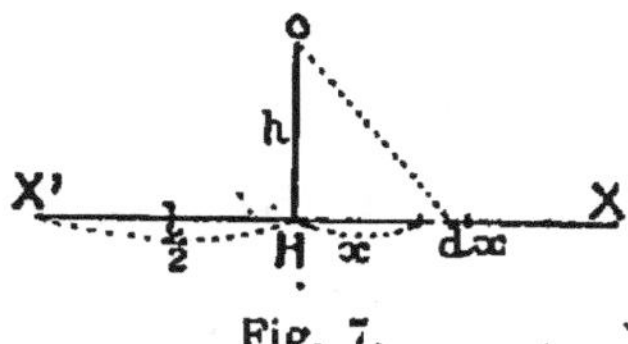

Fig. 7.

F' sont égaux et de signes contraires, donc le travail demandé est (fig. 6) :

$T = 2m'V$, V étant le potentiel en F. Or, si l'on pose

$$AF' = a, \qquad FM = b, \qquad FG = c, \qquad FF' = e,$$

on a
$$V = -\frac{m}{a} + \frac{2m}{b} - \frac{2m}{c} + \frac{m}{a+e}.$$

Potentiel produit en un point O par un fil de longueur l uniformément chargé d'une quantité Q d'électricité (fig. 7).

$$V = 2\int_0^{\frac{l}{2}} \frac{Q}{l} \frac{dx}{\sqrt{x^2 + h^2}} = \frac{2Q}{l}\left[L(x + \sqrt{x^2 + h^2})\right]_0^{\frac{l}{2}}$$

$$V = \frac{2Q}{l} L \frac{\frac{l}{2} + \sqrt{\frac{l^2}{4} + h^2}}{h}.$$

Si h est négligeable devant l

$$V = \frac{2Q}{l} \, \mathrm{L} \, \frac{l}{h} \cdot$$

23. — **Théorème de la dérivée du potentiel.** — *Soient* (fig. 8) *des*

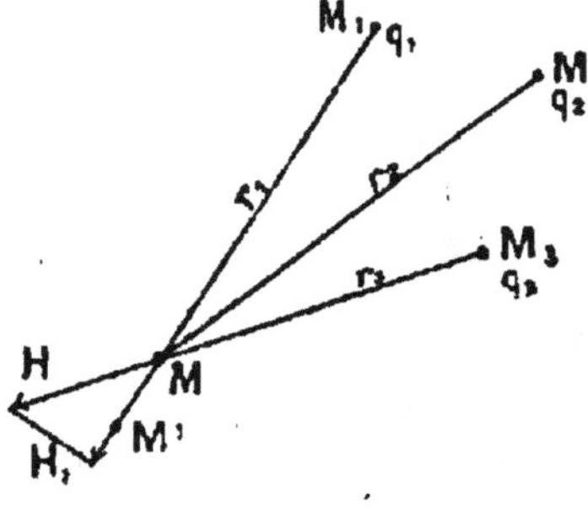

masses q_1, q_2, q_3... positives par exemple, et V *le potentiel en* M.

$$V = f(r_1 \, r_2 \, r_3).$$

Soit $\mathcal{K}$ *la résultante des forces répulsives agissant sur la masse positive unité et* $\mathcal{K}_1$ *la composante orthogonale suivant* MM$_1$.

Fig. 8.

Laissons M se déplacer jusqu'en M' sur MM$_1$, le potentiel diminue de dV et l'on a

$$- d\mathrm{V} = \mathcal{K}_1 \times \mathrm{MM'} \text{ or, } \mathrm{MM}_1 = dr_1,$$

donc $\mathcal{K}_1 = -\dfrac{d\mathrm{V}}{dr_1}$. Ce théorème s'énonce ainsi :

La composante orthogonale $\mathcal{K}_1$ du champ $\mathcal{K}$ en un point M *dans une direction dont la longueur figure dans l'expression du potentiel, est égale à la dérivée changée de signe de la fonction potentielle prise par rapport à cette direction.*

On fera fréquemment usage de ce théorème.

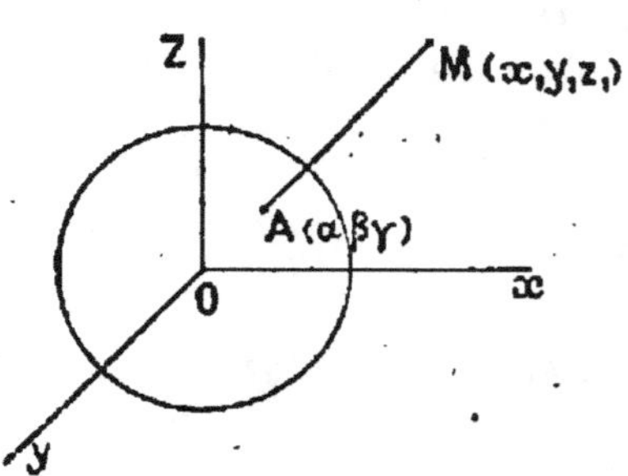

Fig. 9.

APPLICATIONS. — 1° Soit (fig. 9) un corps rapporté à trois axes rectangulaires Ox, Oy, Oz, chargé d'électricité, et

$$V = f(x, y, z)$$

la fonction potentielle en un point M $(x; y, z)$. Les composantes du champ en M suivant les trois axes seront :

$$X = -\frac{dV}{dx}$$

$$Y = -\frac{dV}{dy}$$

$$Z = -\frac{dV}{dz}.$$

Dans le cas particulier où le point M vient à l'intérieur du corps électrisé, on sait que :

$$X = Y = Z = 0, \quad \text{donc } V = C^{te}.$$

Le potentiel est constant en tous les points d'un conducteur électrisé en équilibre.

2° *Soit à trouver le champ produit en un point A de l'axe d'un conducteur circulaire contenant une quantité Q d'électricité* (fig. 10).

Le potentiel en A est

$$V = \frac{Q}{\sqrt{R^2 + h^2}}.$$

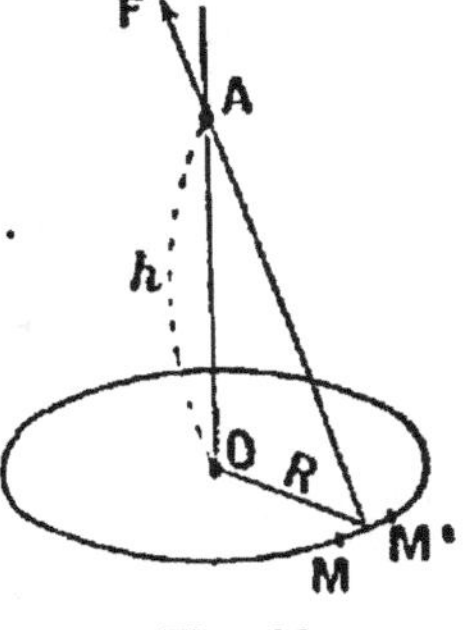
Fig. 10.

La composante du champ dans la direction h et par suite le champ lui-même, par raison de symétrie, sera :

$$\mathcal{H} = -\frac{dV}{dh} = -\frac{Qh}{(R^2 + h^2)^{\frac{3}{2}}}.$$

On pourrait trouver directement ce résultat en décomposant le conducteur en une infinité d'éléments $\mathfrak{M} \mathfrak{M}'$.

3° Une sphère électrisée agit sur une masse positive unité à une distance x, comme si toute l'électricité était concentrée au centre (théorème de Newton).

Donc
$$\mathcal{H} = \frac{Q}{x^2}$$

$$-\frac{dV}{dx} = \frac{Q}{x^2}$$

$$V = \frac{Q}{x} + C^{te}$$

mais pour $x = \infty$ $V = 0$, dont la constante est nulle, et *pour une sphère on a, en un point extérieur et sur la sphère,*

$$V = \frac{Q}{x}$$

comme si toute la masse Q était concentrée au centre.

REMARQUE. — Les mouvements d'électricité étant réglés par les différences de potentiel, on prend un potentiel de comparaison que l'on fixe arbitrairement à 0. C'est celui de la terre que l'on prend à cet effet.

24. — Unité de potentiel. — *C'est le potentiel d'une sphère de 1 centimètre de rayon supportant l'unité de quantité d'électricité.*

Dans la pratique, on prend une unité 300 fois plus petite appelée *volt*.

$$1 \text{ volt} = \frac{1}{300} \text{ U.E.S.}$$

Le volt correspond au coulomb.

25. — Étude de quelques cas particuliers remarquables :

1° *Potentiel d'un système de sphères.* — Considérons (fig. 11) une sphère pleine de rayon R_1 entourée par une sphère creuse de rayons R_2 et R_3, et imaginons qu'on mette en relation la sphère intérieure avec une source d'électricité qui la charge d'une quantité Q.

Supposons la sphère creuse à l'état neutre. Par influence la partie intérieure s'électrise — Q, la partie extérieure + Q. Cherchons le potentiel de la sphère intérieure. Nous savons qu'il est le même en tous les points. Cherchons donc le potentiel au point O, il nous faut faire $\Sigma \dfrac{Q}{R}$ par rapport au point O.

Par conséquent le potentiel cherché sera :

$$V_1 = \frac{Q}{R_1} - \frac{Q}{R_2} + \frac{Q}{R_3}.$$

Dans le cas particulier où l'on mettrait la sphère extérieure en communication avec le sol, où s'écoulerait le fluide + le potentiel deviendrait $V_1 = \dfrac{Q}{R_1} - \dfrac{Q}{R_2}$.

Supposons de nouveau les sphères isolées et cherchons le potentiel à la surface de la sphère extérieure.

Cette sphère étant conductrice, le potentiel est le même en tous les points.

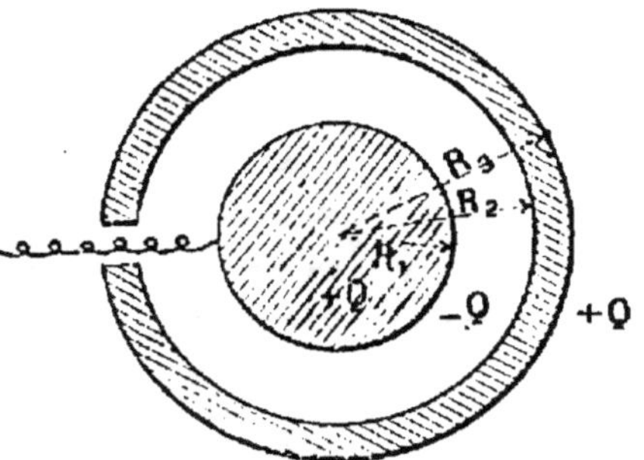

Fig. 11.

Amenons de l'infini sur la surface extérieure une masse positive unité. Nous savons que sous l'effet des masses situées sur R_3 le potentiel sera $\dfrac{Q}{R_3}$.

Quant aux masses intérieures, elles se comportent comme si elles étaient concentrées en O, ce qui donne :

$$\frac{Q}{R_3} - \frac{Q}{R_3}.$$

Le potentiel sera donc

$$V_2 = V_3 = \frac{Q}{R_3}$$

et la différence de potentiel entre les 2 sphères sera :

$$V_1 - V_2 = V = \frac{Q}{R_1} - \frac{Q}{R_2} \quad \text{dans tous les cas.}$$

2°. *Potentiel en un point d'un cylindre électrisé.* — Dans la plupart des cas la recherche de la fonction potentielle est un problème d'intégration.

Soit par exemple, un cylindre dont la longueur est très grande par rapport à son rayon (cas d'un câble). Il contient une quantité Q d'électricité à sa surface. Déterminer son potentiel.

Le câble étant bon conducteur; le potentiel est le même en

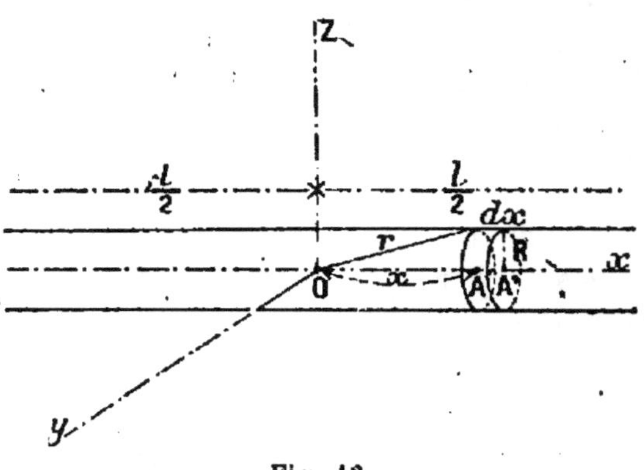

Fig. 12.

tous les points. Cherchons (fig. 12) le potentiel en un point O de l'axe, milieu de la longueur l du câble. Découpons à une distance x du point O, un cylindre élémentaire de hauteur dx et de surface $2\pi R dx$. Nous pouvons admettre que toutes les masses électrisées situées sur ce cylindre sont à la même distance r du point O; par conséquent, le potentiel élémentaire est au signe près :

$$dV = \Sigma \frac{Q}{r}$$

c'est-à-dire

$$dV = \frac{\sigma \times 2\pi R dx}{r}$$

σ étant la densité électrique. Ou encore :

$$dV = 2\pi R \sigma \frac{dx}{\sqrt{R^2 + x^2}}$$

et par suite :

$$V = 2 \int_0^{\frac{l}{2}} 2\pi R\sigma \, \frac{dx}{\sqrt{R^2 + x^2}} = 4\pi R\sigma \int_0^{\frac{l}{2}} \frac{dx}{\sqrt{R^2 + x^2}}$$

$$\int_0^{\frac{l}{2}} \frac{dx}{\sqrt{R^2 + x^2}} = \left[L(x + \sqrt{R^2 + x^2}) \right]_0^{\frac{l}{2}}$$

$$= L\left(\frac{l}{2} + \sqrt{R^2 + \frac{l^2}{4}} \right) - LR$$

L est le symbole des logarithmes népériens.

$$L = \log.$$

négligeons R^2 devant $\dfrac{l^2}{4}$, on aura finalement :

$$V = 4\pi R\sigma(Ll - LR)$$

$$V = 4\pi R\sigma L \, \frac{l}{R} ;$$

mais $2\pi R\sigma l = Q$, donc $4\pi R\sigma = \dfrac{2Q}{l}$, d'où :

$$V = \frac{2Q}{l} L \, \frac{l}{R} \cdot$$

REMARQUE. — Nous avons supposé le cylindre plein mais l'on pourrait creuser ce cylindre sans modifier la répartition de l'électricité à sa surface ; on ne modifierait évidemment pas ainsi le potentiel à la surface qui sera représenté par la même formule, R étant le rayon extérieur du cylindre creux. On se servira de cette remarque pour trouver la capacité de deux cylindres creux concentriques.

On résoudrait également par une intégration le problème suivant :

Étant donnée une couronne métallique de rayons R_1 et R_2 chargée d'une quantité Q d'électricité, trouver le potentiel en un point de l'axe.

3° *Surfaces équipotentielles de deux points M et M'*
(+ *et* —). — Le potentiel en un point quelconque sera :

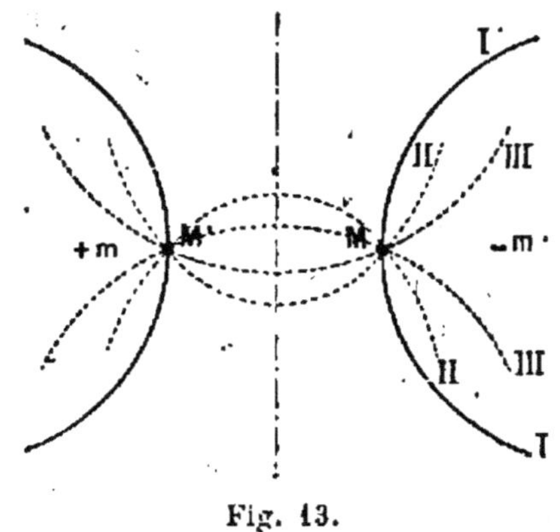

Fig. 13.

$$V = m\left(\frac{1}{r} - \frac{1}{r'}\right).$$

En faisant $V = 1. 2. 3. 4\ldots$ on aura le lieu des points ayant même potentiel.

Les surfaces équipotentielles sont des surfaces de révolution dont les lignes de forces sont les trajectoires orthogonales et ont l'allure indiquée sur la figure 13.

En faisant $V = 0$, c'est-à-dire $r = r'$, on a un plan perpendiculaire au milieu de MM'.

26. — **Le potentiel d'un corps conducteur a la même valeur en tous les points de la surface de ce corps.** — Revenons sur ce point très important. En assimilant comme nous l'avons déjà fait, la quantité d'électricité qui existe en un point d'un corps, à une collection de petites sphères chargées chacune de l'unité, le corps électrisé sera dit conducteur si ces petites sphères peuvent se mouvoir sous l'influence de leurs seules actions mutuelles; absolument comme le ferait un fluide parfait composé de molécules pesantes réparties sur une surface immatérielle.

Nous allons démontrer que dans ce cas, l'équilibre des sphères électrisées ne sera possible que si la surface du corps conducteur sur laquelle elles se meuvent a le même potentiel en ses points.

En effet, s'il en était autrement, une quelconque des petites sphères électrisées que nous supposons chargées d'une quantité égale à l'unité, serait soumise à l'action d'une force F égale à

$$\frac{dV}{dl}$$

dV étant la différence de potentiel supposée existante entre
deux points très voisins de la surface du corps, et dl la distance
qui les sépare. La petite sphère mobile obéira donc à cette
force puisque le corps est conducteur, et en venant se placer
dans la position très voisine dont nous venons de parler, elle
augmentera la charge et par conséquent le potentiel en ce
point. Le potentiel d'un point de la surface a en effet pour
valeur, d'après nos définitions mêmes, le travail qui serait produit par la quantité d'électricité existant en ce point, sur la
masse-unité venant de l'infini se placer au point considéré. Ce
potentiel est donc proportionnel à la quantité q d'électricité qui
existe en ce point.

Il résulte de là, que lorsqu'on charge un corps conducteur
d'une forme quelconque, la quantité d'électricité se répartit en
général, inégalement sur la surface du corps conducteur, à
moins qu'il ne s'agisse d'une sphère, de façon à satisfaire à la
condition qui vient d'être énoncée.

Supposons maintenant deux surfaces conductrices A et B

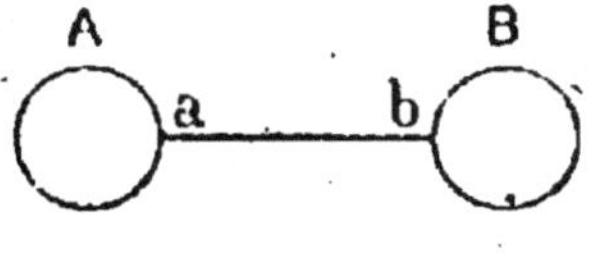

Fig. 14.

réunies par un fil métallique ab (fig. 14); d'après ce qui vient
d'être dit, cet ensemble formant, grâce à l'interposition du fil
métallique, un seul corps conducteur, l'équilibre ne sera
possible que si le potentiel est le même partout. Dans le cas
où les potentiels de A et de B seraient différents avant leur
réunion par le fil conducteur ab, au moment où cette réunion
aura lieu, l'équilibre de potentiel s'établira dans un temps
extrêmement court. Le corps A dont le potentiel était le plus
élevé perdra une partie de sa charge qui se reportera sur le
corps B, de façon que la quantité totale d'électricité existante
dans l'ensemble des corps A et B, reste invariable avant, pendant et après la communication, conformément à un principe
auquel nous avons déjà fait allusion et que nous allons

énoncer avec plus de précision sous le nom de *Conservation de l'électricité.*

27. — Conservation de l'électricité. — Ce principe consiste

en ceci : si l'on considère un ensemble de corps électrisés formant un groupe isolé dans l'espace, loin de toute masse matérielle, il résulte de l'ensemble des faits observés, qu'il est impossible de modifier, par quelque moyen que ce soit, la somme algébrique des quantités d'électricité qui existent dans le système.

Si par exemple on augmente la quantité d'électricité qui existait primitivement en un des points, on peut être certain que la charge va diminuer en d'autres points, de telle façon que la quantité totale d'électricité (en tenant compte bien entendu des signes algébriques des quantités d'électricité qui existent en chaque point), restera invariable.

Il y a là une analogie frappante avec la conservation de la matière ainsi qu'avec la conservation de l'énergie et de la chaleur; mais tandis qu'une quantité de chaleur peut disparaitre sous forme de chaleur pour réapparaitre sous forme d'énergie potentielle ou cinématique, il n'en est pas de même de l'électricité qui ne se prête à aucune transformation. Le fait qui dans la mécanique des systèmes matériels présente le plus d'analogie avec le principe de la conservation de l'électricité, est celui de l'invariabilité de la quantité de mouvement d'un ensemble de points matériels qui n'est soumis qu'à des forces intérieures. Dans ce cas, en effet, aucune action interne, si puissante qu'elle soit, ne peut modifier la somme algébrique des quantités de mouvement obtenue en ajoutant ensemble les produits de la masse de chaque point matériel par la vitesse dont il est animé.

Peut-être cette considération permettra-t-elle d'émettre l'hypothèse qu'une quantité d'électricité peut être représentée par une quantité de mouvement. Dans ce cas, une différence de potentiel sera représentée par une vitesse; mais ce sont là des considérations qui sortiraient du cadre de cet ouvrage.

EXPRESSION DU TRAVAIL ÉLECTRIQUE

28. — Lorsqu'une molécule électrisée, chargée de l'unité de quantité, se rend d'un point A à un point B, ces points appartenant à des surfaces équipotentielles différentes, le travail développé pendant ce trajet est égal, par définition, à la différence des potentiels des deux surfaces A et B. Si au lieu d'être égale à l'unité, la molécule électrisée contenait q unités, le travail développé serait lui-même multiplié par q ; d'où ce théorème :

Le travail W *développé par une quantité d'électricité q qui passe du potentiel V_0 au potentiel V_1, a pour expression :*

$$W = q(V_0 - V_1),$$

et si cette quantité était infiniment petite et égale à dq, on aurait

$$dW = (V_0 - V_1)dq.$$

C'est ce qu'on appelle le travail électrique.

On ne saurait suivre avec trop d'attention la série des raisonnements grâce auxquels nous sommes arrivés à cette expression et sur lesquels on n'insiste pas assez en général. En effet, lorsque nous disons qu'une molécule électrisée chargée de l'unité de quantité électrique se rend d'un point A à un point B qui est à un potentiel différent, il est bien certain que le travail développé a pour mesure la différence de potentiel des points A et B. Il est également certain que si les points A et B, au lieu d'être des points géométriques appartenant à des surfaces équipotentielles immatérielles, faisaient partie de la surface matérielle d'un corps conducteur, le travail accompli par la petite masse-unité aurait encore la valeur $V_0 - V_1$ que nous lui avons assignée. De plus, la surface du corps conducteur A aurait perdu une unité de quantité tandis que la surface du corps B en aurait gagné une ; le trajet de cette unité se faisant le long du fil conducteur qui réunit A à B. Mais dans la réalité, les phénomènes qui s'accomplissent quand on réunit les deux corps A et B par un fil conducteur, nous sont complètement inconnus, et il est même fort probable, comme nous l'avons déjà dit, qu'il n'y a aucun courant d'aucune espèce de matière, pondérable ou non, le long du fil.

Il y a donc quelque hardiesse à affirmer que le travail électrique développé au moment de la réunion des deux corps par le conducteur, est bien réellement égal à celui qui résulterait du transport de nos petites masses-unités du corps A au corps B. La seule raison que l'on puisse donner est celle-ci : En chargeant deux sphères A et B d'un nombre de petites sphères-unités égales à Q_0 et Q_1 de façon que l'on ait :

$$\frac{Q_0}{r_0} = V_0, \qquad \frac{Q_1}{r_1} = V_1,$$

r_0 et r_1 désignant les rayons des sphères ; prenant ensuite une à une chacune des sphères-unités qui font partie de A pour les transporter sur B le long d'un fil conducteur, il arrivera un moment où l'on aura

$$\frac{Q_0}{r_0} = \frac{Q_1}{r_1} .$$

A ce moment, le chapelet de sphères-unités enfilées sur le conducteur, sera en équilibre ; les sphères A et B étant au même potentiel comme nous l'avons déjà vu. Le nombre des masses-unités recouvrant la sphère B, aura augmenté d'une quantité q précisément égale à celle qu'on a enlevée de la sphère A, et nous aurons ainsi fait disparaître une certaine quantité de l'énergie potentielle existant primitivement dans l'ensemble des deux sphères A et B.

Il est incontestable que la quantité d'énergie disparue pendant les opérations que nous venons de décrire, a pour valeur $q(V_0 - V_1)$; mais il n'est pas démontré que ces opérations hypothétiques effectuées sur des masses matérielles, conduisent à une perte d'énergie exactement égale à celle qui est produite réellement pendant *la décharge électrique* résultant de la réunion des deux sphères par un fil conducteur.

Le principe de l'indestructibilité de l'énergie fait prévoir que les raisonnements que nous avons développés doivent conduire à des résultats exacts ; mais la confirmation expérimentale était absolument nécessaire. Nous verrons bientôt qu'elle résulte des travaux de plusieurs savants qui ont mesuré la chaleur développée pendant la décharge électrique. (Riess, Joule.)

29. — Travail nécessaire pour charger une sphère au potentiel V. — Supposons une sphère métallique creuse contenant une charge d'électricité égale à q ; en désignant par r son rayon, son potentiel aura pour valeur $\dfrac{q}{r}$. C'est le travail qu'il faudra développer, pour amener de l'infini à la surface de la sphère, une quantité d'électricité de même signe que q égale à l'unité.

Si cette quantité, au lieu d'être égale à l'unité, est égale à dq, ce travail deviendra $\dfrac{q\,dq}{r}$ et la charge de la sphère ainsi que son potentiel augmentera de dq. De sorte que pour amener une seconde quantité dq, de l'infini sur la sphère, il faudra dépenser une seconde quantité de travail, un peu plus grande que la première et qui sera :

$$\frac{(q + dq)dq}{r} \,.$$

Une troisième quantité égale encore à dq, exigera un travail égal à

$$\frac{(q + 2dq)dq}{r}$$

et ainsi de suite.

Le travail total nécessaire, pour porter la charge de la valeur q à la valeur q', pourrait donc être calculé en ajoutant ensemble tous les travaux partiels dont nous venons de donner l'expression et en prenant dq suffisamment petit. Le calcul intégral permet d'obtenir immédiatement ce résultat et on trouve que ce travail total a pour valeur :

$$\frac{q'^2 - q^2}{2r} \,.$$

Si on suppose que l'on parte d'une charge initiale nulle, il suffit de faire $q = 0$ et on trouve, en désignant ce travail par W et en supprimant l'accent de q' :

$$W = \frac{q^2}{2r} \cdot \tag{1}$$

Si on remarque que le potentiel V est égal à $\frac{q}{r}$, on aura (2) $W = \frac{1}{2} Vq$; enfin on peut encore écrire

$$W = \frac{1}{2} rV^2. \tag{3}$$

Telles sont les trois formes différentes sous lesquelles on peut écrire la valeur de l'énergie intrinsèque d'une sphère.

On peut se représenter cette énergie intrinsèque comme exactement de même nature que celle qui serait développée par la formation d'un océan matériel liquide soumis aux lois de la gravitation et réparti à la surface d'une sphère creuse immatérielle. La seule différence serait que dans ce dernier cas, la formation de l'océan liquide donnerait lieu à un développement d'énergie, tandis que dans le cas de la sphère électrisée, il faut au contraire fournir de l'énergie.

30. — Exemple numérique. — Calculons l'énergie dépensée pour charger une sphère de dix centimètres de rayon, de 10.000 unités C. G. S.

Les formules précédentes donnent immédiatement :

$$W = \frac{\overline{10.000}^2}{20} = 5.000.000 \text{ d'ergs,}$$

soit environ $\frac{1}{20}$ de kilogrammètre. Le potentiel de cette sphère serait égal à $\frac{10.000}{10} = 1.000$. Or, nous verrons plus tard que l'unité de potentiel employée dans les applications industrielles et connue sous le nom de *Volt*, est égale à la 300⁰ partie de l'unité de potentiel électrostatique dont nous nous sommes servi jusqu'à présent ; par conséquent, la sphère prise comme exemple aurait un potentiel de 300.000 volts.

Remarquons en passant que ce chiffre de 300.000 volts serait dans la réalité presque impossible à atteindre à cause des phénomènes physiques auxquels il donnerait lieu. L'expérience apprend en effet, que les corps doués d'un potentiel aussi élevé, perdent très rapidement leur charge électrique par leur contact avec l'air, à moins que celui-ci soit d'une siccité absolue.

31. — Disons à ce propos, que avant l'introduction dans la science, de la quantité que nous appelons potentiel, on avait depuis long-temps exprimé par le mot *tension*, la tendance que possèdent les corps électrisés à céder leur charge aux corps environnants. Cette tendance se manifeste dans les corps fortement électrisés c'est-à-dire chargés d'une quantité d'électricité considérable par rapport à leur surface, par des phénomènes curieux qui consistent en aigrettes lumineuses accompagnées de sifflements qui font involontairement penser au bruit qui accompagne l'écoulement d'un gaz fortement comprimé. La tendance de notre esprit à ramener tous les phénomènes nouveaux à ceux déjà connus, a donc eu pour résultat d'assimiler la déperdition de l'électricité à l'écoulement d'un gaz comprimé.

La tension électrique, quoique n'ayant pas été définie autrefois, d'une façon suffisamment nette par les savants qui employaient cette expression, répond cependant à une réalité physique et ne doit pas être confondue avec le potentiel auquel elle est cependant proportionnelle dans la plupart des cas, comme nous allons le montrer.

En effet, la tension électrique, définie comme indiquant la tendance d'un corps à perdre sa charge électrique, peut être considérée ainsi que nous l'avons déjà dit, comme représentée par la densité de la charge au point considéré. Or cette densité pour une sphère est égale à

$$\frac{q}{4\pi r^2},$$

tandis que le potentiel a pour valeur $\frac{q}{r}$. Donc; à valeur égale de r, la densité, ou tension électrique, et le potentiel sont proportionnels au même nombre q. Il en résulte que pour un corps électrisé de forme déterminée, le potentiel et la tension croissent proportionnellement. On comprend dès lors pourquoi les hauts potentiels donnent lieu à des phénomènes de déperdition qui, autrefois, étaient attribués à la tension électrique. Nous verrons d'ailleurs bientôt que la quantité d'électricité qui s'écoule, dans un temps donné, à travers un corps conducteur, est aussi proportionnelle à la différence de potentiel des extrémités de ce conducteur (Loi d'Ohm).

PHÉNOMÈNES QUI ACCOMPAGNENT LA RÉUNION
DE DEUX CORPS CONDUCTEURS PAR UN FIL MÉTALLIQUE

32. — Supposons d'abord que les deux corps aient la forme sphérique ; appelons r_0 et q_0 le rayon et la charge de la première sphère A, r_1 et q_1 le rayon et la charge de la seconde B avant qu'on établisse entre elles une communication métallique. Le potentiel de la première aura pour valeur comme nous le savons :

$$V_0 = \frac{q_0}{r_0},$$

celui de la seconde

$$V_1 = \frac{q_1}{r_1}.$$

Lorsque l'égalité des potentiels aura été établie entre les deux sphères, au moyen du fil conducteur, le potentiel V'_0 de la première sera exprimé par le même nombre que le potentiel V'_1 de la seconde; de sorte que, en remplaçant ces potentiels par leur valeur en fonction des quantités q'_0 et q'_1 d'électricité afférentes à chacune des sphères après établissement de l'équilibre, on aura :

$$V'_0 = \frac{q'_0}{r_0} = V'_1 = \frac{q'_1}{r_1}$$

tandis que le principe de la conservation des quantités d'électricité donnera

$$q'_0 + q'_1 = q_0 + q_1.$$

Les deux premières équations, combinées avec la troisième, donnent :

$$V'_0 = V'_1 = \frac{q'_0}{r_0} = \frac{q'_1}{r_1} = \frac{q'_0 + q'_1}{r_0 + r_1} = \frac{q_0 + q_1}{r_0 + r_1}.$$

Telle est la valeur du potentiel commun après la décharge.
Les charges finales de chaque sphère sont tirées des deux premières équations qui donnent :

$$q'_0 = r_0 V'_0, \qquad q'_1 = r_1 V'_1$$

ou, toute réduction faite :

$$q'_0 = \frac{r_0}{r_0 + r_1} (q_0 + q_1), \qquad q'_1 = \frac{r_1}{r_0 + r_1} (q_0 + q_1) \qquad (1)$$

33. — L'énergie intrinsèque de la sphère A avant la décharge, a pour valeur

$$\frac{q_0^2}{2r_0} = \frac{1}{2} V_0 q_0 = \frac{1}{2} r_0 V_0^2.$$

L'énergie de la sphère B aura pour valeur :

$$\frac{q_1^2}{2r_1} = \frac{1}{2} V_1 q_1 = \frac{1}{2} r_1 V_1^2.$$

Après leur réunion par un conducteur, l'énergie totale des deux sphères est, comme on peut le constater en faisant le calcul, toujours plus petite que la somme des énergies primitives [1].

Il est facile, en effet, de démontrer que la somme des énergies potentielles des deux sphères est, lorsque l'équilibre est établi, moindre que l'énergie totale primitive, d'une quantité égale à

$$\frac{1}{2} \frac{r_0 r_1}{r_0 + r_1} (V_0 - V_1)^2.$$

---

[1]. Si l'on suppose deux sphères matérielles non élastiques, ayant des masses m_0 et m_1, animées de vitesses V_0 et V_1 dirigées suivant la droite qui joint leurs centres, et que ces deux sphères viennent à se heurter, leurs quantités de mouvement respectives seront avant le choc

$$q_0 = m_0 V_0, \qquad q_1 = m_1 V_1$$

et après le choc :

$$q'_0 = \frac{m_0}{m_0 + m_1} (q_0 + q_1), \qquad q'_1 = \frac{m_1}{m_0 + m_1} (q_0 + q_1).$$

Ces équations sont identiques à celles qui donnent la valeur des charges électriques des deux sphères après leur réunion par un conducteur, à la condition de poser $m_0 = r_0$, $m_1 = r_1$. C'est un nouvel argument en faveur du parallèle que nous établissions plus haut entre une quantité d'électricité et une quantité de mouvement.

La comparaison continue à être exacte quand on calcule les pertes d'énergie qui ont lieu dans ces deux phénomènes d'ordre si différent.

Or, comme la différence $V_0 - V_1$ est élevée au carré, on voit que la diminution d'énergie est toujours positive et qu'il y a *toujours perte d'énergie potentielle* lorsqu'on réunit par un conducteur, deux sphères à des potentiels différents.

Si les sphères étaient chargées de quantités d'électricité égales, *mais de signes contraires*, on aurait :

$$q_1 = - q_0, \quad \text{d'où} \quad q_0 + q_1 = 0 \quad \text{et} \quad V_0' - V_1' = 0.$$

Il y aurait alors disparition de la totalité de l'énergie potentielle.

Si l'une des sphères était à l'état neutre et que les deux sphères fussent identiques, on aurait après la décharge :

$$q_1 = q_0' = \frac{q_0}{2}$$

c'est-à-dire que chacune d'elles contiendrait la moitié de la charge primitivement concentrée sur la première dont l'énergie potentielle serait réduite au quart de sa valeur primitive. L'énergie totale serait donc réduite après la décharge à la moitié de sa valeur primitive.

Il y aurait donc la moitié de l'énergie disparue, et comme, en vertu du principe de la conservation de l'énergie, cette disparition ne peut être qu'apparente, il faut nécessairement que la moitié de l'énergie potentielle disparue se soit transformée en chaleur.

Nous arrivons donc ainsi à conclure que toutes les fois que l'on met en communication deux sphères électrisées à des potentiels différents, par un conducteur, il y a production d'une quantité de chaleur que nous pouvons calculer en multipliant l'excès de l'énergie primitive sur l'énergie finale, par l'équivalent thermique d'un erg qui est en petite calorie

$$0^c,000\ 000\ 023\ 98.$$

34. — Nous avons dit, que lorsqu'on introduit à l'intérieur d'une sphère creuse électrisée, possédant une ouverture, une autre sphère beaucoup plus petite également électrisée, cette dernière cède *toute sa charge* à la sphère extérieure quel que soit l'état électrique de chacune des sphères. Nous allons préciser maintenant le sens de cette phrase en disant que la petite sphère cède *toute sa charge* à la sphère extérieure quels que soient les potentiels respectifs des deux sphères. Ceci peut paraître en opposition avec ce que nous venons de dire à propos des sphères extérieures l'une à l'autre réunies par un fil conducteur, puisque nous avons vu que c'est toujours la sphère dont

le potentiel $\dfrac{q}{r}$ est le plus élevé qui cède à l'autre une partie

de sa charge. Nous allons expliquer cette contradiction apparente.

Nous avons déjà rappelé à plusieurs reprises, que l'action, exercée par une sphère creuse homogène sur une masse intérieure, est nulle quelle que soit la position de la petite masse. Cela est vrai, qu'il s'agisse d'actions dues à la gravité ou d'actions électriques ; seulement, dans ce dernier cas, le mot *homogène* devra être remplacé par l'expression *uniformément électrisée*.

Il résulte de là que chacune des petites masses-unités, par lesquelles nous représentons la charge d'un corps électrisé, et qui sont situées à la surface de la petite sphère intérieure, est soumise à des actions mécaniques qui émanent exclusivement des autres masses de cette même sphère. Toutes ces masses, étant chargées d'électricité de même signe, se repoussent ; elles se répandront naturellement sur une surface-conductrice, qui leur permettra de s'écarter les unes des autres, lorsqu'on mettra cette surface en communication métallique avec la petite sphère ; c'est précisément ce qui a lieu dans l'exemple considéré.

Il faut remarquer d'ailleurs que l'énergie potentielle de la charge, répartie primitivement sur la petite sphère, se trouve diminuée par le seul fait qu'elle est, après la communication, répartie sur la sphère extérieure de rayon plus grand, et que, par conséquent, la perte d'énergie signalée dans le cas des sphères extérieures, existe encore ici.

35. — De l'équation $V = \dfrac{q}{r}$ qui donne la valeur du potentiel d'une sphère, on tire l'égalité

$$r = \frac{q}{V}$$

qui montre que pour un potentiel donné, le rayon d'une sphère doit être proportionnel à la quantité d'électricité que l'on veut répartir sur sa surface. Pour cette raison, le quotient $\dfrac{q}{V}$ a reçu le nom de *capacité de la sphère*; la capacité d'une sphère est donc une longueur.

Calculons au moyen de cette formule la capacité du globe terrestre.

La Terre diffère très peu d'une sphère, dont le rayon est de 6.371.000 mètres, sa capacité est donc égale à ce nombre exprimé en centimètres, soit 637 millions. Cela signifie que, portée au potentiel 1, la Terre contiendrait une quantité d'électricité égale à 637 millions d'unités.

Il est intéressant de chercher quelle répulsion elle exercerait sur une sphère de 10 centimètres de rayon portée au même potentiel.

La charge q de cette dernière sphère, aurait pour valeur

$$q = rV$$

ou, si l'on fait $V = 1$, $q = r = 10$.

La répulsion, tirée de la loi de Coulomb, a pour valeur $f = \dfrac{Q \times q}{d^2}$. Mais $Q = 637.000.000$, $d = 637.000.000$, $q = 10$; donc

$$f = \frac{1}{63.700.000} \text{ de dyne : quantité immesurable.}$$

Nous allons montrer directement que le quotient $\dfrac{q}{V}$ est une longueur.

Nous avons vu en effet que l'expression symbolique d'une quantité d'électricité est :

$$L^{\frac{3}{2}} M^{\frac{1}{2}} T^{-1};$$

et que celle du potentiel est :

$$\mathrm{L}^{\frac{1}{2}}\mathrm{M}^{\frac{1}{2}}\mathrm{T}^{-1} ;$$

donc le quotient $\dfrac{q}{V}$ est représenté par une longueur.

FORMULE Q = CV.

36. — On peut généraliser la définition de la capacité de la manière suivante : soit A (fig. 15) un corps conducteur électrisé et m la masse électrique-unité occupant la position a. Si on désigne par q, q', q'',... les quantités d'é-
lectricité réparties sur des aires égales à l'unité, à la surface du corps, le

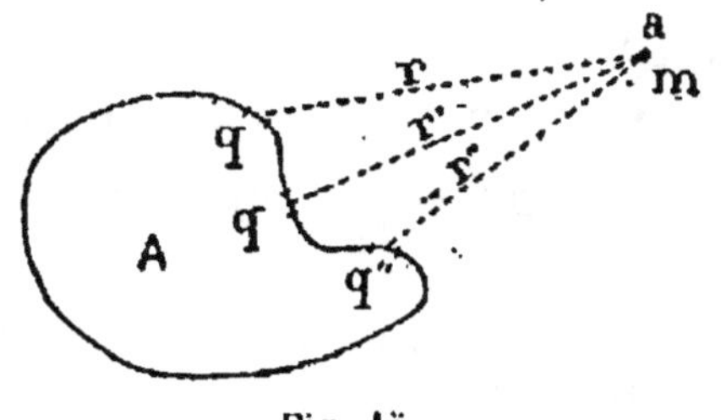

Fig. 15.

potentiel de chacun de ces éléments de surface aura pour valeur :

$$v = \frac{q}{r}, \qquad v' = \frac{q'}{r'}, \qquad v'' = \frac{q''}{r''},$$

r, r', r'' désignant les distances aq, aq', aq''.

Le potentiel total du corps sera, comme nous le savons, égal à la somme des potentiels partiels, c'est-à-dire que l'on aura :

$$V = \frac{q}{r} + \frac{q'}{r'} + \frac{q''}{r''} \cdot$$

Les grandeurs relatives des quantités q, q', q'', ne dépendent que de la forme de la surface A, mais nullement de la charge totale ; c'est-à-dire que les rapports $\dfrac{q'}{q}$, $\dfrac{q''}{q}$, $\dfrac{q'''}{q}$ sont absolument indépendants de la valeur absolue de q.

Il résulte de là que si l'on multiplie par un nombre quelconque K, la charge totale Q du corps, chacune des quantités partielles q, q', q'', sera multipliée par K, et alors le potentiel total

$$V = \frac{q}{r} + \frac{q'}{r'} + \frac{q''}{r''} + \ldots$$

deviendra :

$$V_1 = K \frac{q}{r} + K \frac{q'}{r'} + K \frac{q''}{r''} + \ldots = K \left(\frac{q}{r} + \frac{q'}{r'} + \frac{q''}{r''} + \ldots \right) = KV;$$

on aura donc :

$$\frac{V_1}{V} = K = \frac{Q_1}{Q}, \quad \text{d'où :} \quad \frac{Q}{V} = \frac{Q_1}{V_1},$$

c'est-à-dire que le rapport de la charge totale au potentiel du corps est constant comme il l'était pour la sphère. Ce rapport $\frac{Q}{V}$ s'appelle la *capacité* du corps A.

On peut donc, quelle que soit la forme d'un conducteur ou d'un système de corps conducteurs communiquant entre eux, leur appliquer à tous l'équation

$$Q = CV.$$

Nous verrons plus tard comment on calcule la capacité C, dans certains cas particuliers.

Il est à peine nécessaire de dire que la capacité d'un système de corps dépend de leurs positions relatives, et que si cette position changeait, la capacité serait elle-même modifiée.

MESURE DU POTENTIEL D'UN CORPS AU MOYEN
DE LA BALANCE DE COULOMB

37. — Quoique la mesure du potentiel d'un corps se fasse au moyen d'instruments que nous décrirons dans un chapitre spécial, nous croyons utile de montrer dès à présent comment on pourrait mesurer le potentiel d'un corps au moyen de la balance de torsion (fig. 16).

Soit A un corps quelconque électrisé, dont on veut connaître le potentiel. On le met en communication au moyen d'un fil

conducteur OC avec le fil vertical de suspension (qui se projette en O) de la balance de torsion, au bout duquel est attaché
le levier *mop*, portant d'un côté la sphère métallique creuse *m*,
de rayon *r* et au côté opposé, un contre-poids *p* destiné à
ramener le centre de gravité de *pm* sur le fil de suspension.
Soit m_1 une seconde sphère métallique creuse de rayon r_1,
communiquant avec une sphère B de grande dimension chargée à un potentiel connu V_1. Désignons par *d* la distance mm_1,

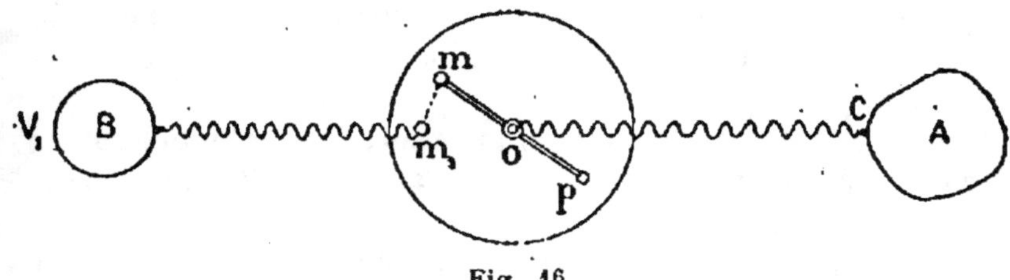

Fig. 16.

que nous supposerons perpendiculaire à la direction *om*. En
tendant plus ou moins le fil de suspension qui se projette
horizontalement en O, on peut toujours équilibrer l'effort, que
nous supposerons répulsif, développé entre les petites sphères
m et m_1, de manière à ramener toujours dans la même position
le levier *pm* ; et la valeur de la force répulsive *f*, se déduit
immédiatement de l'angle de torsion du fil de suspension.

Cet effort *f* a pour valeur, comme nous le savons :

$$f = \frac{qq_1}{d^2} ;$$

mais le potentiel V du corps A, est le même que celui de la
sphère *m* puisque tout cet ensemble est conducteur. Or le
potentiel de la sphère *m* est égal à $\frac{q}{r}$. De même le potentiel
de m_1 qui communique avec la sphère B est égal à V_1 ; mais *m*
étant aussi une sphère, on a :

$$V_1 = \frac{q_1}{r_1} .$$

On a donc en remplaçant q et q_1 par leurs valeurs en fonction des potentiels,

$$f = \frac{rV \times r_1 V_1}{d^2}$$

et par conséquent : $\quad V = \frac{f d^2}{r r_1 V_1}$.

. On voit donc que théoriquement, au moins, la balance de Coulomb permet de mesurer le potentiel d'un corps au moyen de celui d'un autre corps supposé connu ; et que la force f sera proportionnelle au produit VV_1 ; de sorte qu'il est possible d'obtenir un effort aussi grand que l'on veut en prenant V_1 suffisamment grand.

Cette méthode, dans laquelle on se sert d'un potentiel connu d'avance pour en mesurer un autre, s'appelle *méthode hétérostatique*.

Mais si l'on ne disposait pas d'un potentiel déjà connu, on résoudrait la question de la façon suivante : On supprimerait la sphère B et on joindrait la petite sphère m_1 au corps A, ou ce qui revient au même, au point O, par un conducteur. La petite sphère m_1 prendrait alors le potentiel V et la valeur de f deviendrait :

$$f = \frac{r r_1 V^2}{d^2} ,$$

d'où : $\quad V = \sqrt{\dfrac{d^2 f}{r r_1}} = d \sqrt{\dfrac{f}{r r_1}}$.

Cette méthode s'appelle *méthode idiostatique*.

38. — La balance de Coulomb n'est pas employée en pratique, parce que l'on possède des instruments plus sensibles et plus commodes, appelés *électromètres* ou *voltmètres électrostatiques ;* mais les principes théoriques sur lesquels ils sont basés, sont identiques à ceux que nous venons d'appliquer ; et c'est pourquoi nous avons cru devoir montrer comment la balance de Coulomb pouvait servir à la mesure des potentiels.

Ces instruments seront décrits plus tard.

La balance de Coulomb permettrait encore, en mettant à

profit les équations du numéro 36 de calculer la charge totale du corps A.

Supposons en effet qu'on ait d'abord mesuré son potentiel par la méthode idiostatique; la quantité d'électricité qu'il contient pourrait être considérée comme n'étant pas altérée par sa mise en communication avec la sphère m_1 à cause de son faible rayon. Appelons V la valeur du potentiel ainsi déterminé.

Mettons maintenant la sphère m_1 en communication avec la sphère B de rayon R_1, employée dans la méthode hétérostatique. Le potentiel des trois corps A, B, m_1 deviendra le même, puisqu'ils communiquent par un conducteur. De sorte que la force répulsive f_1 exercée entre m et m_1, sera donnée par l'équation :

$$f_1 = \frac{rr_1 V_1^2}{d^2},$$

$$V_1 = d \sqrt{\frac{f_1}{rr_1}}.$$

Nous connaissons donc le potentiel V du corps A lorsqu'il possédait sa charge entière Q, et son potentiel V_1 lorsqu'il a cédé une partie de sa charge à la sphère B; cela suffit pour trouver sa charge primitive Q.

En effet, appelons Q' sa charge après qu'il a été mis en communication avec B; d'après le numéro 36 on a :

$$(1) \qquad \frac{Q}{Q'} = \frac{V}{V_1},$$

attendu qu'il y a proportionnalité entre les charges et les potentiels d'un même corps. D'autre part, la différence entre sa charge primitive Q et la charge Q', est en vertu du principe de la conservation de l'électricité, égale à la charge Q_1 prise par le corps B ; mais le corps B étant une sphère de rayon R_1, on a la relation

$$Q_1 = R_1 V_1 ;$$

donc

$$(2) \qquad Q - Q' = R_1 V_1.$$

De la comparaison des équations (1) et (2), on tire :

$$Q = \frac{VV_1}{V - V_1} \times R_1.$$

équation qui résout le problème.

Par conséquent, la capacité du corps A, qui, d'après la définition donnée au paragraphe précédent est égale à $\frac{Q}{V}$, a pour valeur :

$$\frac{Q}{V} = \frac{V_1}{V - V_1} \times R_1.$$

Nous savons donc dès à présent mesurer, au moins théoriquement, la quantité d'électricité, le potentiel et la capacité d'un corps conducteur.

39. — Il est évident que la précision des mesures faites avec la balance de Coulomb, comme d'ailleurs avec tout appareil dans lequel on applique les propriétés mécaniques de l'électricité, croît avec la grandeur des efforts mis en jeu. Il est donc intéressant de chercher si la balance de Coulomb permet d'accroître autant qu'on le veut les efforts produits par un potentiel donné.

Nous allons voir qu'il n'en est rien, et que l'effort produit par l'attraction ou la répulsion de deux sphères, que, pour plus de simplicité, nous supposerons identiques, ne dépend pas des dimensions de ces sphères lorsque la distance des centres est dans un rapport constant avec le rayon.

En effet, l'équation

$$f = \frac{rV \times r_1V_1}{d^2}$$

devient en supposant $V = V_1$, $r = r_1$.

$$f = \frac{r^2V^2}{d^2} .$$

D'où il résulte, en supposant le rapport $\frac{r}{d}$ invariable, condition qu'on doit remplir autant que possible, que f est indépendant des dimensions absolues de r. D'ailleurs, le rapport $\frac{r}{d}$ ne peut jamais quoi qu'on fasse, prendre une valeur supérieure à $\frac{1}{2}$ pour laquelle les sphères se toucheraient. Or, non seulement elles ne doivent pas se toucher, mais encore elles doivent être à une distance assez grande l'une de l'autre pour que les répulsions et les attractions mutuelles dues à leur état électrique, ne modifient pas la répartition de la charge qui est expressément supposée uniformément répartie à leur surface, parce que, sans cela, l'équation qui donne f ne serait plus applicable.

40. — Lignes de force. — Flux de force. — Tubes de force. — La direction de la résultante des actions des masses agissantes d'un champ électrisé est perpendiculaire à la surface équipotentielle au point considéré ; quant à sa valeur, elle est donnée par l'équation :

$$F_n = \frac{d\varpi}{dn}$$

dans laquelle $d\varpi$ représente la différence des potentiels correspondants à deux surfaces équipotentielles très voisines et dn la distance de ces deux surfaces.

Lorsque le système des masses agissantes se réduit à une sphère homogène, creuse ou pleine, les surfaces équipotentielles sont elles-mêmes des sphères, dont le centre coïncide avec celui de la sphère agissante et la force résultante qui sollicite la masse-unité, passe toujours par le centre. Mais ceci est un cas particulier.

Dans le cas général (fig. 17), soient S_1, S_2, $S_?$, S_4 des surfaces équipotentielles très voisines les unes des autres et correspondant à des accroissements égaux du potentiel, c'est-à-dire que la masse-unité venant de l'infini et traversant chacune de ces surfaces, accomplirait pendant le trajet A_1A_2, A_2A_3, A_3A_4, des travaux égaux. Les éléments de droites qui en chaque point A_1, A_2, A_3, A_4, sont perpendiculaires aux courbes S_1, S_2, S_3, S_4, forment la *trajectoire orthogonale* des courbes S_1, S_2, S_3, S_4 ; et

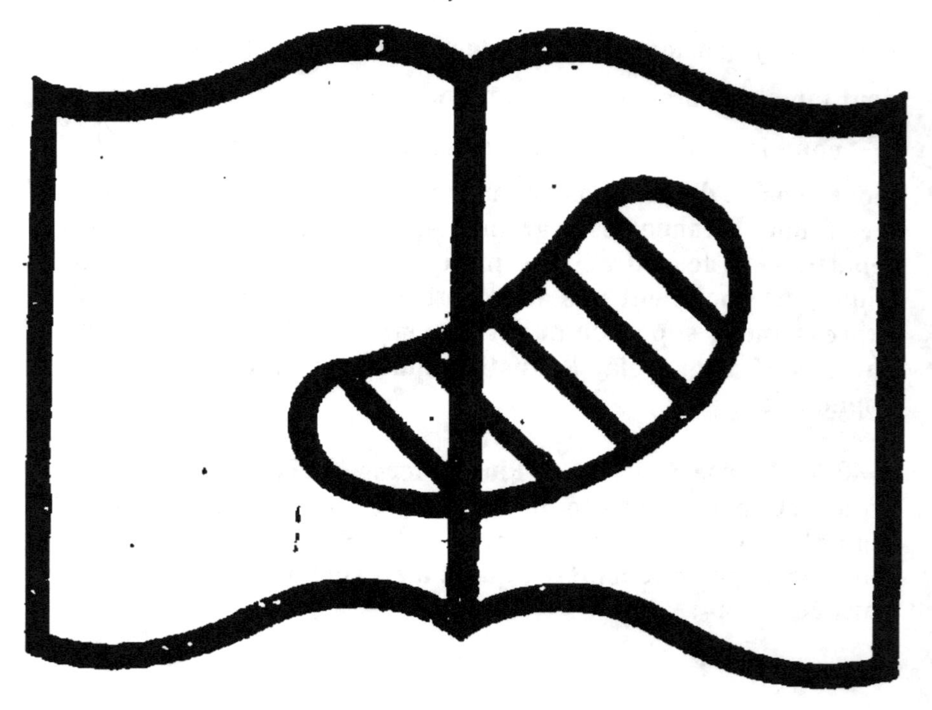

Illisibilité partielle

VALABLE POUR TOUT OU PARTIE DU
DOCUMENT REPRODUIT

cette trajectoire représente exactement le chemin qui serait suivi par la masse-unité.

La trajectoire orthogonale $A_1A_2A_3A_4$, s'appelle une *ligne de force*. La trajectoire $B_1B_2B_3B_4$, représente une ligne de force voisine de la première et construite de même.

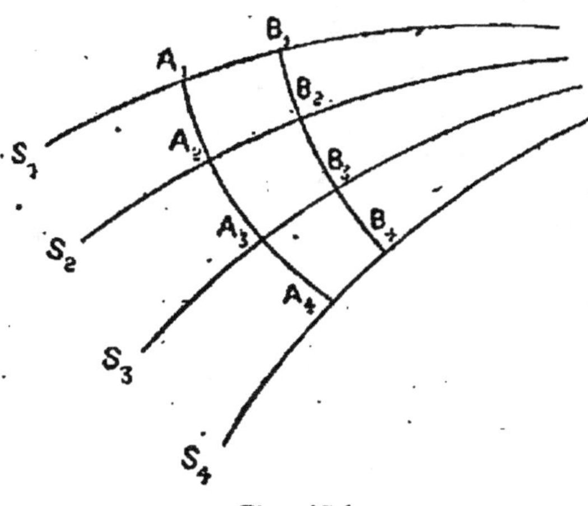

Fig. 17.

On peut se faire une idée très nette de la manière de construire ces lignes de force par le procédé suivant : Supposons que A_1A_2 représente le fil de suspension d'un petit pendule attaché en A_1 à la surface S_1 ; s'il est terminé par une masse pesante, elle viendra en contact avec la surface S_2 précisément au point A_2. Transportons maintenant le point de suspension du pendule en A_2 sur la surface S_2 ; le fil prendra la direction A_2A_3, le point A_3 étant le point de contact de la surface pendulaire avec S_3. En opérant ainsi, de proche en proche, on obtiendra une ligne qui sera une *ligne de force*.

41. — Flux de force. — Dans tout ce qui précède, nous avons supposé que la masse-unité était sphérique et de dimensions très petites. Dans ce qui suit, nous allons admettre que l'unité de masse matérielle affecte la forme d'un petit carré sans épaisseur appréciable, dont la surface est égale à l'unité ; ce qui revient à dire que nous répartissons l'unité de masse sur la surface d'un carré dont le côté est égal à l'unité, cette unité étant supposée très petite.

Soit AB (fig. 18) ce petit plan-unité soudé en son centre C à une tige rigide CD mobile autour du point D. Si on place ce petit plan en un point de l'espace soumis à l'action des masses

agissantes, ses dimensions étant très petites, on peut considérer la résultante des forces qui agissent sur lui, comme
passant par le point C; par conséquent, la
tige CD se placera spontanément dans la
direction de cette résultante. Pour en trouver la grandeur, écartons ce pendule, de
sa position d'équilibre d'un très petit angle;
appelons f l'intensité de la résultante cherchée, m la valeur de la masse du carré AB
(que nous avons supposée égale à l'unité),
l la longeur de la tige de suspension, t la
durée d'une oscillation simple, d'amplitude
très petite.

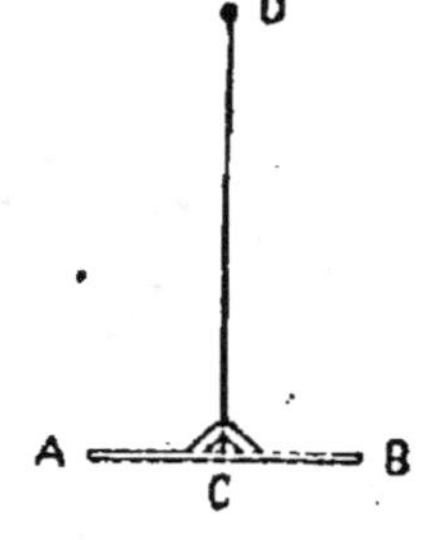

Fig. 18.

On démontre en mécanique que la valeur de f est donnée
par l'équation :

$$f = \frac{\pi^2 m l}{t^2}$$

qui devient en faisant $m = 1$

$$f = \frac{\pi^2 l}{t^2},$$

π étant le rapport de la circonférence au diamètre.

En transportant ainsi ce pendule le long d'une ligne de force,
telle que $A_1 A_2 A_3 A_4$, on pourra mesurer la force exercée sur un
centimètre carré, chargé d'une masse égale à l'unité, en chacun
des points de la ligne de force. Nous donnerons à la valeur de
cette force, agissant sur un centimètre carré, chargé d'une
masse égale à l'unité et *normalement* à la ligne de force, le
nom de *flux de force*.

Si nous parcourons la ligne $A_1 A_2 A_3 A_4$, dans le sens $A_4 A_3 A_2 A_1$.
c'est-à-dire dans le sens des potentiels décroissants, l'effort
exercé sur le petit plan-unité, ira en diminuant ; et si nous voulions le rendre constant, il faudrait augmenter la surface du
plan, chaque unité de surface restant chargée de l'unité de
masse, de manière à compenser la diminution d'effort exercé
sur l'unité de masse, par l'augmentation de la masse soumise

à l'attraction des masses agissantes. Pour cela, il faudra, si nous conservons au petit plan la forme carrée, donner au côté de ce carré une longueur inversement proportionnelle à la racine carrée de l'effort f développé sur un centimètre carré. Or la formule

$$f = \frac{\pi^2 l}{t^2}$$

montre qu'il suffira pour cela de donner au côté du carré AB, une longueur proportionnelle à t (durée de l'oscillation simple du carré-unité).

42. — Tubes de force. — Canaux de force. — Si en déplaçant ainsi la tige CD du pendule le long d'une ligne de force, nous faisons

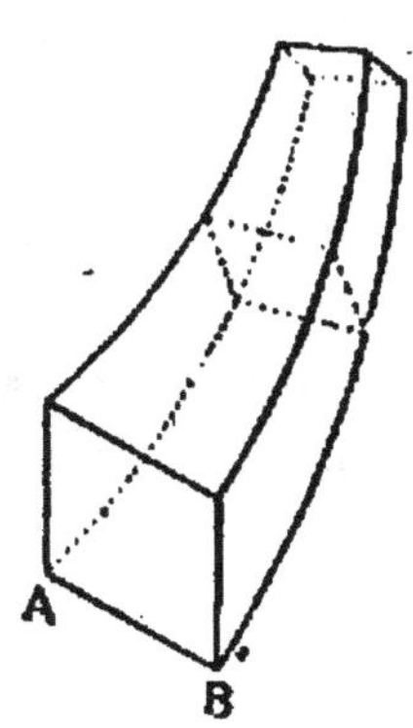

sons croître en même temps le côté du carré AB de façon à maintenir constante la valeur de f, le petit plan AB (fig. 19) engendrera une pyramide quadrangulaire à axe curviligne, jouissant de la propriété que le flux total de force y est constant, tandis que le flux de force par centimètre carré y est variable.

Si le plan, au lieu d'être carré, avait affecté la forme circulaire, ie volume engendré par le mouvement de ce petit plan, prendrait le nom de *tube de force*. L'avantage de la forme carrée consiste en ce que l'on peut juxtaposer autant de *canaux de force* que l'on veut sans perte de place, de façon à en avoir dans toutes les directions possibles. Si chacun d'eux donne passage à un flux de force total constant et égal à une dyne $\left(\frac{1}{981}\ \text{de gramme}\right)$, le plan-unité ayant une masse de un gramme par centimètre carré, et qu'il soit nécessaire de juxtaposer 1000 canaux de ce genre pour emplir en tous sens l'espace dans lequel sont situées les masses agissantes, on dira que le flux total de force du système des masses attractives est égal à 1000 unités.

42 bis. — Flux sortant d'une sphère électrisé $\mathscr{f} = 4\pi M$. — Appliquons ce qui vient d'être exposé à un cas très simple en cherchant la valeur du flux total de force d'une sphère électrisée contenant à sa surface M.

Nous savons que l'action exercée par une sphère homogène sur une masse m de dimensions très petites par rapport à elles, a pour valeur

$$f = f_1 \frac{Mm}{x^2},$$

x étant la distance du centre de la sphère à la masse m qui, dans le cas actuel, affecte, comme nous l'avons dit, la forme d'un plan sans épaisseur sensible dont la masse est égale à 1 par unité de surface ; et f_1 désignant l'action exercée par l'unité de masse (réduite à un point) sur l'unité de masse à l'unité de distance.

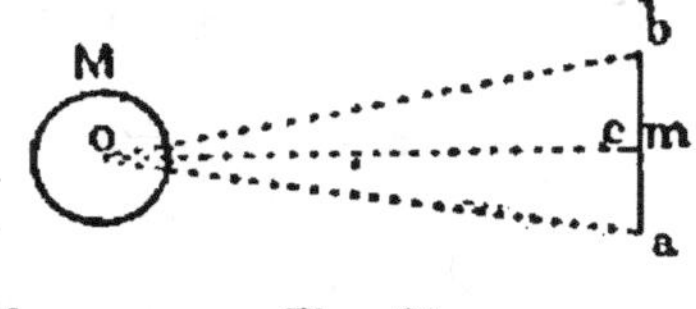

Fig. 20.

On a donc, en appelant a le côté du petit carré soumis à l'attraction (fig. 20) et dont le plan est perpendiculaire à $Oc = x$,

$$m = a^2.$$

Cette équation montre immédiatement que le flux total d'un canal de force ne peut conserver une valeur ▉ f, que si le rapport $\dfrac{a^2}{x^2}$ est lui-même constant. Si ce▉▉ condition est remplie, il est facile de voir que le carré ab engendrera en se mouvant perpendiculairement à Oc, une pyramide à base carrée dont le sommet est en O et dont l'axe est Oc.

Le nombre total des canaux de ce genre que l'on peut placer autour de la sphère, est égal au nombre des carrés de surface a^2 que l'on peut placer sur la sphère de rayon x.

Or, la surface de cette sphère, étant égale à $4\pi x^2$, le nombre des carrés de surface a^2 sera égal à $\dfrac{4\pi x^2}{a^2}$. *Le flux total de force de la masse sphérique* M , *aura donc pour valeur*

$$f \times \frac{4\pi x^2}{a^2} = \frac{f_1 M a^2}{x^2} \times \frac{4\pi x^2}{a^2} = 4\pi f_1 M.$$

Dans le système où $f_1 = 1$ ce flux aura pour valeur $f = 4\pi M$.

43. — S'il y avait plusieurs sphères agissantes au lieu d'une seule, le calcul ne serait plus aussi simple, et il faudrait procéder de la manière suivante. Remarquons d'abord que les canaux de force sont normaux aux surfaces équipotentielles qu'ils traversent et que leur nombre restant invariable entre deux surfaces équipotentielles voisines, il en résulte que *le flux total de force*

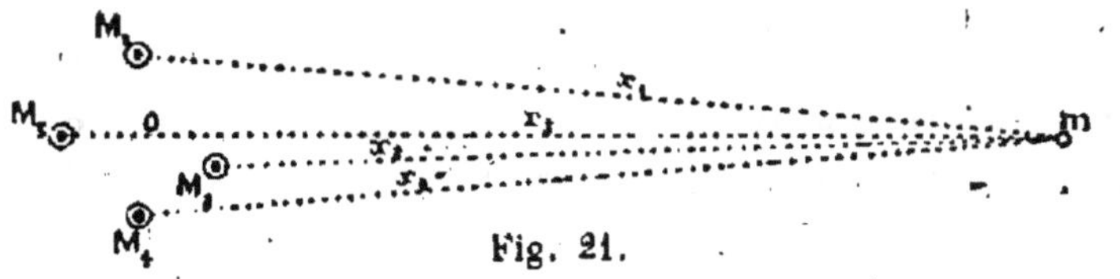

Fig. 21.

est constant quelle que soit la distance à laquelle on se place du groupe des masses agissantes. Si donc nous pouvions trouver la valeur de ce flux total correspondante à une surface équipotentielle très éloignée du groupe des masses agissantes, cette valeur conviendrait également pour toutes les autres ▮▮▮▮▮r, cela est facile, car il est presque évident qu'une ▮▮▮▮▮potentielle très éloignée de l'ensemble des masses agi▮▮▮▮es diffère d'autant moins d'une sphère que la distance est plus grande. Il suffit, pour s'en rendre compte, de considérer seulement les deux masses actives les plus éloignées l'une de l'autre. $M_1 M_4$ (fig. 21), parce que l'erreur commise sera alors la plus grande possible.

Si l'on décrit du milieu Ó de la droite $M_1 M_4$ une sphère d'un rayon Om extrêmement grand par rapport à $M_1 M_4$, l'action exercée par M_1 sur m, aura pour valeur :

$$\frac{f_1 M_1 m}{x^2}.$$

De même l'action émanant de M_i, sera

$$\frac{f_1 M_i m}{x_i^2}.$$

Ces deux forces faisant un angle extrêmement petit, leur résultante différera infiniment peu de leur somme :

$$f_1 m \left(\frac{M_1}{x^2} + \frac{M_i}{x_i^2} \right).$$

Mais les distances x_1 et x_i diffèrent aussi infiniment peu de la distance moyenne $Om = x_0$; on voit, en définitive, que nous ne commettrons qu'une *erreur relative*[1] infiniment petite en prenant la valeur de la résultante comme égale à

$$f_1 m \left(\frac{M_1}{x_0^2} + \frac{M_i}{x_0^2} \right) = \frac{f_1 m (M_1 + M_i)}{x_0^2},$$

c'est-à-dire comme ayant la même valeur que si les deux masses extrêmes $M_1 M_i$ étaient réunies en une seule située au point O.

Cette conclusion,. vraie pour les masses actives les plus éloignées l'une de l'autre, est *a fortiori* applicable aux autres masses ; l'action exercée sur m supposée placée à une très grande distance par rapport aux dimensions du groupe des masses actives, se réduit à une force unique qui a pour intensité :

$$\frac{f_1 (M_1 + M_2 + M_3 + \ldots) m}{x_0^2} = \frac{f_1 m \Sigma M}{x_0^2}$$

c'est-à-dire qui est représentée par la même expression que si toutes les masses étaient concentrées en un point unique O pour lequel on peut prendre leur centre de gravité commun. Nous voici donc ramenés au cas simple traité dans le paragraphe précédent, dans lequel le flux total de force avait pour expression $4\pi f_1 M$ qui sera remplacé ici par

$$4\pi f_1 \Sigma M,$$

1. On sait que l'*erreur relative* est le rapport de l'erreur absolue à la valeur exacte de la quantité considérée. Elle est dite infiniment petite, lorsqu'on est maître de la rendre aussi petite que l'on veut.

valeur qui, nous l'avons vu, convient à toutes les surfaces équipotentielles *enveloppant le groupe des masses agissantes.*

THÉORÈME DE GREEN

44. — Soit M une masse matérielle douée des propriétés de la gravitation[1], *ab* le côté d'un petit plan carré perpendiculaire au plan de la figure (fig. 22), chargé d'une couche matérielle uniformément répartie sur sa surface d'étendue *ds* et sollicité par

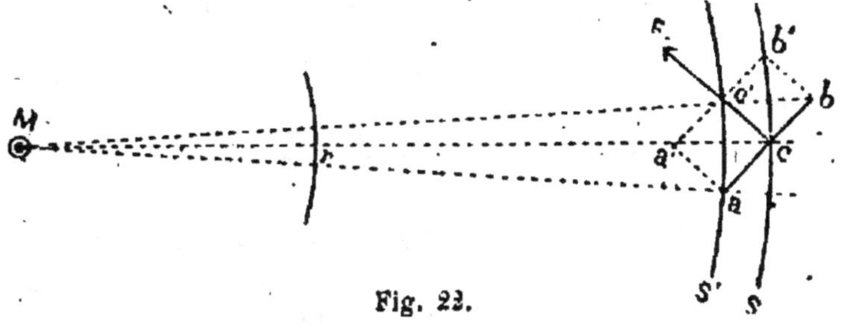

Fig. 22.

la masse M suivant la droite *Mc* qui passe par son centre de gravité. Nous supposerons que la couche matérielle dont il est recouvert, possède une masse égale à l'unité par unité de surface ; de sorte que sa masse totale est exprimée par le même nombre que sa surface *ds*. Nous supposerons le côté *ab* de ce carré très petit par rapport à la distance *Mc*.

Nous voulons calculer l'intensité de la force à laquelle le plan est soumis dans la direction *cF* de la normale élevée en son milieu. Nous pourrons procéder pour cela de deux manières différentes qui devront évidemment nous conduire à la même valeur.

1° La force attractive *f* exercée par M sur *ab* suivant la direction *Mc*, a pour expression :

$$f = f_1 \frac{Mm}{x^2}$$

1. Tous ces résultats s'appliquent sans modifications aux phénomènes électriques.

f_1 désignant l'attraction des deux points matériels ayant une masse égale à l'unité et séparés par une distance égale à l'unité de longueur ; m étant la masse du plan ab, masse représentée comme nous venons de le dire par le même nombre que sa surface ds ; et x étant la distance $\overline{Mc}$. La valeur de f peut donc s'écrire

$$f = f_1 \frac{M ds}{x^2} \cdot$$

Cette force Mc, peut être décomposée en deux autres : la première tangente au plan ab et dont nous ne nous occuperons pas, la seconde cF perpendiculaire à ce plan et qui a pour valeur $f \cos \widehat{McF}$, d'où en désignant par α l'angle McF et par f_N la force cF :

$$f_N = f \cos \alpha = f_1 \frac{M ds \cos \alpha}{x^2} \cdot$$

Décrivons maintenant du point M comme centre deux sphères, l'une de rayon $Mr = 1$, l'autre de rayon $Mc = x$. Les aires interceptées sur ces deux sphères par la pyramide quadrangulaire d'ouverture très petite dont le sommet est en M et dont la base est le petit carré ab, seront entre elles comme les carrés des distances $Mr = 1$, $Mc = x$. Si on désigne par $d\omega$ l'aire interceptée sur la sphère de rayon 1, l'aire interceptée sur l'autre de rayon x aura pour valeur :

$$x^2 d\omega.$$

Mais il est facile de voir que cette petite surface sphérique représentée sur la figure par l'arc de cercle ac', peut être considérée comme égale à la projection orthogonale du carré ab sur un plan perpendiculaire à Mc. Donc

$$x^2 d\omega = ds \cos \alpha, \qquad \text{d'où :} \qquad \frac{ds \cos \alpha}{x^2} = d\omega ;$$

et enfin :
$$f_N = f_1 M d\omega.$$

2° Cherchons maintenant une seconde expression de la composante normale f_N. Supposons pour cela que nous permettions au carré ab un déplacement très petit perpendiculaire à son plan et qui l'amène en $a'b'$. Soit dn la grandeur de ce déplacement, qui sur la figure est représenté par cc'.

Le travail développé par la force f_x pendant ce petit déplacement, est égal à

$$f_x \times dn.$$

D'autre part, le potentiel absolu moyen du petit carré ab peut être considéré comme égal à celui de son point milieu c, c'est-à-dire comme étant égal au travail développé par M sur la masse-unité venant d'une très grande distance jusqu'en c. Par conséquent, si le plan ab avait une masse égale à l'unité, le travail accompli pendant le déplacement cc', aurait pour expression $d\varpi$; $d\varpi$ étant la différence des potentiels en c et c'. Mais comme la masse du plan ab est égale non pas à l'unité, mais à ds, le travail a pour valeur :

$$d\varpi \times ds.$$

Égalant cette valeur du travail à la précédente, nous aurons :

$$f_x \times dn = d\varpi \times ds,$$

d'où :
$$f_x = \frac{d\varpi\, ds}{dn}.$$

Or le premier mode de calcul de f_x, nous avait conduit à l'équation :

$$f_x = f_1 M d\omega.$$

On a donc

$$\frac{d\varpi}{dn}\, ds = f_1 M d\omega.$$

Le premier membre est le produit de la surface ds du petit carré ab par la force qui serait appliquée perpendiculairement à son plan s'il avait une masse égale à l'unité. *C'est le flux de force qui entre par l'élément de surface ds normalement à cet élément.*

Le second membre est proportionnel au produit de la masse agissante M par l'élément de surface intercepté sur la sphère de rayon 1 par la pyramide d'ouverture très petite construite sur l'élément ds comme base.

Supposons que la masse M soit complètement enveloppée par une surface de forme quelconque et décomposons cette surface en une infinité d'éléments *ds* auxquels nous appliquerons la formule que nous venons d'établir. Nous aurons donc autant d'équations que d'éléments de surface *ds*.

En ajoutant ensemble tous les premiers membres de ces équations, le résultat de cette addition représenté par le symbole $\Sigma \dfrac{d\varpi}{dn} \, ds$, nous fera connaître la somme de tous les flux de force entrant dans la surface entière et perpendiculaires à cette surface en chacun de ses points.

La somme des seconds membres $\Sigma f_1 E d\omega$ est facile à trouver.

En effet, $f_1 M$ étant un facteur constant, on peut écrire :

$$\Sigma f_1 M d\omega = f_1 M \Sigma d\omega.$$

Mais $\Sigma d\omega$ étant la somme de toutes les aires élémentaires découpées sur la sphère de rayon 1, par les petites pyramides quadrangulaires juxtaposées qui ont pour base les éléments *ds* de la surface enveloppante, on a évidemment :

$$\Sigma d\omega = 4\pi,$$

donc, on a l'équation suivante due à Green :

$$\Sigma \frac{d\varpi}{dn} \, ds = 4\pi f_1 M.$$

Mais nous avons vu que $4\pi f_1 M$ représente précisément la valeur du flux total de force émané de la masse M tel que nous l'avons défini et l'équation ci-dessus montre qu'il est égal à la somme de tous les flux de force qui entrent normalement à cette surface *quelles que soient sa forme et la position du point M à son intérieur*.

45. — Il résulte de là, que s'il existait une seconde masse M_1 à l'intérieur de la même surface enveloppante, on trouverait de même :

$$\Sigma \frac{d\varpi_1}{dn} \, ds = 4\pi f_1 M_1.$$

et pour une masse M_2 on aurait :

$$\Sigma \frac{d\mathcal{E}_2}{dn}\, ds = 4\pi f_1 M_2$$

et ainsi de suite.

En faisant la somme de toutes ces quantités, et appelant $d\mathcal{E}_R$ le travail dû à la résultante des actions de toutes les masses $M_1, M_2, M_3, \ldots$, on a :

$$\Sigma \frac{d\mathcal{E}_R}{dn}\, ds = 4\pi f_1 (M + M_1 + M_2 + M_3 + \ldots).$$

Le flux total entrant dans la surface est $\mathcal{J} = 4\pi f_1 \Sigma M$ c'est le théorème de Green quelle que soit la forme de la surface.

46. — Considérons une seule masse agissante placée à l'intérieur de la surface enveloppante et supposons-la agissant par attraction sur la masse-unité que nous plaçons successivement

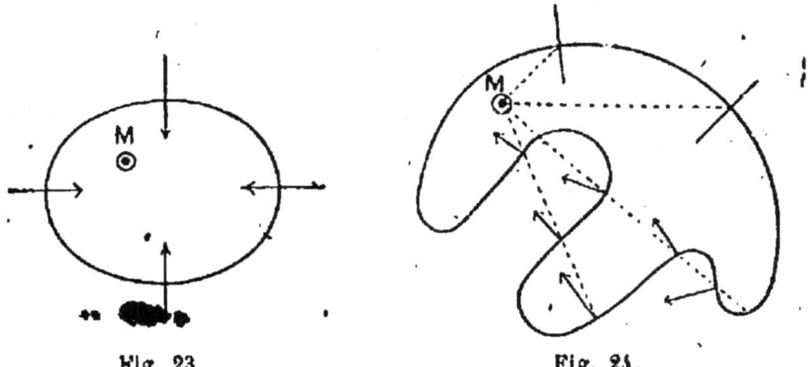

Fig. 23.   Fig. 24.

en tous les points de la surface enveloppante ; alors, le flux de force agissant sur elle, sera, si la courbure ne change pas de signe, constamment dirigé vers l'intérieur (fig. 23).

Les flux de force dirigés vers l'intérieur, sont dits *entrants* dans la surface et leur somme totale est égale à $4\pi f_1 M$. Les autres sont dits *sortants* (fig. 24) et leur somme totale est encore égale à $4\pi f_1 M$. Si nous cherchons les flux entrants et sortants correspondants à un même canal de force, il est évident qu'ils seront numériquement égaux.

Si au contraire la masse M était située *sur la surface même,* la somme de toutes les pyramides élémentaires dont le sommet est en M, ne pourrait découper sur la sphère de rayon 1, que la moitié de la surface totale c'est-à-dire 2π; *par conséquent dans ce cas, la somme de tous les flux de force traversant la surface est égale à* $2\pi f_1 M$.

47. — Dans le cas où la masse M serait à l'extérieur de la surface (fig. 25), la totalité des pyramides quadrangulaires ayant pour bases les aires élémentaires ds serait contenue dans un cône tangent à la surface suivant une courbe de contact AAA qui diviserait la surface en deux zones distinctes. Dans chacune de ces zones, le flux de force total aurait numériquement la même valeur mais avec deux signes contraires puisque ce flux total

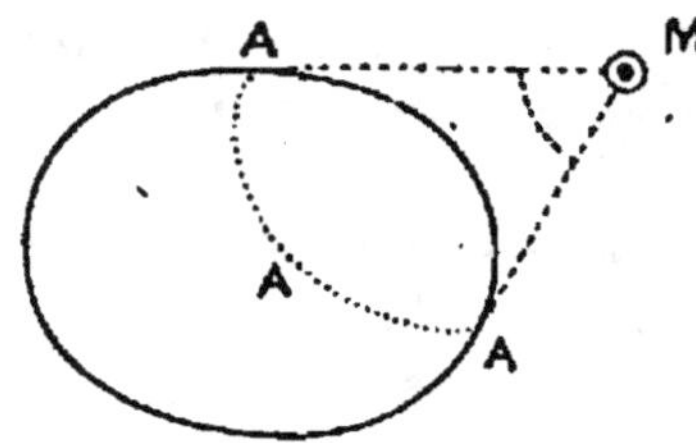

Fig. 25.

serait *entrant* dans la zone située au delà de AAA et *sortant* dans la zone située entre AAA et le sommet M. *La somme algébrique de tous les flux de force correspondant à la surface entière serait donc nulle.*

CHAPITRE IV

INDUCTION ÉLECTROSTATIQUE. — CONDENSATEURS

Phénomène d'induction ES. — Principe du condensateur $Q = CE$.
— Capacité des condensateurs, sphère, système des sphères,
cylindres, etc. — Pouvoir inducteur spécifique. — Usage des
condensateurs. — Groupement des condensateurs. — Energie
d'un condensateur $W = \frac{1}{2} CV^2$. — Condensateurs à capacités
variables. — Energie d'un condensateur à charge constante,
à potentiel constant. — Attraction des armatures. — Cas d'un
diélectrique. — Machines électrostatiques. — **Résumé.**

INDUCTION ÉLECTROSTATIQUE. — CONDENSATEURS

On sait que un corps électrisé A provoque sur un corps
neutre B une action à distance qui se manifeste comme l'indique les signes $+$ et $-$

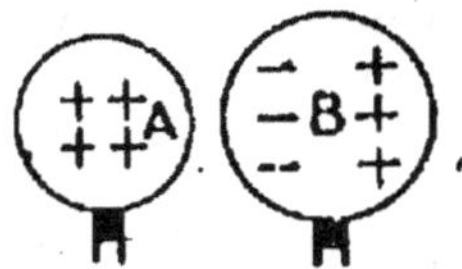

Ce résultat est parfaitement conforme aux conclusions auxquelles on serait conduit par le mode de représentation figura-
tive qui nous a servi jusqu'à présent à imiter les phénomènes
électriques au moyen de petites sphères mobiles chargées de
l'unité de quantité et qui sont douées les unes de propriétés
attractives, les autres de propriétés répulsives ; ces deux sortes
de sphères étant en nombre égal dans un corps neutre.

48. — Si le corps B (fig. 26) *enveloppe complètement* A (ce
qui exige pour charger A l'emploi d'un fil conducteur C qui

traverse sans la toucher la paroi de B), on trouve que la quantité d'électricité négative répartie sur B, après que l'on a laissé écouler l'électricité positive dans le sol, est numériquement égale à la charge de A, quelle que soit la forme et les dimensions de B. Pour le prou-ver, il suffit, après avoir supprimé la source qui alimente A et rompu la communication de B avec le sol, de réunir métalliquement A à B par le fil C devenu libre. Une décharge a

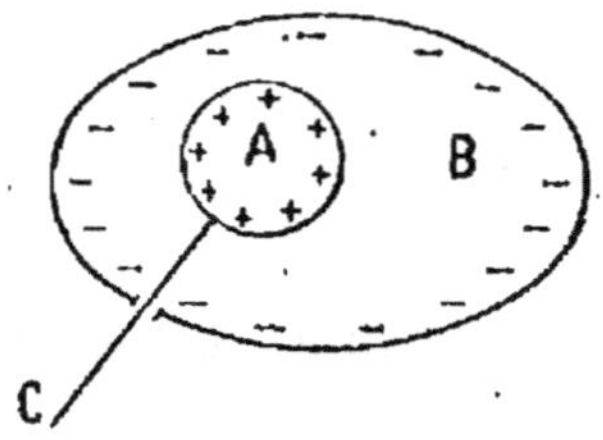

Fig. 26.

lieu, toute l'électricité de A passe sur B ainsi que nous l'avons déjà dit et on trouve alors que B ne donne plus trace d'élec-trisation, ce qui exige l'égalité numérique des deux charges de signes contraires de A et de B.

Si au lieu d'affecter la forme sphérique, le corps enveloppé A (fig. 27) a la forme d'un plan complètement entouré d'une sorte de boîte plate B qui représente le corps enveloppant, les résul-tats sont exactement les mêmes.

Enfin, si l'on réduit les deux corps à deux plans métalliques (fig. 28) d'une très faible épaisseur situés à une distance mu-

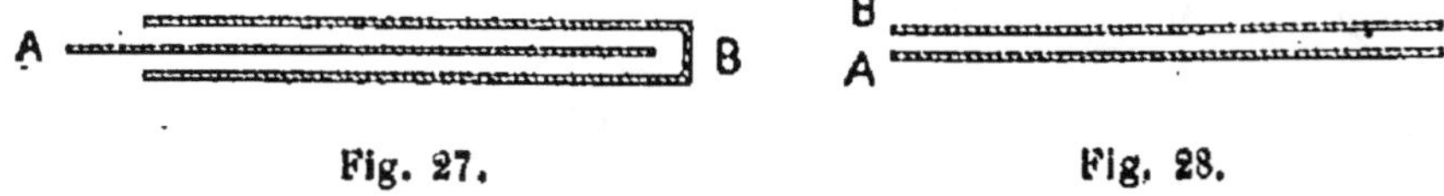

Fig. 27.

Fig. 28.

tuelle très petite par rapport à leurs dimensions transversales, les résultats sont encore les mêmes.

Or, comme nous allons le prouver, la charge électrique que ces dispositions permettent de donner à A pour un potentiel déterminé de ce corps, peut être calculée très facilement au moyen des principes que nous avons déjà établis.

CONDENSATEUR FORMÉ PAR DEUX SPHÈRES CONCENTRIQUES

49. — Nous étudierons d'abord le cas de deux sphères con-centriques. Soit OA (fig. 29) la sphère intérieure que l'on met en communication avec une source d'électricité au potentiel V_0, au moyen d'un conducteur traversant la sphère exté-rieure B sans la toucher. Cette seconde sphère est reliée au sol qui constitue un réservoir indéfini au potentiel zéro.

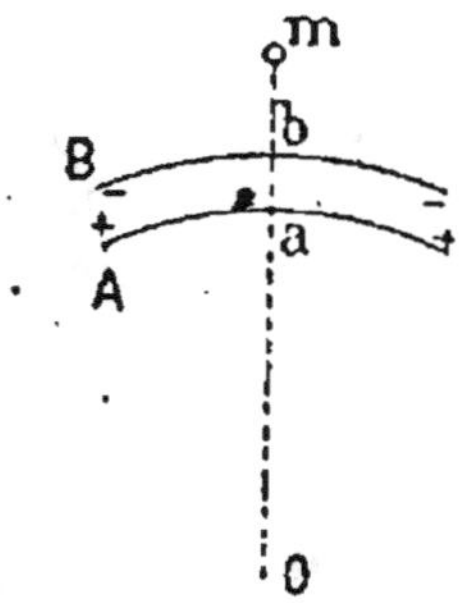

Désignons les rayons Oa et Ob par a et b. La masse-unité m, est soumise de la part des deux sphères A et B à des actions de signes contraires puisque ces sphères sont chargées en quantités égales : la première d'électricité positive, la seconde d'électri-cité négative. En supposant que m soit chargée de l'unité de quantité positive, la force répulsive f_a à laquelle elle sera sou-mise de la part de la sphère intérieure, aura pour valeur

Fig. 29.

$$f_a = + \frac{q}{d^2},$$

q désignant la charge de A et d la distance Om.

De même la force *attractive* développée sur m par B aura pour expression

$$f_b = - \frac{q}{d^2}.$$

En les ajoutant, on trouve que la résultante est nulle. Ainsi l'action mécanique de cet ensemble sur un point extérieur électrisé est constamment nulle.

Mais il n'en est plus de même lorsque la masse-unité m pénètre dans l'intervalle ab en glissant le long du conducteur qui traverse la paroi de B sans la toucher et relie A à la source d'électricité de laquelle sort m.

En effet, lorsque m après avoir traversé l'épaisseur extrê-mement petite de la couche électrisée qui recouvre B, pénètre à l'intérieur de B, l'action mécanique de la sphère B sur m devient nulle en vertu d'un théorème que nous avons souvent invoqué, tandis que la force répulsive émanée de A est toujours représentée par la même expression

$$f_a = \frac{q}{x^2} \cdot$$

La distance ab étant très petite par rapport à a, on peut sans erreur sensible remplacer x qui est nécessairement compris entre les deux valeurs très voisines b et a, par a et écrire :

$$f_a = \frac{q}{a^2} \cdot$$

Cette force qui varie très peu pendant le petit trajet ab, produit sur m un travail résistant dont l'expression diffère également très peu de

$$\frac{q\,(a-b)}{a^2} = \frac{q\delta}{a^2} ,$$

δ désignant la distance ab. C'est l'expression de la quantité de travail qu'il faut dépenser pour augmenter d'une unité la charge q déjà existante sur la sphère A. Cette augmentation d'une unité, sera d'ailleurs accompagnée d'une augmentation égale d'électricité négative empruntée au sol et amenée sur la sphère B, mais qui ne produira aucun travail parce qu'elle restera toujours extérieure au système des deux sphères.

L'expression $\frac{q\delta}{a^2}$ peut s'écrire $\frac{\delta}{a} \cdot \frac{q}{a}$.

Mais nous avons vu que le travail nécessaire pour amener la masse-unité de l'infini, à la surface d'une sphère de rayon a déjà chargée de q unités (ou en d'autres termes le potentiel de la sphère de rayon a), a pour valeur $\frac{q}{a}$. Donc ce travail se trouve réduit par la présence de la sphère extérieure B, dans le rapport de δ à a, c'est-à-dire autant qu'on le veut puisqu'on peut prendre δ, c'est-à-dire l'intervalle ab, très petit et a très grand.

Le travail total nécessaire pour charger une sphère de rayon r, d'une quantité d'électricité q, a pour valeur $\frac{q^2}{2r}$;

chaque unité ajoutée à la charge déjà existante, exigeant un travail proportionnel à cette charge et égal à $\frac{q}{r}$. Il est évident que si chaque unité exigeait un travail n fois moindre, la charge totale exigerait elle-même un travail n fois moindre. Or nous venons de démontrer que si la sphère de rayon a est entourée d'une autre sphère de rayon $a + \delta$, le travail par unité de charge ajoutée à la charge primitive, est égal à :

$$\frac{q}{a} \cdot \frac{\delta}{a}$$

où le nombre n est représenté par $\frac{\delta}{a}$. Donc la charge totale, au lieu d'exiger un travail total $\frac{q^2}{2a}$, absorbera un travail ayant pour valeur

$$\frac{\delta}{q} \cdot \frac{q^2}{2a}$$

Ainsi donc cet ensemble de deux sphères concentriques jouit de la propriété remarquable de diminuer dans le rapport $\frac{\delta}{a}$ le travail nécessaire pour charger de la quantité q la sphère de rayon a. En prenant δ (c'est-à-dire la différence des rayons) très petit, on peut réduire ce travail autant qu'on le veut. On peut donc condenser dans un petit espace une quantité d'électricité très grande en dépensant un travail dont on se donne arbitrairement la valeur.

On a, pour ce motif, donné le nom de *Condensateur* à l'appareil que nous venons de décrire.

50. — La valeur du travail total, nécessaire pour charger la sphère A, telle qu'elle vient d'être établie, n'est qu'approximative puisque nous avons supposé la force f_a constante dans l'intervalle ab. Si on veut la valeur exacte, il faut faire un calcul absolument semblable à celui qui fait connaître, dans le cas d'une sphère, le travail accompli par la masse-unité lorsque sa distance au centre de la sphère passe de la valeur b à la valeur a, puisque, pour une distance plus grande que b, la masse-unité n'est plus sollicitée par aucune force.

Ce travail a pour valeur

$$\frac{q}{a} - \frac{q'}{b}$$

et si l'accroissement de la charge, au lieu d'être égal à l'unité, était égal à une quantité infiniment petite, dq, le travail infiniment petit dW nécessité par cet accroissement de charge serait donné par l'équation :

$$dW = \left(\frac{1}{a} - \frac{1}{b}\right) q\,dq$$

d'où on tire, en intégrant

$$W = \frac{1}{2} \left(\frac{q^2}{a} - \frac{q^2}{b}\right) = \frac{1}{2} \frac{b-a}{ab} q^2$$

ou en posant $b = a + \delta$

$$W = \frac{\delta}{a + \delta} \cdot \frac{q^2}{2a}$$

valeur qui ne diffère de la précédente que par la substitution du facteur $\dfrac{\delta}{a + \delta}$ au facteur $\dfrac{\delta}{a}$.

CAPACITÉ DES CONDENSATEURS

51. — Nous avons défini dans le chapitre précédent la capacité d'un système de corps conducteurs, par l'équation :

$$C = \frac{Q}{V}$$

Pour appliquer cette équation à l'ensemble de deux sphères concentriques, rappelons que V est le potentiel absolu de la surface du corps conducteur considéré, c'est-à-dire le travail accompli par la masse-unité lorsqu'elle est amenée de l'infini jusqu'à la surface du conducteur.

Dans une sphère unique, de rayon R, isolée au milieu de l'espace, le potentiel a pour valeur $\dfrac{Q}{R}$, ou, avec les notations employées dans le paragraphe précédent $\dfrac{q}{a}$. Mais si on entoure la sphère d'une autre de rayon b, tout le travail accompli par la masse-unité depuis l'infini jusqu'au moment où elle arrive en b, est supprimé. Or ce travail a pour valeur $\frac{q}{b}$; donc la présence de la sphère extérieure a pour conséquence de réduire V, *considéré comme le potentiel de l'ensemble*, à la valeur $\frac{q}{a} - \frac{q}{b}$. La capacité C a donc pour valeur

$$ C = \frac{q}{\dfrac{q}{a} - \dfrac{q}{b}} = \frac{ab}{b-a} $$

ou en remplaçant b par $a + \delta$

$$ C = \frac{a\,(a + \delta)}{\delta} $$

qui diffère très peu de $\frac{a^2}{\delta}$; nous adopterons donc

$$ C = \frac{a^2}{\delta} . $$

La capacité de la sphère A sans enveloppe étant égale à a, on voit que l'enveloppe B l'augmente dans le rapport de a à δ.

52. — Capacité d'un condensateur plan. — La capacité d'un condensateur sphérique de rayon R, étant représentée par $\frac{R^2}{\delta}$, la quantité totale Q répartie sur la sphère a pour valeur, en vertu de l'équation Q = CV,

$$ Q = \frac{R^2 V}{\delta} . $$

La quantité répartie sur l'unité de surface est donc égale à

$$ \frac{R^2 V}{\delta S} , $$

S étant la surface de la sphère. Mais on a $S = 4\pi R^2$; donc la charge par unité de surface a pour valeur :

$$ Q_1 = \frac{V}{4\pi\delta} \qquad \text{d'où} \qquad \frac{Q_1}{V} = \frac{1}{4\pi\delta} . $$

Mais $\dfrac{Q_1}{V}$ est, par définition, la capacité d'une portion de la surface sphérique égale à l'unité ; en la désignant par C_1, on a

$$C_1 = \frac{1}{4\pi\delta},$$

valeur indépendante du rayon de la sphère. On peut donc prendre ce rayon assez grand pour que la portion de la surface considérée, dont l'aire est égale à 1, diffère infiniment peu d'un plan sans que la formule cesse d'être exacte. On peut donc dire qu'*un condensateur formé de deux plans parallèles dont la distance est δ et dont la surface est 1, a pour capacité :*

$$C_1 = \frac{1}{4\pi\delta}.$$

Si la surface, au lieu d'être égale à 1 avait pour valeur S, on aurait évidemment.

$$C = \frac{S}{4\pi\delta}.$$

53. — Capacité d'un condensateur formé de deux cylindres concentriques. — On trouve par des calculs faciles en partant du potentiel (v. p. 32), que la *capacité d'un condensateur formé de deux cylindres conducteurs concentriques, dont les rayons intérieur et extérieur sont représentés par a et b et dont la longueur commune est l, est donnée par l'équation*

$$C = \frac{l}{2 \log_e \dfrac{b}{a}}$$

dans laquelle $\log_e$ représente le logarithme népérien. Si on veut le remplacer par le logarithme usuel, la formule devient :

$$C = 0,217 \frac{l}{\log \dfrac{b}{a}}.$$

Si on pose

$$b = a + \delta = a\left(1 + \frac{\delta}{a}\right), \qquad \frac{b}{a} = 1 + \frac{\delta}{a},$$

δ étant la distance des deux cylindres concentriques et a le rayon de la surface intérieure, on peut considérer $\dfrac{\delta}{a}$ comme très petit et alors le logarithme népérien est représenté avec une grande approximation par l'équation

$$\log \frac{b}{a} = \log \left(1 + \frac{\delta}{a}\right) = \frac{\delta}{a},$$

de sorte que la valeur de C devient

$$C = \frac{l}{\dfrac{2\delta}{a}} = \frac{al}{2\delta}.$$

On peut arriver immédiatement à cette dernière valeur, en considérant un condensateur cylindrique comme formé au moyen d'un condensateur plan recourbé en cylindre jusqu'à ce que les bords opposés se touchent ; opération qui ne changerait pas la capacité. Or cette capacité, avant l'opération dont nous venons de parler, a pour valeur

$$C = \frac{S}{4\pi\delta}.$$

Mais la surface S reste la même avant et après la transformation du condensateur plan en condensateur cylindrique, et, dans ce dernier cas, elle n'est autre chose que la surface latérale d'un cylindre, soit $2\pi al$; donc

$$C = \frac{2\pi al}{4\pi\delta} = \frac{al}{2\delta},$$

valeur déjà trouvée.

54. — Condensateur formé d'un plan et d'un cylindre de petit diamètre. — On trouve une formule très compliquée et par conséquent d'un usage très incommode. Mais elle se simplifie beaucoup lorsque la distance D de l'axe du cylindre au plan est très grande par rapport au rayon r du cylindre. *C'est le cas d'un fil télégraphique parallèle au sol.* On a alors :

$$C = \frac{l}{2 \log_e \dfrac{2D}{r}}$$

ou, en employant les logarithmes usuels,

$$C = \frac{0,217\, l}{\log \dfrac{2D}{r}} \cdot$$

55. — Remarque. — Nous avons désigné par V le potentiel absolu de l'ensemble des deux surfaces très rapprochées qui forment un condensateur. Mais comme elles sont nécessairement chargées d'électricités de signes contraires, ce potentiel absolu, égal, comme nous le savons, à la somme algébrique des potentiels individuels des deux surfaces, devient au contraire égal à la différence de leurs valeurs numériques absolues. Il résulte de là, que l'on peut considérer dans l'équation générale, $Q = CV$, V comme représentant la différence des potentiels des deux surfaces, ou, comme on dit habituellement, des deux armatures.

56. — Dimensions de C. — Unité pratique adoptée. — En remplaçant dans l'équation $Q = \dfrac{C}{V}$, les quantités Q et V par les expressions symboliques que nous avons déjà fait connaitre, on trouve

$$C = \frac{1}{L} = L^{-1} \cdot$$

La capacité est donc, dans le système d'unités électro-statiques, représentée par l'inverse d'une longueur.

Quant à l'unité adoptée, elle dérive du système d'unités électro-dynamiques pratiques que nous définirons plus tard. Elle a reçu le *nom de* Farad *et elle vaut comme nous le verrons* 9×10^{11} *unités électro-statiques.* Mais dans la pratique ordinaire, pour éviter d'exprimer la capacité des condensateurs (qui est toujours bien inférieure à un Farad) par des nombres trop petits, on a adopté une unité nommée *Micro-Farad* qui est la millionième partie d'un Farad. *Par conséquent, un micro-farad vaut* 9×10^{5} *unités électro-statiques de capacité ;* cette dernière étant celle d'un condensateur dont les armatures ont une différence de potentiel égale à l'unité lorsqu'il est chargé de l'unité de quantité d'électricité.

57. — Exemple numérique. — Nous pouvons maintenant calculer, avec les formules établies plus haut, la capacité d'un condensateur plan ayant un mètre carré de surface et dont les armatures sont séparées par une couche d'air de 1 ^{cm}.

La capacité d'un condensateur a pour valeur :

$$C = \frac{S}{4\pi\delta}\cdot$$

Si nous faisons S = 1 mètre carré, = 10.000 centimètres carrés ; δ = 1 centimètre.

$$C = 796 \text{ unités électro-statiques.}$$

ou
$$C = \frac{796}{900000} = 0,000884 \text{ micro-farads.}$$

On voit que pour faire un condensateur plan de 1 micro-farad, dans les conditions énoncées, il faudrait que sa surface fût égale à

$$\frac{1}{0,000884} = 1130 \text{ mètres carrés.}$$

Ce chiffre donne une idée de la difficulté que l'on éprouverait à construire un condensateur à lame d'air ayant une capacité de 1 micro-farad.

On pourrait, il est vrai, en diminuant beaucoup l'épaisseur de la lame d'air c'est-à-dire δ, augmenter autant qu'on le voudrait la capacité. Mais on se trouve en présence de difficultés de construction insurmontables ; ainsi, par exemple, il serait très difficile de maintenir des lames métalliques de grande surface à une distance l'une de l'autre de 1 centimètre. Il semble que cette difficulté soit très facile à surmonter en intercalant des corps isolants de distance en distance pour maintenir l'écartement des armatures. Mais comme nous le verrons bientôt, la présence d'un corps isolant ou *diélectrique* entre les lames d'un condensateur, en modifie considérablement la capacité qui, alors, n'est plus représentée par les formules que nous avons données.

CONDENSATEURS ABSOLUS

58. — Le condensateur formé de deux sphères concentriques, séparées par une lame d'air, est le seul pour lequel les formules établies soient rigoureusement exactes ; les autres formes de condensateurs, tels que condensateur plan, condensateur cylindrique (bouteille de Leyde), ne permettent pas une répartition uniforme de l'électricité dans toute leur étendue. De sorte que dans un condensateur plan de un mètre carré de surface, un petit élément ayant un centimètre carré, et situé au centre de l'armature, condense une quantité d'électricité plus grande qu'un petit élément identique, mais situé près des bords. Cette dissymétrie ne peut avoir lieu quand il s'agit de deux sphères concentriques, à cause de l'identité absolue des actions exercées par la sphère extérieure sur chacun des éléments de surface de la sphère intérieure.

59. — Si donc on voulait construire de toutes pièces, un condensateur dont les dimensions *géométriques* répondissent à une capacité *électrique* donnée, on devrait adopter le système formé de deux sphères concentriques, auquel on a donné, pour cette raison, le nom de condensateur absolu.

On peut cependant construire un condensateur plan satisfaisant à la formule donnée, au moyen de l'artifice suivant dû à William-Thomson.

Soient AA', BB' les deux armatures d'un condensateur plan de forme circulaire (fig. 30). Découpons dans ces armatures deux

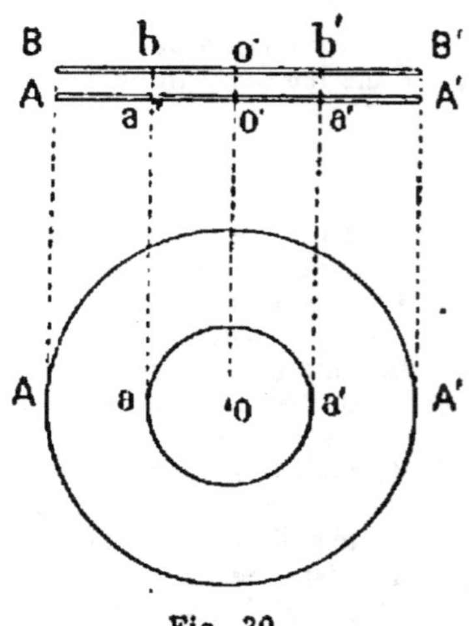

Fig. 30.

cercles *aa'*, *bb'* qui ne communiquent pas électriquement avec le plan dans lequel ils ont été découpés ([1]), mais qui doivent satisfaire à deux conditions :

1. Dans la pratique, on se contente de faire cette opération sur une seule des deux armatures ; l'autre conserve sa continuité métallique dans toute son étendue.

1° Être situés exactement dans les plans auxquels ils appartenaient.

2° Que la couche d'air qui sépare la portion annulaire AA' de la portion circulaire *aa'* soit aussi faible que possible sans être nulle. Il est évident que les points situés dans les cercles *aa'*, *bb'* sont soumis à des actions approchant beaucoup plus de l'uniformité que les points situés dans les régions annulaires. On peut donc considérer l'ensemble des deux armatures *aa' bb'* comme constituant un condensateur s'approchant beaucoup plus des conditions exigées par la formule que le condensateur primitif AA', BB'.

Cependant, cela ne serait absolument rigoureux que si les cercles extérieurs AA', BB' étaient très grands par rapport aux cercles intérieurs.

Il va de soi que pour charger ce condensateur d'électricité, il faut commencer par mettre la zone annulaire et la zone centrale d'une même armature, en communication avec une source d'électricité.

60. — Condensateur absolu de William-Thomson. — Cet appareil (fig. 31) est basé sur le même principe que la disposition que nous venons de décrire. Il se compose d'une boîte cylindrique métallique BB'C'C dont les parois ont une faible épaisseur et dont la face supérieure BB' parfaitement plane se compose de deux parties circulaires concentriques, dont l'une est un disque *bb'* supporté par deux petites tiges isolantes *tt'*, l'autre une couronne annulaire appelée *anneau de garde* et séparée de *bb'* par un très petit intervalle.

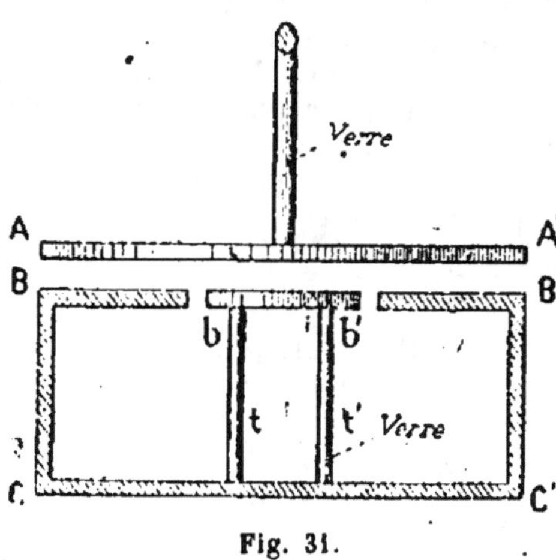

Fig. 31.

Le disque AA' rigoureusement parallèle à la face BB' et de même diamètre qu'elle peut être élevé ou abaissé au moyen d'une vis micrométrique qui permet de connaître exactement la distance de AA' et de BB'.

Pour se servir de l'instrument, on commence par mettre AA' en communication avec la terre tandis que le disque bb', ainsi que la boîte métallique BB'C'C, sont mis en communication avec une source d'électricité de potentiel constant V. La charge électrique se répartit sur la surface extérieure de la boîte et du disque ; ensuite on *supprime* la communication avec la source. La partie supérieure de la boîte Bbb'B' forme avec la plaque AA' un condensateur plan dans lequel la partie centrale bb' de l'armature inférieure peut être considérée comme chargée d'une quantité d'électricité uniformément répartie et qui a pour expression cV, c étant la capacité de bb'. Or cette capacité serait d'après la formule établie plus haut, égale à $\dfrac{s}{4\pi\delta}$, δ désignant la distance des deux armatures AA' BB'. Mais on démontre, par des calculs trop compliqués pour être reproduits ici, qu'on doit prendre pour s une valeur égale à la moyenne arithmétique de la surface bb' et de la surface de l'ouverture circulaire pratiquée dans BB'.

La quantité d'électricité uniformément répartie sur bb' a donc pour valeur :

$$q = \frac{s}{4\pi\delta}\,V.$$

Ceci posé, on met en communication avec la terre la boîte extérieure BCC'B de sorte que tout l'appareil, excepté le disque bb', communique avec la terre et forme un condensateur dans lequel une des armatures bb' est entièrement enveloppée par l'autre armature AA'B'C'CBA, condition très favorable. Cette opération ne peut pas modifier la quantité d'électricité qui existe sur bb', mais elle en modifie le potentiel : de sorte que l'on a, en appelant V' la nouvelle valeur du potentiel de bb'

$$q = c'V',$$

c' désignant la capacité du condensateur lorsque toutes ses parties, bb' excepté, communiquent avec la terre. On a donc

$$c'V' = q = \frac{s}{4\pi\delta}\,V$$

d'où on tire :
$$c' = \frac{V}{V'} \times \frac{s}{4\pi\delta}\cdot$$

La détermination de c' exige donc que l'on connaisse le rapport des deux potentiels V et V' qui est obtenu au moyen d'électromètres que nous décrirons plus tard. Cet instrument devrait donc s'appeler plutôt *condensateur étalon* que *condensateur absolu* puisque, pour connaître sa capacité, il faut procéder à des mesures autres que des mesures géométriques, inconvénient que ne présente pas le condensateur sphérique.

Remarquons en outre que lorsqu'on veut mesurer le potentiel V' de bb' après avoir mis tout le reste en communication avec la terre, cette mesure ne peut se faire qu'en mettant bb' en communication avec un électromètre qui ne peut pas avoir une capacité nulle ni même négligeable devant celle de bb'. La valeur trouvée c', n'est donc pas rigoureusement égale à celle du condensateur étalon.

61. — Condensateur absolu de M. Abraham. — Cet appareil a été construit avec un soin extrême pour servir à déterminer le rapport de l'unité de quantité électrique, telle qu'elle est définie dans le système électro-dynamique, à l'unité de quantité électrostatique définie d'après la loi de Coulomb. C'est un condensateur à lame d'air dont la capacité, d'environ 500 unités ou $\dfrac{1}{1800}$ de micro-farad, peut être calculée avec une précision atteignant le dix-millième.

Il est composé de deux plateaux en glace de Saint-Gobain de 23 millimètres d'épaisseur et de 350 millimètres de diamètre entièrement argentés sur leurs deux faces et sur leur pourtour, de sorte que le verre sert uniquement de support rigide à la couche d'argent. Les faces utiles ont été dressées par les procédés employés pour faire des verres d'optique de manière à en faire des plans où un sphéromètre n'a pu déceler aucun défaut atteignant un micron (un millième de millimètre). Celui des deux plateaux qui joue le rôle de l'armature munie d'un anneau de garde, porte dans l'argenture un sillon circulaire tracé au burin d'acier, de façon à enlever l'argenture sur une largeur (dans le sens du rayon) de $\dfrac{1}{10}$ de millimètre et sur une épaisseur juste suffisante pour mettre le verre à nu sans l'entamer.

La circonférence ainsi obtenue a environ 22 centimètres de diamètre, de sorte que la largeur de la zone de garde est à peu près de 65 millimètres.

Les deux plateaux sont situés à une distance invariable et séparés l'un de l'autre par trois rondelles de quartz travaillées ensemble, de manière à avoir la même épaisseur ; elles sont placées sous l'anneau de garde, afin de ne pas influencer la répartition de la charge de la région centrale, isolée de l'anneau de garde, qui joue seule un rôle dans le calcul de la capacité et dont lé diamètre exact mesuré avec une machine à diviser a été trouvé égal à $218^{m}/^{m}$, 19.

La mesure de l'écartement des faces argentées, séparées par les rondelles de quartz, est faite avec une précision extrême au moyen d'un procédé optique dans lequel on utilise les propriétés réfléchissantes de ces deux faces qui constituent des miroirs plans parfaits. Nous renverrons les personnes désireuses de le connaître à la note publiée par M. Abraham dans les Comptes Rendus de l'Académie des Sciences pour 1892. L'erreur possible commise dans la mesure de l'épaisseur de la lame d'air ne paraît pas devoir dépasser un micron.

62. — Condensateurs dans lesquels la lame d'air est remplacée par un corps solide ou liquide. — Pouvoir inducteur spécifique. — Si, dans un condensateur plan à lame d'air, on vient à glisser entre les deux armatures une lame d'un corps isolant tel que du verre ou du caoutchouc durci, on remarque que sa capacité en est considérablement augmentée, et *le rapport de la nouvelle capacité à l'ancienne s'appelle le* pouvoir inducteur spécifique *de la substance interposée*. Ce pouvoir inducteur spécifique est, pour un même corps considéré, variable avec la température, avec la pression et avec la durée de l'électrisation. L'influence de ces différents éléments sur le pouvoir inducteur spécifique est très compliquée et ne paraît pas obéir à des lois définies.

Nous avons déjà mentionné l'existence du pouvoir inducteur spécifique en parlant de la loi de Coulomb, dont l'expression

$$F = \frac{qq'}{d^2}$$

ne s'applique que dans le cas où les corps électrisés sont plongés dans l'air ou dans le vide; s'ils étaient entourés d'un liquide isolant tel que l'essence de térébenthine, le pétrole, l'huile, etc., la force F n'aurait plus la valeur donnée par le second membre, et la formule deviendrait

$$F = k \frac{qq'}{d^2},$$

k étant précisément l'inverse de ce qu'on appelle le pouvoir inducteur spécifique, lorsqu'il s'agit des condensateurs, comme nous allons le démontrer.

63. — Si on se reporte, en effet, au mode de calcul que nous avons employé pour évaluer le travail développé par une masse-unité amenée de l'infini jusqu'à la surface de la sphère intérieure de rayon a, d'un condensateur sphérique, ou ce qu'on pourrait appeler le potentiel *apparent* de la sphère intérieure, on verra qu'il était égal à $\dfrac{q}{a} \cdot \dfrac{\delta}{a}$ c'est-à-dire au potentiel absolu $\dfrac{q}{a}$ multiplié par $\dfrac{\delta}{a}$.

Or ce potentiel apparent a pour valeur le travail qu'il faut dépenser pour faire parcourir à la masse-unité l'intervalle existant entre les deux sphères A et B, travail évidemment proportionnel au facteur k de la formule de Coulomb

$$F = k \frac{qq'}{d^2}$$

lorsqu'on suppose que les corps électrisés sont plongés dans un autre milieu que l'air. Si au lieu d'air, l'intervalle compris entre les deux sphères était rempli d'un liquide isolant tel que la térébenthine, l'effort répulsif exercé par la sphère intérieure A étant multiplié par k, le travail appliqué à la masse-unité serait aussi multiplié par k et deviendrait

$$k \cdot \frac{\delta}{a} \cdot \frac{q}{a}.$$

Il en serait de même de l'énergie totale qu'il faudrait dépenser pour charger le condensateur et qui serait égale à

$$k \cdot \frac{\delta}{a} \cdot \frac{q^2}{2a}$$

au lieu de

$$\frac{\delta}{a} \cdot \frac{q^2}{2a}$$

valeur trouvée lorsque l'intervalle ab est rempli d'air.

64. — Ces résultats s'appliquent évidemment à un condensateur de forme quelconque et se résument en ceci : *si les forces apparentes attractives ou répulsives de deux corps électrisés plongés dans un milieu autre que l'air, sont k fois aussi grandes que dans l'air, un condensateur dont les armatures sont séparées par le milieu, exigera, à charge égale, la dépense d'une quantité de travail k fois aussi grande que si les armatures étaient séparées par de l'air.*

Or en appelant c la capacité d'un condensateur à lame d'air, le travail nécessaire pour le charger sera

$$W = \frac{q^2}{2c}$$

tandis que d'après ce que nous venons de dire ce même travail deviendra, en remplaçant l'air par un liquide ou un solide isolant,

$$W' = k\,\frac{q^2}{2c} = \frac{q^2}{2\left(\frac{c}{k}\right)} = \frac{q^2}{2c'}\cdot$$

Nous tirons de là en divisant membre à membre

$$\frac{W'}{W} = k\,\frac{W'}{W} = \frac{c}{c'}$$

et enfin

$$c' = \frac{c}{k},$$

équation qui montre que la capacité du second condensateur deviendra *k fois moindre* que celle du condensateur à lame d'air.

C'est au coefficient $\frac{1}{k}$ que l'on a donné le nom de *pouvoir inducteur spécifique* du diélectrique qui remplace la lame d'air. Nous le désignerons par k'.

Voici un tableau qui donne quelques valeurs de ce coefficient relatives aux solides, aux liquides et aux gaz. Ces derniers sont les seuls corps pour lesquels le pouvoir inducteur spécifique soit un nombre identique à lui-même dans des circonstances identiques. Les solides donnent des valeurs variables avec la pression, la température, la durée de l'électrisation, etc.

DIÉLECTRIQUE	POUVOIR inducteur.	DURÉE de l'électrisation en secondes.	NOM des observateurs.
Paraffine.	8,12	45	Boltzmann.
Id.	2,32	$\frac{1}{360}$	id.
Id.	1,99	$\frac{1}{12.000}$	Gordon.
Verre :			
Flint double très dense :			
1° après la fonte	3,16	$\frac{1}{12.000}$	Gordon.
2° 18 mois après	3,84	id.	id.
Flint léger :			
1° après la fonte	3,01	id.	id.
2° 18 mois après	3,44	id.	id.
Soufre.	2,58	$\frac{1}{12.000}$	id.
Id.	3,90	$\frac{1}{360}$	Boltzmann.
Gomme laque	2,74	$\frac{1}{12.000}$	Gordon.
Chatterton compound. . . .	2,55	id.	id.
Caoutchouc vulcanisé gris .	2,50	id.	id.
— noir	2,22	id.	id.
Gutta-percha.	2,46	id.	id.
Ebonite	2,28	id.	id.
Mica blanc.	8	»	Bouty.
Sulfure de carbone.	2,61	$\frac{1}{50}$	Palaz.
Id.	1,81	$\frac{1}{12.000}$	Gordon.
Pétrole rectifié.	2,19	$\frac{1}{50}$	Palaz.
Essence de térébenthine . .	2,15	$\frac{1}{25}$	Silow.
Air	1,00000	»	»
Vide.	0,99941	»	Boltzmann.
Glace (Eau à l'état solide). .	78	»	Bouty.

M. le professeur Robert Weber a publié dans les *Archives des Sciences physiques et naturelles* (juin 1893) un travail intéressant sur la valeur du pouvoir inducteur spécifique mesuré au moyen d'un procédé dont il est l'inventeur. Voici les résultats qu'il a trouvés :

Air sec à 0°.	1,000	Eau (moyenne) . . .	40,25	
Air sec à 15°	0,983	Acide sulfurique. . .	41,6	
Air humide à 15°. .	0,997	Alcool méthylique. .	53,8	
Sulfure de carbone .	1,049	Alcool éthylique. . .	55,2	
Essence de térében-		Alcool amylique. . .	25,8	
thine.	1,797	Acide sulfurique 62,5	}	47,9
Pétrole.	1,058	Eau 37,5		
Ether sulfurique . .	2,898	Alcool éthylique 50	}	111,2
		Eau 50		

On voit que l'eau a un pouvoir inducteur considérable qui est encore dépassé par celui d'un mélange d'eau et d'acide sulfurique composé de 0,625 d'acide sulfurique et de 0,375 d'eau. Mais le mélange dont la capacité inductive l'emporte de beaucoup sur tous les autres est celui qui est composé de 50 parties d'alcool éthylique et de 50 parties d'eau, on obtient alors pour k, la valeur énorme de 111,2.

65. — On voit combien la durée de l'électrisation a d'influence sur le pouvoir inducteur spécifique ; ainsi le pouvoir inducteur de la paraffine qui est égal à 1,99 lorsque la durée de l'électrisation est de $\dfrac{1}{12\,000}$ de seconde, monte à 8,12 quand cette durée atteint 45 secondes. Il est donc absolument nécessaire, lorsque l'on donne un nombre représentant le pouvoir inducteur d'une substance, de faire connaître la durée de l'électrisation. C'est pour ce motif que Gordon, que l'on peut citer comme un de ceux dont les expériences ont été faites avec le plus de précautions de toutes natures, a toujours eu soin de donner à l'électrisation une durée invariable

$$\left(\frac{1}{12\,000} \text{ de seconde} \right).$$

Il a d'ailleurs mis ainsi hors de doute un fait qui avait été contesté par des savants distingués, à savoir que les diélectriques ont bien réellement un pouvoir inducteur spécifique plus grand que l'unité tandis que les savants auxquels nous faisons allusion, prétendaient que plus la durée de l'électrisation était courte, plus le pouvoir inducteur de tous les corps tendait vers la même limite, l'unité.

66. — Charge résiduelle. — Ces remarques sont indispensables pour bien faire comprendre qu'il n'est pas possible de faire des condensateurs étalons exacts en employant comme isolants des corps choisis simplement parmi ceux dont le pouvoir inducteur est le plus élevé. On doit se laisser guider surtout par l'invariabilité du pouvoir spécifique et par l'absence d'un phénomène dont nous allons parler, qui vient encore simplifier l'emploi des condensateurs comme appareils de mesure. Ce phénomène est ce qu'on appelle la *Charge résiduelle*. Il consiste en ceci : si après avoir chargé un condensateur, on le décharge en réunissant ses deux armatures par un corps bon conducteur, et qu'ensuite on rompe la communication, pour la rétablir un certain temps après, cette communication donne lieu à une nouvelle décharge, plus faible que la première mais encore très notable. En recommençant l'expérience, on peut obtenir une troisième décharge plus faible que la seconde et ainsi de suite.

On voit donc que, en tenant compte de tous ces phénomènes, l'expression capacité perd toute espèce de signification à moins qu'on ne définisse minutieusement sans en omettre une seule, toutes les conditions dans lesquelles le condensateur a été chargé et déchargé.

Il n'y a donc que l'emploi des condensateurs à lame d'air qui présente une sécurité absolue et au point de vue de l'invariabilité de la capacité, et en raison de l'absence de charge résiduelle ; malheureusement leur capacité est très petite.

Nous pensons que parmi tous les corps qui figurent dans le tableau ci-dessus, le mica est le seul dont les propriétés se rapprochent le plus de celles de l'air tout en présentant un coefficient d'induction beaucoup plus élevé ; on pourra consulter utilement, à ce sujet, les recherches publiées par M. Bouty sur les condensateurs à lame de mica.

EMPLOIS DES CONDENSATEURS

67. — Les condensateurs sont employés pour deux usages différents :

1° Comme appareils de mesure dans un certain nombre de recherches ;

2° Comme instruments servant à emmagasiner l'énergie.

On comprend que le mode de construction ne soit pas le même dans les deux cas ; parce que, s'ils doivent servir comme appareils de mesure, tout doit être sacrifié à la précision des résultats qu'ils servent à obtenir. Si au contraire on les emploie pour conserver une certaine quantité d'énergie qu'ils doivent restituer quand on en a besoin, il importe peu que leur capacité soit rigoureusement déterminée, mais il est utile qu'elle soit la plus grande possible sous un volume donné et qu'on puisse, comme nous allons le voir bientôt, employer des potentiels très élevés, sans causer de détériorations.

68. — Les condensateurs-étalons à lame d'air ne peuvent, à cause de leur faible capacité, être employés que lorsqu'on dispose de potentiels élevés, mais cependant, si la distance des deux armatures était réduite à 1 millimètre il ne faudrait pas les employer pour des potentiels supérieurs à 1 000 volts à cause des étincelles qui jailliraient alors entre les deux armatures.

Ils sont les seuls qui permettent de réaliser, en se servant uniquement de données géométriques, une capacité représentée par un nombre fixé à l'avance et enfin ils se prêtent avec une grande facilité à la construction d'une capacité de grandeur variable par degrés aussi petits qu'on veut. Mais les condensateurs à diélectrique liquide présentent également cette propriété en même temps qu'ils opposent une résistance beaucoup plus grande au passage des étincelles.

La figure ci-contre montre comment on peut réaliser un condensateur à lame gazeuse ou liquide à capacité variable.

Fig. 32.

L'armature plane AA' (fig. 32) est complètement enveloppée par la seconde armature BB' de façon à constituer un condensateur conforme aux définitions données au commencement de ce paragraphe; sa capacité est évidemment double de celle d'un condensateur plan réduit à deux lames identiques et a pour valeur

$$2\,\frac{s}{4\pi\delta}.$$

Mais la surface *active* du plan AA' est un rectangle qui a pour base l, la longueur de AA' comptée perpendiculairement au plan de la figure et pour hauteur la distance AB' que nous supposerons variable et que nous désignerons par x.

On a donc

$$C = \frac{2lx}{4\pi\delta},$$

quantité proportionnelle à x. Si on se reporte à ce que nous avons dit en parlant du condensateur absolu formé de deux plans, on reconnaîtra facilement que cette équation n'est qu'approximative et que C n'est pas exactement proportionnel à x; mais cela n'a aucune importance, cet appareil étant gradué par comparaison avec des condensateurs étalonnés qui font connaître sa capacité pour différentes valeurs de x et les valeurs intermédiaires étant calculées par interpolation.

L'emploi d'un liquide, dans lequel baigne la lame AA', aurait pour avantage d'augmenter dans une forte proportion la capacité de l'instrument, comme on peut s'en assurer en consultant le tableau des pouvoirs inducteurs des différentes substances.

On peut aussi obtenir un condensateur à capacité variable en augmentant ou en diminuant la distance δ des deux armatures plongées dans un gaz ou dans un liquide. Mais alors les petites valeurs de δ correspondant à de grandes valeurs de C, l'instrument devient d'un maniement difficile lorsque sa capacité est notable, parce que des variations de δ très petites en valeur absolue, entraînent des variations très notables de C dans l'expression de laquelle δ figure au dénominateur.

69. Voici une liste des applications dans lesquelles on emploie les condensateurs pour les expériences de mesure, elle montre bien l'importance du rôle joué en électricité par ces appareils.

(a) Mesure d'une différence de potentiel indépendante du temps.

(b) Mesure de la valeur instantanée d'une différence de potentiel variable, même quand cette variation est très rapide.

(c) Fractionnement d'une différence de potentiel dans un rapport donné.

(d) Maintien d'une différence de potentiel entre deux corps à une valeur constante malgré des déperditions, le condensateur faisant fonction de réservoir.

(e) Mesure des coefficients de self-induction.

(f) Mesure des résistances très grandes.

(g) Changement des valeurs des deux facteurs V et Q d'une quantité d'énergie constante en deux autres valeurs ayant le même produit.

Dans les applications industrielles nous citerons :

(a) Application aux câbles sous-marins pour atténuer les effets nuisibles de la self-induction.

(b) Application aux machines dynamo à courants alternatifs dans le même but.

(c) Transformation des deux facteurs d'une certaine quantité de travail électrique en deux autres facteurs de même produit.

(d) Transmission de la force au moyen de condensateurs de capacité variable.

Plusieurs de ces applications ne pourront être traitées que plus tard, en même temps que le sujet auquel elles se rattachent. Nous nous bornerons quant à présent à étudier les propriétés générales de ce genre d'appareils, le parti que l'on peut tirer de leur mode de groupement, etc...

Nous traiterons aussi à titre d'exemple intéressant, des applications que l'on peut faire des équations générales, le problème énoncé sous la rubrique (d) dans la liste des applications industrielles parce que nous en avons donné la solution pour la première fois dans nos leçons du Collège de France et qu'elle est restée jusqu'à présent à l'état de conception théorique.

70. — Condensateurs employés comme instruments de mesures. — Les condensateurs employés comme instruments de mesures sont composés de feuilles de papier paraffiné ou de mica recouvertes de feuilles d'étain collées à la gomme-laque et fortement comprimées. La figure 33 dans laquelle les lames métalliques sont représentées par des traits de force tandis que les lames isolantes le sont par des parties hachées montre bien la disposition adoptée. On

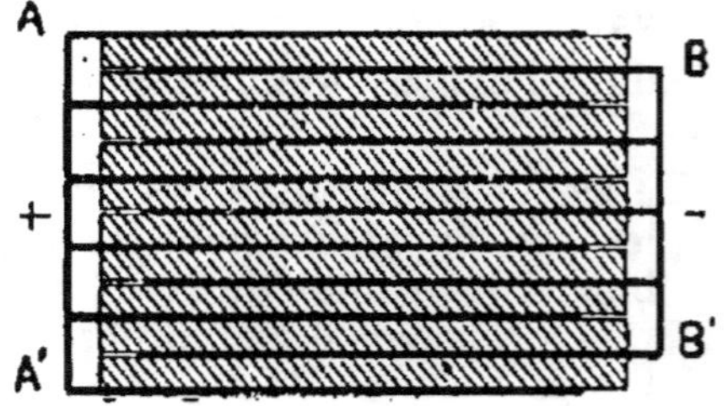

Fig. 33.

voit que toutes les lames métalliques d'ordre impair sont réunies par un conducteur commun AA' et qu'il en est de même pour les lames d'ordre pair réunies entre elles par un conducteur BB' situé du côté opposé.

Chaque lame métallique ou armature étant comprise entre deux autres, à l'exception des deux armatures extrêmes, on voit que la capacité des lames paires est double de celle d'un plan qui ne forme condensateur que sur une seule de ses faces. Il résulte de là, en appelant N le nombre des lames paires et s la surface de l'une d'elles comptée sur une seule face, que la surface totale utile du condensateur est égale à 2Ns et que sa capacité tirée de la formule établie au n° 52 a pour valeur

$$C = \frac{2Ns}{4\pi\delta} \cdot k',$$

k' étant le pouvoir inducteur spécifique de la substance des lames isolantes.

D'autre part, en appelant λ l'épaisseur d'une des armatures métalliques, il est facile de voir que l'épaisseur totale de l'appareil a pour valeur

$$N\lambda + (N+1)\lambda + 2N\delta = 2N(\lambda + \delta) + \lambda$$

ou en négligeant l'épaisseur λ d'une seule armature

$$2N(\lambda + \delta).$$

Si on suppose pour simplifier, que l'épaisseur δ de la lame isolante soit égale à λ, condition qui diffère peu de la réalité dans les condensateurs à feuilles d'étain séparées par du papier paraffiné, et que l'on désigne par h l'épaisseur totale de l'appareil, on aura

$$h = 4N\delta, \quad \text{d'où} \quad N = \frac{h}{4\delta}$$

et
$$C = \frac{k'hs}{8\pi\delta^2},$$

équation qui montre que la capacité est proportionnelle au volume hs de l'appareil et en raison inverse du *carré de l'épaisseur* δ des lames isolantes.

Il y a donc un grand intérêt à δ et λ que nous avons supposé égaux, aussi petits que possible. Mais il faut toutefois tenir compte de l'usage auquel le condensateur est destiné, car si on le soumettait à des potentiels élevés et que δ fût très petit, une étincelle pourrait éclater à travers l'une des lames isolantes, la perforer et mettre l'appareil hors de service.

71. — Condensateur de M. Bouty. — L'emploi des feuilles d'étain séparées par du papier paraffiné présente deux inconvénients.

1° L'irrégularité d'épaisseur de la couche conductrice, parce que la feuille d'étain, bien que d'épaisseur constante, s'applique inégalement sur le papier paraffiné et peut donner lieu à des surépaisseurs dues à des bulles d'air très difficiles à chasser complètement. Ces bulles d'air augmentent la valeur de δ et diminuent la capacité. 2° Le papier paraffiné a, comme nous l'avons dit, un pouvoir inducteur spécifique variable avec la durée de l'électrisation.

Ces inconvénients n'existent pas dans le condensateur à lame de mica argenté de M. Bouty. Le papier paraffiné y est remplacé par des lames de mica dont la régularité ne laisse rien à désirer et dont l'épaisseur peut facilement descendre à $\frac{1}{30}$ de millimètre ; la feuille d'étain y est remplacée par une couche d'argent déposée par l'électrolyse, qui est absolument adhérente au mica et dont l'épaisseur n'atteint pas $\frac{1}{100}$ de millimètre.

72. — Exemple numérique. — Nous allons calculer la capacité d'un condensateur à lames de mica argenté ayant 10 centimètres de côté et 1 centimètre d'épaisseur. Nous admettrons que l'épaisseur d'une lame de mica argentée sur ses deux faces soit de $\frac{1}{20}$ de millimètre et que la place perdue atteigne une valeur égale. Nous aurons ainsi 10 lames, argentées sur les 2 faces, par millimètre d'épaisseur, chacune de ces lames constitue un condensateur complet dont la capacité est, en prenant

$$\delta = \frac{1 \text{ centim.}}{300}, \quad k' = 8,$$

$$C = \frac{10 \times 10}{4\pi \times \frac{1}{300}} = 2387.$$

Le nombre des lames étant de 100 par centimètre d'épaisseur, notre condensateur aura une capacité de 240.000 unités C. G. S. électro-statiques, soit en micro-farads

$$\frac{238\,700}{900\,000} = 0,265.$$

Nous avons pu constater qu'une lame de mica de $\frac{1}{30}$ de millimètre d'épaisseur, argentée sur ses deux faces, n'est perforée par une étincelle que lorsque la différence de potentiel de ses armatures atteint au moins 3000 volts, soit 10 unités électro-statiques.

GROUPEMENT DES CONDENSATEURS

73. — Groupement en quantité ou en dérivation, ou en parallèle. — Les armatures de plusieurs condensateurs peuvent être réunies entre elles par des conducteurs, et la façon dont ces connexions sont faites constitue ce qu'on appelle le mode de groupement des condensateurs. Lorsque les condensateurs sont groupés comme l'indiquent les figures 34 et 35, on dit

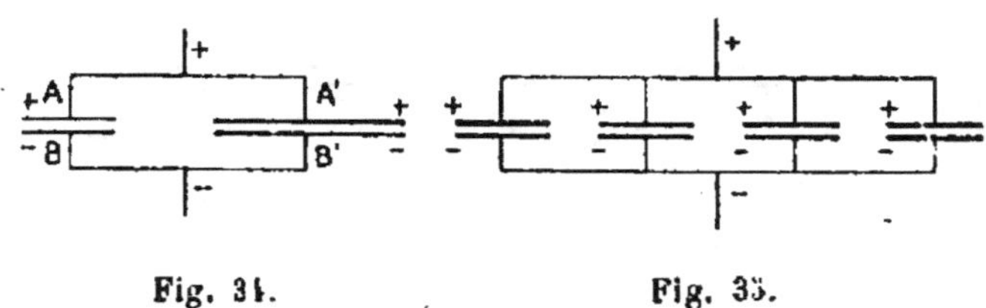

Fig. 34.   Fig. 35.

qu'ils sont groupés en quantité, ou en dérivation, ou en parallèle. Toutes les armatures chargées d'électricité de même signe communiquent métalliquement ensemble. Nous allons montrer que dans ce cas la capacité du condensateur unique formé par la réunion des autres est égale à la somme de leurs capacités individuelles. En effet, désignons par V_0 et V_1 les potentiels respectifs des deux armatures de chaque condensateur et par c, c', c'' la capacité de chacun d'eux et q, q', q'' les quantités d'électricité dont ils sont chargés. On a

$$q = c(V_1 - V_0), \quad q' = c'(V_1 - V_0), \quad q'' = c''(V_1 - V_0).$$

On en tire

$$q + q' + q'' = (c + c' + c'')(V_1 - V_0)$$

et si on désigne par C la capacité totale de l'ensemble on aura par définition.

$$Q = C(V_1 - V_0).$$

Mais en vertu du principe de la conservation de l'électricité

$$Q = q + q' + q'' + \dots$$

Donc

$$C = \frac{q + q' + q'' + \dots}{V_1 - V_0} = c + c' + c''.$$

Ce qui veut dire que lorsque des condensateurs sont groupés en dérivation, la capacité de l'ensemble est égale à la somme des capacités partielles.

74. — Groupement en série ou en tension. — Ce mode de groupement est représenté par les figures 36 et 37. Dans la

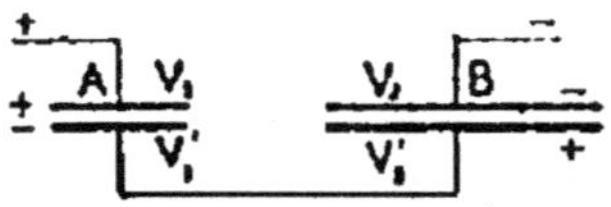

Fig. 36. 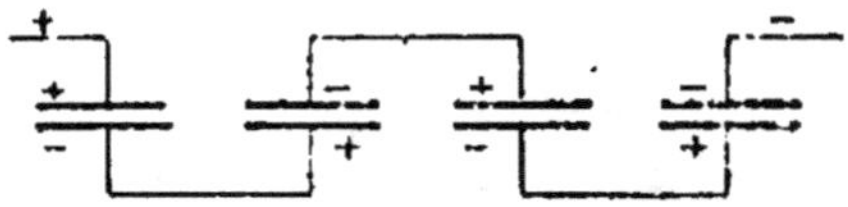   Fig. 37.

première figure, on suppose les condensateurs inégaux tandis qu'ils sont égaux dans la seconde.

Pour trouver la capacité d'un ensemble de condensateurs montés en tension, on procède de la manière suivante. Rappelons d'abord que le potentiel absolu d'un condensateur, c'est-à-dire le travail résistant développé par la masse-unité pour l'amener d'une très grande distance sur l'armature chargée d'électricité de même nom qu'elle, est égal à la différence des potentiels absolus des deux armatures.

Appelons : V_1 le potentiel absolu de l'armature supérieure du premier condensateur A, V_1' celui de l'armature inférieure, q_1 la quantité dont il est chargé, C_1 sa capacité.

Nous aurons entre ces quantités la relation :

$$q_1 = c_1 (V_1 - V'_1).$$

Supposons maintenant que l'armature inférieure d'un condensateur soit réunie par un conducteur à l'armature inférieure du condensateur suivant.

En employant les mêmes notations, mais en affectant les

lettres de l'indice 2, pour le second condensateur on aura :

$$q_2 = c_2(V_2 - V'_2).$$

Remarquons que les deux armatures inférieures communiquant ensemble, elles seront au même potentiel et l'on aura

$$V'_2 = V'_1$$

et par suite

$$q_2 = c_2(V_2 - V'_1) ;$$

nous allons voir en outre que l'on a $q_2 = q_1$ si les condensateurs communiquent ensemble avant qu'on ne commence à les charger, opération qui consiste à mettre le fil du plateau supérieur du premier condensateur A en communication avec une source d'électricité au potentiel V_1 tandis que le plateau supérieur du condensateur B communique avec une source d'électricité au potentiel V_2.

Nous savons que si le plateau supérieur de A reçoit une certaine quantité d'électricité positive $+ q_1$, le plateau inférieur va immédiatement se charger d'une quantité égale d'électricité négative $- q_1$, tandis qu'une quantité $+ q_1$, va être refoulée par le conducteur dans le plateau inférieur du condensateur B. La somme algébrique des quantités d'électricité qui existe dans l'ensemble des deux plateaux inférieurs reste donc nulle.

En appliquant le même raisonnement au condensateur B, on voit que la quantité $+ q_1$ dont se charge le plateau inférieur, développe dans le plateau supérieur une charge égale à $- q_1$. On a donc $q_2 = q_1$, c'est-à-dire que la charge des deux condensateurs est la même.

La seconde équation devient

$$q_1 = c_2(V_2 - V'_1).$$

Nous avons donc en résumé :

$$(1) \qquad V_1 - V'_1 = \frac{q_1}{c_1},$$

$$V_2 - V' = \frac{- q_1}{c_2} \quad \text{où} \ (2) \ \ V_1 - V_2 = \frac{q_1}{c_2}.$$

Ajoutons membre à membre les deux équations (1) et (2) : il vient :

$$(3) \qquad V_1 - V_2 = q_1 \left(\frac{1}{c_1} + \frac{1}{c_2} \right).$$

Or $V_1 - V_2$ est la différence de potentiel des deux fils qui aboutissent aux extrémités du groupe des condensateurs, et q_1 la quantité d'électricité dont ce groupe est chargé ; par conséquent, si nous désignons par c la capacité du groupe considéré comme formant un condensateur unique, nous aurons :

$$(4) \qquad V_1 - V_2 = \frac{q_1}{c}.$$

Divisons membre à membre les équations (3) et (4) : il vient :

$$\frac{1}{c} = \frac{1}{c_1} + \frac{1}{c_2}.$$

75. — Le raisonnement exposé pour deux condensateurs s'applique évidemment à un nombre quelconque, chacun d'eux se chargeant de la même quantité d'électricité, de façon que la somme algébrique des quantités d'électricité, existant sur deux plateaux consécutifs réunis métalliquement, reste constamment nulle. Il en résulte que l'équation qui donne la différence de potentiel des deux armatures extrêmes d'un groupe de n condensateurs, est donnée par l'équation

$$V_1 - V_n = q \left(\frac{1}{c_1} + \frac{1}{c_2} + \frac{1}{c_3} + \dots \frac{1}{c_n} \right)$$

dans laquelle q représente la charge d'un quelconque des condensateurs, abstraction faite du signe. La capacité c de l'ensemble serait donnée par l'équation

$$\frac{1}{c} = \frac{1}{c_1} + \frac{1}{c_2} + \frac{1}{c_3} + \dots + \frac{1}{c_n},$$

d'où

$$c = \frac{1}{\dfrac{1}{c_1} + \dfrac{1}{c_2} + \dots + \dfrac{1}{c_n}}.$$

Un cas particulier intéressant est celui où tous les condensateurs sont égaux ; on a alors

$$c_1 = c_2 = c_3 = c_4 = \ldots = c_n,$$

et

$$c = \frac{1}{\dfrac{n}{c_1}} = \frac{c_1}{n},$$

d'où il résulte que la capacité d'un ensemble de condensateurs égaux, groupés en tension, est n fois moindre que la capacité d'un seul d'entre eux. Il est en outre facile de voir que la différence de potentiel des deux armatures d'un même condensateur est n fois moindre que la différence de potentiel $V_1 - V_n$ des deux armatures extrêmes qui aboutissent aux sources d'électricité.

76. — Cette dernière propriété des condensateurs groupés en série a été utilisée par M. Marcel Deprez en 1892, pour

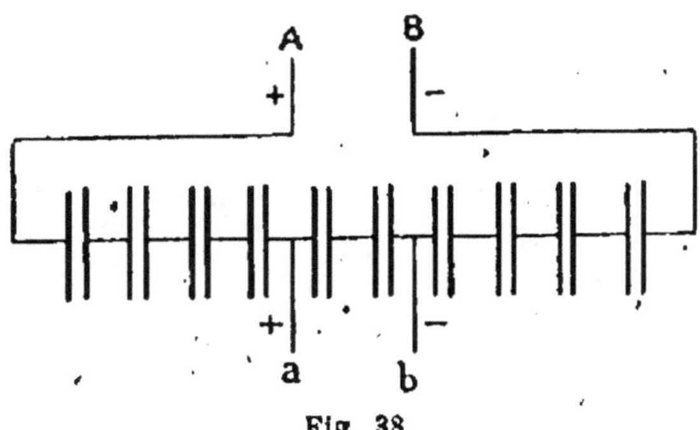

Fig. 38.

ramener la mesure d'un potentiel très élevé, impossible avec les électromètres ordinaires, à celle d'un potentiel réduit dans un rapport donné d'avance.

Supposons par exemple qu'on veuille réduire une différence de potentiel existant entre deux points A et B, au dixième de sa valeur.

On prend dix condensateurs égaux de même capacité et on les groupe en série comme le représente la figure 38. On est certain alors que la différence de potentiel des deux armatures a et b d'un quelconque d'entre eux est égale à la dixième partie de la différence primitive. Il suffira donc de la mesurer par un des procédés que nous décrirons plus tard (à la condition toutefois que ce procédé ne la modifie pas), pour connaître la différence de potentiel qui existe entre A et B.

ÉNERGIE POTENTIELLE D'UN CONDENSATEUR

77. — Formule générale. — Le potentiel d'un système de corps conducteurs de forme quelconque étant représenté par V, le travail nécessaire pour amener une masse infiniment petite, égale à dq, depuis l'infini jusqu'à la surface du conducteur, aura pour valeur

$$dW = Vdq.$$

Mais on a d'autre part $q = CV$, $V = \dfrac{q}{C}$; donc

$$dW = \frac{qdq}{C},$$

d'où on tire en intégrant :

$$W = \frac{1}{2C}\left(q^2 - q_0^2\right)$$

dans laquelle q représente la charge actuelle et q^0 la charge initiale.

Si on suppose $- q^0 = 0$, on a

$$W = \frac{q^2}{2C},$$

formule identique à celle que nous avons trouvée pour représenter l'énergie d'une sphère de rayon C.

On trouverait de même

$$W = \frac{1}{2}\,CV^2 = \frac{1}{2}\,Vq = \frac{1}{2}\,\frac{q^2}{C};$$

ces trois expressions d'une même quantité ont chacune leurs avantages et nous serviront fréquemment par la suite.

APPLICATION

78. — **Calcul de la quantité d'énergie que l'on peut accumuler dans un condensateur donné.** — Ces équations très importantes vont nous permettre de calculer la quantité d'énergie que l'on peut accumuler dans les condensateurs habituellement employés.

Prenons par exemple les grosses bouteilles de Leyde employées dans les cabinets de physique, et calculons d'abord la capacité d'une bouteille ayant 20^{cm} de diamètre et 40 de hauteur. La formule du numéro (53) donne, pour la capacité d'un condensateur à lame d'air formé de deux cylindres concentriques très rapprochés :

$$c = \frac{al}{2\delta},$$

a étant le rayon de l'armature cylindrique intérieure, l la longueur des armatures et δ l'épaisseur de la couche d'air qui les sépare. Si l'air est rémplacé par un diélectrique quelconque de pouvoir inducteur spécifique k, la formule devient

$$c = \frac{kal}{2\delta},$$

les quantités a, l et δ devant être, bien entendu, exprimées en centimètres. Pour le verre employé à la fabrication des bouteilles de Leyde, on peut prendre $k = 3$. On a d'ailleurs

$$a = 10, \quad l = 40, \quad \delta = 0,2,$$

d'où $\quad c = \dfrac{3 \times 10 \times 40}{0,4} = 3\,000$ unités électro-statiques.

soit $\dfrac{1}{300}$ de *micro-farad*. Il faudrait donc 300 bouteilles de cette dimension, groupées en dérivations, pour faire un micro-farad.

Pour calculer la quantité d'énergie emmagasinée dans une de ces bouteilles, il faut se donner la différence de potentiel des deux armatures. Or, avec les machines électro-statiques ou avec la bobine de Ruhmkorff, on obtient facilement 60.000 volts ou 200 unités électro-statiques. Il en résulte que l'énergie W a pour valeur en supposant V = 200,

$$W = \frac{1}{2}\, cV^2 \times \frac{1}{2}\, 3\,000 \times \overline{200}^2 = 60\,000\,000 \; d'ergs,$$

c'est-à-dire environ $\dfrac{6}{10}$ de kilogrammètre. Une batterie composée

de 12 de ces bouteilles groupées en dérivation permettrait donc
d'accumuler une quantité d'énergie dépassant 7 kilogrammètres.

**79. — Élévation de température du conducteur qui réunit les deux
armatures d'un condensateur au moment de la décharge.** — Si l'on
réunit les deux armatures par un conducteur, les quantités q et
$- q$ sont ramenées au même potentiel ; toute l'énergie se transforme en chaleur et une partie de cette chaleur se manifeste sous
la forme d'une étincelle d'un gros volume, d'un éclat éblouissant
et produisant un bruit comparable à une détonation. Une autre
partie sert à élever la température du conducteur et même des
armatures de la batterie. Bien que l'on néglige habituellement la
chaleur développée dans la batterie elle-même, il est certain
qu'elle représente une fraction appréciable de l'énergie totale.

Il est impossible d'éviter qu'une partie très notable de l'énergie
soit dissipée par la production de l'étincelle ; cependant, dans le
calcul qui va suivre et que nous donnerons comme application de
formules déjà établies dans les paragraphes précédents, nous
supposerons que le conducteur qui réunit les deux armatures,
transforme en chaleur la totalité de l'énergie et de la décharge,
et nous allons calculer l'élévation de sa température.

Soit d le diamètre du fil en centimètres, l sa longueur ; m la
masse (en grammes) d'un centimètre cube de métal du fil, k la
capacité calorifique du métal du fil exprimée en calories-grammes,
degré ou petite calorie ; C, la capacité de la batterie ; V la différence de potentiel des armatures ; T l'élévation de température
du fil.

La quantité de chaleur nécessaire pour élever la température
du fil de un degré centigrade, a pour valeur, sa masse $\dfrac{\pi d^2 l m}{4}$
multipliée par la capacité calorifique k. Cette quantité de chaleur équivaut (4) à une énergie de 41.692.500 ergs. L'énergie
calorifique développée pour un échauffement de T degrés a donc
pour valeur :

$$\frac{\pi d^2 l m k T}{4} \times 41\,692\,500.$$

Nous avons admis qu'elle représente la totalité de l'énergie
potentielle de la batterie, nous avons donc l'équation

$$\frac{1}{2} C V^2 = \frac{\pi d^2 l m k T}{4} \times 41\,692\,500,$$

d'où
$$T = 0{,}00000001526 \frac{C V^2}{m d^2 l k}.$$

80. — Exemple numérique. — Si nous prenons comme exemple la batterie de 12 bouteilles dont la capacité est de 36.000 unités, la différence de potentiel étant égale à 200 unités, et que nous supposions les deux armatures réunies par un fil de fer de un mètre de long, de $\frac{1}{10}$ de millimètre de diamètre ; pour le fer, $m = 8$, $k = 0,12$; nous aurons :

$$T = 0,0000000\,1526\ \frac{36000 \times \overline{200}^2}{8 \times \overline{0,01}^2 \times 100 \times 0,12} = 2\,100\ \text{degrés.}$$

Or, le fer fond à une température bien inférieure à ce chiffre ; mais d'autre part, l'étincelle absorbe une certaine quantité d'énergie, de sorte que, on peut estimer la température atteinte par le fil, comme devant être peu différente de celle qui produirait sa fusion. En laissant de côté les coefficients numériques qui entrent dans la formule qui donne T, on voit que cette valeur est proportionnelle à la capacité de la batterie, au carré de la différence de potentiel des armatures, en raison inverse du carré du diamètre du fil, en raison inverse de sa longueur.

Les expériences du professeur Riess sont complètement d'accord avec ces déductions de la théorie.

81. — Capacité d'un câble sous-marin. — On vient de voir l'énergie que peut emmagasiner une simple batterie dont les armatures ont une surface totale de 3 mètres carrés à peine. Il est intéressant de calculer la capacité que présentent les câbles sous-marins pour la comparer à celle d'une batterie.

On peut calculer la capacité d'un câble par la formule

$$C = 0,217\ \frac{L}{\log \dfrac{b}{a}}$$

donnée pour un condensateur cylindrique à lame d'air, les rayons des armatures intérieures et extérieures étant représentés par a et b. Si la lame d'air est remplacée par un diélectrique de pouvoir inducteur k, la formule devient

$$C = 0,217\ \frac{k'L}{\log \dfrac{b}{a}}\cdot$$

Le logarithme indiqué est le logarithme ordinaire.

Le diélectrique employé est ordinairement la gutta-percha pour laquelle le pouvoir inducteur est égal à 3.

Si nous appliquons cette formule à un câble pour lequel

$$a = 0^c,2,$$
$$b = 0^c,6,$$
$$L = 1 \text{ kilomètre} = 100\,000 \text{ centimètres,}$$

nous trouvons en prenant $k' = 3$

$$C = 136\,500 \,;$$

la capacité d'un câble équivaut donc, par kilomètre, à celle d'une batterie d'au moins 45 bouteilles de 20 centimètres de diamètre et de 40 centimètres de hauteur.

Mais le coefficient k pouvant varier d'une façon assez notable, il est plus prudent de se référer aux mesures directes de capacité, et nous allons donner quelques exemples de mesure de ce genre.

82. — Câble transatlantique français de 1869. — Longueur 5.340 kilomètres. Capacité par kilomètre 209.000 unités. Capacité totale 1.116.000.000 d'unités.

La capacité totale du câble de 1869 équivaut à une batterie de 372.000 bouteilles présentant ensemble une surface de 93.000 mètres carrés. La capacité la plus petite qu'on ait encore réalisée pour les câbles sous-marin, est de 124.000 unités par kilomètre, chiffre qui diffère peu du nombre 136.500 que nous avons calculé plus haut.

83. — Capacité d'une ligne télégraphique aérienne. — Nous avons donné plus haut la formule qui fait connaître la capacité d'un condensateur formé d'un cylindre et d'un plan indéfini parallèle à l'axe du cylindre. Cette formule est : (84)

$$C = \frac{0,217\,l}{\log \dfrac{2D}{r}} \,,$$

dans laquelle l représente la longueur du cylindre, r son rayon et D sa distance au plan qui est ici représenté par le sol.

Si nous appliquons cette formule aux lignes télégraphiques ordinaires, et que nous prenions.

$$l = 1 \text{ kilomètre} = 100.000 \text{ centimètres,}$$
$$r = 2 \text{ millimètres} = 0^c,2,$$
$$D = 4 \text{ mètres} = 400 \text{ centimètres,}$$

nous trouvons $C = 6000$, c'est-à-dire la capacité de deux bouteilles de Leyde de 20 centimètres de diamètre et de 40 centimètres de hauteur montées en quantité.

On peut trouver étonnant que la capacité d'une ligne télégraphique puisse être aussi considérable, surtout quand on compare
l'énergie d'une grande bouteille de Leyde aux secousses inappré-
ciables que l'on reçoit lorsque l'on touche un fil télégraphique.
Cela tient à ce qu'il n'y a aucune comparaison entre le potentiel
maximum auquel sont portés les fils télégraphiques (une cen-
taine de volts, c'est-à-dire $\dfrac{1}{3}$ d'unité électro-statique) et le potentiel de la batterie que nous avons prise comme exemple et que
nous avons supposé de 60.000 volts, nombre facilement atteint et
même dépassé par les machines électro-statiques.

Remarquons en outre que la surface latérale d'un fil télégraphique est de 12 mètres carrés et demi par kilomètre, c'est-à-dire
50 fois aussi grande que celle de la bouteille de Leyde prise pour
comparaison.

**84. — Équilibre électrique de deux condensateurs quel-
conques après leur réunion par un conducteur.** — Soient deux
condensateurs indépendants
chargés d'électricité et isolés
AB et A'B' (fig. 39). Si on réunit une des armatures B du
premier, à une quelconque
des armatures B' du second,

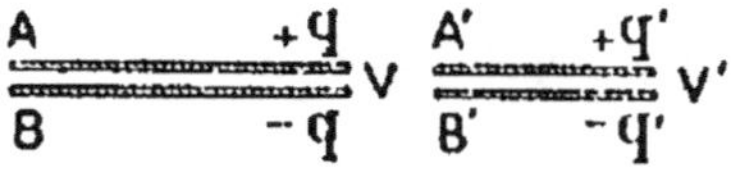

Fig. 39.

il ne se produit qu'un très faible mouvement d'électricité dans
le conducteur dont on se sert pour cette opération parce que
les deux autres armatures A, A' ne communiquent avec aucun
réservoir d'électricité et les armatures B, B' se mettent au
même potentiel sans qu'il y ait dépense notable d'énergie.

Mais si après avoir établi cette première communication, on
vient ensuite à en établir une seconde entre les armatures A
et A', il se produit généralement une décharge de l'un des
condensateurs dans l'autre et lorsque l'équilibre est établi,
l'ensemble ABA'B' forme un condensateur unique dont nous
allons calculer la charge et le potentiel.

Soit c, V et q la capacité, la différence de potentiel des
deux armatures, et la quantité d'électricité relatives au con-

densateur AB, c' V' q' les mêmes éléments pour le second condensateur.

Appelons V_1 la différence de potentiel entre l'ensemble des armatures AA' d'une part (lorsqu'elles sont réunies par un conducteur qui les met au même potentiel) et les armatures BB' d'autre part (lorsqu'elles sont également réunies par un conducteur). Le problème est exactement le même que celui que nous avons déjà traité à propos de deux sphères électrisées réunies par un conducteur. Chacune des sphères se comportant comme un condensateur dont la capacité est représentée par son rayon, nous n'avons, pour appliquer au cas actuel les équations auxquelles nous sommes arrivés, qu'à remplacer les rayons r et r' des deux sphères par les capacités c et c' des deux condensateurs. Nous trouvons ainsi :

$$V_1 = \frac{q + q'}{c + c'} = \frac{cV + c'V'}{c + c'} \, .$$

La charge du condensateur AB, après établissement de l'équilibre, aura pour valeur

$$\frac{c}{c + c'} \, (q + q')$$

et celle du second $$\frac{c'}{c + c'} \, (q + q').$$

L'énergie potentielle transformée en chaleur est également donnée par l'équation

$$\frac{1}{2} \, \frac{cc'(V - V')^2}{c + c'}$$

qui montre qu'il y a toujours une perte d'énergie lorsqu'on réunit deux à deux les armatures de deux condensateurs dont les différences de potentiel ne sont pas les mêmes.

CONDENSATEURS A CAPACITÉ VARIABLE

85. — Phénomènes présentés par les condensateurs à capacité variable. — Soit AB, A'B' (fig. 40) deux condensateurs plans, de forme circulaire, dont les armatures sont reliées entre elles par des conducteurs flexibles permettant d'augmenter ou de diminuer la distance des armatures A et B ainsi que celle des armatures A' et B', de manière à donner à chacun d'eux une capacité arbitraire, cette capacité étant, comme nous le savons, inversement proportionnelle à la dis-

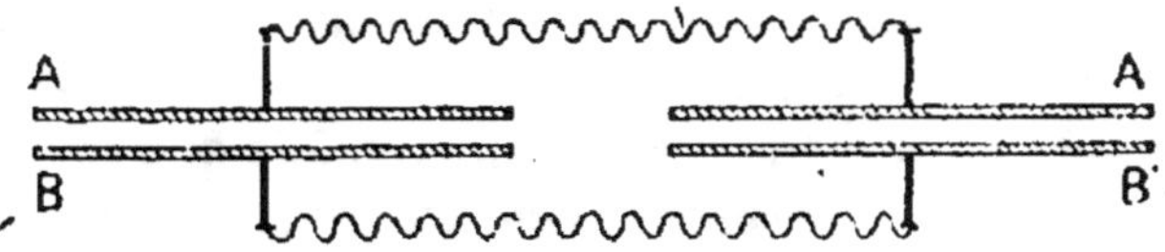

Fig. 40.

tance des armatures, à la condition que cette distance ne dépasse pas une fraction du diamètre des armatures.

Nous avons déjà donné les formules qui font connaître la charge et la différence de potentiel des armatures de deux condensateurs dont les quatre armatures sont réunies deux à deux par des conducteurs. En désignant par q, V, c, q', V', c', la charge, la différence de potentiel des armatures, et la capacité de chacun des deux condensateurs, on a, en appliquant ces équations et en désignant par Q la quantité *invariable* d'électricité existant dans l'ensemble des deux condensateurs

$$q + q' = Q, \quad V = V' = \frac{Q}{c + c'}, \quad q = \frac{c}{c + c'} Q, \quad q' = \frac{c'}{c + c'} Q.$$

Ces équations montrent, que suivant que le rapport $\dfrac{c}{c'}$ est très grand ou très petit, la charge totale Q se porte presque entièrement sur le condensateur AB ou sur A'B' tandis que la différence de potentiel V des armatures de AB, nécessairement égale à celle des armatures de A'B', est en raison inverse de la somme $c + c'$ des deux capacités.

Quant à l'énergie potentielle de la charge de chaque condensateur, on la détermine au moyen des formules générales

$$W = \frac{1}{2} C V^2 = \frac{1}{2} \frac{Q^2}{c} = \frac{1}{2} Q V$$

données au n° 77 et on trouve :

$$W = \frac{1}{2}\frac{cQ^2}{(c+c')^2}, \qquad W' = \frac{1}{2}\frac{c'Q^2}{(c+c')^2}, \qquad W+W' = \frac{1}{2}\frac{Q^2}{c+c'} = W.$$

On voit que l'énergie totale $\frac{1}{2}\frac{Q^2}{c+c'}$, est en raison inverse de la somme des deux capacités mais qu'elle se partage entre les deux condensateurs, proportionnellement à leurs capacités respectives c et c'. L'énergie totale W est donc variable mais elle repasse par la même valeur chaque fois que la somme des deux capacités $c+c'$ repasse elle-même par la même valeur, tandis que l'énergie individuelle de chaque condensateur a une valeur absolument arbitraire.

Si la quantité totale Q d'électricité est invariable, ce qui exige un isolement parfait, il y aura déplacement d'électricité d'un condensateur vers l'autre, et il est facile de trouver le sens et la grandeur de la variation de charge qui en résulte pour chacun d'eux et qui a pour effet de créer dans les fils conducteurs un véritable *courant électrique* de grandeur et de sens variables.

Soit dc l'accroissement positif ou négatif, supposé très petit, de la capacité du condensateur AB, dc' celui de la capacité de A'B', dq et dq' les accroissements de charge qui en résultent pour chaque condensateur et qui sont nécessairement de signe contraire puisque la charge totale est invariable ; on aura, avec une grande approximation, en différentiant les équations qui donnent q et q'

$$dq = \frac{c'dc - cdc'}{(c+c')^2}\,Q, \qquad dq' = -\,dq = \frac{cdc' - c'dc}{(c+c')^2}\,Q.$$

Pour que le *courant* aille de AB vers A'B', il faut que l'accroissement de charge de A'B' soit positif, c'est-à-dire que l'on ait $cdc' > c'dc$ ou

$$\frac{dc'}{c'} > \frac{dc}{c}$$

c'est-à-dire que l'*accroissement relatif* de A'B' doit être plus grand que *l'accroissement relatif* de AB. Le sens du courant ne dépend donc pas des grandeurs absolues des capacités, ni même de celles de leur accroissement. Si par exemple la capacité de chaque condensateur s'accroît de 5 0/0 de sa valeur, il n'y aura aucun courant, même si l'un des condensateurs est beaucoup plus grand que l'autre.

Si on imprime aux plateaux des deux condensateurs un mouvement alternatif, les conducteurs seront parcourus par des courants qui seront aussi alternatifs et l'énergie potentielle du système oscillera, comme nous l'avons vu, entre des limites d'autant plus écartées que les variations de capacité sont elles-mêmes plus grandes.

Or, nous avons admis jusqu'à présent comme un axiome, que la quantité d'énergie potentielle d'un condensateur, ou d'un système de condensateurs, était invariable ou ne pouvait que diminuer en se transformant en chaleur lorsqu'on réunit deux condensateurs à des potentiels différents par un conducteur.

86. — Nous sommes donc ici en présence d'un fait nouveau et très important, celui de l'augmentation ou de la diminution de l'énergie d'un des condensateurs sans qu'elle soit nécessairement accompagnée d'une variation de sens inverse de l'énergie de l'autre condensateur, et sans que ces variations d'énergie donnent nécessairement lieu à des pertes qui se manifestent par un dégagement de chaleur. Il est facile d'établir ce dernier point. Nous avons vu en effet que la réunion de deux condensateurs à des potentiels différents donne lieu à une perte d'énergie égale à

$$\frac{1}{2} \frac{cc'(V - V')^2}{c + c'}.$$

Or, dans le problème actuel, on a constamment $V = V'$ et par conséquent la perte est nulle. Disons cependant que l'égalité $V = V'$ ne peut être réalisée que si les fils conducteurs qui réunissent les deux condensateurs n'offrent pas une *résistance* notable au passage du courant électrique dont nous avons constaté l'existence, et si en outre, ce courant n'est pas intense. Cette dernière condition impose l'obligation de ne pas faire varier les capacités c et c' trop brusquement.

Il nous faut expliquer maintenant comment l'énergie potentielle totale W du système peut augmenter ou diminuer sans production de chaleur.

Lorsque l'énergie potentielle augmente dans l'ensemble des deux condensateurs qui ne peuvent rien recevoir d'une source extérieure, c'est qu'elle est la manifestation d'un travail mécanique qui a été appliqué aux armatures et qui a eu pour conséquence une diminution de la capacité totale ainsi que le montre la formule.

$$W = \frac{Q^2}{c + c'}$$

qui donne pour W une valeur d'autant plus grande que la capacité totale $c + c'$ est plus petite.

Cet accroissement de l'énergie totale est donc nécessairement accompagné d'une dépense de travail mécanique emprunté à une source extérieure, mais si on cherche comment ce travail est réparti entre les deux armatures mobiles A et A', on trouve qu'il n'est pas nécessairement de même signe pour chacune d'elles ; l'armature A exigera par exemple une dépense de travail si elle s'éloigne de B, puisqu'elles sont chargées d'électricité de signe contraire et tendent par suite à se rapprocher, tandis que A' et B', animées d'un mouvement relatif qui diminue leur distance, développeront un travail positif ou moteur qui pourra être utilisé.

La somme algébrique de ces deux travaux, c'est-à-dire dans le cas actuel leur différence numérique, est équivalente à l'énergie potentielle. Si le travail dû à l'augmentation de distance de A et de B, est plus grand que le travail développé par le rapprochement de A' et de B', il y a accroissement de l'énergie potentielle totale, il y aurait diminution dans l'hypothèse inverse.

87. — Energie potentielle d'un condensateur à capacité variable chargé d'une quantité constante d'électricité. — Pour calculer le travail mécanique développé par chaque condensateur, *nous allons étudier ce qui se passe dans un condensateur chargé d'abord d'une quantité d'électricité q_0 au potentiel V_0, au moyen d'une source quelconque d'électricité, puis séparé d'elle et soumis à des variations de capacité.* Au moment où on l'isole de la source on a

$$q_0 = c_0 V_0.$$

Si on augmente la capacité en lui donnant la valeur c_1, on a l'équation

$$q_0 = c_1 V_1.$$

Le potentiel qui était d'abord V_0 est donc devenu

$$V_1 = \frac{q_0}{c_1} = \frac{c_0 V_0}{c_1},$$

c'est-à-dire plus petit que V_0. Donc, lorsqu'on diminue la distance des armatures, la différence de potentiel diminue. Voyons maintenant ce qu'est devenue l'énergie potentielle.

Elle avait d'abord pour valeur

$$W_0 = \frac{1}{2} \frac{q_0^2}{c_0},$$

elle devient, lorsque la capacité est égale à c_1,

$$W_1 = \frac{1}{2} \frac{q_0^2}{c_1};$$

elle a donc diminué puisque c_1 est plus grand que c_0. Cette diminution a pour valeur

$$W_0 - W_1 = \frac{q_0^2}{2} \left(\frac{1}{c_0} - \frac{1}{c_1} \right).$$

On vérifie sans peine ainsi que quand un système isolé se déplace à charge constante le travail dT des forces électriques est égal et de signe contraire à la variation dW d'énergie électrique du système

88. — Energie d'un condensateur à capacité variable maintenu à un potentiel constant. — *Si, au lieu d'être isolé de toute communication avec les corps environnants, comme nous venons de le supposer, le condensateur est maintenu constamment en rapport avec une source capable de maintenir les deux armatures à une différence de potentiel constante, les phénomènes sont notablement modifiés.*

La quantité d'électricité q, au lieu d'être constante, devient variable ; elle est donnée par l'équation

$$q = cV_0,$$

V_0 désignant la différence de potentiel constante. En y faisant successivement $c = c_0$, $c = c_1$, elle donne

$$q_0 = c_0V_0. \qquad q_1 = c_1V_0.$$

La quantité d'électricité augmente ou diminue proportionnellement à c. Quant à l'énergie W, elle est donnée immédiatement par les équations.

$$W_0 = \frac{1}{2} c_0 V_0^2, \qquad W_1 = \frac{1}{2} c_1 V_0^2,$$

d'où

$$W_1 - W_0 = \frac{1}{2} V_0^2(c_1 - c_0).$$

La différence de potentiel étant toujours égale à celle des deux pôles de la source, les variations de charge du condensateur ne peuvent donner lieu à aucune transformation inutile d'énergie en chaleur, et l'énergie potentielle fournie par le réservoir est exactement égale à la somme obtenue en ajoutant l'accroissement d'énergie potentielle du condensateur, au travail mécanique développé pendant la variation de capacité. Or, nous avons trouvé en traitant le problème du condensateur à charge constante et à potentiel variable, que le travail mécanique développé pendant une variation infiniment petite dc de capacité, avait pour expression

$$d\varepsilon = \frac{1}{2} V^2 dc,$$

quelle que fût la valeur de V, cette expression s'applique donc aussi au cas actuel où V est constant et égal à V_0, et elle donne pour la valeur de $\mathfrak{C}$

$$\mathfrak{C} = \frac{1}{2}\, V_0^2(c_1 - c_0),$$

valeur précisément égale à celle de $W_1 - W_0$.

Ainsi, lorsque la capacité passe de la valeur c_0 à la valeur plus grande c_1, il y a production de travail mécanique moteur, puisque l'augmentation de capacité correspond au cas où les plateaux se rapprochent, la charge électrique augmente et par conséquent aussi l'énergie potentielle, de sorte que l'accroissement total d'énergie du système a pour expression

$$(W_1 - W_0) + \mathfrak{C} = \frac{1}{2}\, V_0^2(c_1 - c_0) + \frac{1}{2}\, V_0^2(c_1 - c_0) = V_0^2(c_1 - c_0) = V_0(c_1 - c_0)\,V_0.$$

Or
$$V_0(c_1 - c_0) = V_0 c_1 - V_0 c_0 = q_1 - q_0,\quad .$$

valeur égale à celle de la quantité d'électricité sortie du réservoir.

Donc
$$(W_1 - W_0) + \mathfrak{C} = (q_1 - q_0)\,V_0.$$

Ce que l'on peut énoncer ainsi : quand un condensateur relié avec la source de réforme à potentiel constant, le travail de $\mathfrak{C}$ des forces électriques est égal à la variation d'énergie électrique du système et la source fournit le double de cette variation.

Remarque. — Nous aurions pu trouver directement cette dernière valeur de l'énergie totale qui passe du réservoir dans le condensateur. Car le travail électrique fourni par le réservoir a pour valeur le produit de la quantité d'électricité $(q_1 - q_0)$, cédée au condensateur, par la différence constante de potentiel V_0 des deux pôles du réservoir. Ce réservoir peut lui-même être constitué par un condensateur de très grande capacité, dans lequel une variation de charge égale à $(q_1 - q_0)$ n'entraîne qu'une variation de potentiel négligeable.

L'intensité de la force attractive F, développée entre les deux armatures, est donnée immédiatement par l'équation.

$$F = \frac{V^2}{2}\, \frac{dc}{dx}$$

établie précédemment et, si nous l'appliquons aux deux genres de condensateur pris pour exemple dans le cas d'une charge constante, nous trouverons que, lorsque les armatures maintenues à un potentiel constant sont des plateaux circulaires parallèles séparés par une lame d'air d'épaisseur x, la valeur de F est, en remplaçant $\dfrac{dc}{dx}$ par sa valeur tirée de l'équation

$$c = \frac{r^2}{4x}, \qquad \text{d'où} \qquad \frac{dc}{dx} = -\frac{r^2}{4x^2},$$

$$F = \frac{r^2}{8x^2} V_0^2.$$

Si le condensateur avait la forme indiquée au n° 91, on aurait

$$c = \frac{lx}{2\pi\delta}, \qquad \frac{dc}{dx} = \frac{l}{2\pi\delta}, \qquad F = \frac{l}{2\pi\delta} V_0^2.$$

Ainsi, dans ces cas, la force tendant à enfoncer la lame mobile BB' entre les deux lames fixes AA' serait *indépendante de la position de* BB'.

Ce résultat ne doit être considéré comme suffisamment exact que si la lame BB' n'est enfoncée que d'une fraction de sa longueur.

Tous ces exemples nous seront utiles dans la suite, lorsque nous parlerons des électromètres.

PROPRIÉTÉS MÉCANIQUES DES CONDENSATEURS
A LAME D'AIR

89. — Travail mécanique développé par le rapprochement des armatures d'un condensateur. — En vertu du principe de la conservation de l'énergie, cette disparition d'énergie potentielle est nécessairement accompagnée de l'apparition d'un développement de chaleur ou d'un travail mécanique. Mais il ne peut y avoir de développement de chaleur, puisqu'il n'y a pas déplacement d'électricité, tous les points d'une même armature ayant le même potentiel, et sa charge restant constante.

La seule forme sous laquelle puisse se manifester l'énergie potentielle disparue est donc un travail mécanique, c'est précisément celui qui est développé par le rapprochement des arma-

tures chargées de quantités égales d'électricités de signe contraire.

Par conséquent la valeur $\bar{c}$ de ce travail est donnée par
l'équation

$$\bar{c} = \frac{q_0^2}{2}\left(\frac{1}{c_0} - \frac{1}{c_1}\right).$$

Si la différence $c_1 - c_0$ des deux capacités successives est suf·
fisamment petite, nous aurons, en la désignant par dc et par
$d\bar{c}$ le travail très petit correspondant

$$d\bar{c} = \frac{q_0^2}{2}\,\frac{2c_0}{c_0^2}$$

ou, d'une façon plus générale, si la capacité passe d'une valeur
quelconque c à une valeur infiniment voisine

$$d\bar{c} = \frac{q_0^2}{2}\,\frac{dc}{c^2} = \frac{1}{2}\,\frac{q_0^2}{c^2}\,dc.$$

Mais on a, à chaque instant $\frac{q_0}{c} - V$.
Donc

$$d\bar{c} = \frac{1}{2}\,\frac{q_0^2}{c^2}\,dc = \frac{1}{2}\,V^2 dc.$$

**90. — Expression de la force attractive développée entre les
deux armatures d'un condensateur.** — Cette équation va nous
permettre de trouver l'expression de la force attractive développée entre les deux armatures. Supposons en effet que l'on
permette à celle qui est mobile, un déplacement infiniment
petit dx, la force attractive F donnera lieu pendant ce déplacement à un travail qui a pour mesure Fdx.

Ce travail étant précisément celui que nous avons désigné
par $d\bar{c}$, il vient

$$Fdx = \frac{q_0^2}{2c^2}\,dc = \frac{V^2}{2}\,dc \quad \text{d'où} \quad F = \frac{q_0^2}{2c^2}\,\frac{dc}{dx} = \frac{V^2}{2}\,\frac{dc}{dx}.$$

Ces équations sont très importantes et nous serviront dans plusieurs circonstances ; elles permettent en effet de calculer l'at-

traction développée entre deux corps électrisés, quand on connaît leur différence de potentiel et la variation de la capacité de leur ensemble correspondante à un déplacement dans une direction quelconque, la force étant mesurée dans cette direction. Il est facile de voir d'ailleurs que l'équation

$$F = \frac{q_0^2}{2c^2} \frac{dc}{dx}$$

étant toujours vraie quelle que soit la valeur de q_0, nous pouvons supposer q_0 variable et l'écrire sous la forme plus générale

$$F = \frac{q^2}{2c^2} \frac{dc}{dx} \,.$$

$\dfrac{dc}{dx}$ est un coefficient qui ne dépend ni de la quantité d'électricité ni de la différence de potentiel des armatures, mais seulement de la forme du système de corps formant condensateur, c'est-à-dire de données purement géométriques.

APPLICATIONS

Nous allons donner deux exemples de l'application de ces formules. 1° *Supposons d'abord que le condensateur soit composé de 2 plateaux circulaires de rayon* r *et dont la distance variable est représentée par* x. *La capacité* c *d'un tel condensateur est donnée par la formule*

$$c = \frac{\pi r^2}{4\pi x} = \frac{r^2}{4x} \,.$$

Si on le charge d'une quantité q_0 d'électricité lorsque la distance est x_0, qu'on l'isole ensuite de la source d'électricité et que l'on porte la valeur de x_0 à x_1, on aura

$$d\mathcal{C} = \frac{q_0^2}{2} \left(\frac{1}{c_1} - \frac{1}{c_0} \right) = \frac{q_0^2}{2} \left(\frac{4x_0}{r^2} - \frac{4x_1}{r^2} \right) = \frac{2q_0^2}{r^2} (x_0 - x_1).$$

Ainsi le travail mécanique est, dans ce cas, proportionnel à la variation $(x_0 - x_1)$ de l'écart des deux armatures. Or, lorsque le travail d'une force est proportionnel au déplacement de son point d'application, c'est que cette force est constante. La valeur de cette force s'obtient immédiatement en divisant le travail par le déplacement, c'est-à-dire

$$\frac{2q_0^2}{r^2}(x_0 - x)_1 \quad \text{par} \quad (x_0 - x_1).$$

L'attraction mutuelle des deux plateaux a donc pour valeur

$$F = \frac{2q_0^2}{r^2}.$$

On voit qu'elle est indépendante de l'écart des armatures. Mais nous le répétons : ceci ne peut être considéré comme vrai que si la densité de la charge électrique est constante dans toute l'étendue des deux armatures, et si leur distance x est une petite fraction de leur rayon r.

91. — Nous choisirons comme second exemple un condensateur formé de deux lames métalliques AA (fig. 41), reliées par un conducteur, et dans l'intervalle desquelles peut s'enfoncer plus ou moins une lame mobile B qui forme la seconde armature.

Fig. 41.

La variation de capacité résulte de celle de la surface efficace de la lame B (nous désignons ainsi la surface comprise entre l'extrémité B de la lame mobile et l'extrémité A' des deux lames fixes) qui a pour mesure le produit de sa largeur l par la distance x du bord B aux bords AA'.

La formule qui donne la capacité des condensateurs plans

$$c = \frac{S}{4\pi\delta}$$

devient ici, en remarquant que l'ensemble des deux lames AA'BB', peut être considéré comme constitué par la réunion de deux condensateurs égaux :

$$c = \frac{S}{4\pi\delta} = \frac{lx}{2\pi\delta} \cdot$$

Remplaçant c par cette valeur dans l'équation qui donne τ, nous avons

$$\tau = \frac{q_0^2}{2} \cdot \left(\frac{2\pi\delta}{lx_0} - \frac{2\pi\delta}{lx_1}\right) = \frac{\pi\delta}{2l} \left(\frac{1}{x_0} - \frac{1}{x_1}\right) q^2.$$

Le potentiel V de l'ensemble est donné par l'équation

$$V = \frac{q_0}{c} = \frac{2\pi\delta}{lx} \, q_0.$$

Quant à la force F, mesurée parallèlement à la direction BB', elle est donnée par l'équation

$$F = \frac{q_0^2}{2c^2} \frac{dc}{dx},$$

ou, en remplaçant $\dfrac{dc}{dx}$ par sa valeur tirée de l'équation qui donne c en fonction de x

$$F = \frac{q_0^2}{2c_2} \cdot \frac{l}{2\pi\delta} = \frac{\pi\delta}{lx^2} \, q_0^2.$$

On voit que F est ici en raison inverse du carré de x, tandis que dans l'exemple précédent F était indépendant de la distance. Il faut toutefois se garder d'accepter ces résultats sans les discuter attentivement, car ils sont obtenus au moyen de calculs qui ne sont exacts que dans des conditions déterminées. Si par exemple on fait, dans l'équation ci-dessus, $x = 8$, c'est-à-dire si l'on suppose le bord B de la lame mobile en face des rebords AA' des armatures fixes, on trouve $F = \infty$, tandis que en réalité, F aurait une valeur très petite. Si au contraire on fait $x = l$, on trouve pour F une valeur finie, tandis que cette valeur est nulle lorsque la longueur de BB' est égale à celle de AA . La formule n'est donc applicable que lorsque x a une

valeur notablement différente de l et de zéro. Il est donc nécessaire, avant d'appliquer la formule générale qui donne la valeur
de F, d'examiner si la formule qui donne c en fonction de x,
est conforme aux hypothèses qui servent de point de départ
pour l'établir, et si la valeur algébrique du rapport $\dfrac{dc}{dx}$ est conforme à la réalité.

$$\mathrm{F} = 2\pi\,\mathrm{S}\partial^2.$$

**92. — Attraction exercée par l'une des armatures d'un con-
densateur sur la surface de l'autre armature.** — Nous venons de
donner la valeur de l'attraction mutuelle des deux armatures
d'un condensateur, nous n'en pouvons pas conclure l'attraction
exercée sur un élément de surface appartenant à l'une d'elles ;
parce que, un élément de surface situé au centre d'une armature est soumis, de la part des éléments de surface de l'autre,
à des forces dont la grandeur et la direction sont tout autres
que si cet élément de surface
était placé au bord de l'armature.

Soit a un élément de surface
très petit appartenant à l'une
des armatures d'un condensateur, BB' la seconde armature
(fig. 42). Du point a comme
sommet, décrivons une cône
d'ouverture très petite, dont

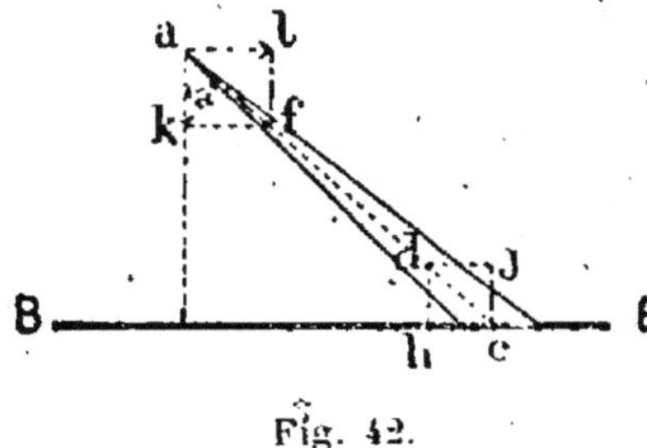

Fig. 42.

l'axe ac passe par le centre du petit élément elliptique c,
intercepté par le cône sur l'armature BB'.

L'attraction mutuelle exercée entre les deux éléments de
surface a et c, dirigée suivant la droite ac qui les joint, à pour
expression :

$$\frac{qq'}{\overline{ac}^2}$$

en appelant q et q' les quantités d'électricité dont sont chargés
les éléments c et a.

En supposant que les armatures du condensateur soient chargées de l'unité de quantité électrique par unité de surface, et en désignant l'élément c de l'armature BB' par ds et l'élément a par ds', les quantités q et q' seront remplacées dans l'expression de la force, par ds et $-ds'$. De sorte que l'équation deviendra

$$f = \frac{ds \cdot ds'}{x^2} \cdot$$

La force appliquée à l'élément a, peut être décomposée en deux autres perpendiculaires entre elles : l'une, al dirigée dans le plan même de la première armature ; nous n'avons pas à nous en occuper. La seconde ak perpendiculaire à l'armature, est précisément celle dont nous cherchons la valeur ; elle est égale à $f \cos \alpha$, en désignant par α l'angle $\widehat{fak}$. Désignons cette force ak par f_n, et remplaçons f par sa valeur, nous avons :

$$f_n = \frac{ds \cdot ds'}{x^2} \cos \alpha.$$

Élevons maintenant au point c une perpendiculaire cj, qui représente en grandeur et en direction la composante normale à BB' de la force f. Cette composante a pour expression $f \cos \widehat{dcj}$; mais l'angle $\widehat{dcj}$ est égal à l'angle α, dont la composante cj est égale à :

$$\frac{ds \cdot ds'}{x^2} \cos \alpha,$$

c'est-à-dire à la force f_n.

Il est facile de voir, en se reportant au théorème de Green, que cette expression n'est autre que celle du *flux de force* qui est :

$$f_x = f \cos \alpha = \frac{M \cdot ds \cdot \cos \alpha}{x^2},$$

à la condition de remplacer M par ds'.

La force totale appliquée en a est donc égale à la somme de tous les flux de force émanant de l'armature BB'. Or, le théorème de Green nous apprend que, lorsque la masse agissante M (ici l'élément a) est située sur la surface même d'où émanent les flux de force, le flux total a pour valeur

$$\frac{1}{2}\ 4\pi M,$$

c'est-à-dire la moitié de ce qu'il serait s'il était complètement enveloppé par la surface. C'est le cas présent, puisque l'armature BB' est un plan indéfini et que le cône décrit du point a comme sommet, intercepte une surface égale à 2π sur la sphère de rayon 1.

La force totale F_n a donc pour expression :

$$F_n = 2\pi ds'.$$

Mais nous avons supposé que les deux armatures étaient chargées de l'unité de quantité électrique par unité de surface ; s'il en était autrement, il serait facile de trouver la valeur de F_n. L'attraction mutuelle de deux éléments de surface ds et ds', au lieu d'être représentée par le produit

$$\frac{ds.ds'}{x^2}$$

deviendrait égale à

$$\frac{(ds \times \delta)\,(ds' \times \delta)}{x^2} = \frac{ds.ds'}{x^2}\,\delta^2,$$

δ désignant la quantité d'électricité par unité de surface.

On aurait donc ainsi :

$$F_n = 2\pi\delta^2\,ds'$$

et pour toute la surface $F = 2\pi s\delta^2$.

93. — Valeur de la densité électrique.

— Cherchons maintenant la valeur de δ lorsqu'on connaît la différence de potentiel V des deux armatures du condensateur.

L'équation

$$Q = cV$$

donne, en remplaçant la capacité c par sa valeur, dans un condensateur plan de surface S, dont les armatures sont à une distance x :

$$c = \frac{S}{4\pi x},$$

d'où

$$Q = \frac{SV}{4\pi x}.$$

Mais la charge δ par unité de surface est égale à

$$\frac{Q}{S}.$$

donc

$$\delta = \frac{V}{4\pi x}.$$

Remplaçant δ par sa valeur dans l'équation de F_n, il vient :

$$F_n = \frac{d's}{8\pi x^2} V^2.$$

Si l'élément ds', au lieu d'être infiniment petit, avait une valeur assez petite pour que l'on pût toujours admettre que le cône décrit d'un de ses points comme centre eût une ouverture peu différente de 2π, la formule serait encore applicable. Nous adopterons donc pour la valeur de F_n, lorsque l'élément de surface attiré est représenté par a, l'expression

$$\boxed{F = \frac{aV^2}{8\pi x^2},}$$

de laquelle on tire

$$V = 2x\sqrt{\frac{2\pi F}{a}}.$$

L'électromètre absolu de William Thomson (Lord Kelvin) est basé sur l'emploi de cette formule. Nous le décrirons en parlant des instruments de mesure.

Il est à peine nécessaire de rappeler que dans toutes les formules que nous venons d'établir, les forces sont exprimées en *dynes*, les longueurs en centimètres, les surfaces en centimètres carrés, et que les potentiels, pour être traduits en volts, doivent être multipliés par le nombre 300.

PROPRIÉTÉS MÉCANIQUES DES CONDENSATEURS
A LAME DIÉLECTRIQUE

94. — Variation de capacité d'un condensateur sans mouvement des armatures. — EFFORTS MÉCANIQUES EXERCÉS SUR LE DIÉLECTRIQUE. — Si entre les armatures d'un condensateur plan à lame d'air, on introduit une lame en métal moins épaisse que l'intervalle qui les sépare, ou une lame isolante d'une épaisseur quelconque, on augmente dans les deux cas la capacité du condensateur d'une quantité qu'il est facile de calculer en s'appuyant sur les principes développés dans ce chapitre. Si le condensateur est chargé d'avance d'une quantité Q d'électricité et qu'il soit isolé dans l'espace, la charge qu'il contient ne peut varier, et son énergie potentielle, avant l'introduction de la plaque additionnelle entre les deux armatures, a pour valeur, en désignant sa capacité initiale par C_0

$$W_0 = \frac{1}{2} \frac{Q^2}{C_0} \cdot$$

Après l'introduction de la lame métallique ou isolante entre les deux armatures, la capacité prend une nouvelle valeur C_1, plus grande que C_0, et l'énergie potentielle du condensateur devient

$$W_1 = \frac{1}{3} \frac{Q^2}{C_1}$$

de sorte que l'énergie potentielle a diminué d'une quantité

$$W_0 - W_1 = \frac{Q^2}{2} \left(\frac{1}{C_0} - \frac{1}{C_1} \right) \cdot$$

En vertu du principe de la conservation de l'énergie, cette quantité d'énergie $W_0 - W_1$ qui semble disparue, doit se retrouver ailleurs. Or elle ne peut se retrouver sous forme d'énergie potentielle électrique, ni dans la lame métallique dont les deux faces sont toujours au même potentiel et ne peuvent par conséquent donner lieu à aucun travail électrique ; ni dans le diélectrique, qui étant isolant, ne permet à aucun courant de se produire pendant que le potentiel de ses deux faces varie, par suite de son introduction entre les armatures du condensateur.

Cette quantité d'énergie, $W_0 - W_1$, ne peut donc disparaître qu'à la condition de se transformer en travail mécanique extérieur qui est évidemment appliqué à la lame pendant son introduction dans l'intervalle des armatures. Cette lame est donc attirée, et l'attraction est d'autant plus grande, que la variation de capacité correspondante à un enfoncement déterminé, est plus considérable ; c'est-à-dire que l'épaisseur de la lame est plus grande.

Si les deux armatures du condensateur, au lieu d'être séparées par de l'air étaient plongées dans un liquide isolant, l'introduction d'une lame métallique entre elles augmenterait encore la capacité, mais il n'en serait pas nécessairement ainsi avec une lame isolante. Car si cette dernière était faite d'une substance dont le pouvoir inducteur spécifique fût plus petit que celui du liquide, son introduction aurait au contraire pour effet une diminution de la capacité, puisqu'une certaine épaisseur de la lame liquide serait remplacée dans ce cas par une épaisseur égale d'un corps doué d'un pouvoir inducteur moindre. Les raisonnements que nous venons d'exposer montrent que, dans ce dernier cas, les armatures du condensateur plongées dans le liquide exerceraient sur la lame métallique une action attractive, tandis qu'elles exerceraient au contraire sur la lame isolante une action *attractive, nulle* ou *répulsive* suivant que le pouvoir inducteur spécifique de la substance de cette lame serait supérieur, égal ou inférieur à celui du liquide.

95. — Si au lieu d'être chargées d'une quantité constante d'électricité, les deux armatures étaient maintenues à un potentiel constant au moyen d'une source d'électricité, le travail moteur produit sur la lame métallique ou isolante pendant son introduction, aurait pour expression

$$W = \frac{V^2}{2}(C_1 - C_0)$$

et en même temps l'énergie potentielle du conducteur augmenterait d'une quantité précisément égale ; de sorte que le réservoir fournirait en réalité une quantité d'énergie égale à

$$W^2(C_1 - C_0).$$

L'accroissement de capacité étant proportionnel à la quantité dont la lame pénètre dans l'intervalle des armatures du condensateur, on voit que le travail mécanique produit est proportionnel à cette même quantité, et que par conséquent l'effort appliqué à la lame dans la direction du mouvement est constant. Le principe de la conservation de l'énergie nous apprend que la différence de potentiel des deux armatures doit nécessairement diminuer, mais il ne nous apprend rien sur les causes physiques de cette diminution ; ou en d'autres termes quels sont les phénomènes électriques qui la produisent. Nous devons donc, en nous appuyant sur les lois que nous connaissons, chercher comment elle s'accomplit. Pour cela remarquons d'abord que l'existence d'un travail mécanique, accompli par la lame diélectrique entraîne nécessairement l'existence d'une force qui lui est appliquée, et que l'existence de cette force, due aux armatures, ne peut s'expliquer que si la lame diélectrique est elle-même électrisée par induction. Mais cette électrisation ne peut se produire, comme nous venons de le dire plus haut, de la même manière que dans un corps conducteur, puisque le diélectrique étant absolument isolant, aucun déplacement d'électricité ne peut se produire à son intérieur. On est donc forcé d'admettre que les diélectriques sont capables de s'électriser, mais d'une façon toute particulière, et nous verrons plus tard en étudiant les corps magnétiques, que les phénomènes qu'ils présentent, alors qu'on les place dans un champ magnétique, ont une grande analogie avec ceux des corps diélectriques mis en présence de corps électrisés.

96. — Calculons maintenant la valeur de la force dont nous venons de constater l'existence nécessaire. Nous n'avons pour cela qu'à appliquer l'équation générale qui nous a permis de calculer la force attractive mutuelle des deux armatures d'un condensateur plan

$$F = \frac{1}{2} V^2 \frac{dC}{dx} \cdot$$

Cette équation est toujours vraie pourvu que la variation infiniment petite de capacité dC soit due au mouvement d'un corps dont un des points, en se déplaçant de la quantité dx, exigera l'application en ce point de la force F mesurée dans la

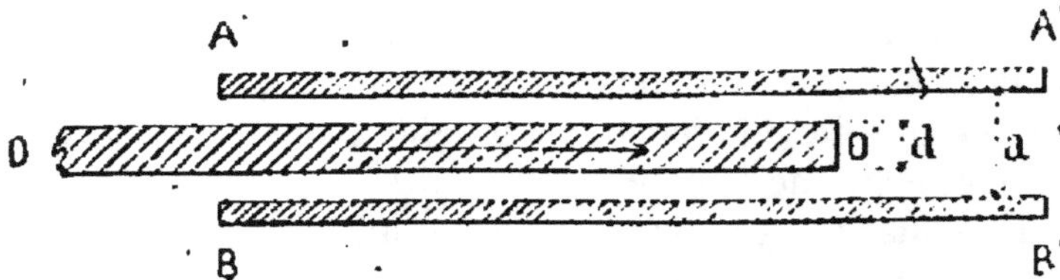

Fig. 43.

direction du déplacement dx. Elle s'applique donc, à tous les cas où la variation de capacité du condensateur est due : soit au déplacement relatif des armatures (problème que nous avons déjà traité); soit à l'introduction d'un diélectrique dans l'intervalle qui les sépare. C'est ce dernier problème que nous allons étudier.

Soit AA' et BB' (fig. 43) les deux armatures d'un condensateur à lame d'air dont nous représenterons l'écartement par a; DD' la lame diélectrique d'épaisseur a et dont le pouvoir inducteur spécifique est k.

Désignons par l la largeur des armatures et de la lame DD' dans le sens perpendiculaire au plan de la figure.

Si on fait avancer horizontalement la lame DD' dans le sens de la flèche d'une quantité x, la capacité de l'ensemble augmentera d'une quantité c égale à la différence entre la capacité d'un condensateur à lame d'air d'épaisseur a, de longueur x, de largeur l, et celle d'un second condensateur également à lame d'air de longueur x, de largeur l, et dont l'écart entre les armatures serait égal à l'épaisseur totale des couches d'air comprises entre les armatures et le diélectrique, augmentée d'une épaisseur d'air *équivalente* à celle du diélectrique.

Or, l'épaisseur d'air totale comprise entre les armatures et la lame est égale à $a-d$; l'épaisseur d'air *équivalente* à celle du diélectrique a pour valeur $\dfrac{d}{k}$; donc l'épaisseur de la couche d'air de ce second condensateur serait

$$a - d + \frac{d}{k},$$

et l'accroissement de capacité aurait pour expression, en appliquant la formule générale des condensateurs plans

$$C = \frac{l}{4\pi \left(a - d + \dfrac{d}{k}\right)} - \frac{lx}{4\pi a}.$$

On trouve en différentiant par rapport à x

$$\frac{dC}{dx} = \frac{l}{4\pi} \left[\frac{k}{ka - (k-1)d} - \frac{1}{a} \right].$$

La valeur de la force F est donc

$$F = \frac{1}{2} V^2 \frac{dC}{dx} = \frac{lV^2}{8\pi} \left[\frac{k}{ka - (k-1)d} - \frac{1}{a} \right].$$

Si l'épaisseur de la lame DD' était égale à a, c'est-à-dire si elle remplissait complètement l'intervalle des deux armatures, on aurait

$$F = \frac{(k-1)\,lV^2}{8\pi a}.$$

On voit que cet effort est constant, en raison inverse de a, et proportionnel à l'excès du pouvoir inducteur de la lame sur celui de l'air.

97. — Si au lieu d'une seule lame diélectrique DD', on suppose qu'il en existe deux collées bout à bout de façon que l'arête D' constitue leur ligne de séparation et si, pour plus de généralité, on admet qu'elles soient plongées dans un milieu autre que l'air, on arrive à la formule suivante[1]

$$F = -\frac{dk'V^2}{8\pi}\left[\frac{k_2}{(a-d)\,k_2 + dk'} - \frac{k_1}{(a-d)\,k_1 + dk'}\right]$$

dans laquelle k_1, k_2, k', désignent respectivement le pouvoir inducteur de la lame DD', le pouvoir inducteur de la seconde lame (non représentée sur la figure) située dans son prolongement, et le pouvoir inducteur du milieu gazeux ou liquide dans lequel l'appareil est plongé.

Il est facile de voir d'ailleurs, que l'ensemble des lames diélectriques n'est soumis à aucun effort dans le sens perpendiculaire au plan des armatures, parce qu'un déplacement des lames dans ce sens n'amènerait aucune variation de capacité et que par conséquent dC étant nul pour une valeur quelconque de dx, $\dfrac{dC}{dx}$ est également nul ainsi que la force F qui lui est proportionnelle.

Il serait toutefois plus exact de dire que la résultante des forces normales au plan des lames diélectriques est nulle, que de dire que ces lames ne sont soumises à aucune force, et ce n'est pas simplement le désir d'employer des expressions absolument correctes qui nous fait faire cette remarque ; car une force normale au plan de la lame diélectrique, ne pouvant émaner que des armatures, aurait pour conséquence nécessaire l'existence d'une force égale et contraire appliquée aux armatures, et aurait ainsi pour effet de modifier leur force attractive mutuelle sans que la lame diélectrique parût soumise à aucune force normale. Or, nous verrons bientôt que l'introduction d'une lame diélectrique entre les armatures d'un condensateur, modifie beaucoup leur attraction apparente.

Pour terminer ce qui est relatif à l'effort longitudinal dont nous venons de donner l'expression, nous ajouterons que si dans la formule générale on suppose que l'épaisseur d des

1. *Pellat.* Force agissant à la surface de séparation de deux diélectriques. — *Comptes rendus de l'Académie des Sciences*, tome 119, page 675.

lames diélectriques est égale à l'écartement a des armatures, la valeur de F devient

$$F = \frac{lV^2}{8\pi a}\,(h_2 - k_1)$$

et que mise sous cette forme, elle a été, de la part de M. Pellat, l'objet de vérifications expérimentales qui en ont démontré l'exactitude.

98. — **Influence d'un diélectrique sur l'attraction mutuelle des armatures d'un condensateur.** — L'introduction d'une lame diélectrique modifie profondément l'attraction mutuelle des armatures d'un condensateur à lame d'air ainsi que nous allons le voir en appliquant encore la formule

$$F = \frac{1}{2}\,V^2\,\frac{dC}{da}$$

dans laquelle nous supposons maintenant que le déplacement infiniment petit da, est imprimé à l'une des armatures perpendiculairement à son plan. Lorsque l'intervalle compris entre les deux armatures ne contient que de l'air dont le pouvoir inducteur spécifique est considéré comme égal à 1, cette formule donne, en conservant les mêmes notations que dans le problème précédent

$$C = \frac{S}{4\pi a}\,, \qquad \frac{dC}{da} = -\frac{S}{4\pi a^2}\,,$$

d'où

$$F = -\frac{SV^2}{8\pi a^2}{}^1$$

formule déjà établie précédemment (93).

Introduisons maintenant entre les armatures une lame dié-

---

1. La formule du n° 93 à laquelle nous renvoyons le lecteur, est la suivante :

$$F = \frac{aV^2}{8\pi x^2}$$

dans laquelle a et x représentent respectivement les quantités désignées par S et par a dans la formule actuelle.

lectrique d'une étendue au moins égale, de façon à les séparer entièrement, la capacité deviendra

$$C' = \frac{S}{4\pi\left(a - d + \dfrac{d}{k}\right)} = \frac{kS}{4\pi\left[ka - (k-1)\,d\right]}$$

le dénominateur étant le produit du nombre 4π, par l'épaisseur *réelle* $a-d$ de la couche d'air, augmentée de l'épaisseur équivalente $\dfrac{d}{k}$.

On a d'ailleurs

$$\frac{dC'}{da} = \frac{-k^2 S}{4\pi\left[ka - (k-1)\,d\right]^2}$$

d'où

$$F' = -\frac{k^2 S V^2}{8\pi\left[ka - (k-1)\,d\right]^2}$$

d'où enfin

$$\frac{F'}{F} = \frac{k^2 a^2}{\left[ka - (k-1)\,d\right]^2} = \left[\frac{ka}{ka - (k-1)\,d}\right]^2 = \left[\frac{a}{a - d + \dfrac{d}{k}}\right]^2.$$

Si l'épaisseur d de la lame diélectrique diffère très peu de l'écartement a des armatures, le rapport $\dfrac{F'}{F}$ est comme on le voit très peu différent de k^2. On aurait donc à la limite

$$\frac{F'}{F} = k^2.$$

Le rapport de l'attraction de deux armatures, séparées par un diélectrique dont l'épaisseur diffère extrêmement peu de leur écartement, à cette même attraction lorsqu'elles ne sont séparées que par de l'air, est donc sensiblement proportionnel au carré du pouvoir inducteur spécifique du diélectrique.

La formule qui, dans le cas le plus général, donne la valeur du rapport $\dfrac{F'}{F}$, a été l'objet de vérifications expérimentales parmi lesquelles nous citerons celles de M. J. Lefèvre (*Comptes rendus de l'Académie des Sciences*, tomes 113 et 114). Elles ont montré que l'action mécanique mutuelle de deux corps électrisés est augmentée, lorsqu'on interpose entre eux une lame diélectrique, d'une quantité égale à celle qui résulterait de la substitution, à la lame diélectrique, d'une couche d'air d'épaisseur $\dfrac{d}{k}$, d étant l'épaisseur de la lame et k son pouvoir inducteur spécifique. C'est d'ailleurs la conclusion à laquelle nous sommes déjà arrivés en étudiant les conséquences qui découlent de la propriété fondamentale que possèdent les diélectriques, d'augmenter dans le rapport de k à 1 la charge d'un condensateur à lame d'air lorsque cette dernière est remplacée par une lame diélectrique de même épaisseur, et que la différence de potentiel entre les deux armatures est maintenue constante.

Voici au surplus quelques-uns des résultats expérimentaux obtenus par M. Lefèvre :

DIÉLECTRIQUES	a	d	F	F'	k
Paraffine	2,00	2,20	17,25	39,5	2
Soufre.	4,10	3,56	9,75	48,5	2,0
Ebonite	2,36	2,04	18,75	72,75	2,3
Sulfure de carbone . . .	3,69	2,60	11,50	22	1,7
Essence de térébenthine .	3,56	2,77	13	26,25	1,5
Pétrole	3,59	2,88	8	19,50	1,9

Dans ce tableau, a désigne l'écartement des armatures exprimé en centimètres,

d l'épaisseur de la lame diélectrique,

F l'attraction (en dynes) des deux armatures, lorsque leur intervalle ne contient que de l'air,

F' leur attraction lorsque le diélectrique d'épaisseur d est introduit entre elles.

k le pouvoir inducteur spécifique déduit d'expériences analogues faites avec la balance de Coulomb et basées sur les mêmes principes.

On voit que les valeurs de k trouvées par cette méthode

diffèrent peu de celles qui ont été déterminées par des méthodes toutes différentes (voir le tableau du n° 64). C'est d'ailleurs en employant une méthode basée sur le même principe, réalisé d'une manière différente, que M. Pellat a mesuré le pouvoir inducteur des solides et des liquides.

99. — Valeur du Flux total de Force qui traverse le diélectrique d'un Condensateur. — La connaissance de la force attractive qui existe entre les deux armatures, permet de trouver facilement le flux total de force qui traverserait un plan situé dans leur intervalle, puisque le flux total est égal à la force totale qui solliciterait ce plan perpendiculairement à sa direction, *s'il était chargé de l'unité de quantité par unité de surface.* Or, cette force est indépendante de la distance du plan aux armatures, comme nous l'avons vu en cherchant l'expression de l'attraction mutuelle de deux armatures *chargées d'une quantité constante d'électricité*, et elle est proportionnelle à la densité électrique de la charge du plan, celle des armatures restant inaltérée. Il suffit donc, pour trouver la valeur du flux total de force, de diviser la force totale due à l'attraction mutuelle des deux armatures, par la densité électrique de la charge de l'une d'elles ; on a ainsi, en désignant le flux total de force par $\mathcal{J}$; l'attraction mutuelle des deux armatures par F ; leur surface par S et la charge totale de chacune d'elles par Q

$$\mathcal{J} = \frac{F}{\left(\dfrac{Q}{S}\right)} = \frac{SF}{Q} \, .$$

Mais la force F a pour valeur, lorsque le diélectrique remplit presque exactement l'intervalle compris entre les armatures

$$F = \frac{k^2 S V^2}{8\pi d^2} \qquad \text{d'où} \qquad \mathcal{J} = \frac{k^2 S^2 V^2}{8\pi Q d^2} \, .$$

Mais on a

$$Q = CV \qquad C = \frac{kS}{4\pi d} \, . \qquad \text{(Capacité d'un condensateur plan).}$$

Donc
$$\mathfrak{F} = \frac{kSV}{2d} \cdot$$

Mais on n'obtient ainsi que la moitié du flux total qui traverse le plan, car $\mathfrak{F}$ représente ici l'attraction ou la répulsion exercée par une des armatures seulement, sur le plan chargé d'une unité électrique (de signe quelconque mais invariable une fois choisie) par unité de surface ; il faut y ajouter la répulsion ou l'attraction numériquement égale à $\mathfrak{F}$, exercée par la seconde armature. On a donc finalement, en désignant le flux total par $2\mathfrak{F}$

$$2\mathfrak{F} = \frac{kSV}{d} = \frac{V}{\left(\dfrac{d}{kS}\right)},$$

équation importante que nous retrouverons dans les phénomènes magnétiques.

100. — Transmission du travail au moyen de deux condensateurs à capacité variable. — Revenons maintenant à la question traitée au n° 85 et cherchons la valeur du travail mécanique, positif ou négatif, développé par chacune des armatures mobiles des deux condensateurs. Supposons d'abord que les deux condensateurs AB, A'B' aient leur capacité maxima et qu'on mette les deux conducteurs qui les réunissent en rapport avec une source d'électricité qui fournit aux armatures A et B du premier, A' et B' du second, une charge $+Q-Q, +Q'-Q'$. Nous admettons que les condensateurs sont identiques, de sorte que leur capacité maxima C a la même valeur ainsi que leur capacité minima c, il en est de même par conséquent de la quantité d'électricité $Q = Q'$ que chacun d'eux reçoit de la source dans la position du maximum de capacité.

La quantité *totale* d'électricité fournie par le réservoir, lorsqu'ils ont tous deux la capacité maxima C, est donc égale à $2Q$, et la différence de potentiel entre les deux armatures A, B, A', B', a pour valeur $\dfrac{Q}{C} \cdot$

Ceci posé, imprimons aux armatures supérieures des mouvements alternatifs de même amplitude mais non simultanés, de façon que la capacité de chacun des condensateurs oscille périodiquement entre C et c, les phases de ce mouvement n'étant pas concordantes, comme le montre le diagramme ci-contre (fig. 44) dans lequel on a porté sur l'axe des x des longueurs égales représentant des unités de temps, et sur l'axe des y des longueurs proportionnelles à la capacité. La courbe représentative de la capacité de chaque condensateur

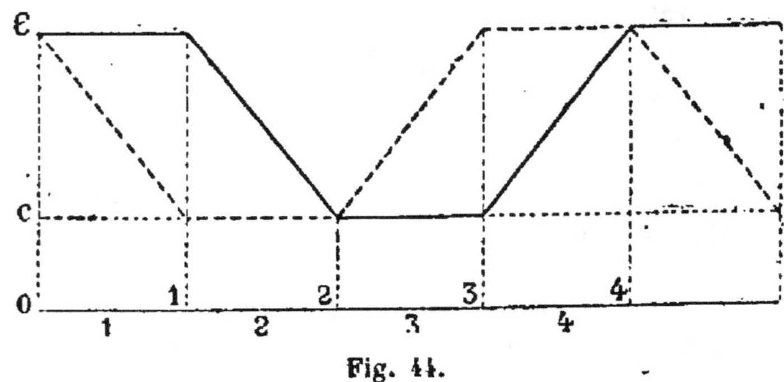

Fig. 44.

est ainsi figurée par un tracé en traits pleins pour le condensateur A'B' et en traits ponctués pour AB.

On voit que la période du mouvement de chaque armature se décompose en quatre phases au bout desquelles les deux capacités ont repris les valeurs respectives qu'elles avaient au commencement. Il est facile de trouver la quantité d'électricité, la différence de potentiel et l'énergie potentielle de chaque condensateur à la fin de chacune de ces phases, au moyen des formules démontrées.

Mais il n'en est pas de même du travail mécanique développé par chacune des armatures mobiles. Nous n'avons en effet traité jusqu'à présent que deux cas : celui d'un condensateur à charge constante et celui d'un condensateur à potentiel constant. L'ensemble des deux appareils constitue bien ici un condensateur à charge constante, mais la charge et le potentiel de chacun d'eux varient à la fois, de sorte que le travail mécanique développé au bout d'une période, nul si on considère leur

ensemble, pourrait très bien avoir une valeur numérique différente de zéro si on considère chacun d'eux en particulier. C'est
là un point très important à constater, parce que s'il est exact,
on réaliserait ainsi une véritable transmission de travail mécanique.

L'expression du travail mécanique donnée au n° 89 va nous
permettre de résoudre ce problème. Cette expression

$$d\mathcal{C} = \frac{1}{2} \, V^2 dc$$

s'applique au travail mécanique infiniment petit développé par
l'armature mobile d'un condensateur de capacité variable et
donne par intégration

$$\mathcal{C} = \frac{1}{2} \int V^2 dc.$$

Mais les équations du n° 84 font connaître la différence de
potentiel V des armatures de deux condensateurs de capacités c et c' communiquant entre eux. On a en effet

$$V = \frac{Q}{c + c'},$$

Q étant la *charge totale* collective des deux appareils qui est
invariable dans le problème actuel. En remplaçant V par sa
valeur, l'expression du travail mécanique devient

$$\mathcal{C} = \frac{1}{2} \int V^2 dc = \frac{1}{2} \int \frac{Q^2 dc}{(c + c')^2} = \frac{Q^2}{2} \int \frac{dc}{(c + c')^2}.$$

Pour trouver la valeur de cette intégrale, il faudrait connaître
la relation analytique qui existe entre c et c', ou entre chacune
d'elles et une troisième variable telle que le temps, comme
nous l'avons supposé sur notre diagramme.

Le cas le plus simple est celui où on suppose que la capacité c' de l'un des condensateurs reste constante pendant que
la capacité de l'autre passe de la valeur minima c à la valeur
maxima C. L'intégration peut se faire immédiatement et donne

$$\mathcal{C} = \frac{Q^2}{2} \left(\frac{1}{c + c'} - \frac{1}{C + c'} \right) \quad \text{ou} \quad \mathcal{C} = \frac{Q^2}{2} \frac{C - c}{(C + c')(c + c')}.$$

101. — Voici maintenant un tableau détaillé des valeurs de la charge, du potentiel, de l'énergie potentielle et du travail mécanique de chaque condensateur, correspondantes à chacune des quatre phases d'une période. Nous avons représenté par 2Q la charge totale collective des 2 condensateurs.

CONDENSATEUR AB	CONDENSATEUR A'B'

1re Phase.

CONDENSATEUR AB	CONDENSATEUR A'B'
La capacité diminue depuis . . . . . . C jusqu'à c.	La capacité reste constante et égale à C.
La charge diminue depuis . . . . . . Q id. $\dfrac{2c}{C+c}Q$.	La charge augmente depuis . . . . . . Q jusqu'à $\dfrac{2CQ}{C+c}$.
Le potentiel augmente depuis. . . $\dfrac{2Q}{2C}$ id. $\dfrac{2Q}{C+c}$.	Le potentiel augmente depuis. . . $\dfrac{2Q}{2C}$ id. $\dfrac{2Q}{C+c}$.
L'énergie potentielle diminue depuis. . $\dfrac{2CQ^2}{(C+C)^2}$ id. $\dfrac{2cQ^2}{(C+c)^2}$.	L'énergie potentielle augmente depuis. $\dfrac{2CQ^2}{(C+C)^2}$ id. $\dfrac{2CQ^2}{(C+c)^2}$.
Travail mécanique résistant . . . . . , $\dfrac{Q^2(C-c)}{(C+c)C}$.	Travail mécanique nul.

2e Phase.

CONDENSATEUR AB	CONDENSATEUR A'B'
La capacité reste constante et égale à c.	La capacité diminue depuis . . . . . . C jusqu'à c.
La charge augmente depuis . . . . . . $\dfrac{2cQ}{C+c}$ jusqu'à Q.	La charge diminue depuis . . . . . . $\dfrac{2CQ}{C+c}$ id. Q.
Le potentiel augmente depuis. . . $\dfrac{2Q}{C+c}$ id. $\dfrac{2Q}{c+c}$.	Le potentiel augmente depuis. . . $\dfrac{2Q}{C+c}$ id. $\dfrac{2Q}{c+c}$.
L'énergie potentielle augmente depuis . $\dfrac{2cQ^2}{(C+c)^2}$ id. $\dfrac{2cQ^2}{(c+c)^2}$.	L'énergie potentielle augmente depuis $\dfrac{2CQ^2}{(C+c)^2}$ id. $\dfrac{2cQ^2}{(c+c)^2}$.
Le travail mécanique est *nul*.	Le travail mécanique résistant est égal à. $\dfrac{2Q^2(C-c)}{2c(C+c)}$.

3e Phase.

CONDENSATEUR AB	CONDENSATEUR A'B'
La capacité augmente depuis. . . c jusqu'à C.	La capacité reste constante et égale à c.
La charge augmente depuis . . . . . . Q id. $\dfrac{2QC}{C+c}$.	La charge diminue depuis . . . . . . Q jusqu'à $\dfrac{2cQ}{C+c}$.
Le potentiel diminue depuis . . . . . . $\dfrac{Q}{c}$ id. $\dfrac{2Q}{C+c}$.	Le potentiel diminue depuis . . . . . . $\dfrac{Q}{c}$ id. $\dfrac{2Q}{C+c}$.
L'énergie potentielle diminue depuis. . $\dfrac{Q^2}{2c}$ id. $\dfrac{2CQ^2}{(C+c)^2}$.	L'énergie potentielle diminue depuis. . $\dfrac{Q^2}{2c}$ id. $\dfrac{2cQ^2}{(C+c)^2}$.
Le travail mécanique *moteur* est . . . . . $\dfrac{2Q^2(C-c)}{2c(C+c)}$.	Le travail mécanique est *nul*.

CONDENSATEUR AB   CONDENSATEUR A'B'

4e *Phase.*

CONDENSATEUR AB			CONDENSATEUR A'B'		
La capacité reste constante et égale à	$C.$		La capacité augmente depuis...	c jusqu'à $C.$	
La charge diminue depuis	$\dfrac{2CQ}{C+c}$ jusqu'à	$Q.$	La charge augmente depuis	$\dfrac{2cQ}{C+c}$ id.	$Q.$
Le potentiel diminue depuis	$\dfrac{2Q}{C+c}$ id.	$\dfrac{Q}{C}.$	Le potentiel diminue depuis	$\dfrac{2Q}{C+c}$ id.	$\dfrac{Q}{C}.$
L'énergie potentielle diminue depuis . .	$\dfrac{2CQ^2}{(C+c)^2}$ id.	$\dfrac{Q^2}{2C}.$	L'énergie potentielle augmente depuis .	$\dfrac{2cQ^2}{(C+c)^2}$ id.	$\dfrac{Q^2}{2C}.$
Le travail mécanique est *nul.*			Le travail mécanique *moteur* est égal à.	$\dfrac{2Q^2(C-c)}{2C(C+c)}.$	

On voit qu'au bout d'une période complète, la capacité, la charge, le potentiel et l'énergie potentielle de chaque condensateur ont repris leurs valeurs initiales, tandis que le travail mécanique total de AB, pendant une période, a pour valeur la différence des travaux accomplis pendant la première et la troisième phase.

Ce travail est *résistant* pendant la première phase parce qu'il correspond à une *diminution* de la capacité, c'est-à-dire à une *augmentation* de distance des plateaux A et B qui, étant chargés d'électricités de signe contraire, tendent à s'approcher le plus possible. Il est *moteur* pendant la troisième phase pour des raisons de même ordre. Si sa valeur numérique correspondante à la troisième phase l'emporte sur celle de la première phase, l'appareil sera un *moteur* capable d'accomplir un travail mécanique extérieur. Or c'est précisément ce qui a lieu, et la différence des travaux moteur et résistant est, après simplification,

$$\frac{Q^2(C-c)}{c(C+c)} - \frac{Q^2(C-c)}{C(C+c)} = Q^2\frac{(C-c)^2}{cC(C+c)}.$$

On verrait de même que le travail total accompli pendant une période complète par l'armature mobile A'B' est *résistant*, c'est-à-dire exige l'intervention d'un moteur extérieur, et que sa valeur numérique est précisément la même que celle du travail *moteur* développé par l'armature de AB. Cet ensemble de con-

densateurs constitue donc un mécanisme capable de transmettre intégralement, d'un endroit à un autre, un travail mécanique fourni par un moteur quelconque ; c'est là un fait très
remarquable, qui croyons-nous n'avait pas encore été signalé
et étudié comme nous venons de le faire.

Il faut toutefois remarquer une fois de plus, que nos conclu•
sions ne sont rigoureuses que si les conducteurs qui réunissent
les 2 condensateurs, n'opposent pas de résistance à la propagation des courants alternatifs que nous avons signalés au n°85,
c'est-à-dire s'il n'y a pas de différence de potentiel entre les
deux armatures reliées par un conducteur.

Un autre point très important, c'est qu'il y ait entre les mouvements des armatures des deux condensateurs, la différence
de phase dont nous avons déjà signalé la nécessité. Sans cela
le travail moteur développé dans un des condensateurs pendant une certaine phase serait annulé par un travail résistant
égal développé dans une autre phase ; et le travail transmis
pendant une période au second condensateur serait algébriquement nul.

102. — Exemple numérique. — Nous allons faire une application
numérique de la formule qui donne la valeur du travail mécanique pendant une période. Mais nous devons, auparavant, cher- .
cher à éviter de prendre pour C et c des valeurs qui rendraient
la formule illusoire. Ainsi il semble que la valeur de $\mathfrak{C}$ tende vers
l'infini lorsque la limite inférieure de la capacité des condensateurs tend vers zéro ; cela est vrai algébriquement, mais ne l'est
pas en réalité, pas plus qu'il n'est vrai que l'énergie potentielle
d'un condensateur de capacité variable, à charge constante, tende
vers l'infini quand les deux armatures s'éloignent indéfiniment
l'une de l'autre.

Il faut se rappeler ce que nous avons déjà dit à ce sujet lorsque
nous avons calculé la force attractive développée entre les armatures de deux condensateurs. Nous choisirons donc les valeurs
minima et maxima de la capacité variable, de manière qu'elles
soient comprises entre les limites où la formule

$$C = \frac{A}{4\pi\delta}$$

est applicable, et nous nous donnerons la valeur du potentiel correspondante à la capacité minima, parce que c'est précisément dans ce cas qu'elle atteint le chiffre le plus élevé.

Supposons qu'il s'agisse de deux condensateurs plans ayant 1 mètre carré et dont les armatures soient séparées par une lame de verre de 5 millimètres d'épaisseur ; le pouvoir inducteur spécifique du verre étant pris égal à 3, la capacité maxima sera égale à

$$\frac{100 \times 100 \times 3}{4\pi \times 0,5} = 4\,800.$$

Si nous augmentons ensuite l'écart des armatures de manière à réduire la capacité au quart de sa valeur primitive, soit 1200 unités, et si nous attribuons au potentiel la limite de 400 unités (120 000 volts), qui ne paraît pas exagérée, puisqu'une lame de mica de $\frac{1}{20}$ de millimètre résiste à 10 unités ou 3000 volts, nous trouvons pour la quantité d'électricité afférente à un des condensateurs lorsque la capacité est minima

$$Q = CV = 1\,200 \times 400 = 480\,000.$$

Nous admettrons une charge égale pour l'autre condensateur lorsqu'il a aussi sa capacité minima, de sorte que la charge constante de l'ensemble est de 960 000 unités. Le travail mécanique utile développé par AB pendant une période, aura alors pour valeur

$$\overline{480\,000}^2 \times \frac{\overline{3\,600}^2}{1\,200 \times 4\,800 \times 6\,000} = 86\,400\,000 \text{ ergs,}$$

soit environ 0,88 de kilogrammètre.

103. — Nous avons supposé que la capacité oscillait entre 4 800 et 1 200 unités. Cette variation peut être obtenue, soit en

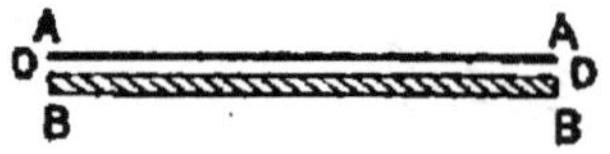

Fig. 45.    Fig. 46.

imprimant à la lame AA un mouvement dirigé suivant la normale commune aux deux armatures (fig. 45), soit en la faisant glisser parallèlement à l'armature inférieure (fig. 46), le diélectrique DD empêchant dans les deux cas l'échange d'étincelles entre les armatures et ayant en outre l'avantage d'augmenter beaucoup la valeur de la capacité maxima C. Ces deux moyens, identiques comme résultat, en ce qui concerne la variation de capacité, ont au point vue pratique des qualités très différentes. Le premier entraine comme conséquence l'emploi d'un mouvement alternatif, tandis que le second permet l'emploi d'un mouvement de rotation continu, ce qui constitue une très grande supériorité. Car le travail mécanique de 0,88 kilogrammètre trouvé plus haut est médiocre, et devrait être répété 85 fois par seconde si on voulait obtenir la puissance d'un cheval-vapeur. Il faudrait donc imprimer au plateau AB un mouvement alternatif de 85 oscillations doubles par seconde, tandis que le dispositif de la figure 46 permettrait, au moyen d'un artifice très simple que nous allons indiquer, d'obtenir au moyen d'un mouvement de rotation continu, un nombre de périodes aussi grand que l'on veut pour une vitesse angulaire donnée.

104. — Soit ABCDEA un plateau de verre divisé en huit parties égales (fig. 47); quatre de ces parties sont recouvertes de feuilles métalliques affectant la forme de secteurs circulaires dont la hauteur Cc est égale à la moitié du rayon.

Ce plateau est placé devant un second plateau [1] qui lui est concentrique et qui est en écarté d'une distance telle que le premier plateau peut tourner librement sans frotter le second. Si l'on

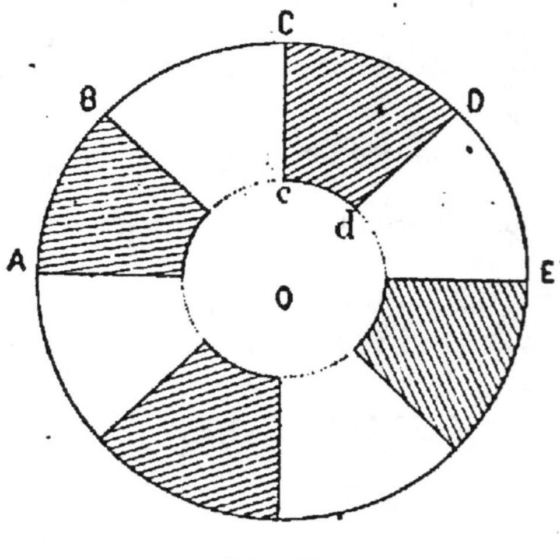

Fig. 47.

suppose que les secteurs métalliques ou armatures de ces

---

1. Dans la figure 46, les secteurs métalliques (représentés par les parties hachées) ont une étendue angulaire égale à celle des secteurs isolants. Si

deux plateaux soient placés exactement en face les uns des autres, et que l'on fasse communiquer toutes les pièces métalliques du premier avec le pôle positif d'une source d'électricité tandis que les armatures du second communiquent avec le pôle négatif, l'appareil constituera un condensateur dont la surface de chaque armature sera égale à la somme des surfaces des armatures d'un des plateaux, c'est-à-dire les $\frac{3}{8}$ de celle du cercle.

Si l'on fait tourner l'un des plateaux d'un angle égal à l'espace recouvert par un des secteurs, les pièces métalliques de l'un des plateaux seront en face des espaces non recouverts de l'autre ; de sorte que dans cette seconde position, l'appareil ne forme plus condensateur. Il nous est donc possible, par une simple rotation d'un huitième de tour, de faire passer la capacité de l'appareil, de sa valeur maxima à zéro.

Si au lieu de diviser chaque plateau de verre en huit parties, on le divisait en seize parties, la capacité maxima resterait la même que dans l'exemple précédent, la surface totale métallique restant toujours égale aux $\frac{3}{8}$ de celle du cercle ; mais il y aurait une différence importante entre les deux dispositions ; cette différence consiste en ce que pour faire passer la capacité totale de l'appareil, de sa valeur maxima à zéro, il suffit de faire décrire au plateau mobile un angle égal à $\frac{1}{16}$ de circonférence, c'est-à-dire deux fois moindre que dans l'exemple précédent.

Il est facile de voir que si le nombre des secteurs était n fois aussi grand que nous l'avons supposé, la capacité totale resterait toujours la même, tandis que l'angle qu'il faudrait faire décrire au plateau mobile pour faire varier la capacité entre se valeur maxima et zéro, deviendrait n fois moindre. Nous

le second plateau était identique au premier, la capacité de l'ensemble passerait quatre fois dans un tour par zéro et par sa valeur maxima sans jamais rester constante ; on ne réaliserait donc pas ainsi les conditions représentées par le graphique de la figure 11. Pour les réaliser, il faudrait que les secteurs métalliques du second plateau eussent une étendue égale à une fois et demie celle des secteurs métalliques du premier plateau.

sommes donc en possession d'un procédé permettant de faire osciller la capacité d'un condensateur entre deux limites données, autant de fois qu'on le veut dans l'unité de temps, sans qu'il soit nécessaire d'imprimer aux pièces mobiles une vitesse dépassant certaines limites.

Nous ne nous étendrons pas davantage sur ce sujet ; ce que nous avons dit suffit pour établir la possibilité de la transmission d'un travail, à une distance quelconque, au moyen de condensateurs à capacité variable [1].

EMPLOI DES CONDENSATEURS
COMME TRANSFORMATEURS. MACHINES ÉLECTRO-STATIQUES

105. — **Emploi des condensateurs pour changer la valeur des facteurs d'une quantité d'énergie.** — Soit AB A'B' (fig. 48) deux

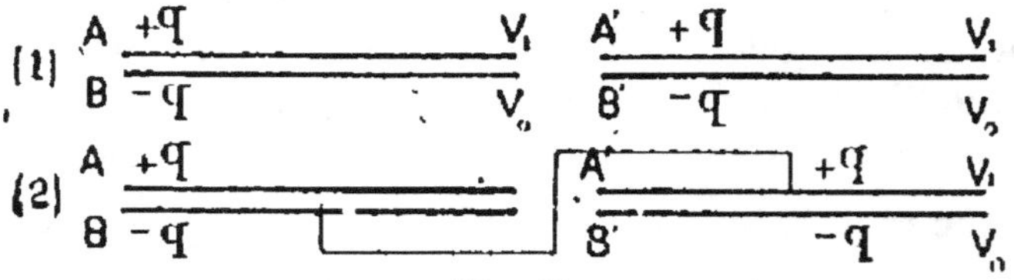

Fig. 48.

condensateurs identiques chargés d'abord séparément avec la même source (1) qui communique au plateau A une charge $+q$ et un potentiel V_1, et au plateau B une charge $-q$ et un potentiel V_0 (celui de la terre par exemple). Le condensateur A'B' étant identique recevra de même une charge $+q$ au potentiel V_1 sur le plateau A', et une charge $-q$ au potentiel V_0 sur le plateau B'.

Réunissons maintenant par un conducteur (2) le plateau B au plateau A'. Les potentiels de ces plateaux étant différents et leur charge de signe contraire, il semble que leur réunion par

1. Nous nous sommes assurés au moyen de calculs trop longs pour être reproduits ici de la possibilité de transmettre, par le procédé que nous venons de décrire, un travail de plusieurs chevaux au moyen de plateaux de verre recouverts de secteurs équidistants en feuille d'étain, les dimensions et les vitesses restant dans les limites industriellement admises.

un conducteur doive provoquer un mouvement électrique entraînant une perte d'énergie, comme nous l'avons vu en étudiant l'équilibre électrique de deux sphères à des potentiels différents que l'on réunit par un conducteur. Mais il n'en va pas de même dans le cas actuel, parce que l'équilibre électrique de l'ensemble des deux condensateurs ne peut exister que si les charges des plateaux restés libres, A et B', sont égales et de signe contraire à celles des plateaux B et A'. Si le plateau B cédait par exemple une certaine quantité d'électricité au plateau A', l'équilibre des forces électriques du système serait rompu; le plateau A contenant une quantité plus grande que B et le plateau B' contenant au contraire moins que A', les choses tendraient à revenir à l'état primitif qui est un état d'équilibre stable.

Il peut sembler étrange que deux corps à des potentiels différents puissent se mettre au même potentiel sans dépense d'énergie lorsqu'on les met brusquement en communication par un conducteur. Mais cette dépense d'énergie ne peut avoir lieu que s'il y a échange d'électricité entre les corps, et cet échange ne peut se produire ici à cause de la présence des armatures A et B' chargées de quantités d'électricités égales et de signe contraire à celles des armatures B et A'.

Mettons maintenant l'armature B' au potentiel V_0 en la mettant par exemple en communication avec la terre, ce qui ne change pas sa charge, et cherchons à déterminer les potentiels des armatures A' et A que nous désignerons par les lettres V_1 et V_2.

Le condensateur A'B' devant satisfaire à l'équation fondamentale

$$q = c \, (V_1 - V_0)$$

d'où

$$V_1 - V_0 = \frac{q}{c} \, .$$

Le condensateur AB donnerait de même

$$V_2 - V_1 = \frac{q}{c}$$

d'où ajoutant membre à membre

$$V_2 - V_0 = 2 \, \frac{q}{c} \, .$$

Ainsi la différence de potentiel des deux armatures extrêmes sera double de celle d'un seul condensateur, mais la capacité de cet ensemble de condensateurs groupés en cascade n'est plus que la moitié de celle de chacun d'eux. Donc la quantité d'énergie potentielle totale qui a pour expression générale

$$\frac{1}{2} \, CV^2$$

est ici représentée par

$$\frac{1}{2} \cdot \frac{c}{2} \left[2\left(V_1 - V_0 \right) \right]^2 = 2 \cdot \frac{1}{2} \, c(V_1 - V_0)^2,$$

c'est-à-dire par le double de la valeur qu'avait l'énergie potentielle de chacun d'eux avec leur réunion par un conducteur. L'énergie totale est donc restée intacte.

Si au lieu de les grouper en série *après les avoir chargés séparément*, on les groupait en quantité, en réunissant A et A' d'une part, B et B' d'autre part, il n'y aurait cette fois aucun changement dans la différence de potentiel des deux armatures. On aurait seulement ainsi un condensateur unique dont la capacité serait double de celle de AB ou de A'B' et qui contiendrait une charge double $2q$ mais au même potentiel $(V_1 - V_0)$. L'énergie potentielle serait égale à

$$\frac{1}{2} \cdot 2c.(V_1 - V_0)^2 = 2 \cdot \frac{1}{2} \, c(V_1 - V_0)^2$$

c'est-à-dire à la somme des énergies potentielles primitives.

Ainsi, quel que soit le mode de groupement des deux condensateurs, l'énergie totale disponible reste inaltérée tandis que la différence de potentiel des armatures extrêmes dépend absolument du mode de groupement ainsi que la quantité d'électricité mise en mouvement dans le circuit extérieur au moment de la décharge.

Avec le groupement en tension, la quantité d'électricité mise en mouvement dans le circuit extérieur est égale à q, et la différence de potentiel est égale à $2(V_1 - V_0)$.

Avec le groupement en quantité, la quantité d'électricité mise en mouvement par la décharge est égale à $2q$ tandis que la différence de potentiel est égale à $(V_1 - V_0)$.

106. — Il est facile d'étendre à un nombre quelconque de condensateurs identiques les raisonnements qui précèdent, et on trouve alors que si on charge séparément, avec la même source, n condensateurs identiques au potentiel $(V_1 — V_0)$ et qu'on les groupe en tension, on aura en désignant par c, q, v, w la capacité, la charge, la différence de potentiel et l'énergie d'un seul de ces condensateurs, et par c', q', v', w', les mêmes quantités relatives à l'ensemble,

$$c' = \frac{c}{n}, \qquad q' = q, \qquad v' = nv, \qquad w' = nw.$$

Si on les groupait au contraire en quantité, on aurait

$$c'' = nc, \qquad q'' = nq, \qquad v'' = v, \qquad w'' = nw'.$$

D'où on tire enfin :

$$\frac{c''}{c'} = n^2, \qquad \frac{q''}{q'} = n, \qquad \frac{v''}{v'} = \frac{1}{n}, \qquad w'' = w',$$

ou inversement

$$\frac{c'}{c''} = \frac{1}{n^2}, \qquad \frac{q'}{q''} = \frac{1}{n}, \qquad \frac{v'}{v''} = n, \qquad w' = w''.$$

Ces équations montrent les modifications considérables et inverses l'une de l'autre qui ont lieu dans la quantité d'électricité mise en mouvement pendant la décharge, et dans la différence de potentiel des armatures extrêmes, suivant qu'on emploie l'un ou l'autre des modes de groupement, tandis que la quantité d'énergie transformée en chaleur pendant la décharge reste la même. Nous voyons donc que les condensateurs permettent d'obtenir, avec une source d'électricité donnée, des effets totalement différents de ceux que la source elle-même permettrait d'obtenir directement, et qu'ils constituent de véritables *transformateurs* d'énergie.

107. — **Machines électro-statiques.** — Bien que les machines électro-statiques ne soient employées à aucun usage industriel, elles constituent une application trop immédiate des principes qui précèdent et elles ont joué un rôle trop important dans l'histoire de l'électricité, pour que nous n'en parlions pas. Nous choisirons, parmi les types très nombreux basés sur l'induction électro-statique, la machine imaginée par M. Varley et employée par William Thomson, sous le nom de *replenisher* dans son électromètre absolu et dans le cracheur d'encre de son *syphon-recorder*.

Cette machine, réduite à des dimensions si exiguës, qu'elle est enfermée dans un cylindre d'ébonite que l'on tient

Fig. 49.   Fig. 50.

dans la main fermée, est encore assez puissante pour produire des étincelles d'environ 2 millimètres de longueur, capables d'allumer un bec de gaz.

Elle est basée sur les principes suivants : supposons placés en face l'un de l'autre deux cylindres creux A et B (fig. 49) en ébonite, recouverts d'une feuille d'étain et chargés d'avance d'une quantité d'électricité égale à + 1 pour A, et à — 1 pour B. Introduisons dans A un cylindre C également en ébonite recouverte d'étain, de dimensions un peu plus petites que A de manière à ne le toucher en aucun point. Lorsqu'il est complètement entré dans A, mettons C en communication avec la terre, il va immédiatement se charger d'une quantité d'électricité égale à — 1. Transportons-le alors rapidement dans l'intérieur de B et mettons-le en communication avec B. Étant complètement enveloppé par B, C lui cédera toute sa charge — 1, de sorte que la charge de B deviendra — 2; rompons alors la communication de B et de C et mettons comme précédemment C en communication avec la terre, il va se charger par induction d'une quantité égale et de signe contraire à la charge de B, va par conséquent contenir + 2 unités de quantités. Transportons-le de nouveau en A et recommençons les mêmes opérations dans le même ordre, nous verrons que la charge de A deviendra $+ 1 + 2 = + 3$ et que, après communication avec la terre, celle de C deviendra $- 3$ qu'il reportera ensuite sur C, qui étant déjà chargé de $- 2$, acquerra ainsi une charge égale à $- 5$. En continuant indéfiniment ce cycle d'opérations, on augmentera de plus en plus rapidement la charge de A et B, comme il est facile de le voir par le tableau suivant qui fait connaître les charges successives de C, abstraction faite du signe, chaque fois qu'il vient d'être mis en communication avec le sol. La première colonne renferme les charges successives correspondantes aux dix premières oscillations du cylindre mobile; la seconde colonne les charges du même cylindre de cinq en cinq oscillations jusqu'à la 50ᵉ oscillation où elle dépasse 20 billions de fois la charge primitive.

OSCILLATIONS	CHARGES	OSCILLATIONS	CHARGES
1	1	15	987
2	2	20	10.946
3	3	25	121.393
4	5	30	1.346.269
5	8	35	14.930.352
6	13	40	165.580.141
7	21	45	1,836,311,903
8	34	50	20.365.011.074
9	55		
10	89		

La loi de formation de ces nombres est évidente; chacun d'eux est égal à la somme des deux précédents; c'est donc une série récurrente qui tend très rapidement à se confondre avec une progression géométrique dont la raison serait égale à

$$\frac{1 + \sqrt{5}}{2} = 1,618.$$

Il est à peine nécessaire de dire que, dans la réalité, la charge s'accroît beaucoup moins vite que ne l'indique le calcul à cause des pertes de toute nature que subissent les charges successives qui sont portées à des potentiels de plus en plus élevés (qui leur sont d'ailleurs proportionnels). Mais la conséquence pratique de ces calculs, c'est que, malgré ces pertes, les potentiels successifs de A et de B s'accroissent avec une extrême rapidité et que, en partant d'une différence de potentiel infiniment petite, on arrive rapidement à un potentiel très élevé. Ainsi une différence de potentiel initiale de *un millionième* de volt entre A et B deviendrait, au bout de 50 oscillations du cylindre mobile, égale à 20 365 volts. Or la cinquième partie de ce chiffre suffirait à produire des étincelles de plus de 3 millimètres. Il n'est donc pas étonnant qu'une machine de ce genre donne toujours des étincelles, par tous les temps et sans qu'il soit nécessaire d'électriser préalablement les cylindres A ou B.

108. — La machine utilisée au Conservatoire National des Arts et Métiers pour les démonstrations publiques est une machine réalisée par M. Varley. Elle est susceptible de produire des étincelles correspondant à des différences de potentiel de plusieurs dizaines de milliers de volts.

EN RÉSUMÉ

Il résulte du présent chapitre que :

1° Tout corps électrisé à un potentiel V se charge d'une quantité Q d'électricité telle que

$$Q = CV$$

C est la capacité du corps.

2° La capacité est une quantité constante qui dépend de la forme et des dimensions du corps. Elle a pour valeur

$$C = R \qquad \text{pour une sphère.}$$

$$C = \frac{S}{4\pi\delta} \qquad \text{pour un condensateur plan.}$$

$$C = \frac{0,217\,l}{\log \frac{b}{a}} \qquad \text{pour deux cylindres concentriques, etc.}$$

au point de vue de l'homogénéité on a $[C] = [L^{-1}]$.

3° L'unité pratique de capacité est le Farad qui vaut 9×10^{11} UES.

4° Si l'on introduit entre les armatures d'un système de corps formant condensateur un diélectrique, la capacité est multipliée par un nombre K appelé *pouvoir inducteur spécifique du diélectrique.*

5° Les condensateurs peuvent être groupés en dérivation et on a $C = \Sigma c$ ou en série et l'on a

$$\frac{1}{C} = \Sigma \frac{1}{c} \cdot$$

6° L'énergie qu'on peut emmagasiner dans un condensateur est :

$$W = \frac{1}{2} cV^2 = \frac{1}{2} qV = \frac{1}{2} \cdot \frac{q^2}{c} \cdot$$

7° Quand un condensateur chargé à armatures mobiles se déforme, 1° s'il est *séparé de la source* on a

$$dT + dW = 0$$

le travail des forces électriques est égal et de signe contraire à la variation d'énergie du condensateur ; 2° quand le condensateur reste *en communication avec la source* le travail des forces électriques est égal à la variation d'énergie du condensateur et la source fournit le double de cette variation.

8° L'attraction des armatures d'un condensateur est donnée par la formule $F = 2\pi s\delta^2$ dans l'air et $F'' = K^2 F$ si on substitue un diélectrique à l'air.

9° Le flux total qui traverse le diélectrique d'un condensateur est

$$F = \frac{V}{\left(\frac{d}{KS}\right)} \cdot$$

DEUXIÈME PARTIE

ÉLECTRO-CINÉTIQUE

CHAPITRE PREMIER

LOIS D'OHM, DE KIRCHHOFF ET DE JOULE

Loi d'Ohm $R = \dfrac{E}{I}$. — Résistance d'un conducteur $R = \rho\,\dfrac{l}{s}$. — Variation de la résistance avec la température. — Résistance des métaux, des liquides et des gaz. — Force électromotrice. — Dimensions de E, R. — Résistance des conducteurs en série et en dérivation. — Lois de Kirchhoff. — Applications : Pont de Wheatstone. — Shunt. — Groupement des piles. — Loi de Joule. — Applications.

LOI D'OHM $R = \dfrac{E}{I}$. — RÉSISTANCE $R = \rho\,\dfrac{l}{s}$

109. — **Propagation de l'état électrique entre deux corps reliés par un conducteur.** — Lorsqu'on réunit par un conducteur deux corps électrisés à des potentiels différents, l'expérience montre que, au bout d'un temps très court, les deux corps, ainsi que le conducteur, atteignent le même potentiel dans toute leur étendue. Celui dont le potentiel était le plus élevé perd une partie de sa charge, tandis que la charge de celui dont le potentiel était le plus faible augmente d'une quantité rigoureusement égale, en considérant toutefois comme négligeable la capacité du conducteur. Nous avons donné précédemment les équations qui permettent de calculer le potentiel commun et la charge de chacun des deux corps lorsque l'équilibre est établi.

Ce phénomène, ainsi d'ailleurs que tous les phénomènes physiques, n'est pas instantané. Sa durée dépend de la différence de potentiel des deux corps, de la longueur, de la section, de la substance du conducteur et enfin de la capacité des deux corps et de celle du conducteur. Nous verrons même plus tard que, non seulement il n'est pas instantané, mais que théoriquement sa durée est infinie. Aussi pour éviter toute ambiguïté convient-il de considérer, au lieu de la durée totale du phénomène, le temps nécessaire pour que le premier corps cède au second une portion déterminée de sa charge primitive.

Nous sommes donc amenés à traiter la question suivante : *Etant-donnés deux corps A et B dont les potentiels sont respectivement V_0 et V_1, trouver la quantité d'électricité qui passe de l'un à l'autre pendant un temps très court dt lorsqu'on les réunit par un conducteur.* Or, les principes sur lesquels nous nous sommes appuyés jusqu'à présent permettent bien de trouver la grandeur des variations de potentiel et de charge du second corps lorsqu'on connaît les changements survenus dans l'état électrique du premier, mais ne peuvent nous donner aucune indication concernant le temps nécessaire pour que ces variations s'accomplissent ; l'expérience seule peut nous renseigner à cet égard.

110. — Intensité du courant électrique. — Si les deux corps A et B ont des capacités extrêmement grandes et si le temps pendant lequel on les réunit par un conducteur est très petit, la quantité d'électricité perdue par A et gagnée par B sera également très petite et par suite, les variations de potentiel des deux corps seront aussi suffisamment petites pour qu'on puisse considérer V_0 et V_1 comme constants pendant la durée de la réunion des deux corps. Car la charge Q, le potentiel V et la capacité C de chacun d'eux doivent toujours satisfaire à la relation

$$V = \frac{Q}{C} \cdot$$

L'expérience apprend que la quantité dq d'électricité cédée par celui des deux corps dont le potentiel est le plus élevé au second cas, est proportionnelle : au temps dt supposé très court pendant lequel la communication est établie ; à la différence de potentiel $V_0 - V_1$; à la section s du conducteur ; inversement proportionnelle à sa longueur l et enfin variable avec la substance du conducteur. Elle peut donc être représentée par une expression de la forme

$$dq = k \frac{s}{l} (V_0 - V_1)dt,$$

dans laquelle k est un coefficient qui dépend de la nature du conducteur.

Si, pendant que les deux corps sont réunis par le conducteur, on pouvait, par un procédé quelconque, maintenir constante la valeur de leurs potentiels, cette relation nous montre que les quantités d'électricité perdues par le premier et gagnées par le second seraient égales pendant des temps successifs égaux, de sorte que la quantité totale q d'électricité ainsi déplacée au bout d'un temps t, aurait pour valeur

$$q = \frac{ks}{l} (V_0 - V_1)t$$

d'où

$$\frac{q}{t} = \frac{ks}{l} (V_0 - V_1).$$

Le quotient $\frac{q}{t}$ a reçu le nom d'*Intensité du courant électrique*. On voit que c'est la quantité d'électricité qui passe de A en B pendant l'unité de temps lorsque le potentiel $V_0 - V_1$ est maintenu invariable.

REMARQUE. — C'est le physicien allemand, Ohm, qui a formulé le premier les lois représentées par la formule ci-dessus. Il les avait trouvées par le calcul en assimilant les quantités d'électricité à des quantités de chaleur, les différences de potentiel (qu'il appelait différence de tension) à des différences de température.

Il appliquait d'ailleurs à la propagation de l'électricité, les équations que le géomètre français, Fourier, avait établies pour représenter la propagation de la chaleur dans une barre métallique dont les extrémités sont maintenues à des températures différentes mais constantes ; la barre étant supposée entourée d'une enveloppe imperméable à la chaleur.

111. — Etat permanent. Etat véritable. — L'intensité du courant n'est représentée par la formule simple que nous venons de donner que lorsque la communication entre les corps A et B supposés maintenus aux potentiels V_0 et V_1 est déjà établie depuis un certain temps. On dit alors que le courant a atteint son *état permanent*. Mais entre l'instant où la communication est établie et celui où l'état permanent est atteint, la valeur du courant électrique obtenue en divisant la quantité infiniment petite d'électricité dq cédée par A et reçue par B, par le temps indéfiniment petit dt pendant lequel cet échange a lieu, passe par toutes les valeurs comprises entre zéro et sa valeur permanente. Elle peut même être oscillante comme nous le verrons plus tard. On dit alors que le courant est dans la phase d'*état variable*.

L'étude de cette seconde phase est très importante, mais elle est très compliquée et doit, pour être faite avec fruit, être précédée de l'étude des lois beaucoup plus simples de l'état permanent ainsi que de celles de l'Induction électromagnétique. L'ensemble des lois qui régissent ces deux états du courant électrique a reçu le nom d'Electro-cinétique.

CONDUCTIBILITÉ. — RÉSISTANCE.
RÉSISTANCE SPÉCIFIQUE

112. — Définitions. — En désignant par I l'intensité du courant arrivé à l'état permanent (ce qui a lieu en général dans un temps extrêmement court) on a par définition.

$$I = \frac{q}{t},$$

ou, en raison de l'équation précédente

$$I = \frac{ks}{l} (V_0' - V_1),$$

qui nous fait connaître le nombre d'unités de quantité électrique qui, dans l'unité de temps, disparait du point A et apparaît au point B.

Si on voulait appliquer cette formule en se servant des unités électro-statiques telles que nous les avons définies au moyen de la loi de Coulomb, il faudrait exprimer s en centimètres carrés, l en centimètres et $(V_0 - V_1)$ en unités de potentiel électro-statique (chacune de ces unités valant 300 volts ainsi que nous l'avons expliqué précédemment); il resterait à déterminer le facteur k. On y arriverait en faisant $s = 1$, $l = 1$, $V_0 - V_1 = 1$, et on aurait alors

$$I = k.$$

D'où cette définition du facteur k : *C'est l'intensité du courant qui traverserait un conducteur de 1 centimètre de longueur et de 1 centimètre carré de section, dont les deux faces perpendiculaires à la direction du courant auraient entre elles une différence de potentiel égale à l'unité.* On a donné à ce facteur k qui varie avec la substance du conducteur le nom de *conductibilité*.

On peut encore mettre la valeur de I sous la forme

$$I = \frac{V_0 - V_1}{\frac{1}{k} \cdot \frac{l}{s}},$$

ou, en posant

$$\frac{1}{k} \cdot \frac{l}{s} = R,$$

$$I = \frac{V_0 - V_1}{R} = \frac{E}{R} \quad \text{en posant}$$

$E = V_1 - V_0$ c'est la loi d'Ohm.

La quantité R a reçu le nom de *résistance* du conducteur; on voit que, à dimensions égales, elle dépend du facteur $\frac{1}{k}$ dont la signification physique apparaît immédiatement si dans l'expression de R on fait $l = 1$, $s = 1$; il vient alors

$$R = \frac{1}{k}.$$

Ainsi le facteur $\frac{1}{k}$ est égal à la résistance d'un conducteur de 1 centimètre de longueur et de 1 centimètre de section fait avec la substance considérée. Il constitue ce qu'on appelle la *résistance spécifique* de cette substance ; en la désignant par ρ, la valeur du courant devient

$$ I = \frac{V_0 - V_1}{\rho \dfrac{l}{s}} . $$

113. — Relations algébriques entre les dimensions d'un conducteur et sa résistance. — La résistance d'un conducteur ayant pour expression

$$ R = \rho \frac{l}{s} , $$

son volume u est donné par la relation

$$ u = ls $$

et son poids p est, en désignant par δ le poids de l'unité de volume du métal du conducteur,

$$ p = u\delta = \delta ls. $$

En combinant entre elles ces équations, on arrive aux formules suivantes qui sont très utiles dans les applications :

$$ R = \rho \frac{u}{s^2} , \qquad R = \rho \frac{l^2}{u} , \qquad R = \rho \frac{p}{\delta s^2} , \qquad R = \rho\delta \frac{l^2}{p} , $$

$$ l = \frac{Rs}{\rho} , \qquad l = \sqrt{\frac{Ru}{\rho}} , \qquad l = \sqrt{\frac{pR}{\rho\delta}} , $$

$$ s = \rho \frac{l}{R} , \qquad s = \sqrt{\frac{\rho u}{R}} , \qquad s = \sqrt{\frac{\rho p}{\delta R}} , $$

$$ u = \frac{\rho l^2}{R} , \qquad u = \frac{Rs^2}{\rho} , \qquad p = \frac{\rho\delta l^2}{R} , \qquad p = \frac{\delta s^2 R}{\rho} . $$

114. — Unités d'intensité de courant et de résistance adoptées dans la pratique. — Nous avons pu jusqu'à présent définir l'intensité d'un courant électrique en nous appuyant uniquement sur les définitions et les lois des phénomènes électro-statiques. Nous pourrions même, en nous appuyant sur cette définition, *simuler* un courant électrique en faisant glisser le long d'un fil une série de petites sphères chargées d'électricité qui *transporteraient*, dans l'unité de temps, du point A au point B une certaine quantité d'électricité. Le résultat de cette relation satisferait rigoureusement à la relation

$$I = \frac{q}{t},$$

mais le fil le long duquel s'effectuerait le transport ou, plus exactement, ce chapelet de petites sphères électrisées en mouvement, jouirait-il des propriétés physiques qui appartiennent au courant électrique?

Cette question n'est pas, dans l'état actuel de la science, susceptible d'une réponse entièrement affirmative ou négative. Nous verrons, en effet, dans une autre partie de ce livre, que le professeur Rowland a cru reconnaître dans un disque électrisé, animé d'une très grande vitesse, des propriétés magnétiques analogues à celles d'un fil qui réunit deux corps électrisés à des potentiels différents. Nous avons en outre établi qu'il y a équivalence entre l'énergie d'une décharge électrique échangée entre deux corps électriques et le travail mécanique accompli par des sphères matérielles transportant d'un corps à l'autre une quantité d'électricité égale à celle qui entre en jeu pendant la décharge. Il n'y aurait donc rien que de très acceptable dans la définition d'un courant d'après le nombre d'unités électro-statiques passant d'une extrémité à l'autre du conducteur dans l'unité de temps, si l'on n'avait découvert tout un ensemble de phénomènes auxquels on a donné le nom d'Electro-magnétisme et qui permettent de mesurer et de définir l'intensité d'un courant d'une manière beaucoup plus commode, bien qu'elle n'ait aucun rapport direct avec la notion de quantité d'électricité ni avec les actions mécaniques qui nous ont servi à établir tous les théorèmes de l'électro-statique.

Les unités, dites *pratiques*, dont on se sert constamment dans l'industrie électrique pour définir la différence de potentiel, l'intensité d'un courant, la résistance d'un conducteur, sont d'un emploi tellement fréquent qu'il nous paraît nécessaire de les faire connaître dès à présent sans attendre que nous en soyons arrivés au chapitre qui traitera de l'Électro-magnétisme.

L'unité de quantité électrique pratique à laquelle on a donné le nom de *Coulomb* est équivalente à un nombre d'unités électro-statiques, telles que nous les avons définies, égal à 3×10^9. Ce nombre résulte de nombreuses expériences et il concorde avec les déductions théoriques de Maxvell.

L'unité de potentiel pratique a reçu le nom de *Volt*. Elle a été choisie de façon que le travail mécanique produit par une unité de quantité pratique (Coulomb) soit égal à 10^7 *ergs*, lorsque cette unité de quantité passe d'un point A à un point B ayant un potentiel inférieur de 1 *Volt* à celui du point A.

Or le travail (exprimé en ergs) produit par 3×10^9 unités électro-statiques, passant d'une position à une autre dont le potentiel est différent, est égal au produit obtenu en multipliant ce nombre d'unités par la différence de potentiel des deux points. On a donc, en désignant par v la valeur du Volt

$$3 \times 10^9 \times v = 10^7,$$

d'où
$$v = \frac{1}{300}.$$

Ainsi le Volt *équivaut, comme nous l'avons déjà dit* (mais sans donner aucune explication à ce sujet), à $\frac{1}{300}$ *d'unité de potentiel électro-statique.*

L'unité pratique d'intensité d'un courant, c'est-à-dire celle du courant équivalent à un *Coulomb* par seconde s'appelle l'*Ampère*. Elle équivaut à 3×10^9 unités d'intensité électrostatiques.

Enfin l'unité pratique de résistance à laquelle on a donné le nom d'*Ohm* ne pourra être définie que lorsque nous étudierons l'électro-magnétisme.

Nous nous bornerons, quant à présent, à dire qu'elle est choisie de façon qu'un conducteur dont la résistance est égale à un Ohm laisse passer un courant d'un Ampère lorsque la différence de potentiel de ses extrémités est égale à 1 Volt. Elle est représentée matériellement par la résistance d'une colonne de mercure de 1 millimètre carré de section et de $1^m,063$ de longueur.

La résistance spécifique ou résistivité

$$\rho = R\,\frac{s}{l}$$

étant le produit d'une résistance par une longueur s'exprime en ohm-centimètre ou en micro-ohm centimètre. On dira qu'un échantillon de cuivre a une résistivité de 1,6 micro-ohm centimètre ou $1,6 \times 10^{-6}$ ohm centimètre.

Nous pouvons facilement trouver maintenant quelle serait, en Ohms, l'unité de résistance électro-statique. L'équation

$$I = \frac{V_0 - V_1}{R},$$

donne

$$R = \frac{V_0 - V_1}{I}.$$

Si on prend $V_0 - V_1$ égal à un Volt $\left(\text{ou } \dfrac{1}{300} \text{ d'unité électro-statique}\right)$ et I égal à 1 ampère (ou $3\,000\,000\,000$ d'unités électro-statiques), on trouve

$$R = 1 \text{ Ohm} = \frac{\dfrac{1}{300}}{3\,000\,000\,000} =$$

$$\frac{1}{900\,000\,000\,000} \cdot \text{ Unités électro-statiques.}$$

Donc l'unité électro-statique de résistance vaut

$$\frac{1}{9 \times 10^{11}} \text{ ohms.}$$

115. — **Influence de la température sur la résistance spécifique des métaux.** — L'expérience prouve que la résistance spécifique d'un métal varie avec la température. Cette variation est même pour certains métaux, le cuivre par exemple, d'une régularité telle qu'elle peut servir à la mesure des températures.

En ce qui concerne le cuivre, la résistance R d'un fil à la température t est représentée avec une grande exactitude par la formule

$$R = R_0 (1 + kt),$$

R_0 étant la résistance mesurée à la température de la glace fondante. Si on exprime t en degrés centigrades, le coefficient k a pour valeur 0,0038 suivant la plupart des auteurs, et 0,0040 suivant M. Mouchel qui a opéré sur des cuivres électrolytiques très purs. Ajoutons que ce coefficient k parait constant dans les limites de température les plus écartées qu'il ait été possible de réaliser sans altérer la structure du métal.

M. Cailletet qui a mesuré la valeur de k aux températures très basses, a trouvé pour le cuivre les résultats suivants :

Limites de température	Valeur de k
De 0° à — 58°,2.	0,00418
De — 68°,6 à — 101°,3.	0,00426
De — 113° à — 122°,8.	0,00424

La valeur de k trouvée par MM. Mathiessen et Benoit diffère notablement du nombre moyen 0,00421 déduit des expériences de M. Cailletet ; ils ont trouvé en effet pour le cuivre $k = 0,00367$ ou 0,003637 [1].

On verra d'ailleurs, dans le tableau qui donne la valeur des résistances spécifiques et des coefficients de variation thermiques, que *pratiquement* la valeur de k est sensiblement la même pour la plupart des métaux et que, par une coïncidence qui ne peut être un simple effet du hasard, elle diffère très peu du coefficient de dilatation des gaz dits permanents, de sorte que les formules qui représentent le volume ou la pression

---

1. M. Guillaume a adopté pour représenter la résistance du mercure à la température t la formule suivante :

$$r_t = r_0(1 + 0,000888t + 0,000101t^2) ;$$

r_0 étant la résistance mesurée à la température de la glace fondante.

d'une masse gazeuse en fonction de la température sont algébriquement identiques à celles qui représentent la résistance d'un conducteur métallique. On conclut de là que s'il était possible de réaliser une température voisine du *zéro absolu* qui a pour valeur l'inverse du coefficient de dilatation des gaz parfaits, c'est-à-dire $\dfrac{1}{0,00367}$, la propriété à laquelle on a donné le nom de *résistance* disparaîtrait.

En admettant pour le cuivre la valeur moyenne $k = 0,004$, on peut mettre l'expression de la résistance sous une forme très commode dans les applications. On a, en effet, en désignant par R_0 la résistance d'un conducteur à la température de la glace fondante, par R et R' les valeurs que prend cette même résistance aux températures t et t',

$$R = R_0(1 + kt), \qquad R' = R_0(1 + kt'),$$

d'où

$$R' = R\,\frac{1 + kt'}{1 + kt} = \frac{t' + \dfrac{1}{k}}{t + \dfrac{1}{k}}.$$

Mais en prenant $k = 0,004$ on a

$$\frac{1}{k} = 250,$$

d'où

$$R' = \frac{t' + 250}{t + 250}\,R.$$

116. — Mesure des températures au moyen de la mesure de résistance d'un conducteur. — On peut aussi se servir de ces équations pour trouver la variation $t' - t$ de température lorsqu'on connaît la variation de résistance. On a en effet

$$t' - t = \frac{R' - R}{R}\left(t + \frac{1}{k}\right),$$

ou

$$t' - t = \frac{R' - R}{R}\,(t + 250).$$

Si on comptait les températures à partir de 250° au-dessous du zéro ordinaire, on aurait, en posant

$$T' = t' + 250, \qquad T = t + 250,$$

$$\frac{T' - T}{T} = \frac{R' - R}{R},$$

équation qui signifie, en langage ordinaire, que l'accroissement relatif $\dfrac{T' - T}{T}$ de ce qu'on pourrait appeler sans erreur notable la température absolue [1], est égal à l'accroissement relatif $\dfrac{R' - R}{R}$ de la résistance.

La mesure de la résistance d'un conducteur est le moyen le plus exact que l'on possède pour connaître sa température moyenne, c'est-à-dire la moyenne arithmétique des températures de chaque unité de longueur de ce conducteur.

Supposons en effet que l'on ait décomposé un conducteur en une série de tronçons égaux suffisamment petits pour qu'on puisse considérer chacun d'eux comme possédant la même température dans toute sa longueur. Ces tronçons, de même longueur et de même substance, ont évidemment la même résistance lorsqu'ils ont la même température. Appelons r_0 cette résistance mesurée à la température de la glace fondante ; désignons par $r_1, r_2 \ldots, r_n$ la résistance du premier, du second, ... du n^{me} tronçon, lorsqu'ils sont respectivement portés à des températures représentées par $t_1, t_2, \ldots t_n$; et désignons par k le coefficient de variation de résistance correspondant à une variation de température de 1 degré. Nous aurons les équations suivantes.

$$r_1 = r_0(1 + kt_1),$$
$$r_2 = r_0(1 + kt_2),$$
$$\cdots \cdots \cdots \cdots,$$
$$r_n = r_0(1 + kt_n).$$

Ajoutant ces équations membre à membre, il vient en désignant par n le nombre des tronçons.

$$r_1 + r_2 + \ldots + r_n = nr_0 + kr_0(t_1 + t_2 + \ldots + t_n)$$

1. On sait que la *température absolue* a pour expression la température ordinaire en degrés centigrades augmentée de 273 degrés.

d'où
$$\frac{t_1 + t_2 + \ldots + t_n}{n} = \frac{(r_1 + r_2 + \ldots + r_n) - nr_0}{knr_0}.$$

Mais nous verrons bientôt que la résistance totale d'un conducteur est égale à la somme des résistances de tous les tronçons qui, placés bout à bout, constituent ce conducteur. Donc la somme $r_1 + r_2 + \ldots + r_n$ est égale à la résistance totale R du conducteur mesurée par des procédés que nous ferons connaître plus loin, et il vient, en remarquant que

$$\frac{t_1 + t_2 + \ldots + t_n}{n}$$

est la température moyenne cherchée t_m, et que le terme nr_0 n'est autre chose que la résistance totale R_0 du conducteur supposé ramené à la température de la glace fondante dans toute sa longueur

$$t_m = \frac{R - R_0}{kR_0}.$$

La formule
$$R = \rho\,\frac{l}{s},$$

nous donne, lorsque le conducteur est un fil cylindrique de diamètre d et que l'on remplace s par sa valeur $\frac{\pi d^2}{4}$,

$$R = \frac{4\rho l}{\pi d^2}.$$

La résistance d'un fil cylindrique est donc en raison inverse du carré de son diamètre ; il en résulte qu'un fil très court peut cependant avoir une très grande résistance si on le prend très fin. Étant très court et très fin, il pourra avoir une masse inappréciable tout en ayant une résistance notable : il pourra donc prendre instantanément la température du milieu dans lequel il sera plongé et la mesure de cette température étant, comme nous venons de le montrer, ramenée à celle de son accroissement de résistance, il en résulte que l'on pourra mesurer la température comme on le ferait avec *un thermomètre dépourvu de masse*. Ce procédé constitue donc le moyen le plus parfait qui existe pour la mesure des températures variables. Aussi a-t-il été mis à profit avec succès par M. Langley dans son *Bolomètre*.

117. — Influence de la température sur la résistance électrique de certains alliages. — Nous venons de dire que le coefficient de variation thermique des corps simples métalliques varie peu d'un métal à l'autre, tandis que leurs résistances présentent au contraire des différences considérables. Ce fait très remarquable et qui conduira peut-être à la découverte d'une relation encore inconnue entre l'électricité et la chaleur, n'a plus lieu, lorsqu'au lieu des métaux à l'état de pureté, on considère les alliages métalliques. Ces derniers, en effet, ont des coefficients de variations thermiques extrêmement différents les uns des autres et on est même parvenu à réaliser des alliages pour lesquels ce coefficient est à peine appréciable et *peut même devenir négatif*. C'est là une propriété précieuse pour la construction des étalons de résistance, puisque cela dispense de corrections de température toujours délicates et souvent incertaines, en raison de laquelle ces alliages devraient toujours être employés dans la construction des bobines des *voltmètres* électro-magnétiques [1] qui servent dans les usines électriques à la mesure des différences de potentiel. Mais cette propriété est accompagnée d'une autre que l'on constate également dans tous ces alliages, et qui, si elle les rend éminemment propres à la construction d'étalons de résistance de petite dimension, est parfois nuisible à certains égards dans la construction des voltmètres ; ils sont tous doués, en effet, d'une très grande résistance spécifique. Parmi eux, le plus remarquable paraît être celui qui est connu sous le nom de *alliage Iᵃ Iᵃ doux* ; il a une résistance spécifique de 47,1 microhms (le microhm

vaut $\dfrac{1}{1\,000\,000}$ d'Ohm) et un coefficient de variation thermique

égal à $\dfrac{1}{200\,000}$, c'est-à-dire 800 fois moindre que celui du cuivre.

Sa résistance spécifique est, il est vrai, environ trente fois aussi grande.

118. — Résistance des liquides. — Les liquides contenus dans des tubes isolants d'un petit diamètre et d'une grande longueur présentent, au point de vue de la conductibilité électrique, des propriétés analogues à celles des tiges métalliques mais, si on en excepte le mercure, ils donnent lieu à un phénomène que

---

1. Nous désignons ainsi, par opposition aux voltmètres électro-statiques déjà décrits, les instruments dans lesquels on met à profit les propriétés que possède le courant électrique de produire des actions mécaniques en agissant, soit sur un autre courant, soit sur un aimant temporaire ou permanent.

nous étudierons en traitant des propriétés chimiques du courant électrique et qui complique notablement les lois que nous venons d'exposer en parlant des métaux. Ce phénomène consiste en ce que le passage du courant donne naissance à une *force électro-motrice* inverse qui s'ajoute à la résistance propre de la colonne liquide, mais qui est indépendante de la longueur et de la section de cette colonne. La résistance spécifique des liquides, même les plus conducteurs, est immense lorsqu'on la compare à celle des métaux. Ainsi la résistance spécifique d'une dissolution d'acide sulfurique dans l'eau, dont la densité est égale à 1,10, est représentée par $0^\omega,88$ [1] tandis que celle du cuivre pur a pour valeur $0^\omega,0000016$. Le rapport de ces deux nombres est égal à 550.000. La résistance spécifique de l'eau *presque pure* dépasse 9000^ω. Elle dépasse donc cinq milliards de fois celle du cuivre.

La température exerce sur la résistance spécifique des liquides une influence inverse de celle qu'elle exerce sur les conducteurs métalliques et beaucoup plus considérable. Ainsi, la solution d'acide sulfurique que nous venons de prendre pour exemple possède, à la température de 14°, une résistance spécifique égale à $0^\omega,88$; mais à 24° cette résistance spécifique tombe à $0^\omega,73$. Ces nombres vont nous permettre de déterminer k en supposant bien entendu que ce nombre soit constant. Nous avons en effet en appelant r_0, r et r' les valeurs de la résistance spécifique aux températures zéro, t, t'

$$r = r_0(1 + kt),$$
$$r' = r_0(1 + kt),$$

d'où

$$\frac{r'}{r} = \frac{1 + kt}{1 + kt}.$$

Cette dernière équation donne

$$k = \frac{r - r'}{r't - rt'}.$$

1. L'Ohm est désigné par la lettre ω placée en exposant.

En remplaçant les lettres par leur valeur numérique, on trouve

$$k = -\,0{,}01376,$$

nombre *négatif*, et qui, en valeur absolue, est presque trois fois et demie aussi grand que le coefficient de variation thermique du cuivre.

119. — Résistance des diélectriques. — Les corps isolants ou diélectriques ont une résistance spécifique beaucoup plus grande que celle des liquides conducteurs. La température exerce sur la résistance de certains d'entre eux, comme le caoutchouc et la gutta-percha, une influence bien plus considérable qu'elle n'en a sur la résistance des corps métalliques. On constate également sur les deux derniers corps une influence de la pression qui n'existe ni dans les métaux, ni dans les corps vitreux, ni dans les corps liquides. Mais cela tient probablement à ce que la gutta-percha et le caoutchouc ont une contexture spongieuse.

120. — Résistance des gaz. — Les gaz peuvent être considérés comme ayant une résistance infinie, et cependant ils peuvent, dans le cas où on emploie de très hauts potentiels, donner passage à un courant électrique très faible, il est vrai. On admet généralement que ce n'est pas en vertu d'une conductibilité proprement dite, telle que nous l'avons défini plus haut, que ce courant peut se produire mais qu'il est dû à une *convection* de l'électricité, absolument, comme dans l'expérience bien connue de la décharge graduelle d'un condensateur au moyen de balles de sureau oscillant entre des plateaux communiquant avec les deux armatures. Cependant lorsque la température est très élevée, cette sorte de conductibilité augmente rapidement ; il en est de même quand la pression du gaz diminue à moins qu'elle ne soit extrêmement petite, car *le meilleur isolant est un vide aussi parfait que possible*. Toutes les recherches expérimentales entreprises sur ce sujet ont montré en effet que l'étincelle électrique ne peut pas éclater dans un vide parfait, même lorsque l'intervalle à franchir est très petit et les potentiels très élevés.

FORCE ÉLECTRO-MOTRICE

121. — Définition. — Nous venons de voir que dans un conducteur parcouru par un courant, la différence de potentiel entre deux points voisins est proportionnelle à l'intensité du courant. Elle est donc nulle en même temps que le courant. Cependant il n'en est pas toujours ainsi et dans un grand nombre de circonstances, un fil métallique dont les extrémités ne sont réunies par aucun conducteur et qui ne peut donner par conséquent passage à un courant, peut avoir dans certaines portions de sa longueur des potentiels différents. Ce fait, absolument contraire en apparence au théorème fondamental démontré dans l'électro-statique, et en vertu duquel tous les points d'un corps conducteur sont au même potentiel, ne peut être dû qu'à l'existence d'une cause de rupture de l'équilibre électrique à laquelle (par analogie avec les causes qui modifient l'équilibre mécanique d'un système matériel), on a donné le nom de *Force électro-motrice*. Ainsi, par exemple, un fil rectiligne qui se déplace dans un champ magnétique est, en général, le siège d'une force électro-motrice qui se traduit par une différence de potentiel de ses deux extrémités. La grandeur de cette différence de potentiel sert de mesure à la force électro-motrice qui est par conséquent évaluée en unités de mêmes dimensions qu'elle.

122. — Expression du courant engendré dans un circuit fermé contenant une force électro-motrice. — Soit ABCD (fig. 51) un circuit métallique dont l'une des portions, AD, est douée de la propriété de développer une *f. e. m.* (force électro-motrice) tout en présentant, comme le reste du circuit, une résistance r qui dépend de sa longueur, de sa section et de la nature du métal dont elle est formée.

Coupons d'abord le circuit au point K; la *f. e. m.* développée par le côté AD va, d'après ce que nous venons de dire, porter les points A et D à des potentiels dont la *différence* lui sert précisément de mesure. Désignons par V_0 le potentiel du point

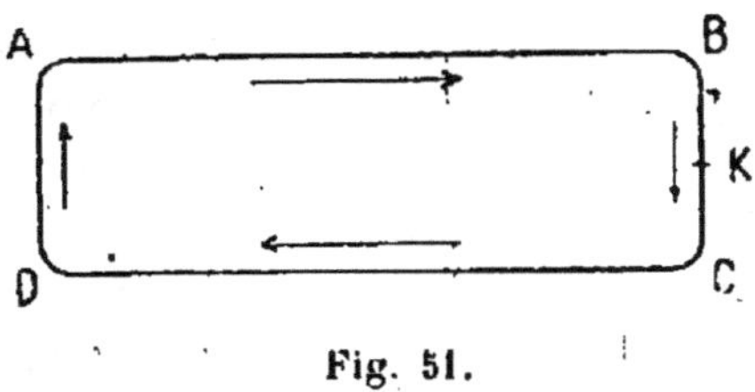

Fig. 51.

A, par V_1 celui du point D et supposons $V_0 > V_1$; un des caractères essentiels de la *f. e. m.* est que la différence $V_1 - V_0$ est indépendante de la valeur absolue de V^0. Il résultera de là que tous les points de la région du circuit représentée par ABK seront au potentiel V_0 tandis que tous ceux de la région DCK seront au potentiel V_1, et que nous aurons, en désignant par E la *f. e. m.* développée dans le côté AD

$$E = V_0 - V_1.$$

Remarquons en passant qu'il nous est impossible de calculer le potentiel d'un point donné de la région AD à moins que nous ne connaissions la *f. e. m.* développée par chacune des portions de AD. Tout ce que nous savons actuellement, c'est que la différence des potentiels des extrémités A et D de la région AD est maintenue à la valeur $V_0 - V_1$ en vertu de la cause à laquelle nous avons donné le nom de force électro-motrice.

Fermons maintenant le circuit en mettant en contact les deux portions BK, CK qui étaient séparées au point K. Si la *d. d. p.* (différence de potentiel) était maintenue constante entre A et D malgré la présence du courant qui prend naissance, ce courant aurait pour valeur

$$I = \frac{V_0 - V_1}{r'},$$

r' désignant la résistance de la portion ABKCD.

123. — L'intensité du courant I étant la même dans tous les points du circuit (sans quoi il y aurait accumulation d'électricité dans certaines régions jusqu'à ce que l'état permanent du courant fût établi), a dans la portion DA la même valeur que dans la portion ABKCD, et si la résistance de DA était nulle, l'expression de I que nous venons de trouver serait exacte. Mais en général il n'en est pas ainsi et la résistance de DA a pour résultat de modifier, non seulement la valeur de I, mais encore la $d.\ d.\ p.$ $V_0 - V_1$, malgré la propriété que nous avons attribuée à la $f.\ e.\ m.$ de maintenir constante cette $d.\ d.\ p.$ Nous allons expliquer cette contradiction apparente.

Dans la portion ABKCD, le courant se propage dans le sens indiqué par les flèches, c'est-à-dire qu'il va du point A où le potentiel est le plus élevé vers le point D où le potentiel est le plus faible et ce résultat est conforme à tout ce que nous avons dit jusqu'à présent concernant la propagation de l'électricité. Mais dans la région DA, il n'en est plus de même ; le courant, pour être *fermé*, doit aller du point D au point A, c'est-à-dire dans un sens contraire à celui qu'il devrait avoir s'il ne dépendait que de la $d.\ d.\ p.$ des points A et D et il est évident que cela est dû à la présence d'une $f.\ e.\ m.$ dans la portion DA. Pour nous faire une idée nette de ce qui se passe alors, supposons que le circuit étant rompu en K, une masse électrique égale à l'unité se déplace de D en A ; et cherchons à évaluer le travail qu'elle développera pendant ce trajet. Elle est soumise à deux actions contraires : la $f.\ e.\ m.$ qui, par définition, la sollicite dans le sens DA, et la $d.\ d.\ p.$ qui la sollicite dans le sens AD puisque le potentiel V_0 est plus grand que V_1. (Nous supposons bien entendu que les quantités d'électricité accumulées en A et en D sont de même signe que la masse-unité et exercent par conséquent sur elle une force répulsive.) Si la $f.\ e.\ m.$ est supérieure à la $d.\ d.\ p.$, la masse-unité quittera le point D pour se rendre au point A ; la quantité d'électricité diminuera donc d'une unité en D et augmentera d'autant en A, il en résultera par suite un accroissement du potentiel de A, une diminution égale du potentiel de D, et finalement une augmentation de la $d.\ d.\ p.$ des points A et D. Si, malgré cette augmentation, la $d.\ d.\ p.$ entre A et D est encore inférieure à la $f.\ e.\ m.$, une nouvelle masse-unité quittera D pour se rendre en A et ainsi de suite jusqu'à ce que la $d.\ d.\ p.$ devienne égale à la *f. e. m.* A ce moment il y aura équilibre entre les deux actions, c'est-à-dire que le travail accompli par une masse-unité se rendant de l'un à l'autre des points sera nul. *Nous sommes obligés de conclure de là que le travail développé sur la masse-unité par une f. e. m., a précisément pour valeur la d. d. p. qui est produite par l'action de cette f. e. m. dans un circuit ouvert.* La *f. e. m.* n'est donc pas une force, comme son nom pourrait le faire croire, mais un travail dont la définition est identique à celle du travail produit par une *d. d. p.*

124. — Nous avons maintenant tous les éléments nécessaires pour calculer la valeur du courant dans la portion DA lorsque le circuit ABCDA est fermé. Les développements dans lesquels nous venons d'entrer sur le mode d'action de la *f. e. m.* nous montrent qu'elle agit absolument comme le ferait une *d. d. p.* La seule différence qui existe entre elles étant que l'une est la cause de l'autre. La masse-unité se rendant de D en A développe donc un travail égal à la différence des travaux dus à la *f. e. m.* E et à la *d. d. p.* $(V_0 — V_1)_f$ [1] qui existe entre les points A et D lorsque le circuit est fermé. C'est-à-dire que tout se passe comme si, dans cette portion de circuit, elle était soumise à une *d. d. p.* égale à $E — (V^0 — V_1)_f$ tandis que dans la portion ABCD, elle est soumise à la seule action de la *d. d. p.* $(V^0 — V_1)_f$. L'intensité du courant dans la portion DA a donc pour expression

$$I = \frac{E — (V_0 — V_1)_f}{r} ,$$

tandis que dans la portion ABCD elle est donnée par l'expression

$$I = \frac{(V_0 — V_1)_f}{r'} ,$$

L'intensité du courant étant la même dans tous les points du

---

1. $(V_0 — V_1)_f$ désignant la valeur que prend $V_0 — V_1$ lorsque le circuit est fermé.

circuit comme nous l'avons déjà dit plusieurs fois, ces deux expressions doivent être égales. Donc

$$I = \frac{(V_0 - V_1)f}{r'} = \frac{E - (V_0 - V_1)f}{r},$$

d'où en ajoutant chacun à chacun les numérateurs et les dénominateurs

$$I = \frac{E}{r + r'}.$$

125. — Équilibre d'une force électro-motrice et d'une différence de potentiel. — *Une expérience très simple permet de mettre en évidence l'équivalence d'une f. e. m. et d'une d. d. p.*

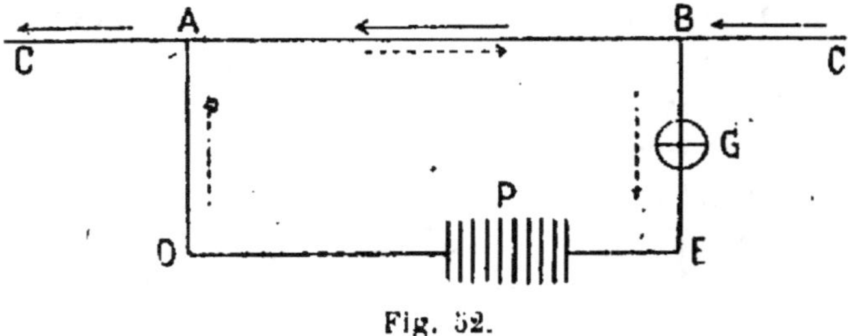

Fig. 52.

Soit CC' (fig. 52) un conducteur parcouru par un courant électrique d'intensité I. Aux deux points A et B de ce conducteur fixons les extrémités d'un circuit ADPEGB dans lequel est intercalée une *pile* électrique P, douée de force électro-motrice, et un *galvanomètre* G, destiné à accuser l'existence d'un courant dans le circuit ADPEGB. Si le conducteur CC' n'était mis en communication avec aucune source d'électricité autre que la pile P, la portion AB de ce conducteur serait parcourue par un courant dû à la *f. e. m.* de cette pile et qui est représenté par les flèches ponctuées. Si au contraire le conducteur CC' est mis en communication avec une source extérieure capable de déterminer dans la portion AB un courant représenté par les flèches en trait plein, et que ce courant soit de sens contraire à celui dû à la pile P, on ne voit pas immédiatement quel va être le sens du courant qui se produira réellement. Sans chercher à résoudre ce problème qui sera traité plus loin, nous nous bornerons ici à déterminer quelles sont les conditions à remplir pour que la pile P ne produise en réalité aucun courant, de façon que le courant qui existe dans la portion AB soit entièrement dû à la source qui alimente le conducteur CC'.

Lorsque ce résultat est atteint, l'intensité I du courant est donnée par l'équation

$$I = \frac{V_0 - V_1}{r},$$

V_0 et V_1 désignant la valeur du potentiel en B et en A et r la résistance de la portion AB. On tire de là

$$V_0 - V_1 = rI.$$

Telle est la valeur de la *d.d.p.* qui fait équilibre à la *f.e.m.* de la pile P, laquelle n'est parcourue par aucun courant bien que son circuit soit fermé métalliquement.

ANALOGIE ENTRE LES LOIS DU COURANT ÉLECTRIQUE ET CELLES DE L'HYDRO-DYNAMIQUE

126. — Il y a entre les lois de l'écoulement des liquides dans les tuyaux et celles du courant électrique des analogies qu'il est utile de connaître ; mais il y a aussi des différences qui ne permettent pas d'admettre que le courant électrique soit assimilable à un courant liquide. Nous allons énoncer rapidement les unes et les autres.

Dans un circuit électrique composé d'un seul conducteur, l'intensité du courant est la même en tous les points du circuit ; de même dans un tuyau parcouru par un courant liquide, le débit (qui est l'équivalent de l'intensité du courant) est le même dans tous les points du tuyau et ceci est vrai même pour les fluides compressibles comme les gaz, car on dit que le débit est arrivé à son régime permanent lorsque la *masse* du fluide qui *entre* par l'une des extrémités du tuyau dans l'unité de temps est égale à la *masse* qui *sort* par l'autre extrémité. Toutefois dans le cas des fluides compressibles, l'analogie n'existe que lorsque le régime est permanent.

Le mouvement d'un liquide dans un tuyau donne lieu à une résistance proportionnelle à la longueur du tuyau et cette résistance a pour conséquence une diminution (ou perte de charge) correspondante de la pression initiale de l'eau. De même, le passage du courant dans un conducteur entraîne une diminution du potentiel initial proportionnelle à la longueur.

Le travail accompli pendant un trajet déterminé par un volume de liquide faisant partie du courant qui traverse un tuyau, a pour valeur le produit de ce volume par la différence des pressions du liquide entre les deux extrémités du trajet. De même le travail accompli par une quantité d'électricité qui se propage d'un point à un autre d'un conducteur, a pour mesure le produit de cette quantité par la différence des potentiels des deux points.

Enfin la force électro-motrice qui se révèle à nous par la production d'une différence de potentiel entre deux points différents d'un corps conducteur, bien qu'il ne soit pas le siège d'un courant, peut être facilement représentée lorsqu'il s'agit d'un liquide.

Supposons en effet une masse liquide remplissant complètement un cylindre capable de tourner autour de son axe auquel sont soudées des cloisons longitudinales qui forcent le liquide à participer, sans glissement possible, au mouvement de rotation. Imprimons à ce cylindre une vitesse de rotation de n tours par seconde. Désignons par m la masse de l'unité de volume du liquide et par r le rayon intérieur du cylindre ; il est facile de démontrer que si une petite quantité du liquide entraîné dans la rotation était d'abord située au centre du cylindre et qu'elle fût ensuite amenée jusqu'à la circonférence elle développerait pendant ce trajet un travail égal à

$$2m\pi^2n^2r^2$$

par unité de volume.

En considérant l'unité de volume du liquide comme représentant la masse-unité électrique, ce travail développé, lorsqu'elle passe du centre à la circonférence, représenterait la différence de potentiel de ces deux positions et par conséquent la force électro-motrice qui lui est équivalente et qu'on pourrait appeler ici force hydro-motrice.

127. — Si pour continuer notre comparaison jusqu'au bout, nous immobilisons le cylindre en rendant les cloisons mobiles et si nous perçons au centre et à la circonférence des ouvertures auxquelles aboutissent les deux extrémités d'un tuyau, nous constituerons ainsi une véritable *pompe centrifuge* dont la rotation entretiendra dans le tuyau une circulation indéfinie du liquide qui entrera dans l'appareil par le centre et en sortira par la circonférence. Le mouvement du liquide dans l'intérieur de l'appareil sera donc, grâce à la *force hydro-motrice*, dirigé en sens contraire de celui qu'il prendrait sous la seule influence de la différence des pressions du liquide au centre et à la circonférence. Cette dernière est en effet plus élevée que l'autre d'une quantité qui, exprimée en dynes, par centimètre carré aurait une valeur égale à la force hydro-motrice.

$$2m\pi^2 n^2 r^2$$

diminuée des pertes de pression causées par les frottements du liquide à l'intérieur de la pompe centrifuge.

La vitesse du courant liquide déterminé dans le tuyau par la différence des pressions qui existent à la circonférence et au centre de la pompe centrifuge, augmentera naturellement, avec cette différence. Mais elle ne lui est pas proportionnelle. L'expérience montre en effet que le débit d'un tuyau et par conséquent la vitesse du liquide est proportionnelle à la racine carrée de la différence des pressions à l'origine et à la fin du tuyau.

C'est ici qu'apparaissent les différences qui existent entre les lois de l'écoulement d'un liquide dans un tuyau et celle du courant permanent dans un fil métallique ; car la formule

$$I = \frac{V_0 - V_1}{R}$$

où

$$V_0 - V_1 = RI$$

nous montre que le *débit électrique* est proportionnel à la différence de potentiel, tandis que le *débit hydraulique* est proportionnel à la racine carrée de la *différence des pressions hydrostatiques.*

Enfin on trouverait également que la *résistance* d'un tuyau à l'écoulement d'un liquide, exprimée en fonction du diamètre, conduit à une formule toute différente de celle qui fait connaître la résistance d'un conducteur.

Nous ne nous étendrons pas davantage sur ce sujet ; nous avons voulu montrer seulement qu'il y a de profondes dissemblances entre ces deux genres de phénomènes physiques malgré l'analogie des termes employés journellement par beaucoup d'auteurs qui disent qu'une machine *débite*, par exemple, cinquante ampères sous la *pression* de cent volts et qui remplacent également l'expression de différence de potentiel entre les deux points d'un même circuit par celle de perte de charge.

128. — Si le courant électrique était réellement produit par le mouvement de translation d'un chapelet de molécules électrisées glissant le long d'un conducteur, il est facile de démontrer que

pour qu'un pareil courant fût régi par les lois d'Ohm, il faudrait
que chaque molécule éprouvât de la part du conducteur une
résistance proportionnelle à la quantité d'électricité qu'elle contiendrait et à sa vitesse de translation.

Nous avons trouvé un dispositif qui permet de réaliser cette
condition avec un liquide, c'est-à-dire de faire naître sur les
organes qui servent à mettre le liquide en mouvement une résistance proportionnelle à la vitesse imprimée au liquide ou plutôt
proportionnelle *à la masse* du liquide écoulé dans l'unité de temps ;
mais la description de ce dispositif, très simple d'ailleurs,
sortirait trop du cadre de cet ouvrage.

Nous terminerons ces considérations sur la comparaison entre
les lois d'Ohm et d'autres phénomènes, en faisant remarquer que
l'on pourrait parfaitement rendre compte de ces lois en disant
que le courant électrique donne naissance à une *f. e. m.* inverse
proportionnelle à l'intensité du courant par unité de section du
conducteur (c'est ce qu'on appelle la densité du courant), proportionnelle à la longueur et qui toutes choses égales d'ailleurs, est
variable avec la nature du conducteur. L'équation qui donne
l'intensité lorsque le régime permanent est établi, exprimerait
alors simplement que cet état permanent existe lorsque la *f. e. m.*
qui sert à produire le courant est égale à la somme de toutes
les *f. e. m.* négatives engendrées par le passage du courant dans
le conducteur. On supprimerait ainsi l'expression « *résistance* »
du vocabulaire électrique sans avoir besoin de la remplacer par
aucune autre. Nous avons vu en effet (113) que la résistance d'un
conducteur a pour expression

$$R = \rho \frac{l}{s} \cdot$$

L'intensité du courant produit dans ce conducteur par une
d. d. p. ε est d'autre part

$$I = \frac{\varepsilon}{R} = \frac{\varepsilon s}{\rho l} ,$$

d'où
$$\varepsilon = \rho l \frac{I}{s}$$

Cette dernière équation donne, lorsqu'on y fait $l = 1$, $\dfrac{I}{s} = 1$:

$$\varepsilon = \rho.$$

On peut l'interpréter, ainsi que nous venons de le dire, en
considérant la *d. d. p.* ε comme faisant équilibre à la somme des
f. e. m. inverses développées dans le fil par le passage du courant

et qui seraient proportionnelles à $\dfrac{1}{s}$ et à l. Cela ne changerait rien d'ailleurs aux équations dans lesquelles intervient la loi d'Ohm.

DIMENSIONS DE LA F.E.M., DE LA D.D.P. ET DE LA RÉSISTANCE DANS LE SYSTÈME D'UNITÉS C.G.S. ÉLECTRO-STATIQUES.

129. — Nous avons déjà fait connaître les dimensions de la *d.d.p.* dans le système électro-statique, c'est-à-dire l'expression analytique la plus simple possible et débarrassée de tout coefficient numérique qui représenterait une *d.d.p.* en fonction des unités de longueur, L, de masse, M, et le temps, T. La *f.e.m.*, étant représentée par la *d.d.p.* à laquelle elle fait équilibre, a la même expression analytique que cette dernière ; elle est par conséquent égale au quotient d'un travail mécanique par une quantité d'électricité. Or un travail mécanique a pour expression le produit d'une force F par une longueur L.

Mais une force étant représentée par le symbole $\dfrac{ML}{T^2}$ il en résulte que le travail a pour expression $\dfrac{ML^2}{T^2}$.

D'autre part, la loi de Coulomb qui est exprimée symboliquement par la relation

$$F = \frac{Q^2}{L^2},$$

donne

$$\frac{FL}{Q} = \frac{Q}{L} = \sqrt{F},$$

ou

$$\frac{FL}{Q} = M^{\frac{1}{2}} L^{\frac{1}{2}} T^{-1}.$$

Le premier membre représente le quotient d'un travail mécanique FL par la quantité Q d'électricité qui a servi à le produire, c'est-à-dire le potentiel d'un corps. On a donc :

Potentiel (V) ou force électro-motrice exprimée en unités électro-statiques :

$$V = M^{\frac{1}{2}} L^{\frac{1}{2}} T^{-1}.$$

La loi de Coulomb donne

$$Q = L\sqrt{F} = L\sqrt{\dfrac{ML}{T^2}} \cdot$$

Donc :

Quantité (Q) d'électricité en unités électro-statiques :

$$Q = M^{\frac{1}{2}} L^{\frac{3}{2}} T^{-1}.$$

L'intensité (I) d'un courant est représentée par le quotient $\dfrac{Q}{T}$. On a par conséquent :

Intensité (I) d'un courant en unités électro-statiques :

$$I = M^{\frac{1}{2}} L^{\frac{3}{2}} T^{-2}.$$

Enfin la résistance étant en vertu de la loi d'Ohm $\left(I = \dfrac{V}{R}\right)$ égale à $\dfrac{V}{I}$ on a

$$R = \dfrac{V}{I} = \dfrac{M^{\frac{1}{2}} L^{\frac{1}{2}} T^{-1}}{M^{\frac{1}{2}} L^{\frac{3}{2}} T^{-2}} = \dfrac{T}{L} \cdot$$

Donc

Résistance (R) d'un conducteur en unités électro-statiques :

$$R = \dfrac{T}{L} \cdot$$

On voit que cette dernière expression est précisément l'inverse du rapport $\dfrac{L}{T}$ qui représente une vitesse.

130. — Représentation physique d'une résistance au moyen de phénomènes électro-statiques. — Supposons que l'on réunisse les deux armatures d'un condensateur de capacité C par un conducteur très résistant de manière que la décharge ne soit pas instantanée. A mesure que la quantité d'électricité emmagasinée dans les armatures diminuera, la différence de potentiel V de ces armatures, devant toujours satisfaire à l'équation $Q = CV$, diminuera également à moins que l'on ne fasse diminuer C en même temps que Q de manière à rendre constant le quotient

$$\frac{Q}{C} = V.$$

Or l'équation $Q = CV$ donne, en différentiant par rapport à C

$$dQ = VdC \qquad \text{ou} \qquad \frac{dQ}{dt} = V \frac{dC}{dt} \cdot$$

Mais $\dfrac{dQ}{dt}$ est précisément l'intensité I du courant dans le conducteur qui réunit les deux armatures ; on a donc

$$I = V \frac{dC}{dt} \cdot$$

Mais en vertu de la loi d'Ohm on a, en désignant par R la résistante du conducteur qui réunit les deux armatures

$$I = \frac{V}{R} \cdot$$

En égalant ces deux valeurs de I, on trouve

$$R = \frac{1}{\left(\dfrac{dC}{dt}\right)} \cdot$$

Mais $\dfrac{dC}{dt}$ représente la vitesse avec laquelle la capacité C décroît dans l'unité de temps. Or si le condensateur employé est une sphère élastique de rayon variable chargée d'électricité et communiquant avec le sol (qui représente alors la seconde armature) au moyen du conducteur de résistance R, la capacité de cette sphère étant, comme nous l'avons vu, égale à son rayon que nous désignerons par x, on a

$$C = x, \qquad \frac{dC}{dt} = \frac{dx}{dt} \,,$$

d'où

$$R = \frac{1}{\dfrac{dx}{dt}} \cdot$$

Mais $\dfrac{dx}{dt}$ est la vitesse avec laquelle le rayon de la sphère décroît dans l'unité de temps. Donc la résistance R du conducteur

est représentée physiquement par l'inverse de la vitesse avec
laquelle il faut faire décroître le rayon de la sphère pour que le
potentiel V produise dans le conducteur un courant égal à I.

L'idée de cette représentation physique du coefficient algébrique
auquel on a donné le nom de résistance, est due à William
Thomson. Mais il ne faudrait nullement croire qu'elle nous donne
aucune notion nouvelle sur la nature intime de la résistance
d'un conducteur ; car nous verrons, en traitant de l'Induction,
que l'on peut également représenter physiquement une résistance par une vitesse, tandis qu'ici elle est représentée par l'inverse d'une vitesse.

**131. — Durée de la décharge d'un condensateur dont les
armatures sont réunies par un conducteur de résistance connue.** — Nous pouvons maintenant, grâce à la connaissance des
lois d'Ohm, résoudre un problème intéressant auquel nous
amène naturellement la question traitée dans le numéro précédent. Si on réunit les deux armatures d'un condensateur de
capacité invariable C par un conducteur de résistance R, la
décharge ne peut pas être instantanée parce que cela exigerait
que le courant $\dfrac{dQ}{dt}$ eût une intensité infinie, ce qui aurait pour
conséquence, en vertu de la relation $I = \dfrac{V}{R}$, une valeur également infinie de la *d.d.p.* V de ses deux armatures.

L'équation fondamentale Q = CV étant différenciée par rapport à Q et à V donne

$$dQ = CdV,$$

ou en divisant par *dt*

$$\frac{dQ}{dt} = C\,\frac{dv}{dt}.$$

Mais $\dfrac{dQ}{dt}$ est précisément l'expression de l'intensité du courant
à chaque instant, on a donc

$$I = C\,\frac{dV}{dt}.$$

Mais la loi d'Ohm donne

$$I = \frac{V}{R}.$$

Donc

$$\frac{V}{R} = \frac{CdV}{dt} \cdot$$

d'où

$$\frac{dV}{V} = \frac{1}{CR}\, dt.$$

d'où, en intégrant

$$t = CR \log \frac{V_0}{V} \, ,$$

équation dans laquelle V_0 représente la valeur initiale de la *d.d.p.* V au moment où on met les deux armatures en communication, et t le temps écoulé depuis ce moment jusqu'à celui où la *d.d.p.* atteint la valeur V. On voit que si on fait $V = 0$, c'est-à-dire si on cherche au bout de combien de temps les deux armatures sont ramenées au même potentiel, on trouve $t = \infty$; c'est-à-dire que, théoriquement, un condensateur n'est jamais complètement déchargé tandis que, pratiquement, il paraît l'être complètement dans un temps très court à moins que le conducteur n'ait une résistance extrêmement grande. Mais *si au lieu de chercher au bout de combien de temps le condensateur est complètement déchargé, nous cherchons le temps nécessaire pour que la* d.d.p. *atteigne une fraction déterminée* k *de sa valeur initiale*, le résultat obtenu est tout différent. Posons en effet

$$\frac{V}{V_0} = k,$$

nous aurons

$$t = CR \log \frac{1}{k} \, ,$$

et nous voyons immédiatement que pour ramener la *d.d.p.* à une même fraction de sa valeur initiale, la réunion des armatures par le conducteur doit avoir lieu pendant un temps proportionnel au produit CR.

Exemple numérique. — Pour montrer combien, en réalité, la décharge est rapide, prenons $k = 0,001$, c'est-à-dire cherchons le temps nécessaire pour que la *d. d. p.* finale (et par conséquent la charge Q) soit ramenée à n'avoir plus qu'une valeur égale à la millième partie de sa valeur initiale. Nous trouvons

$$t = CR \log \frac{1}{0,001} \cdot$$

Le logarithme népérien de $\frac{1}{0,001}$ étant égal à 6,908 il vient

$$t = 6,908 \, CR.$$

Mais pour appliquer cette formule il faut exprimer C et R en unités électro-statiques. Or nous avons vu que l'unité usuelle de capacité, le microfarad, vaut 900 000 unités électro-statiques et que l'unité de résistance usuelle, l'Ohm vaut (114) $\frac{1}{900\,000\,000\,000}$ d'unité électro-statique, donc, si l'on exprime C et R en unités usuelles, on aura

$$t = 6,908 \times 900\,000 \times \frac{1}{900\,000\,000\,000} \, CR,$$

ou enfin

$$t = \frac{6,908}{1\,000\,000} \, CR.$$

Si on prend par exemple C = 1 microfarad, R = 1 Ohm, on trouvera pour t une valeur plus petite que $\frac{1}{140\,000}$ de seconde.

Ce résultat montre que nous avions raison de dire que pratiquement parlant, la décharge d'un condensateur peut être considérée comme instantanée. Toutefois il convient de dire dès à présent, que la formule à laquelle nous sommes arrivés n'est exacte qu'à la condition expresse que le circuit ne contienne pas de portions enroulées sur elles-mêmes ou en zig-zag ; il doit être réduit à deux fils rectilignes aussi éloignés que possible l'un de l'autre ou, mieux encore, à une circonférence unique ayant une solution de continuité qui correspond à la place occupée par le condensateur. Enfin le diamètre du conducteur doit également être très faible.

Nous verrons en traitant de l'induction la raison d'être de ces restrictions.

RÉSISTANCE DES CONDUCTEURS COMPLEXES

132. — **Résistance d'une série de conducteurs placés bout à bout.** — Lorsque plusieurs conducteurs sont placés bout à bout, on dit qu'ils sont placés en *série* ou en *tension*. La résistance d'un tel ensemble de conducteurs est très facile à déterminer. Soit en effet, r_1, r_2, ..., r_n la résistance de chacun de ces conducteurs, et V_0, V_1, ..., V_n les potentiels successifs de leurs extrémités qui, placées en contact, assurent la continuité du circuit. L'intensité du courant sera représentée dans chaçun d'eux par les formules suivantes

$$i_1 = \frac{V_0 - V_1}{r_1}, \quad i_2 = \frac{V_1 - V_2}{r_2}, \quad ..., \quad i_n = \frac{V_{n-1} - V_n}{r_n} .$$

Mais l'intensité du courant étant la même dans tous les points du circuit, toutes ces fractions sont égales entre elles et par conséquent, en vertu d'un théorème d'algèbre élémentaire, égales au quotient de la somme des numérateurs de chacune d'elles par la somme des dénominateurs. On a donc

$$i_1 = i_2 = ... = i_n = \frac{(V_0 - V_1) + (V_1 - V_2) + ... + (V_{n-1} - V_n)}{r_1 + r_2 + ... + r_n} = \frac{V_0 - V_n}{\Sigma r} .$$

Σr désignant la somme des résistances $r_1 + r_2 + ... + r_n$.

D'autre part, en désignant par R la résistance d'un conducteur dont les extrémités maintenues aux potentiels V_1 et V_n livreraient passage à un courant d'intensité $I = i_1 = i_2 = i_3$, on aurait

$$I = \frac{V_0 - V_n}{R},$$

équation qui, comparée à là précédente, donne

$$R = \Sigma r.$$

La résistance d'un ensemble de conducteurs placés les uns à la suite des autres, c'est-à-dire groupés en tension ou en série, est donc égale à la somme des résistances de chacun d'eux.

L'expression « en tension » vient, comme on le voit, de ce que la *d.d.p.* des extrémités de cét ensemble de conducteurs est égale à la somme des *d.d.p.* des extrémités de chacun d'eux.

133. — Résistance d'une série de conducteurs placés en dérivation. — Lorsque plusieurs conducteurs partent d'un point A pour aboutir à un point B (fig. 53), on dit qu'ils sont groupés en dérivation ou en quantité ou en parallèle.

Soit $r_1 r_2 \ldots r_n$ la résistance de chacun d'eux et soit V_0 et V_1

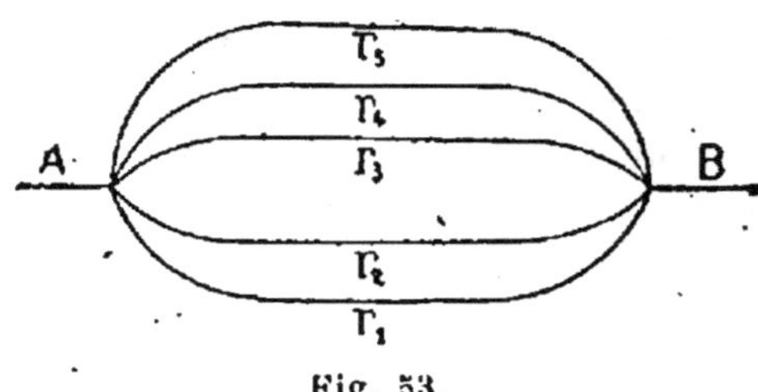

Fig. 53.

les potentiels des points A et B ; l'intensité du courant dans chaque fil donne lieu aux équations suivantes

$$i_1 = \frac{V_0 - V_1}{r_1}, \quad i_2 = \frac{V_0 - V_1}{r_2} \quad \ldots, \quad n = \frac{V_0 - V_1}{r_n}.$$

Le courant I total égal à la somme des courants partiels $i_1, i_2, \ldots, i_n$ a donc pour valeur

$$I = i_1 + i_2 + \ldots + i_n = (V_0 - V_1) \left(\frac{1}{r_1} + \frac{1}{r_2} + \ldots + \frac{1}{r_n} \right).$$

d'où on tire

$$\frac{V_0 - V_1}{I} = \frac{1}{\frac{1}{r_1} + \frac{1}{r_2} + \ldots + \frac{1}{r_n}} = \frac{1}{\sum \frac{1}{r}}.$$

Mais en appelant R la résistance d'un conducteur unique qui, joignant directement A à B, serait parcouru par le même courant I, on aurait

$$V_0 - V_1 = RI.$$

d'où

$$R = \frac{V_0 - V_1}{I} = \frac{1}{\sum \frac{1}{r}}.$$

Ainsi la résistance de cet ensemble est égale à l'inverse de la somme des inverses des résistances individuelles des conducteurs intercalés entre A et B.

Comme cas particulier nous signalerons celui où tous les conducteurs sont égaux; on a alors, en désignant par n leur nombre

$$R = \frac{1}{\left(\dfrac{n}{r}\right)} = \frac{r}{n}.$$

LOIS DE KIRCHHOFF

134. — Lemme. — Résistance apparente d'un conducteur qui contient une f. e. m. — Soit AB (fig. 54) un conducteur de

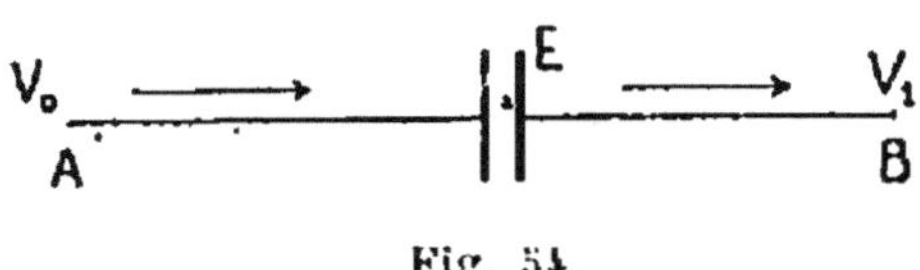

Fig. 54.

résistance R faisant partie d'un circuit parcouru par un courant I et contenant une *f. e. m.* E_1; on demande quelle devrait être la résistance x d'un conducteur inerte (c'est-à-dire ne contenant pas de *f. e. m.*) aboutissant aux mêmes points A et B pour que, substitué au conducteur AB et parcouru par le même courant, il n'altère pas la valeur de la *d. d. p.* $(V_0 - V_1)$ des points A et B.

L'intensité du courant dans le conducteur de résistance R a pour expression

$$I = \frac{E_1 + (V_0 - V_1)}{R}.$$

De même dans le conducteur direct de résistance x, on aurait

$$I = \frac{V_0 - V_1}{x}.$$

Donc

$$\frac{E_1 + (V_0 - V_1)}{R} = \frac{V_0 - V_1}{x},$$

d'où

$$= \frac{V_0 - V_1}{E_1 + (V_0 - V_1)} R.$$

Si on suppose que E_1 soit de signe contraire à $(V_0 - V_1)$, c'est-à-dire tende à produire un courant de signe contraire à celui qui existe réellement, on aura

$$x = \frac{V_0 - V_1}{(V_0 - V_1) - E_1} R.$$

On voit que si la *f. e. m.* négative E_1 était égale à $V_0 - V_1$, la résistance apparente serait infinie. C'est ce qui a lieu dans l'expérience analysée plus haut où une *d. d. p.* équilibre complètement une *f. e. m.*, de sorte qu'aucun courant ne traverse la portion de circuit qui contient cette dernière.

135. — Lois de Kirchhoff. — Soit ABCD un polygone formé d'un nombre *n* de conducteurs (fig. 55) AB, BC, CD, DA aux sommets duquel aboutissent d'autres conducteurs parcourus par des courants. Nous supposerons que les côtés AB, ..., DA contiennent des *f. e. m.*

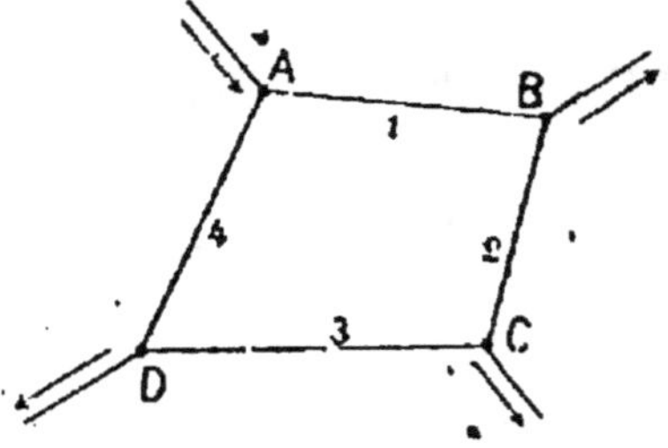

Fig. 55.

Numérotons les côtés dans le sens des aiguilles d'une montre et considérons comme positifs les courants qui les parcourent dans ce sens et comme négatifs ceux qui les parcourent en sens contraire. Désignons par I_1, I_2. ..., I_n les courants qui traversent les conducteurs 1, 2, ... *n*; par E_1, E_2, ..., E_n les *f. e. m.* qu'ils contiennent et par R_1, R_2, ... R_n leur résistance. Désignons enfin par V_1 le potentiel absolu (nous appelons ainsi la différence entre le potentiel considéré et celui de la terre) de A ; V_2 celui de B; V_3 celui de C...; V_n celui de l'avant-dernier sommet. L'intensité du courant dans le premier côté sera donnée par l'équation

$$I_1 = \frac{E_1 + (V_1 - V_2)}{R_1},$$

d'où

$$R_1 I_1 = E_1 + V_1 - V_2.$$

On aurait de même pour les autres côtés

$$R_2 I_2 = E_2 + V_2 - V_3,$$
$$R_3 I_3 = E_3 + V_3 - V_4,$$
$$\cdots \cdots \cdots \cdots$$
$$R_n I_n = E_n + V_n - V_1.$$

En ajoutant ces équations membre à membre il vient

$$\Sigma RI = \Sigma E$$

ou

$$\Sigma(E - RI) = 0,$$

équation qui constitue l'autre loi de Kirchhoff.

L'autre loi qui est presque évidente consiste en ce que :

Lorsque plusieurs conducteurs parcourus par des courants aboutissent au même point, la somme algébrique des intensités des courants qui aboutissent à ce point est nulle : parce que, s'il en était autrement, il y aurait en ce point une accumulation d'électricité proportionnelle au temps. C'est ainsi que dans un réseau de tuyaux parcourus par un liquide, si plusieurs tuyaux aboutissent au même point, la quantité de liquide qui arrive en ce point dans l'unité de temps est égale à celle qui s'en éloigne et que par suite la somme algébrique des débits des tuyaux est constamment nulle. Cette seconde équation s'écrit

$$I_1 + I_2 + \ldots + I_n = 0$$

ou

$$\Sigma I = 0.$$

APPLICATIONS

136. — Distribution des courants électriques dans un réseau complexe. Pont de Wheatstone. — Les lois de Kirchhoff servent à calculer l'intensité des courants qui traversent chacune des branches d'un réseau composé de conducteurs en nombre quelconque (fig. 56) contenant des *f. e. m.* et formant une série de triangles juxtaposés. Mais les calculs de ce genre sont en général très longs lorsque le nombre des branches est un peu considérable. On démontre en effet que si on désigne par n le nombre des sommets A, B, C, ..., H auxquels aboutissent des conducteurs, et par N le nombre des conducteurs du réseau, le nombre des équations simultanées du premier degré de la forme $\Sigma(E - RI) = 0$ auquel on sera conduit après avoir sup-

primé celles qui font double emploi, ne peut'être inférieur à
$(N - n + 1)$. Ces $N - n + 1$ équations, ajoutées aux $n - 1$
équations de la forme $\Sigma I = 0$ qui se rapportent aux n sommets,
donnent en définitive N équations du premier degré qui permettent de trouver l'intensité des courants afférents à chacune
des N branches du réseau. Nous donnerons comme exemple de
la complication des résultats auxquels on arrive ainsi, l'équation qui fait connaître l'intensité du courant dans certaines

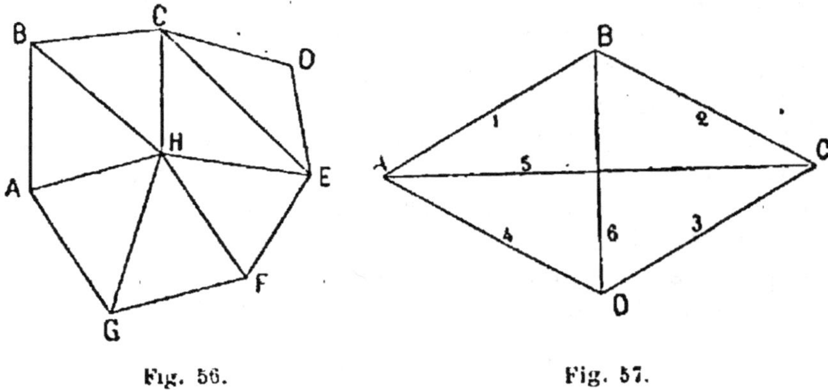

Fig. 56.   Fig. 57.

branches d'un réseau auquel on a donné le nom de *Pont de
Wheatstone.*

Ce dispositif, inventé par Christie en 1833 et retrouvé en 1843
par Wheatstone, consiste en un réseau de six conducteurs
(fig. 57) réunissant deux à deux les quatre sommets d'un quadrilatère ABCD. Dans l'une des diagonales telle que AC est
intercalée une pile (non représentée sur la figure) servant à produire une *f. e. m.* On demande de calculer l'intensité du courant qui traverse la seconde diagonale BC, connaissant la
résistance des six conducteurs ainsi que la *f. e. m.* de la pile
intercalée en AC et qui a elle-même une résistance propre
comptée comme faisant partie de la résistance AC. Dési-
gnons par $r_1, r_2, r_3, r_4, r_5, r_6$ les résistances des côtés qui portent sur la figure les numéros correspondants ; par $i_1, i_2, ..., i_6$
les courants correspondants. La loi de Kirchhoff représentée

par l'équation $\Sigma i = 0$ appliquée à chacun des sommets A, B, C, D, donne

$$i_1 + i_4 + i_5 = 0,$$
$$i_1 + i_2 + i_6 = 0,$$
$$i_2 + i_3 + i_5 = 0,$$
$$i_3 + i_4 + i_6 = 0.$$

La loi représentée par l'équation $\Sigma(E - Ri) = 0$ donne également quatre équations. Chacun de ces groupes d'équations peut se réduire à trois, de sorte que l'on a six équations pour déterminer les six courants i_1, i_2, ..., i_6. On trouve ainsi pour les valeurs du courant i_6 qui passe dans la diagonale où ne se trouve pas de *f. e. m.*

$$i_6 = \frac{E(r_1 r_3 - r_2 r_4)}{r_5 r_6(r_1+r_2+r_3+r_4)+r_6(r_1+r_2)(r_3+r_4)+r_5(r_2+r_3)(r_1+r_4)+r_2 r_3(r_1+r_4)+r_1 r_4(r_2+r_3)}.$$

Cette équation, qui nous servira par la suite, montre la complication des expressions auxquelles on arriverait si on voulait trouver la valeur algébrique de l'intensité du courant dans les branches d'un réseau ayant un nombre de branches même peu considérable.

137. — Expression simplifiée de la valeur du courant qui traverse la diagonale du Pont de Wheatstone. — L'équation qui donne la valeur du courant i_6 qui traverse la diagonale BD du réseau de conducteurs connu sous le nom de *Pont de Wheatstone* est très compliquée et d'un usage très restreint ; elle sert surtout à chercher sous quelles conditions le courant i_6 est nul. Il suffit pour cela que le numérateur de l'expression ci-dessus soit égal à zéro, c'est-à-dire que l'on ait

$$r_1 r_3 = r_2 r_4.$$

Ainsi, pour qu'aucun courant ne traverse la diagonale qui ne contient pas de f. e. m., il faut que les produits des résistances de deux côtés opposés du quadrilatère soient égaux.

Ce théorème étant très important puisque c'est lui qui sert de base à l'emploi du Pont pour la mesure des résistances, nous pensons qu'il est utile d'en donner une démonstration directe plus simple que celle qui est basée sur les lois de Kirchhoff.

1re *Démonstration*. — Soit AB, A'B' (fig. 58) deux conducteurs de même substance et de même section, mais de longueurs différentes et dont les extrémités A et A' d'une part, B et B' d'autre part, sont réunies par deux conducteurs très gros AA', BB' dont la résistance peut être considérée comme négligeable. Ces conducteurs sont maintenus respectivement au moyen d'une pile aux potentiels V_0 et V_1, de sorte que le potentiel des points A et A' est égal à V_0, et le potentiel des points B et B' à V_1.

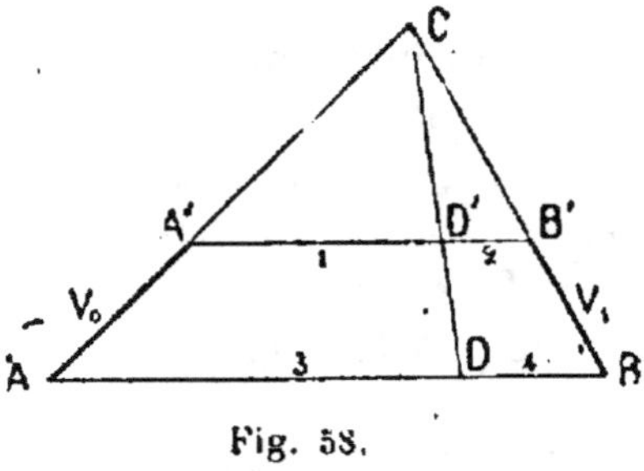

Fig. 58.

Ce système de conducteurs forme un trapèze A'B'BA dont nous pouvons prolonger par la pensée les côtés AA'BB' jusqu'à leur intersection C. Par ce point C menons une droite quelconque CD'D, nous allons démontrer que les points d'intersection D' et D de cette droite avec les côtés A'B' et AB sont au même potentiel $V = V'$.

Supposons. en effet le potentiel $V_0 > V_1$, le courant qui traverse AB a pour valeur

$$I = \frac{V_0 - V_1}{R},$$

R désignant la résistance de AB.

Mais la résistance de AB est égale au produit de la résistance r de l'unité de longueur de ce conducteur par sa longueur $\overline{AB}$. De même la résistance de A'B' aura pour mesure le produit de r par la longueur $\overline{A'B'}$. Donc les intensités des deux courants peuvent s'écrire

$$I = \frac{V_0 - V_1}{r.\overline{AB}}, \qquad I' = \frac{V_0 - V_1}{r.\overline{A'B'}}.$$

Cherchons maintenant la valeur du potentiel V du point D. L'intensité du courant I va nous permettre de trouver cette valeur car la *d. d. p.* $V_0 - V$ entre A et D doit satisfaire à l'équation

$$V_0 - V = \left(\text{Résistance } \overline{AD}\right) \times I.$$

Mais

$$\text{Résistance } \overline{AD} = r.\overline{AD},$$

d'où

$$V_0 - V = rI.\overline{AD}.$$

On trouverait de même

$$V_0 - V' = rI'.\overline{A'D'}.$$

Remplaçant I et I' par leur valeur, il vient :

$$V_0 - V = \frac{\overline{AD}}{\overline{AB}}\,(V_0 - V_1), \qquad V_0 - V' = \frac{\overline{A'D'}}{\overline{A'B'}}\,(V_0 - V_1).$$

Donc

$$\frac{V_0 - V'}{V_0 - V} = \frac{\overline{A'D'}}{\overline{A'B'}} : \frac{\overline{AD}}{\overline{AB}}.$$

Le simple examen de la figure montre que la similitude des triangles auxquels appartiennent les droites A'D', A'B', AD et AB a pour conséquence l'égalité

$$\frac{\overline{A'D'}}{\overline{A'B'}} = \frac{\overline{AD}}{\overline{AB}}.$$

Donc

$$V_0 - V' = V_0 - V,$$

et par suite

$$V' = V.$$

Donc enfin, si on joint les points D' et D par un conducteur il ne sera parcouru par aucun courant.

Mais on voit immédiatement que les triangles semblables CA'D' et CAL d'une part, CD'B' et CDB d'autre part, donnent la relation

$$\frac{\overline{A'D'}}{\overline{AD}} = \frac{\overline{D'B'}}{\overline{DB}},$$

qui peut être considérée comme une conséquence de l'égalité précédente et d'où on conclut

$$\overline{A'D'} \cdot \overline{DB} = \overline{AD} \cdot \overline{D'B'}.$$

Or les résistances des longueurs A'D', D'B', AD, DB étant proportionnelles à ces mêmes longueurs puisque la résistance r de l'unité de longueur est la même pour tous ces conducteurs, on a en le désignant par $R_1 R_2 R_3 R_4$

$$R_1 R_4 = R_3 R_2.$$

Les points A et A' étant au même potentiel V, peuvent être confondus en un seul situé sur AA' ; il en est de même des points B et B', qu'on peut confondre en un seul situé sur BB'. Cette déformation de la figure ne changera rien aux conditions de l'égalité des potentiels des points D et D' mais transformera le trapèze ABB'A' en un quadrilatère identique au réseau du Pont de Wheatstone, la diagonale dépourvue de $f.\ e.\ m.$ étant représentée par DD'.

L'équation $R_1 R_4 = R_3 R_2$ devient alors applicable au pont et nous fait connaître la condition à laquelle doivent satisfaire les quatre côtés 1, 2, 3, 4 pour que la diagonale ne soit parcourue par aucun courant. Nous verrons l'application qui a été faite de cette relation lorsque nous traiterons de la mesure des résistances.

2° *Démonstration.* — Le plus ordinairement on utilise le pont de Wheatstone suivant le montage indiqué par la fig. 59 : R_1, R_2, R_3, R_4 sont quatre résistances dont on peut faire varier la grandeur, G est un galvanomètre, E une pile, I_1, I_2 sont des interrupteurs, on constate par tâtonnements que, I_1 étant abaissé, aucun courant ne passe dans G quand on ouvre ou ferme I_2, on dit que le pont est *équilibré*

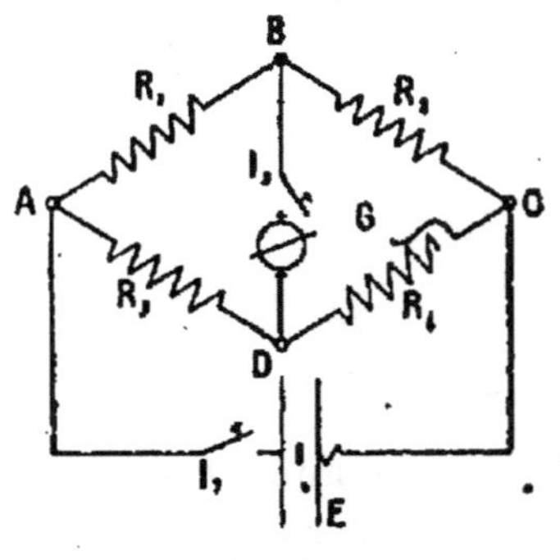

Fig. 59.

ou encore qu'on a obtenu le *silence* du galvanomètre. Dans ces conditions aucun courant ne passant de B à D; 1° B et D sont au même potentiel, 2° le même courant i parcourt ABC et le même courant i' parcourt ADC.

On a donc

$$R_1\, i = R_3\, i'$$
$$\underline{R_2\, i = R_4\, i'}$$
$$\frac{R_1}{R_2} = \frac{R_3}{R_4}$$
$$R_1\, R_4 = R_2\, R_3$$

Nous reviendrons à propos des mesures de résistances sur les propriétés très importantes du « pont équilibré ».

138. — Shunt. — On donne le nom de *Shunt* (mot anglais qui signifie voie de garage ou d'évitement), à une dérivation placée entre deux points A et B qui sont déjà réunis par un conducteur et qui a pour but de dériver une portion connue à l'avance du courant qui passe dans ce conducteur. Désignons par R la résistance du conducteur qui réunit le point A au point B, par x la résistance du nouveau conducteur ou *Shunt* dont les extrémités aboutissent également aux points A et B du courant qui traverse l'ensemble des deux conducteurs ; par V_0 et V_1 les potentiels des points A et B, par I_R et I_x les intensités des courants qui passent dans le conducteur principal et dans le shunt et par I le courant *total* qui va du point A au point B, on aura les équations suivantes

$$I_R = \frac{V_0 - V_1}{R},$$

$$I_x = \frac{V_0 - V_1}{x},$$

$$I = \frac{V_0 - V_1}{\left(\dfrac{R x}{R + x}\right)} = \frac{(R + x)(V_0 - V_1)}{R x}.$$

On en conclut

$$\frac{I_R}{I} = \frac{x}{R + x},$$

$$\frac{I_r}{I} = \frac{R}{R + x}.$$

Si on veut que le rapport $\frac{I_R}{I}$ ait une valeur déterminée k, on doit satisfaire à la condition

$$\frac{x}{R + x} = k,$$

d'où

$$x = \frac{k}{1 - k} R,$$

enfin

$$\frac{x}{R} = \frac{k}{1 - k},$$

équation qui fait connaître le rapport de la résistance du shunt à celle du conducteur.

Si par exemple nous donnons à k les valeurs représentées par les fractions $\frac{1}{10}$, $\frac{1}{100}$, $\frac{1}{1000}$, nous trouvons pour le rapport $\frac{x}{R}$ les valeurs correspondantes $\frac{1}{9}$, $\frac{1}{99}$, $\frac{1}{999}$.

Pour que la valeur de k soit bien celle qu'on a voulu lui assigner, il faut évidemment que le rapport $\frac{x}{R}$ reste lui-même invariable ; il ne faut donc pas qu'il puisse être influencé par la température. Cette condition, à laquelle on ne fait pas assez attention a une grande importance lorsqu'on shunte des instruments de mesure pour changer leur sensibilité, et il n'est pas superflu de montrer l'importance des erreurs auxquelles on peut être exposé par des variations de température si elles n'agissent pas d'une manière identique sur la résistance R de l'instrument de mesure et sur la résistance x du shunt.

Si on désigne par m le rapport $\frac{R}{x}$, on tire des équations ci-dessus

$$k = \frac{1}{m + 1}$$

qui montre que les variations *relatives* [1] du rapport k sont *sen-*

1. On appelle variation relative d'une quantité, le rapport de la varia-

siblement égales aux variations relatives du rapport $\dfrac{R}{x}$. Or ce dernier ne restera invariable que dans deux cas :

1° lorsque les circuits x et R sont faits avec un alliage insensible aux variations de température ;

2° lorsqu'ils sont faits avec le même métal et portés à la même température.

Si aucune de ces conditions n'est remplie, le rapport k pourra facilement éprouver des variations de plus de 5 p. 100, étant donné que le coefficient de variation thermique des métaux bons conducteurs est, comme nous l'avons vu, voisin de $\dfrac{1}{250}$ par degré.

139. — Rhéostats. — On appelle rhéostats des instruments destinés à maintenir constante l'intensité d'un courant lorsqu'il est soumis à des causes quelconques de variation. Le principe de ces instruments est toujours le même : l'introduction dans le circuit parcouru par le courant, d'une résistance plus ou moins grande, de façon que l'intensité donnée par l'équation

$$I = \frac{E}{R + x},$$

(dans laquelle E et R sont supposés variables par suite de causes accidentelles), soit ramenée à la valeur constante I_0, en donnant à la résistance x du rhéostat une valeur convenable.

On peut aussi appliquer les rhéostats d'une manière différente en les faisant servir à *dériver* une portion plus ou moins grande du courant que l'on veut maintenir constante dans une portion déterminée du circuit. Alors la résistance du rhéostat se détermine par une équation un peu différente.

Soient A et B (fig. 60) deux conducteurs de très grosse section n'opposant pas de résistance sensible au passage du courant variable I qui arrive en A et sort en B après s'être partagé entre les deux conducteurs C et R. Le conducteur C est formé par

tion absolue de cette quantité à la valeur primitive qu'elle aurait dû conserver.

une résistance constante tandis que R est variable arbitrairement, dans le but de rendre constante la portion du courant
général I qui traverse C et cela malgré les variations de I.

On voit que cet ensemble constitue un *shunt* et que nous

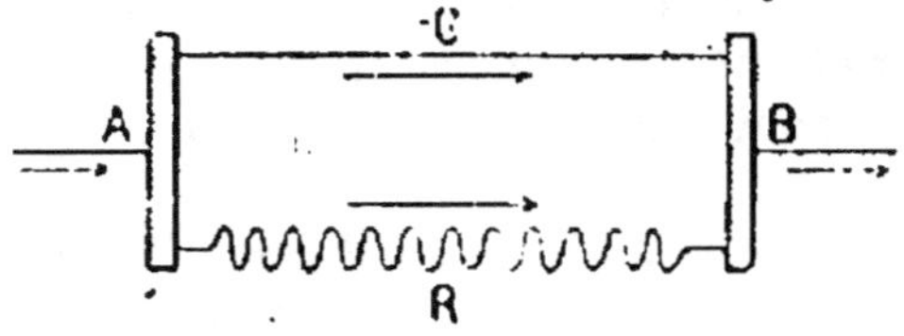

Fig. 60.

pouvons lui appliquer immédiatement les équations du numéro 138.

Désignons par R la résistance variable du rhéostat ARB, par
C la résistance constante du circuit ACB où le courant est
maintenu à la valeur invariable I_c, nous aurons en changeant
simplement les lettres qui entrent dans ces équations

$$I = I_c + I_R, \qquad I_c = \frac{V_0 - V_1}{C}, \qquad I_R = \frac{V_0 - V_1}{R},$$

d'où
$$I_c = \frac{R(I - I_c)}{C},$$

cette dernière équation fait connaître la valeur de la résistance
R qu'il faut donner au rhéostat

$$R = \frac{C I_c}{I - I_c}.$$

Puisque les comparaisons des courants électriques avec des
courants liquides viennent naturellement à l'esprit, nous
disons que la première manière d'appliquer le rhéostat en le
plaçant dans le courant même que l'on veut régler, équivaut
en hydraulique à un robinet au moyen duquel on étrangle
plus ou moins une conduite, tandis que la seconde manière
équivaut à l'emploi d'un canal de dérivation ou déversoir.

140. — Rhéostat de Wartmann. — Voici enfin un procédé qui
permet d'obtenir dans un conducteur un courant d'intensité et

de sens variables, le courant pouvant prendre toutes les valeurs comprises entre $-\mathrm{I_0}$ et $+\mathrm{I_0}$.

Soit une circonférence ADA'D' (fig. 61) constituée par un fil métallique médiocrement conducteur ou par un canal circulaire de petite section creusé dans une planchette isolante et plein d'un liquide conducteur tel que le sulfate de cuivre.

Mettons les extrémités A et A' d'un même diamètre en com-

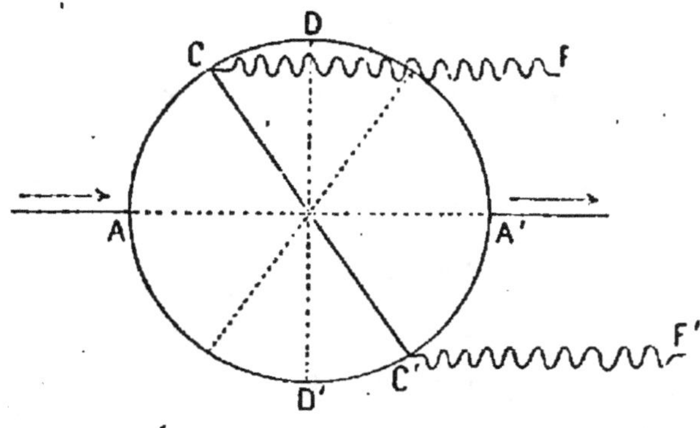

Fig. 61.

munication avec un circuit parcouru par un courant qui entre en A et sort en A' après s'être partagé en deux portions égales qui traversent chacune les deux demi-circonférences ADA', AD'A'. En désignant par $\mathrm{V_0}$ et $\mathrm{V_1}$ les potentiels des points A et A' ; par r_1 la résistance par unité de longueur de chacune des demi-circonférences ADA', AD'A' ; par l la longueur de l'une d'elles, il est facile de trouver la valeur V du potentiel en un point C de la demi-circonférence ACA'. En effet l'intensité du courant qui parcourt cette demi-circonférence a pour valeur

$$\mathrm{I} = \frac{\mathrm{V_0} - \mathrm{V_1}}{r_1 l} .$$

Mais cette même intensité mesurée entre A et C est donnée par l'expression

$$\mathrm{I} = \frac{\mathrm{V_0} - \mathrm{V_1}}{r_1 x} ,$$

x désignant la longueur de l'arc AC.

On tire de ces deux équations

$$V = V_0 - \frac{(V_0 - V_1)x}{l}.$$

On trouverait de même pour la valeur V' du potentiel du point C' situé à l'extrémité C' du diamètre CC' mené par le point C

$$V' = V_0 - \frac{(V_0 - V_1)(l - x)}{l}.$$

La *d. d. p.* des deux points C et C' a donc pour expression

$$V - V' = \frac{l - 2x}{l}(V_0 - V_1) = \left(1 - 2\frac{x}{l}\right)(V_0 - V_1).$$

On voit immédiatement que cette *d. d. p.* est d'abord égale à $V_0 - V_1$ lorsque $x = 0$; puis qu'elle s'annule lorsque $x = \frac{l}{2}$, c'est-à-dire lorsque le diamètre CC' fait un angle droit avec le diamètre AA' ; et qu'à partir de cette position, $V - V'$ devient négatif et augmente en valeur absolue lorsque le diamètre mobile dépasse la position DD'. Enfin cette valeur devient égale à $-(V_0 - V_1)$ (c'est-à-dire précisément égale mais de signe contraire à la valeur initiale) lorsque le point C vient coïncider avec A' et le point C' avec A. On peut donc faire passer la *d. d. p.* $(V - V')$ des points C et C' par toutes les valeurs possibles comprises entre $V_0 - V_1$ et $-(V_0 - V_1)$.

Si nous supposons maintenant que les points C et C' soient reliés entre eux par un circuit très résistant, on pourra considérer, sans commettre d'erreur notable, les potentiels V et V' comme étant encore représentés par les équations que nous venons de trouver, de sorte que si on désigne par R la résistance de ce circuit, l'intensité I_R du courant qui le traverse aura pour valeur

$$I_R = \frac{V - V'}{R} = \left(1 - \frac{2x}{l}\right)\frac{(V_0 - V_1)}{R}.$$

L'intensité de ce courant, proportionnelle à $\left(1 - \frac{2x}{l}\right)$, sera donc maxima pour $x = 0$, nulle pour $x = \dfrac{l}{2}$, et égale mais de signe contraire à la valeur maxima primitive, pour $x = l$.

Cet instrument permet donc de faire passer par transitions insensibles l'intensité d'un courant par toutes les valeurs comprises entre deux limites égales mais de signe contraire.

Nous avons supposé très grande la résistance du circuit qui relie les points C et C' parce que, s'il en était autrement, les équations très simples que nous avons trouvées deviendraient inexactes et qu'il faudrait employer l'expression extrêmement compliquée qui représente exactement l'intensité du courant dans l'une des diagonales (celle qui ne contient pas de $f.e.m.$) d'un réseau ayant quatre sommets et six conducteurs.

Si on considère attentivement la figure 61, on verra en effet que, en remplaçant par leurs cordes les arcs de cercle AC, CA', A'C', C'A', la figure devient identique à celle du pont de Whéatstone.

Mais, et c'est là le point intéressant, quelles que soient les valeurs relatives des résistances du circuit circulaire ADA'D' et du circuit intercalé entre les points C et C', on obtient toujours ce résultat important de pouvoir faire passer graduellement l'intensité du courant qui traverse CC', par toutes les valeurs comprises entre $+ I_0$ et $- I_0$, I_0 étant la valeur de I_a lorsque le point C coïncide avec A, et C' avec A'.

Les rhéostats comprennent deux classes distinctes : 1° les rhéostats de laboratoire destinés aux expériences de mesures et dans lesquels on peut ranger les boîtes de résistances ; 2° les rhéostats industriels qui doivent être capables d'absorber sans détérioration de grandes quantités d'énergie. Nous décrirons les premiers en parlant des procédés de mesure des résistances et les seconds dans la partie de cet ouvrage relative aux machines dynamo-électriques.

141. — Application de la loi d'Ohm à la recherche du meilleur groupement d'une collection de piles . — Supposons que l'on possède une pile composée d'un certain nombre de couples et que l'on cherche l'intensité du courant produit dans une ligne d'une résistance R, lorsqu'on groupe ces couples soit en tension, soit en dérivation.

1° *Groupement en série ou en tension.* — Désignons par r la résistance de chaque couple et par e sa *f. e. m.* Étudions d'abord le groupement en tension. L'intensité du courant aura pour valeur

$$I = \frac{E}{R'},$$

E désignant la *f. e. m.* totale des couples et R' la résistance totale de la ligne ou circuit extérieur et des couples assemblés bout à bout. La *f. e. m.* totale aura évidemment pour valeur Ne et la résistance totale R' sera égale à $R + Nr$. L'intensité I du courant sera par conséquent donnée par l'équation

$$I = \frac{Ne}{R + Nr}.$$

On voit que le courant augmente en même temps que le nombre de couples N, mais qu'il tend vers une limite finie lorsque N augmente indéfiniment. Cette limite a pour valeur $\frac{e}{r}$, c'est-à-dire la valeur que prendrait le courant produit par un seul couple dont les pôles seraient réunis par un conducteur sans résistance. L'intensité limite dépend donc, non pas du nombre de couples, mais de la résistance intérieure de chacun d'eux.

2° *Groupement en dérivation ou en quantité.* — Si on réunit

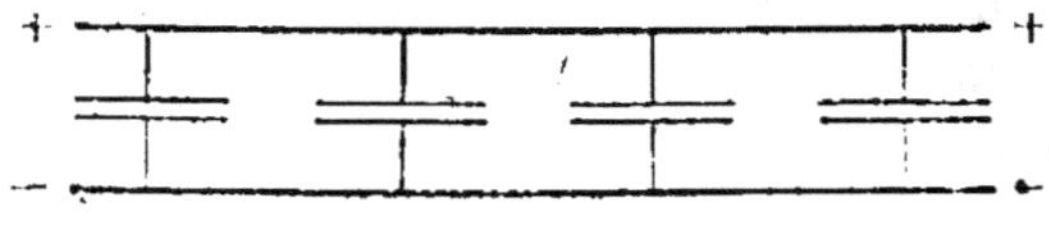

Fig. 62.

tous les couples par les pôles de même nom (fig. 62), la *f. e. m.* totale sera égale à celle d'un seul d'entre eux, mais la résistance intérieure de l'ensemble sera, d'après la loi établie pour

des conducteurs égaux groupés en dérivation, égale à $\dfrac{r}{N}$.
L'intensité I du courant sera donc donnée par la formule

$$I = \frac{e}{R + \dfrac{r}{N}} = \frac{Ne}{NR + r}.$$

L'intensité limite, lorsque N augmente indéfiniment, est
égale à $\dfrac{e}{R}$. Elle est d'autant plus grande que R est plus petit,
tandis que dans le groupement en série le groupement limite
ne dépend que de r et nullement de R. On conclut de là que le
groupement en série doit être employé lorsque la résistance
extérieure R est grande, tandis que le groupement en dérivation convient au cas où la résistance extérieure est très petite.

3° *Groupement mixte.* — Supposons que l'on puisse décom-
poser le nombre N en un produit de deux facteurs c et d, de façon que l'on ait $N = cd$, que l'on groupe en série un nombre de couples égal à c et que tous les groupes ainsi obtenus dont le nombre est d soient à leur tour accouplés en dérivation, c'est-à-dire par les pôles de même nom (fig. 63). La *f. e. m.*

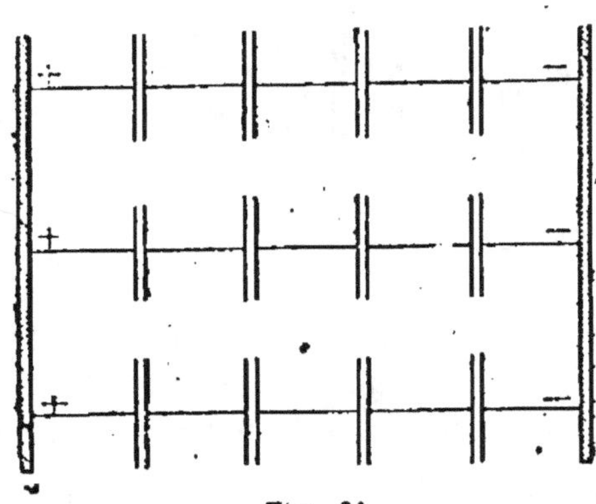

Fig. 63.

de cet ensemble est égale à celle des c couples montés en
série, on a donc

$$E = ce.$$

La résistance intérieure d'un groupe de c couples montés en
série est égale à cr et, comme il y a d groupes accouplés en
dérivation, la résistance de cet ensemble a pour valeur

$$\frac{cr}{d}$$

L'intensité du courant est donc

$$I = \frac{ce}{R + \dfrac{cr}{d}} = \frac{cde}{Rd + rc} = \frac{Ne}{Rd + rc} \cdot$$

Il y a un second mode de groupement mixte (fig. 64) qui consiste à accoupler *d'abord* en dérivation d couples; on obtient ainsi c groupes que l'on assemble en série. La *f. e. m.*

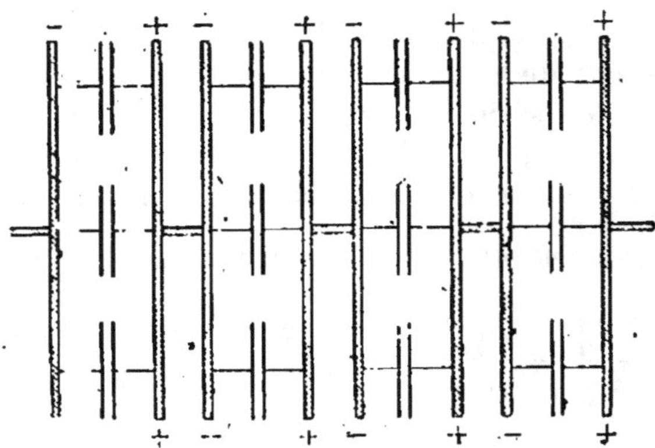

Fig. 64.

de chaque groupe est égale à e; le nombre des groupes montés en série étant égal à c, leurs *f. e. m.* s'ajoutent et donnent une *f. e. m.* totale égale à ce. La résistance intérieure d'un seul groupe est égale à $\dfrac{r}{d}$ puisque tous les couples de ce groupe sont montés en dérivation, et la résistance de l'ensemble des groupes montés en série est égale à

$$\frac{r}{d} \cdot c = \frac{cr}{d} \cdot$$

On a donc pour l'intensité du courant

$$I = \frac{ce}{R + \dfrac{cr}{d}}$$

absolument comme dans le cas précédent bien que le groupement soit en apparence très différent. Mais il est évident que le groupement précédent est supérieur à celui-ci à plusieurs égards. Il comporte en effet beaucoup moins de conducteurs à grosse section pour l'accouplement des groupes en dérivation, et en outre les couples n'ayant jamais une *f. e. m.* rigoureusement identique, il y a beaucoup plus de probabilité pour que les inégalités se compensent dans le groupement où les couples sont *d'abord* assemblés en série et forment des groupes que l'on assemble en dérivation. C'est donc le mode de groupement représenté par la figure 63 qui doit être préféré.

142. — Détermination de la valeur des facteurs c et d qui correspondent au courant maximum. — La relation

$$cd = N$$

donne

$$d = \frac{N}{c},$$

d'où, en remplaçant d par cette valeur dans l'expression de I,

$$I = \frac{Nce}{NR + rc^2}.$$

N étant un nombre entier. On ne peut en réalité considérer cette formule comme représentant une fonction *continue* de c puisque c doit être non seulement un nombre entier, mais encore être contenu un nombre entier de fois dans N. On ne peut donc, en toute rigueur, lui appliquer les méthodes qui permettent de trouver la valeur d'une variable qui, croissant par degrés infiniment petits, rend maxima la fonction qui dépend d'elle. Mais il est facile de tourner la difficulté en traitant I et c comme des quantités continues, tout en convenant de ne tenir compte des résultats du calcul que lorsqu'ils donneront pour c une valeur correspondant à un diviseur exact de N, ou en prenant une valeur c' satisfaisant à cette dernière condition et se rapprochant le plus possible de la valeur de c résultant du calcul.

En considérant donc c comme une quantité qui peut croître

par degrés infiniment petits et en cherchant quelle doit être sa valeur pour que celle de I soit un maximum, on trouve

$$c = \sqrt{\frac{NR}{r}}, \qquad \text{d'où} \qquad d = \sqrt{\frac{Nr}{R}}.$$

La résistance intérieure de l'ensemble des couples étant égale à $\dfrac{cr}{d}$, aura pour valeur, tout calculs faits,

$$\frac{cr}{d} = R.$$

La résistance de l'ensemble des couples sera donc alors précisément égale à celle du circuit extérieur. Ainsi lorsque la résistance du circuit extérieur est imposée et que l'on possède un certain nombre de couples doués d'une même *f. e. m.* que l'on peut grouper de toutes les manières possibles, le mode de groupement qui permet d'obtenir le courant le plus intense possible dans le circuit extérieur, est celui pour lequel la résistance intérieure de l'ensemble des couples se rapproche le plus possible de la résistance du circuit extérieur.

143. — La résistance intérieure d'un ensemble d'électro-moteurs groupés comme nous venons de le dire étant égale à $\dfrac{cr}{d}$, peut se mettre sous une forme qu'il est utile de connaître parce qu'elle nous servira dans la suite.

Si nous remplaçons le nombre d de groupes assemblés en dérivation par sa valeur en fonction de c, nous aurons, en vertu de la relation $N = cd$,

$$d = \frac{N}{c},$$

d'où

$$\frac{cr}{d} = \frac{c^2 r}{N}.$$

ou encore

$$\frac{cr}{d} = \frac{Nr}{d^2}.$$

Nous avons montré d'ailleurs que la résistance intérieure de l'ensemble était la même, que le groupement fût représenté par la figure 63 ou par la figure 64 ; il résulte de là que les expressions que nous venons de trouver s'appliquent à ces deux cas et que l'on peut formuler la règle suivante :

La résistance intérieure d'un ensemble d'électro-moteurs est en raison inverse du carré du nombre des couples réunis par les pôles de même nom, ou proportionnelle au carré du nombre des couples réunis par les pôles de nom contraire, le nombre total des couples restant bien entendu invariable.

EXTENSION DES LOIS D'OHM AUX CONDUCTEURS A DEUX ET A TROIS DIMENSIONS

144. — Dans tout ce que nous avons dit jusqu'à présent concernant la loi d'Ohm, nous avons supposé que les conducteurs étaient filiformes, c'est-à-dire doués en réalité d'une seule dimension, la longueur ou, pour parler plus rigoureusement, que leur longueur était très grande par rapport à leurs dimensions transversales.

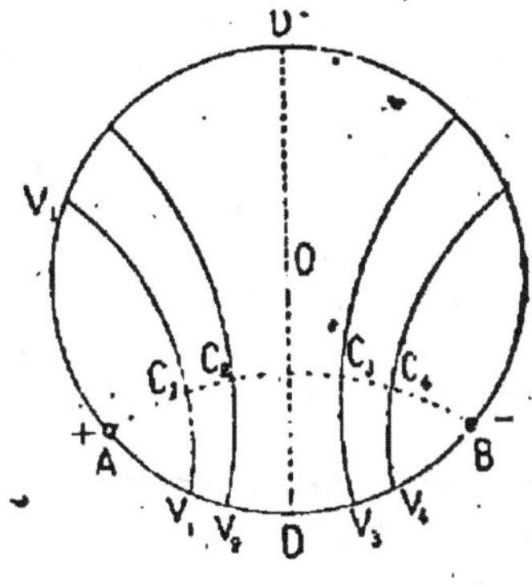

Fig. 65.

C'est en réalité le seul cas qui soit intéressant au point de vue des applications ; mais il convient de dire quelques mots de la propagation du courant électrique dans les corps conducteurs ayant deux ou trois dimensions.

Considérons une plaque conductrice AD'B (fig. 65), en deux points A et B de laquelle aboutissent des conducteurs maintenus à des potentiels différents au moyen d'une source d'électricité. Le courant qui se propage de A vers B va se partager en une infinité de filets ; soit $C_1 C_4$ une portion d'un de ces filets et C_2 un point infiniment voisin de C_1 et situé sur le trajet du courant $C_1 C_4$.

Nous pouvons considérer $C_1 C_2$ comme un conducteur filiforme et lui appliquer l'équation qui représente la loi d'Ohm.

Cette équation,

$$I = \frac{V_1 - V_2}{R},$$

devient, en remplaçant R par l'expression $\rho \frac{l}{s}$ qui représente la résistance d'un conducteur filiforme de longueur l, de section s et de résistance spécifique ρ

$$\frac{l}{s} = \frac{(V_1 - V_2)}{\rho l},$$

Mais dans le cas actuel, les quantités $V_1 - V_2$; l, I et s sont des infiniment petits, nous aurons donc

$$\frac{dl}{ds} = \frac{dv}{\rho dl}.$$

Cette équation exprime que, en un point quelconque de la plaque, la densité du courant est proportionnelle à la force $\frac{dv}{dl}$ appliquée à une masse électrique égale à l'unité se mouvant dans la direction dl qui représente la normale commune à deux courbes équipotentielles infiniment voisines.

La plaque est donc couverte d'un réseau de courbes équipoten-tielles et les filets de courants qui la sillonnent forment un second réseau de courbes qui coupent les premières à angle droit. En un mot, les lignes de courant sont les *trajectoires orthogonales* des lignes équipotentielles et réciproquement.

Kirchhoff a déterminé par le calcul la forme des courbes équi-potentielles lorsque la plaque métallique est un cercle et que les deux conducteurs A et B sont situés sur le périmètre de ce cercle. Il a trouvé que ces courbes sont des circonférences ; il en est de même des courbes qui représentent les courants élémentaires qui sillonnent la plaque. L'expérience a confirmé les résultats du calcul d'une manière très satisfaisante.

Le procédé employé pour déterminer expérimentalement les points appartenant à une même courbe équipotentielle est des plus simples.

On place en un point C_1 de la plaque l'une des extrémités du fil d'un galvanomètre très sensible et on promène l'autre extrémité sur la plaque jusqu'à ce que l'instrument accuse un courant nul. Il est alors évident que les deux extrémités du fil du galvanomètre sont au même potentiel. On peut ainsi trouver très rapidement autant de points que l'on veut appartenant à la même courbe équipotentielle.

Pour déterminer les points d'une seconde courbe correspondant à un potentiel V_2 différant du premier, Kirchhoff a introduit dans le circuit du galvanomètre une petite pile thermo-électrique de $f.\ e.\ m.$ connue et d'ailleurs très faible. En plaçant ensuite l'une des extrémités du circuit galvanométrique sur un point quelconque de la courbe équipotentielle correspondant à V_1 et en explorant ensuite la plaque avec l'autre extrémité, le galvanomètre indiquera un courant nul lorsque cette seconde extrémité touchera un point de la plaque dont le potentiel V_2 diffère du premier potentiel V_1 d'une quantité $V_1 - V_2$ précisément égale à la *f. e. m.* du couple thermo-électrique.

Les conducteurs à trois dimensions ont pu être aussi, dans un certain nombre de cas, l'objet d'expériences qui ont confirmé les prévisions de la théorie. Mais ces expériences ne sont possibles qu'avec des liquides parce qu'il faut amener les sondes exploratrices, attachées aux extrémités du circuit galvanométrique, dans l'intérieur même du solide conducteur. En outre, les équations différentielles qui permettent de trouver la forme des surfaces équipotentielles (normalement auxquelles se propagent les courants élémentaires) ne peuvent être intégrées que dans un très petit nombre de cas.

LOI DE JOULE

145. — Différentes expressions du travail électrique. — Nous avons vu, en étudiant les phénomènes qui accompagnent la décharge d'un condensateur, que l'énergie potentielle $\frac{1}{2} QV$ contenue dans les deux armatures se transforme en chaleur pendant le temps très court nécessaire pour ramener à zéro leur différence de potentiel. Nous avons même pu, grâce au principe de la conservation de l'énergie, calculer cette quantité de chaleur mais sans pouvoir préciser la façon dont elle se répartit entre les diverses portions du circuit, parce que ce calcul n'est possible que lorsqu'on connaît les chutes successives de potentiel d'une portion à une autre et que cela dépend surtout de leur résistance, c'est-à-dire d'un élément que nous avons vu apparaître pour la première fois en étudiant les lois qui régissent les courants permanents.

Lorsqu'une quantité d'électricité q est transportée d'un point où le potentiel est V_0 à un autre point où le potentiel est V_1, le travail mécanique développé est, comme nous l'avons vu, égal à

$$q(V_0 - V_1).$$

Il résulte de là que si cette quantité q met un temps t pour passer du point qui est au potentiel V_0 au point qui est au potentiel V_1, le travail électrique produit *dans l'unité de temps* aura pour expression

$$W = \frac{q}{t}(V_0 - V_1).$$

Mais lorsque le courant est permanent, le quotient $\frac{q}{t}$ représente précisément son intensité. Donc, le travail électrique produit entre les deux points d'un conducteur parcouru par un courant d'intensité I, est donné par l'équation

$$W = (V_0 - V_1)I.$$

Mais la loi d'Ohm nous permet d'établir une relation entre la résistance R du conducteur dont les extrémités ont entre elles une *d. d. p.* égale à $V_0 - V_1$ et l'intensité I du courant. On a en effet

$$I = \frac{V_0 - V_1}{R},$$

d'où on tire

$$W = \frac{(V_0 - V_1)^2}{R} = RI^2.$$

Nous avons donc en résumé les trois formes suivantes du travail électrique développé pendant l'unité de temps dans un fil de résistance R *qui ne contient aucune f. e. m.*

$$W = (V_0 - V_1)I. \qquad W = \frac{(V_0 - V_1)^2}{R}, \qquad W = RI^2.$$

Les raisonnements qui nous ont permis d'arriver à ces équations seraient absolument rigoureux, comme nous l'avons déjà dit, si on figurait un courant électrique par une série de petites sphères chargées d'électricité et glissant le long d'un fil isolant tendu entre deux sphères conductrices de très grand rayon maintenues aux potentiels V_0 et V_1. Si le fil servant de guide opposait au mouvement des petites sphères chargées d'électricité, une résistance mécanique (un frottement par exemple) proportionnel à leur charge et à leur vitesse, on arriverait pour la valeur du travail absorbé dans l'unité de temps par le frottement des sphères sur le fil, à des expressions équivalentes à celles que nous venons de trouver. La légitimité de ce raisonnement repose sur l'identité que présenteraient, dans beaucoup de cas, les phénomènes physiques que l'on pourrait produire avec deux corps de forme identique, mais dont l'un serait réellement conducteur et *électrisé* sur toute sa surface, tandis que l'autre serait isolant et recouvert de sphères isolantes très petites, en très grand nombre, dénuées d'inerties et chargées d'une quantité électrique (égale à l'unité par exemple) qui ferait absolument corps avec elles et ne pourrait en être séparée.

De pareils raisonnements ne constituent nullement, comme on pourrait le croire, une hypothèse sur la nature de l'électricité, et la confirmation expérimentale des résultats qu'ils permettent de prévoir ne tend en aucune façon à prouver que l'électricité est un fluide composé de molécules dénuées de masse, pas plus que l'exactitude constamment vérifiée des déductions de la mécanique rationnelle ne prouve que les corps sont constitués par des *points matériels*.

146. — Quantité de chaleur développée dans un conducteur parcouru par un courant. — D'ailleurs, des vérifications expérimentales, aussi complètes que possible de ces équations, ont été faites par le physicien anglais Joule. Le travail développé par un courant électrique qui traverse un fil ne pouvait être mesuré sous forme mécanique, puisqu'aucun phénomène mécanique n'en révèle l'existence; il a fallu avoir recours pour cette vérification à un moyen détourné qui se présente d'ailleurs de lui-même à l'esprit lorsqu'on examine les phénomènes d'échauffement que présente un fil traversé par un courant.

En vertu de l'équivalence entre la quantité de chaleur développée dans le fil et la quantité du travail mécanique disparu dans le même temps [1], il est facile de transformer les expé-

---

1. A la condition bien entendu que le passage du courant ne donne lieu dans le conducteur *à aucun autre travail* que celui qui résulte de l'échauffement de ce conducteur.

riences calorimétriques qui sont, au contraire, faciles et susceptibles d'une grande exactitude.

Les résultats des expériences de Joule, qui ont été contrôlées et répétées par beaucoup d'autres physiciens, ont établi d'une façon complète l'exactitude des formules que nous venons de démontrer et qui permettent de calculer la quantité de chaleur développée pendant l'unité de temps dans un conducteur de résistance R traversé par un courant I.

Nous avons déjà donné la valeur numérique de la quantité de chaleur qui correspond à un *erg* ; il est facile d'en conclure le nombre de calories développées dans un circuit dont les données électriques sont exprimées en unités industrielles. L'unité de travail électrique employée dans l'industrie, ou *Watt*, étant égale à 10 000 000 d'*ergs* par seconde lorsque les autres quantités $V_0 - V_1$, I et R sont respectivement exprimées en Volts, Ampères et Ohms, il en résulte que l'équivalent calorifique d'un Watt est égal à

$$0,2398 \text{ petites calories } [1]$$

ou

$$0,0002398 \text{ grandes calories.}$$

Nous remplacerons dans les applications le nombre 0,2398 par le nombre bien plus simple 0,24, qui ne diffère du premier que de $\dfrac{1}{1\,200}$ de sa valeur. Nous aurons ainsi les formules suivantes, dans lesquelles Q désigne la quantité de chaleur développée pendant une seconde dans un conducteur :

$$Q = 0,24 \, (V_0 - V_1)I, \qquad Q = 0,24 \, \frac{(V_0 - V_1)^2}{R}; \qquad Q = 0,24 \, RI^2.$$

Mais il faut bien prendre garde que, sur ces trois équations, la dernière seule est toujours applicable, qu'il y ait ou qu'il n'y ait pas de *f. e. m.* à intercaler dans le conducteur dont les extrémités sont aux potentiels V_0 et V_1, tandis que les

---

1. Nous rappelons que la petite calorie est la quantité de chaleur nécessaire pour élever de 1 degré centigrade la température de 1 gramme d'eau. La grande calorie est 1 000 fois aussi grande.

deux premières ne sont exactes que lorsque le conducteur ne contient pas de *f. e. m.*

147. — Cas où le conducteur contient une f. e. m. — Lorsque le conducteur dont les extrémités sont maintenues aux potentiels V_0 et V_1 contient une *f. e. m.* agissant en un de ses points ou dans une portion de sa longueur, il faut tenir compte du travail produit par cette *f. e. m.* qui agit absolument comme le ferait une *d. d. d.* ; c'est-à-dire que, en désignant par E la *f. e. m.* et par I l'intensité du courant, le travail produit dans l'unité de temps par E sera égal à EI.

Par conséquent, si nous considérons un circuit fermé contenant une *f. e. m.* E et possédant une résistance *totale* R (y compris celle de la portion électro-motrice), le travail électrique total aura pour expression

$$W = EI,$$

ou, en vertu de l'équation

$$I = \frac{E}{R},$$

$$W = \frac{E^2}{R} = RI^2.$$

Si le circuit fermé contient une *f. e. m.* positive E_0, c'est-à-dire dans le sens du courant et une *f. e. m.* négative $E_2 < E_0$, le courant aura pour expression

$$I = \frac{E_0 - E_1}{R}.$$

Le travail *moteur* positif sera égal à E_0I.

Le travail *résistant* se composera de deux termes : 1° le travail négatif dû à la *f. e. m.* — E_1 et qui est égal à — E_1I; 2° le travail négatif dû au développement de chaleur dans le circuit, nous avons vu qu'il est égal à — RI^2. La somme algébrique de tous ces travaux devant être nulle ou, ce qui revient au même, le travail moteur devant être égal en valeur absolue à la somme des travaux résistants, on a

$$E_0I = E_1I + RI^2.$$

Nous savons, d'après les expériences de Joule, que le terme RI^2 représente le travail converti en chaleur pendant l'unité de temps dans le circuit de résistance R. Il faut maintenant expliquer la signification mécanique ou physique du terme $E_1 I$. Si le courant électrique ne produisait pas d'autre phénomène que l'échauffement des conducteurs qu'il traverse, nous ne pourrions pas discerner dans un circuit les effets d'une *f. e. m.* inverse de ceux d'une résistance, ou du moins il n'y aurait en général que peu d'intérêt à le faire, le seul effet qui en résulterait étant une répartition des quantités de chaleur développée autre que celle que l'on conclurait de la loi d'Ohm [1]. Mais il n'en est pas ainsi, le courant électrique étant capable de donner lieu à des manifestations très variées.de l'énergie qu'il contient.

Nous verrons en effet qu'il peut produire du travail mécanique, des actions chimiques qui peuvent se traduire en travail, puisqu'elles ont pour effet de séparer deux corps dont la combinaison produit de la chaleur, des actions magnétiques qui peuvent aussi s'exprimer en travail mécanique, etc...

En vertu du principe de la conservation de l'énergie, la somme des travaux de toute nature développés dans le circuit pendant l'unité de temps, doit être égale au travail initial $E_0 I$ développé par la source d'électricité qui produit le courant. Donc, si nous désignons par $\mathfrak{G}$ la somme de tous les travaux autres que RI^2, qui représente le travail transformé en chaleur, nous aurons l'égalité

$$E_0 I = RI^2 + \mathfrak{G},$$

qui, rapprochée de la précédente, donne

$$E_1 I + RI^2 = \mathfrak{G} + RI^2,$$

d'où

$$\mathfrak{G} = E_1 I$$

et

$$E_1 = \frac{\mathfrak{G}}{I}.$$

---

1. Tel serait par exemple le cas d'un cylindre de cuivre capable de tourner dans un champ magnétique pendant qu'il serait traversé par un courant emprunté à une source quelconque.

Cette dernière équation nous montre que lorsqu'un travail de nature quelconque se produit dans un circuit, il donne naissance à une *f. e. m.* dont la valeur s'obtient en divisant ce travail rapporté à l'unité de temps par l'intensité du courant qui le produit.

148. — Travail calorifique fictif produit dans une résistance apparente. — Supposons que dans une portion du circuit se trouve intercalée une *f. e. m.* négative E_1. Si nous désignons la *d. d. p.* des extrémités de cette portion par $(V_0 - V_1)$ et sa résistance par R, nous aurons

$$I = \frac{(V_0 - V_1) - E_1}{R}.$$

Si nous cherchons maintenant quelle doit être la résistance du conducteur considéré pour que, en supprimant la *f. e. m.* négative E_1, la même *d. d. p.* donne lieu au même courant, nous trouvons que cette résistance, à laquelle nous avons donné le nom de résistance apparente, a pour valeur

$$x = \frac{(V_0 - V_1)R}{(V_0 - V_1) - E_1}.$$

Il est intéressant de savoir si nous pouvons lui appliquer la loi de Joule, c'est-à-dire le travail électrique $(V_0 - V_1)I$ produit par la *d. d. p.* est égal au produit de la résistance *apparente* x par le carré de l'intensité I du courant, absolument comme si la résistance x était réelle et qu'elle ne contint pas de *f. e. m.*

Or c'est ce qui a lieu comme on peut le voir en remplaçant dans l'expression xI^2, x par

$$\frac{(V_0 - V_1) - E_1}{(V_0 - V_1) - E_1},$$

et I^2 par

$$\frac{[(V_0 - V_1) - E_1]^2}{R^2}.$$

Il vient

$$xI^2 = \frac{(V_0 - V_1)[(V_0 - V_1) - E_1]}{R} = (V_0 - V_1)I.$$

149 — Démonstration élémentaire de la Loi de Joule. — L'extrème importance de la Loi de Joule donne de l'intérèt à tout procédé de raisonnement ayant pour but d'en simplitier le plus possible la démonstration. C'est pourquoi nous croyons utile de faire connaître la démonstration suivante qui n'exige pas que l'on sache que le travail électrique, dans l'unité de

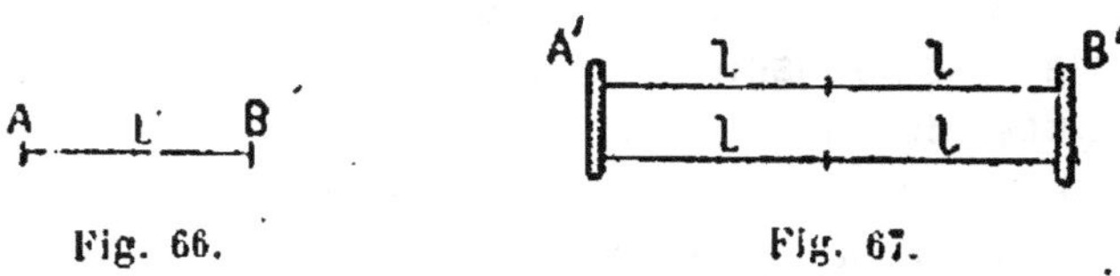

Fig. 66.   Fig. 67.

temps, est mesuré par le produit de la *d. d. p.* par l'intensité du courant, et qui s'appuie seulement sur la loi d'Ohm. Soit AB (fig. 66) un conducteur de longueur l, de section s et de résistance $r = \rho \dfrac{l}{s}$. Soit q la quantité de chaleur qu'il dégage dans l'unité de temps lorsqu'il est parcouru par le courant i. Formons un second conducteur A'B' (fig. 67) composé de deux fils parallèles ayant chacun une longueur $2l$ et une section s; la résistance de cet ensemble aura pour mesure

$$\rho \times \frac{2l}{2s} = \rho \frac{l}{s} \cdot$$

Formons un troisième conducteur A"B" (fig. 68) composé de

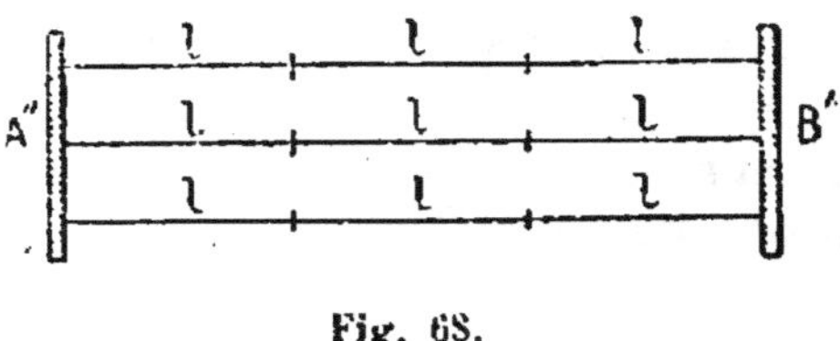

Fig. 68.

trois fils parallèles ayant chacun une longueur $3l$ et une section s, la résistance de l'ensemble sera encore égale à

$$\rho \times \frac{3l}{3s} = \rho \frac{l}{s} = r.$$

Généralisons le procédé en formant un conducteur composé de n fils parallèles groupés en quantité et ayant chacun une longueur nl et une section s, la résistance de l'ensemble aura toujours la même valeur

$$\rho \, \frac{nl}{ns} = \rho \, \frac{l}{s} = r.$$

Lançons maintenant dans le conducteur composé de deux fils, un courant égal à $2i$, chaque fil sera parcouru un courant i et la quantité de chaleur développée dans chaque unité de longueur l, sera la même que celle que produit le passage du courant i dans le fil AB, c'est-à-dire à q. La quantité de chaleur développée dans le conducteur à deux fils sera donc égale au produit de la quantité q par le nombre de fois que le fil-type AB est contenu dans l'ensemble, c'est-à-dire égal à $4q$.

On verrait de même que le troisième conducteur composé de trois fils parallèles ayant chacun une longueur $3l$, serait parcouru par un courant total égal à $3i$ et dégagerait une quantité de chaleur égale à $q \times 3 \times 3$; et qu'enfin, le conducteur composé de n fils parallèles de longueur nl, serait parcouru par un courant ni et dégagerait une quantité totale de chaleur égale à $n^2 q$.

La loi apparaît clairement; tous ces conducteurs de même résistance r, mais parcourus par des courants d'intensités différentes, donnent lieu à des dégagements de chaleur proportionnels aux carrés de ces intensités.

Quant à la proportionnalité des quantités de chaleur aux résistances, elle apparaît clairement lorsqu'on considère des fils égaux placés bout à bout et parcourus par le même courant. La quantité de chaleur étant ainsi proportionnelle à R et à I^2, il est facile par un procédé souvent employé dans la géométrie élémentaire, de démontrer qu'elle est proportionnelle au produit RI^2.

Pour que la démonstration élémentaire que nous venons de donner soit absolument générale, il faut admettre que la quantité de chaleur, dégagée dans deux conducteurs *de même résistance* et parcourus par le même courant, est indépendante de leurs dimensions et de la substance qui la compose.

APPLICATIONS DE LA LOI DE JOULE

150. — **Emploi du courant électrique pour évaluer numériquement toutes les formes de l'énergie.** — Le courant électrique, pouvant produire des travaux très différents, offre un
moyen facile d'établir une équivalence entre ces travaux.

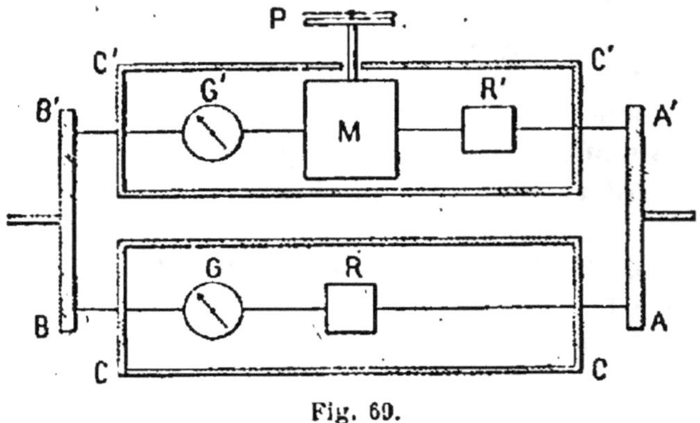

Fig. 69.

Voici la disposition qu'on peut adopter pour cela. Supposons
qu'on veuille déterminer l'équivalent mécanique de la chaleur.

Un moteur électrique M (fig. 69) est placé dans un calorimètre C'C' percé d'ouvertures pour passer son axe de rotation
muni d'une poulie P sur laquelle on place un frein dynamométrique destiné à la mesure du travail produit. Le courant qui
l'anime traverse un conducteur A'B' dans lequel on intercale
un rhéostat R' et un galvanomètre ou rhéomètre destiné à faire
connaître l'intensité du courant.

A côté du calorimètre C'C' est placé un second calorimètre CC dans lequel se trouve simplement un rhéostat R et
un rhéomètre G identique à G'; ces deux appareils sont intercalés dans le conducteur AB.

Les deux conducteurs AB, A'B' sont reliés au circuit général qui leur amène le courant, par des barres métalliques AA', BB' que l'on peut considérer comme dénuées de résistance et par suite comme étant au même potentiel dans toute leur étendue. Le régime du moteur électrique étant établi (et il dépend de la charge du frein dynamométrique qui agit sur la poulie P ainsi que de l'intensité du courant A'B'), on agit sur l'un des rhéostats R ou R' jusqu'à ce que l'intensité du courant soit rigoureusement la même dans les deux conducteurs AB, A'B'; il n'est même pas besoin de la connaître en valeur absolue.

Les calorimètres CC, C'C' doivent être des appareils à écoulement continu et à température constante, dans lesquels la quantité de chaleur fournie à l'eau est mesurée par le produit du poids d'eau qui traverse l'appareil dans l'unité de temps, multiplié par la différence des températures stationnaires de l'eau à l'entrée et à la sortie du calorimètre.

Désignons par V_0 et V_1 les potentiels des barres AA' et BB', et par I l'intensité des courants égaux qui traversent les deux calorimètres. Le travail développé par le courant dans le calorimètre C est purement calorifique, il a pour valeur $(V_0 - V_1)I$.

Le travail développé dans le calorimètre C' se décompose en deux parties distinctes : 1° le travail converti en chaleur et qui est accusé par le calorimètre ; 2° le travail mécanique recueilli par la poulie P et mesuré à l'aide du frein qui le transforme aussi en chaleur ; mais cette chaleur étant dégagée en dehors du calorimètre C', est simplement dispersée en tous sens et n'est pas mesurée.

Désignons par c la quantité de chaleur cédée dans l'unité de temps au calorimètre C, par c' celle qui est cédée au calorimètre C', par A l'équivalent mécanique d'une calorie (en unités C. G. S.) et par τ le travail mécanique mesuré sur la poulie P. Nous aurons les équations suivantes :

$$(V_0 - V_1)I = Ac \qquad (V_0 - V_1)I = Ac' + \tau$$

d'où

$$Ac = Ac' + \tau.$$

et
$$\Lambda = \frac{\mathcal{C}}{c - c'}\cdot$$

Cette dernière équation donne donc la valeur de l'équivalent mécanique d'une calorie: Le courant électrique qui a servi d'intermédiaire disparaît de l'équation finale.

151. — Si on voulait mesurer par le même procédé l'équivalence entre une action mécanique et une action chimique telle que la décomposition de l'eau, on adjoindrait à ces deux calorimètres un troisième calorimètre (non représenté sur la figure) contenant un voltamètre destiné à recueillir les produits de la décomposition de l'eau, et recevant le courant électrique des barres AA', BB'. Ce troisième calorimètre contiendrait, bien entendu, un rhéostat destiné à régler l'intensité du courant qui le traverserait de manière qu'il fût rigoureusement égal à chacun des deux autres. En appelant $\mathcal{C}'$ le travail (autre que celui qui se transforme en chaleur) développé dans ce troisième calorimètre, et c'' la quantité de chaleur qui lui est cédée dans l'unité de temps, on aurait

$$(V_0 - V_1)I = \Lambda c'' + \mathcal{C}',$$

d'où

$$\mathcal{C}' = \Lambda c - \Lambda c'' = \frac{c' - c''}{c - c'}\,\mathcal{C}.$$

Cette équation ferait connaître l'énergie absorbée par le voltamètre ou plutôt toutes les formes de l'énergie autres que la chaleur ; car il faut remarquer que : 1° la décomposition de l'eau donne lieu à des gaz qui occupent un volume très supérieur à celui de l'eau qui les a engendrés et qui produisent, en refoulant malgré la pression atmosphérique l'eau contenue dans les éprouvettes du voltamètre, un travail mécanique dont la mesure échappe au calorimètre ; 2° l'oxygène qui se dégage est dans des conditions particulièrement favorables pour se transformer en ozone, c'est-à-dire en un état allotropique qui exige pour se produire une certaine dépense d'énergie.

Il est donc nécessaire, lorsqu'on emploie le procédé que nous venons de décrire, d'analyser avec soin tous les phénomènes accessoires auxquels donne lieu le phénomène principal soumis à l'expérience et de tenir soigneusement compte de ceux qui entraînent une dépense ou une production d'énergie dont la forme finale n'est pas de la chaleur.

152. — Les trois calorimètres placés parallèlement et parcourus par des courants d'égale intensité, sont constamment refroidis par l'eau de circulation qui entre dans le premier calorimètre CC à la température t_0 et en sort à la température t_1, puis entre immédiatement dans le second calorimètre C'C' à cette même température t_1 et en sort à la température t_2 et se rend enfin au troisième calorimètre, où elle entre à la température t_2 pour en sortir à la température t_3.

Chacun d'eux est donc parcouru par le même poids p d'eau dans l'unité de temps et lorsque les températures t_0, t_1, t_2, t_3 sont devenues stationnaires, les quantités de chaleur c, c', c'' enlevées dans l'unité de temps aux appareils placés dans chaque calorimètre, ont respectivement pour valeur

$$c = p(t_1 - t_0), \qquad c' = p(t_2 - t_1), \qquad c'' = p(t_3 - t_2).$$

Ces valeurs transportées dans l'équation qui fait connaître ϖ' donnent

$$\varpi' = \frac{(t_1 - t_0) - (t_3 - t_2)}{(t_1 - t_0) - (t_2 - t_1)} \; \varpi.$$

Cette équation ne contient pas la quantité d'eau p qui traverse les calorimètres dans l'unité de temps; l'expérience se réduit donc à la mesure aussi exacte que possible des températures et du travail mécanique. En considérant comme connue la valeur de l'équivalent mécanique de la chaleur A, on pourrait réduire à deux le nombre des calorimètres et ne conserver que CC et C'C'.

153. — **Calcul de l'élévation de température produite par le passage d'un courant dans un conducteur qui ne peut se refroidir.** — La quantité de chaleur développée par le passage d'un courant dans un conducteur étant proportionnelle au temps, aurait pour conséquence une élévation de température indéfinie de ce conducteur si les pertes de chaleur dues au rayonnement et à la conductibilité des corps sur lesquels il s'appuie, pertes qui croissent avec l'excès de sa température sur celle du milieu ambiant, n'atteignent rapidement une .valeur égale à celle de la chaleur engendrée par le courant. Quand cette égalité est atteinte, la température devient station- naire. La loi de Joule suffit pour calculer l'élévation de tempé- rature d'un conducteur lorsqu'il ne peut perdre sa chaleur, mais lorsque le contraire a lieu (et c'est le cas général), il faut encore connaître les lois du refroidissement d'un corps plongé dans une enceinte dont la température est inférieure à la sienne. Nous commencerons donc par calculer l'échauffement d'un conducteur qui peut perdre sa chaleur, ou, comme on dit en thermo-dynamique, l'échauffement *adiabatique*.

Soit s la section du conducteur ; l sa longueur ; ρ sa résistance spécifique ; c sa chaleur spécifique par *unité de volume* ; I l'in- tensité du courant qui le traverse, et A l'équivalent mécanique d'une calorie.

Le travail converti en chaleur dans l'unité de temps par le passage du courant, est égal au produit de la résistance du conducteur, $\rho\,\dfrac{l}{s}$, par le carré I^2 de l'intensité du courant. La quantité de chaleur q développée a donc pour valeur

$$q = \frac{1}{A}\,\rho\,\frac{l I^2}{s} ,$$

que l'on peut écrire

$$q = \frac{1}{A}\,\rho\,\frac{l s I^2}{s^2} = \frac{1}{A}\,\rho l s \left(\frac{I}{s}\right)^2 .$$

Mais le produit ls est l'expression du volume u du conduc- teur et $\dfrac{I}{s}$ est ce que nous avons appelé la densité du courant que nous désignerons par i. La quantité de chaleur peut donc se mettre sous la forme très simple

$$q = \frac{1}{A}\,\rho u i^2 .$$

L'élévation de la température t du conducteur pendant l'unité de temps s'obtient immédiatement en écrivant que la quantité de chaleur q qui lui est fournie est égale à cut. On a donc

$$\frac{1}{A}\,\rho u i^2 = cut,$$

d'où

$$t = \frac{1}{A}\,\frac{\rho}{c}\,i^2.$$

Ainsi la rapidité de l'échauffement adiabatique est proportionnelle au carré de la densité du courant et au rapport de la résistance spécifique de l'unité de volume.

Exemple numérique. — Pour appliquer cette formule numériquement, il faut avoir soin d'exprimer i en ampères par centimètre carré; ρ en ohms; c représentant le nombre de calories-grammes-degrés nécessaire pour élever de $1°$ la température de un centimètre cube de la substance de conducteur. On l'obtient en multipliant le rapport de la chaleur spécifique de cette substance à celle de l'eau, par le rapport de sa densité à celle de l'eau. Enfin

$$\frac{1}{A} = 0.24.$$

On obtient ainsi pour la valeur de t après une seconde :

$$t = 0,24\,\frac{\rho}{c}\,i^2.$$

Si on prend pour exemple un conducteur en cuivre rouge parcouru par un courant de 100 ampères par centimètre carré, la densité du cuivre étant égale à 9, sa chaleur spécifique, à 0,095, la valeur de c est égale à $9 \times 0,095 = 0,855$. Enfin sa résistance spécifique ρ étant égale à

$$\frac{1^\mu,6}{1\,000\,000},$$

on trouve :

$t = 0°,00449$ par seconde ou $0°,269$ par minute ou $16°$ par heure.

La rapidité de l'échauffement adiabatique dépendant de la valeur du rapport $\dfrac{\rho}{c}$, sera très considérable avec un corps ayant une grande résistance spécifique et une faible chaleur spécifique par une unité de volume. De tous les métaux usuels, le plomb est celui pour lequel ce rapport $\dfrac{\rho}{c}$ est le plus grand possible (près de 30 fois aussi grand que pour le cuivre). Il a, en outre, la propriété de fondre à une température relativement peu élevée. Il résulte de là que si un conducteur de plomb est intercalé entre deux conducteurs de cuivre et que l'ensemble soit tout à coup parcouru par un courant de densité assez considérable, le plomb s'échauffera près de 30 fois aussi rapidement que le cuivre et qu'il pourra, au bout de quelques secondes, entrer en fusion et rompre le circuit avant que les conducteurs de cuivre aient eu le temps de s'échauffer notablement. C'est à cet usage que servent les *plombs fusibles* qui ont pour but de rompre un courant lorsque son intensité dépasse accidentellement une limite fixée à l'avance.

154. — Température stationnaire d'un conducteur traversé par un courant. — Lorsque la chaleur due au passage du courant est enlevée au fur et à mesure qu'elle se produit, la température ne peut monter indéfiniment parce que les pertes de chaleur par unité de temps croissant avant elles, tandis que la quantité de chaleur produite par le courant conserve une valeur constante, il arrive nécessairement un moment où la quantité de chaleur enlevée devient égale à celle que produit le courant.

Dans les limites d'échauffement tolérées pour les conducteurs électriques (surtout ceux qui sont recouverts de substances isolantes), on peut considérer la quantité de chaleur perdue par unité de surface refroidie, comme étant proportionnelle à l'excès de la température de cette surface sur celle de l'enceinte dans laquelle se trouve le conducteur. C'est ce qu'on appelle ordinairement la loi de Newton quoique ce soit simplement l'expression d'une loi beaucoup plus générale qui s'étend à tous les phénomènes naturels et qui consiste en ce que lorsque deux quantités sont liées entre elles par une loi quelconque si l'on fait croître l'une d'elles par degrés égaux et très petits, il en résulte pour l'autre quantité des accroissements proportionnels aux premiers. C'est d'ailleurs cette loi qui sert de base au calcul infinitésimal.

Conservons les notations du numéro précédent et désignons

en outre par λ la longueur du périmètre du conducteur consi-déré, par q_1 la quantité de chaleur qui est perdue dans l'unité de temps par l'unité de surface du conducteur, lorsque sa température excède de 1 degré centigrade celle du milieu.

La quantité de chaleur due au courant est égale à

$$\frac{1}{A}\ \frac{\rho l I^2}{s}\ .$$

La quantité de chaleur perdue par la surface latérale du con-ducteur est représentée par le produit de q_1, par la grandeur de cette surface et par l'excès t de la température stationnaire sur la température extérieure. Elle est donc égale à

$$q_1 \lambda l t.$$

Lorsque la température stationnaire est atteinte, on a

$$\frac{1}{A}\ \frac{\rho l I^2}{s} = q_1 \lambda l t,$$

d'où

$$t = \frac{1}{A}\ \frac{\rho l^2}{q_1 \lambda s}\ .$$

Si le conducteur était un fil cylindrique de diamètre d, on aurait

$$\lambda = \pi d$$

$$s = \frac{\pi d^2}{4}\ ,$$

d'où

$$t = \frac{4 \rho l I^2}{A \pi^2 q_1 d^3}\ .$$

et

$$I = \frac{\pi}{2}\ \sqrt{\frac{A q_1 d^3 t}{\rho}}\ .$$

Cette dernière équation montre que l'intensité I, correspon-dante à une température stationnaire donnée t, croît comme la puissance $\frac{3}{2}$ du diamètre, c'est-à-dire moins vite que la sec-tion qui est proportionnelle à la puissance 2. Les gros conduc-teurs sont donc désavantageux à ce point de vue et il vaut mieux avoir une collection de petits conducteurs séparés les uns des autres et pouvant perdre leur chaleur sans se gêner mutuellement.

Dans certains cas particuliers que nous étudierons plus tard, la quantité de chaleur enlevée par le rayonnement est insuffisante pour des valeurs modérées de t et, pour empêcher les conducteurs d'atteindre des températures très élevées, il faut avoir recours à des procédés spéciaux tels que la ventilation artificielle ou l'immersion dans un liquide non conducteur.

155. — Au lieu de se donner l'intensité du courant qui traverse le conducteur, on peut prendre comme variable indépendante la *d. d. p.* qui existe entre les deux extrémités de ce conducteur ; la quantité de chaleur produite est alors exprimée par l'équation

$$q = \frac{1}{A} W = \frac{1}{A} \frac{(V_0 - V_1)^2}{R} = \frac{1}{A} \frac{(V_0 - V_1)^2}{\left(\dfrac{\rho l}{s}\right)} = \frac{1}{A} \frac{(V_0 - V_1)^2 s}{\rho l}.$$

En l'égalant à la chaleur perdue $q\lambda lt$, on trouve

$$t = \frac{(V_0 - V_1)^2 s}{A q_1 \rho \lambda l^2},$$

expression très différente de celle qui donne t en fonction de I, du moins quant à l'influence des dimensions du conducteur et de sa résistance spécifique.

Si on suppose que le conducteur soit un fil cylindrique, on trouve

$$t = \frac{1}{4A} \cdot \frac{d}{q_1 \rho l^2} (V_0 - V_1)^2.$$

Ces équations nous seront utiles lorsque nous décrirons des ampèremètres et des voltmètres basés sur la mesure de la température stationnaire d'un fil traversé par un courant.

156. — **Répartition du travail électrique dans un circuit.** — Le travail électrique total produit pendant l'unité de temps dans un circuit fermé contenant une *f. e. m.* E, a pour expression

$$W_0 = EI.$$

Ce travail se répartit entre les différentes portions du circuit suivant une loi facile à déterminer. En effet, soit r_0 la résistance de la portion du circuit où la *f. e. m.* prend naissance, r_1 la résistance d'une autre portion destinée à amener le courant dans l'endroit où une troisième portion de résistance r_2 est employée à produire une quantité de chaleur que l'on utilise à un usage quelconque. Désignant par q_0, q_1, q_2 les quantités de chaleur dégagées dans chacune des portions du circuit, nous aurons

$$q_0 = \frac{1}{A} r_0 I^2,$$

$$q_1 = \frac{1}{A} r_1 I^2,$$

$$q_2 = \frac{1}{A} r_2 I^2,$$

et remarquant que le travail électrique total EI développé par la source est égal à la somme des travaux partiels développés dans l'ensemble du circuit, il vient

$$EI = r_0 I^2 + r_1 I^2 + r_2 I^2,$$

ou, en divisant par EI,

$$\frac{r_0 I^2}{EI} + \frac{r_1 I^2}{EI} + \frac{r_2 I^2}{EI} = 1.$$

Les fractions $\dfrac{r_0 I^2}{EI}$, etc., représentent la fraction du travail total EI développé par la *f. e. m.*, qui est transformée en chaleur dans les résistances r_0, r_1, etc. On voit que pour chacune des résistances, cette fraction est proportionnelle aux rapports $\dfrac{r_0 I}{E}$, $\dfrac{r_1 I}{E}$, etc. Mais, en désignant par ε_1, ε_2 les *d. d. p.* des extrémités des résistances r_1, r_2, qui ne contiennent pas de *f. e. m.*, on a

$$\varepsilon_1 = r_1 I,$$
$$\varepsilon_2 = r_2 I.$$

Donc, le rapport de l'énergie transformée en chaleur dans les résistances r_1, r_2 à l'énergie totale EI, a pour valeur

$$\frac{\varepsilon_1}{E}, \qquad \frac{\varepsilon_2}{E}.$$

Enfin, en vertu de la relation

$$E = (r_0 + r_1 + r_2)I,$$

ces rapports peuvent se mettre sous la forme

$$\frac{r_1}{r_0 + r_1 + r_2}, \qquad \frac{r_2}{r_0 + r_1 + r_2}.$$

Si nous nous proposons de développer, dans la portion du circuit dont la résistance est r_2, une certaine quantité de chaleur équivalente à un travail déterminé par seconde, on voit que ce travail devra satisfaire à l'équation

$$r_2 I^2 = \bar{\varepsilon}_2,$$

tandis que le travail total développé par la source, a pour valeur EI ; l'intensité du courant est donnée par l'équation

$$I = \frac{E}{r_0 + r_1 + r_2}.$$

Nous sommes donc amenés à résoudre le problème suivant :

Étant donné : 1° la *f. e. m.* d'une source, 2° sa résistance intérieure r_0, ; 3° une résistance additionnelle r_1 que nous appellerons résistance de la ligne ; déterminer la résistance r_2 d'un conducteur dans lequel on recueillera, sous forme de chaleur, un travail électrique donné $\bar{\varepsilon}_2$. Les relations démontrées plus haut nous donneront

$$EI = (r_0 + r_1)I^2 + \bar{\varepsilon}_2,$$

d'où
$$I = \frac{E \pm \sqrt{E^2 - 4(r_0 + r_1)\bar{\varepsilon}_2}}{2(r_0 + r_1)}.$$

La valeur de I ne peut être réelle que si on a

$$E^2 - 4(r_0 + r_1)\bar{\varepsilon}_2 > 0$$

ou

$$\mathfrak{C}_2 < \frac{E^2}{4\,(r_0 + r_1)}\,.$$

Le second membre de cette inégalité représente donc la limite du travail que l'on peut développer dans la résistance r_2. Lorsque cette limite est atteinte, le courant a pour valeur

$$I = \frac{E}{2\,(r_0 + r_1)}\,,$$

c'est-à-dire la moitié de l'intensité qu'il aurait si on faisait $r_2 = 0$.

Il résulte de là que, pour obtenir dans la résistance variable r_2 la quantité de travail la plus grande possible, on doit lui donner une valeur telle que l'intensité du courant soit réduite à la moitié de ce qu'elle serait si le circuit était réduit à $r_0 + r_1$, ou que, enfin, on doit prendre $r_2 = r_0 + r_1$.

On exprime ce résultat en disant que pour obtenir le travail électrique (sous forme de chaleur) le plus grand possible dans un conducteur de résistance variable intercalé dans un circuit dans lequel la résistance intérieure de la source et celle de la ligne sont imposées, on doit donner à la résistance du conducteur une valeur égale à celle de la source et de la ligne réunies.

La résistance r_2 se conclut facilement de l'équation qui donne I en remarquant que

$$I = \frac{E}{r_0 + r_1 + r_2}\,.$$

En égalant cette valeur de I à la première, on trouve pour r_2 la valeur

$$r_2 = (r_0 + r_1)\left[\frac{2E}{E \pm \sqrt{E^2 - 4\,(r_0 + r_1)\,\mathfrak{C}_2}} - 1\right].$$

157. — Choix à faire entre les deux valeurs de la résistance utile r_2. — L'intensité du courant se présente sous une forme qui prête à l'ambiguïté, puisqu'elle contient un radical affecté de deux signes contraires. Est-il indifférent de choisir l'une ou l'autre des deux valeurs ? Pour répondre à cette question, nous

devons chercher s'il n'existe pas de condition non énoncée dans
le problème et qui, introduite maintenant dans la solution,
pourrait déterminer notre choix. Il est d'ailleurs certain que
les deux solutions sont possibles et qu'on ne se trouve pas là
en présence d'un de ces cas, fréquents dans les problèmes
qui conduisent à une équation du second degré et où l'une des
racines donne lieu à une solution qui, bien que réelle dans le
sens algébrique du mot, est incompatible avec les données de
la question.

Pour déterminer notre choix, nous allons examiner si les
deux valeurs données au courant sont également avantageuses
au point de vue du *rendement économique*, c'est-à-dire si le
rapport de la quantité de travail converti en chaleur dans
la résistance r_2 à la quantité totale d'énergie EI produite par
la source, est le même lorsqu'on choisit le signe $+$ ou le
signe $-$.

Cette question est facile à trancher car la quantité de travail
développée dans r_2 étant constante, égale à $\tilde{c}_2$ d'une part,
tandis que celle qui est dépensée dans le reste du circuit est
égale à $(r_0 + r_1)\, I^2$, on a intérêt, pour augmenter le rendement
économique, à diminuer autant que possible $(r_0 + r_1)\, I^2$. Mais
r_0 et r_1 étant donnés, on ne peut disposer que de I, il faut donc
choisir la valeur de I la plus petite possible, c'est-à-dire choisir la plus petite des deux valeurs ou celle qui correspond au
signe $-$. Mais alors cela nous conduira à prendre pour r_2 la
valeur la plus grande, de sorte que nous écrivons notre équation

$$r_2 = (r_0 + r_1)\left[\frac{2E}{E - \sqrt{E^2 - 4\,(r_0 + r_1)\,\tilde{c}_2}} - 1\right].$$

158. — **Expression du rendement économique**. — Lorsque le
travail se produit dans la partie utile du circuit sous forme de
chaleur, le rendement économique prend une expression très
simple. En effet, la quantité d'énergie totale produite par la
source dans l'unité de temps est égale à EI, elle est égale
à l'énergie totale dépensée sous forme de chaleur dans l'ensemble du circuit, ou à $r_0 I^2 + r_1 I^2 + r_2 I^2$.

Le rendement économique est donc, d'après la définition que nous venons d'en donner, égal à

$$\frac{r_2 I^2}{r_0 I^2 + r_1 I^2 + r_2 I^2} = \frac{r_2}{r_0 + r_1 + r_2} = \frac{\varepsilon_2}{E},$$

valeur déjà donnée plus haut. Ainsi le rendement économique a pour mesure le rapport de la *d. d. p.* (entre les extrémités du conducteur dans lequel le courant produit l'énergie utilisable) à la *f. e. m.* de la source d'électricité.

159. — Cas où la résistance utile contient une f. e. m. inverse. — Supposons que la résistance utile r_2, au lieu d'être constituée par un fil inerte qui transforme toute l'énergie en chaleur, contienne un appareil capable de développer une *f. e. m.* inverse de celle du courant ; nous avons vu que cela a lieu chaque fois que le courant produit un travail ; désignons ce travail par τ_1, en convenant expressément, comme nous l'avons déjà dit, qu'il se manifeste sous une forme différente de la forme calorifique. Désignons également par τ_0 le travail que développe la *f. e. m.* E_0 à l'origine du circuit ; par R la résistance *totale* $r_0 + r_1 + r_2$ des différentes parties du circuit ; et par E_1 la *f. e. m.* inverse dont l'existence est nécessaire pour la production du travail τ_1. Nous aurons les équations suivantes :

$$I = \frac{E_0 - E_1}{R},$$

$$\tau_0 = E_0 I, \qquad \tau_1 = E_1 I,$$

$$\frac{\tau_1}{\tau_0} = \frac{E_1}{E_0} = k,$$

k désignant le coefficient de rendement économique, on voit qu'il ne dépend que des *f. e. m.* directes et inverses et nullement de la résistance R du circuit. Remplaçant dans les valeurs de τ_0 et de τ_1, I par sa valeur tirée de la première équation, il vient

$$\tau_0 = \frac{E_0 (E_0 - E_1)}{R}, \qquad \tau_1 = \frac{E_1 (E_0 - E_1)}{R}.$$

Si nous cherchons la valeur absolue du travail perdu $\mathfrak{T}_0 - \mathfrak{T}_1$, nous trouvons

$$\mathfrak{T}_0 - \mathfrak{T}_1 = \frac{E_0^2 - 2E_0E_1 + E_1^2}{R} = \frac{(E_0 - E_1)^2}{R} = \frac{(RI)^2}{R} = RI^2.$$

Ainsi le travail perdu dans l'ensemble du circuit est égal à RI^2, c'est-à-dire au travail transformé en chaleur (Loi de Joule) dans la totalité du circuit comme cela doit être.

Supposons que l'on se donne la valeur du coefficient économique k ; la relation

$$k = \frac{E_1}{E_0} ,$$

donne

$$E_1 = kE_0.$$

Remplaçant E_1 par cette valeur, il vient

$$\mathfrak{T}_0 = \frac{(1 - k) E_0^2}{R} , \qquad \mathfrak{T}_1 = \frac{k (1 - k) E_0^2}{R} .$$

Cette deux équations montrent qu'on peut admettre une fraction déterminée k du travail $\mathfrak{T}_0$ à travers une résistance R aussi grande qu'on voudra, à la seule condition de faire croître E_0 et E_1 proportionnellement à la racine carrée de la résistance totale. Mais il en résulte comme conséquence que l'intensité du courant I doit au contraire décroître à mesure que la résistance R augmente, car l'équation $\mathfrak{T}_0 = E_0 I$ donne

$$I = \frac{\mathfrak{T}_0}{E_0} = \frac{(1 - k)E_0}{R} = \sqrt{\frac{(1 - k) \mathfrak{T}_0}{R}},$$

qui montre que, à égalité de rendement économique, le courant doit être proportionnel à la racine carrée du travail dépensé à l'origine du circuit et en raison inverse de la racine carrée de la résistance totale.

En y joignant la valeur de E_0

$$E_0 = \sqrt{\frac{R\mathfrak{T}_0}{1 - k}} ,$$

on aura les équations qui résument les lois de la transmission de l'énergie sous toutes ses formes, au moyen de l'électricité.

Exemple numérique. — Supposons que l'on prenne $\mathfrak{E}_0 = 10\,000$ watts ou environ 136 chevaux (le cheval-vapeur équivaut à 736 watts), et que l'on veuille récupérer un travail de 7 000 watts à travers une résistance *totale* de 100 ohms. On demande la valeur de E_0, E_1 et I.

On a
$$k = \frac{7\,000}{10\,000} = 0,7,$$

et on trouve

$$E_0 = \sqrt{\frac{100 \times 10\,000}{1 - 0,7}} = 1\,826 \text{ volts,}$$

$$E_1 = 1\,826 \times 0,7 = 1\,278 \text{ volts,}$$

$$I = \frac{1\,826 - 1\,278}{100} = 5,48 \text{ ampères.}$$

REMARQUE. — Nous avons dit que la forme du travail $\mathfrak{E}_1$, recueilli dans la portion du circuit à laquelle nous avons donné le nom de résistance utile, importait peu, et que tout travail produit par un courant électrique entraîne la production d'une *f. e. m.* Il en résulte que ces formules conviennent encore lorsque la portion utile du circuit est un fil inerte ne renfermant pas de *f. e. m.* Cette dernière change alors de nom et devient la *d. d. p.* nécessaire pour faire passer le courant I dans la résistance qui le transforme en chaleur. Tout se passe alors comme si le courant produisait d'abord un travail mécanique $E_1 I$ qui serait ensuite transformé en chaleur sur place. On arriverait ainsi par une autre voie à ce que nous avons déjà dit concernant la possibilité de supprimer le mot « résistance d'un conducteur » pour le remplacer par cet autre : « force électro-motrice inverse due au passage du courant. »

CHAPITRE II

ACTIONS CHIMIQUES DU COURANT

Lois de l'électrolyse et applications. Piles thermo-électriques.

LOIS DE L'ÉLECTROLYSE ET APPLICATIONS

160. — **Généralités.** — Les phénomènes calorifiques, produits par le passage d'un courant, sont une conséquence nécessaire de la conservation de l'énergie et de sa transformation finale en chaleur. Mais nous allons maintenant étudier tout un ensemble de faits qu'il était impossible de prévoir à l'aide de ce seul principe et qui constituent une des branches les plus importantes de l'Électricité, branche à laquelle on a donné le nom d'Électrolyse. C'est en 1800, peu de temps après l'invention de la pile par Volta, que deux savants anglais Carlisle et Nickolson, découvrirent que les extrémités des conducteurs qui aboutissaient aux deux pôles d'une pile, étant plongées dans de l'eau acidulée, se couvraient de bulles de gaz; ils reconnurent facilement que l'un de ces gaz était de l'oxygène qui apparaissait au pôle négatif tandis que l'hydrogène se dégageait au pôle positif. A partir de ce moment, les découvertes se succédèrent rapidement; et bientôt fut fondée une science nouvelle : l'Électro-chimie, dont Faraday découvrit les principales lois.

161. — **Définitions.** — On a créé, pour définir les phénomènes de décomposition électro-chimique, un vocabulaire spécial dont voici les termes les plus usités qui sont d'ailleurs tous dus à Faraday. On appelle *électrolyte* tout corps susceptible de décomposition par le passage d'un courant. Les conducteurs ont reçu le nom d'*électrodes*; le conducteur positif s'appelle *Anode*, le conducteur négatif *Cathode*. Les produits de la décomposition ont reçu le nom d'*ions*; ceux qui se dégagent au pôle positif sont considérés comme étant *électro-négatifs* et sont appelés *Anions*, tandis que les éléments qui apparaissent au pôle négatif sont considérés comme *électro-positifs* et sont désignés sous le nom de *Cathions*.

162. — Lois de l'électrolyse. — Ces lois sont au nombre de trois.

PREMIÈRE LOI. — *L'intensité chimique du courant est la même en tous les points du circuit.*

On appelle intensité chimique d'un courant, un nombre pro-

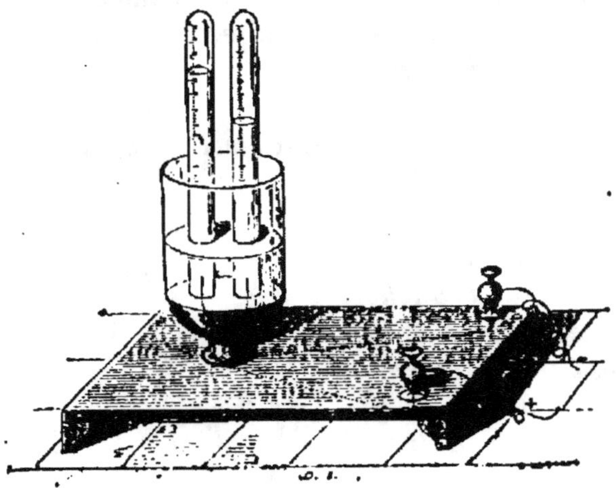

Fig. 70.

portionnel au poids de l'électrolyte décomposé dans l'unité de temps.

On démontre cette loi en plaçant, en divers points d'un même circuit, des voltamètres dont le type le plus connu est le *voltamètre à eau*.

Le *voltamètre à eau* (fig. 70) est un appareil composé d'un vase en verre contenant deux petites éprouvettes à gaz dans l'intérieur desquelles pénètrent des fils de platine qui traversent les parois du vase. Ce dernier étant rempli d'eau acidulée ainsi que les éprouvettes, si on met les fils de platine en communication avec les pôles d'une pile, l'eau est décomposée et l'on voit la cloche-éprouvette qui recouvre la lame positive se remplir d'oxygène, tandis que l'hydrogène se dégage dans l'éprouvette qui recouvre la lame négative.

On peut constater en outre, si les cloches sont graduées, que le volume de l'hydrogène est constamment double de celui de l'oxygène. Pour que la décomposition soit suffisamment rapide, il faut que l'eau du voltamètre soit acidulée avec de l'acide sulfurique.

Plusieurs de ces instruments, identiques entre eux, étant placés à la suite l'un de l'autre dans le même circuit, donnent lieu à des dégagements de gaz identiques dans le même temps, ce qui prouve que l'intensité chimique du courant est la même dans tous les points du circuit.

DEUXIÈME LOI. — *Si un courant électrique, après avoir traversé un conducteur, se partage entre plusieurs autres conducteurs, l'intensité chimique dans la branche principale est égale à la somme des intensités chimiques qui existent dans les branches secondaires.*

La figure 71 montre la disposition à laquelle on a recours pour démontrer cette loi. Le courant total traverse d'abord le voltamètre A puis se divise entre deux branches contenant chacune un voltamètre B et

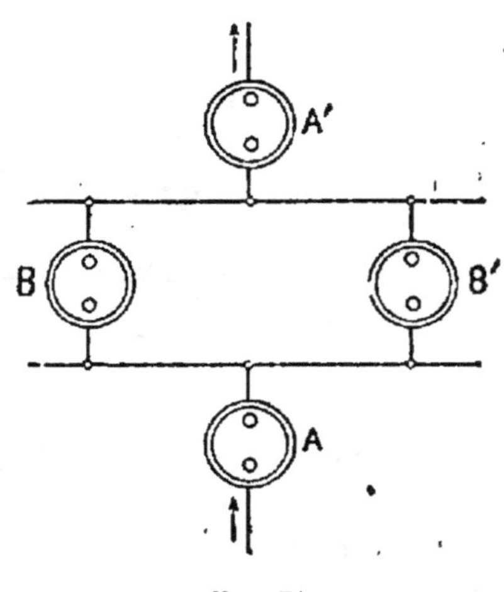

Fig. 71.

B'; ces deux branches se réunissent de nouveau en une seule contenant un quatrième voltamètre A'.

L'expérience prouve que la somme des quantités de gaz recueillies dans les deux voltamètres B et B' est égale à la quantité recueilllie dans A, laquelle, en vertu de la loi précédente, est égale à la quantité recueillie dans A'. Il résulte de là, que si on a plusieurs branches égales et parcourues par des courants égaux, les poids d'eau décomposée dans chacune d'elles seront égaux entre eux, et que leur somme sera égale au poids d'eau décomposée dans la branche principale traversée par le courant total avant sa division en plusieurs autres courants.

On conclut de ces deux premières lois que l'*intensité chimique d'un courant est proportionnelle à son intensité électrique*, c'est-à-dire à la quantité d'électricité qui traverse le voltamètre dans l'unité de temps.

TROISIÈME LOI. — *Lorsqu'un même courant traverse successivement plusieurs voltamètres contenant, au lieu d'eau acidulée, des dissolutions salines telles que sulfate de cuivre, chlorure d'étain, azotate d'argent, etc..., le poids du métal déposé à la cathode de chaque voltamètre est proportionnel à l'équivalent chimique de ce métal.*

En prenant comme exemple les métaux que nous venons d'indiquer au hasard, on trouverait que le poids du métal déposé au bout d'un certain temps dans chaque voltamètre serait représenté par 32 pour le cuivre, par 108 pour l'argent et par 59 pour l'étain, tandis qu'un voltamètre à eau, placé dans le même circuit, dégagerait un poids d'hydrogène représenté par 1.

Cette dernière loi n'est pas absolument générale. Il résulte, en effet, des recherches de Becquerel, que si deux sels différents *d'un même métal* sont parcourus par le même courant, les poids de métal déposés dans les deux voltamètres ne sont pas égaux comme ils devraient l'être d'après cette loi. Ainsi le protochlorure de cuivre CuCl et le bichlorure CuCl² donnent lieu à des dégagements égaux, *non pas de cuivre, mais de chlore*, c'est-à-dire du métalloïde qui entre dans la combinaison.

L'énoncé de la troisième loi, telle que l'a formulée Faraday, ne serait donc exact que si les sels des différents métaux, soumis à l'action du courant, étaient représentés par des formules chimiques analogues.

Dans le cas contraire, cet énoncé doit être modifié et on doit y remplacer les mots « le poids du métal déposé à la cathode » par ceux-ci : « le poids du métalloïde ou radical acide », c'est-à-dire du corps qui apparaît à l'électrode positive (*anode*).

163. — Mesure chimique de l'intensité d'un courant. Unité pratique internationale. — De nombreuses expériences faites par divers savants parmi lesquels il convient de citer surtout Pouillet et Warren de la Rue, ont établi que l'intensité chimique d'un courant (mesurée par le poids d'un électrolyte décomposé dans l'unité de temps, cet électrolyte étant placé dans des conditions parfaitement déterminées) est proportionnelle à son intensité électrique, telle que nous l'avons définie jusqu'à présent, et qu'elle est également proportionnelle à son intensité électro-magnétique telle que nous la définirons lorsque nous étudierons l'Electro-magnétisme. Il existe par conséquent un rapport constant entre les nombres qui représentent l'intensité d'un courant lorsqu'elle est mesurée : soit par le poids décomposé par unité de temps, d'un électrolyte choisi et placé dans des conditions déterminées; soit par la quantité d'unités électro-statiques qui traversent le conducteur dans l'unité de temps (seule définition du courant électrique que nous ayons donnée jusqu'à présent); soit enfin par l'action mécanique exercée sur un pôle magnétique par ce courant. Or, cette dernière définition est, comme on le sait, celle qui a servi à établir l'unité industrielle (*Ampère*).

On peut donc mesurer le nombre d'*ampères* qui passe dans un conducteur, au moyen de la quantité d'électrolyte décomposé par unité de temps dans un voltamètre traversé par le même courant. Il suffit pour cela de faire, une fois pour toutes, une expérience comparative dans laquelle un courant, mesuré en unités électro-magnétiques par des méthodes que nous décrirons plus loin, provoque, dans un voltamètre contenant une solution saline, une action chimique définie par le poids du métal déposé sur la cathode. On obtient ainsi une relation numérique qui permet de conclure l'intensité d'un courant, exprimée en ampères, de son intensité chimique exprimée en grammes de métal déposé par seconde sur la cathode. La facilité avec laquelle on peut se procurer partout, et à l'état de pureté, certains corps facilement décomposables par le courant, la précision que comportent les pesées, la simplicité des dispositions à prendre pour assurer l'exactitude d'une mesure de ce genre, ont décidé l'Administration des Postes et Télégraphes à définir l'ampère légal par son action chimique de la manière suivante :

« L'*ampère légal* est le dixième de l'unité électro-magné-« tique C. G. S. de courant. Il est suffisamment représenté, « pour les besoins de la pratique, par le courant invariable « qui dépose en une seconde $0^{gr},001118$ d'argent, dans des « conditions déterminées [1]. »

La dissolution saline choisie par la Commission est l'azotate d'argent pur. Si dans le même circuit on intercalait un second voltamètre contenant une solution saline d'un autre métal, du sulfate de cuivre par exemple, la troisième loi de Faraday permettrait de trouver immédiatement le poids de cuivre déposé dans le même temps. L'équivalent de l'argent étant représenté par 108, celui du cuivre par 31,8, le poids de cuivre déposé par seconde serait égal à

$$0^{g},001118 \times \frac{31,8}{108} = 0^{g},0003292.$$

En répétant ce calcul pour les divers métaux qui peuvent être précipités de leurs solutions par voie électrolytique, on peut dresser une table des *équivalents électro-chimiques* de ces métaux. On trouvera ce tableau à la fin du chapitre.

La quantité d'électricité qui traverse, pendant une seconde, un conducteur dans lequel existe un courant d'un ampère, étant

---

1. Voir à la fin de ce volume... les instructions pratiques données par la Commission des mesures électriques concernant les moyens à employer pour étalonner, avec une précision suffisante, les instruments destinés à mesurer des courants, des forces électro-motrices ou des résistances.

par définition, égale à un coulomb, il en résulte que le dépôt de 1 gramme d'argent exige un nombre de coulombs égal au nombre de secondes pendant lequel un courant d'un ampère doit traverser la solution d'azotate d'argent pour précipiter ce poids d'argent. Ce nombre a donc pour valeur

$$\frac{1}{0,001118} = 894,45 \text{ coulombs}$$

et le nombre de coulombs nécessaires pour déposer un équivalent d'argent ou 108 grammes, est égal à

$$894,45 \times 108 = 96\,600 \text{ coulombs.}$$

En vertu de la troisième loi de Faraday, cette quantité d'électricité précipitera également *un équivalent* de n'importe quel métal quel que soit le temps employé.

164. — Voltamètre à gaz. — Nous venons de voir que la mesure du poids d'un métal déposé par voie électrolytique, permet d'évaluer l'intensité d'un courant électrique à la condition que ce dernier soit maintenu constant pendant l'opération. Les solutions salines de cuivre ou d'argent sont certainement celles qui offrent le plus de garanties d'exactitude et le plus de facilité dans l'emploi ; mais, à moins que l'on ne dispose de balances extrêmement sensibles, elles ont l'inconvénient d'exiger que le passage du courant soit prolongé longtemps pour que le poids de métal précipité soit suffisant pour permettre d'effectuer une pesée précise. En outre elles exigent un matériel assez coûteux et chaque opération exige de nombreuses précautions.

Le voltamètre à gaz permet, au contraire, en raison du grand volume des gaz dégagés, de mesurer avec une approximation suffisante, dans nombre de cas, un courant de faible durée. Cet appareil est identique au voltamètre à eau (fig. 70). Les cloches étant complètement remplies par le liquide acidulé, si on vient à fermer le courant, la décomposition de l'eau se produit, le volume d'hydrogène dégagé (la température étant supposée égale à zéro et la pression barométrique à 760 millimètres de mercure) est de 6^{cent},933 par minute ou 416 cent. cubes dans une heure lorsque l'appareil est traversé par 1 ampère. Le volume de l'oxygène étant égal à la moitié de celui de l'hydrogène, on obtient un volume total de *gaz tonnant* égal à $10^{c.3}$,40 par minute, ce qui dans une cloche de 8 millimètres de diamètre intérieur, ferait descendre le niveau du liquide de près de 21 centimètres par minute. On voit que la mesure d'un courant de 1 ampère correspondrait à celle d'une longueur assez considérable. Mais on peut obtenir une sensibilité bien plus grande en suspendant la cloche qui recueille le mélange après le fléau d'une balance. Le volume de $10^{c.3}$,4 de gaz qui apparaît dans la cloche au bout d'une minute, diminue l'effort exercé sur le fléau de la balance d'une quantité égale au poids de $10^{c.3}$,4 d'eau c'est-à-dire 10^{gr},4. On pourrait donc, en appliquant ce principe, construire une sorte d'*ampèremètre chimique* bien plus sensible que les autres appareils basés sur l'emploi de l'électrolyse. Nous ne nous étendrons pas davantage sur ce sujet qui sera traité avec les détails qu'il comporte dans le chapitre des instruments de mesure.

165. — Réactions secondaires. Exceptions apparentes aux lois de l'électrolyse. — Lorsque les électrodes sont attaquables par les *ions*, les lois que nous venons d'exposer ne se vérifient plus parce qu'il se produit, entre ces électrodes et les produits de la décomposition, une action chimique ou *action secondaire* qui modifie les résultats dus à l'action électrique seule. Ainsi, lorsqu'on décompose une solution de potasse par le passage d'un courant et que les électrodes sont en platine, l'oxygène se porte à l'anode et le potassium à la cathode, mais, comme ce métal décompose l'eau à froid, il est impossible de l'obtenir par ce procédé parce qu'il se recombine immédiatement avec l'oxygène de l'eau. On ne recueille donc ainsi que de l'oxygène. Si au contraire, la cathode est constituée par du mercure, et que la potasse, au lieu d'être dissoute dans l'eau, forme un bloc solide légèrement humide dans lequel on creuse une cavité contenant le mercure, le potassium, au moment où il est mis en liberté, se combine avec le mercure et forme un amalgáme d'où on le retire par distillation. C'est encore une action secondaire.

L'électrolyse du sulfate de cuivre au moyen de deux électrodes en cuivre, présente encore un exemple de ce genre d'action. Pendant qu'un équivalent de cuivre se dépose sur la cathode, le radical SO^4 devenu libre se porte sur l'anode avec laquelle il se combine de nouveau pour reformer un équivalent de sulfate de cuivre qui se dissout dans la liqueur. Il n'y a donc en définitive qu'un simple transport de cuivre de l'anode à la cathode.

REVERSIBILITÉ DES PHÉNOMÈNES ÉLECTROLYTIQUES.
POLARISATION VOLTAIQUE

166. — **Définition.** — Nous avons vu en électro-statique qu'un condensateur à capacité variable communiquant avec une source d'électricité (qui peut être représentée par un autre condensateur de capacité beaucoup plus considérable), produit un travail mécanique lorsqu'on permet à ses deux armatures de se rapprocher, c'est-à-dire lorsque sa capacité augmente ; et que réciproquement, si après les avoir laissées se rapprocher, on les écarte pour les ramener à leur position primitive, il faut dépenser un travail égal à celui qui avait été fourni pendant le rapprochement. En outre, pendant que l'appareil produit du travail mécanique, il emprunte à la source une certaine quantité d'électricité qu'il lui restitue ensuite pendant l'opération inverse. Cette propriété que possède le condensateur de transformer l'énergie électrique en travail mécanique, ou inversement le travail mécanique en énergie électrique, a reçu le nom de *réversibilité*.

Nous la retrouverons dans un grand nombre de phénomènes électriques. Elle s'étend d'ailleurs à beaucoup d'autres manifestations de l'énergie, et on peut dire que toutes les machines qui ont pour but la production d'un travail mécanique telles que les moteurs hydrauliques, les moteurs à vapeur ou à air chaud, les moteurs à vent, etc..., sont réversibles. Si on leur imprime un mouvement de signe contraire à celui qu'ils prennent sous l'action de la force qui les sollicite, ils transforment en énergie potentielle ou cinétique, le travail mécanique qu'il faut leur fournir pour cela. Ainsi le moteur hydraulique fera monter l'eau du niveau inférieur au niveau supérieur, les moteurs à vapeur et à air chaud transporteront de la chaleur d'un corps froid sur un corps chaud, le moteur à vent créera un courant d'air, etc...

167. — Cette même propriété existe dans les phénomènes d'électrolyse.

Pour le prouver, on met en communication avec un galvanomètre les deux fils de platine d'un voltamètre à gaz dans lequel l'oxygène et l'hydrogène sont séparés, et l'on constate un courant qui est de signe contraire à celui qu'il faudrait lancer dans l'instrument pour faire apparaître les gaz oxygène et hydrogène dans les cloches qui leur correspondent. Ce fait est d'ailleurs général, et chaque fois qu'on réunit par un conducteur l'anode et la cathode d'un circuit dans lequel se trouve un électrolyte, après avoir, bien entendu, enlevé la source électro-motrice, on constate l'existence d'un courant de sens inverse à celui qui produisait l'électrolyse. Il n'y a d'exception à cette règle que dans les cas (signalés plus haut) où l'action du courant électrolyseur ne produit qu'un simple transport de métal de l'anode à la cathode, comme cela a lieu avec des électrodes en cuivre plongeant dans une solution de sulfate de cuivre ou des électrodes d'argent dans une solution d'azotate d'argent.

Nous constatons ainsi directement la *f. e. m.* inverse dont nous avons démontré l'existence nécessaire dans toutes les circonstances où le courant électrique produit un travail, de quelque nature que soit ce travail.

168. — **Pile à gaz.** — Cette propriété des électrolytes a été mise à profit dans toute une catégorie d'appareils qui emmagasinent de l'énergie chimique lorsqu'on y lance un courant électrique, et qui restituent cette énergie sous forme d'énergie électrique dépensée dans un circuit extérieur, lorsqu'on réunit l'anode et la cathode par un conducteur. Ces appareils ont reçu le nom d'accumulateurs. Nous leur consacrerons un chapitre spécial dans le second volume. Actuellement nous nous bornerons à dire quelques mots du plus ancien de tous les accumulateurs : *la pile à gaz* de Grove.

Un couple de cette pile (fig. 72) n'est autre chose qu'un vol-

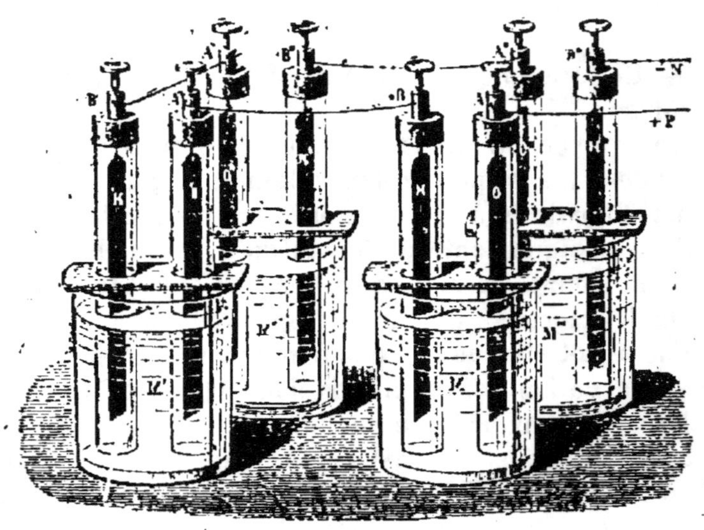

Fig. 72.

tamètre à gaz dans les cloches duquel se trouve emmagasinée à l'avance une certaine quantité d'oxygène et d'hydrogène. Ces deux gaz conservent indéfiniment leur volume respectif tant qu'on ne réunit pas les lames de platine par un conducteur extérieur. Mais, dès que cette réunion est effectuée, un courant se produit dans le fil et on voit aussitôt les volumes gazeux diminuer dans les cloches ; cette diminution étant deux fois aussi rapide pour l'hydrogène que pour l'oxygène, c'est-à-dire dans les proportions exigées pour reformer l'eau dont la décomposition leur avait donné naissance. Le pôle positif d'une pile à gaz correspond à l'oxygène et le pôle négatif à l'hydrogène ; sa *f. e. m.* est d'environ 1ᵛ,5. Si on réunit par des conducteurs les pôles de même nom de deux de ces appareils, il ne se produit naturellement aucun courant ; mais si on en groupe deux A et B en tension (fig. 73), la *f. e. m.* totale de cet ensemble sera double de celle d'un seul couple, et si on ferme le circuit au moyen d'un troisième couple C placé en opposition, c'est-à-dire de façon que le pôle + de C soit réuni au pôle + de A et le pôle — de C au pôle — de B, la somme des *f. e. m.* intercalées dans le circuit sera égale à $2e - e = e$ (*e* désignant la *f. e. m.* d'un seul couple) et un courant se produira. Il y aura alors décomposition de l'eau dans le voltamètre C et recomposition des gaz dans les voltamètres A et B. Si on

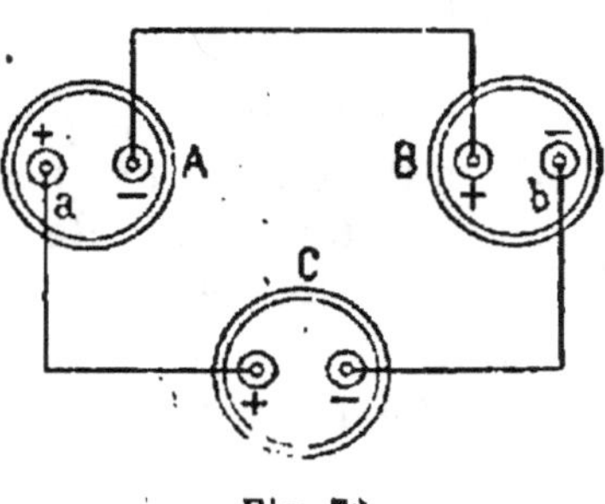

Fig. 73.

mesure le volume des gaz mis en liberté dans C, on le trouve égal à celui qui disparaît dans chacun des voltamètres A et B, ce qui constitue la démonstration la plus générale et la plus élégante que l'on connaisse de la loi de Faraday, concernant l'égalité du travail chimique dans chacun des points d'un circuit électrique.

En général, si on forme deux groupes distincts de couples à gaz dans chacun desquels les voltamètres sont accouplés en tension, si on met ces deux groupes en opposition, comme nous venons de l'expliquer, il se produira un courant dû à l'excès de la *f. e. m.* d'un des groupes sur celle de l'autre groupe, et le volume de gaz disparu pendant un temps donné dans chacun des couples du groupe le plus nombreux, sera égal au volume de gaz qui apparaît dans chacun des couples du groupe le moins nombreux.

169. — Démonstration directe des Lois de la Transmission de l'Énergie au moyen de la pile à gaz. — Supposons qu'on ait groupé un nombre N_0 de couples à gaz en tension, un autre nombre N_1 également en tension, et que l'on mette ces deux groupes en opposition de façon que le second groupe soit parcouru par un courant de sens contraire à celui qu'il tend à produire, ce qui suppose que N_1 est plus petit que N_0.

Désignons par e la *f. e. m.* d'un seul couple, par I l'intensité du courant, par r la résistance intérieure d'un couple et par R celle des conducteurs qui relient le groupe N_0 au groupe N_1, ces deux groupes pouvant d'ailleurs être séparés par une très grande distance.

Le but que nous nous proposons d'atteindre est de produire dans l'unité de temps, à l'extrémité de la ligne que nous pourrions appeler la *station réceptrice*, un certain poids de gaz tonnant, en nous servant pour cela d'une pile à gaz placée à la *station génératrice* qui contient N_0 couples.

La *f. e. m.* totale développée par les N_0 couples générateurs est égale à $N_0 e$.

Celle qui est développée par les N_1 couples récepteurs placés en opposition, est égale à $N_1 e$.

La résistance totale du circuit a pour valeur

$$R + (N_0 + N_1)r.$$

Il en résulte que l'intensité du courant a pour expression

$$I = \frac{N_0 e - N_1 e}{R + (N_0 + N_1)r}.$$

Si nous appelons p le poids d'eau *décomposé* dans une seconde par un ampère (0,09316 milligramme) dans *chaque* couple récepteur et *recomposé* dans *chaque* couple générateur, nous aurons pour le poids P_0 de gaz tonnant consommé par seconde à la station génératrice

$$P_0 = pN_0 I = pe\,\frac{N_0(N_0 - N_1)}{R + (N_0 + N_1)r}.$$

Le poids de gaz P_1 récupéré à la station réceptrice aura de même pour expression

$$P_1 = pN_1 I = pe\,\frac{N_1(N_0 - N_1)}{R + (N_0 + N_1)r}.$$

Le rendement économique k, c'est-à-dire le rapport de l'énergie récupérée à la station réceptrice à l'énergie dépensée à la station génératrice, sera représenté ici par le rapport des poids de gaz respectivement produits à l'une des stations, dépensées à l'autre. Nous aurons donc

$$k = \frac{P_1}{P_0} = \frac{pN_1 l}{pN_0 l} = \frac{N_1}{N_0},$$

ou, en multipliant les deux termes de cette dernière fraction par e

$$k = \frac{N_1 e}{N_0 e}.$$

Mais $N_1 e$ est précisément la valeur de la *f. e. m.* totale de tous les couples montés en série à la station réceptrice ; de même $N_0 e$ représente la *f. e. m.* totale E_0 de la pile génératrice. On a donc

$$k = \frac{E_1}{E_0}.$$

C'est l'équation du rendement économique d'une transmission d'énergie électrique telle que nous l'avons déjà trouvée.

Si le nombre total $N_0 + N_1$ des couples dont on dispose (ce total comprenant ceux de la station génératrice et ceux de la station réceptrice) est constant ainsi que la résistance R de la ligne, la résistance totale du circuit

$$R + (N_0 + N_1)r,$$

est également constante, et le poids P_1 d'eau décomposée dans l'unité de temps à la station réceptrice est le plus grand possible lorsque le produit $N_1(N_0 - N_1)$ est maximum, ce qui a lieu lorsque

$$N_1 = \frac{N_0}{2},$$

c'est-à-dire lorsque la *f. e. m.* inverse E_1 développée à la station réceptrice est égale à la moitié de la *f. e. m.* directe E_0 développée à la station génératrice. Nous avons également déjà trouvé ce résultat.

Enfin si nous multiplions par un même nombre n, le nombre N_0 des couples générateurs, le nombre N_1 des couples récepteurs et la résistance R de la ligne, nous trouverons que l'intensité I du courant ne change pas, mais que les poids P_1 et P_0 des gaz récupérés et des gaz dépensés sont aussi multipliés par n. Ces poids P_0 et P_1 représentant l'énergie chimique dépensée à la station génératrice et l'énergie récupérée à la station réceptrice, on voit que : si on multplie par un même nombre m la $f.e.m.$ totale de la station génératrice, celle de la station réceptrice ainsi que la résistance totale du circuit, on arrive à transmettre une quantité *d'énergie chimique qui est elle-même multipliée par m sans changer le rendement économique*, bien que la résistance de la ligne soit également multipliée par m.

Or, si la ligne est constituée par un fil d'un diamètre constant, il faudra, pour multiplier sa résistance par m, multiplier sa longueur par le même nombre, c'est-à-dire augmenter de plus en plus la distance à laquelle se fait la transmission[1].

170. — Application du principe de la Conservation de l'Énergie aux lois de l'Électrolyse. — On pourrait objecter à la démonstration que nous venons de donner qu'elle prouve

---

1. C'est en 1881 que Marcel Deprez a énoncé, pour la première fois, ces lois remarquables de la transmission de l'énergie électrique sous toutes ses formes et que nous avons fait connaître les démonstrations élémentaires qui précèdent. A cette époque, elles paraissaient si paradoxales que, malgré l'extrême simplicité de nos démonstrations (dans lesquelles nous avions évité d'admettre que le travail électrique est défini par le produit EI) basées sur les seules lois expérimentales d'Ohm, de Joule et de Faraday, personne ne voulait les admettre. Il faut lire les journaux techniques de cette époque pour se rendre compte de la violence des attaques dont nos théories furent l'objet. Aujourd'hui elles ne sont plus contestées par personne et les auteurs eux-mêmes, des attaques auxquelles nous faisons allusion, les enseignent comme des banalités classiques et anonymes. Voir à ce sujet les collections de *La Lumière Électrique*, depuis le n° du 2 décembre 1881, où ces démonstrations ont été publiées pour la première fois. Voir aussi, à titre documentaire, la collection des principaux journaux d'électricité, de 1881 à 1887.

seulement qu'un certain poids de gaz dépensé dans les appareils générateurs, peut être récupéré dans les appareils récepteurs et qu'il n'y a qu'une différence entre ce phénomène et celui que présenterait une conduite servant à transmettre le gaz de la station génératrice à la station réceptrice, c'est que le rendement économique de la conduite serait bien plus élevé. En un mot, il ne semble pas que nos équations se rapportent bien plutôt à une sorte de transmission de matière effectuée par l'intermédiaire d'un fil qu'à une transmission d'énergie. La réponse est facile. Quelle que soit l'origine du courant qui provoque dans les piles réceptrices la production de gaz tonnant, il est certain que ce gaz, qui n'existait pas avant l'action du courant, est capable par la recombinaison de ses éléments, de produire une certaine quantité de chaleur, c'est-à-dire d'énergie, proportionnelle à son poids. Or cette énergie, ne pouvant être créée de toute pièce, a été nécessairement engendrée, dans les couples à gaz de la station génératrice, par la combinaison de l'oxygène et de l'hydrogène, combinaison qui se produit dans des conditions inconnues et toutes différentes de celles qui résultent de la combustion violente du mélange gazeux lorsqu'on l'enflamme par un procédé quelconque. Cependant, en vertu du principe de la conservation de l'énergie, la quantité d'énergie développée dans les deux cas est la même. Il suffit donc de connaître la quantité de chaleur produite par la combinaison d'un équivalent d'oxygène avec un équivalent d'hydrogène et de la multiplier par l'équivalent mécanique d'une calorie, pour en conclure l'énergie mécanique totale développée par la formation d'un équivalent d'eau. L'énergie ainsi produite dans la pile à gaz génératrice se transforme en énergie électrique qui, à son tour, se transforme de nouveau en énergie chimique ou potentielle dans la pile à gaz réceptrice. Le rapport des poids de gaz consommés dans la pile à gaz génératrice et récupérés dans la pile réceptrice, représente donc bien le rapport de l'énergie consommée dans le premier cas et récupérée dans le second sous forme d'énergie potentielle, et nous venons de démontrer que la transmission de l'énergie, considérée sous cet aspect, obéit exactement aux mêmes lois que celles que nous avons trouvées en partant de la définition du travail électrique. Nous allons compléter maintenant cette démonstration en supposant que le courant est engendré, non par une pile à gaz, mais par une pile quelconque, dans laquelle la *f. e. m.* est produite par les réactions chimiques autres que la combinaison de l'oxygène et de l'hydrogène.

171. — Détermination théorique de la f. e. m. nécessaire pour produire une décomposition chimique Force électromotrice de polarisation. — Lorsqu'un courant provoque la décomposition d'un électrolyde, la *d. d. p.* nécessaire pour provoquer le passage du courant dans la solution saline se compose de deux parties :

1° Celle qui provient de la résistance de la solution considérée comme simple conducteur, et qui se calcule en appliquant la loi d'Ohm. En la désignant par R, elle a pour valeur RI.

2° La seconde partie est due à la *f. e. m.* développée par l'action chimique et dont nous venons de démontrer l'existence ; en la désignant par E, nous aurons pour déterminer la *d. d. p.* ε nécessaire pour produire la décomposition

$$\varepsilon = E + RI$$

d'où

$$I = \frac{\varepsilon - E}{R} \cdot$$

Ainsi, lorsqu'on diminue de plus en plus la *d. d. p.* ε, il arrive un moment où ε étant égal à E, le courant s'annule et la décomposition s'arrête. La valeur de ε est alors égale à ce qu'on désigne sous le nom de *f. e. m.* de *polarisation*. Nous allons voir comment on peut en déterminer théoriquement la valeur.

En vertu de la conservation de l'énergie, le travail équivalent à la chaleur de combinaison des *ions* est égal au travail nécessaire pour les séparer lorsqu'ils sont combinés. Or, le travail électrique qui produit cette décomposition a pour expression EI pendant l'unité de temps ou EIt pendant le temps t. Mais It représente la quantité Q d'électricité qui passe pendant le temps t. Le travail chimique a donc, quelle que soit la durée de son action, une valeur égale à EQ.

D'autre part, le travail équivalent à la quantité de chaleur produite par la combinaison des *ions*, est égal à AC, A désignant l'équivalent mécanique de la chaleur et C la quantité de chaleur totale développée pendant cette combinaison. L'égalité de ces deux travaux donne

$$EQ = AC \qquad \text{d'où} \qquad E = \frac{AC}{Q}.$$

Pour appliquer cette formule, il faut préciser la quantité de matière soumise à l'électrolyse ; les lois de l'électro-chimie nous indiquent qu'il faut prendre une quantité d'électrolyte représentée par un équivalent. Si nous prenons le gramme pour unité de masse, A représentera le nombre de watts-secondes équivalant à une petite calorie, c'est-à-dire 4,17 ; C sera le nombre de calories produites par la formation d'un équivalent de l'électrolyte considéré, et Q le nombre de coulombs nécessaire pour décomposer ce même équivalent, soit 96 600. La *f. e. m.* E sera alors exprimée en volts et on aura

$$E = 0,00004317 \, C.$$

Exemples numériques. — Cherchons la *f. e. m.* minima nécessaire pour décomposer l'eau.

On trouve dans les tables relatives à la thermo-chimie

$$C = 34500.$$

Donc

$$E = 0,00004317 \times 34\,500 = 1^v,49.$$

Ce nombre s'écarte peu de celui que l'on trouve directement par l'expérience.

Sulfate de zinc dissous dans l'eau. — La formation d'un équivalent de sulfate de zinc dissous dans 2 litres d'eau produit une quantité de chaleur, qui, en partant des éléments primitifs (zinc, soufre, oxygène) pour aboutir à la dissolution aqueuse (sulfate de zinc et eau), a été trouvée égale à 54 900 calories.

On en conclut

$$E = 0,00004317 \times 54\,000 = 2^v,27.$$

C'est la valeur théorique de la *f. e. m.* minima qu'il faudrait développer pour décomposer une dissolution de sulfate de zinc avec deux électrodes en platine ; car si les électrodes étaient en zinc, il se produirait des réactions secondaires que nous avons déjà analysées et qui abaisseraient beaucoup la valeur de E.

Sulfate de cuivre. — La chaleur nécessaire pour former un équivalent de sulfate de cuivre dissous dans deux litres d'eau est égale, lorsqu'on part des éléments primitifs (cuivre, soufre, oxygène), à 30 200 calories.

On en conclut

$$E = 0,00004317 \times 30\,200 = 1^v,30,$$

les électrodes étant bien entendu supposées inattaquables comme dans les exemples précédents.

172. — **Calcul de la force électro-motrice d'une pile.** — Les exemples numériques ci-dessus vont nous permettre de calculer la *f. e. m.* de la pile Daniell. Elle est, comme on le sait, composée :

1° D'une plaque de cuivre plongeant dans une solution saturée de sulfate de cuivre ;

2° D'une lame de zinc plongeant dans une solution saturée de sulfate de zinc ;

3° D'une cloison poreuse qui sépare les deux liquides et les empêche de se mélanger tout en leur permettant d'entrer en contact, ce qui permet au courant de passer d'une cloison dans l'autre. Lorsque la pile est traversée par un courant allant du zinc au cuivre à l'intérieur de la pile et par conséquent du cuivre au zinc dans le circuit extérieur, le zinc se dissout dans le liquide qui l'entoure en donnant lieu à une *production* de chaleur de 54 900 calories par équivalent dissous, mais en vertu de la troisième loi de Faraday, ce même courant doit provoquer le dépôt d'un équivalent de cuivre sur la lame de cuivre, d'où une *absorption* de chaleur de 30 200 calories. Il y a donc, en définitive, *production* d'une quantité de chaleur égale à 24 700 calories et par conséquent d'une *f. e. m. directe,* c'est-à-dire dans le sens même du courant. Cette *f. e. m.* a évidemment pour valeur la différence des deux *f. e. m.* que nous avons calculées plus haut. Soit

$$2^v.37 - 1^v.30 = 1^v.07.$$

C'est effectivement à peu de chose près ce que l'on trouve par des mesures directes. D'ailleurs il est bon de dire tout de suite que ces calculs ne peuvent conduire à des résultats d'une grande précision à cause de l'incertitude des nombres relatifs aux quantités de chaleur correspondantes aux réactions chimiques multiples, et souvent mal définies, qui s'accomplissent dans les piles électriques. On doit déjà trouver très remarquable l'accord qui existe entre les résultats du calcul et ceux de l'expérience et le considérer comme une preuve de l'exactitude des principes.

173. — Capacité de polarisation. — Il est intéressant d'étudier ce qui arrive lorsque la *d. d. p.* des deux électrodes inattaquables qui plongent dans un électrolyte est inférieur à la *f. e. m.* de polarisation. On découvre alors dans ces électrodes une propriété très curieuse à laquelle on a donné le nom de *capacité de polarisation* et qui consiste en ceci :

Si on met d'abord les deux électrodes (en platine) en communication avec les deux pôles d'une source d'électricité dont la *f. e. m.* est incapable de produire l'électrolyse, et qu'après un temps très court on rompe la communication, on reconnaît qu'elles se sont chargées d'électricité comme l'auraient fait les deux armatures d'un condensateur et que lorsque la *f. e. m.* de la source est très inférieure à celle qui provoque la décomposition, la charge emmagasinée lui est proportionnelle. Ainsi en admettant que l'eau exige $1^v,5$ pour être décomposée, si on met les électrodes en communication avec des sources dont les *f. e. m.* sont respectivement égales à $\frac{1}{10}$, $\frac{2}{10}$, $\frac{3}{10}$ de volt; les quantités d'électricité emmagasinées mesurées au moyen du galvanomètre balistique sont à très peu près proportionnelles aux nombres 1, 2, 3.

Mais à mesure que la *f. e. m.* de la source approche de la valeur nécessaire pour provoquer la décomposition, cette proportionnalité disparaît complètement.

Les lois de la capacité de polarisation ont été étudiées avec soin par M. Blondlot. Il a trouvé que chaque électrode se comporte comme un condensateur dont elle formerait l'une des armatures, l'autre armature étant constituée par l'eau acidulée. L'ensemble des électrodes se comporte donc comme le ferait une batterie formée de deux condensateurs montés en série ou en cascade. Nous avons vu que la capacité d'une série de condensateurs dont les capacités individuelles sont représentées par C, C', C'', ... est égale à

$$\frac{1}{\frac{1}{C} + \frac{1}{C'} + \frac{1}{C''} + \cdots}.$$

Dans le cas présent, le nombre de ces condensateurs étant de deux, on a, en appelant C_i la capacité de l'ensemble

$$C_i = \frac{CC'}{C + C'}.$$

Les capacités C et C' étant proportionnelles aux surfaces S et S' des électrodes, peuvent être remplacées par ces dernières de sorte qu'il vient

$$C_s = C_i \frac{SS'}{S + S'}$$

C_1 représentant la capacité d'une électrode de surface égale à l'unité.

M. Blondlot a trouvé pour C_1 des valeurs variant entre 7,77 micro-farads et 31 micro-farads par *centimètre carré* de surface d'une électrode, suivant la durée de son séjour dans l'eau acidulée, la valeur la plus élevée ayant été obtenue lorsque l'électrode venait d'être chauffée au rouge avant son immersion dans l'eau. Pour se rendre compte de la grandeur de ces nombres, il faut les comparer avec la capacité d'un condensateur ordinaire à lame de mica par exemple. En appelant k

le pouvoir inducteur spécifique du mica, on a, pour la capacité exprimée en unités C.G.S. électro-statiques d'un condensateur de surface S dont les armatures sont séparées par une distance δ,

$$C = \frac{kS}{4\pi\delta}$$

d'où .

$$\delta = \frac{kS}{4\pi C} \cdot$$

Faisons maintenant S = 1 centimètre carré, $k = 8$, $\pi = 3,1416$; et exprimons C en unités électro-statiques en multipliant le nombre de micro-farads par 900 000 ; nous aurons ainsi pour le nombre le plus faible trouvé par M. Blondlot

$$C = 7.77 \times 900\,000 = 6\,993\,000.$$

L'écartement δ des deux armatures du condensateur à lame de mica, de même capacité et de même surface qu'une électrode de platine plongée dans l'eau acidulée, a donc pour valeur

$$\delta = \frac{8 \times 1}{12,57 \times 6\,993\,000} \text{ centimètres} = \frac{1 \text{ millimètre}}{1\,098\,450} \cdot$$

Si au lieu du nombre le plus faible donné par M. Blondlot, nous adoptions le nombre le plus élevé, nous trouverions pour δ une valeur quatre fois moindre ; et enfin si nous cherchions la distance des armatures d'un condensateur à lame d'air ayant 31 micro-farads par centimètre carré, nous arriverions au chiffre de $\dfrac{1 \text{ millimètre}}{34\,000\,000} \cdot$

L'attraction mutuelle des deux armatures de ce dernier condensateur serait, en les supposant maintenues à une *d. d. p.* égale à $\dfrac{1}{100}$ de volt seulement, de 520 kilogrammes par centimètre carré.

Ces nombres montrent bien l'immense puissance des condensateurs électro-chimiques et fait naître tout naturellement l'idée de les substituer aux condensateurs ordinaires. Malheureusement, ils présentent deux inconvénients graves qui ont jusqu'à présent empêché leur usage de se répandre :

1° La petitesse de la différence de potentiel qu'ils peuvent supporter sans cesser de jouer le rôle de condensateur ;

2° La faiblesse de leur isolement qui ne leur permet de rester chargés que pendant peu de temps.

Malgré ces inconvénients nous croyons qu'ils pourront jouer un rôle utile dans certaines applications et c'est ce qui nous a déterminé à nous étendre un peu sur ce sujet. Nous avons supposé dans ce qui précède, que le courant était amené dans le liquide par des électrodes en platine. Mais lorsque les électrodes sont constituées par des tubes remplis de mercure, les phénomènes dus à la capacité de polarisation ont pour conséquence une modification importante dans la façon dont se manifestent les forces capillaires qui déterminent la forme du ménisque mercuriel. L'étude de ces faits auxquels on a donné le nom de phénomènes électro-capillaires, est intéressante au point de vue théorique ; mais la seule application qui en ait été faite, est un instrument nommé Électromètre capillaire qui a pour but la mesure des différences de potentiel. Nous le décrirons dans le chapitre consacré aux instruments de mesure.

174. — Différentes sources de force électro-motrice. — Le nombre des actions physiques qui sont accompagnées de la production d'une force électro-motrice est considérable. On peut même dire que tous les phénomènes d'ordre mécanique, physique ou chimique, troublent l'équilibre électrique et produisent par conséquent des forces électro-motrices.

Nous citerons dans l'ordre chronologique où on les a découvertes, les actions dues au frottement qui permirent de réaliser les premières machines électro-statiques, le contact de deux métaux différents auquel Volta attribuait la production d'électricité qui se manifeste dans la pile, les actions chimiques, la combustion, les phénomènes capillaires, l'écoulement d'un liquide à travers un corps poreux, l'échauffement d'un métal non homogène, les actions électriques dues à certaines radiations du spectre, etc., etc., et enfin tous les phénomènes d'induction grâce auxquels l'électricité occupe aujourd'hui une place si importante dans les applications de la science à l'industrie.

Parmi les phénomènes qui donnent naissance à une *f. e. m.*, nous devons mentionner particulièrement celui qui a été découvert par Seebeck et qui est connu sous le nom de thermo-électricité. Il consiste en ceci :

Si l'on soude en C deux fils de métaux différents AC, BC (fig. 74) dont les extrémités A et B sont réunies par un conducteur dans lequel on intercale un galvanomètre G, et si on chauffe la soudure C, on constate que l'aiguille du galvanomètre est déviée et décèle ainsi l'existence d'un courant. L'échauffement de la soudure a donc provoqué une *f. e. m.* dont on pourrait déterminer la valeur si on connaissait l'intensité du courant et la résistance du circuit.

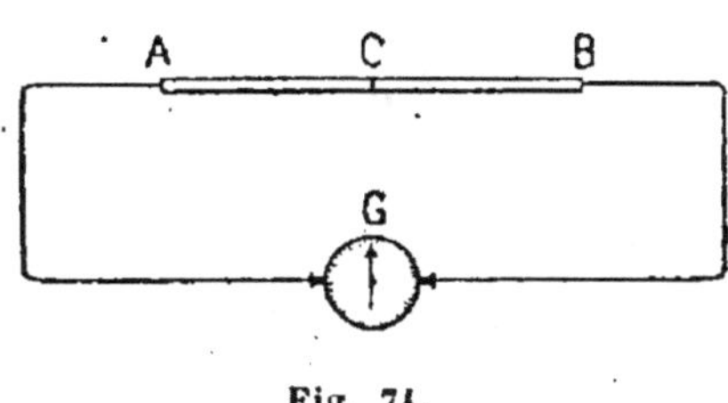

Fig. 74.

Il n'est même pas nécessaire que les métaux AC et BC soient différents ni qu'ils soient soudés ; deux fils du même métal, pourvu que leur état physique soient différent, donnent naissance à une *f. e. m.* lorsqu'on les met simplement en contact après les avoir chauffés à des températures différentes ou lorsqu'on chauffe leur point de contact.

175. — Lois qui régissent les actions thermo-électriques. — Première Loi. — *La somme algébrique des f. e. m. développées dans un circuit métallique hétérogène, dont tous les points sont à la même température, est nulle.* — Cette loi, due à Volta, est une conséquence des principes de la théorie mécanique de la chaleur ; elle signifie que si l'on soude bout à bout un nombre quelconque de tronçons métalliques composés de métaux différents de manière à constituer un circuit fermé et que l'on porte tous les points de ce circuit à la même température, il ne se produira jamais de courant.

Deuxième Loi. — *Si au lieu d'être hétérogène, le circuit est composé d'un métal unique dans toute sa longueur, il ne s'y produit jamais de courant, même lorsque la section et la température du conducteur varient d'un point à l'autre du circuit.*

Troisième Loi. — Soit deux soudures consécutives A et B d'un circuit hétérogène. Supposons que l'on mesure la force électro-motrice développée par l'action de la chaleur dans trois expériences différentes définies par le tableau suivant : On constatera que *les forces électro-motrices e, e' e'', correspondantes à chacune de ces expériences, sont liées par l'équation*

	1	2	3
Température de A	t_0	t_1	t_0
Température de B	t_1	t_2	t_2

à la seule condition que la température t_1 soit intermédiaire entre t_0 et t_2.

$$e'' = e + e'$$

Quatrième Loi. — *Dans un circuit hétérogène où se trouvent deux tronçons A et B séparés par un nombre quelconque de tronçons intermédiaires maintenus tous à la même température t, la f. e. m. est la même que si les deux tronçons A et B étaient directement en contact et que leur soudure fût maintenue à la même température t.*

176. — Inversion de la force électro-motrice. — Un circuit fermé (fig. 74) étant composé d'au moins deux tronçons formés d'un métal différent, comprend au moins deux soudures ; si on chauffe l'une des soudures à une température plus élevée que l'autre, la *f. e. m.* qui prend naissance a un sens qui dépend de la nature des métaux et une intensité qui dépend de la différence des températures des deux soudures. Pour certains métaux, le rapport de la *f. e. m.* à la différence des températures des soudures est constant; le couple qui jouit de cette propriété est dit à *marche uniforme.* Mais cette propriété n'est pas générale et dans la plupart des cas on observe

que, l'une des soudures étant maintenue à une température
constante, si on élève de plus en plus la température de l'autre
soudure, la *f. e. m.* augmente d'abord, puis atteint une valeur
maxima à partir de laquelle elle commence à décroître pour
devenir nulle lorsque la différence de température des deux
soudures est double de celle qui correspond à la *f. e. m.*
maxima. A partir de ce moment, si on augmente encore la
température de la seconde soudure, la *f. e. m.* change de
signe. La température de là seconde soudure, à laquelle se
produit ce phénomène, s'appelle *température d'inversion.*

**177. — Représentation graphique des lois des phénomènes
thermo-électriques.** — Les recherches expérimentales de Gau-

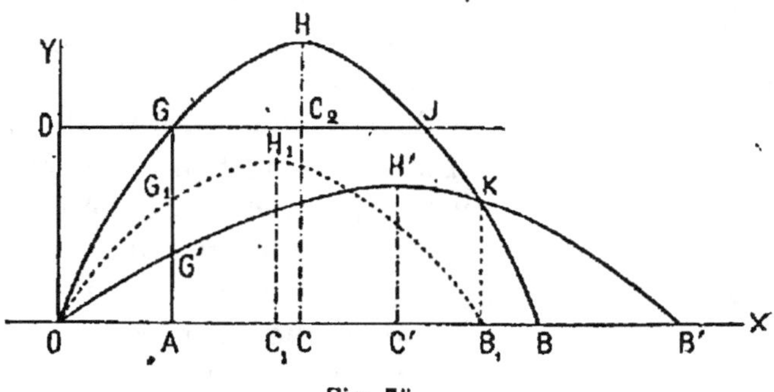

Fig. 75.

gain sur les couples thermo-électriques lui ont permis de
donner une solution générale du problème suivant : *Étant
données les températures t_1 et t_2 des deux soudures d'un couple
thermo-électrique composé de deux métaux formant un circuit fermé, trouver la f. e. m. développée.*

L'expérience montre que la soudure froide étant maintenue
à une température constante t_1, si l'on fait croître la température t_2 de la seconde soudure, la loi qui lie la *f. e. m.* à cette
température t_2 est représentée graphiquement par une branche
de parabole du deuxième degré OHB (fig. 75), dont l'axe HC
est parallèle à l'axe OY des *f. e. m.*

L'ordonnée CH du sommet H de cette parabole, représente

la *f. e. m.* maxima correspondante à la température représentée par l'abscisse OC ; si on dépasse cette température, la *f. e. m.* diminue et repasse par zéro lorsque la différence de température des deux soudures est double de celle qui correspond au maximum CH de la *f. e. m.* Si on augmente encore la température de la seconde soudure, la *f. e. m.* change de signe ; la température représentée par OB est donc celle à laquelle il faut porter la seconde soudure (la première étant toujours maintenue à t_1) pour obtenir l'*inversion*. On voit qu'il résulte des propriétés de la parabole que la différence des températures des deux soudures qui correspond au maximum de *f. e. m.* est double de celle qui produit l'inversion.

La parabole OHB jouit d'une propriété remarquable qui consiste en ce qu'elle représente la *f. e. m.* du couple, non seulement lorsque la température t_1 est constante, la température t_2 étant variable, mais encore lorsque les deux températures t_1 et t_2 varient simultanément. L'expérience prouve en effet que si la soudure froide est portée à une température différente de celle pour laquelle la courbe a été construite, et représentée par exemple par la longueur OA, la courbe qui lie la *f. e. m.* à la température t_2 de la soudure chaude est représentée par la portion de parabole GHJ, les températures étant comptées à partir du point D sur la droite DJ menée parallèlement à OX par le point G dont l'abscisse est OA ; tandis que les forces électro-motrices sont mesurées par la distance de chacun des points de cette portion de parabole à la droite DJ. On voit ainsi que lorsque la soudure froide est portée à la température représentée par OA, la *f. e. m.* maxima est représentée par la longueur C_2H et que la température correspondante de la soudure chaude est représentée par DC_2 ou par OC ; elle a donc la même valeur que lorsque la soudure froide avait la température primitive pour laquelle la parabole OHB a été construite. On voit ainsi immédiatement que le point d'inversion correspond à une température de la soudure chaude représentée par DJ, c'est-à-dire plus petite que OB qui mesure la température d'inversion dans le premier cas.

Enfin si on donne à la soudure froide une température représentée par l'abscisse OC du sommet II de la parabole, le phénomène de l'inversion disparaît ; la *f. e. m.* est constamment négative et va en augmentant de plus en plus en valeur absolue lorsqu'on élève graduellement la température de la soudure chaude.

La température représentée par OC et qui est égale à la moyenne arithmétique de la température de la soudure froide et de celle de la soudure chaude qui détermine l'inversion est constante pour un couple de deux métaux donnés. Elle correspond à ce qu'on appelle le *point neutre* du couple.

178. — Supposons que l'on ait construit la parabole OHB des *f. e. m.* d'un couple composé de deux métaux M et M', et une seconde parabole OH'B' correspondant à l'association du métal M avec un troisième métal M'' et que l'on demande de construire sans avoir recours à l'expérience la parabole qui représente la *f. e. m.* d'un couple composé des métaux M' et M''. La quatrième loi des actions thermo-électriques permet de résoudre immédiatement ce problème. Elle nous apprend en effet que les *f. e. m.* des trois couples MM', MM'', et M'M'', dont les soudures sont maintenues aux mêmes températures extrêmes t_1 et t_2, satisfont à la relation

$$E_{M'M''} = E_{MM'} - E_{MM''},$$

les symboles $E_{MM'}$ etc... désignant la *f. e. m.* développée par les couples formés par l'association de métaux M, M' etc...

D'après cette équation, il suffit pour trouver la *f. e. m.* développée par le couple M'M'', lorsque la soudure chaude est portée à une température représentée par OA, de retrancher l'ordonnée AG' qui représente la *f. e. m.* du couple MM'', de l'ordonnée AG qui représente la *f. e. m.* du couple MM'. La différence AG_1 de ces deux ordonnées représente la *f. e. m.* cherchée, G_1 appartenant à la parabole OH_1B_1 qui représente la marche du nouveau couple M'M''.

Il est facile de déterminer le *point d'inversion* B_1 et le point neutre H_1 de ce nouveau couple. En effet, la différence des ordonnées du point d'intersection K des paraboles OHB; OH'B' étant nulle, la *f. e. m.* du couple M'M" sera nulle en ce point qui a pour abscisse OB_1. Cette abscisse OB_1, représente donc la valeur de la température d'inversion et il résulte de ce que nous avons dit plus haut que le point neutre a pour abscisse $\frac{1}{2} OB_1$ ou OC_1. En élevant en C_1 une ordonnée C_1H_1 égale à la différence des ordonnées des deux paraboles primitives, on obtient le sommet H_1 de la nouvelle parabole qui est ainsi complètement déterminée puisqu'on connaît son axe C_1H_1, son sommet H_1 et les deux points O et B_1.

On peut donc, lorsqu'on connaît les paraboles correspondantes à l'association d'un même métal avec un certain nombre d'autres métaux, construire facilement les paraboles relatives à l'association de deux quelconques de ces métaux.

179. — Représentation analytique des actions thermo-électriques. — En partant de certaines hypothèses très simples, MM. Tait et Avenarius ont montré qu'on pouvait représenter les résultats de Gaugain par la formule suivante dans laquelle t_1, t_2 et t_0 représentent respectivement la température de la soudure chaude, celle de la soudure froide et la température du point neutre

$$E = k(t_1 - t_2)\left(t_0 - \frac{t_1 + t_2}{2}\right) = \frac{1}{2}\left[(t_2 - t_0)^2 - (t_1 - t_0)^2\right].$$

k étant un coefficient numérique. On voit immédiatement que la *f. e. m.* E est nulle lorsqu'on a $t_1 = t_2$, c'est-à-dire lorsque les deux soudures sont à la même température, et aussi lorsque t_2 satisfait à l'équation

$$t_0 = \frac{t_1 + t_2}{2},$$

qui correspond au cas où t_2 est égal à la température d'inversion.

On a donné le nom de *pouvoir thermo-électrique* au coefficient

$$k\left(t_0 - \frac{t_1 + t_2}{2}\right),$$

par lequel il faut multiplier la différence$(t_1 - t_2)$ des températures des deux soudures pour obtenir la *f. e. m.* D'autres
auteurs appellent ainsi le rapport de la *f. e. m.* à la différence
de température des deux soudures lorsque cette dernière est
infiniment petite. Cette dernière définition est plus exacte que
la première ; elle a pour expression analytique $\dfrac{dE}{dt_1}$ et représente par conséquent le coefficient d'inclinaison de la tangente
menée à la parabole qui représente la *f. e. m.* au point dont
l'abscisse est t_1. On voit que le pouvoir thermo-électrique est
nul au point neutre et qu'il augmente de plus en plus en valeur
absolue en deçà et au delà de ce point, tout en ayant des
valeurs de signe contraire.

180. — Si les lois que nous venons de faire connaître sont
vraies, on voit que la connaissance complète des propriétés
d'un couple thermo-électrique dépend seulement de la valeur
du coefficient k et de celle de t_0. Aussi s'est-on efforcé de
déterminer ces nombres pour des couples formés par l'association d'un métal quelconque avec un autre métal toujours le
même et pour lequel on a choisi le plomb. Malheureusement
les nombres trouvés par les divers expérimentateurs ne s'accordent pas entre eux ; aussi ne croyons-nous pas nécessaire
de les faire connaître. Nous dirons seulement que la *f. e. m.*
développée est toujours très petite et que pour obtenir un volt
il faut associer en tension beaucoup de couples dont les soudures doivent avoir une différence de température aussi élevée
que possible.

181. — **Application des piles thermo-électriques. — Leur
valeur comme transformateur d'énergie.** — Les piles thermo-
électriques donnent, lorsqu'on les emploie dans des conditions
toujours les mêmes, des résultats suffisamment réguliers pour
qu'on puisse les utiliser comme étalons pratiques de *f. e. m.*
Mais il faut pour cela que les températures des soudures
chaudes et froides soient maintenues rigoureusement constantes, les soudures chaudes étant par exemple plongées dans

un liquide isolant tel que l'huile lourde de naphte, maintenue à la température de la glace fondante, tandis que la soudure chaude est plongée dans le même liquide, maintenu à la température de l'eau bouillante. La *f. e. m.* d'un seul couple fonctionnant dans ces conditions étant toujours très petite, cette circonstance permet de réaliser avec précision, en groupant en tension un grand nombre de couples, une *f. e. m.* donnée.

Les piles thermo-électriques donnant une *f. e. m.* proportionnelle, dans des limites assez écartées, à la différence de température des soudures, peuvent servir à la mesure des températures. Elles se prêtent d'ailleurs également bien à la mesure des hautes températures employées dans l'industrie métallurgique et à celles des différences de température les plus minimes, à la seule condition d'employer dans la construction des couples, des métaux appropriés au genre d'application auquel on les destine.

Si on examine les piles thermo-électriques en les considérant comme des appareils destinés à transformer l'énergie calorique en énergie électrique, on voit immédiatement qu'elles ne peuvent donner que des résultats extrêmement défavorables.

L'expérience justifie complètement les prévisions théoriques à cet égard. Nous citerons comme exemple une grande pile thermo-électrique de M. Clamond, chauffée au coke. Elle était composée de 3 000 couples et donnait une *f. e. m.* de 109 volts ; sa résistance intérieure était de 15ᵒ,5 et elle consommait 5 kilogrammes de coke par heure. Or, le travail que peut produire, dans un circuit extérieur, une source d'électricité à *f. e. m.* constante, est le plus grand possible, lorsque la résistance de ce circuit est égale à la résistance intérieure de la source et il a pour valeur $\dfrac{E^2}{4R}$, R désignant la résistance extérieure ou intérieure puisqu'elles sont égales, et E la *f. e. m.* La pile en question n'aurait donc pu produire un travail électrique utile supérieur à

$$\frac{109^2}{4 \times 15,5} = 192 \text{ watts,}$$

ou
$$\frac{192}{736} = 0,26,$$

c'est-à-dire à peine $\frac{1}{4}$ de cheval.

La dépense de coke dans cet appareil atteignait donc 20 kilogrammes par heure et par cheval électrique utile ; cette consommation dépasse de beaucoup celle à laquelle donnerait lieu une petite machine dynamo-électrique mise en mouvement par la plus mauvaise des machines à vapeur, dont le poids et le volume seraient d'ailleurs bien inférieurs au poids et au volume de la pile thermo-électrique.

TABLEAU DES ÉQUIVALENTS ÉLECTRO-CHIMIQUES
ACTION ÉLECTROLYTIQUE D'UN AMPÈRE

ÉLECTROLYTES	ÉQUIVALENTS	GRAMMES par seconde.	VOLUME par seconde centimètres cubes.
Argent réduit.	108	0,0011173	»
Cuivre	32	0,000329	»
Hydrogène [1].	1	0,00001035	0,11555
Oxygène [1].	8	0,0000828	0,05777
Eau.	9	0,0000931	»

[1] Les gaz sont supposés être à la température de 0° et sous la pression de 760 millimètres.

TROISIÈME PARTIE

MAGNÉTISME ET ÉLECTROMAGNÉTISME

CHAPITRE PREMIER

MAGNÉTISME ET INDUCTION MAGNÉTIQUE

Faits expérimentaux. — Lois de Coulombs. — Définitions de m, du potentiel, du champ magnétique, etc. — Moment magnétique. — Intensité d'aimantation $\vartheta = \dfrac{\mathfrak{M}}{V}$. — Durée d'une oscillation d'un aimant dans un champ $T = \pi\sqrt{\dfrac{K}{C}}$. — Action d'un aimant sur une masse très éloignée $f = \dfrac{2\mathfrak{M}q}{x}$. — Force portante $f = \dfrac{2\pi q^2}{s}$ ou $f = 2\pi\vartheta^2 s$ $\quad \mathfrak{B} = 4\pi\vartheta \quad f = \dfrac{\mathfrak{B}^2 s}{8\pi}$. Feuillets. — Puissance $\Phi = \lambda\vartheta$. — Potentiel $V = 4\pi\Phi$. — Énergie intrinsèque d'un feuillet.

PHÉNOMÈNES FONDAMENTAUX PRÉSENTÉS PAR LES AIMANTS

182. — Généralités. — Les propriétés magnétiques du fer et de certains de ses composés ont été connnues des anciens, mais de même que les propriétés des corps électrisés, elles n'ont été l'objet d'études et de recherches sérieuses, qu'à une époque relativement assez rapprochée de nous. Les lois de l'Électricité et celles du Magnétisme présentent au surplus de grandes analogies; elles seraient même identiques si on trouvait des corps conduisant le magnétisme aussi bien que les métaux conduisent l'électricité. C'est d'ailleurs, surtout entre les diélectriques et les aimants, que l'analogie est frappante, comme nous le verrons dans la suite.

Sans nous arrêter à définir ce qu'on appelle un aimant, nous rappellerons brièvement les propriétés fondamentales de ce genre de corps, c'est-à-dire celles qui permettent de reconnaître immédiatement et sans avoir recours à aucune méthode de précision, des phénomènes auxquels on peut donner le nom de loi.

183. — Pôles. — Ce qui frappe tout d'abord, lorsqu'on examine un aimant, c'est que ses propriétés attractives ou répulsives paraissent presque entièrement concentrées en deux points situés très près de ses extrémités, auxquelles on a donné le nom de *pôles*.

Si on présente successivement les deux pôles a et b d'une aiguille aimantée A, au même pôle d'une seconde aiguille qui ne peut que tourner librement autour de son centre de figure (et que nous appellerons boussole), on constate deux actions de sens contraire, l'une attractive, l'autre répulsive.

Si on répète la même expérience avec une seconde aiguille aimantée A', identique à la première, on obtient naturellement les mêmes effets. Si l'on veut déterminer la nature des pôles de cette seconde aiguille, on appellera a' celui qui exerce sur les extrémités de la boussole des actions de même sens que celles qui sont exercées par le pôle a de la première aiguille, et b' le second pôle. On est certain en opérant ainsi, que les pôles a' et b' sont respectivement de même nature que les pôles a et b. Ceci posé, il est facile de constater que les pôles de même nature a et a' se repoussent, tandis que les pôles de nom contraire a et b' s'attirent. C'est la première loi fondamentale du magnétisme.

184. — Egalité des quantités de magnétisme à chaque pôle d'un aimant. — Prenons un aimant acb constitué d'une lame d'acier flexible comme celles qui servent à faire les scies à rubans, et aimantons-la lorsqu'elle a la forme rectiligne, puis courbons-la comme l'indique la figure 76 de façon à amener le pôle b en contact intime avec le pôle a et présentons la région ab à l'un quelconque des pôles d'une boussole ; nous constaterons qu'il n'y a ni attraction ni répulsion. On conclut de là, que les quantités de magnétisme de signe contraire existant à chaque pôle d'un aimant sont égales. Si on sépare la région a de la région b de façon à transformer la figure ac en une circonférence inin-

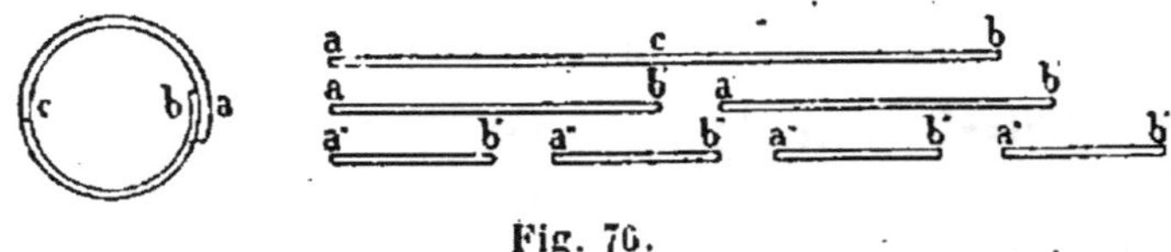

Fig. 76.

terrompue en un point, les propriétés distinctives des deux pôles réapparaissent.

185. — Constitution des aimants. — Enfin, si on casse en deux parties égales la lame aimantée, on trouve que le milieu c de cette lame qui, présenté à la boussole avant la rupture, ne produisait aucun effet, se transforme après la rupture en un double pôle $b'a'$ dont les effets égaux et de signe contraire se neutralisent tant que l'on ne sépare pas les deux moitiés de la lame, mais apparaissent avec leurs signes distinctifs aussitôt que la séparation a lieu. On constatera ainsi que la moitié $a'b'$ présente en a' un pôle de même signe que le pôle primitif a et que le nouveau pôle b' est de signe contraire. Il en est de même du second tronçon. En cassant en deux parties chacun des tronçons, on constate également que chacune de ces parties se transforme en un aimant complet doué de deux pôles, et qui contient des quantités égales de magnétisme contraire. En réunissant tous les tronçons, de manière à reconstituer dans son intégrité la lame acb, on trouve qu'elle ne présente plus que les deux pôles primitifs a et b.

Cette expérience, très importante quoique très élémentaire, prouve : 1° qu'un aimant peut être considéré comme constitué par une infinité de petits aimants placés bout à bout de façon que leurs pôles de nom contraire soient en contact ; 2° que les quantités de magnétisme afférentes à chaque moitié de l'aimant sont toujours égales et de signe contraire.

C'est la seconde loi fondamentale.

186. — Lois de Coulomb. — Les deux lois que nous venons d'exposer ne nous donnent que des notions qualitatives sur le magnétisme; mais elles ne nous permettent pas de mesurer des quantités de magnétisme comme nous mesurons des quantités d'électricité. Cette lacune a été comblée par la découverte des lois auxquelles Coulomb a donné son nom. Elles sont, comme nous l'avons déjà dit, identiques à celles de l'électricité et de la pesanteur, et peuvent s'énoncer ainsi :

Deux quantités de magnétisme q et q' ou, pour parler d'une manière plus rigoureuse, deux corps magnétiques chargés de quantités q et q' de magnétisme, s'attirent ou se repoussent, suivant que les quantités sont de signe contraire ou de même signe et la valeur numérique de cette action de la force qui les sollicite, est donnée par la formule

$$f = f_1 \frac{qq'}{d^2}$$

dans laquelle d représente la distance des corps magnétiques supposée très grande par rapport à leurs dimensions, et f_1 l'action attractive ou répulsive lorsque les quantités q et q' sont égales à l'unité magnétique et que la distance d est égale à l'unité de longueur.

Cette force f_1 dépend essentiellement du milieu à travers lequel se propage l'action magnétique. Si ce milieu est constitué par des gaz ou par des corps dépourvus de propriétés magnétiques, la valeur de f_1 est toujours la même, et nous conviendrons de choisir pour unité de quantité magnétique celle qui, agissant sur une quantité égale répartie sur un corps de très petites dimensions placé à l'unité de distance, exerce sur elle une action mécanique égale à l'unité de force. L'équation fondamentale deviendrait alors

$$1 = f_1 \frac{1 \times 1}{1^2} \qquad \text{d'où} \qquad f_1 = 1$$

de sorte que dans les milieux dont nous venons de parler la formule de Coulomb peut s'écrire

$$f = \frac{qq'}{d^2} \cdot$$

Si on pose $q = q'$, l'équation résolue par rapport à q devient

$$q = d\sqrt{f}.$$

En remplaçant d et f par leur représentation symbolique en unités absolues, il vient

$$Q = M^{\frac{1}{2}} L^{\frac{3}{2}} T^{-1},$$

symbole identique à celui qui représente une quantité d'électricité.

POTENTIEL MAGNÉTIQUE

187. — Potentiel d'une masse magnétique. — La définition du potentiel magnétique est la même que celle du potentiel gravifique et du potentiel électrique ; c'est le travail développé par un point matériel chargé de l'unité de quantité magnétique et soumis à l'action d'un système magnétique (qui dans la réalité sera toujours composé d'aimants contenant des quantités de magnétisme égales et de signe contraire), lorsqu'on l'amène d'une très grande distance jusqu'à une position donnée de l'espace. Dans le cas le plus général, la position finale de la masse-unité est déterminée par ses coordonnées rapportées à trois plans fixes dans l'espace ; les masses magnétiques agissantes sont fixes ; alors le travail ainsi défini est une fonction des coordonnées de la position finale, et s'appelle le potentiel du système par rapport à cette position ou, pour abréger, le potentiel du point.

Si on réunit par une surface tous les points ayant le même potentiel, c'est-à-dire pour lesquels le travail de la masse-unité amenée de l'infini a la même valeur, on constitue ce qu'on appelle une surface équipotentielle.

Enfin, le travail positif ou négatif développé par la masse-unité lorsqu'on la transporte d'un point A à un point B, ces deux points se trouvant dans le champ d'action du système magnétique, s'appelle différence de potentiel des points A et B.

188. — Potentiel d'un aimant. — Nous venons de dire plus haut que le système magnétique agissant est, dans la réalité, toujours composé de couples de masses magnétiques égales et de signe contraire, c'est-à-dire que toute masse magnétique contenant une quantité $+ q$ de magnétisme, est nécessairement accompagnée d'une autre masse contenant une quantité de magnétisme égale à $-q$, et cependant nous venons de définir le potentiel par le travail d'une masse magnétique unique. La raison de cette contradiction apparente est qu'il est toujours facile, lorsqu'on connaît le potentiel tel que nous venons de le définir, de trouver le potentiel d'une seconde masse-unité de signe contraire à la première (puisqu'il n'y a pour cela qu'à changer le signe du travail), et assujettie à la seule condition d'être à une distance invariable de celle-ci. Le potentiel d'un aimant composé de deux masses-unités de signe contraire maintenues à une distance invariable, s'obtiendra donc en cherchant d'abord le travail de la masse affectée du signe $+$, lorsqu'elle est amenée de l'infini jusqu'à une surface équipotentielle, et à lui ajouter le travail changé de signe de la seconde masse placée sur une autre surface équipotentielle ; pourvu que la distance minima de ces deux surfaces ne soit pas supérieure à la distance à laquelle les deux masses-unités doivent être l'une de l'autre.

Mais nous allons voir qu'il n'est nullement nécessaire de supposer que chacune des masses-unités arrive d'une grande distance, car quelle que soit cette distance et quelle que soit la trajectoire parcourue, la valeur du travail accompli ne dépend que de la surface équipotentielle à laquelle chacune des masses s'arrête. Si cette surface est la même, chaque masse-unité a accompli le même travail, positif pour l'une, négatif pour l'autre, nul par conséquent pour leur ensemble. Le travail accompli par cet ensemble (qui constitue un aimant) ne peut donc avoir une valeur différente de zéro que si les deux masses s'arrêtent sur deux surfaces équipotentielles différentes. Les surfaces équipotentielles peuvent porter des indications numériques représentant le potentiel auquel elles correspondent et on peut les construire pour une série de valeurs équidistantes du potentiel ; de sorte que si l'on considère, par exemple, deux surfaces consécutives *cotées* 120 et 130, cela voudra dire qu'une masse-unité amenée de l'infini sur la première surface accomplira, sous l'influence des forces émanant du système magnétique fixe, un travail de 120 ergs (dyne $\times$ centimètre), tandis que ce travail atteindra 130 ergs lorsqu'elle touchera la seconde surface. Avec cette convention on voit immédiatement que si deux masses-unités de signe contraire liées ensemble traversent en même temps la même surface, le travail accompli par leur ensemble sera nul, mais que si l'une d'elles s'arrête sur une surface dont *la cote* est de dix unités plus élevée que la surface où s'arrête l'autre, leur ensemble (ou aimant-unité) aura accompli un travail positif ou négatif de dix unités.

Nous voyons donc que la connaissance des surfaces équipotentielles correspondantes à une masse-unité, permet parfaitement de calculer le potentiel d'un aimant dont les pôles occupent des positions définies par les surfaces équipotentielles sur lesquelles ils sont situés.

189. — Théorèmes relatifs au potentiel magnétique. — Tous les théorèmes que nous avons démontrés en parlant du potentiel électrique, s'appliquent naturellement au potentiel magnétique, puisque les lois élémentaires des actions électriques sont les mêmes que celles des actions magnétiques. La seule différence consiste en ce qu'on peut séparer les deux électricités de signe contraire, grâce aux corps conducteurs, tandis que cela n'est pas possible pour le magnétisme. Ainsi le théorème concernant l'égalité du potentiel en tous les points de la surface d'un corps conducteur électrisé, n'a pas de correspondant lorsqu'il s'agit du magnétisme.

Cette réserve faite, nous pouvons énoncer les théorèmes suivants, dont le lecteur trouvera la démonstration dans le premier chapitre (Potentiel gravifique) de la première partie de cet ouvrage.

Théorème I. — Le potentiel d'une masse magnétique de

très petites dimensions, chargée de q unités magnétiques, a pour valeur $\dfrac{q}{x}$, x étant la distance à laquelle se trouve la masse-unité magnétique de la masse agissante. Le travail mécanique positif ou négatif développé par cette masse-unité, lorsque sa distance à la masse agissante varie entre x et l'infini, a donc pour valeur $\dfrac{q}{x}$.

Le potentiel correspondant à une autre distance x', étant $\dfrac{q}{x'}$, on voit que la différence de potentiel de deux points de l'espace se réduit, lorsqu'il n'y a qu'une masse agissante, à l'expression

$$\frac{q}{x} - \frac{q}{x'} = q\left(\frac{1}{x} - \frac{1}{x'}\right).$$

La différence de potentiel ne dépend donc, dans ce cas, que de la différence des distances à la masse agissante, des deux positions considérées. C'est le travail développé sur la masse-unité lorsque sa distance à la masse agissante, passe de la valeur x à la valeur x', en suivant un trajet quelconque.

Théorème II. — Le potentiel d'un système de masses agissantes est égal à la somme des potentiels correspondant à chacune d'elles. C'est-à-dire que le travail développé par la masse-unité magnétique amenée d'une très grande distance, jusqu'à une position définie par les distances x_1, x_2, x_3,... auxquelles elle se trouve de chacune des masses magnétiques agissantes q_1, q_2, q_3, a pour valeur

$$V = \frac{q_1}{x_1} + \frac{q_2}{x_2} + \frac{q_3}{x_3} + \ldots = \Sigma \frac{q}{x}.$$

Théorème III. — La résultante des forces appliquées à la masse-unité magnétique est normale à la surface équipotentielle passant par ce point, et son intensité est donnée par l'expression

$$F = \frac{dV}{dn}$$

dV étant la différence de potentiel de deux surfaces de niveau infiniment voisines, dont la distance au point considéré est égale à dn.

En général, si on imprime à la masse-unité un déplacement dx dans une direction quelconque, la force attractive ou répulsive mesurée dans cette direction, aura pour valeur

$$Y = \frac{dV}{dx}$$

dV étant la différence de potentiel des deux extrémités de l'élément de longueur dx, ou la différence de cote des surfaces de niveau qui passent par ces extrémités.

190. — Surfaces équipotentielles d'un aimant. — Supposons que les masses agissantes se réduisent à deux, A et B (fig. 106) et qu'elles soient chargées de quantités de magnétisme égales et de signe contraire $+ q$, $- q$, et cherchons à déterminer la forme des surfaces équipotentielles.

Un point quelconque M appartenant à l'une de ces surfaces, devra satisfaire à l'équation

$$V^0 = \frac{q}{r} + \frac{(- q)}{r'} = q \left(\frac{1}{r} - \frac{1}{r'} \right),$$

V_0 désignant la valeur du potentiel qui est la même par définition pour tous les points de la surface, r et r' représentant respectivement les distances du point M aux points A et B. L'équation en coordonnées bi-polaires, de l'intersection de la surface cherchée avec le plan du papier, sera donc

$$\frac{1}{r} - \frac{1}{r'} = \frac{V_0}{q} .$$

En coordonnées rectangulaires, cette équation deviendra, si on prend pour axe des x la droite AB ; pour axe des y une perpendiculaire à cette droite passant par le milieu O de AB, et si on désigne par $2a$ la distance AB et par C le rapport $\dfrac{V_0}{q}$,

$$\frac{1}{\sqrt{(x - a)^2 + y^2}} - \frac{1}{\sqrt{(x + a)^2 + y^2}} = C.$$

191. — Lignes de force. — Fantômes magnétiques. — La construction de ces courbes peut se faire par points, en donnant
à $C = \dfrac{V_0}{q}$ une valeur déterminée. En faisant varier la valeur
de V_0, on obtient autant de courbes que l'on veut. Comme nous
l'avons démontré dans l'électricité statique, une ligne de force
quelconque CC'C'' (fig. 77) passant par le point M, est en

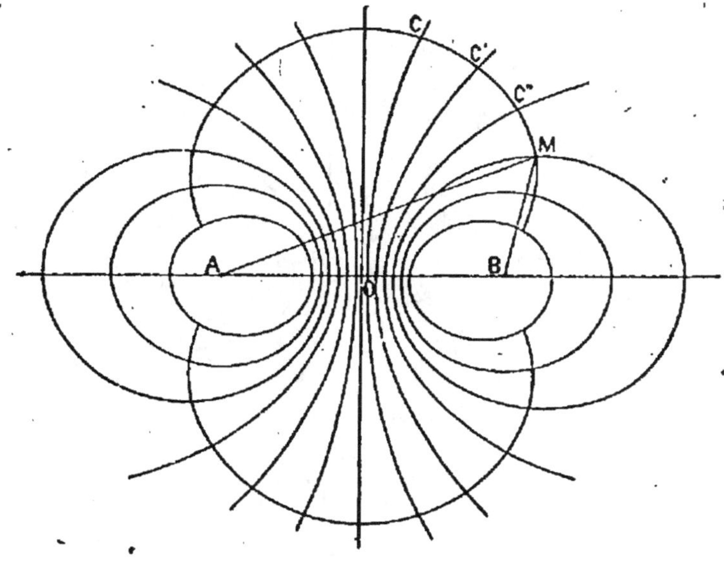

Fig. 77.

chaque point perpendiculaire à la surface équipotentielle qu'elle
traverse. Il résulte de là, que si on place le long d'une de ces
lignes de force magnétique une série de petits aimants, chacun d'eux s'orientera suivant la direction de la tangente à la
ligne de force au point où il est situé, et leur ensemble repro-
duira précisément la forme de la ligne de force. L'expérience
confirme complètement ces déductions de la théorie. En jetant
sur une feuille de papier qui recouvre complètement un aimant
rectiligne, une certaine quantité de limaille de fer, chacune des
particules de cette limaille se transforme en aimant sous l'influence des forces magnétiques émanant des deux pôles (de

même qu'un corps conducteur neutre s'électrise à distance lorsqu'il est placé dans le voisinage d'un corps électrisé), et les petits aimants ainsi formés se dirigent suivant les lignes de force sur le trajet desquelles ils se trouvent et leur ensemble reproduit ainsi, d'une façon très fidèle, la forme des lignes de force. Les figures ainsi obtenues s'appellent des *fantômes magnétiques*, et leur aspect est absolument le même que celui

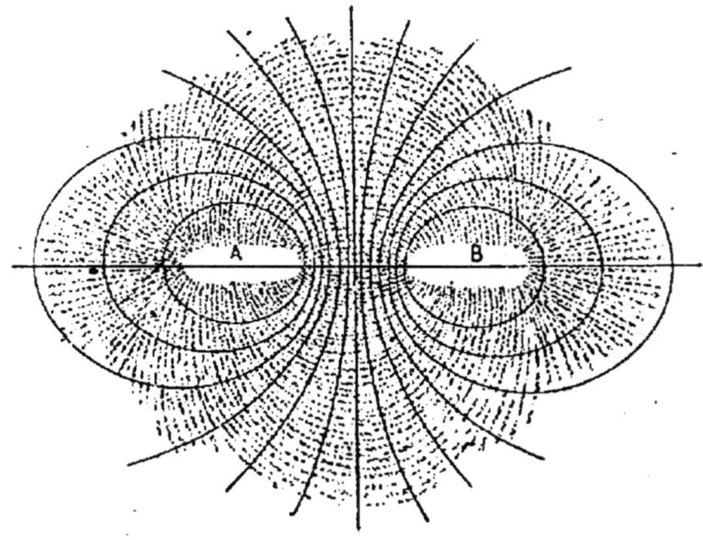

Fig. 78.

que présentent une série de lignes de force tracées d'après les indications de la théorie que nous venons d'exposer.

Dans la figure 78, les pôles A et B appartiennent aux deux branches d'un aimant en fer à cheval dont l'axe est supposé perpendiculaire au plan de la figure. Les courbes tracées en traits pleins représentent l'intersection des surfaces équipotentielles avec ce plan, et celles qui sont en pointillé sont les lignes de force suivant lesquelles s'alignent les particules de limaille de fer projetée sur le papier recouvrant les deux pôles A et B.

La figure 79 correspond au cas de deux aimants rectilignes

placés sur la même ligne droite et dont les pôles en regard A
et B sont de nom contraire.

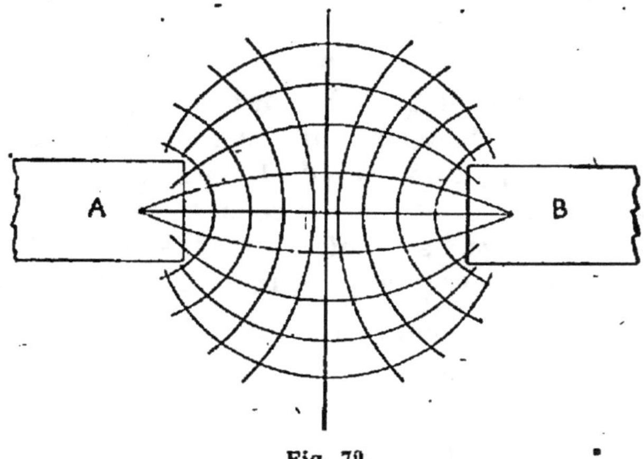

Fig. 79.

Enfin dans la figure 80, on a supposé que les pôles en regard

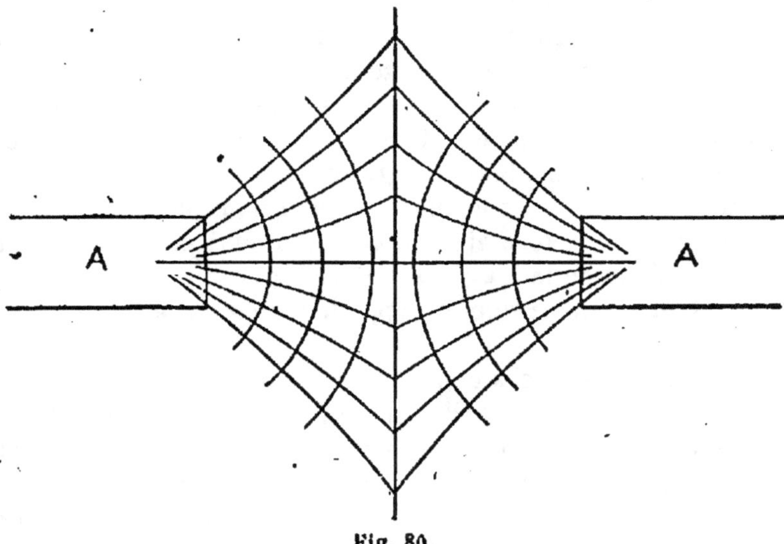

Fig. 80.

A, A des deux aimants rectilignes étaient de même sens.

On pourrait obtenir facilement l'équation de ces lignes de force, ou du moins déterminer leurs coordonnées en fonction de celles des courbes équipotentielles, en employant le mode de calcul qui permet de construire les *trajectoires orthogonales* d'une série de courbes astreintes à certaines conditions.

192. — Application du Théorème de Green aux forces magnétiques. — Si nous découpons sur une surface équipotentielle, un petit élément ayant une aire de 1 centimètre carré, et que nous le supposions chargé d'une couche magnétique uniformément répartie, égale à l'unité, la résultante des forces qui lui sont appliquées aura pour valeur, comme nous venons de le dire, $\dfrac{dV}{dn}$, et si, au lieu d'être égale à l'unité, cette aire est égale à *ds*, la force deviendra

$$\frac{dV}{dn}\,ds.$$

C'est ce que nous avons déjà appelé le Flux de force total appliqué à l'élément *ds*.

Si nous considérons le lieu des positions successives d'un petit plan ainsi chargé de l'unité de quantité magnétique par centimètre carré, dont nous augmentons graduellement les dimensions, afin que l'effort exercé sur lui par les masses agissantes reste constant malgré la distance de plus en plus grande à laquelle nous le plaçons, et si nous le faisons mouvoir de manière à le maintenir constamment perpendiculaire aux lignes de force le long desquelles il glisse, le solide engendré pendant ce mouvement s'appelle *un canal ou un tube de force*.

Si nous donnons à ces canaux une forme carrée, nous pourrons juxtaposer sans perte de place un nombre de canaux suffisant pour remplir complètement l'espace qui entoure les masses agissantes, et si chaque canal correspond à un flux total de 1 dyne, le nombre de canaux représentera le Flux total de force magnétique du système agissant.

Nous avons vu que ce flux total, compté normalement à

chacune des surfaces équipotentielles, a pour valeur, lorsqu'il s'agit de la pesanteur

$$4\pi f_1 \Sigma m$$

Σm étant la somme de toutes les masses agissantes. Pour appliquer ce théorème aux forces magnétiques, nous n'avons qu'à remplacer Σm par Σq et f_1 par l'unité et nous trouvons ainsi en posant $\Sigma q = Q$

$$\mathfrak{F} = 4\pi Q.$$

193. — Valeur du flux de force total qui traverse normalement une surface quelconque. — Enfin, si au lieu du flux de force total qui traverse normalement toutes les surfaces équipotentielles, nous cherchons la valeur du flux de force total qui traverse normalement une surface de forme absolument quelconque, nous savons que, en chaque point de la surface, ce flux de force est égal à

$$\frac{dV}{dn}\, ds$$

dn étant la longueur de la normale au point considéré, dV la différence de potentiel des deux extrémités de cette normale, et ds un élément de cette surface chargé de l'unité de quantité magnétique par centimètre carré.

La valeur du flux total est donc égale à l'intégrale

$$\int \frac{dV}{dn}\, ds$$

dont le théorème de Green nous donne la valeur.

Cette valeur convient naturellement aussi aux forces magnétiques, à la condition d'y remplacer comme nous venons de le dire, les masses matérielles par les quantités de magnétisme, et le coefficient f_1 par l'unité. Nous aurons donc, si la surface considérée enveloppe complètement l'ensemble des masses agissantes Q,

$$\int \frac{dV}{dn}\, ds = 4\pi Q.$$

Le second membre se réduira à $2\pi Q$ si l'ensemble des masses magnétiques agissantes est situé sur la surface considérée, ou à zéro si les masses magnétiques sont extérieures à la surface.

Disons à propos des flux de force dont le nom et l'usage se sont répandus depuis un certain nombre d'années, au point de remplacer complètement les anciennes appellations, que leur emploi constitue un simple artifice géométrique destiné à nous permettre de *voir*, pour ainsi dire, la façon dont sont distribuées les forces émanées d'un ensemble de centres qui exercent sur un point matériel une action attractive ou répulsive. Ce terme n'implique aucune espèce d'hypothèse sur l'origine ni sur le mode de transmission des forces électriques ou magnétiques, et l'emploi des flux de force, tout en permettant dans nombre de cas de résoudre plus rapidement et plus simplement certaines questions que si on les traitait par l'analyse, ne constitue nullement une découverte permettant de trouver des résultats nouveaux.

CHAMP MAGNÉTIQUE. MOMENT MAGNÉTIQUE

194. — **Champ magnétique.** — C'est le nom que l'on donne à toute région de l'espace douée de la propriété d'agir sur un aimant. En réalité, on n'a pas d'exemple d'une force agissant sur *un corps* sans qu'il existe *un autre corps* d'où elle paraît émaner, l'espace intermédiaire *transmettant* cette action par un mécanisme qui nous est inconnu, mais ne l'engendrant jamais. Aussi est-ce pour abréger le langage que l'on dit qu'un corps est soumis à l'action d'un champ magnétique, qu'un champ magnétique développe une force, etc... En réalité, et pour être rigoureux, on devrait dire qu'un corps est soumis à l'action d'un aimant qui exerce sur lui un effort mécanique.

L'intensité d'un champ magnétique en un point, a pour mesure l'effort développé sur une masse très petite, chargée de l'unité de quantité magnétique et située en ce point. Comme il est impossible de séparer les deux magnétismes et que, ainsi que nous l'avons vu, un corps aimanté les contient toujours en quantité égale, la mesure du champ magnétique telle que nous venons de la définir constitue une abstraction irréalisable. Mais on peut facilement tourner cette difficulté de la manière suivante. Considérons un petit aimant *ab* (fig. 81), placé dans un champ magnétique dont les lignes de force sont représentées par les lignes ponctuées parallèles à la direction MM'. Si nous désignons par *h* l'intensité du champ telle que nous venons de la définir, et si nous supposons qu'aux points *a* et *b* se trouve concentrée une quantité de magnétisme égale à $+1$ pour le premier et à -1 pour le second, il est facile de voir que l'effort développé par le champ sur chacun d'eux, a res-

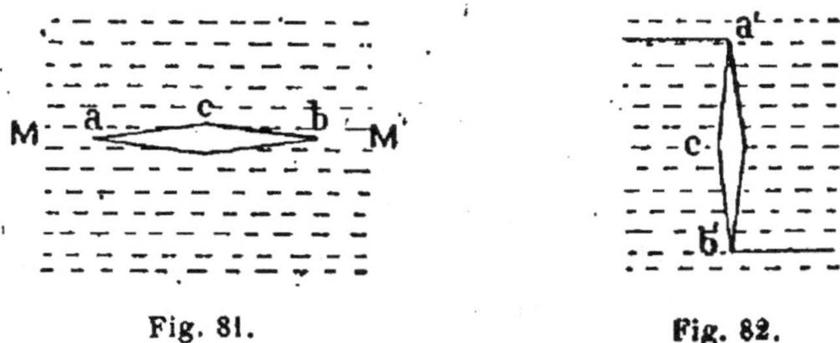

Fig. 81.   Fig. 82.

pectivement pour mesure $+h$ et $-h$. Ces deux forces égales, parallèles et de signe contraire, constituent un couple qui a pour effet de placer l'aimant *ab* dans la direction MM' des lignes de force du champ.

Cette première expérience nous fait donc connaître la direction des lignes de force du champ ; une seconde expérience va nous donner son intensité. Le petit aimant étant placé dans sa position d'équilibre naturel *ab* (fig. 81), faisons-le tourner d'un angle droit, de façon à placer la ligne *a'b'* perpendiculairement à la direction des lignes de force (fig. 82). L'intensité du couple qui tend à le ramener à sa position d'équilibre, est alors exprimée par le produit de l'une quelconque des deux forces parallèles, par la distance qui les sépare et qui est ici égale à *a'b'*. En désignant la longueur *a'b'* par 2λ, l'intensité du champ par *h* et celle du couple par $\mathfrak{M}_1$, nous aurons donc

$$\mathfrak{M}_1 = 2\lambda h \qquad \text{d'où} \qquad h = \frac{\mathfrak{M}_1}{2\lambda}$$

et si nous prenons 2λ égal à l'unité, nous aurons simplement

$$\mathfrak{M}_1 = h.$$

Il est donc facile de lever la difficulté que nous signalions et de mesurer l'effort auquel serait soumise la quantité-unité, si on pouvait l'isoler de la quantité de signe contraire puisque si cette séparation était réalisable, on aurait en vertu de notre première définition de l'intensité du champ

$$F_1 = h$$

équation qui rapprochée de la précédente donne

$$F_1 = \mathfrak{M}_1.$$

195. — Moment magnétique. — Nous venons de voir que l'on peut mesurer l'intensité d'un champ magnétique au moyen d'un petit aimant dont les pôles sont chargés de quantités de magnétisme de signe contraire et égales à l'unité. Si pour plus de généralité, nous supposons que la quantité de magnétisme concentrée à chaque pôle soit $+ q$ pour l'un et $- q$ pour l'autre, le couple produit par le champ magnétique, lorsque la ligne des pôles est perpendiculaire aux lignes de forces, aura une intensité égale à

$$\mathfrak{M} = qh \times 2\lambda = 2\lambda qh = ml.$$

Le produit de la quantité q de magnétisme qui existe à chaque pôle par la distance $l = 2\lambda$ qui les sépare, a reçu le nom de Moment magnétique. C'est un élément très important qui joue un rôle considérable dans la théorie du magnétisme et dans le calcul des effets mécaniques que peuvent produire les aimants, comme nous le verrons par la suite.

196. — Moment magnétique d'un ensemble d'aimants égaux. — Soit ab (fig. 83) un aimant placé dans un champ magnétique, de façon que la ligne polaire ab soit perpendiculaire aux lignes de force du champ, que nous supposerons parallèles au plan de la figure. Soit O la projection d'un axe de rotation perpendiculaire au plan de la figure et lié invariablement à l'aimant *ab*, de sorte que le seul mouvement que puisse prendre celui-ci est une rotation autour de l'axe projeté en O. Calculons l'intensité du couple qui tend à faire tourner l'aimant. Pour cela, menons par le point O une parallèle à l'aimant *ab* et projetons sur cette parallèle les deux pôles *a* et *b*, en *p* et *q*. Les forces appliquées aux pôles *a* et *b*, ont pour valeur, en conservant les notations que nous venons d'employer, qh pour le pôle *a* et $-qh$ pour le pôle *b*.

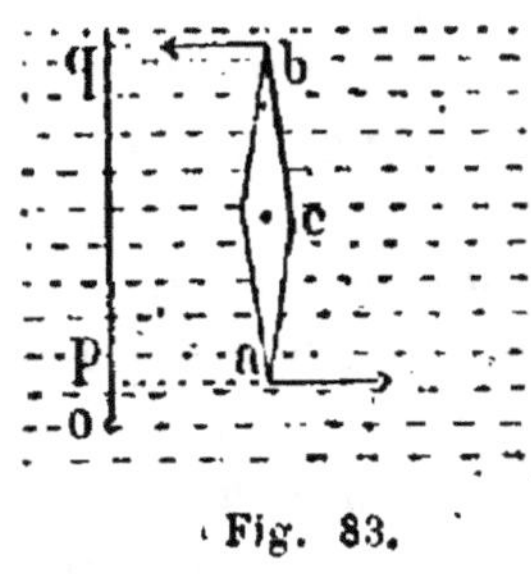

Fig. 83.

Les moments de ces forces pris par rapport à l'axe O sont respectivement

$$qh \times \overline{op} \quad , \quad \text{et} \quad -qh \times \overline{oq}.$$

La somme algébrique de ces deux moments, égale au moment résultant, a pour valeur

$$-qh(\overline{oq} - \overline{op}).$$

Mais

$$\overline{oq} - \overline{op} = \overline{ab} = 2\lambda,$$

la distance $\overline{ab}$ des deux pôles étant désignée par 2λ.

Le moment du couple qui tend à faire tourner l'aimant $\overline{ab}$ autour d'un axe O perpendiculaire au plan formé par la ligne de force et par l'aimant, est donc absolument indépendant de la distance du milieu C de ce dernier à l'axe O, et sa valeur numérique, abstraction faite du signe, est égale à $2\lambda qh$, c'est-à-dire égale à celle que nous avons déjà obtenue lorsque nous supposions que l'axe de rotation passait par le milieu C de l'aimant.

Considérons un système d'aimants agissant sur une masse magnétique unité située à une distance très grande par rapport aux dimensions du système. Nous allons chercher à déterminer le moment magnétique et l'orientation d'un aimant unique exerçant sur la masse-unité un effort égal à la résultante des actions de tous ces aimants.

Prenons d'abord le cas de deux aimants ; ces deux aimants étant voisins, on ne changera pas leur action sur la masse-unité en faisant accomplir à l'un d'eux un mouvement de translation pour amener son centre en coïncidence avec le centre de l'autre aimant ; mais le moment magnétique de chacun de ces aimants étant le produit de la quantité de magnétisme qui existe à chaque pôle par la distance qui sépare ces pôles, ne sera pas changé, si on substitue à chacun d'eux un aimant ayant à chaque pôle une quantité de magnétisme égale a l'unité et une longueur numériquement égale à son moment magné-tique. On aura donc ainsi remplacé l'ensemble des deux aimants par un sys-tème d'aimants *ab*, *a'b'* (fig. 83 *bis*) ayant leur centre en un point O de l'espace et possédant à chaque pôle des quan-tités de magnétisme éga-les à l'unité. *Nous allons démontrer que l'aimant*

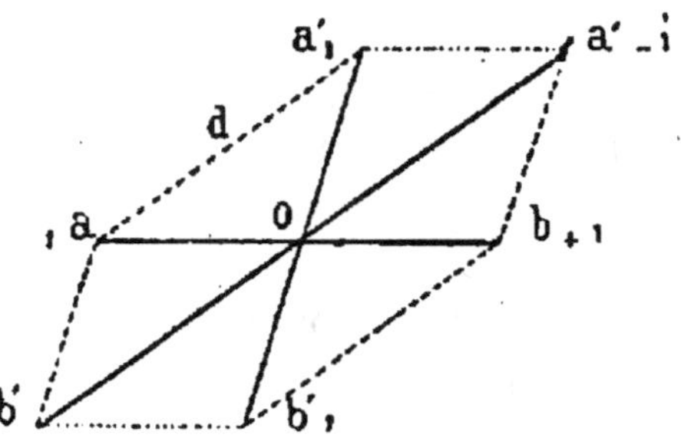

Fig. 83 *bis.*

résultant, c'est-à-dire celui qui produirait sur la masse-unité, une action égale et de même sens que l'ensemble des deux aimants, est représenté, en grandeur et direction par la dia-gonale du parallélogramme construit sur ab, a'b'.

En effet joignons *ab'* et *a'b*, et considérons *ab'* et *a'b* comme représentant des aimants qui pourront évidemment remplacer les deux aimants *ab*, *a'b'*, puisque nous n'avons rien changé à la situation des masses magnétiques *a*, *b*, *a'*, *b'* ; nous ne chan-gerons pas l'action de ces deux nouveaux aimants sur la masse-unité, en raison de leurs grandes distances à cette masse, en les transportant parallèlement à eux-mêmes en Oa'_1 et Ob'_1. Ce mouvement opéré, on aura constitué en $a'_1 b'_1$ un aimant unique possédant l'un de ses pôles en a'_1 l'autre en b'_1 et un point neutre en O, et ayant sur la masse-unité la même action que les deux aimants primitifs. Mais la droite $a'_1 b'_1$ est précisément égale au double de la diagonale du parallélogramme construit sur Oa et Oa' comme côtés, c'est-à-dire sur les deux moitiés des aimants composants ; elle est donc égale à la diagonale totale, ce qu'il fallait démontrer.

Il est évident que ce que nous venons de dire pour deux aimants, *s'étendrait à un nombre quelconque d'aimants en appliquant le théorème connu sous le nom de polygone des forces.*

197. — **Influence du groupement de plusieurs aimants sur la distribution du magnétisme aux pôles.** — Ceci posé, considérons (fig. 84) une série d'aimants A, B, C. D.., invariablement liés à l'axe O, identiques à l'aimant $\overline{ab}$, parallèles entre eux, perpendiculaires aux lignes de force du champ et ne pouvant, comme $\overline{ab}$, que prendre un mouvement de rotation autour de l'axe O perpendiculaire au plan de la figure. Si leurs lignes polaires ont toutes la même direction, tous les couples auront le même sens, et le couple total, égal à leur somme, aura pour expression

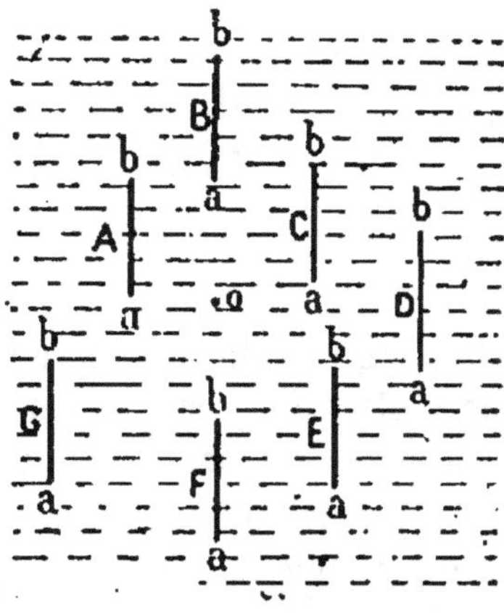

Fig. 84.

$$2\lambda qh \times n = 2\lambda q \times n \times h$$

n désignant le nombre des aimants. Ce résultat est donc le même que celui qu'on obtiendrait avec un aimant unique dont le moment magnétique serait égal à n fois le moment magnétique de $\overline{ab}$.

Rapprochons maintenant tous ces aimants en les maintenant parallèles jusqu'à ce qu'ils se touchent, et *supposons que leur contact n'altère en rien leur moment magnétique individuel,* le couple conservera toujours la même valeur $2\lambda qnh$ et le moment magnétique d'un aimant unique, capable de produire le même couple, aura encore pour valeur $n \times 2\lambda q$, et cela restera vrai de quelque façon que nous les groupions pourvu, bien entendu, que leurs lignes polaires aient toutes la même direction. Si le nombre des aimants était par exemple de 6, nous pourrions les grouper de 4 façons différentes comme le représente la figure 85 et le moment du couple produit par le champ magnétique, resterait toujours le même et par conséquent aussi le moment magnétique total de chacun des groupes d'aimants.

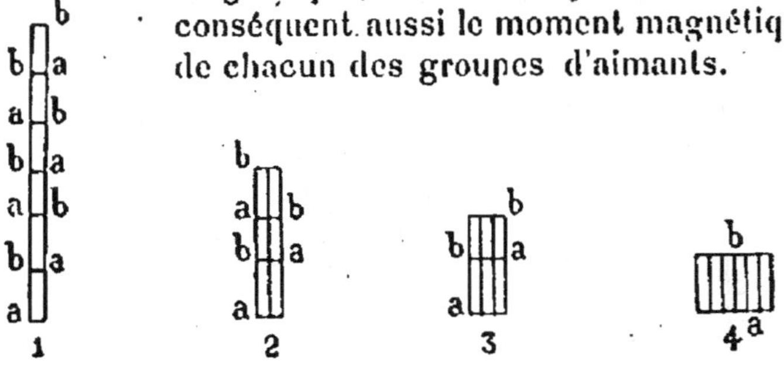

Fig. 85.

Si nous examinons attentivement l'influence de ces divers groupements sur la distribution du magnétisme libre aux deux pôles, nous trouvons que dans le groupement 1 où tous les aimants sont alignés bout à bout, les pôles extrêmes sont chargés de quantités de magnétisme respectivement égales à $+q$ et à $-q$, tandis que tous les pôles intermédiaires s'annulent mutuellement, chacun d'eux étant en contact avec un pôle de nom contraire. La surface séparative de chaque aimant contient donc des quantités de magnétisme égales et de signe contraire qui, tout en conservant leur individualité, si on peut s'exprimer ainsi, sont sollicitées en sens contraire par le champ magnétique, de façon que l'effet mécanique final ne dépend que des quantités $+q$ et $-q$ existant aux extrémités de l'aimant 1 qui est six fois aussi long que chacun des aimants partiels dont il est composé. Le couple mécanique est donc six fois aussi considérable, puisqu'il est produit par la force qh agissant sur un bras de levier six fois aussi considérable que celui d'un seul aimant.

Dans le groupement 2, le nombre des aimants placés bout à bout est réduit à trois, mais chacun d'eux est composé de deux aimants juxtaposés ayant les pôles de même nom tournés du même côté. La quantité de magnétisme existant aux pôles libres de cet ensemble est donc $+ 2q$ et $- 2q$ et le bras de levier est égal au triple du bras de levier de l'aimant élémentaire.

Dans le groupement 3, la quantité de magnétisme libre à chaque pôle est $+ 3q$, $- 3q$ et le bras de levier est double de celui d'un aimant élémentaire.

Enfin dans le groupement 4, tous les aimants élémentaires ont leurs pôles de même nom placés à côté les uns des autres et la quantité de magnétisme libre à chaque pôle est égale à $+ 6q$ et $- 6q$. Le bras de levier est réduit à celui d'un seul aimant élémentaire.

198. — La conclusion qui ressort nettement de ce qui précède, c'est que quel que soit le mode de groupement adopté, le moment magnétique de l'aimant résultant de chaque groupement est invariable, tandis que la quantité de magnétisme libre à chaque pôle et par conséquent aussi, comme nous le verrons bientôt, la *force portante* de chaque groupe dépend au contraire essentiellement du mode de groupement. Cette conclusion est d'ailleurs subordonnée, comme nous l'avons déjà dit, à la condition de l'invariabilité des aimants élémentaires. Or, cette invariabilité ne se rencontre jamais dans les aimants permanents et on a toujours observé que, si l'on prend plusieurs aimants, qui séparément ont conservé leurs propriétés magnétiques pendant longtemps et si on les place côte à côte comme dans le groupement 4, ils perdent rapidement une partie très notable de la quantité de magnétisme qu'ils contenaient primitivement, de sorte que leur moment magnétique collectif est inférieur à la somme de leurs moments individuels. Mais, s'il n'en était pas ainsi, on aurait un moyen très simple de trouver le moment magnétique d'un aimant individuel, ce serait de diviser le moment magnétique total d'un aimant par le nombre d'aimants individuels qu'il est capable de contenir ou, ce qui revient au même, par le rapport de son volume à celui de l'aimant individuel pris comme étalon.

199. — Intensité d'aimantation.

— Nous arrivons ainsi à nous faire une idée nette de la puissance des aimants élémentaires dont l'ensemble constitue un aimant de dimensions quelconques. En désignant par M le moment magnétique d'un aimant, par U son volume, par m et u les quantités correspondantes de l'aimant-étalon et par n le nombre d'aimants-étalons nécessaires pour former l'aimant de volume U, on aurait

$$U = nu \qquad M = nm$$

d'où

$$\frac{M}{U} = \frac{m}{u} \qquad \text{ou} \qquad m = \frac{M}{U} u.$$

Le volume de l'aimant-étalon étant pris égal à l'unité, on voit que *son moment magnétique est représenté par le quotient* $\frac{M}{U}$ *que l'on désigne par la lettre* $\mathfrak{I}$.

Ce quotient a reçu, pour ces motifs, le nom d'*Intensité d'aimantation*. Sa valeur numérique représente donc le moment magnétique d'un petit aimant de volume égal à l'unité, lorsqu'il fait partie de l'aimant de volume U.

200. — Intensité d'aimantation des aimants permanents.

— L'intensité d'aimantation des aimants permanents en acier, varie beaucoup avec la nature de l'acier et avec les dimensions du barreau qui les constitue. Nous allons donner à cet égard quelques chiffres qui montreront combien il est difficile de se faire à l'avance une idée exacte de ce que doit être le moment magnétique d'un barreau. Nous devons faire remarquer en passant que la définition même du moment magnétique implique qu'il s'agit d'un barreau rectiligne; car s'il en était autrement, on pourrait en le courbant en arc de cercle et en rapprochant convenablement ses extrémités, trouver pour ce moment toutes les valeurs comprises entre le maximum, qui correspond à la forme rectiligne, et zéro, qui correspond au cas où les deux pôles seraient amenés à se toucher. La détermination de l'intensité d'aimantation suppose donc toujours ou que le barreau est rectiligne ou que l'on a fait les corrections nécessaires dans le cas contraire.

D'après Kohlrausch, la valeur maxima de ϑ, lorsqu'il s'agit d'aiguilles d'acier longues et minces, est de 100 unités C. G. S. environ par gramme d'acier. La densité de l'acier différant très peu de 8, on voit que cela correspond à 800 unités par centimètre cube. Ce nombre est le plus élevé que l'on connaisse relativement aux *aimants permanents* et il est essentiel de remarquer qu'il a été trouvé sur des barreaux *longs et minces*.

Gauss a trouvé, pour une aiguille pesant 96 grammes et ayant par conséquent un volume de 12 centimètres cubes, un moment magnétique égal à 10 090 unités C. G. S. L'intensité d'aimantation ϑ avait donc une valeur de

$$\frac{10\,090}{12} = 841.$$

(Blavier, Grandeurs électriques, page 275). Mais d'après Gordon (page 340, Ier volume), l'aimant en question aurait pesé 453 grammes au lieu de 96, ce qui réduirait ϑ à la valeur de 171 unités au lieu de 841.

MM. Barus et Strouhal ont trouvé, sur des aiguilles d'acier de 1^{mm},5 de diamètre, une intensité d'aimantation permanente variant entre 80 et 400 suivant que leur longueur variait de 15 millimètres à 75 millimètres. Avec des barreaux encore plus longs recuits *au bleu*, ils ont même obtenu pour ϑ une valeur voisine de 800.

201. — M. Limb, dans des mesures récentes prises sur des aimants d'assez fortes dimensions provenant de l'usine d'Allevard, a trouvé des nombres bien différents de ceux que nous venons de citer. Il a opéré : 1° sur un barreau rectiligne en acier d'Allevard ayant comme section un carré de 4 millimètres de côté, une longueur de 83^{mm},5 et un volume de 1$^{cent.\ cube}$,336 ; il a trouvé

$$\vartheta = 229,56.$$

2° Sur un barreau en acier fondu ordinaire ayant une section carrée de 5^{mm} de côté et une longueur de 84^{mm}, il a trouvé

$$\Im = 143,04.$$

3° Sur un faisceau de barreaux en acier d'Allevard ayant une section carrée de 4^{mm} de côté et une longueur comprise entre 60^{mm} et 80^{mm}. Ces barreaux au nombre de 65 étaient groupés parallèlement, ils avaient leurs pôles distribués sur la surface d'un rectangle qui en contenait 13 dans un sens et 5 dans l'autre formant ainsi deux pôles de grande surface. Les barreaux étaient séparés l'un de l'autre par des lames d'aluminium de 1^{mm} d'épaisseur pour diminuer les réactions nuisibles qui s'exercent entre les pôles de même nom (fig. 86). Il a trouvé, pour le moment magnétique total, une valeur presque constante

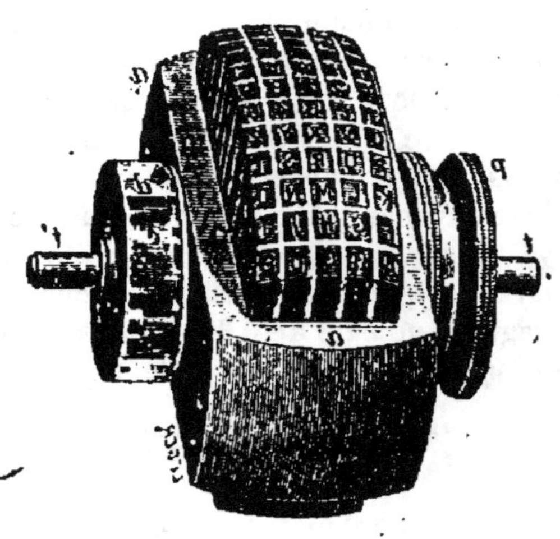

Fig. 86.

pendant plus d'une année et égale à 3300. Le volume du faisceau magnétique étant de $78^{cent. cubes},2$, la valeur de $\Im$ est dans ce cas égale à 42,2, valeur bien plus faible que celle qui correspond à un barreau isolé.

4° Enfin, M. Limb a mesuré le moment magnétique d'un bloc d'acier fondu de forme parallélipipédique dont les trois arêtes avaient respectivement 29^{mm}, 59^{mm} et 89^{mm} et dont le volume était de $142^{cent. cubes},013$. Il a trouvé pour le moment magnétique 843,27 et pour $\Im$ la valeur 5,94 qui est très faible et tient probablement à la nature de l'acier. Nous verrons que la valeur de $\Im$, atteinte par les barreaux de fer dense soumis à des forces magnétisantes intenses, dépasse de beaucoup les nombres que nous venons de donner et qui se rapportent aux aimants permanents en acier. Nous nous bornerons, quant à présent, à dire que cette valeur atteint facilement 1400 et que le chiffre le plus élevé qu'on ait constaté est d'environ 2000 unités.

202. — **Exemple numérique.** — Supposons que le faisceau aimanté dont nous venons de parler soit mobile sans frottement autour d'un axe horizontal (fig. 87) passant par son centre de gravité et perpendiculaire au méridien magnétique. Sous l'action

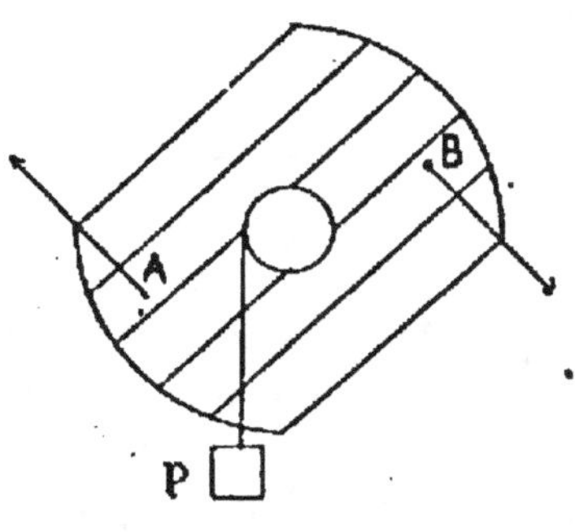

Fig. 87.

du champ magnétique terrestre, la ligne des pôles va prendre une certaine direction qui est précisément celle des lignes de forces de ce champ. Si on écarte le faisceau de sa position d'équilibre, il tendra à y revenir sous l'action d'un couple proportionnel au sinus de l'angle de déviation, comme nous le verrons bientôt, et ce couple sera maximum pour une déviation égale à un angle droit. Dans cette position, il a pour valeur $2\lambda q H$. Or, la valeur de $2\lambda q$ étant égale à 3300 et l'intensité totale H du champ magnétique terrestre, étant à Paris égale à 0,466, il vient pour la valeur du couple, exprimée en dynes-centimètres :

$$3\,300 \times 0,466 = 1\,538^{\text{dyn-cent}} = 1\,568 \text{ milligrammes-centimètres.}$$

Si on voulait équilibrer ce couple au moyen de l'action d'un poids P, attaché à un fil enroulé sur une poulie de un centimètre de rayon, il faudrait le prendre égal à 1568 milligrammes.

DURÉE DES OSCILLATIONS D'UN BARREAU AIMANTÉ DANS UN CHAMP MAGNÉTIQUE

203. — Lorsqu'un barreau aimanté pouvant osciller librement autour d'un axe passant par son centre de gravité (que nous supposerons coïncider avec le centre de figure), est placé dans un champ magnétique et qu'on vient à l'écarter de sa position d'équilibre, il y revient en exécutant une série d'oscillations, dont la rapidité dépend du moment magnétique et du moment d'inertie du barreau ainsi que de l'intensité du champ magnétique. Nous allons calculer la durée d'une de ces oscillations. Lorsqu'un corps solide est, comme notre barreau aimanté, suspendu sur un axe passant par son centre de gravité et autour duquel il peut tourner ou osciller sans aucun frottement, qu'il est sollicité par un ensemble de forces qui tendent à le ramener dans une position déterminée avec une intensité proportionnelle à l'angle dont il en a été écarté, la durée T d'une oscillation simple (c'est-à-dire comprise entre les deux positions extrêmes) est donnée par la formule

$$T = \pi \sqrt{\frac{\Sigma mr^2}{c_i}} = \pi \sqrt{\frac{K}{c_i}} = \pi \sqrt{\frac{K}{\mathfrak{M}h}}$$

dans laquelle on désigne par π le rapport de la circonférence au diamètre $= 3,1416$; K Σmr^2 le moment d'inertie du corps pris par rapport à l'axe de suspension; c_i la valeur du couple qui tend à ramener le corps dans sa position d'équilibre lorsqu'on l'en écarte d'un angle égal à l'unité ($57°,295$). Cette formule va nous servir à résoudre le problème qui nous occupe.

Soit AC un barreau aimanté (fig. 117) placé dans un champ magnétique d'intensité h, dont les lignes de force sont parallèles à OF, et pouvant osciller librement autour de son centre de gravité et de figure O. Si nous l'écartons de sa position d'équilibre OF, de l'angle AOF $= \theta$, chaque pôle d'intensité q est sollicité par une force qh dont le bras de levier a pour valeur $\overline{AO}$ sin θ; de sorte que le moment de chacune de ces forces a pour valeur

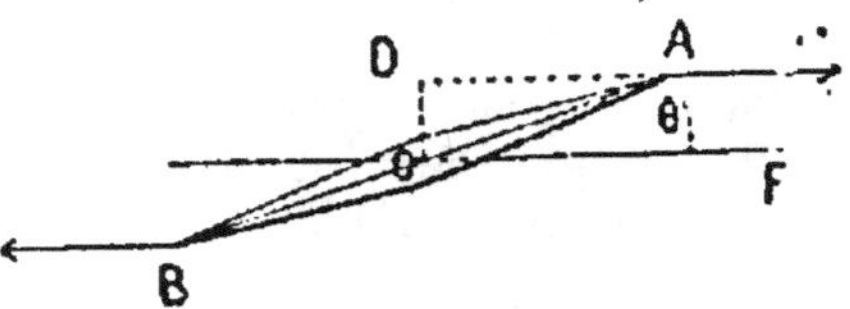

Fig. 88.

$$\overline{OA} \times qh \times \sin \theta.$$

Le couple total est donc

$$2\overline{OA}qh \sin \theta.$$

Mais $2OA \times q$ est précisément le moment magnétique $\mathfrak{M}$ du barreau de sorte que le couple a pour valeur

$$\mathfrak{M}h \sin \theta.$$

Ainsi : *le couple C qui s'exerce sur un aimant de moment $\mathfrak{M}$*

dont l'axe fait l'angle θ avec la direction des lignes de force du champ h est donné par

$$C = \mathfrak{M} h \sin \theta.$$

Lorsque l'angle θ est suffisamment petit pour qu'on puisse, sans erreur relative sensible, remplacer le sinus par l'arc, on peut écrire en désignant ce couple par C

$$C = \mathfrak{M} h \theta$$

d'où

$$\frac{C}{\theta} = \mathfrak{M} h.$$

Mais $\dfrac{C}{\theta}$ n'est autre chose que la valeur que prendrait le couple lorsque $\theta = 1$, si ce couple restait proportionnel à l'arc. Nous avons donc

$$c_1 = \mathfrak{M} h.$$

Quant à la valeur du moment d'inertie $\Sigma m r^2$, qui est la somme de tous les produits obtenus en multipliant la masse de chaque molécule du barreau par le carré de sa distance à l'axe O, on peut la mettre sous une forme qui permet de faire ressortir l'influence de l'intensité d'aimantation $\mathfrak{I}$ du barreau. En désignant en effet par M la masse totale du barreau, par ρ son rayon de gyration autour de l'axe O, on a par définition

$$\rho^2 = \frac{\Sigma m r^2}{M} .$$

En outre, si l'acier qui compose le barreau a une masse égale à m par unité de volume, et si son volume total est représenté par v, on a

$$\Sigma m r^2 = M \rho^2 = m v \rho^2.$$

Enfin le moment magnétique $\mathfrak{M}$ est lié à l'intensité d'aimantation et au volume par la relation

$$M = \mathfrak{I} v \quad \text{d'où} \quad \mathfrak{M} h = \mathfrak{I} v h \quad \text{d'où} \quad c_1 = \mathfrak{I} v h.$$

Remplaçant dans l'équation qui donne T, les quantités $\Sigma m r^2$

et c_1 par les valeurs que nous venons de trouver il vient enfin

$$T = \pi\rho \sqrt{\frac{m}{\delta h}}.$$

Les quantités δ et h ont une limite qu'il est impossible de dépasser et qu'on peut fixer approximativement à 1 500 unités pour δ et à 20 000 unités pour h. La valeur de m diffère très peu de 8 grammes (masse) par centimètre cube, de sorte que l'extrême limite de T serait égale à

$$\pi\rho \sqrt{\frac{8}{30\,000\,000}}.$$

En supposant que le rayon de gyration ρ de l'aiguille soit égal à 1 centimètre, on trouverait $T < \frac{1}{600}$ de seconde. Mais cette valeur que nous venons d'admettre pour le rayon de gyration est beaucoup trop grande. Car si le barreau affecte par exemple la forme d'un petit cylindre de 10^{mm} de longueur et de 1^{mm} de diamètre, le rayon de gyration n'aurait pas plus de 3^{mm} de longueur, de sorte que la durée d'une oscillation simple serait inférieure à $\frac{1}{2000}$ de seconde.

Si la même aiguille avait une intensité d'aimantation égale à celle des aiguilles de Kohlrausch (800 unités), et si elle était mobile autour d'un axe vertical sous la seule influence du champ magnétique terrestre, la durée d'une oscillation simple s'élèverait à $\frac{2}{10}$ de seconde environ, ce qui paraîtra très rapide comparé à la durée d'oscillations des boussoles ordinaires. Cela tient à deux causes : 1° aux grandes dimensions de ces dernières qui ont un rayon de gyration considérable; 2° à la petitesse de l'intensité d'aimantation qui n'atteint la valeur trouvée par Kohlrausch que dans les aiguilles de très petites dimensions ($1^{mm},5$ de diamètre).

La conclusion à tirer de tout cela, c'est que si l'on veut construire une boussole très rapide dans ses indications, il faut employer des aiguilles très petites.

204. — Faisons remarquer en passant l'énorme rapidité que peuvent prendre les oscillations, lorsqu'on se sert d'aiguilles pour lesquelles ϑ atteint la valeur maxima, condition facile à réaliser, comme nous le verrons dans le chapitre suivant, en se servant

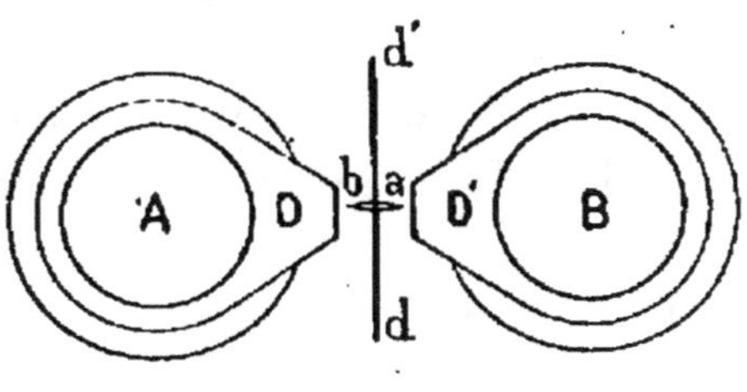

Fig. 89.

d'une aiguille *en fer doux* placée dans le champ magnétique très puissant, dont nous avons supposé l'intensité égale à 20 000 unités. Cette dernière valeur ne peut être obtenue qu'au moyen d'électro-aimants puissants, dont les pôles A et B (fig. 89) sont munis de pièces de fer doux en forme de coins ayant leurs extrémités DD' très rapprochées et de faible section. Ces extrémités donnent passage à un flux magnétique extrêmement intense dans lequel est placée la petite aiguille de fer doux *ba* mobile autour d'un axe vertical.

205. — Pour donner une idée de l'énorme force directrice d'un pareil système, nous allons calculer l'intensité de la force tangentielle développée à l'extrémité de l'aiguille que nous supposerons affecter la forme d'un petit carré de tôle douce, de 1 centimètre de côté (fig. 90) et de 1/2 millimètre d'épaisseur, mobile autour de l'axe *dd'*, lorsqu'on écarte cette extrémité de 1^{mm} de sa position d'équilibre.

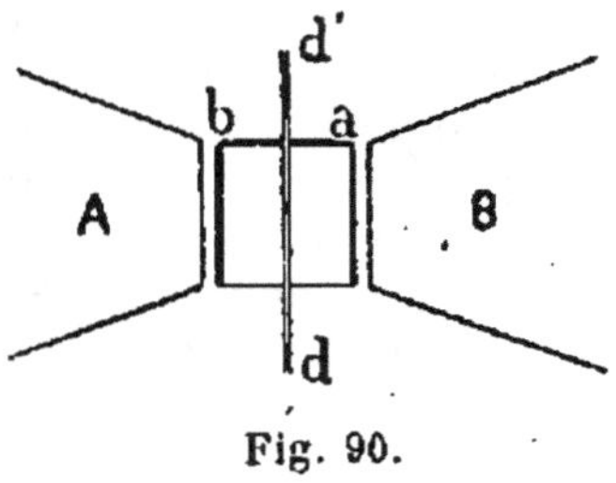

Fig. 90.

L'équation

$$C = \mathfrak{M} h\theta = \delta v h\theta$$

nous donne immédiatement la valeur de cette force. En prenant $\delta = 1\,500$, le volume v de l'aiguille égal (en centimètres cubes) à $1 \times 1 \times \dfrac{1}{20} = \dfrac{1}{20}$, $h = 20\,000$; l'angle θ dont on fait dévier l'aiguille a pour expression le rapport de la déviation linéaire (1^{mm}) de l'extrémité de l'aiguille à sa demi-longueur, soit $\dfrac{1}{5}$. Donc

$$C = 1500 \times \frac{1}{20} \times 20000 \times \frac{1}{5} = 300\,000 \text{ dynes-centimètres.}$$

Mais le couple C a aussi pour valeur le produit de la force cherchée f, par le bras de levier (5^{mm}) auquel elle est appliquée. Donc

$$300\,000 = f \times 0,5 \qquad \text{d'où} \qquad f = 600\,000 \text{ dynes}$$

soit environ 612 grammes! Telle serait la valeur de la force qu'il faudrait appliquer à l'extrémité de l'aiguille pour la dévier d'une quantité aussi petite que un millimètre[1].

206. — Durée de l'oscillation d'une aiguille en forme de losange. — Il est à peine nécessaire de dire que si on veut réduire à sa dernière limite la durée de l'oscillation de l'aiguille, il ne faut pas lui don ner une section constante, comme cela aurait lieu si elle avait la forme d'un cylindre. Il est préférable d'adopter la forme que l'on donne généralement aux aiguilles de boussoles, c'est-à-dire un losange ABCD (fig. 91) dont le plan est perpendiculaire à l'axe de la rotation. En désignant par $2a$ la longueur de la diagonale AB, par $2b$ celle de la diagonale CD, le rayon de gyration ρ est donné par la formule

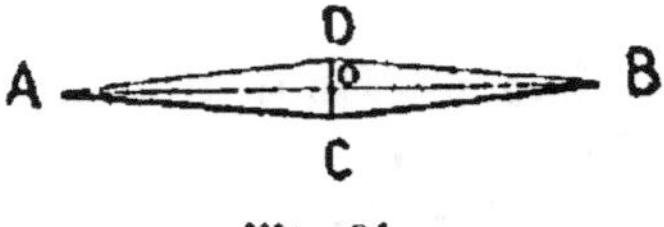

Fig. 91.

$$\rho = \sqrt{\frac{a^2 + b^2}{6}}$$

1. Ce sont ces considérations qui ont guidé M. Marcel Deprez, lorsqu'il a imaginé, en 1879, le galvanomètre à indications rapides, dont l'organe essentiel est une aiguille de *fer doux* plongée dans un champ magnétique puissant et dont la longueur, parallèlement à l'axe, peut être aussi grande qu'on veut sans modifier la durée des oscillations ; tandis que la longueur comptée perpendiculairement à l'axe est très restreinte. Cette dernière dimension est en effet la seule qui ait de l'influence sur le rayon de gyration. On obtient ainsi une force directrice aussi grande qu'on veut, qualité précieuse s'il y a des frottements à vaincre, sans modifier la durée des oscillations de l'aiguille qui ont le caractère des vibrations d'un diapason et témoignent ainsi de l'énergie des actions mises en jeu (Séances de la *Société Française de Physique*, janvier, avril 1880, page 41).

que l'on peut écrire

$$\rho = \sqrt{\frac{1}{6}}\, a,$$

si b est négligeable par rapport à a. Si au contraire, l'épaisseur n'allait pas en décroissant et qu'elle fut constante dans toute la longueur $2a$ de l'aiguille, on aurait

$$\rho = \sqrt{\frac{1}{3}}\, a.$$

La durée de l'oscillation correspondante à la forme de losange est donc environ les 0,71 de celle qui correspond à la forme rectangulaire.

ACTION D'UN AIMANT SUR UNE MASSE MAGNÉTIQUE

207. — **Action d'un aimant sur une masse magnétique très éloignée située sur son prolongement.** — Soit AB (fig. 92) un aimant dont les pôles A et B sont chargés d'une quantité de magnétisme $+ q$ et $- q$, et soit M une masse magnétique contenant une quantité de magnétisme égale à $+ q'$ et située sur le prolongement de la droite AB qui passe par les deux pôles de l'ai-

```
+q     -q                          q'
A   0   B                          M
```

Fig. 92.

mant. Nous allons chercher la valeur de la résultante des actions mutuelles de la masse M et de l'aimant AB, résultante qui est évidemment dirigée suivant la droite ABM.

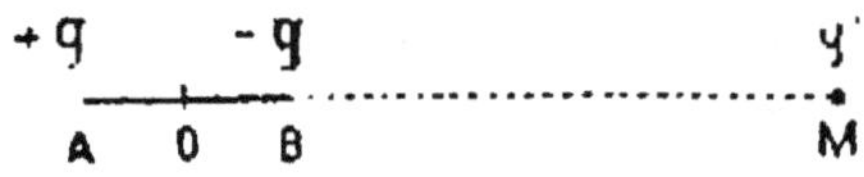

La force exercée par q sur q', a pour valeur,

$$\frac{qq'}{\overline{AM}^2}.$$

La force exercée par $- q$ sur q'

$$- \frac{qq'}{\overline{BM}^2}.$$

Mais

$$AM = MO + OA, \qquad BM = MO - OB,$$

de sorte que si l'on désigne par x la distance du point neutre O de l'aimant à la masse M, et par λ la longueur $AO = OB$, il vient pour la force totale développée entre l'aimant et la masse M

$$f = \frac{qq'}{(x + \lambda)^2} - \frac{qq'}{(x - \lambda)^2} = - \frac{4\lambda x}{(x^2 - \lambda^2)^2} \cdot qq'$$

que l'on peut écrire

$$f = - \frac{2}{x^3 \left(1 - \frac{2\lambda^2}{x^2} + \frac{\lambda^3}{x^3} \right)} \cdot 2\lambda qq'.$$

Si le rapport $\dfrac{\lambda}{x}$ est suffisamment petit pour que l'on puisse négliger les puissances de ce rapport supérieures à la première, l'expression se simplifie et devient

$$f = - \frac{2.2\lambda q}{x^3} \, q'.$$

On reconnaît ici la présence de la quantité $2\lambda q$ ou moment magnétique du barreau AB. En le désignant par $\mathfrak{M}$, il vient enfin

$$f = - \frac{2\mathfrak{M}}{x^3} \, q'.$$

Ainsi la résistance cherchée est proportionnelle au moment magnétique de l'aimant et en raison inverse du cube de la distance.

208. — Supposons maintenant que, à la quantité q', nous

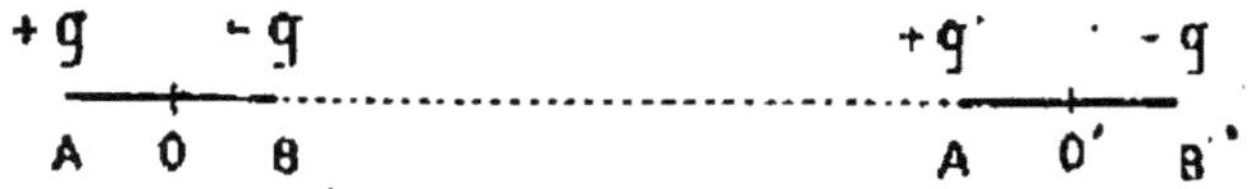

Fig. 93.

adjoignions une seconde quantité $- q'$ égale et de signe contraire située sur la droite ABM (fig. 93), et à une distance $2\lambda'$ de la quantité q', de façon à remplacer la masse M par un aimant rectiligne doué de deux pôles égaux et contraires. Le calcul à faire pour trouver l'intensité de la force qui agit sur chacun des aimants se conduit absolument de la même manière. L'intensité de la force f, exercée par le pôle A', contenant une quantité q' de magnétisme, a pour valeur, comme nous venons de le voir

$$f = - \frac{2\mathfrak{M}}{x^3}\, q'.$$

L'intensité de la force f', développée en AB et le pôle B', s'obtiendrait immédiatement en changeant q' en $- q'$ et x en $x + 2\lambda'$, ce qui donne

$$f' = \frac{2\mathfrak{M}}{x + 2\lambda')^3}\, q'.$$

La somme algébrique de ces deux forces est, après avoir supprimé tous les termes qui tendent vers zéro par rapport à ceux que l'on conserve lorsque le rapport $\frac{x}{\lambda}$ va en augmentant indéfiniment,

$$f + f' = - \frac{12\mathfrak{M}\lambda'q'}{x^4},$$

ou en remarquant que $2\lambda'q'$ est le moment magnétique du second aimant A'B'

$$f + f' = - \frac{6\mathfrak{M}\,\mathfrak{M}'}{x^4}.$$

On voit donc que la force est attractive ou répulsive suivant que les moments magnétiques sont dirigés dans le même sens ou en sens contraire (car la force attractive est affectée du signe *moins* et la force répulsive du signe *plus*), et qu'elle est en raison inverse de la 4ᵐᵉ puissance de la distance des centres des aimants, à la condition, bien entendu, que cette distance soit grande par rapport à λ.

209. — Les deux derniers problèmes que nous venons de traiter montrent que, même lorsqu'il s'agit de calculer, non pas le *moment* de la force exercée par deux aimants l'un sur l'autre, mais simplement l'intensité de cette force, leur *moment ma-*

gnétique intervient encore seul dans la valeur finale de la force cherchée. C'est donc un élément de grande importance et on comprend parfaitement qu'il ait été choisi comme définissant un aimant, beaucoup mieux qu'on ne pourrait le faire en donnant la valeur des quantités q et $- q$ de magnétisme de chaque pôle, d'autant plus que les pôles eux-mêmes sont souvent impossibles à déterminer et sont remplacés par des *zones* polaires. Le moment magnétique, par l'indécision dans laquelle il laisse, relativement à la situation et à l'intensité des pôles, convient beaucoup mieux à notre ignorance de la véritable nature du magnétisme que les autres grandeurs magnétiques. Aussi, les théories mathématiques les plus récentes de la constitution des aimants reposent-elles exclusivement sur l'emploi du moment magnétique comme quantité fondamentale.

210. — **Calcul du moment des actions mutuelles de deux aimants situés dans le même plan.** — Nous allons traiter main-

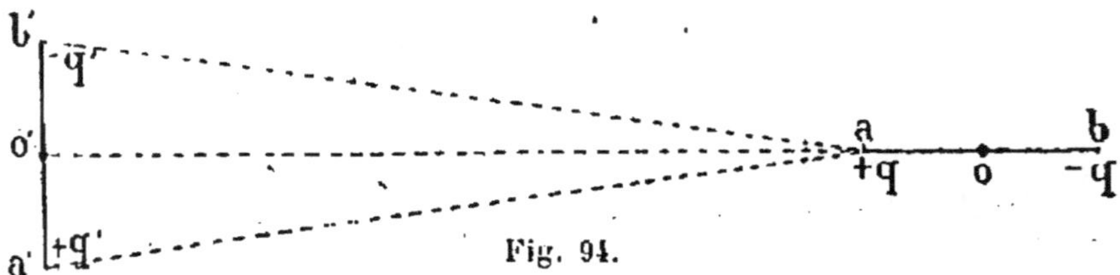

Fig. 94.

tenant un autre problème très important pour la mesure des moments magnétiques. C'est le calcul du moment des actions mutuelles de deux aimants situés dans le même plan, dont l'un est fixe tandis que l'autre est mobile autour d'un axe passant par son centre et perpendiculaire au plan des deux aimants. Nous supposerons enfin que l'aimant mobile $a'b'$ (fig. 94) est perpendiculaire à la droite O'O qui joint son centre à celui de l'aimant fixe ab dont les pôles a et b sont aussi placés sur cette droite.

La force attractive exercée par a sur b', a pour valeur

$$\frac{qq'}{\overline{ab'}^2} = f.$$

Sa composante perpendiculaire à l'aimant $a'b'$ est $f \cos \widehat{b'aO'}$.
Le moment de cette composante est

$$f \cos \widehat{b'aO'} \times \overline{O'b'} = \frac{\overline{O'b'} . \cos \widehat{b'aO'}}{\overline{ab'}^2} qq'.$$

Remplaçons dans cette expression $O'b'$ par λ' $\cos b'aO'$ par sa valeur $\dfrac{O'a}{\overline{ab'}}$, il vient pour la valeur du moment de f.

$$\frac{\lambda'.\overline{O'a}}{\overline{ab'}^3} qq'.$$

Mais si nous désignons par x la distance OO' et par λ la longueur $\overline{Oa}$, nous aurons, en remarquant que

$$\overline{ab'} = \sqrt{(x - \lambda)^2 + \lambda'^2},$$

$$\text{Moment de } \quad f = \frac{x - \lambda}{[(x - \lambda)^2 + \lambda'^2]^{\frac{3}{2}}} qq'\lambda'.$$

On aurait de même pour le moment de la force répulsive exercée par a sur a', en remarquant que ce moment est de même signe que le précédent puisqu'il tend à faire tourner l'aimant mobile $a'b'$ dans le même sens,

$$\text{Moment de la force dirigée suivant } aa' = \text{Moment de } f.$$

D'où

$$\text{Moment total produit par le pôle} \quad a = \frac{(x - \lambda)q}{[(x - \lambda)^2 + \lambda'^2]^{\frac{3}{2}}} \times 2\lambda'q'.$$

Pour trouver le moment total produit par le pôle b, il suffit de changer dans le second membre $-\lambda$ en $+\lambda$ et de changer le signe du moment; on a alors

$$\text{Moment total produit par le pôle} \quad b = - \frac{(x + \lambda)q}{[(x + \lambda)^2 + \lambda'^2]^{\frac{3}{2}}} \times 2\lambda'q'.$$

La somme algébrique de ces deux moments donne alors le

moment total exercé par l'aimant fixe ab sur l'aimant mobile $a'b'$.

Pour faire cette addition sans arriver à une expression extrêmement compliquée, nous mettrons les deux dénominateurs sous la forme suivante.

$$[(x - \lambda)^2 + \lambda'^2]^{\frac{3}{2}} = x^3\left[1 - \frac{2\lambda}{x} + \frac{\lambda^2 + \lambda'^2}{x^2}\right]^{\frac{3}{2}}$$

$$[(x + \lambda)^2 + \lambda'^2]^{\frac{3}{2}} = x^3\left[1 + \frac{2\lambda}{x} + \frac{\lambda^2 + \lambda'^2}{x^2}\right]^{\frac{3}{2}}.$$

Supposons que la demi-distance λ' des pôles de l'aimant mobile $a'b'$ soit assez petite, en comparaison de la distance. OO' des centres des deux aimants, pour que l'on puisse négliger le carré du rapport $\frac{\lambda'}{x}$ ou $\frac{\lambda'^2}{x^2}$. Alors, les deux dénominateurs pourront s'écrire

$$x^3\left(1 - \frac{\lambda}{x}\right)^3 \quad \text{et} \quad x^3\left(1 + \frac{\lambda}{x}\right)^3$$

et la somme algébrique des deux moments deviendra

$$\left[\frac{x\left(1 - \frac{\lambda}{x}\right)}{x^3\left(1 - \frac{\lambda}{x}\right)^3} - \frac{x\left(1 + \frac{\lambda}{x}\right)}{x^3\left(1 + \frac{\lambda}{x}\right)^3}\right] \times 2\lambda'qq'$$

ou encore

$$\frac{2\lambda'qq'}{x^2}\left(\frac{1}{\left(1 - \frac{\lambda}{x}\right)^2} - \frac{1}{\left(1 + \frac{\lambda}{x}\right)^2}\right) = \frac{2\lambda'qq'}{x^2} \cdot \frac{\frac{4\lambda}{x}}{\left(1 - \frac{\lambda^2}{x^2}\right)^2}.$$

Si nous négligeons le carré du rapport $\frac{\lambda'}{x}$, comme nous avons négligé celui du rapport $\frac{\lambda'}{x}$, il vient finalement

$$\textit{Moment total appliqué à } \quad a'b' = \frac{8\lambda\lambda'qq'}{x^3},$$

ou, en désignant par $\mathfrak{M}$ et par $\mathfrak{M}'$ les moments magnétiques des deux aimants ab, $a'b'$ et par C' le moment mécanique (dynes-centimètres) appliqué à $a'b'$,

$$C' = \frac{2\mathfrak{M}\mathfrak{M}'}{x^3} .$$

Une remarque intéressante que nous devons faire à l'occasion de ce problème, consiste en ce que si, au lieu de calculer le moment des forces appliquées à l'aimant $a'b'$, on calcule celui des forces appliquées à l'aimant ab considéré comme mobile autour de son centre O, on trouve une valeur deux fois moindre que celle de C'. On a donc, en désignant le moment mécanique appliqué à ab par C,

$$C = \frac{\mathfrak{M}\mathfrak{M}'}{x^3} ,$$

Si on voulait calculer *rigoureusement* la valeur des couples C et C', il ne serait plus permis de négliger les valeurs $\frac{\lambda^2}{x^2}$ et $\frac{\lambda'^2}{x^2}$ et on serait obligé alors de déterminer λ et λ'. Nous verrons, en parlant des procédés et instruments de mesures magnétiques, comment cette détermination peut être faite.

211. — Applications numériques. — Avant d'appliquer à quelques exemples les formules simplifiées que nous venons de donner, il est nécessaire de nous faire une idée exacte de l'erreur relative commise en les substituant aux formules rigoureuses. Car, la mesure des moments magnétiques et le calcul du moment mécanique développé par un aimant fixe sur un aimant mobile jouent, comme nous le verrons, un rôle considérable dans la détermination de l'unité fondamentale de courant, l'Ampère, employée dans l'industrie électrique, et on ne saurait apporter trop de rigueur aux méthodes expérimentales et aux calculs sur lesquels repose la connaissance exacte d'un élément aussi important. Il ne faut pas se dissimuler en effet que les unités électriques industrielles ne peuvent pas, comme les unités de longueur, de masse et de temps, être déterminées d'abord et reproduites ensuite, pour les usages industriels, avec une précision qui n'a pour ainsi dire pas de limite. On assure que l'unité de résistance est maintenant connue avec une erreur relative certainement inférieure à

$\dfrac{1}{1\,000}$. Mais personne n'oserait donner la même assurance pour la mesure de l'unité de potentiel et encore moins pour celle de l'unité d'intensité, qui sont non seulement extrêmement difficiles à déterminer à cause de la faiblesse des actions mises en jeu, mais encore ne se prêtent nullement à la reproduction d'étalons faciles à contrôler.

Aussi la science électrique est-elle, au point de vue de la précision relative des mesures, dans un état d'infériorité considérable par rapport aux autres branches de la physique.

Ces observations ont pour but de faire comprendre que la discussion des formules simplifiées de l'action mutuelle de deux aimants n'est pas un simple exercice d'analyse et qu'elle s'impose en raison de l'importance du sujet.

L'expression rigoureuse du couple total produit par l'aimant fixe ab sur l'aimant mobile $a'b'$, est donnée par la formule

$$C' = \left[\frac{x - \lambda}{[(x - \lambda)^2 + \lambda'^2]^{\frac{3}{2}}} - \frac{x + \lambda}{[(x + \lambda)^2 + \lambda'^2]^{\frac{3}{2}}} \right] \times 2\lambda'qq'$$

que l'on peut écrire ainsi

$$C' = \frac{1}{2} \left[\frac{\dfrac{x}{\lambda} - 1}{\left(1 - \dfrac{2\lambda}{x} + \dfrac{\lambda^2 + \lambda'^2}{x^2} \right)^{\frac{3}{2}}} - \frac{\dfrac{x}{1} + 1}{\left(1 + \dfrac{2\lambda}{x} + \dfrac{\lambda^2 + \lambda'^2}{x^2} \right)^{\frac{3}{2}}} \right] \frac{4\lambda\lambda'qq'}{x^3} .$$

Mais le facteur $4\lambda\lambda'qq'$ n'est autre chose que le produit des moments magnétiques des deux aimants, de sorte que la valeur de C' peut s'écrire

$$C' = \frac{1}{2}\, K \times 2\mathfrak{M}\,\mathfrak{M}',$$

K représentant la somme des deux termes compris dans la parenthèse.

Si la formule simplifiée était exacte, la somme de ces deux termes devrait être égale au nombre 4. Nous allons voir si cette condition est remplie et calculer la valeur exacte de K !

1° lorsque

$$\frac{\lambda}{x} = \frac{\lambda'}{x} = \frac{1}{10} \cdot$$

On trouve alors

$$K = 3{,}9576;$$

2° pour

$$\frac{\lambda}{x} = \frac{\lambda'}{x} = \frac{1}{20}$$

on trouve

$$K = 3{,}990.$$

Le premier nombre diffère de 4 d'un peu plus de un centième de sa propre valeur et le second de $\frac{1}{400}$.

Il sera donc prudent de placer les aimants supposés égaux, à une distance d'au moins quinze fois leur demi-longueur, si on veut n'avoir pas à tenir compte de λ, tout en ayant une précision supérieure au centième.

212. — Si les rôles des deux aimants étaient intervertis, c'est-à-dire si l'aimant $a'b'$ était fixe et l'aimant ab mobile, des calculs, absolument semblables à ceux que nous avons développés, conduiraient à la formule suivante, dans laquelle aucun terme n'a été négligé

$$C = \frac{1}{2}\left[\frac{1}{\left[1 - \frac{2\lambda}{x} + \frac{\lambda^2}{x^2} + \frac{\lambda'^2}{x^2}\right]^{\frac{3}{2}}} + \frac{1}{\left[1 + \frac{2\lambda}{x} + \frac{\lambda^3}{x^3} + \frac{\lambda'^2}{2}\right]^{\frac{3}{2}}}\right] \times \frac{\partial\mathfrak{M}\,\partial\mathfrak{M}'}{x^3}.$$

Si nous prenons successivement, comme dans l'exemple précédent, $\lambda = \lambda' = 1$ et $x = 10$ ou $x = 20$; nous trouvons, pour $x = 10$

$$C = 1{,}044\ \frac{\partial\mathfrak{M}\,\partial\mathfrak{M}'}{x^3}$$

et pour $x = 20$

$$C = 1{,}0112\ \frac{\partial\mathfrak{M}\,\partial\mathfrak{M}'}{x^3}.$$

On voit que, avec cette disposition des aimants, le moment des forces appliquées à l'aimant mobile est sensiblement deux fois moindre qu'avec la disposition précédente et que, en outre, l'erreur relative commise sur la valeur de ce moment, en considérant le rapport $\frac{\lambda}{x}$ comme négligeable, est quatre fois plus forte pour des valeurs égales de ce rapport. Il résulte donc de ces deux circonstances que la disposition dans laquelle l'axe de rotation de l'aimant mobile est situé sur le prolongement de la ligne des pôles de l'aimant fixe, les lignes polaires des deux aimants étant rectangulaires entre elles, est préférable à l'autre.

213. — Il existe enfin une troisième disposition des aimants qui ne paraît pas avoir été employée, bien qu'elle présente

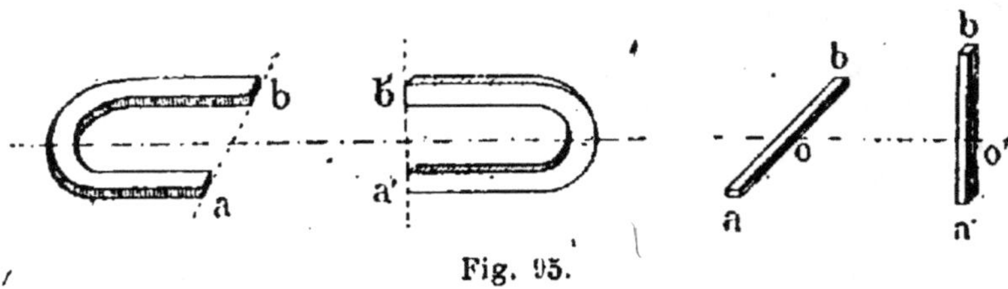

Fig. 95.

une grande symétrie et permette d'employer des aimants courbés suivant un arc de cercle ou une demi-circonférence, comme on le voit dans les figures perspectives (fig. 95), et même de les rapprocher jusqu'à ce que leurs quatre pôles soient dans le même plan (fig. 96).

Les couples développés sont les mêmes sur chaque aimant, et on peut rapprocher leurs pôles beaucoup plus que dans les dispositions précédentes sans risquer de troubler la distribution du magnétisme

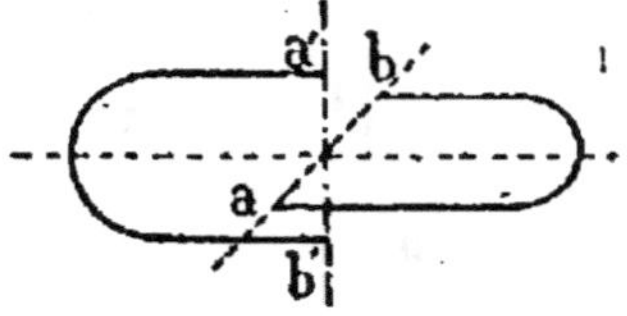

Fig. 96.

dans chacun d'eux. *Si on les suppose égaux* et si on désigne par x la distance OO' des milieux des droites polaires de chaque aimant, par 2λ la distance polaire (c'est-à-dire la longueur de la droite qui joint les deux pôles d'un même aimant, quelle que soit sa forme), le couple exercé sur chacun d'eux, a pour valeur

$$C = \frac{\mathfrak{M}\mathcal{L}}{(x^2 + 2\lambda^3)^{\frac{3}{2}}}.$$

Il est à peine nécessaire de dire que l'on ne doit pas rapprocher outre mesure les pôles, jusqu'à les placer tous les quatre dans le même plan, parce que les pôles n'étant pas dans la réalité des points mathématiques, les calculs que nous avons faits deviendraient inexacts. Il paraît toutefois possible, en formant les aimants avec des aiguilles d'acier cylindriques d'un faible diamètre, d'une grande longueur et courbés en demi-circonférence, de rapprocher les pôles fixes des pôles mobiles beaucoup plus qu'on ne le fait habituellement, et d'augmenter par conséquent beaucoup le couple moteur, sans que les formules cessent d'être applicables, ce qui serait un avantage très réel.

214. — Force portante des aimants. — Dans tout ce qui précède, nous nous sommes exclusivement occupé des actions mutuelles de deux aimants séparés par une distance que l'on puisse considérer comme grande par rapport à leurs dimensions. Au point de vue des applications aux mesures électriques, cette étude est certainement très importante comme nous le verrons en traitant de l'électro-magnétisme ; mais il est un autre genre d'action produite par les aimants et qui présente aussi un certain intérêt, c'est la force qui se développe au contact des pôles contraires de deux aimants ou d'un aimant et d'un morceau de fer aimanté par son contact avec l'aimant contre lequel il est appliqué.

Cette action a reçu le nom de *force portante* ou *force portative* et pendant longtemps elle a, pour ainsi dire, seule captivé l'attention des anciens physiciens qui attachaient une grande importance à la production d'aimants capables de porter un grand nombre de fois leur poids propre. Il est facile de voir d'ailleurs que c'était là une manière très erronée d'apprécier la puissance d'un aimant, et qu'il ne peut exister de rapport défini entre son poids et sa force portante, sans avoir besoin pour comprendre cela de se livrer à des calculs plus ou moins savants. Si on superpose en effet une série d'aimants rectilignes identiques (comme nous l'avons déjà fait en parlant des moments magnétiques), de façon que chacun d'eux touche ceux entre lesquels il est compris par des pôles de nom contraire aux siens, tous les pôles intermédiaires se neutralisent et il ne reste de magnétisme libre qu'aux extrémités de cet ensemble. Or, il est clair que cette quantité de magnétisme ne dépend pas du nombre des aimants superposés ; l'attraction qu'elle exercera sur une quantité égale de magnétisme contraire (force portante), est donc également indépendante de ce nombre, tandis que le poids de l'ensemble lui est proportionnel. On peut donc pressentir que le rapport de la force portante d'un aimant à son poids, est d'autant plus grand que l'aimant est plus petit, et c'est en effet ce qui a lieu.

215. — Attraction exercée au contact d'un aimant et d'une armature en fer doux. — Ce problème est de même nature que celui de l'attraction de deux plans électrisés chargés de quantités d'électricité égales et de signe contraire par unité de surface, problème que nous avons déjà résolu. Les pôles A et B (fig. 97) de l'aimant ACB étant placés en *contact intime* avec l'armature en fer doux ADB, l'expérience apprend que si cette armature a des dimensions suffisantes (longueur, largeur, épaisseur), les pôles de l'aimant ne paraissent plus contenir de magnétisme libre en quantité notable, lorsque le contact de l'armature et de l'aimant est devenu parfait. On conclut de là que l'armature en fer s'est elle-même transformée en aimant,

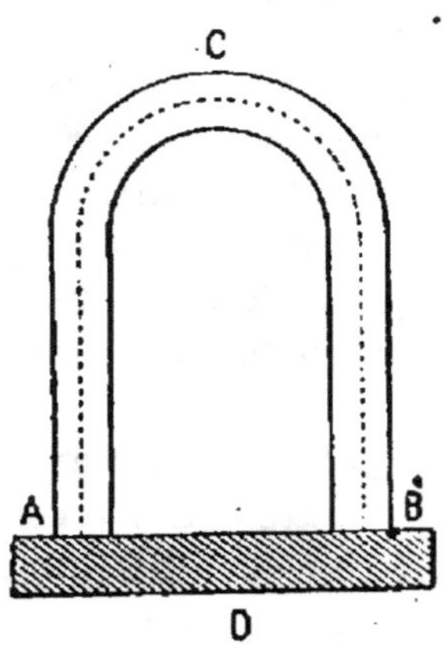

Fig. 97.

et que les deux pôles de ce nouvel aimant contiennent des quantités de magnétisme égales et contraires aux quantités de magnétisme répandues sur les pôles de l'aimant ACB et situées à une distance extrêmement petite de ces derniers. On se trouve donc ainsi absolument dans les conditions du problème rappelé plus haut, avec cette différence que les quantités d'électricité sont ici remplacées par des quantités de magnétisme. Les unités de quantité électrique et magnétique ayant la même définition, et les lois qui régissent les effets mécaniques de ces deux agents étant les mêmes, nous pouvons appliquer immédiatement l'équation qui donne la valeur de l'effort exercé sur un élément ds de surface électrisée, par un plan parallèle à cet élément, situé à une très petite distance de lui et contenant par unité de surface, une quantité d'électricité égale mais de signe contraire. On a donc, en appelant δ la quantité de magnétisme répandu sur un centimètre carré de la section polaire de l'aimant; ds' un élément de cette surface, et df_n la force attractive développée entre cet élément et la surface entière de l'armature chargée de magnétisme contraire,

$$df_n = 2\pi\delta^2 ds'.$$

Pour la surface entière s' d'un pôle, on aura donc, la densité magnétique δ étant constante,

$$f_n = 2\pi\delta^2 s'.$$

Mais en appelant q la quantité de magnétisme existant à chaque pôle, on a

$$\delta = \frac{q}{s'}$$

donc, supprimant l'indice de f_n et l'accent de s', on a

$$f = \frac{2\pi q^2}{s} \qquad \text{d'où} \qquad q = \sqrt{\frac{fs}{2\pi}}.$$

Cette première équation permet donc de trouver la quantité de magnétisme existant à chaque pôle, quand on connaît la section polaire et l'effort $2f$ qu'il faut appliquer au milieu D de l'armature pour l'arracher complètement de l'aimant.

Il est facile, connaissant q, de trouver le moment magnétique et l'intensité d'aimantation de l'aimant ACB et de l'armature ADB considérée comme un aimant.

REMARQUE. — La formule $f = \dfrac{2\pi q^2}{s}$ peut encore s'écrire $f = \dfrac{2\pi q^2 s}{s^2}$ ou $\dfrac{q^2}{s^2} = \delta^2$ donc $f = 2\pi\delta^2 s$; nous avons vu que si l'on appelle $\mathfrak{B}$ l'induction magnétique on a $\mathfrak{B} = 4\pi\mathfrak{I}$, en sorte que la formule devient en faisant $\mathfrak{I} = \dfrac{\mathfrak{B}}{4\pi}$

$$f = \frac{\mathfrak{B}^2 s}{8\pi} \cdot$$

c'est la forme habituelle sous laquelle on emploie la formule de la force portante.

216. — Calcul du moment magnétique et de l'intensité d'aimantation. — Le moment magnétique de l'aimant ACB doit être calculé en supposant l'aimant développé en ligne droite ; sa longueur serait alors égale à celle de la ligne représentée en pointillé et le moment magnétique aurait pour valeur $2lq$, $2l$, désignant la longueur de cette ligne ponctuée.

On aurait alors

$$\mathfrak{M} = 2l\sqrt{\frac{fs}{2\pi}},$$

d'où

$$f = \frac{2\pi\mathfrak{M}^2}{4l^2 s},$$

ou, en remarquant que le volume de l'aimant est égal à $2ls$ et en le désignant par u

$$f = \frac{2\pi\mathfrak{M}^2}{2lu} \cdot$$

Mais nous savons que l'intensité d'aimantation $\mathfrak{I}$ est égale à $\dfrac{\mathfrak{M}}{u}$, d'où

$$\mathfrak{M} = \mathfrak{I}u = 2\mathfrak{I}ls.$$

Remplaçant $\mathfrak{M}$ par cette valeur, nous avons

$$f = 2\pi\mathfrak{I}^2 s \quad \text{ou} \quad \frac{f}{s} = 2\pi\mathfrak{I}^2,$$

ou enfin

$$\mathfrak{I} = \sqrt{\frac{f}{2\pi s}} \cdot$$

Cette dernière équation permet de trouver la force portante

d'un barreau aimanté, par une unité de surface de la section polaire, lorsqu'on connaît son intensité d'aimantation ou réciproquement.

C'est par ce procédé que Joule, Henry, Sturgeon, Wilde, ont déterminé la valeur maxima de $\mathfrak{J}$ pour le fer doux. Joule avait trouvé qu'un électro-aimant en fer doux pouvait, étant aimanté par les moyens les plus énergiques, supporter 19 340 grammes par centimètre carré de section polaire. Sachant qu'un gramme vaut 981 dynes, la formule précédente qui donne la valeur de $\mathfrak{J}$ en fonction de celle de $\dfrac{f}{s}$ devient

$$\mathfrak{J} = \sqrt{19340 \times 981 \times \frac{1}{2\pi}} = 1740.$$

Mais les autres expérimentateurs que nous venons de citer ont trouvé des nombres différents tenant probablement à la nature du fer. Henry a trouvé pour $\dfrac{f}{s}$ la valeur 13 360 grammes par centimètre carré; Sturgeon 17 930 grammes et Nesbit 22 290 grammes. Enfin il y a peu de temps, M. Henry Wild, employant des moyens d'aimantation d'une extrême énergie, est parvenu à obtenir pour $\dfrac{f}{s}$ le nombre 26 790 grammes par centimètre carré, ce qui donne pour l'intensité d'aimantation dont le fer doux est capable, la valeur $\mathfrak{J} = 2045$, nombre supérieur d'un tiers à celui que Joule croyait être le maximum.

En réalité, il n'y a probablement pas de maximum dans le sens absolu du mot, mais un accroissement de plus en plus lent de $\dfrac{f}{s}$, à mesure qu'on augmente l'énergie des forces magnétisantes.

217. — **Autre démonstration de la formule** $f = 2\pi\delta^2 s$. — La formule

$$\frac{f}{s} = 2\pi\delta^2$$

dont nous venons de nous servir est assez importante pour que nous la confirmions par une autre démonstration. Nous avons vu que l'attraction mutuelle des deux armatures d'un condensateur plan, a pour expression

$$f = \frac{q^2}{2c^2} \cdot \frac{dc}{dx},$$

q étant la quantité d'électricité répartie sur chaque armature, c la capacité et x la distance des deux armatures. D'autre part on a, en appelant s la surface de chaque armature,

$$c = \frac{s}{4\pi x} \quad \text{d'où} \quad \frac{dc}{dx} = -\frac{s}{4\pi x^2}$$

et enfin

$$f = -\frac{2\pi q^2}{s}.$$

Supprimons le signe *moins* qui indique que la force est attractive, nous trouvons

$$f = \frac{2\pi q^2}{s} = \frac{2\pi q^2}{s^2} s;$$

mais on a

$$\frac{q}{s} = \delta.$$

Donc enfin

$$f = 2\pi \delta^2 s,$$

formule identique à celle que nous avons obtenue plus haut et qui, rapprochée de la formule $f = 2\pi \delta'^2 s$, donne

$$\delta = \delta.$$

218. — **Remarques**. — L'effort $2f$ nécessaire pour arracher l'armature de fer doux permet, comme nous venons de le démontrer, de trouver le moment magnétique et l'intensité d'aimantation de l'aimant ACB *pendant que ses pôles sont réunis par l'armature de fer*. Mais il ne faudrait pas regarder les nombres ainsi trouvés comme s'appliquant sans restriction lorsque l'armature est enlevée, car c'est un fait d'expérience que les aimants dont les pôles *sont armés*, éprouvent un accroissement graduel de puissance qui peut même devenir considérable lorsque le contact dure très longtemps.

On doit donc considérer les nombres obtenus par l'arrachement, comme étant des maximums en ce qui concerne l'aimant, et ils devront toujours être contrôlés par d'autres procédés que nous ferons connaître dans le chapitre qui traite des mesures magnétiques.

Nous avons dit que l'armature n'est attirée que parce qu'elle-même se transforme en aimant, en vertu des lois de l'induction magnétique que nous étudierons dans le chapitre suivant. En la considérant comme telle, on peut lui appliquer toutes les formules que nous venons de développer et calculer son moment magnétique et son intensité d'aimantation, mais en tenant compte de ce fait que dans l'armature, la distance des pôles est plus petite que sa longueur, tandis que dans l'aimant, la distance des pôles est, *lorsqu'il est armé*, égale à la longueur de cet aimant supposé développé en ligne droite et transformé en barreau rectiligne.

PROPRIÉTÉS DES FEUILLETS MAGNÉTIQUES

219. — Définition. — Dans tous les calculs précédents, relatifs au moment magnétique, nous avons implicitement admis l'existence de *pôles* ou de zones polaires assez étroites pour que, à une certaine distance de l'aimant, on puisse sans erreur sensible les considérer comme se réduisant à des points. Mais il y a certains problèmes

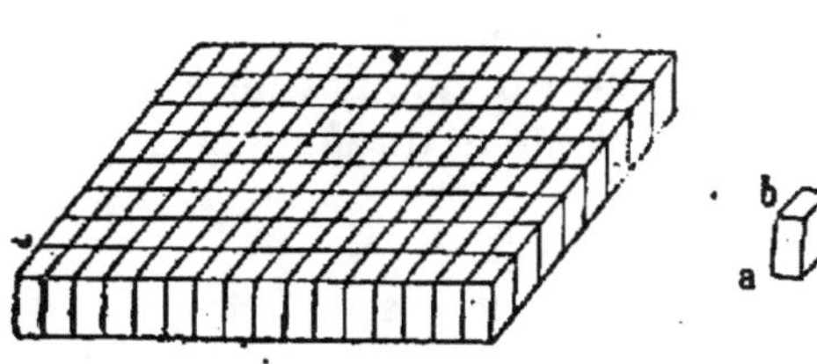

Fig. 98.

dans lesquels cette hypothèse ne saurait être admise, et on a été ainsi conduit à l'étude des propriétés de ce qu'on appelle un *Feuillet magnétique*.

Soit un barreau *ab* très petit, de forme parallélépipédique et dont les pôles coïncident avec les extrémités. En plaçant à côté les uns des autres un certain nombre de barreaux semblables (fig. 98), nous aurons constitué un feuillet magnétique dont les deux faces polaires contiennent des quantités de magnétisme égales, de signe contraire, et proportionnelles au nombre des barreaux, c'est-à-dire à la surface du feuillet. Si on désigne par $\mathfrak{I}$ (symbole déjà employé pour représenter l'intensité d'aimantation) la quantité de magnétisme existant par unité de *sur-face* [1] en un point a de la face supérieure AA' du feuillet (fig. 99), le point b situé sur la face intérieure BB', à l'intersection de la perpendiculaire commune aux deux faces, contiendra une quantité de magnétisme égale à — $\mathfrak{I}$ par unité de surface, et le produit $\lambda\mathfrak{I}$ de

la *densité magnétique superficielle* $\mathfrak{I}$ par la distance $\overline{ab} = \lambda$ des deux faces, sera ce qu'on appelle la *puissance magnétique* du feuillet au point considéré. On la désigne par la lettre Φ. On voit que ce produit

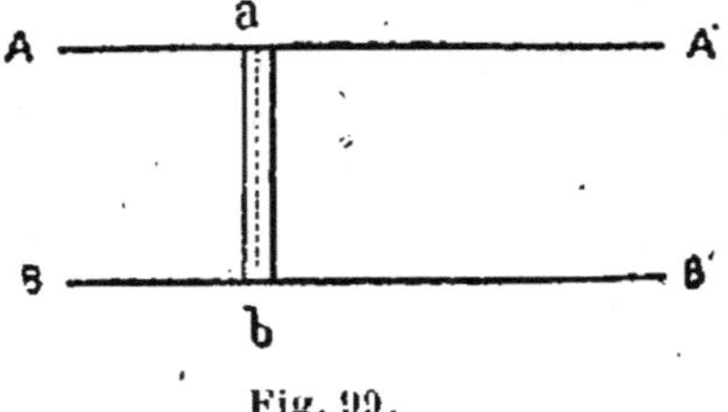

Fig. 99.

n'est autre chose que le moment magnétique d'un barreau de section égale à l'unité, de longueur ab, et dont les pôles contiendraient une quantité de magnétisme égale à $\mathfrak{I}$ unités. Lorsque le produit $\lambda\mathfrak{I}$ est le même pour tous les points du feuillet, celui-ci est dit *simple*. Il est d'ailleurs à peine besoin de dire que les deux faces opposées du feuillet ne sont pas nécessairement planes et que le contour du feuillet est de forme absolument quelconque.

220. — Potentiel d'un Feuillet magnétique. — Proposons-nous de trouver le potentiel d'un feuillet magnétique, c'est-à-dire le travail développé par l'attraction ou la répulsion exercée par ce feuillet, sur une masse magnétique m égale à l'unité et amenée d'une très grande distance jusqu'à la position M. La valeur de ce travail s'appelle, comme nous le savons, le potentiel du point M.

1. Voir plus loin la démonstration de l'égalité de $\mathfrak{I}$ et de la densité magnétique.

Soient AA', BB' (fig. 100) les deux faces infiniment voisines d'un feuillet magnétique contenant des quantités de magnétisme égales et de signe contraire. Considérons deux éléments de surface identique *ds*, *ds'*, infiniment petits et dont le contour est déterminé par une droite décrivant une courbe fermée quelconque, en restant parallèle à la normale O'ON commune aux deux faces.

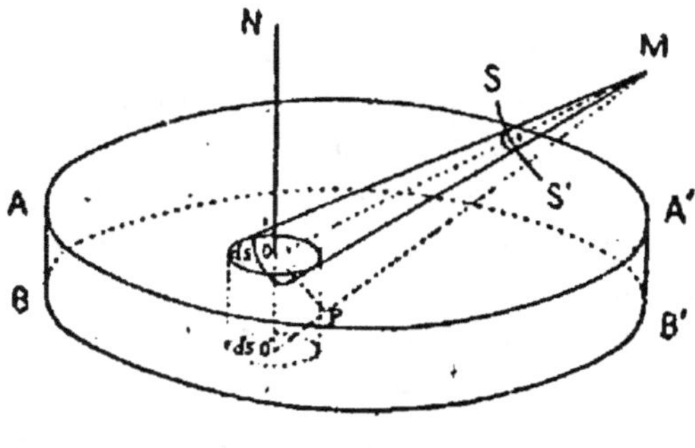

Fig. 100.

Ces deux éléments contiennent des quantités de magnétisme respectivement égales à $+ \vartheta ds$ et $- \vartheta ds$. En désignant par r et r' les distances OM et O'M des centres de gravité de *ds* et de *ds'* au point M, le potentiel de chacun de ces éléments pris par rapport à M, aura pour valeur

$$+ \frac{\vartheta ds}{r}, \qquad - \frac{\vartheta ds}{r};$$

le potentiel résultant sera donc, en posant $r' = r + dr$, donné par la formule

$$dV = \vartheta ds \left(\frac{1}{r} - \frac{1}{r + dr} \right) = \vartheta ds \, \frac{dr}{r^2}.$$

Mais en désignant par λ la distance OO' des deux éléments *ds* et *ds'*, et par θ l'angle de MO avec la normale ON, on a

$$dr = \overline{O'P} = \overline{OO'} \cos \theta = \lambda \cos \theta \qquad \text{d'où} \qquad dV = \vartheta ds \, \frac{\lambda \cos \theta}{r^2},$$

d'où remplaçant $\mathfrak{M}\lambda$ (puissance magnétique du feuillet) par le symbole Φ, on a

$$dV = \Phi \, \frac{ds \cos \theta}{r^2} \, .$$

Pour transformer cette expression en une autre d'une interprétation géométrique plus facile, décrivons du point M comme centre une sphère de rayon MS $=$ MS' $= 1$, et prenons en même temps le point M comme sommet d'un cône oblique dont les génératrices s'appuient sur le contour de l'élément ds. Menons par le point O' un plan perpendiculaire à l'axe OM du cône, et cherchons à évaluer l'aire interceptée par le cône sur la sphère et sur ce plan.

L'aire interceptée sur la sphère de rayon 1 s'appelle, comme nous le savons, l'*angle solide* du cône au point M ou encore l'*angle sous lequel on voit* un contour quelconque (tel que celui de l'élément ds) sur lequel s'appuient toutes les génératrices du cône. Ce cône étant d'ouverture infiniment petite, la surface sphérique interceptée en SS' et la surface plane interceptée par le plan OP normal à OM, peuvent être considérées comme appartenant à deux sphères de même centre M et possèdent par conséquent des aires proportionnelles au carré de leurs rayons MS et MO. On a donc

$$\frac{section \; suivant \; \mathrm{OP}}{section \; suivant \; \mathrm{SS'}} = \frac{\overline{\mathrm{OM}}^2}{\overline{\mathrm{MS}}^2} = \frac{r^2}{1} \, .$$

L'angle des génératrices entre elles étant infiniment petit, on peut les considérer comme parallèles, et admettre que l'aire de la section faite suivant OP est la projection orthogonale de l'aire de l'élément ds sur un plan perpendiculaire à OM. On a donc :

$$Aire \; de \; la \; section \; suivant \; \overline{\mathrm{OP}} = ds \cos \theta,$$

de sorte qu'en représentant par $d\omega$ l'aire interceptée sur la sphère de rayon SS' $= 1$

$$\frac{section \; suivant \; \mathrm{OP}}{section \; suivant \; \mathrm{SS'}} = \frac{ds \cos \theta}{d\omega} = \frac{r^2}{1} \, ,$$

d'où
$$\frac{ds\,\cos\theta}{r^2} = d\omega,$$

et enfin
$$dV = \Phi d\omega.$$

Si la puissance Φ du feuillet est la même dans tous ses points, on peut intégrer immédiatement et écrire la valeur $V - V'$ de la différence de potentiel

$$V - V' = \Phi\omega,$$

Pour avoir le potentiel en un point on fera $V' = 0$ et il reste

$$V = \Phi\omega$$

ou en remplaçant Φ par sa valeur $\delta\lambda$,

$$V - V' = \delta\lambda\omega.$$

Si la masse-unité m est d'abord située à une très grande distance, l'angle solide ω est très petit; mais il grandit à mesure qu'elle se rapproche de la face AA' du feuillet et devient égal à 2π lorsqu'elle sa confond avec AA', quelle que soit la forme du contour du feuillet.

Le travail total qu'il faut appliquer à la masse-unité, pour l'amener d'une très grande distance sur la face AA' chargée de magnétisme de même signe, a donc pour valeur

$$V = 2\pi\lambda\delta = 2\pi\Phi.$$

221. — Potentiel d'un feuillet magnétique déduit du potentiel électrique. — Contradiction apparente. — C'est surtout quand nous traiterons de l'électro-magnétisme et de l'électro-dynamique, que l'on verra la simplification apportée dans la solution de beaucoup de problèmes par la considération des feuillets magnétiques. Mais nous pouvons dès à présent l'appliquer à une question que nous avons déjà résolue par d'autres moyens et la comparaison des résultats obtenus nous permettra de nous faire dès à présent une opinion sur les avantages de la nouvelle méthode et de montrer qu'il ne faut pas l'appliquer sans certaines précautions.

Nous avons vu que la capacité C d'un condensateur, la quantité Q d'électricité répartie sur chaque armature et la différence de potentiel V des deux armatures, sont liées par l'équation

$$Q = CV \qquad \text{d'où} \qquad V = \frac{Q}{C} \cdot$$

Lorsque le condensateur est formé de deux plans parallèles de surface S, séparés par une lame d'air d'épaisseur très faible λ, on a

$$C = \frac{S}{4\pi\lambda},$$

d'où on tire, en remplaçant C par cette valeur dans l'équation qui donne V

$$V = 4\pi\lambda \, \frac{Q}{S} \cdot$$

Or le rapport $\dfrac{Q}{S}$ est précisément la quantité d'électricité dont est chargée l'unité de surface de chaque armature, et qui correspond dans le feuillet magnétique, à la *densité magnétique* que nous avons désignée par δ.

L'identité algébrique des lois du magnétisme et de celles de l'électricité statique, identité que nous avons signalée plus haut avec insistance, nous autorise donc à écrire en remplaçant $\dfrac{Q}{S}$ par δ, tandis que nous venons de trouver $V = 2\pi\lambda\delta$,

$$V = 4\pi\lambda\delta,$$

Il est nécessaire d'expliquer cette contradiction.

Pour cela reportons-nous à la démonstration de la formule relative au condensateur sphérique, et remarquons que la valeur de V est obtenue en amenant la masse-unité d'une très grande distance jusqu'à la sphère intérieure et en lui faisant traverser l'intervalle compris entre les deux sphères. Or dans le condensateur sphérique, cet intervalle est la seule région de l'espace dans laquelle la masse-unité développe un travail mécanique, l'action mécanique extérieure, d'un condensateur à sphère concentrique, étant nulle.

Nous avons trouvé l'équation

$$Q_1 = \frac{V}{4\pi\delta} \quad \text{ou} \quad V = 4\pi\delta Q_1,$$

dans laquelle δ représente la distance des deux armatures (λ dans le feuillet magnétique), et Q_1 la charge par unité de surface (σ dans le feuillet magnétique).

Lorsque nous avons étendu nos formules au cas où les deux sphères concentriques devenant de plus en plus grandes, on peut considérer comme plane une portion limitée de leur sur-

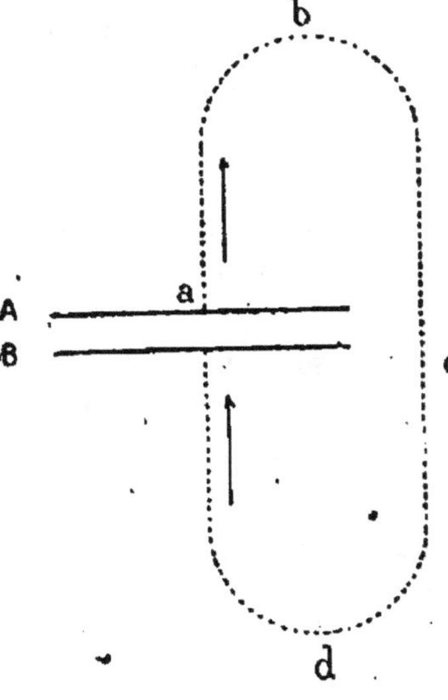

Fig. 101.

face et appliquer ainsi ces formules au condensateur formé de deux plans, nous avons admis implicitement que le potentiel V de l'ensemble des deux armatures, était le travail développé par la masse-unité lorsqu'elle traverse l'espace compris entre les deux armatures. Or, la valeur de ce travail est indépendante du trajet suivi par la masse-unité, pour passer d'une armature à l'autre, puisque chaque armature étant formée d'un corps bon conducteur, possède un potentiel de valeur constante dans toute son étendue. Donc, si la masse-unité se rend d'une des armatures à l'autre, soit par le chemin le plus court, soit en suivant un trajet *abcde* tel que celui indiqué sur la figure 101, le travail V sera le même. Supposons donc qu'elle suive ce second trajet, et qu'elle s'éloigne d'abord de l'armature A jusqu'à une très grande distance b.

Pendant ce déplacement *ab*, le travail développé sera, en vertu de l'équation que nous avons démontrée en parlant du feuillet magnétique et qui s'applique aussi au condensateur,

$$\Phi \times 2\pi,$$

dans laquelle Φ doit être remplacé par le produit de la densité électrique $\dfrac{Q}{S}$, par l'écart des armatures δ.

La masse-unité étant arrivée au point b duquel on voit l'armature A sous un angle solide ω extrêmement petit, on lui fait décrire une seconde portion bcd du trajet total dont la forme est quelconque mais qui est assez éloignée du condensateur pour que ce dernier soit vu constamment sous un angle très petit, de sorte que le travail développé par la masse-unité pendant cette seconde portion du trajet, soit négligeable.

A partir du point d, la masse-unité suit un trajet rectiligne qui l'amène sur l'armature B, pendant lequel le travail développé est égal et de *même signe* que dans la première portion ab du trajet, de sorte que le travail total développé, ou différence de potentiel des deux armatures, a pour valeur

$$V = 2 \times 2\pi\Phi = 4\pi\Phi,$$

c'est-à-dire précisément ce que nous devons trouver pour faire disparaitre la contradiction apparente signalée plus haut.

222. — Ces considérations rétrospectives sur les condensateurs nous montrent que si l'action extérieure d'un condensateur à lame d'air composé de deux sphères concentriques est nulle, il n'en est pas de même de celle d'un condensateur plan, car le potentiel de ce dernier ayant pour valeur, lorsque la masse-unité reste constamment du même côté du condensateur,

$$V = \Phi\omega = \frac{Q}{S}\,\delta\omega,$$

il en résulte que la masse-unité est sollicitée par une force que nous pourrions calculer en appliquant l'équation

$$f = \frac{dV}{dx},$$

dans laquelle dx représente un déplacement infiniment petit imprimé à la masse-unité suivant une direction quelconque

que l'on se donne d'avance, et dV la variation correspondante du potentiel calculée au moyen de l'équation

$$V = \frac{Q}{S}\, \delta\omega.$$

Il faudrait donc, pour trouver la valeur de f, connaître la relation qui existe entre x et l'angle solide ω sous lequel on voit les deux armatures, ce qui est une question de géométrie pure.

En supposant cette relation connue, on arrive facilement à l'expression suivante de f

$$f = \frac{Q\delta}{S}\, \frac{d\omega}{dx},$$

qui montre que lorsque la masse-unité se déplace sur une surface de tous les points de laquelle on voit le feuillet magnétique ou le condensateur, sous un angle constant, la force f mesurée tangentiellement à la surface est constamment nulle. Une telle surface est donc équipotentielle.

223. — On voit, et nous revenons encore sur ce point, combien le choix des variables d'un problème a d'influence sur la simplicité ou même la possibilité de la solution. En cherchant la valeur de f en fonction des coordonnées de la masse-unité, nous serions arrivé à une expression d'une extrême complication dont il aurait été difficile, sinon impossible, de conclure rien d'utile, tandis que la substitution de l'angle solide ω, aux coordonnées ordinaires, conduit à une équation d'une grande simplicité et évite des intégrations qui seraient impossibles avec les coordonnées ordinaires. La même observation s'applique au flux de force dont l'emploi simplifie énormément certains calculs qui, sans eux, seraient inextricables, et possède en même temps, comme celui de l'angle solide, l'avantage de se prêter à une représentation matérielle frappante.

224. — **Energie intrinsèque d'un feuillet magnétique.** — L'identité des équations qui représentent le potentiel d'un feuillet magnétique et celui d'un condensateur, va nous permettre de trouver immédiatement la valeur de l'énergie potentielle d'un feuillet magnétique. L'énergie potentielle d'un condensateur a pour valeur l'une des trois expressions :

$$W = \frac{1}{2}\frac{Q^2}{C}, \qquad W = \frac{1}{2}CV^2, \qquad W = \frac{1}{2}QV,$$

et nous avons vu que cette énergie potentielle peut se manifester de deux manières différentes : soit par une décharge électrique, en réunissant les deux armatures par un conducteur (procédé inapplicable avec le feuillet magnétique, puisqu'on ne connaît pas de corps conducteur du magnétisme), soit par un travail mécanique, en permettant aux armatures de se rapprocher et en utilisant leur attraction mutuelle pour vaincre une résistance.

Lorsque les armatures sont chargées d'une quantité constante d'électricité et isolées de toute espèce de source capable de leur en fournir, le travail mécanique qu'elles peuvent développer par leur rapprochement, a précisément pour valeur $\frac{1}{2}\frac{Q^2}{C}$, à la condition que le travail s'accomplisse entièrement pendant que la capacité passe de la valeur C à une valeur infinie qui est atteinte lorsque les armatures se touchent et arrivent au même potentiel, exactement comme si on les réunissait par un conducteur.

Pour appliquer cette expression au feuillet magnétique, il faut exprimer $\frac{Q^2}{C}$ en fonction de la quantité qui, dans un condensateur à lame d'air, est l'équivalent de Φ, c'est-à-dire $\frac{Q}{S}\,\delta$. Nous aurons ainsi en remplaçant C par sa valeur $\frac{S}{4\pi\delta}$

$$\frac{Q^2}{C} = \frac{4\pi\delta Q^2}{S} = 4\pi\delta\left(\frac{Q^2}{S^2}\right)S.$$

Mais $\frac{Q^2}{S^2}$ devient, lorsqu'il s'agit d'un feuillet magnétique, le carré de la densité magnétique $\mathfrak{J}^2$, et δ doit être remplacé par λ. Le travail mécanique développé par le rapprochement jus-

qu'au contact des deux faces d'un feuillet magnétique, a donc
pour valeur

$$W = \frac{1}{2}\, 4\pi\lambda \Im^2 S$$

ou, à cause de la relation $\Phi = \Im\lambda$,

$$W = 2\pi\, \frac{S\Phi^2}{\Im}\,.$$

La première valeur de W, $2\pi\lambda\Im^2 S$, peut se mettre sous une
forme utile dans plusieurs cas. *En remarquant que le volume
U du feuillet est égal à λS, on voit que l'on a*

$$W = 2\pi\lambda\Im^2 S = 2\pi U\Im^2.$$

225. — Remarque. — Remarquons en passant que la quantité
$\dfrac{S}{4\pi\lambda}$ peut parfaitement s'appe'er la *capacité magnétique* du
feuillet, si on convient de donner ce nom au quotient $\dfrac{Q}{V}$, qui,
dans les condensateurs, représente la capacité électrique.

En effet, les deux équations

$$Q = \Im S, \qquad V = 4\pi\Phi = 4\pi\Im\lambda$$

dont nous nous sommes déjà servi, donnent

$$\frac{Q}{V} = \frac{S}{4\pi\lambda}$$

ce qui est précisément la valeur de C dans un condensateur
plan dont les lames sont séparées par une couche d'air d'épaisseur λ.

**226. — Flux de force total à l'intérieur d'un feuillet magné-
tique. Formule $B = 4\pi\Im$.** — Considérons un plan situé entre
les deux faces d'un feuillet, et cherchons à évaluer le flux de
force total qui traverse ce plan. Étant extrêmement rapproché
de chacune des deux faces, puisqu'elles sont elles-mêmes
situées à une très petite distance l'une de l'autre, ce plan est
vu de tous les points de chacune d'elles sous un angle infini-

ment peu différent de 2π. Il en résulte, d'après le théorème de Green, que le flux total reçu sur chacune des faces du plan, a pour valeur numérique

$$2\pi Q = 2\pi \Im S = 2\pi \frac{\Phi S}{\lambda} \cdot$$

Il est facile de voir que le flux total reçu par l'une des faces, est de même signe que celui qui est reçu par l'autre face, car si nous supposons le plan couvert d'une couche magnétique de signe quelconque, cette couche sera attirée par l'une des faces du feuillet et repoussée par l'autre, et ces actions s'ajouteront parce que le plan est situé entre les deux faces du feuillet, tandis qu'elles se retrancheraient s'il était extérieur au feuillet.

Le flux total de force qui traverse le plan a donc une valeur double de celle que nous venons de trouver et l'on a

$$\Im = 4\pi Q = 4\pi \Im S = 4\pi \Phi \frac{S}{\lambda} \cdot$$

En faisant $S = 1^{\text{cm}^2}$ le flux par cm^2 ou induction magnétique B sera $B = 4\pi \Im$.

D'autre part, le potentiel total ou plutôt la différence de potentiel des deux faces (comme on dit la différence de potentiel des deux armatures d'un condensateur) est, comme nous l'avons vu, donnée par l'équation

$$V = 4\pi \Phi,$$

par conséquent

$$\Im = \frac{SV}{\lambda} \cdot$$

Cette équation est très importante comme on le verra par la suite, mais il ne faut pas oublier qu'elle n'est exacte que si le plan traversé par le flux de forces du feuillet, est réellement vu de chaque point du feuillet sous un angle solide différant très peu de 2π. On peut d'ailleurs toujours remplir cette condition soit, comme nous l'avons dit tout d'abord, en considérant les deux faces du feuillet comme étant très rapprochées, soit en donnant au plan une surface beaucoup plus grande que celle du feuillet.

L'expression que nous venons de donner conviendrait d'ailleurs aussi bien à un condensateur et donnerait alors le flux total de force électrique qui traverserait un plan situé entre les deux armatures.

227. — Attraction exercée par l'une des faces d'un feuillet magnétique sur l'autre face. — Remarquons que le flux total de force ayant pour valeur le produit d'un nombre abstrait 2π par une quantité de magnétisme ou d'électricité, suivant les cas, *n'est lui-même qu'une quantité de magnétisme ou d'électricité*. Le flux de force n'est donc nullement une force, en dépit du nom qu'on lui a donné.

Pour rendre claire la différence qui existe entre la force et le flux de force, nous allons calculer l'attraction exercée par l'une des faces d'un feuillet magnétique sur l'autre face, ou par l'une des armatures d'un condensateur à lame d'air sur l'autre armature (problème que nous avons déjà résolu quant au condensateur), en nous servant pour cela de la définition même du flux de force.

Par définition, le flux de force qui traverse une surface très petite placée dans un champ de forces, a pour valeur la *composante normale* à cette surface, de la force qui *la solliciterait si elle était chargée, par unité de surface de l'unité de quantité électrique,* ou de l'unité de quantité magnétique, ou même de l'unité de masse matérielle suivant que le champ de forces est dû à des masses électriques, magnétiques ou matérielles (pesanteur). Le théorème de Green nous permet de calculer la somme de toutes ces composantes normales, lorsqu'au lieu d'un élément de surface, on considère une surface finie de forme absolument quelconque. Or, dans le cas particulier où cette surface est un plan, toutes les composantes normales sont évidemment parallèles et, en vertu des lois de la statique, leur somme est alors égale à leur résultante.

Il résulte de là, que la composante normale de la résultante de toutes les forces appliquées à un plan placé dans un champ de forces et chargé d'une unité de quantité, électrique, magnétique ou pondérale par unité de surface, est exprimée par le même nombre que le flux total de force qui traverse le plan. Mais, si la charge du plan était de q unités par unité de surface, il est évident que toutes les forces élémentaires et par conséquent la composante normale de la résultante, seraient multipliées par q; de sorte que, en désignant par F_n cette composante normale et par $\mathcal{F}$ le flux total de force qui traverse le plan, on a l'équation

$$F_n = q\mathcal{F}.$$

Mais q étant la charge du plan par unité de surface, on a, en désignant par S sa surface et par Q la charge totale supposée uniformément répartie :

$$q = \frac{Q}{S} \qquad \text{d'où} \qquad F_n = \frac{Q\mathcal{F}}{S}.$$

Mais le flux de force qui traverse la face attirée, a pour valeur le produit de la charge totale (électrique, magnétique ou pondérale) de la face attirante par l'angle solide 2π sous lequel on voit la face attirée de chacun des points de la face attirante, puisqu'on suppose ces deux faces extrêmement rapprochées. Ce flux reste donc égal à la moitié seulement du flux total $(4\pi Q)$ émis dans toutes les directions. Nous avons donc, en remarquant que dans le feuillet magnétique comme dans le condensateur, la charge totale de la face attirante est numériquement égale à celle de la face attirée,

$$\mathcal{F} = 2\pi Q \qquad \text{d'où} \qquad Q = \frac{\mathcal{F}}{2\pi}$$

et

$$F_n = \frac{\mathcal{F}^2}{2\pi S} = \frac{2\pi Q^2}{S} = 2\pi \left(\frac{Q}{S}\right)^2 S.$$

Mais nous avons représenté par ∂ la densité magnétique $\frac{Q}{S}$ à la surface du feuillet, de sorte que l'on a

$$F_n = 2\pi \partial^2 S$$

valeur identique à celle que nous avons déjà trouvée pour l'attraction exercée sur les deux pôles d'un aimant sur une armature de fer qui est en contact parfait avec eux. Il doit en être ainsi, car cet ensemble équivaut évidemment à deux feuillets magnétiques égaux, puisque les surfaces terminales de l'aimant et de l'armature sont chargées de quantités égales de magnétisme et séparées par un intervalle extrêmement petit. Quant à l'analogie complète de cette expression et de celle qui représente l'attraction des armatures d'un condensateur, nous l'avons déjà démontrée.

228. — Ce que nous voulions montrer une fois de plus, c'est l'utilité du symbole géométrique auquel on a donné le nom de flux de force, en même temps que l'erreur que l'on commettrait en le confondant avec les forces réellement développées par les actions électriques, magnétiques ou gravifiques. L'équation

$$F_n = \frac{\mathcal{F}^2}{4\pi S},$$

nous fait voir en effet que les efforts mécaniques développés, dans le problème qui nous occupe, sont *proportionnels au carré* du flux de force. Ce qui nous fait insister sur ce point, c'est qu'on entend dire souvent que certains corps sont *conducteurs du flux de force magnétique*, expression dénuée de sens, puisque le flux de force, comme nous l'avons dit, est un symbole géométrique parfaitement défini et non pas une entité matérielle ; et que, par une singulière contradiction, les corps auxquels on applique cette expression incorrecte, sont précisément ceux à l'intérieur desquels l'effort f_1, exercé par l'unité de quantité magnétique sur une quantité égale placée à l'unité de distance, est plus petit que dans l'air.

Le flux de force est une expression algébrique créée de toutes pièces pour simplifier certains calculs, absolument comme le potentiel, et il est aussi singulier de dire qu'un corps conduit le flux de force, que si l'on disait que les corps conducteurs conduisent le potentiel électrique ou que les diélectriques conduisent le flux de force électrique. Cependant, comme cette expression a été adoptée par beaucoup d'auteurs pour traduire certains faits, nous l'emploierons nous-même à l'occasion, mais sans y attacher aucun sens concret et uniquement pour abréger le langage.

On peut dire que le Potentiel, le Flux de Force et le Feuillet magnétique sont les trois instruments principaux de recherches et de démonstration dans le domaine de l'Electricité et du Magnétisme, et qu'ils permettent de résoudre des problèmes qui, traités par les méthodes ordinaires employées en mécanique, présenteraient des difficultés insurmontables ou conduiraient à des solutions d'une telle complication qu'elles seraient sans aucune utilité.

229. — Travail développé par un feuillet qui se déplace dans un champ magnétique. — Un champ magnétique ne pouvant exister que grâce à la présence de corps doués de la propriété magnétique, nous supposerons d'abord que le feuillet se meut dans un milieu où se trouvent répartis de tels corps que, pour abréger, nous appelons masses magnétiques, et que nous supposerons sans dimensions. Un système magnétique quelconque peut toujours être considéré, en effet, comme composé d'un nombre infiniment grand de ces masses magnétiques, à la condition, comme nous le savons, qu'il contienne autant de masses positives que de masses négatives, de façon que la somme algébrique des quantités de magnétisme qui le composent, soit nulle.

Considérons maintenant une seule de ces masses contenant une quantité de magnétisme égale à q. Supposons que le feuillet situé d'abord à une très grande distance du système magnétique, s'en approche à une distance que nous définirons par l'angle solide ω sous lequel le feuillet est vu du point de masse q. Le travail développé pendant le déplacement, par l'action mutuelle du feuillet et de la masse q, est q fois aussi grand que si cette masse était égale à l'unité, c'est-à-dire q fois aussi grand que le potentiel du feuillet. Mais nous avons vu que ce potentiel a pour valeur $\Phi\omega$. Le travail développé par l'action mutuelle du feuillet et de la masse q, est donc égal à $\Phi\omega q$. Mais le produit ωq de l'angle solide sous lequel on voit le feuillet du point q, par la quantité q de magnétisme contenue dans le point, est précisément le flux de force émané du point et reçu par le feuillet (Théorème de Green).

En le désignant par f, nous aurons donc pour valeur τ du travail cherché

$$\tau = \Phi f.$$

Une seconde masse magnétique q' donnerait lieu à une équation identique

$$\tau' = \Phi f'.$$

On voit immédiatement que, en écrivant cette équation autant de fois qu'il y a de masses magnétiques dans le système considéré, et en ajoutant membre à membre toutes les équations ainsi obtenues, on aurait

$$\tau + \tau' + \tau'' \ldots = \Phi(f + f' + f'' + \ldots),$$

ou pour abréger

$$\Sigma\tau = \Phi\Sigma f.$$

La somme des travaux d'un nombre quelconque de forces qui agissent sur un corps, étant égale au travail de leur résultante, il vient, en désignant par $\tilde{\tau}$ le travail total accompli par le feuillet lorsqu'on l'amène d'une très grande distance à sa position actuelle,

$$\tilde{\tau} = \Phi\Sigma f.$$

Il importe de remarquer que l'on ne peut pas remplacer ici Σf par le flux total de toutes les masses q, q' q'' parce que les angles ω, ω', ω'', … varient avec la position de chaque masse.

On voit que la position du feuillet par rapport au système magnétique, est définie par les angles solides sous lesquels on le voit de chacune des masses magnétiques agissantes. Cela constitue donc un véritable système de coordonnés ordinairement employé dans les problèmes de mécanique, et permet d'exprimer le travail total $\tilde{\tau}$ sous la forme si simple que nous venons de trouver.

Supposons maintenant que le feuillet passe d'une position à une autre, ce déplacement correspondra à la production d'une certaine quantité de travail et, en vertu d'un principe que nous avons souvent invoqué, ce travail est indépendant du chemin suivi par le feuillet pour passer de la première position à la seconde.

On peut donc supposer que le feuillet retourne d'abord de sa première position jusqu'à une très grande distance du système, pour revenir de là à sa seconde position. La différence des travaux accomplis dans ces deux trajets est précisément égale au travail cherché. Nous aurons donc, en désignant par τ_1 le travail accompli par le feuillet lorsqu'on l'amène de l'infini à sa première position, par τ_2 le travail accompli lorsqu'on l'amène de l'infini à la seconde position et par τ le travail cherché,

$$\tau = \tau_2 - \tau_1$$

ou, en remplaçant τ_2 et τ_1 par leur valeur en fonction des flux de force reçus par le feuillet dans chacune de ses deux positions successives,

$$\tau = \Phi\Sigma f_2 - \Phi\Sigma f_1 = \Phi(\Sigma f_2 - \Sigma f_1) = \Phi\,(\mathcal{F}_1 - \mathcal{F}_2).$$

Ce qu'on exprime en disant que : *Le travail accompli par un feuillet qui se déplace dans un champ magnétique, est égal au produit de la puissance Φ du feuillet par la variation du flux de force qui le traverse.*

230. — Il résulte de là, que si le feuillet se déplace d'une petite quantité, et que pendant ce déplacement, la somme des flux de force qu'il reçoit n'éprouve aucune variation, le travail accompli sera nul. Ceci exige, puisque le déplacement est fini, que la résultante des forces mécaniques (nous employons cette expression pour qu'on ne les confonde pas avec les flux de force) appliquées au feuillet soit nulle. Le feuillet est donc en équilibre dans les positions pour lesquelles un petit déplacement n'entraîne aucune variation du flux total de force qu'il reçoit du champ, c'est-à-dire pour lesquelles ce flux total est un maximum ou un minimum. Abandonné librement à lui-même, le feuillet tend donc toujours à se placer dans une région du champ où le flux total qu'il en reçoit a la plus grande valeur possible.

Toutes ces conséquences du calcul se vérifient parfaitement lorsqu'on observe les mouvements d'une aiguille aimantée placée dans le champ d'un aimant.

231. — Travail dû au déplacement relatif de deux feuillets magnétiques. — Considérons deux feuillets magnétiques que nous désignerons par A et B. Nous pouvons regarder chacun d'eux comme plongé dans un champ magnétique créé par l'autre, et calculer, au moyen de la formule précédente, le travail dû à un déplacement quelconque imprimé au premier.

Si le feuillet A est fixe et si on déplace B, le travail aura donc pour valeur

$$\mathcal{C}_B = \Phi_B(\Sigma f_2 - \Sigma f_1)_B,$$

$(\Sigma f_2 - \Sigma f_1)_B$ représentant la variation du flux *reçu* par B et *émis* par A pendant que B se déplace. Or ce flux est proportionnel à la puissance Φ_A du feuillet par lequel il est émis. Pour le démontrer, nous considérerons le feuillet A comme formé d'une infinité d'aimants égaux entre eux et nous allons chercher l'expression du flux de force émis dans une direction quelconque par l'un d'eux ab (fig. 102).

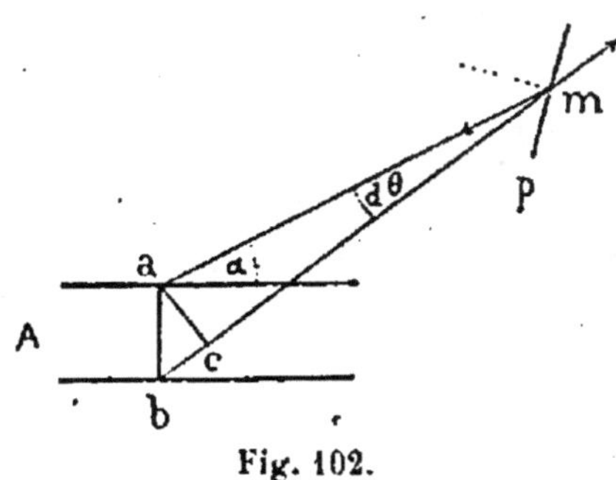

Fig. 102.

Soit p un élement de la surface du feuillet B, traversé par les flux am et bm émis par les pôles a et b ;

θ, l'angle de am avec la normale au petit plan p, que nous supposerons chargé de l'unité de quantité magnétique par unité de surface, et dont nous désignerons la surface par ds, de sorte que la quantité de magnétisme qu'il contient est aussi représentée par ds ;

α, l'angle de ma avec le plan du feuillet A qui est perpendiculaire à l'aimant ab.

Le flux de force émané de a et mesuré perpendiculairement

à l'élément p, a pour valeur, en désignant par q la quantité de magnétisme du pôle a, et par r la distance am

$$f_a = \frac{qds}{r^2} \cos \theta.$$

Le flux de force dû au pôle b, a de même pour valeur

$$f_b = -\frac{qds}{(r + dr)^2} \cos (\theta + d\theta),$$

dr représentant l'accroissement infiniment petit de am, qui sur la figure est représenté par bc, et $d\theta$ désignant l'angle $\widehat{amb}$.

La somme algébrique de ces deux flux est le flux de force réellement reçu par p et perpendiculaire à la surface. On a donc

$$f = f_a + f_b = -qds.d\left(\frac{\cos \theta}{r^2}\right).$$

Mais

$$d\left(\frac{\cos \theta}{r^2}\right) = \frac{-r^2 \sin \theta d\theta - 2r \cos \theta dr}{r^4} = -\left(\frac{\sin \theta d\theta}{r^2} + \frac{2 \cos \theta dr}{r^3}\right),$$

d'où

$$f = qds \frac{\sin \theta d\theta}{r^2} + q.ds \frac{2 \cos \theta dr}{r^3}.$$

Mais en abaissant une perpendiculaire ac, du pôle a sur le rayon vecteur bm, on a

$$dr = \overline{bc} = \overline{ab} \sin \alpha,$$
$$\overline{ac} = rd\theta,$$

d'où

$$d\theta = \frac{\overline{ac}}{r} = \frac{\overline{ab} \cos \alpha}{r}.$$

Remarquant que la longueur ab de l'aimant est précisément la distance λ des deux faces du feuillet dont l'aimant ab fait partie, et la remplaçant par λ dans les valeurs de dr et de $d\theta$, il vient pour la valeur de f

$$f = \lambda q.ds \frac{\sin \theta \cos \alpha}{r^3} + \lambda q.ds \frac{2 \cos \theta \sin \alpha}{r^3}.$$

Si on calculait le flux qui traverse un autre élément de surface de B, les quantités θ, α et r changeraient, mais le nouveau flux contiendrait encore comme facteur le produit λq de la distance ab des pôles, par la quantité de magnétisme q qu'ils contiennent, c'est-à-dire le moment magnétique de ab. De sorte que le flux total reçu par une surface quelconque composé d'un nombre infiniment grand d'éléments ds diversement situés, serait lui-même proportionnel à ce moment magnétique. Par conséquent si le feuillet magnétique fixe A est composé d'aimants identiques entre eux, c'est-à-dire s'il est *simple*, le flux total reçu par B sera proportionnel au moment magnétique d'un quelconque des aimants élémentaires dont la réunion constitue le feuillet, c'est-à-dire proportionnel à Φ_A, car en appelant S la surface du feuillet, Q la quantité de magnétisme qu'elle contient et n le nombre d'aimants élémentaires contenus dans le feuillet, on a les équations suivantes

$$\Phi_A = \frac{Q}{S}\,\lambda, \qquad Q = nq \qquad \text{d'où} \qquad \Phi_A = \frac{n}{S}\,\lambda q$$

et
$$\lambda q = \frac{S}{n}\,\Phi_A.$$

Par conséquent l'expression

$$(\Sigma f_2 - \Sigma f_1)_B$$

obtenue en ajoutant tous les flux de force élémentaires, contient nécessairement en facteur la puissance Φ_A du feuillet fixe duquel ils émanent.

232. — Il résulte de ce que nous venons de démontrer, que quelle que soit la position relative de A et de B, le travail nécessaire pour amener de l'infini jusqu'à la première position le feuillet B, sera représenté par une expression de la forme $M_1 \Phi_B \Phi_A$, M_1 étant un facteur numérique du même ordre de grandeur qu'une longueur, comme il est facile de s'en assurer. En effet l'équation

$$\lambda Q = \frac{S}{n}\,\Phi_A$$

peut s'écrire symboliquement, puisque S est une surface proportionnelle au carré d'une longueur L, et que n est un nombre abstrait.

$$\lambda q = L^2 \Phi_A.$$

D'autre part, le flux élémentaire

$$f = \frac{\lambda q\, ds}{r_3} \ (\sin \theta \cos \alpha + 2 \cos \theta \sin \alpha),$$

émis par un élément du feuillet fixe A, et qui traverse normalement un élément du feuillet mobile B, peut (en remplaçant λq par $L^2 \Phi_A$; ds qui est une aire infiniment petite, par le carré d'une longueur L_3; r^3 qui est le cube d'une longueur, par L^3; et enfin les sinus et cosinus contenus dans la parenthèse et qui sont de simples nombres, par l'unité) être mis sous la forme symbolique

$$f = L \Phi_A,$$

et il en sera de même de tous les autres flux élémentaires en nombre infiniment grand, dont l'expression contiendra toujours le flux Φ_A multiplié par une longueur, de sorte que la somme Σf_1 de tous ces flux sera nécessairement égale au produit d'une longueur par la puissance Φ_A du feuillet fixe. Donc le travail nécessaire pour amener de l'infini jusqu'à la première position le feuillet mobile B, est, comme nous le disions, représenté par $M_1 \Phi_B \Phi_A$, M_1 étant une longueur qui dépend de la position relative des feuillets A et B.

233. — Intervertissons maintenant les rôles des deux feuillets : fixons B, transportons A à une grande distance et ramenons-le ensuite dans la position qu'il occupait lorsque nous avons immobilisé B; il est évident que le travail développé par B sur A pendant que nous l'amenons ainsi d'une très grande distance, est égal à celui qui est développé par A sur B lorsque c'est B qui est mobile, les positions relatives initiales et finales étant les mêmes dans les deux cas.

Cette évidence résulte de ce que, en dernière analyse, toutes les forces mises en jeu sont dues aux actions mutuelles d'une infinité de points qui s'attirent ou se repoussent proportionnellement à leur masse magnétique (qui est supposée invariable) et en raison inverse du carré de leur distance, et que les travaux individuels de toutes ces masses magnétiques élémentaires ont une valeur qui ne dépend que des distances finales de chacune des masses de l'un des feuillets aux masses de l'autre, les distances initiales étant infinies.

Or, cette égalité des travaux développés dans les deux cas, va nous permettre d'établir des théorèmes intéressants.

Reprenons l'équation

$$\mathfrak{C}_B = \Phi_B(\Sigma f_2 - \Sigma f_1)_B$$

qui représente le travail développé par le feuillet mobile B sous l'influence du feuillet fixe A, pendant qu'il passe de la position où il est traversé par un flux $(\Sigma f_1)_B$ *émanant de* A, à la position où ce flux devient $(\Sigma f_2)_B$. Supposons pour simplifier que la première position soit à l'infini, de sorte que $\Sigma f_1 = 0$ et l'équation se réduit, en supprimant l'indice Σf_2, à

$$\mathfrak{C}_B = \Phi_B \Sigma f_B.$$

Mais nous venons de démontrer que ce même travail a pour expression $M_1 \Phi_B \Phi_A$, dans laquelle nous supprimerons également l'indice de M. Nous aurons donc

$$\mathfrak{C}_B = \Phi_B \Sigma f_B = M \Phi_B \Phi_A \qquad \text{d'où} \qquad M = \frac{\Sigma f_B}{\Phi_A} \,.$$

Si on fixe B et si on éloigne A jusqu'à l'infini pour le ramener ensuite à sa première position, le travail développé pendant le retour sera égal en grandeur et en signe à $\mathfrak{C}_B$ mais il aura une expression différente qu'on obtiendra en changeant l'indice B des quantités Φ_B et Σ_B et en le remplaçant par l'indice A, puisque l'indice appartient au feuillet mobile. Nous aurons donc

$$\mathfrak{C}_A = \Phi_A \Sigma f_A = M' \Phi_A \Phi_B.$$

Nous avons mis M' au lieu de M, parce que les calculs compliqués au moyen desquels on trouve M, ne permettent pas de voir immédiatement qu'on arrive à la même valeur de M, lorsqu'on remplace le feuillet A par le feuillet B et réciproquement dans la série d'équations précédentes.

Cette égalité ressort d'ailleurs immédiatement de l'égalité $\mathfrak{E}_A = \mathfrak{E}_B$ qui donne

$$\Phi_A \Sigma_A = \Phi_B \Sigma f_B \qquad \text{d'où} \qquad \frac{\Sigma f_B}{\Sigma f_A} = \frac{\Phi_A}{\Phi_B} .$$

Cette dernière équation signifie que : lorsque deux feuillets magnétiques sont en présence, les flux de force qui traversent chacun d'eux sont dans un rapport inverse du rapport de leurs puissances respectives.

L'égalité de $\mathfrak{E}_A$ et de $\mathfrak{E}_B$ entraîne, comme on le voit, l'égalité de M et de M'. Enfin elle nous donne les équations

$$M = \frac{\Sigma f_A}{\Phi_B} = \frac{\Sigma f_B}{\Phi_A} .$$

Les théorèmes que nous venons de démontrer relativement aux feuillets magnétiques, sont d'une grande utilité pour l'étude des lois de l'Electrodynamique, de l'Electromagnétisme et de l'Induction. C'est pourquoi nous avons cru devoir leur donner un certain développement, bien qu'ils paraissent au premier abord n'avoir qu'un intérêt purement mathématique puisqu'ils s'appliquent à une abstraction irréalisable, le feuillet magnétique.

CHAPITRE II

INDUCTION MAGNÉTIQUE

GÉNÉRALITÉS. — DÉFINITIONS

234. — Nous avons vu, en étudiant l'électricité, que lorsqu'un corps conducteur est placé dans le voisinage de corps électrisés, c'est-à-dire dans un champ électrique, il s'électrise à son tour par influence ou, comme on dit dans le langage moderne, par *induction* ; l'une de ses extrémités est électrisée positivement, tandis que l'autre s'électrise négativement sans que la charge totale d'électricité qu'il contenait, avant d'être placé dans le champ, soit altérée. Nous avons montré que ce phénomène est une conséquence naturelle des actions mécaniques exercées à distance par l'électricité, et que l'assimilation de l'électricité à un fluide composé de molécules électrisées d'avance, conduisait à des résultats identiques à ceux qui sont produits par l'induction électro-statique.

Les lois élémentaires des attractions et répulsions magnétiques étant identiques à celles de l'électricité, il est naturel de penser que les corps magnétiques jouissent aussi de la propriété de devenir des aimants lorsqu'ils sont placés dans un champ magnétique et l'expérience confirme complètement ces prévisions. Les phénomènes sont toutefois beaucoup plus complexes que ceux que présentent les corps conducteurs de l'électricité, et sont bien plutôt comparables à ceux que l'on observe dans les corps diélectriques plongés dans un champ électrique.

235. — Susceptibilité magnétique. — Soit AB (fig. 103) un barreau de fer doux placé dans un champ magnétique, parallèlement aux lignes de force ; l'expérience prouve que ce barreau devient un aimant dont la puissance ou, pour parler plus clairement, le moment magnétique, est d'autant plus grand que le champ est lui-même plus intense. Mais l'aimantation ainsi communiquée au barreau n'existe, lorsqu'il est en fer doux, que pendant qu'il est placé dans le champ ; elle s'évanouit *presque* complètement lorsqu'on l'en retire ou lorsqu'on le place perpendiculairement aux lignes de force, pour reparaître,

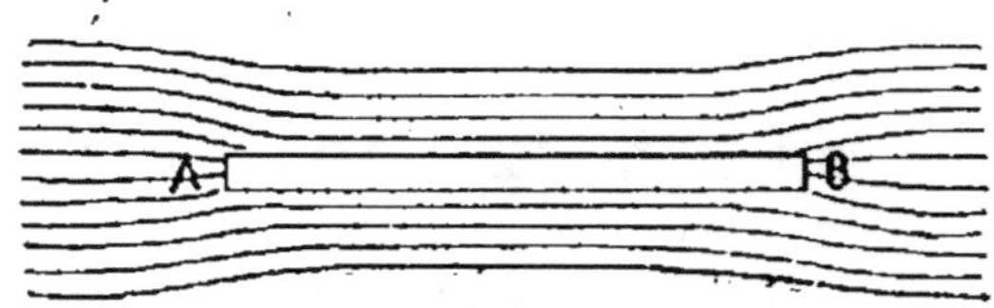

Fig. 103.

mais en sens contraire, c'est-à-dire avec inversion des pôles, si on fait décrire au barreau un angle plus grand qu'un angle droit. Dans tout ce qui suit nous supposerons que le barreau est placé parallèlement aux lignes de force.

Le rapport de l'*intensité d'aimantation du barreau* (voir ce mot 207) $\mathfrak{I}$, à l'intensité $\mathcal{K}$ du champ dans lequel il est placé, a reçu le nom de *susceptibilité magnétique*. Si par exemple un barreau placé dans un champ de 10 unités présente une intensité d'aimantation de 300 unités, on dira que la susceptibilité magnétique est égale à

$$\frac{300}{10} = 30.$$

On désigne généralement ce rapport par la lettre $\varkappa$. On a donc par définition

$$\varkappa = \frac{\mathfrak{I}}{\mathcal{K}} \cdot$$

Ce rapport est un nombre abstrait qui ne dépend pas de la grandeur des unités fondamentales choisies pour exprimer $\mathfrak{I}$ et $\mathcal{K}$.

En effet, l'intensité d'aimantation étant le quotient du moment magnétique du barreau par son volume, on a, en désignant par Q une quantité de magnétisme et par L une longueur

$$\mathfrak{I} = \frac{\text{Moment magnétique}}{\text{Volume}} = \frac{\text{Quantité de magnétisme polaire} \times \text{Long. du barreau}}{\text{Cube d'une longueur}}$$

ou symboliquement

$$\mathfrak{I} = \frac{QL}{L^3} = \frac{Q}{L^2}$$

équation qui signifie, comme nous l'avons déjà trouvé par d'autres moyens, que $\mathfrak{I}$ est du même ordre de grandeur qu'une densité magnétique, L^2 représentant l'aire d'un carré.

L'intensité $\mathfrak{H}$ d'un champ magnétique a pour mesure l'effort f exercé sur l'unité de quantité magnétique placée dans le champ, elle est donc proportionnelle au quotient de l'effort F, exercé par le champ sur une quantité de magnétisme Q, par cette quantité de magnétisme. On a donc symboliquement

$$\mathfrak{H} = \frac{F}{Q} \cdot$$

Mais on a aussi l'équation fondamentale qui représente la loi de Coulomb

$$F = \frac{Q^2}{L^2} \qquad \text{d'où} \qquad \frac{F}{Q} \qquad \text{ou} \qquad \mathfrak{H} = \frac{Q}{L^2} \cdot$$

On voit immédiatement que $\mathfrak{I}$ et $\mathfrak{H}$ ont la même valeur symbolique $\frac{Q}{L^2}$, c'est-à-dire ne peuvent différer que par des coefficients indépendants du choix des unités fondamentales, la susceptibilité magnétique $\varkappa$ est donc un nombre abstrait.

236. — **Saturation magnétique.** — La susceptibilité magnétique est loin d'être un nombre constant. Elle est considérable pour les petites valeurs de $\mathfrak{H}$ et va constamment en diminuant à mesure que $\mathfrak{H}$ augmente. Sa valeur pour un champ de 4 unités différerait peu de 150, tandis qu'elle tomberait à 0,15, c'est-à-dire à une valeur mille fois moindre, lorsque l'intensité du champ atteint 11 000 unités. Ces nombres n'ont d'ailleurs rien d'absolu et dépendent de la nature du fer, mais la diminution rapide de $\varkappa$ aussi bien pour le fer que pour la fonte et les autres métaux magnétiques, lorsque l'intensité du champ augmente, est un fait constant. On peut même dire, qu'à partir d'une certaine intensité du champ, l'intensité d'aimantation du barreau n'augmente plus que d'une façon inappréciable, comme on le verra dans les tableaux placés plus loin ; il semble même qu'elle diminue. Cet état du fer qui le rend insensible aux variations du champ a été désigné par le mot de *saturation magnétique*. La cause de ce phénomène singulier nous est, naturellement, totalement inconnue, puisque nous ignorons le mécanisme des phénomènes magnétiques.

FLUX MAGNÉTIQUE TOTAL

237. — Flux magnétique total existant au point neutre d'un barreau aimanté. — Le barreau AB placé dans un champ magnétique, et devenant lui-même un aimant, donne lieu à des lignes de force qui n'existaient pas avant son introduction dans le champ et modifient par conséquent ce dernier dans une certaine étendue, ainsi que la valeur primitive des flux de force en chacun de ses points.

Il résulte de cette coexistence de deux systèmes de lignes de force, appartenant à deux champs magnétiques différents, un troisième système de lignes que l'on obtiendrait en composant les deux premiers suivant la règle du parallélogramme des forces. C'est le champ résultant ; le seul que l'on puisse constater expérimentalement en appliquant les procédés déjà décrits pour le tracé des lignes de force au moyen d'une aiguille aimantée infiniment petite qui prend en chaque point la direction de la ligne de force passant par son centre.

On trouve ainsi que les lignes résultantes affectent la forme représentée approximativement par la figure 103. On voit qu'à une certaine distance du barreau, les lignes de force du champ conservent leur direction primitive tandis que dans le voisinage du barreau, elles éprouvent une inflexion qui fait dire que les lignes de force « sont déviées de leur trajectoire primitive, « parce que le fer est un milieu beaucoup plus conducteur que « l'air ou le vide dans lequel elles se propageaient lorsque le « barreau de fer doux n'existait pas ».

On voit que cette manière d'exprimer le fait dont nous venons de donner l'explication ne constitue en réalité qu'une image qui frappe l'imagination, mais qui n'a qu'un rapport assez éloigné avec les faits très simples que nous venons d'analyser.

Nous allons montrer comment on peut calculer le flux magnétique total qui existe au point neutre du barreau.

Remarquons que les deux moitiés du barreau peuvent être considérées comme deux aimants égaux en contact intime par un de leurs pôles, les deux pôles ainsi en contact étant de nom contraire. Si nous séparons ces deux pôles par un plan sans épaisseur, nous pourrons considérer les deux surfaces polaires et le plan qui les sépare, comme constituant un feuillet magnétique, et lui appliquer l'expression du flux magnétique total que nous avons déjà donnée (226)

$$\mathcal{F} = 4\pi \mathfrak{d} S$$

dans laquelle $\mathfrak{d}$ représente également la charge magnétique par unité de surface polaire ou l'intensité d'aimantation, ainsi que nous avons eu plusieurs fois l'occasion de le répéter, et S la surface de chacun des pôles en contact ou la section droite du barreau. Ce flux de force produit par le barreau sous l'influence du champ magnétique a reçu le nom de *flux d'induction*.

Mais le flux total qui traverse le plan a une valeur plus élevée, car, en vertu du théorème de Green, ce plan reçoit encore le flux de force émanant de toutes les masses magnétiques dont l'ensemble produit le champ magnétique dans lequel est placé le barreau (nous savons qu'un champ magnétique est toujours dû à l'action de corps doués des propriétés magnétiques). Si dans la portion de l'espace occupée par le barreau, le champ peut être considéré comme constant, le flux total $\mathcal{F}_h$ dû à ce champ, traversant une section de surface S ou, en d'autres termes, la force exercée par le champ sur le plan supposé chargé d'une couche magnétique de densité 1 et placé perpendiculairement aux lignes de force, est donnée par l'équation

$$\vec{\mathcal{F}}_h = \mathcal{H}S.$$

Le flux total de force qui traverse le plan, est donc égal à la somme de ces deux flux. En le désignant par $\vec{\mathcal{F}}'$, on a

$$\vec{\mathcal{F}}' = \vec{\mathcal{F}} + \vec{\mathcal{F}}_h = 4\pi\mathcal{J}S + \mathcal{H}S.$$

Mais en vertu de la définition que nous venons de donner de la susceptibilité magnétique, on a

$$\mathcal{J} = \varkappa\mathcal{H}.$$

Remplaçant $\mathcal{J}$ par cette valeur dans l'expression de $\vec{\mathcal{F}}'$, nous avons

$$\vec{\mathcal{F}}' = \mathcal{H}S + 4\pi\varkappa\mathcal{H}S \qquad \text{et enfin} \qquad \frac{\vec{\mathcal{F}}'}{\vec{\mathcal{F}}_h} = 1 + 4\pi\varkappa.$$

238. — Perméabilité magnétique. Formule $\mu = 1 + 4\pi\varkappa$. — Le rapport $\dfrac{\vec{\mathcal{F}}'}{\vec{\mathcal{F}}_h}$ du flux total qui traverse la section droite du barreau en son milieu, au flux qui la traverserait s'il n'était pas magnétique et qui serait dû au champ magnétique seul, a reçu le nom de *perméabilité magnétique*. On voit qu'elle se déduit mathématiquement, en vertu du théorème de Green, de la *susceptibilité* qui, elle, est un nombre que l'expérience seule peut nous faire connaître. On la désigne par la lettre μ. On a donc

$$\mu = 1 + 4\pi\varkappa \qquad \text{ou} \qquad \varkappa = \frac{\mu - 1}{4\pi}$$

et $\qquad \vec{\mathcal{F}}' = \mu\vec{\mathcal{F}}_h = \mu\mathcal{H}S \qquad$ d'où $\qquad \dfrac{\vec{\mathcal{F}}'}{S} = \mu\mathcal{H}.$

Le rapport $\dfrac{\vec{\mathcal{F}}'}{S}$ généralement désigné par la lettre $\mathfrak{B}$ prend le nom d'Induction magnétique. *C'est la valeur du champ magnétique par cm³, à l'intérieur du fer considéré comme un milieu transmettant la force magnétique, comme l'air ou le vide, et en faisant abstraction de son impénétrabilité.*

239. — La connaissance de la valeur de μ correspondante à différentes valeurs de $\mathcal{H}$ est très utile au point de vue pratique, car elle joue un rôle important dans l'étude des machines dynamo-électriques, ainsi que nous le verrons plus tard. On a donc essayé de représenter la relation qui existe entre ces deux quantités, soit par des équations empiriques, soit par des équations dont on se donne *a priori* la forme ; de manière qu'elles donnent pour μ une valeur comprise entre 2000 et 1, suivant que $\mathcal{H}$ est nul ou extrêmement grand. Aucune de ces formules ne donne la valeur de la perméabilité avec précision. Cependant il est possible, en se basant sur le phénomène auquel nous avons donné le nom de saturation magnétique, de trouver une relation extrêmement simple et suffisamment exacte entre μ et $\mathcal{H}$.

Nous avons dit, en effet, que lorsque l'intensité du champ magnétique va en augmentant, l'intensité d'aimantation $\mathfrak{I}$, nulle en même temps que celle du champ, croit d'abord d'une manière sensiblement proportionnelle à celle-ci, puis beaucoup plus lentement et finit par devenir sensiblement stationnaire.

Appelons A cette valeur stationnaire ; elle doit satisfaire à l'équation

$$\mu = 1 + 4\pi\varkappa$$

dans laquelle $\varkappa = \dfrac{\mathfrak{I}}{\mathcal{H}}$. Si on fait $\mathfrak{I} = A$, il vient

$$\mu = 1 + \frac{4\pi A}{\mathcal{H}}$$

équation très simple, dans laquelle il suffit de poser $A = 1500$, pour qu'elle représente avec une exactitude suffisante la valeur de μ lorsque $\mathcal{H}$ varie entre 200 et 1 000 unités C. G. S.

Pour les valeurs de $\mathcal{H}$ supérieures à 1 000 unités, on prendra $A = 1650$ et on trouvera la valeur de μ avec une exactitude remarquable, même lorsque $\mathcal{H}$ dépasse 10 000 unités.

Ainsi, par exemple, lorsqu'on a $\mathcal{H} = 11\,200$, les expériences de M. Ewing donnent $\mu = 2,89$; tandis que la valeur calculée au moyen de la formule $\mu = 1 + \dfrac{4\pi \times 1650}{\mathcal{H}}$ donne $\mu = 2,85$.

Pour $\mathcal{H} = 3\,630$, ces mêmes expériences donnent $\mu = 6{,}81$, tandis que la formule donne $\mu = 6{,}71$.

Dans le cas où on avait $\mathcal{H} = 11\,200$, le flux total d'induction dans le barreau atteignait une valeur donnée par l'équation

$$\mathfrak{B} = \mu\mathcal{H} = 2{,}89 \times 11\,200 = 32\,368 \text{ unités par centimètre carré.}$$

Nous donnons à la fin de ce chapitre un tableau qui résume les nombres obtenus par divers expérimentateurs, au moyen de méthodes que nous ferons connaître en traitant de l'Induction électro-magnétique.

240. — On peut transformer l'équation

$$\frac{\mathfrak{J}}{S} = \mu\mathcal{H}$$

et lui donner une forme dont nous nous servirons plus tard en étudiant la théorie des machines dynamo-électriques.

Par définition, la différence de potentiel de deux points de l'espace soumis à l'action de forces magnétiques, est égale au travail développé par la masse-unité, lorsqu'elle passe d'un de ces points au second ; il en résulte que la différence de potentiel des deux points du champ magnétique, correspondant aux deux extrémités du barreau de fer doux, a pour valeur le produit de l'intensité $\mathcal{H}$ du champ par la distance L des extrémités. On a donc

$$V = \mathcal{H}L \quad \text{d'où} \quad \mathcal{H} = \frac{V}{L} \quad \text{et} \quad \frac{\mathfrak{J}'}{S} = \frac{\mu V}{L},$$

d'où enfin
$$\mathfrak{J}' = \frac{\mu S}{L} V.$$

241. — **Cas où le barreau est coupé en son milieu.** — Supposons maintenant qu'on coupe réellement le barreau en son milieu, et que l'on écarte les deux moitiés coupées d'une quantité (fig. 104) petite par rapport à l'épaisseur du barreau, de façon qu'un plan perpendiculaire à la direction AB et situé entre les deux pôles nouveaux B' et

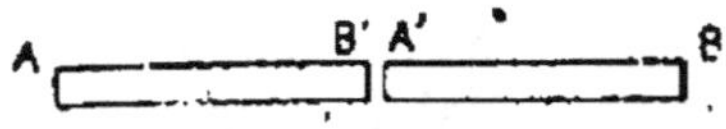

Fig. 104.

A' créés par la séparation des deux moitiés, soit vu de tous les points des faces A' et B', sous un angle solide très peu différent de 2π. Le flux de force total reçu par ce plan, aura encore pour valeur $4\pi\Sigma Q$, ΣQ désignant la somme de toutes les masses magnétiques agissantes.

Or, la somme de toutes les masses agissantes se compose de deux parties :

1° Les masses magnétiques appartenant à chacun des tronçons AB, A'B', et qui se réduisent *presque complètement*, si ces tronçons sont très longs, à $\mathfrak{I}$ pour le pôle A' et à $-\mathfrak{I}$ pour le pôle B' ; de sorte que le flux total de force, émanant de ces deux pôles, est encore égal à $4\pi\mathfrak{I}$, puisque l'intensité d'aimantation $\mathfrak{I}$ ne dépend pas de la longueur du barreau induit.

2° Les masses agissantes extérieures aux barreaux et qui, par leur action, constituent le champ magnétique inducteur. Il est clair que le faible déplacement imprimé aux faces polaires A' et B', ne change pas le flux de force reçu par celles des masses magnétiques extérieures, c'est-à-dire n'altère pas l'intensité du champ produit dans l'intervalle A'B' par les actions extérieures.

Le flux de force total conserve donc la valeur qu'il avait avant la séparation des deux barreaux, à la condition, bien entendu, que ces barreaux soient assez longs pour que l'angle solide sous lequel chacune des faces A',B' est vue des faces A et B, soit négligeable et que les lignes de force aux environs de A' et B' soient parallèles à la direction des barreaux AB', A'B. Il est facile de s'assurer, par l'examen des fantômes magnétiques, que cette dernière condition est remplie lorsque le barreau a une longueur suffisante par rapport à son diamètre.

Le flux total de force qui traverse l'espace compris entre les deux faces A', B', a donc la même valeur que lorsque les deux faces se touchaient, mais il faut remarquer que pour obtenir ce résultat, nous avons écarté les extrémités A et B des deux barreaux de la quantité λ et que la différence de potentiel magnétique de ces extrémités a en même temps augmenté de λ, en vertu de l'équation

$$V = \mathfrak{IC}L$$

qui devient, lorsqu'on change L en L $+ \lambda$,

$$V' = \mathcal{K})L + \lambda)$$

d'où $$V' - V = \mathcal{K}\lambda.$$

D'ailleurs, l'accroissement du potentiel V_1, nécessaire pour faire franchir au flux total l'intervalle $A'B' = \lambda$, est facile à calculer directement en considérant les deux faces A' et B' comme constituant un feuillet magnétique et en appliquant l'équation du n° 240 qui devient, en remplaçant la lettre $\mathcal{J}$ par $\mathcal{J}'$, et V par V_1,

$$\mathcal{J}' = \frac{SV_1}{\lambda} \qquad \text{d'où} \qquad V_1 = \frac{\lambda\mathcal{J}'}{S}.$$

De plus, la somme des différences de potentiel des extrémités A et B' d'une part, et A' et B d'autre part, a pour valeur

$$V = \frac{L\mathcal{J}'}{\mu S},$$

de sorte que la différence totale de potentiel des points A et B, est égale à

$$V + V_1 = \left(\frac{L}{\mu S} + \frac{\lambda}{S}\right)\mathcal{J} \qquad \text{d'où} \qquad \mathcal{J}' = \frac{V + V_1}{\dfrac{L}{\mu S} + \dfrac{\lambda}{S}}.$$

242. — Cas où les faces polaires A' **et** B' **ont une surface plus grande que la section droite du barreau.** — Si les faces polaires

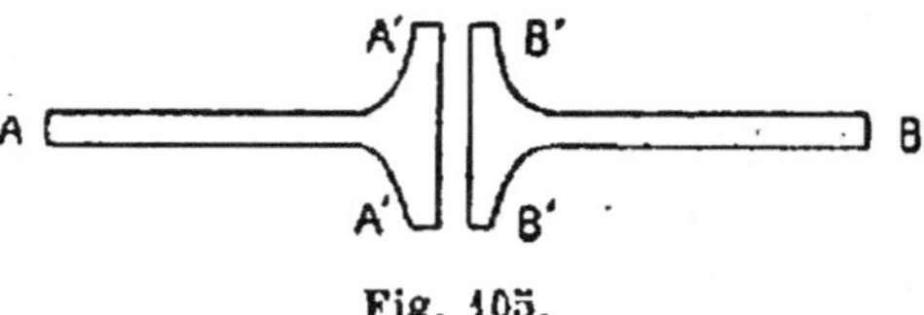

Fig. 105.

correspondantes au milieu du barreau sectionné, sont munies de plaques en fer A'A', B'B' (fig. 105) formant épanouissement, les raisonnements que nous venons de développer s'appliquent évidemment encore ; mais la différence de potentiel des épanouissements A'A', B'B' n'est plus la même que dans le cas

précédent, parce que la surface du feuillet magnétique formé
par ces épanouissements est différente de la section droite du
barreau. Elle est d'ailleurs toujours donnée par la formule
générale

$$V_1 = \frac{\lambda . \mathfrak{J}'}{S_1}$$

dans laquelle S_1 désigne la surface de chacune des pièces
polaires. La différence totale de potentiel entre A et B, devient
dans ce cas

$$V + V_1 = \left(\frac{L}{\mu S} + \frac{\lambda}{S_1}\right) \mathfrak{J}' \qquad \text{d'où} \qquad \mathfrak{J}' = \frac{V + V_1}{\frac{L}{\mu S} + \frac{\lambda}{S_1}} .$$

On voit que, en résumé, lorsqu'un barreau homogène et de
section constante est placé dans un champ magnétique uniforme, son point neutre, ou plus exactement, sa section droite
médiane est traversée entièrement par le flux de force dont
nous venons de calculer la valeur.

Mais il n'en est pas de même des sections comprises entre le
point neutre et les extrémités polaires A et B, parce que les
lignes de force ne sont plus parallèles entre elles comme elles
le sont au point neutre. C'est ce qui résulte et du calcul, et de
l'examen des fantômes magnétiques. Le flux total va donc en
s'épanouissant de plus en plus à mesure que l'on s'approche
des extrémités A et B, et pour qu'un plan perpendiculaire au
barreau et situé près des extrémités fût coupé par la totalité
des lignes de force, il devrait avoir des dimensions très supérieures au diamètre du barreau.

L'expression du flux total que nous avons donnée, basée sur
la définition même de ce flux et de la propriété du fer à
laquelle on a donné le nom de susceptibilité magnétique, est
donc vraie lorsque les deux tronçons du barreau sont suffisamment longs par rapport à leur diamètre et elle n'exige pas,
comme cela a lieu dans les démonstrations que l'on donne
habituellement, que les deux tronçons soient réunis par une
barre de fer aboutissant aux pôles A et B et servant, comme
on dit, à « fermer le circuit magnétique », ni que l'on admette

comme évidente la conservation de la valeur du flux total de force.

243. — Force magnéto-motrice. — Si les lignes de force du champ magnétique, au lieu d'être rectilignes, comme nous l'avons supposé, étaient curvilignes (nous verrons plus tard qu'elles peuvent même affecter la forme circulaire), et que le barreau de fer fût courbé précisément suivant la même forme que les lignes de force qui sillonnent l'espace qu'il occupe, l'expression du flux de force resterait la même et elle serait encore vraie dans le cas extrême où les lignes de force du champ seraient des courbes fermées, comme nous en verrons des exemples dans l'électro-magnétisme. Seulement, dans ce dernier cas, on ne peut plus dire qu'il existe une différence de potentiel magnétique entre deux points d'un canal de force, puisqu'étant fermé sur lui-même, on arriverait à ce résultat absurde que, en partant d'un point quelconque du canal de force et en cheminant le long de ce canal dans le sens des potentiels croissants, on trouverait, en revenant au point de départ après avoir décrit un circuit fermé, un potentiel plus grand que celui que l'on avait d'abord. On trouverait en un mot deux valeurs différentes du potentiel pour un même point.

L'expérience apprend cependant qu'un champ magnétique, composé de canaux de force affectant la forme de courbes fermées, est parfaitement réalisable au moyen d'un solénoïde électrique, et qu'une tige de fer de même forme, plongée dans le canal, s'aimante également dans tous ses points.

Mais tant que cette aimantation est permanente, aucun phénomène ne la révèle au dehors, parce que la tige peut être considérée comme formée d'une infinité de petits aimants se touchant par leurs pôles de noms contraires ; de sorte que toute action extérieure qui pourrait être due à l'un quelconque de ces pôles, est annulée par le pôle de nom contraire qui est en contact avec lui (fig. 106). On peut cependant mettre hors de doute l'aimantation produite en coupant la tige en deux points quelconques *ab*, *a'b'*, et en essayant de séparer les deux moitiés *ba'* et *ab* l'une de l'autre; on constate alors qu'elles s'attirent avec une énergie qui peut être considérable.

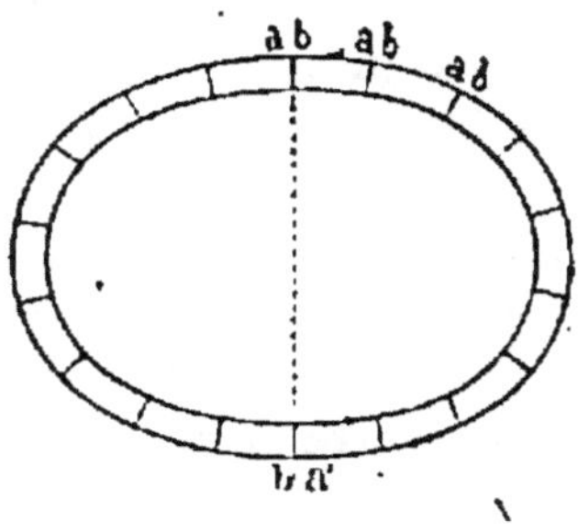

Fig. 106.

La différence de potentiel magnétique n'existant plus comme nous venons de le dire dans ce cas particulier, on est obligé pour expliquer les faits, d'admettre l'existence, dans le milieu qui entoure la tige de fer, d'une force à laquelle on a donné le nom de *force magnéto-motrice*. On peut mesurer cette force par la différence de potentiel magnétique qui produirait sur un barreau de 1 centimètre de longueur, placé dans le sens des lignes de force curvilignes, l'intensité d'aimantation qu'il prend réellement lorsqu'il fait partie de la tige curviligne fermée sur elle-même.

244. — Calcul de la force magnéto-motrice. — Pour rendre ceci parfaitement clair, nous allons montrer comment on peut déduire, de l'effort nécessaire pour séparer les deux moitiés de la tige de fer supposée courbée en forme de circonférence (fig. 107), la valeur de la force magnéto-motrice qui agit sur chaque centimètre de longueur de la tige.

Disons immédiatement que l'on peut obtenir, comme nous le démontrerons dans l'électro-magnétisme, un champ magnétique curviligne parfaitement uniforme, en enroulant sur le barreau de fer en forme d'anneau, une hélice en fer de cuivre qui l'entoure complètement, mais dont les deux spires extrêmes

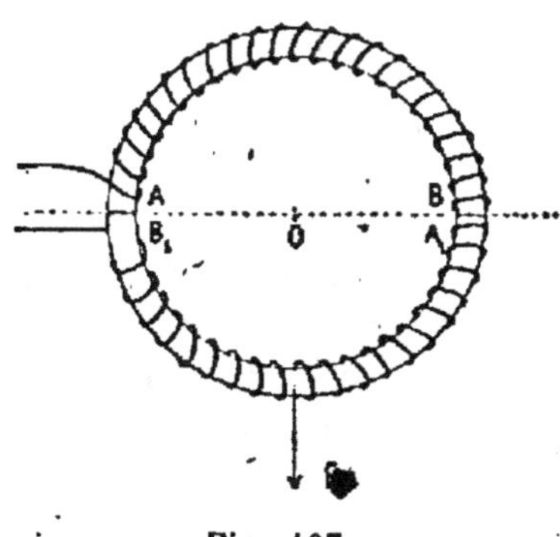

Fig. 107.

A et B₁ qui ne se touchent pas, communiquent avec une source d'électricité qui y entretient un courant électrique.

Désignons par F la force qu'il faut appliquer à la demi-circonférence inférieure, perpendiculairement au plan diamétral qui passe par les surfaces polaires AB_1, BA_1 en contact, par s la section droite de chaque surface polaire ou de celle du barreau, par $\mathcal{H}$ l'intensité du champ circulaire dans lequel est placé le barreau.

Nous savons que l'intensité d'aimantation $\mathcal{I}$ du barreau est représentée par le même nombre que la densité magnétique à la surface des pôles de noms contraires en contact, et nous avons vu que l'effort attractif f développé entre A et B_1 ou entre B et A_1, a pour expression

$$f = 2\pi\mathcal{I}^2 s.$$

D'autre part, le flux de force induit dans le barreau par l'action du champ, est égal, pour chaque unité de section, à $4\pi\mathcal{I}$. On tire de là, en remplaçant f par $\dfrac{F}{2}$

$$4\pi\mathcal{I} = 2\sqrt{\frac{\pi F}{s}}.$$

Mais, en vertu de la définition de la susceptibilité magnétique $\varkappa$, on a

$$\mathcal{I} = \varkappa\mathcal{H} \qquad \text{d'où} \qquad 4\pi\mathcal{I} = 4\pi\varkappa\mathcal{H} = 2\sqrt{\frac{\pi F}{s}}$$

et

$$\varkappa\mathcal{H} = \frac{1}{2}\sqrt{\frac{F}{\pi s}}, \qquad \mathcal{H} = \frac{1}{2\varkappa}\sqrt{\frac{F}{\pi s}} = \text{Force magnétomotrice.}$$

Cette équation fait connaître $\varkappa$ lorsque la valeur de $\mathcal{H}$ est donnée, et réciproquement. Or, nous verrons dans l'Electromagnétisme, comment on peut calculer la valeur de $\mathcal{H}$ en fonction du nombre de spires de l'hélice qui entoure le barreau et de l'intensité du courant électrique qui la traverse. Actuellement, si nous supposons connue la valeur de $\varkappa$, on tire de l'équation ci-dessus

$$\mathcal{H} = \frac{1}{2\varkappa}\sqrt{\frac{F}{2\pi s}}$$

et cette valeur de $\mathcal{H}$ qui ne se révèle, par aucun phénomène magnétique extérieur, lorsque les spires de l'hélice magnétisante sont exactement identiques entre elles et également espacées, représente ce que nous avons appelé la *Force magnéto-motrice*.

Il est à peine besoin de rappeler que, suivant les conventions adoptées dans le système C. G. S., F doit être exprimé en dynes et s en centimètres carrés. Il représente alors l'effort en dynes qui serait exercé sur un petit plan de 1 centimètre carré, chargé d'une unité de magnétisme, placé dans l'intérieur des spires et situé dans un plan diamétral quelconque perpendiculaire au plan de la figure, le barreau de fer étant supposé enlevé. Ce petit plan serait donc soumis à un effort indépendant de sa position dans l'hélice, et prendrait un mouvement de rotation en produisant un travail mécanique proportionnel à son déplacement angulaire autour du point O. Nous savons d'ailleurs que cette expérience est irréalisable, parce qu'il est impossible de séparer une quantité de magnétisme de la quantité égale et de signe contraire, dont la réunion avec elle forme un aimant et que ces deux quantités égales et contraires, sollicitées par le champ avec des intensités aussi égales et contraires, ne pourraient donner lieu à aucun mouvement de rotation.

Mais l'existence de l'effort nécessaire pour séparer les deux moitiés circulaires du barreau, met hors de doute l'existence de la force magnéto-motrice du champ et permet en même temps de calculer le flux total de force induit dans le barreau. Ce flux total est en effet égal à $4\pi\mathcal{H}s$. On a donc en le désignant par $\mathcal{F}_i$

$$\mathcal{F}_i = 2\sqrt{\pi F s}.$$

Nous verrons en étudiant l'induction électro-magnétique, qu'il existe d'autres moyens de mesurer ce flux total.

245. — En admettant l'invariabilité du flux total de force qui existe dans la section plane faite en un point quelconque d'un ensemble de tiges magnétiques, de longueur et de section différentes, reliées entre elles de façon à faire un polygone fermé

ADFCKLB, dont un ou plusieurs côtés sont soumis à l'action d'une force magnéto-motrice (fig. 108), et en supposant *qu'il n'existe aucune ligne de force en dehors du fer*, excepté dans la région AB où la continuité est interrompue, on peut trouver la valeur de ce flux total en généralisant l'équation donnée plus haut. Il suffit pour cela de remarquer qu'une tige de longueur L, de section s et de perméabilité μ, exige pour être

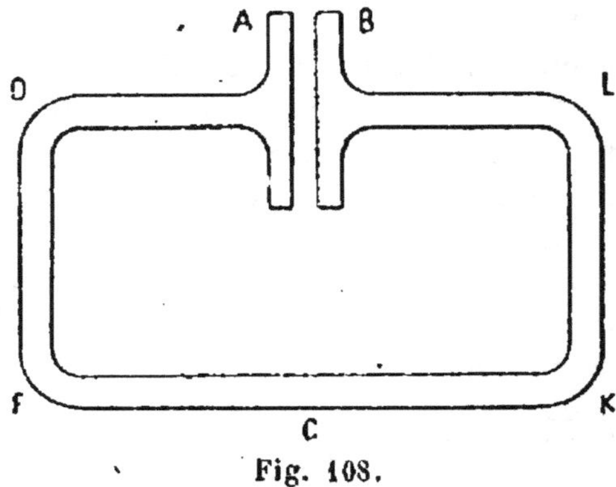

Fig. 108.

parcourue par un flux total $\mathcal{I}$, une force magnéto-motrice ou une différence de potentiel magnétique égale à

$$\frac{L}{\mu s}\,\mathcal{I}.$$

Une seconde tige de longueur L', de section s' et de perméabilité μ', située à la suite de la première, exigerait, pour la même valeur du flux, une augmentation de force magnéto-motrice égale à

$$\frac{L'}{\mu's'}\,\mathcal{I}$$

et ainsi de suite. On voit donc que la force magnéto-motrice totale devrait, pour que le flux total fût le même dans toutes les sections droites du *circuit magnétique* ADFCKLB, avoir une valeur égale à

$$\left(\frac{L}{\mu s} + \frac{L'}{\mu's'} + \frac{L''}{\mu''s''} + \ldots\right)\mathcal{I} = \mathcal{M}$$

d'où on tire, en posant

$$\frac{L}{\mu s} + \frac{L'}{\mu' s'} + \frac{L''}{\mu'' s''} = \sum \frac{L}{\mu s}$$

$$\mathfrak{F} = \frac{\mathfrak{M}}{\sum \dfrac{L}{\mu s}}.$$

La valeur de $\mathfrak{F}$ est, comme nous l'avons déjà dit, identique à celle d'une quantité de magnétisme, c'est-à-dire, que rapportée aux unités fondamentales, elle est exprimée symboliquement par la formule

$$\mathfrak{F} = \frac{M^{\frac{1}{2}} L^{\frac{3}{2}}}{T}.$$

Il ne faut pas perdre de vue que la valeur du flux total dans les différentes régions du circuit magnétique, telle que nous venons de la donner en fonction de la longueur, de la section et de la perméabilité de chacune des parties du *circuit magnétique,* n'est exacte que s'il n'existe pas de lignes de force magnétique en dehors de ce circuit. La formule n'est plus du tout applicable, par exemple, aux régions polaires d'un barreau rectiligne plongé dans un champ magnétique, ce qui est précisément le cas par lequel nous avons débuté.

Il faudrait bien se garder d'introduire dans la somme $\sum \dfrac{L}{\mu s}$, à laquelle certains savants anglais ont donné le nom de *Réluctance,* un terme destiné à représenter la valeur de $\dfrac{L}{\mu s}$ correspondant au trajet des lignes de force dans l'espace indéfini qui entoure le circuit magnétique, car on s'exposerait à commettre des erreurs considérables. Il suffit pour s'en rendre compte de se reporter à la démonstration que nous avons donnée précédemment de l'expression du flux total au milieu d'un barreau rectiligne très long. Cette expression est identique à celle que nous venons d'appliquer au circuit fermé ne contenant que de faibles lacunes telles que AB, et cependant il y a en apparence une énorme différence entre les deux circuits.

Nous ajouterons que nos expériences personnelles ont confirmé ce que nous venons de dire et que la *réluctance* d'un circuit magnétique, très long par rapport à sa section transversale, est sensiblement la même dans les deux cas extrêmes représentés (fig. 104 et fig. 108), le flux total étant mesuré en un point où le circuit ne présente qu'une faible solution de continuité (A'B' dans la fig. 104 et AB dans la fig. 108), dans laquelle la perméabilité μ est égale à 1, puisque ces lignes de force sont alors situées dans l'air.

246. — Influence exercée par des masses magnétiques placées dans un champ magnétique, sur les lignes de forces de ce champ. — Nous avons déjà fait allusion à l'influence exercée sur les lignes de force d'un champ magnétique, par l'aimantation induite dans un barreau de fer doux placé dans ce champ. Nous allons revenir sur cette question et l'examiner de plus près.

Considérons d'abord un aimant isolé dans l'espace; nous savons qu'on peut, sans erreur sensible, le considérer comme réduit à ses deux pôles, au moins lorsqu'il s'agit de calculer son action sur des points placés à une distance notable, et nous avons vu comment on détermine la forme des courbes équipotentielles et des lignes de force.

Ces dernières affectent la forme de courbes fermées et cette forme est une conséquence nécessaire des lois élémentaires de l'action magnétique qui s'exerce en ligne droite. Il serait facile de construire par points les lignes de force gravifiques d'un système matériel régi simplement par les lois de l'attraction universelle, et l'on trouverait également que, bien que l'attraction de deux points matériels soit dirigée suivant la droite qui les joint, les lignes de force d'un système composé de deux points matériels fixes agissant sur un troisième point mobile, seraient des courbes et non des droites, excepté dans les cas tout à fait particuliers.

Cette forme courbe des lignes de force n'est donc nullement l'indice des propriétés spéciales aux corps magnétiques et il n'est pas besoin, pour l'expliquer, d'imaginer que le milieu qui transmet les actions magnétiques, est doué de qualités qui ont fait dire à un physicien célèbre, que les lignes de force magnétique, d'une part, tendent à être les plus cou s possibles, et d'autre part, se repoussent mutuellement. Cet matérialité attribuée à des courbes dont la définition et la détermination sont du domaine de l'analyse pure, peut être utile dans certaines circonstances, mais elle est dangereuse et peut conduire à de graves erreurs, lorsqu'on la prend trop à la lettre, comme nous le verrons lorsque nous étudierons les machines dynamo-électriques.

Revenons à notre aimant isolé dans l'espace et entouré de forces symétriques par rapport à deux droites dont l'une est la ligne des pôles, et l'autre une perpendiculaire élevée au milieu de cette ligne des pôles, et supposons qu'on approche de cet aimant un barreau de fer doux. Chacune des lignes de force de l'aimant qui traverse le barreau va déterminer, dans les molécules de fer situées sur son trajet, des propriétés magnétiques. Le barreau va devenir ainsi un système magnétique composé d'un nombre immense d'aimants extrêmement petits, dont les lignes polaires seraient dirigées suivant les lignes de force de l'aimant si ces molécules aimantées ne réagissaient à leur tour les unes sur les autres et ne modifiaient ainsi l'intensité et la direction de l'aimantation due à la seule influence de l'aimant

On conçoit facilement que le calcul de l'intensité et la direction de l'aimantation produite ainsi en chacun des points d'un corps magnétique soumis à l'influence d'un aimant, ou, pour employer le langage universellement adopté aujourd'hui, placé dans un champ magnétique, soit au-dessus des forces de l'analyse. Cependant il existe certains cas particuliers où cela est possible au moins approximativement. Nous avons donné deux exemples de ce genre : le premier était relatif à l'aimantation d'un barreau cylindrique très long par rapport à son diamètre, placé dans un champ magnétique uniforme, parallèlement aux lignes de force de ce champ ; le second exemple était celui du tore de révolution en fer doux entouré d'une hélice magnétisante le recouvrant complètement. On peut ajouter que ce second cas est le seul où le calcul soit rigoureux.

247. — Répartition des flux de forces d'un aimant — Soit AB (fig. 109) un aimant dont l'un des canaux de force, construit ainsi que nous l'avons expliqué dans les chapitres précédents, est représenté par deux lignes de force très voisines acb, $a'c'b'$, qui le limitent dans le plan de la figure. Le petit plan carré dont on voit la trace en pp', chargé d'une unité magnétique (de même signe que le pôle A) par unité de surface, est repoussé par l'extrémité A de l'aimant et attiré par l'extrémité B. La résultante mF de ces deux forces, appliquée au milieu m du plan,

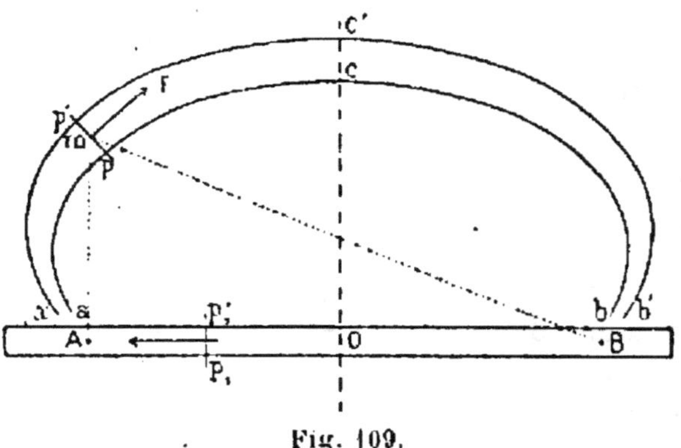

Fig. 109.

est constante, puisque nous faisons varier la surface du petit plan carré et par conséquent sa charge totale de façon à obtenir ce résultat, et sa direction, toujours perpendiculaire à pp' et tangente à la ligne de force qui passe en m, tend à entraîner le plan pp' de A vers B.

Tous les flux de force résultants extérieurs à l'aimant sont donc dirigés de A vers B. Voyons maintenant comment sont dirigés les flux de force intérieurs au barreau.

Pour cela, coupons-le par un plan $p_1 p_1'$ perpendiculaire à AB, limité à la surface extérieure et chargé d'une unité magnétique de même signe que A par unité de section, et cherchons à déterminer le sens du flux de force qui lui est appliqué.

Les lois fondamentales du magnétisme nous apprennent que les deux tronçons déterminés dans l'aimant par le plan pp'_1 constituent eux-mêmes des aimants complets dont les pôles situés de part et d'autre de $p_1 p'_1$, sont de noms contraires, de sorte que si la section était réelle au lieu d'être idéale, ces deux tronçons adhéreraient l'un à l'autre. On a donc un pôle boréal à gauche de $p_1p'_1$ et un pôle austral à droite de ce même plan ; ces deux pôles sont beaucoup plus rapprochés de lui que les pôles A et B et ont par conséquent une action prépondérante qui détermine le signe de la résultante des forces qui agissent sur lui. On voit immédiatement que ce signe est contraire à celui de la résultante appliquée au plan pp' lorsqu'il est extérieur à l'aimant. Ce raisonnement est vrai quelle que soit la distance de $p_1p'_1$ à l'extrémité de l'aimant, puisque l'expérience apprend que les deux tronçons d'un aimant s'attirent toujours, même lorsque l'un d'eux est très petit par rapport à l'autre, et il a pour conséquence nécessaire que le flux de force intérieur à l'aimant est de signe contraire au flux de force extérieur.

L'intensité du flux de force intérieur est variable dans toute la longueur du barreau et sa valeur ne peut être calculée exactement que pour le point neutre O, à la condition que le barreau soit assez long pour qu'on puisse négliger le flux de force émanant de ses extrémités et qui, d'après le théorème de Green, est proportionnel à *l'angle solide* sous lequel on verrait le plan $p_1'p''_1$ si on se plaçait à ses extrémités. Nous avons donné précédemment l'expression du flux total de force qui traverse un plan mené perpendiculairement à la direction AB, par le milieu du barreau et *limité à sa surface*. Mais il est facile de voir que si le plan était indéfini, le flux total de force qui le traverse serait algébriquement nul. En effet, la somme de tous les flux de force émanant d'une masse magnétique chargée de q unités est, d'après le théorème de Green, égale à ωq, ω étant l'angle solide sous lequel on voit le plan lorsque l'œil coïncide avec la masse magnétique. Or cet angle est égal à 2π lorsque le plan $p_1p'_1$ est prolongé jusqu'à l'infini, et le flux total de force est en conséquence égal à $2\pi q$. Mais un des principes fondamentaux de la constitution des aimants, exige que toute quantité de magnétisme soit accompagnée d'une quantité égale et de signe contraire située à une très petite distance ; le flux de force $2\pi q$ est donc détruit par un autre flux, — $2\pi q$, situé du même côté du plan indéfini $p_1p'_1$. La somme algébrique de tous les flux de force élémentaires qui traversent ce plan est donc nulle.

Mais il faut bien faire attention que tout ce que nous venons de dire s'applique au flux de force induit dans le barreau par l'action du champ magnétique et non au flux de force du champ magnétique lui-même. Or le flux de force total *induit dans le barreau* qui traverse intérieurement la section droite menée par le point O, a pour valeur

$$4\pi \varkappa . \vec{\mathcal{F}}_h,$$

$\vec{\mathcal{F}}_h$ étant le flux total dû au champ magnétique seul qui traverserait cette même section si le barreau n'était pas magnétique. Il en résulte que le flux total de sens inverse, qui extérieurement traverse un plan indéfini amené par le point O perpendiculairement au barreau, a une valeur précisément égale et de signe contraire, puisque la somme algébrique de tous les flux de force dus à l'aimant et qui traversent la surface entière du plan indéfini est égale à zéro. Le flux total de force magnétique *dus à l'aimant* AB *seulement*, et qui traverse extérieurement un plan indéfini mené normalement à AB par le point O, est donc égal à

$$- 4\pi \varkappa . \vec{\mathcal{F}}_h.$$

248. — **Ecrans magnétiques.** — Dans tout ce qui précède, nous avons admis implicitement que les forces élémentaires émanées de chaque molécule magnétique, se transmettent en ligne droite et ne sont ni déviées ni altérées par l'action des autres forces émanant d'autres molécules. S'il en était autrement, il n'y aurait plus de loi élémentaire du magnétisme, puisque l'action mutuelle de deux molécules deviendrait une fonction du nombre et de la situation relative, des autres molécules. Si, dans le voisinage d'un ou plusieurs aimants, on place une masse de métal magnétique, chacune des molécules de cette masse devient elle-même un aimant, grâce à l'induction magnétique, et tous ces aimants élémentaires produisent des lignes de force individuelles qui traversent l'espace sans se gêner et sans s'influencer, absolument comme les ondes sonores, les ondes lumineuses, les forces gravifiques et en général toutes les actions transmises à distance. Mais nous ne pouvons, en général, constater que la résultante de toutes ces forces, de sorte qu'il nous semble que contrairement à ce que nous venons de dire, les actions magnétiques de deux aimants, par exemple, sont profondément modifiés par le voisinage d'un corps magnétique placé dans leur sphère d'action.

Prenons par exemple un aimant ACB (fig. 110) et mesurons l'attraction qu'il exerce sur un barreau de fer doux *ab* placé à une certaine distance de ses pôles A et B. Cette mesure faite, appliquons une lame de fer *d* de faible épaisseur (fig. 111) sur les pôles, de façon qu'elle soit en contact intime avec eux. Elle va, comme nous le savons, se transformer en un aimant dont

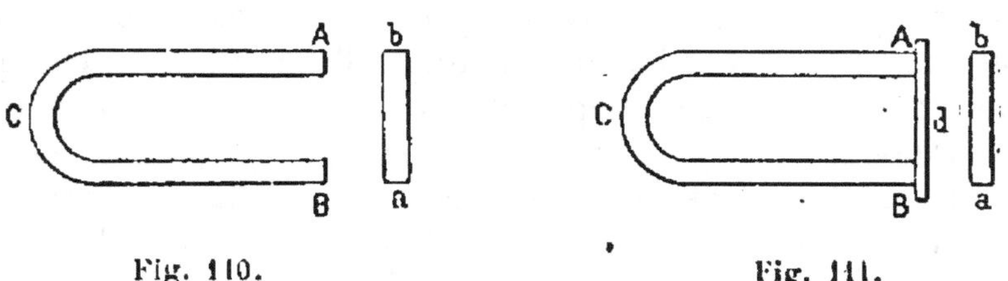

Fig. 110.   Fig. 111.

les pôles seront de signe contraire à celui des pôles A et B avec lesquels ils sont en contact et par conséquent de même signe que les pôles *a* et *b* du barreau *ab*. Cette lame *d* va donc exercer sur *ab* une action mécanique inverse de celle de l'aimant AB, mais plus faible qu'elle, puisque la lame *d* étant de faible épaisseur et ne pouvant prendre qu'une intensité d'aimantation limitée, a un moment magnétique proportionnel à son épaisseur, du moins entre certaines limites. Le barreau *ab* est donc soumis à deux forces de signe contraire et c'est la résultante seule, égale à leur différence, que nous pouvons constater ; il est donc moins attiré que lorsque l'action de l'aimant AB existait seule, ce qui est d'ailleurs confirmé par l'expérience.

On peut s'étonner des détails dans lesquels nous entrons pour expliquer un phénomène aussi simple et dont l'interprétation, telle qu'elle est exposée dans tous les traités d'électricité, est toute différente. Nous admettons en effet que l'action de l'aimant AB sur *ab* s'exerce à travers l'espace, absolument comme si la lame d n'existait pas, et que de même l'action de d sur ab n'est nullement troublée par la présence de AB, mais que ces actions simultanées s'ajoutent algébriquement et donnent une résultante plus faible que l'action primitive de l'aimant AB sur le barreau ab. Nous admettons, en un mot, l'indépendance absolue des actions élémentaires des molécules aimantées, actions qui se propagent dans l'espace comme si chacune d'elles existait seule, en attribuant bien entendu à ces molécules le moment magnétique qu'elles possèdent dans la position respective qu'elles occupent et qui est variable avec cette position en vertu de leurs inductions mutuelles. S'il en était autrement, ni la loi de Coulomb, ni le théorème de Green, qui en est une conséquence, n'auraient plus aucun sens, puisqu'il faudrait admettre que l'attraction ou la répulsion de deux masses magnétiques dépend non seulement de la grandeur et de la distance de ces masses, mais aussi de toutes ces masses magnétiques voisines. En un mot, les actions élémentaires des masses magnétiques restent inaltérées tandis que la résultante de ces actions sur une quelconque d'entre elles, peut avoir toutes les valeurs et toutes les directions possibles.

249. — Revenons maintenant à la figure 111 et supposons que l'on applique sur la lame en fer d, une seconde lame identique d', de façon à former une lame d'épaisseur double. Nous pouvons considérer l'ensemble formé par l'aimant AB et la première lame d, comme un aimant plus faible que l'aimant primitif, puisqu'il exerce sur ab une action résultante plus petite que l'action de l'aimant AB tout seul. Cet aimant fictif composé de AB et de d, induira donc dans la seconde lame d', identique à d et superposée à celle-ci, une quantité de magnétisme moindre que celle déjà induite dans d, de sorte que la superposition des deux lames d et d' produira un aimant moins fort que le double de d. L'action de ces deux lames d, d' sur le barreau ab, inverse de celle de l'aimant AB, sera donc moindre que le double de celle de la première lame d, mais cependant la résultante des actions auxquelles il est soumis de la part du système magnétique formé de AB, de d et de d', est plus faible qu'avant l'application de d' sur d.

En continuant ce raisonnement et en supposant que l'on applique sur d 2, 3, 4, 5, etc. lames égales à d, il est facile de voir que la résultante des actions appliquées au barreau ab sera de plus en plus faible, sans cependant devenir rigoureusement nulle, à moins que la lame très mince d ne prenne, sous l'influence de AB, un moment magnétique égal à celui de AB. Or cette condition ne pourrait être remplie que si le coefficient de susceptibilité magnétique de la lame d était infiniment grand.

En réalité, lorsque la lame de fer formée de la superposition des lames élémentaires d, d', d'',... atteint une certaine épaisseur, l'action exercée par AB sur ab devient extrêmement petite et l'on traduit ce fait en disant que les lames de fer d, d', d'',... *font écran* à l'action magnétique de l'aimant AB.

L'explication que l'on donne habituellement du phénomène que nous venons d'analyser, est celle-ci. Le fer étant pour les lignes de force magnétique un conducteur bien supérieur à l'air, la presque totalité du flux de force de l'aimant passe par le faisceau des lames d, et il ne reste qu'un très petit nombre de lignes de force qui traversent le barreau éloigné ab. Nous préférons l'explication que nous venons de développer, et c'est seulement lorsque nous traiterons de l'induction électro-magnétique que nous pourrons expliquer les motifs de notre préférence et en donner une démonstration expérimentale.

RÉSUMÉ

Il suit de ce qui précède :

1° Que les phénomènes magnétiques donnent lieu à des attractions et répulsions tout à fait analogues à celles de l'électrostatique.

D'où la loi magnétique de Coulomb $f = f_1 \dfrac{qq'}{d_2}$ la constante f étant différente de celle qui se rapporte aux attractions électriques. Il en résulte que l'on peut définir comme en électri-

CONSTANTES D'AIMANTATION

INTENSITÉ du champ inducteur $\mathfrak{K}$	INTENSITÉ d'aimantation du barreau induit $\mathfrak{I}$	SUSCEPTIBILITÉ magnétique $\varkappa = \dfrac{\mathfrak{I}}{\mathfrak{K}}$	FLUX magnétique induit dans le barreau par cent. carré $\mathfrak{F}=4\pi\mathfrak{I}$	FLUX magnétique total dans le barreau par cent. carré $\mathfrak{B}=\mathfrak{K}+4\pi\mathfrak{I}$	PERMÉABILITÉ magnétique $\mu = \dfrac{\mathfrak{B}}{\mathfrak{K}}$
Fer doux.					
3,9	587	151,0	7.376,47	7.380,3	1.893,9
5,7	735	128,9	9.236	9.241,7	1.621,3
10,3	918	89,1	11.490	11.500,3	1.116,5
17,7	1.083	61,2	13.610	13.630	770,2
22,2	1.147	51,7	14.414	14.436	650,2
30,2	1.197	39,7	15.040	15.070	499,0
40	1.226	30,7	15.400	15.440	386,0
78	1.337	17,1	16.800	16.880	216,5
115	1.370	11,9	17.215	17.330	150,7
145	1.403	9,7	17.630	17.770	122,6
208	1.452	7,0	18.246	18.454	88,7
293	1.474	5,0	18.522	18.815	64,5
362	1.489	4,1	18.711	19.073	52,7
465	1.508	3,2	18.950	19.415	41,7
557	1.517	2,1	19.063	19.620	35,2
Fer de Lowmoor.					
3.630	1.680	0,4628	21.411	24.741	6,81
6.680	1.670	0,2500	20.985	27.665	4,14
8.810	1.630	0,1850	20.483	29.293	3,32
10.840	1.630	0,1503	20.483	31.323	2,88
Fer de Suède.					
6.690	1.692,6	0,2530	21.270	27.960	4,18
8.900	1.657,5	0,1862	20.828	29.728	3,34
9.510	1.695,7	0,1783	21.310	30.820	3,24
10.360	1.692,6	0,1633	21.262	31.622	3,05
10.810	1.663,9	0,1539	20.908	31.718	2,93
11.200	1.683,8	0,1503	21.159	32.359	2,89
Fonte.					
3.000	1.254	0,3215	15.758	19.658	5,02
6.400	1.235,8	0,1930	15.530	21.930	3,42
7.710	1.203,2	0,1560	15.120	22.830	2,96
8.080	1.228,6	0,1520	15.430	23.519	2,91
9.700	1.209,5	0,1240	15.190	24.890	2,56
10.610	1.102,8	0,1124	14.980	25.590	2,41

cité : une masse magnétique, un champ magnétique, un potentiel magnétique, une ligne de force, une surface équipotentielle, un flux, etc...

Le théorème de Green est applicable aux masses magnétiques et l'on a $\mathfrak{F} = 4\pi Q$ (p. 244 à 256).

2° Le moment magnétique d'un aimant de longueur l, de pôle m, de volume U est

$$\mathfrak{M} = m.l$$

son intensité d'aimantation est

$$\mathfrak{J} = \frac{\mathfrak{M}}{U} \, .$$

Dans un aimant long et fin (aimant uniforme)

$$\mathfrak{J} = \delta$$

(δ densité sur les faces extrêmes) $\mathfrak{M}$ et $\mathfrak{J}$ s'évaluent en CGS.

3° La puissance Φ d'un *feuillet magnétique* d'épaisseur infiniment petite λ et de densité superficielle $\mathfrak{J}$ est

$$\Phi = \mathfrak{J}\lambda.$$

4° Le couple qui s'exerce sur un aimant dans un champ h faisant avec son axe l'angle θ

$$C = \mathfrak{M} h \sin \theta.$$

5° Oscillation simple, d'un barreau de moment d'inertie K écarté de θ_0 des lignes de force d'un champ h. La durée de l'oscillation est

$$T = \pi \sqrt{\frac{K}{\mathfrak{M} h}} \, .$$

6° Le potentiel du feuillet en un point d'où l'on voit sa face sous l'angle solide ω est

$$V = \Phi \omega$$

et par suite à sa surface le potentiel est

$$V = 2\pi\Phi.$$

7° L'énergie intrinsèque contenue dans un feuillet de volume U par suite de la séparation des 2 faces où la densité est $\delta = \Im$ est

$$W = 2\pi\Im^2 \times U.$$

8° Le nombre de lignes de forces par cm² ou Induction magnétique $\mathfrak{B}$ du feuillet et par suite de l'aimant dont il fait partie, est

$$\mathfrak{B} = 4\pi\Im.$$

9° Le travail accompli par un feuillet qui se déplace dans un champ est

$$\Phi\,(\vec{\mathcal{F}}_1 - \vec{\mathcal{F}}_2).$$

Ou encore l'énergie d'un feuillet est $\Phi\vec{\mathcal{F}}$ produit de sa puissance par le flux qui le traverse, $\vec{\mathcal{F}}$ s'évalue en Maxwells (gauss par cm²).

10° La susceptibilité magnétique d'une aiguille plongée dans un champ $\mathcal{H}$ est

$$\varkappa = \frac{\Im}{\mathcal{H}}.$$

11° Une aiguille à l'état neutre plongée dans un champ $\mathcal{H}$ devient un aimant dont le nombre de lignes de forces par cm² est $\mathfrak{B}$ (induction magnétique). Le rapport

$$\mu = \frac{\mathfrak{B}}{\mathcal{H}}.$$

est la perméabilité de l'aiguille. $\mathfrak{B}$ et $\mathcal{H}$ s'évaluant en gauss, μ est un nombre.

12° On a

$$\mu = 1 + 4\pi\varkappa.$$

13° Force portante d'un aimant

$$F = \frac{\mathfrak{B}^2 s}{8\pi} \text{ dynes.}$$

Remarque. — Toutes ces considérations d'apparence abstraites ont la plus grande importance parce qu'elles permettent d'assimiler les aimants et les courants (voir électromagnétisme.)

CHAPITRE III

ÉLECTROMAGNÉTISME
ACTIONS ÉLECTROMAGNÉTIQUES ET ÉLECTRODYNAMIQUES

DÉCOUVERTE D'ŒRSTED. — LOI DE BIOT ET SAVART

250. — Découverte d'Œrsted. — Depuis l'invention de la pile électrique faite en 1800 par Volta, les découvertes se succédaient sans interruption dans le domaine de l'électricité ; mais malgré des essais réitérés, personne n'avait pu trouver un lien quelconque entre les phénomènes magnétiques et l'électricité, lorsque en 1819 Oersted remarqua par hasard qu'une boussole, placée dans le voisinage d'un conducteur dont les extrémités aboutissaient aux deux pôles d'une pile, était déviée chaque fois que l'on fermait le courant. Cette découverte établissait l'existence d'une action exercée par le courant électrique sur l'aimant; elle fut le point de départ d'une série de travaux mémorables qui, grâce à de véritables prodiges de perspicacité, permirent de formuler les lois mathématiques de l'action mécanique exercée par un système magnétique quelconque sur un ensemble de conducteurs traversés par un courant. On peut dire, sans exagération, que la découverte de ces lois fait autant d'honneur à l'esprit humain que celle de l'attraction universelle.

251. — Loi de Biot et Savart. — La découverte d'OErsted montrait bien l'action mécanique exercée par l'ensemble d'un circuit fermé sur un aimant, mais elle ne faisait pas connaître les lois de cette action, c'est-à-dire l'influence de l'intensité du courant, celle du moment magnétique de l'aimant, et enfin la part afférente à chaque portion du circuit dans l'effet total. C'est à Biot et Savart que l'on doit la formule qui permet de tenir compte de tous ces éléments et qui est par conséquent la formule fondamentale de l'électro-magnétisme[1].

En faisant osciller une petite aiguille aimantée dans le voisinage d'un conducteur rectiligne de longueur assez grande pour qu'on puisse le considérer comme indéfini, Biot et Savart trouvèrent que la *force, supposée appliquée à chacun des pôles, est perpendiculaire au plan passant par le conducteur et par le pôle considéré et qu'elle est en raison inverse de la distance du conducteur à ce pôle.*

Ils recommencèrent alors l'expérience avec un conducteur non plus rectiligne mais anguleux tel que ACB (fig. 112) dans le plan duquel ils placèrent une petite aiguille aimantée *ab* de façon que le courant étant supprimé dans ACB, la direction *ab* coïncidât avec la bissectrice CD de l'angle BCA. L'ensemble étant orienté suivant le méridien magnétique de façon que

1. On a essayé dans ces derniers temps de leur enlever cet honneur et quelques auteurs ont donné (mais à tort ainsi que l'a prouvé M. Bertrand dans ses leçons sur la théorie mathématique de l'électricité) à la formule dont nous parlons, le nom de formule de Laplace. Cette appellation n'étant pas justifiée, nous conserverons les noms de Biot et Savart auxquels est due l'expérience fondamentale dont nous allons parler, ainsi que l'expression mathématique qui la représente.

l'axe *dd'* autour duquel oscille l'aiguille soit vertical, perpendiculaire à CD, et situé dans le plan BCA, on mesure la valeur

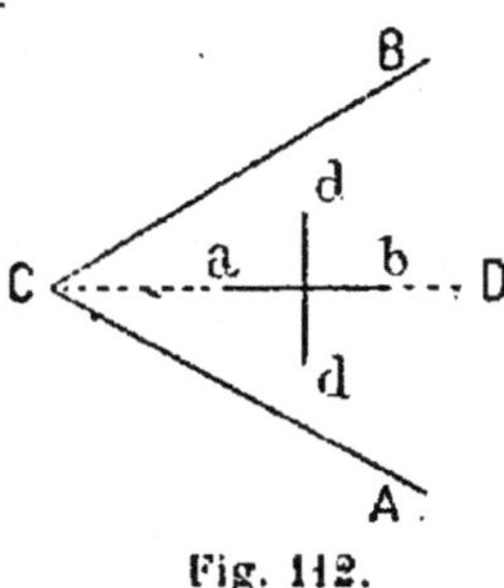

Fig. 112.

du couple développé sur l'aiguille par le passage du courant en plaçant successivement son axe *dd'* (perpendiculaire à CD) à différentes distances du sommet C de l'angle des conducteurs AC, CB. On trouve ainsi que le couple développé sur l'aiguille par le conducteur anguleux ACB, est proportionnel à la tangente trigonométrique de la moitié de l'angle BCD et en raison inverse de la distance du sommet C à l'axe de rotation *dd'* qui passe par le point neutre de l'aiguille.

EXPRESSION MATHÉMATIQUE DE LA LOI DE BIOT ET SAVART

C'est cette dernière expérience qui a permis à Biot, grâce à une remarque du physicien Savart, de trouver la formule fondamentale qui représente l'action d'un élément de courant sur un pôle d'aimant[1].

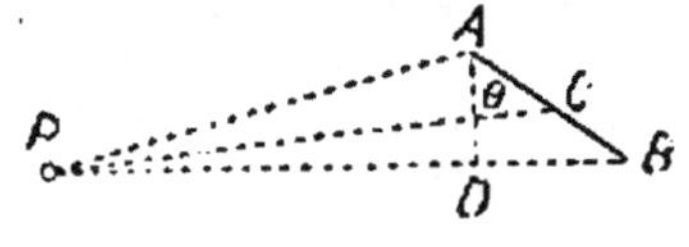
Fig. 113.

En représentant par *ds* la longueur de l'élément de conducteur AB (fig. 113),

par *r* la distance PC du pôle P de l'aimant au milieu C du conducteur AB,

par θ l'angle ACP que fait la droite PC $= r$ avec l'élément de conducteur AB $= ds$,

par I l'intensité du courant qui traverse le conducteur AB,

par μ la quantité de magnétisme que contient le pôle P, évaluée en unités magnétiques,

1. Voir les développements de cette démonstration, ainsi que l'historique des discussions auxquelles elle donna lieu, dans les leçons sur la théorie mathématique de l'électricité par J. Bertrand. Gauthier-Villars, éditeur.

et par f_1 un coefficient numérique,

la valeur df de l'effort exercé sur le pôle P par le conducteur AB, est donnée par l'expression

$$df = f_1 \frac{\mu I ds \sin \theta}{r^2},$$

et la direction de cet effort est *perpendiculaire* au plan qui passe par le pôle P et par l'élément de conducteur AB, c'est-à-dire au plan de la figure.

252. — Remarque sur la loi de Biot et Savart. — Le pôle P est, par définition, un simple point mathématique et l'élément de conducteur AB a une longueur infiniment petite par rapport à la distance PC, et un diamètre nul. La force qui émane de AB et qui agit sur P, est donc dans les mêmes conditions que les forces gravifiques, électro-statiques et magnétiques que nous avons étudiées dans les deux premières parties de ce volume ainsi d'ailleurs que les forces mises en jeu dans les actions moléculaires. En effet, dans toutes les actions que nous venons d'énumérer, on considère les molécules matérielles comme ayant des dimensions infiniment petites par rapport à la distance qui les sépare. Mais la force électro-magnétique définie par la loi de Biot et Savart se différencie de toutes celles que nous venons de rappeler par une propriété toute nouvelle, qui a provoqué chez les contemporains de ces deux savants un étonnement voisin de l'incrédulité et qui consiste en ce que, tandis que toutes les forces élémentaires agissant entre deux molécules sont dirigées suivant la droite qui les joint, la force électro-magnétique est perpendiculaire à cette même droite. On n'a pas tardé à découvrir la raison de cette apparente dérogation à une règle jusqu'alors sans exception. Dans toutes les actions moléculaires, la force est excercée entre deux molécules existant réellement tandis que dans le cas actuel, le conducteur AB a seul une existence réelle, le pôle P étant une pure abstraction définie par certaines propriétés. Si l'on pouvait calculer l'action exercée par le conducteur AB, non pas sur le point géométrique P, mais sur une molécule de l'aimant, on trouverait qu'elle est dirigée, comme dans tous les autres phénomènes de la nature, suivant la droite qui joint le milieu de AB à cette molécule. On en aura la preuve lorsque nous exposerons les lois des actions exercées par un courant rectiligne sur un conducteur enroulé en hélice.

Si nous observons en outre qu'un aimant a toujours deux pôles égaux et de signe contraire, nous pourrons considérer la loi de

Biot et Savart comme ayant pour but de nous faire connaître la valeur de deux forces qui, étant appliquées aux points de l'aimant, auxquels on a donné le nom de pôles, produisent sur cet aimant, considéré comme un corps solide, exactement les mêmes effets que ceux que produisent réellement les forces électro-magnétiques développées entre le conducteur et chacune des molécules. Ces deux forces sont en général inégales et de directions différentes, à moins que les deux plans déterminés par le conducteur d'une part, et chacun des deux pôles d'autre part, ne se confondent. Cette réduction d'un nombre quelconque de forces appliquées aux molécules d'un corps solide, à deux forces non situées dans le même plan et dont on peut choisir arbitrairement les points d'application, est d'ailleurs un fait général comme on le démontre en mécanique.

253. — Nous verrons bientôt que lorsqu'on applique la formule de *Biot et Savart* au calcul des actions mécaniques développées entre un circuit de longueur finie et un aimant matériel, on peut faire disparaître de la formule la quantité de magnétisme μ supposée concentrée à chaque pôle, et la remplacer par le moment magnétique de l'aimant qui a une signification physique parfaitement déterminée et que l'on peut mesurer par les méthodes exposées dans la seconde partie de cet ouvrage. Enfin, on peut aussi introduire les trois dimensions du conducteur que la formule élémentaire suppose filiforme, et on arrive ainsi à une expression rationnelle contenant les dimensions des deux systèmes matériels : le conducteur d'une part, l'aimant d'autre part, entre lesquelles s'exercent réellement les actions mécaniques lorsque le conducteur est, suivant le langage adopté, parcouru par un courant électrique. Nous insistons sur ce point, parce qu'on a laissé s'introduire dans le langage scientifique des expressions qui, ayant d'abord pour but avoué de simplifier et d'abréger le langage, ont amené peu à peu une *confusion* dangereuse de mots et d'idées. C'est ainsi que l'on dit couramment maintenant « action d'un champ magnétique sur un courant » et que certains auteurs prennent cette expression abrégée au pied de la lettre, tandis qu'elle signifie en réalité : action exercée par un aimant sur un conducteur parcouru par un courant électrique. Car il n'existe pas de champ magnétique sans aimant ou sans *système matériel* équivalent, de même qu'il n'existe pas de courant électrique sans conducteur matériel. En un mot, le principe fondamental de la mécanique rationnelle (égalité de l'action et de la réaction), en vertu duquel tout système de force appliquée à un ensemble de corps émane nécessairement d'un autre ensemble de corps et donne lieu à un second système de forces équivalent au premier, mais de signe contraire, s'applique aux forces électro-magnétiques comme à toutes les forces physiques connues.

Ce principe fondamental étant rappelé une fois pour toutes, nous pouvons, sans inconvénient, employer les locutions usuelles dont nous venons de parler et dire, sous les réserves que nous venons de formuler : action d'un champ magnétique sur un courant, action d'un courant sur un courant, etc., etc.

254. — Autre forme de la formule de Biot et Savart. — On peut donner à la formule de Biot et Savart une forme différente de celle que nous venons de faire connaître, et qui est parfois d'un emploi plus commode. Abaissons du point A (fig. 113), extrémité de l'élément du courant AB, une perpendiculaire AD sur le vecteur PB. Le triangle PAB donne la relation

$$AD = AB \sin ABP.$$

Mais le côté AB et l'angle APB étant infiniment petits, on peut écrire

$$\sin ABP = \sin ACP = \sin \theta.$$

d'où, remplaçant AB par ds,

$$AD = ds . \sin \theta.$$

Mais d'autre part, AD étant perpendiculaire à PB diffère infiniment peu[1] d'un arc de cercle de rayon PA décrit du point P comme centre. Or la longueur de cet arc de cercle a pour valeur

$$AP \times \text{angle } APB = r d\theta.$$

Nous pouvons donc écrire

$$AD = r d\theta,$$
$$ds . \sin \theta = r d\theta.$$

La valeur de df devient alors

$$df = f_1 \frac{\mu l r d\theta}{r^2} = f_1 \mu l \frac{d\theta}{r},$$

---

1. Nous disons que deux infiniment petits diffèrent infiniment peu lorsque leur rapport a pour limite l'unité.

expression généralement plus facile à intégrer que celle dont nous l'avons déduite.

On arrive à ce même résultat par d'autres considérations indiquées plus loin. (Voir Résumé page 491.)

APPLICATIONS

APPLICATION I. — **255.** — **Action exercée par un courant rectiligne sur un pôle magnétique.** — Soit AB (fig. 114) un courant

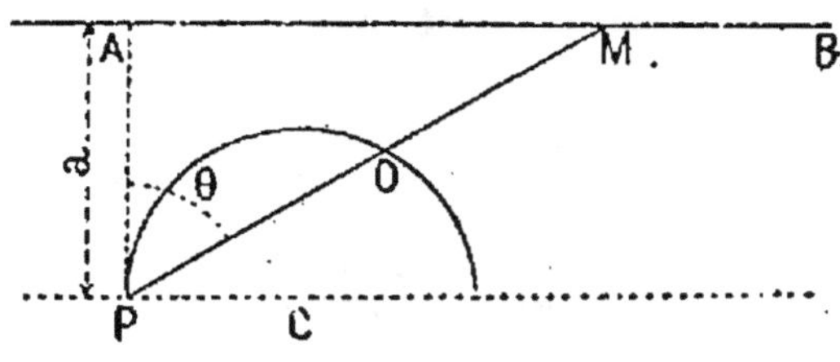

Fig. 114.

rectiligne et P un pôle magnétique situé à une distance $PA = a$ du courant.

Joignons le pôle P à un point quelconque M du conducteur AB. Désignons θ l'angle APM et par r la longueur PM du rayon vecteur. Le triangle PAM donne

$$a = r \cos \theta,$$

d'où

$$r = \frac{a}{\cos \theta},$$

et par suite

$$\frac{d\theta}{r} = \frac{\cos \theta \, d\theta}{a}.$$

L'effort df exercé sur un élément de courant compris entre deux rayons vecteurs infiniment voisins, a donc pour valeur

$$df = f_1 \mu I \frac{d\theta}{r} = \frac{f_1 \mu I}{a} \cos \theta \, d\theta,$$

d'où, en intégrant

$$f = \frac{f_1 \mu I}{a} \sin \theta + \text{const.}$$

Si nous supposons que le conducteur commence au point A, pied de la perpendiculaire PA, et s'étende indéfiniment dans la direction AB, il suffira, pour déterminer la constante, de faire $\theta = 0$, on devra alors avoir $f = 0$, ce qui donne zéro pour la constante.

Il est alors facile de représenter graphiquement la valeur de f correspondante à une longueur AM du conducteur. Décrivons en effet une demi-circonférence de rayon quelconque PC tangente au point P à la droite PA, et joignons PM. Le segment PD intercepté entre P et la demi-circonférence a pour valeur

$$PD = 2PC.\sin \theta.$$

d'où

$$\sin \theta = \frac{PD}{2PC},$$

et par suite

$$f = f_1 \frac{\mu I}{a} \cdot \frac{PD}{2.PC}.$$

La force f exercée sur le pôle P par le conducteur de longueur AM, est donc proportionnelle à la longueur PD.

256. — Action exercée par un courant rectiligne indéfini sur un pôle magnétique. — Si la longueur AM du conducteur augmente indéfiniment, l'angle θ tend vers la valeur $\frac{\pi}{2}$ et la valeur de f devient

$$f = \frac{f_1 \mu I}{a}.$$

Enfin si le courant s'étend également jusqu'à l'infini vers la gauche, la valeur de f est évidemment double de celle que nous venons de trouver, de sorte que l'effort exercé par un courant rectiligne indéfini s'étendant depuis $-\infty$ jusqu'à $+\infty$, a pour valeur

$$f = f_1 \cdot \frac{2\mu I}{a}.$$

Si $\mu = 1$ l'action devient par définition le champ du courant indéfini et si $f_1 = 1$ (système d'unité VEM)

$$\mathcal{K} = \frac{2I}{a}.$$

257. — Unité électro-magnétique d'intensité du courant. — Cette formule va nous permettre de donner une première définition de l'unité de courant.

Faisons

$$\mu = 1, \qquad I = 1, \qquad a = 1;$$

il vient

$$f = 2f_1.$$

Mais f_1 étant un coefficient arbitraire lorsque l'unité de courant est elle-même arbitraire, nous pouvons évidemment le prendre égal à l'unité, du moins tant qu'il ne sera pas démontré expérimentalement que f_1 peut varier suivant certaines circonstances, par exemple avec le milieu interposé entre le conducteur et le pôle P. Nous conviendrons donc de prendre $f_1 = 1$ lorsque le milieu interposé entre le conducteur et le pôle est un gaz ou un liquide ou même un solide non magnétique, en réservant le cas où le milieu interposé est magnétique. Nous verrons d'ailleurs que, même dans cette dernière hypothèse, on peut encore prendre $f_1 = 1$, à la condition de considérer le milieu magnétique interposé comme doué d'une action propre sur le pôle, action qui vient s'ajouter à celle qui est déjà exercée par le courant lui-même.

Nous pouvons donc maintenant définir l'intensité d'un courant par l'action mécanique qu'il exerce sur un pôle magnétique, et dire :

Nous prendrons pour unité, l'intensité du courant qui, traversant un conducteur rectiligne de longueur indéfinie, exerce un effort égal à 2 unités de force sur un pôle magnétique dont l'intensité est égale à 1 et dont la distance au conducteur est égale à l'unité de longueur.

Mais il est évident que cette définition, basée sur des propriétés du courant électrique qui nous étaient inconnues lorsque nous avons cherché à définir numériquement ce phénomène pour la première fois, est extrêmement détournée et qu'elle constitue un système de mesure absolument différent du système électro-statique. Si nous avions voulu conserver l'unité électro-statique d'intensité, nous aurions dû donner à f_1 une valeur égale à celle de l'effort f exercé sur le pôle P par le conducteur indéfini lorsqu'il est traversé, dans l'unité de temps, par l'unité électro-statique de quantité d'électricité. Mais il aurait fallu faire pour cela une expérience extrêmement délicate, sinon impossible à réaliser directement. On a donc préféré créer de toutes pièces un système d'unités auquel on a donné le nom d'unités électro-magnétiques dans lequel on a conservé le centimètre, le gramme et la seconde comme unités de longueur, de masse et de temps, et où l'intensité de courant est, comme nous venons de l'expliquer, définie par la formule de Biot et Savart, dans laquelle on prend $f_1 = 1$.

Cette nouvelle unité d'intensité étant admise, il a fallu déterminer sa valeur numérique par rapport à l'ancienne unité électro-statique; cette détermination a été l'objet des travaux de beaucoup de savants qui ont d'abord trouvé des nombres présentant entre eux de notables divergences. Mais, à mesure que les méthodes et les instruments de recherche se perfectionnaient, on était amené à constater que le rapport de ces deux unités se rapprochait de plus en plus du nombre 3×10^{10} qui représente la vitesse de la lumière évaluée en centimètres par seconde. Les derniers résultats obtenus séparément par MM. Pellat, Abraham, Hurmuzescu, permettent de considérer ce nombre (3×10^{10}) comme exact, à un millième près de sa propre valeur.

Mais dans la pratique, on a adopté, comme nous l'avons déjà dit à plusieurs reprises, une unité d'intensité dix fois moindre que l'unité électro-magnétique C. G. S. dont nous venons de parler, et qui par conséquent est égale à 3×10^{9} unités C. G. S. électro-statiques. On lui a donné le nom d'Ampère. L'unité de quantité d'électricité s'en déduit immédiatement en multipliant l'unité de courant par l'unité de temps exprimée en secondes, c'est-à-dire par 1, puisque la seconde a été conservée comme unité de temps dans le système pratique.

En résumé, il y a actuellement quatre systèmes d'unités électriques, savoir : les unités C. G. S. électro-statiques, les seules que nous ayons employées dans les deux premières parties de cet ouvrage ; les unités électro-magnétiques C. G. S. que nous venons de définir ; les unités électro-dynamiques dont nous parlerons bientôt et qui sont identiques aux unités électro-magnétiques, et enfin les unités dites *pratiques* qui sont des multiples ou des sous-multiples des unités électro-magnétiques.

APPLICATION II. — **258.** — **Action exercée par un courant circulaire sur un pôle magnétique situé en son centre.** — Soit P le
pôle magnétique situé au centre d'un con-

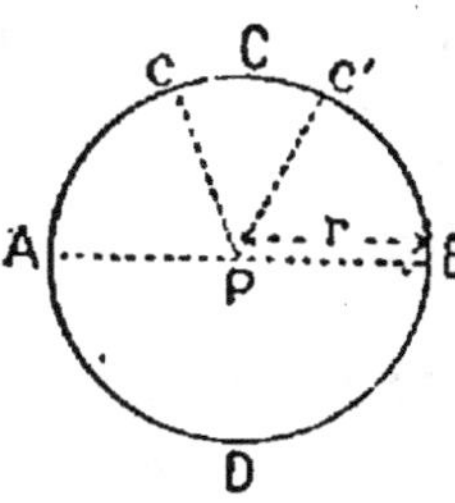

ducteur (fig. 115) ACBDA affectant la forme
d'une circonférence de rayon r. L'arc infiniment petit cc' compris entre deux rayons
infiniment voisins, exerce sur P une action
perpendiculaire au plan de la figure et qui
a pour expression

Fig. 115.

$$df = \mu I \frac{d\theta}{r}.$$

En intégrant, on trouve immédiatement

$$f = \frac{\mu I \theta}{r};$$

θ désignant l'angle des rayons extrêmes tels que PA et PC
entre lesquels est compris le conducteur circulaire AC traversé par le courant. Supposons que cet angle soit égal à une
circonférence entière; on a alors $\theta = 2\pi$ et

$$f = \frac{2\pi\mu I}{r}.$$

*Si, au lieu d'un seul tour, le conducteur en faisait plusieurs,
il suffirait évidemment de multiplier le second membre par
le nombre n de circonférences entières, et on aurait*

$$f = \frac{2\pi\mu n I}{r}.$$

En faisant $\mu = 1$ on a pour le champ

$$\mathcal{H} = \frac{2\pi n I}{r}.$$

REMARQUE. — Pour que cette expression représente rigoureusement la force totale exercée sur P, il faut que les conducteurs qui amènent le courant depuis la source jusqu'à la
circonférence ABCDA, ne produisent aucune action sur P; il

résulte de cette condition que le fil doit décrire un nombre
entier de circonférence de façon que le fil d'aller et le fil de
retour du courant aboutissent tous deux au point A et chemi-
nent ensuite côte à côte en se confondant pour ainsi dire en un
seul conducteur fictif que l'on pourra considérer comme étant
parcouru par deux courants égaux et contraires.

APPLICATION III. — 259. — **Action exercée par un courant circulaire sur un pôle magnétique situé sur une droite perpendiculaire au plan du cercle et passant par son centre.** — Supposons
que le plan du conducteur circulaire soit perpendiculaire au
plan de la figure, et soit C
et D (fig. 116) les traces de
ce conducteur correspon-
dantes aux extrémités d'un
même diamètre. Considé-
rons l'élément de courant
infiniment petit situé en C
et perpendiculaire au plan
de la figure ; il forme avec
le pôle P un plan également
perpendiculaire à celui de
la figure, et par conséquent

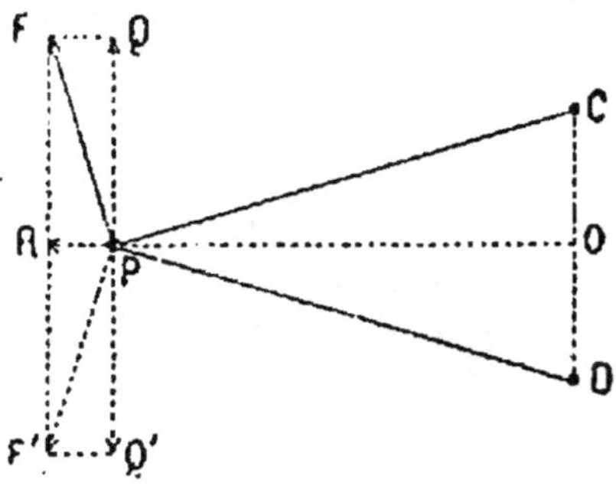

Fig. 116.

la force PF, exercée par cet élément sur le pôle P, est d'après
la loi de Biot et Savart, perpendiculaire à ce plan ; elle est
donc située dans le plan de la figure et perpendiculaire à PC.
Sa valeur est donnée par la formule générale

$$\mathrm{PF} = \mu I \frac{ds \sin \theta}{\overline{\mathrm{PC}}^2}.$$

Mais l'angle θ que fait le rayon vecteur PC avec l'élément
de courant projeté en C est un angle droit, donc

$$\mathrm{PF} = \mu I \frac{ds}{\overline{\mathrm{PC}}^2}.$$

La force PF peut être décomposée en deux autres, l'une PQ
perpendiculaire à la droite OP (qui joint le pôle P au centre O

du courant circulaire) et par conséquent parallèle au plan du
courant circulaire. Mais elle est détruite par une composante
PQ' égale et contraire qui émane de l'élément D diamétralement
opposé à C. Nous n'avons donc pas à nous en occuper.

La seconde composante PR que nous appellerons df, a pour
valeur

$$df = \overline{PF} \cos \widehat{FPR} = \overline{PF} \cdot \frac{\overline{OC}}{\overline{PC}},$$

ou, en remplaçant PF par sa valeur

$$df = \mu I ds \cdot \frac{\overline{OC}}{\overline{PC}^3},$$

ou, en désignant par r le rayon $\overline{OC}$ du conducteur circulaire
et par a la distance OP du centre de ce conducteur au pôle

$$df = \mu I \cdot ds \cdot \frac{r}{(\sqrt{r^2 + a^2})^3} \cdot$$

L'élément ds étant indépendant de r et de a, cette expression s'intègre immédiatement par rapport à la longueur s de
l'arc circulaire formé par le conducteur, et donne

$$f = \mu I \frac{r}{(r^2 + a^2)^{\frac{3}{2}}} s.$$

*Si, comme dans l'exemple précédent, nous supposons que
l'arc s est égal à une circonférence complète ou $2\pi r$, nous
aurons*

$$f = 2\pi \mu I \frac{r^2}{(r^2 + a^2)^{\frac{3}{2}}} \cdot$$

*et enfin si le conducteur fait plusieurs tours, on a, en dési-
gnant par n leur nombre*

$$f = 2\pi \mu n I \frac{r^2}{(r^2 + a^2)^{\frac{3}{2}}} \cdot$$

d'où le champ

$$\mathcal{K} = 2\pi n I \frac{r^2}{(r^2 + a^2)^{\frac{3}{2}}} \cdot$$

Si dans ces formules, on fait $a = 0$ c'est-à-dire, si on suppose le pôle P au centre, on retombe sur les formules précédentes.

260. — Remarque sur le sens de la force f. — Il est bon de remarquer que dans les deux exemples que nous venons de traiter, le sens de la force f est toujours le même quelle que soit la position du pôle P sur la perpendiculaire OP élevé en O au plan du courant circulaire. Ce pôle peut se déplacer le long de cette droite depuis $-\infty$ jusqu'à $+\infty$ sans que le sens de la force f en soit affecté. On trouve d'ailleurs ce sens par la règle d'Ampère, en supposant un observateur faisant partie intégrante du conducteur, la face tournée vers le point O et placé de manière que le courant entre par ses pieds et sorte par sa tête; si le pôle P est un pôle nord, il sera sollicité à se mouvoir de la droite vers la gauche de l'observateur, si c'est un pôle sud, il se mouvra en sens contraire.

Si donc, on pouvait séparer complètement un pôle magnétique du pôle égal et de signe contraire auquel il est toujours uni pour former un aimant, et qu'on le plaçât sur la droite PO à une distance du point O, on le verrait se mettre en mouvement vers ce point (en supposant que l'action fût d'abord attractive), traverser le même circuit circulaire et s'éloigner ensuite indéfiniment dans le même sens.

261. — Cas où la distance est très grande par rapport au rayon du conducteur circulaire. — Reprenons la formule

$$f = 2\pi\mu l \; \frac{r^2}{(r^2 + a^2)^{\frac{3}{2}}}$$

et supposons que le rayon r soit très petit par rapport à la distance a du pôle P au centre O du conducteur circulaire. En désignant par s la surface du cercle formé par le conducteur, nous aurons

$$s = \pi r^2,$$

d'où

$$f = \frac{2\mu l s}{(r^2 + a^2)^{\frac{3}{2}}} = \frac{2\mu l s}{a^3 \left(\dfrac{r^2}{a^2} + 1\right)^{\frac{3}{2}}}.$$

On voit que lorsque le rapport $\dfrac{r}{a}$ tend vers zéro, la valeur de f tend vers la limite $f = \dfrac{2\mu \mathrm{I}s}{a^3}$ dont elle diffère extrêmement peu. Ainsi lorsque ce rapport est égal à $\dfrac{1}{10}$, la valeur rigoureuse diffère à peine de 1,5 p. 100 de la valeur limite

$$f = \frac{2\mu \mathrm{I}s}{a^3}.$$

Or, nous avons vu que l'action exercée par un aimant rectiligne, sur un pôle magnétique situé à une grande distance, sur une droite passant par les deux pôles de l'aimant, a pour expression

$$\frac{2\mathfrak{M}\mu}{x^3},$$

$\mathfrak{M}$ désignant le moment magnétique de l'aimant; q', la quantité de magnétisme du pôle soumis à l'action de l'aimant; et x la distance du point neutre de l'aimant au pôle mobile. Remplaçant q' par μ et x par a, nous voyons que cette expression présente la plus complète analogie avec celle qui représente l'action du courant circulaire sur le pôle mobile. *Pour que ces actions soient égales, il suffit de poser*

$$\frac{2\mu \mathrm{I}s}{a^3} = \frac{2\mathfrak{M}\mu}{a^3},$$

d'où on tire

$$\mathrm{I}s = \mathfrak{M}.$$

Conséquence. — **262.** — **Equivalence d'un courant circulaire et d'un feuillet magnétique.** — Ainsi donc, si on remplaçait le courant circulaire par un aimant perpendiculaire à son plan et dont le moment magnétique aurait pour valeur le produit Is, l'action exercée sur le pôle P resterait exactement la même. Nous pourrions d'ailleurs imaginer que l'aimant est constitué par deux quantités de magnétisme $+\,\mu'$, $-\,\mu'$ réparties sur deux surfaces polaires de section s séparées par un intervalle δ.

Le moment magnétique de cet aimant ayant pour mesure le produit $\delta\mu'$ et devant être égal à Is, on a l'équation

$$\delta\mu' = Is,$$

d'où

$$\frac{\mu'}{s}\,\delta = I.$$

Mais $\dfrac{\mu'}{s}$ est la densité magnétique à la surface polaire de l'aimant, c'est la quantité que nous avons désignée par δ en parlant des feuillets magnétiques ; on peut donc dire que *le courant circulaire est équivalent, dans son action sur le pôle P situé à une grande distance, à un feuillet magnétique satisfaisant à la relation*

$$\delta\delta = I,$$

qui devient, en remplaçant le produit $\delta\delta$ par la puissance ϕ du feuillet

$$\phi = I.$$

Remarquons maintenant que si au lieu de supposer, comme nous l'avons fait, que le courant circulaire a un diamètre fini et que la distance a du pôle au centre de ce courant est très grande, nous supposons que le diamètre du conducteur circulaire est infiniment petit, tout ce que nous venons de dire sera rigoureusement exact quelque petite que soit la distance OP, parce que l'exactitude de nos conclusions dépend seulement du rapport $\dfrac{r}{a}$ et nullement de la grandeur absolue de l'une ou de l'autre de ces quantités. Nous pouvons donc dire qu'*un courant circulaire infiniment petit est, dans les conditions que nous venons de définir, rigoureusement équivalent à un feuillet magnétique de même surface dont la puissance serait exprimée par le même nombre que l'intensité du courant.* On démontre facilement que le théorème est encore vrai quand le courant, au lieu d'être circulaire, affecte une forme quelconque, pourvu que la surface embrassée soit infiniment petite.

APPLICATION IV. — 263. — Action exercée par un circuit fermé infiniment petit sur un pôle magnétique situé dans son plan. — Supposons maintenant que, au lieu d'être situé sur une droite perpendiculaire au plan de circuit circulaire et passant par son centre, le pôle magnétique soit situé dans le plan même du circuit. Soit P le pôle magnétique (fig. 117), P*b* et P*c*

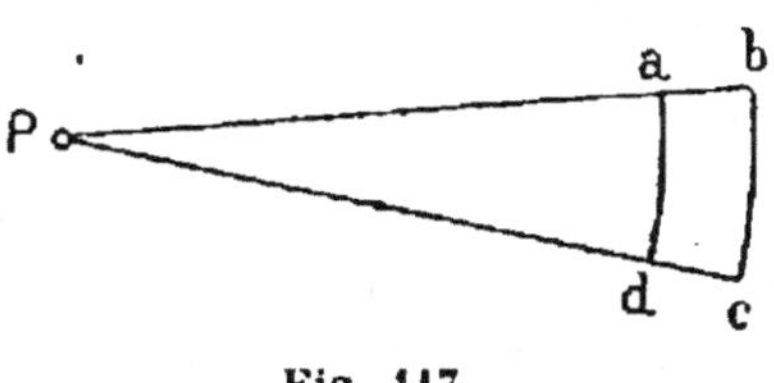

Fig. 117.

deux vecteurs infiniment voisins et *abcd* le circuit fermé infiniment petit qui, au lieu d'être circulaire est composé de deux portions rectilignes *ab*, *dc* et de deux arcs de cercle *ad*, *bc*

décrits du point P comme centre. Les portions rectilignes *ab*, *dc* et les arcs curvilignes *ad*, *bc* étant infiniment petits, la surface *abcd* est un infiniment petit du second ordre. Désignons par r le rayon vecteur P*a* = P*d*; par $d\theta$ l'angle infiniment petit $\widehat{a\mathrm{P}d}$ des deux vecteurs, et cherchons la valeur des actions exercées par chacun des quatre côtés du quadrilatère *abcd* sur le pôle P, perpendiculairement au plan de la figure.

Nous pouvons éliminer immédiatement les côtés *ab* et *dc* car ils sont situés sur des droites passant par P, et dans ce cas, la formule de Biot et Savart montre que l'action exercée est nulle.

L'action exercée par *ad* a pour valeur

$$\mu\mathrm{I}\,\frac{\overline{ad}\,\sin\widehat{\mathrm{P}ad}}{\overline{\mathrm{P}a}^{2}}.$$

ou, en remarquant que $\overline{ad} = r\,d\theta$, que $\overline{\mathrm{P}a} = r$ et que $\sin\widehat{\mathrm{P}ad} = 1$,

$$\mu\mathrm{I}\,\frac{r\,d\theta}{r^{2}} = \frac{\mu\mathrm{I}\,d\theta}{r}.$$

L'action exercée par le côté *bc* a pour valeur, en remplaçant P*b* par $r + dr$,

$$\frac{\mu\mathrm{I}\,d\theta}{r + dr}.$$

Le courant qui parcourt bc étant de sens contraire à celui qui parcourt ad, ces actions sont aussi de sens contraire, de sorte que l'action résultante développée sur P est égale à

$$\frac{\mu \mathrm{I} d\theta}{r} - \frac{\mu \mathrm{I} d\theta}{r+dr} = \mu \mathrm{I} d\theta \left(\frac{1}{r} - \frac{1}{r+dr} \right) = \mu \mathrm{I} d\theta \frac{dr}{r(r+dr)}.$$

ou, en négligeant dr qui est infiniment petit par rapport à r,

$$\mu \mathrm{I} . \frac{d\theta\, dr}{r^2}.$$

Cette action étant proportionnelle au produit de deux infiniment petits du premier ordre, est un infiniment petit du deuxième ordre; nous la désignerons donc par $d^2 f$ et nous aurons, en la multipliant haut et bas par r

$$d^2 f = \mu \mathrm{I} \frac{r\, d\theta\, dr}{r^3}.$$

Mais
$$r\, d\theta = \overline{ad},$$

et
$$dr = \overline{ab},$$

donc
$$d^2 f = \mu \mathrm{I} \frac{\overline{ad} . \overline{ab}}{r^3}.$$

Or, le produit $\overline{ad} . \overline{ab}$ est précisément l'expression de la surface S du quadrilatère $abcd$. Donc enfin

$$d^2 f = \mu \mathrm{I} . \frac{surface\ \overline{abcd}}{r^3} = \frac{\mu \mathrm{I} s}{r^3}.$$

264. — Comparons maintenant cette expression à celle de

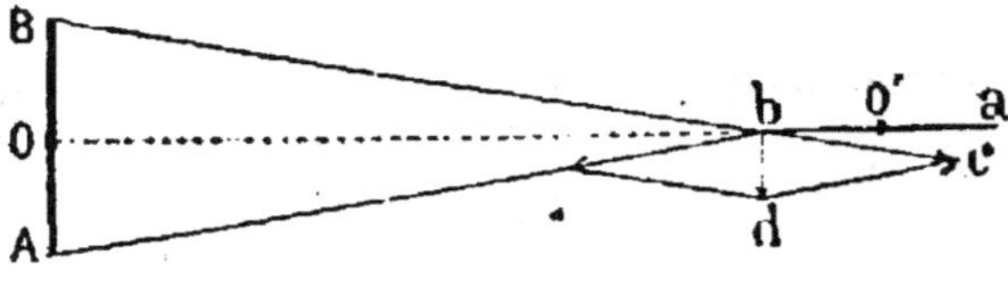

Fig. 118.

la force développée par un aimant AB sur un pôle magné-tique b (fig. 118) situé à une grande distance sur la droite Ob

perpendiculaire à cet aimant et passant par son milieu O. Nous avons déjà fait un calcul analogue et nous avons trouvé que l'action totale développée par les deux pôles de l'aimant, est parallèle à celui-ci et que, en désignant par μ la masse magnétique de chacun des pôles de l'aimant; par 2λ leur distance mutuelle ; par μ' la masse magnétique du pôle isolé b ; par $D - \lambda'$ la distance de ce pôle isolé au centre O de l'aimant AB, la force totale dirigée suivant bd a pour valeur

$$\frac{2\lambda\mu\mu'}{[\lambda^2 + (D - \lambda'^2]^{\frac{3}{2}}}.$$

Si on suppose que l'aimant soit très petit par rapport à sa distance au pôle isolé b, cette expression se simplifie beaucoup et l'on voit immédiatement qu'en désignant par r la distance $D - \lambda'$ du centre O au pôle isolé b et en négligeant la demi-longueur λ de l'aimant devant r, on a

Action totale exercée par AB sur b $= \dfrac{2\lambda\mu\mu'}{r^3}$.

Mais $2\lambda\mu$ est le moment magnétique de l'aimant; en le désignant par $\mathfrak{M}$, en supprimant l'accent de μ' et en représentant par d^2f l'action de AB sur b, il vient

$$d^2f = \frac{\mathfrak{M}\mu}{r^3}.$$

D'autre part, la force exercée par le circuit fermé *abcd* est donnée par l'équation

$$d^2f = \frac{\mu ls}{r^3}.$$

Pour que ces deux forces soient égales, il suffit que l'on ait

$$\mathfrak{M} = ls,$$

ce qui est précisément la condition à laquelle nous sommes déjà arrivés lorsque le plan du circuit est perpendiculaire à la droite qui joint son centre au pôle sur lequel il agit.

Ainsi, dans ces deux cas extrêmes, il y a égalité rigoureuse entre l'action d'un circuit infiniment petit et celle d'un aimant perpendiculaire au plan de ce circuit et dont le moment magnétique aurait pour valeur Is. En outre, on peut, comme nous l'avons fait dans le problème précédent, concevoir cet aimant comme constitué par un feuillet magnétique infiniment petit dont la naissance Φ est mesurée par le même nombre que le courant I.

Nous généraliserons bientôt ce théorème qui est de la plus haute importance en l'étendant aux circuits fermés de dimensions finies et orientés d'une façon quelconque par rapport au pôle isolé. Nous démontrerons *qu'un circuit fermé peut toujours être remplacé, en ce qui concerne les actions mécaniques qu'il exerce sur des masses magnétiques, par un feuillet magnétique dont la puissance est donnée par l'équation* $\Phi = I$.

DIMENSIONS DES GRANDEURS ÉLECTRIQUES
DANS LE SYSTÈME ÉLECTRO-MAGNÉTIQUE

265. — Dimensions d'un courant. — La formule de Biot et Savart va nous permettre de déterminer les relations qui existent entre l'intensité d'un courant et les unités fondamentales de longueur, de masse et de temps.

En effet l'expression

$$df = \frac{\mu I ds \sin \theta}{r^2}$$

peut s'écrire symboliquement, si on remarque que $\sin \theta$ est un nombre indépendant du choix des unités et si on supprime les notations infinitésimales en remplaçant df par F, ds par L (symbole de la longueur) et r^2 par L^2 (symbole du carré d'une longueur)

$$F = \frac{\mu I}{L},$$

d'où

$$I = \frac{FL}{\mu}.$$

Mais l'expression symbolique d'un force F est

$$F = MLT^{-2},$$

et l'expression d'une masse magnétique est

$$\mu = M^{\frac{1}{2}} L^{\frac{3}{2}} T^{-1}.$$

On en conclut

$$I = M^{\frac{1}{2}} L^{\frac{1}{2}} T^{-1} = F^{\frac{1}{2}}.$$

Ainsi dans le système de mesures électro-magnétiques, l'intensité d'un courant est du même ordre de grandeur que la racine carrée d'une force.

266. — Dimensions des principales grandeurs électriques. — L'ordre de grandeur de l'intensité d'un courant étant connu, on en déduit immédiatement celui de toutes les autres grandeurs électriques en se servant des relations qui existent entre elles. On trouve ainsi qu'une quantité d'électricité, ayant pour mesure le produit de l'intensité I d'un courant par le temps T pendant lequel il passe on a

$$Q = IT = M^{\frac{1}{2}} L^{\frac{1}{2}}.$$

De même, la différence de potentiel de deux points étant, par définition, le travail produit par une quantité d'électricité égale à l'unité lorsqu'elle passe de la première position à la seconde, a pour expression symbolique le quotient d'un travail mécanique par la quantité d'électricité qui a servi à le produire. Or l'expression d'un travail mécanique est

$$ML^2T^{-2}.$$

En la divisant par celle de la quantité d'électricité, on a

$$Potentiel = \frac{ML^2T^{-2}}{M^{\frac{1}{2}} L^{\frac{1}{2}}} = M^{\frac{1}{2}} L^{\frac{3}{2}} T^{-2}.$$

L'expression de la résistance d'un conducteur se déduit immédiatement de la loi d'Ohm qui donne

$$Résistance = \frac{Potentiel}{Intensité}$$

ou toutes réductions faites

$$R = \frac{L}{T} .$$

Le quotient $\frac{L}{T}$ d'une longueur par un temps, représente en mécanique la vitesse d'un mobile ; c'est ce qui fait dire par abréviation, que la résistance d'un conducteur est une vitesse.

Nous avons vu que lorsqu'on cherche la valeur du quotient $\frac{Potentiel}{Intensité}$ en exprimant le numérateur et le dénominateur en unités électro-statiques, on arrive, toutes déductions faites, à trouver qu'il est de la forme $\frac{T}{L}$, c'est-à-dire l'inverse de ce que donnent les unités électro-magnétiques. Il n'y a là rien qui doive surprendre, puisque nous sommes partis d'une définition de l'intensité d'un courant absolument différente dans les deux systèmes, et que, ainsi que nous venons de le montrer, la définition de l'intensité d'un courant entraîne celle de toutes les autres grandeurs électriques.

La conclusion à tirer de là, c'est que la résistance d'un conducteur n'est ni une vitesse ni l'inverse d'une vitesse, et que les expériences destinées à démontrer qu'elle est bien réellement, soit une vitesse dans le système électro-magnétique, soit l'inverse d'une vitesse dans le système électro-statique, prouvent simplement qu'elle est tout autre chose que ce qu'on veut en conclure.

On pourrait parfaitement employer par exemple un système d'unités dans lequel l'intensité d'un courant serait définie (en s'appuyant sur les lois de Faraday) par la masse d'un électrolite décomposé par seconde. L'expression symbolique d'un courant serait alors

$$Intensité = \frac{Masse}{Temps} ,$$

et on trouverait, en suivant les raisonnements que nous venons d'employer, que la résistance aurait alors pour expression symbolique

$$Résistance = \frac{(Longueur)^2}{Masse \times Temps} = \frac{L^2}{MT} .$$

qui n'a aucune analogie avec les deux expressions qui résultent de l'emploi des systèmes électro-statiques ou électro-magnétiques.

Nous venons de trouver qu'il y a équivalence entre un feuillet magnétique de surface infiniment petite et un courant fermé lorsque l'on a

$$I = \Phi$$

ou

$$\frac{I}{\Phi} = 1.$$

Cette relation implique nécessairement la condition que I et Φ sont du même ordre de grandeur ; il est bon de le vérifier. Il suffit pour cela, de démontrer que l'expression symbolique de Φ est identique à celle de I que nous avons donnée plus haut.

Or Φ est le produit de la densité magnétique du feuillet par la distance des deux faces, on a donc

$$\Phi = Densité\ magnétique \times Longueur.$$

Mais

$$Densité\ magnétique = \frac{Quantité\ de\ magnétisme}{Surface} = \frac{Quantité\ de\ magnétisme}{Carré\ d'une\ longueur}.$$

Donc

$$\Phi = \frac{Quantité\ de\ magnétisme}{Longueur}.$$

Renversons maintenant les notations algébriques ; nous savons que

$$Quantité\ de\ magnétisme = M^{\frac{1}{2}}\ T^{-1}\ L^{\frac{3}{2}}.$$

Donc

$$\Phi = M^{\frac{1}{2}}\ L^{\frac{1}{2}}\ T^{-1},$$

expression identique à celle de I.

EXTENSION DES RÉSULTATS PRÉCÉDENTS A L'ACTION D'UN COURANT SUR UN AIMANT

267. — **Action d'un courant rectiligne indéfini sur un aimant mobile autour d'un axe « perpendiculaire » au courant.** — Connaissant l'action exercée par un courant sur un pôle magnétique, il est facile d'en déduire *l'action exercée sur un aimant qui équivaut, comme nous le savons, à un système de deux pôles égaux et de signe contraire.*

Nous avons vu que l'action d'un courant rectiligne indéfini sur un pôle isolé est toujours perpendiculaire au plan passant par le courant et par le pôle et qu'elle a pour valeur

$$f = \frac{2\mu I}{a}.$$

L'action exercée sur un second pôle situé à la distance a', aurait évidemment une valeur égale et de signe contraire, de sorte que si les plans passant par le conducteur et par chacun des pôles ne coïncident pas, l'aimant sera soumis à l'action de deux forces de signe contraire, en général inégales et non situées dans le même plan.

Il est sans intérêt de chercher à résoudre le problème posé dans toute sa généralité, mais il existe des cas particuliers très simples que l'on rencontre très souvent dans l'application. Nous allons les passer rapidement en revue.

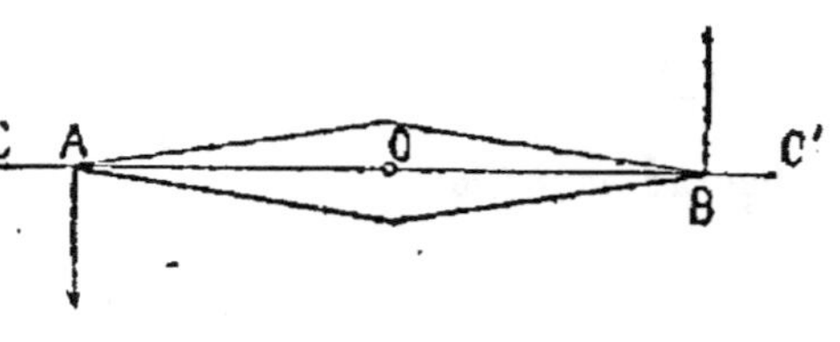

Fig. 119.

Supposons d'abord que l'aimant AB (fig. 119), mobile autour d'un axe vertical (perpendiculaire par conséquent au plan de la figure) soit parallèle au courant CC' supposé horizontal et situé à une distance a de l'aimant.

Soit :

$$OA = OB = \lambda,$$

la distance de chacun des pôles A et B au centre magnétique O qui est en même temps le centre de rotation ; μ la masse magnétique de chaque pôle. La force appliquée en A a pour valeur

$$\frac{2\mu I}{a}.$$

Son moment, par rapport au point O, est égal à

$$\frac{2\mu I}{a} \cdot \lambda = \frac{2\lambda\mu I}{a}.$$

Le moment de la force appliquée en B a la même valeur et tend à faire tourner l'aiguille aimantée AB dans le même sens. Le moment total est donc égal à

$$2\lambda\mu \times \frac{2I}{a}.$$

Mais $2\lambda\mu$ étant la valeur du moment magnétique $\mathfrak{M}$ de AB, on *voit que l'aiguille est soumise à l'action d'un couple total C qui a pour expression*

$$C = \frac{2\mathfrak{M}I}{a}.$$

Il est bon de remarquer d'ailleurs que l'aiguille n'est soumise à aucune autre force car les forces appliquées en A et en B sont perpendiculaires au plan passant par les deux droites parallèles AB et CC' et sont situées par conséquent dans le plan même de la figure. Elles ne donnent donc lieu à aucune composante verticale et leur action se réduit bien à un couple.

Remarque. — Nous allons montrer maintenant que cette formule est encore vraie même lorsqu'on ne peut pas considérer les masses magnétiques comme concentrées en deux pôles A et B.

Considérons en effet un nombre quelconque de masses magnétiques situées dans la région AO, ayant pour valeur μ_1, μ_2, μ_3,... et situées à des distances du point O respectivement égales à λ_1, λ_2, λ_3. L'aimant AB étant supposé filiforme et régulièrement aimanté, il existera nécessairement dans la région BO un nombre égal de masses — μ_1, — μ_2, — μ_3 dont les bras de levier seront — λ_1, — λ_2, — λ_3,...

Les deux masses μ_1 et — μ_1 donneront lieu à un couple

$$c_1 = 2\lambda_1\mu_1 \cdot \frac{2I}{a};$$

les autres masses donneront également lieu à des couples

$$c_2 = 2\lambda_2\mu_2 \cdot \frac{2l}{a},$$

$$c_3 = 2\lambda_3\mu_3 \cdot \frac{2l}{a},$$

et ainsi de suite, de sorte que le couple résultant égal à la somme des couples composants, aura pour valeur

$$C = \frac{2l}{a} \Sigma(2\lambda\mu).$$

$\Sigma(2\lambda\mu)$ représentant la somme de tous les moments magnétiques partiels $2\lambda_1\mu_1$, $2\lambda_2\mu_2$,..., etc. Mais nous avons vu que le moment magnétique d'un ensemble d'aimants parallèles est égal à la somme de leurs moments individuels. On a donc

$$\Sigma(2\lambda\mu) = \mathfrak{M}$$

et on retombe ainsi sur l'équation

$$C = \frac{2l}{a}\mathfrak{M},$$

même lorsqu'on ne peut considérer les masses magnétiques comme concentrées à chaque pôle.

268. — Action d'un courant rectiligne indéfini sur un aimant mobile autour d'un axe « parallèle » au courant. — Soit : C (fig. 120) la trace du courant supposé perpendiculaire au plan de la figure ; AB l'aimant réduit à ses deux pôles et supposé perpendiculaire au courant C ;

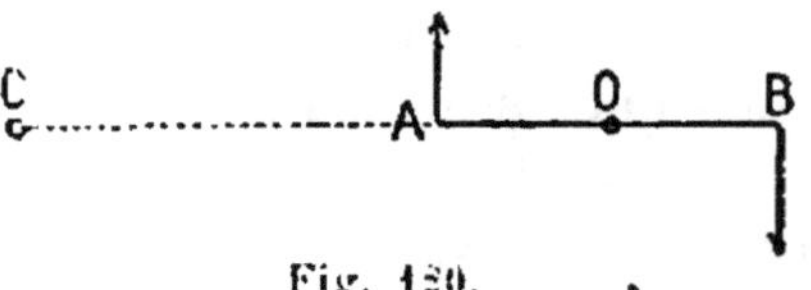

Fig. 120.

O l'axe de rotation de l'aimant, passant par son centre magnétique et supposé parallèle au courant. Désignons par a la distance CO, par λ la demi-distance polaire OA = OB de l'aimant, et par $+ \mu$ et $- \mu$ la masse magnétique de chaque pôle.

L'effort appliqué en A a pour expression

$$\frac{2\mu I}{a - \lambda} \cdot$$

L'effort appliqué en B

$$- \frac{2\mu I}{a + \lambda} \cdot$$

Le moment de l'effort appliqué en A par rapport au point O, est égal à

$$\frac{2\mu I\lambda}{a - \lambda} \cdot$$

Celui de l'effort appliqué en B, est égal à

$$\frac{2\mu I\lambda}{a + \lambda} \cdot$$

Le moment résultant C est donc égal à

$$\frac{2\mu I\lambda}{a - \lambda} + \frac{2\mu I\lambda}{a + \lambda} = 2\lambda\mu I \left(\frac{1}{a - \lambda} + \frac{1}{a + \lambda} \right),$$

on a donc

$$C = 2\lambda\mu \frac{2a}{a^2 - \lambda^2},$$

que l'on peut mettre sous la forme

$$C = \frac{4\lambda\mu I}{a} \cdot \frac{1}{\left(1 - \frac{\lambda^2}{a^2} \right)},$$

qui diffère très peu de

$$\frac{4\lambda\mu I}{a}$$

lorsque $\frac{\lambda}{a}$ est petit. Ainsi si l'on prend

$$\frac{\lambda}{a} = \frac{1}{10},$$

on ne commet qu'une erreur relative de $\frac{1}{100}$ en prenant

$$C = \frac{4\lambda\mu I}{a} \cdot$$

Cette même erreur relative tombe à $\dfrac{1}{400}$ *lorsque* $\dfrac{\lambda}{a} = \dfrac{1}{20}$.

En désignant par $\mathfrak{M}$ *le moment magnétique de l'aimant, on voit que la formule simplifiée, admissible lorsque* $\dfrac{\lambda}{a}$ *est inférieur à* $\dfrac{1}{15}$ *, se réduit à*

$$C = \frac{2\mathfrak{M}\,\mathrm{I}}{a} ,$$

comme dans le problème traité dans le numéro précédent, avec cette différence qu'ici la formule n'est qu'approchée.

Mais la disposition actuelle permet d'additionner ensemble, les efforts produits par une collection d'aimants situés dans le même plan et montés sur le même axe de rotation comme le montre la figure 121 dans laquelle les aimants $A_1 B_1$, $B_2 B_2$.... sont tous

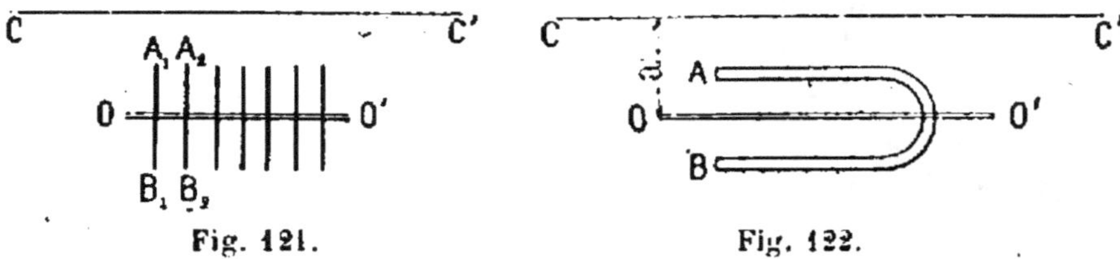

Fig. 121.   Fig. 122.

fixés au même axe de rotation OO' parallèle au courant indéfini CC'. Si tous ces aimants sont égaux, le moment de rotation sera proportionnel à la somme de leurs moments magnétiques.

On peut encore remplacer cette collection d'aimants par un aimant en fer à cheval (fig. 122) dont le plan passe par le courant CC' et dont le moment magnétique est mesuré par rapport à l'axe OO' parallèle à ses branches polaires. Nous avons déjà expliqué que dans ce cas, le moment de l'aimant est proportionnel à la quantité de magnétisme qu'il contient parce que toutes les masses magnétiques ont le même bras de levier par rapport à OO'.

Tous ces problèmes trouveront des applications dans les instruments destinés à la mesure de l'intensité des courants.

269. — **Action d'un courant circulaire sur un aimant.** — En appliquant les raisonnements que nous venons de développer concernant l'action d'un courant rectiligne sur une aiguille aimantée, on trouve facilement (en se servant des expressions de la force développée par un courant circulaire sur un pôle isolé) la valeur du montant total des forces appliquées aux deux pôles d'une aiguille aimantée très petite entourée d'un courant circulaire de rayon r.

Nous examinerons deux cas :

Premier cas. — L'axe de rotation de l'aiguille, passant par son centre magnétique et perpendiculaire à la ligne polaire, coïncide avec un diamètre du courant circulaire, et l'aiguille est assez petite pour qu'on puisse négliger la distance de chaque pôle au centre du cercle.

La force appliquée à chaque pôle a pour valeur

$$\frac{2\pi\mu\mathrm{I}}{r} .$$

L'aiguille étant située dans le plan même du courant, la force est perpendiculaire à ce plan et, son bras de levier étant égal à λ, son moment a pour valeur

$$\frac{2\pi\mu\mathrm{I}\lambda}{r} .$$

Le moment de la force appliquée à l'autre pôle ayant la même valeur et le même sens, le moment total C est égal à

$$\frac{4\pi\mu\mathrm{I}\lambda}{r} ,$$

d'où, en remplaçant $2\lambda\mu$ par le moment magnétique $\mathfrak{M}$ de l'aiguille

$$C = \frac{2\pi\mathfrak{M}\,\mathrm{I}}{r} .$$

Second cas. — L'aiguille est parallèle au plan du cercle, ainsi que son axe de rotation, mais son centre magnétique est situé à une distance a du centre du courant circulaire sur une droite perpendiculaire au plan de ce cercle et passant par son centre.

On trouve alors

$$C = 2\pi N R I \, \frac{r^2}{(r^2 + a^2)^{\frac{3}{2}}},$$

et si le rapport $\dfrac{a}{r}$ est très grand, on peut simplifier cette expression qui devient, en désignant par s la surface du cercle embrassé par le courant

$$C = \frac{2 N R I s}{a^2}.$$

Mais ces formules ne doivent être employées, sous peine d'erreurs notables, que si l'aiguille aimantée est très petite par rapport à la longueur de la droite qui joint son centre à un point quelconque de la circonférence du courant circulaire. Lorsque cette condition n'est pas remplie, il faut employer des formules beaucoup plus compliquées et d'un usage peu commode.

270. — **Application.** — Boussole des tangentes. — Comme application, nous citerons l'instrument de mesure connu sous le nom de *boussole des*

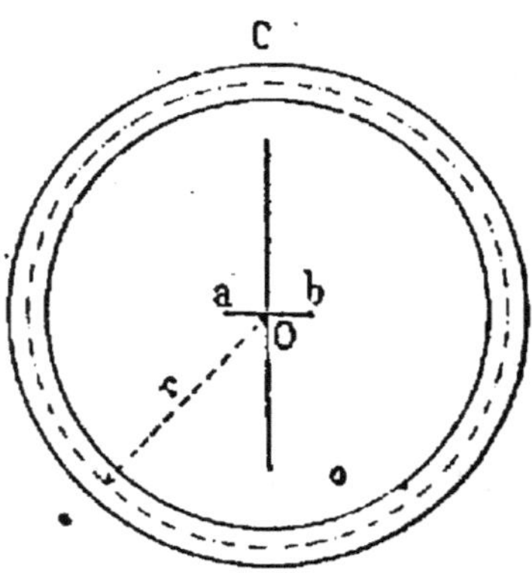

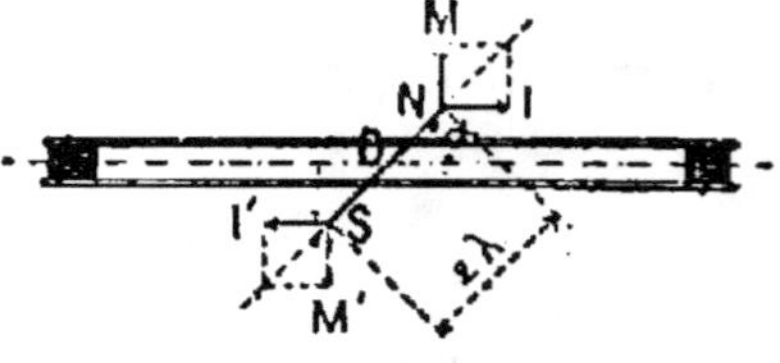

Fig. 123.

tangentes. Cet instrument se compose d'un cadre circulaire de faible épaisseur par rapport à son diamètre, au centre duquel est placée une petite aiguille aimantée suspendue librement à un fil de cocon, sur le cadre est enroulé un fil conducteur dans lequel on fait passer le courant que l'on veut mesurer (fig. 123).

On oriente le cadre de telle façon qu'il soit dans la direction du champ magnétique terrestre et l'on fait passer le courant ; sous l'action du champ magnétique créé par ce courant, l'aiguille tendra à être déviée et prendra finalement une position d'équilibre en faisant un angle α avec la direction du champ terrestre. Supposons qu'il n'y ait d'abord qu'une spire enroulée sur le cadre.

1° Supposons que l'aiguille au centre du cadre.

Le couple dû à l'action du courant est alors

$$C = \frac{2\pi \mathfrak{M} \mathrm{I}}{r} \cos \alpha ;$$

il fait équilibre au couple dû à l'action du champ magnétique terrestre qui est

$$\mathfrak{M} h \sin \alpha,$$

$\mathfrak{M}$ désignant le moment magnétique de l'aiguille, I le courant à mesurer, r le rayon du cadre, h la composante horizontale du champ magnétique terrestre.

Comme ces couples se font équilibre, on a

$$\frac{2\pi \mathfrak{M} \mathrm{I}}{r} \cos \alpha = \mathfrak{M} h \sin \alpha,$$

d'où

$$\operatorname{tg} \alpha = \frac{2\pi \mathrm{I}}{rh}.$$

2° Si l'aiguille, au lieu d'être au centre du cadre, en était située à une distance a, sur la perpendiculaire élevée en ce centre (fig. 124), le cadre restant toujours orienté dans la direction du champ magnétique terrestre, on aurait, pour le couple dû à l'action du courant :

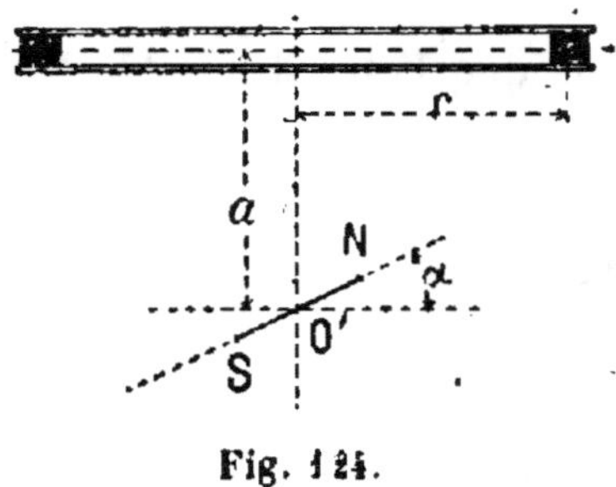

$$2\pi \mathfrak{M} \mathrm{I} \frac{r^2}{(r^2 + a^2)^{\frac{3}{2}}} \cos \alpha ;$$

pour le couple dû à l'action du champ terrestre

$$\mathfrak{M} h \sin \alpha,$$

Fig. 124.

d'où en égalant ces deux valeurs

$$\operatorname{tg} x = \frac{2\pi I}{\left(\dfrac{r^2}{r^2 + a^2}\right)^{\frac{3}{2}} h} \cdot$$

Connaissant x, par lecture, et par suite $\operatorname{tg} x$, on en déduira la valeur de I, à la condition que l'on connaisse exactement, au lieu où l'on opère, la valeur de la composante horizontale du champ magnétique terrestre.

Si le cadre contient un certain nombre de spires N, il suffit de remplacer, dans les formules, I par NI.

On peut leur donner une forme plus commode ; soient L, la longueur totale du fil enroulé sur le cadre, N, le nombre de spires, r, le rayon moyen du cadre, on a

$$L = 2\pi N r, \qquad \text{d'où} \qquad r = \frac{L}{2\pi N};$$

en remplaçant r et I par leur valeur dans la formule précédente, il vient

$$\operatorname{tg} x = \frac{4\pi^2 N^2 I}{L h},$$

d'où

$$I = \frac{L h \operatorname{tg} x}{4\pi^2 N^2},$$

formule plus facilement applicable, N et L étant plus faciles à mesurer que le rayon moyen r du cadre.

Exemple numérique. — Supposons que l'on ait une boussole des tangentes dans laquelle

$$N = 100,$$
$$L = 100^{\text{mètres}} = 10\,000^{\text{cmètres}},$$
$$h = 0,2,$$
$$\operatorname{tg} x = \operatorname{tg} 45^\circ = 1,$$

la formule donne

$$I = \frac{10\,000 \times 0,2 \times 1}{4 \times 3,1416^2 \times 10\,000}$$

$$I = \frac{1}{197} \text{ d'unité C. G. S.}$$

soit en chiffres ronds

$$I = \frac{1}{20} \text{ d'ampère.}$$

271. — Action d'un courant rectiligne sur un aimant qui ne peut se déplacer que parallèlement à lui-même. — Dans les problèmes précédents nous avons supposé que l'aimant était mobile autour de son centre magnétique et ne pouvait prendre qu'un mouvement de rotation. Examinons maintenant le cas où le seul mouvement que puisse prendre l'aimant est une translation perpendiculaire à la ligne des pôles.

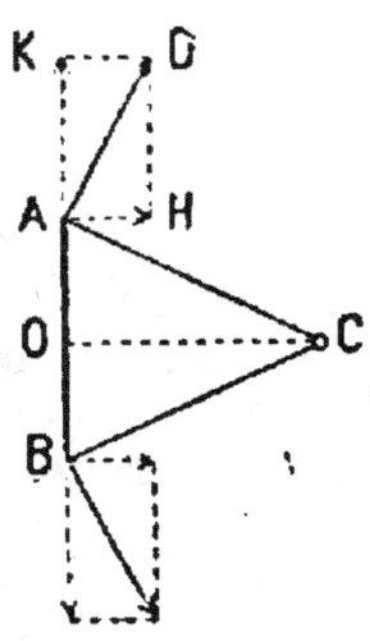

Fig. 125.

Soit : A et B (fig. 125) les deux pôles de l'aimant; C la trace du conducteur supposé perpendiculaire au plan de la figure. Nous admettrons pour plus de simplicité que les deux pôles sont symétriquement placés par rapport à la perpendiculaire OC abaissée du point C sur AB.

La force exercée par le courant sur A, étant perpendiculaire au plan passant par A et par le courant, est située dans le plan de la figure et elle est perpendiculaire à AC. Supposons qu'elle soit représentée en grandeur et en direction par AD.

Si le conducteur C est très long par rapport à AC, cette force AD a pour mesure, en désignant par μ la masse magnétique de A

$$\textit{force } AD \frac{2\mu I}{AC} \cdot$$

On peut la décomposer en deux autres :

1° Une composante AK dirigée suivant la ligne des pôles et qui, à cause de la symétrie de A et de B par rapport à OC, est détruite par une composante égale et de signe contraire appliquée en B.

2° Une composante AH perpendiculaire à AB et qui a pour valeur

$$AD \cos \widehat{DAH} \quad \text{ou} \quad AD \sin \widehat{ACO}.$$

Mais

$$\sin \widehat{ACO} = \frac{OA}{AC} \cdot$$

Donc

$$\textit{composante } AH = \frac{2\mu I}{AC} \cdot \frac{\overline{OA}}{\overline{AC}},$$

ou, en posant $OA = \lambda$, $OC = d$,

$$\text{composante } AH = \frac{2\lambda\mu l}{\lambda^2 + d^2} \cdot$$

Le second pôle étant, en raison de la symétrie de la figure, soumis à l'action d'une force totale dont la composante, perpendiculaire à AB, est égale à AH et de même signe qu'elle, on voit que la somme des composantes perpendiculaires à AB est égale au double de AH, soit

$$2 \cdot \frac{2\lambda\mu l}{\lambda^2 + d^2} = \frac{2\mathfrak{M} l}{\lambda^2 + d^2} \cdot$$

$\mathfrak{M}$ désignant le moment magnétique de AB.

Si l'aimant est guidé de façon à rester parallèle à lui-même et que son centre O se meuve sur une droite OC, il sera sollicité par la force dont nous venons de donner l'expression et que l'on peut considérer comme appliquée au point O. Elle est nulle lorsque OC est très grand, mais elle conserve le même signe lorsque OC varie depuis une valeur quelconque — d jusqu'à $+ d$.

272. — Remarque importante. — On voit que dans ce problème, comme dans tous ceux où l'on calcule l'action d'un courant sur un aimant ou d'un aimant sur un aimant, l'élément auquel nous avons donné le nom de moment magnétique, joue un rôle très important. Cela va nous permettre de remplacer dès le présent, dans tous les problèmes de ce genre, l'aimant idéal réduit à deux pôles par l'aimant réel possédant trois dimensions. En effet, nous avons vu que le moment magnétique d'un aimant est égal au produit de son volume U par un coefficient $\mathfrak{I}$ auquel on a donné le nom d'intensité d'aimantation et qui peut varier depuis zéro jusqu'à une valeur qui dépasse très rarement le nombre 1500. Nous pouvons donc, dans toutes les formules précédentes, substituer au moment magnétique $\mathfrak{M}$, le produit $\mathfrak{I}U$, en tenant compte de la condition que $\mathfrak{I}$ doit toujours être inférieur à 1500. En outre il faut, dans les calculs numériques, ne pas oublier que l'unité d'intensité de courant qui figure dans ces formules est, à moins qu'on ne dise expressément le contraire, l'unité électro-magnétique C. G. S. qui vaut 10 ampères. Il est à peine besoin de rappeler que l'unité de longueur employée est le centimètre et que l'unité de force est le dyne $\left(\dfrac{1\,\text{gramme}}{981} \right)$.

273. — Attraction exercée sur une tige de fer doux par un courant rectiligne. — Nous avons eu l'occasion de constater l'existence de la force dont nous venons de donner l'expression dans des circonstances intéressantes. On sait que l'industrie électrolytique emploie des courants d'une énorme intensité ; les conducteurs dans lesquels passent ces courants ont donc une section considérable et, par suite, des dimensions transversales que l'on peut se figurer aisément en partant de cette donnée pratique que le courant ne doit pas dépasser notablement 1 ampère par millimètre carré. Par conséquent, pour un courant de 2000 ampères, les conducteurs en cuivre rouge devraient avoir pour section un rectangle de 40 millimètres d'épaisseur sur 50 millimètres de largeur. Mais leur épaisseur apparente dépasse de beaucoup celle que donne le calcul parce que les conducteurs ne sont pas massifs et que, pour favoriser la dispersion de la chaleur qu'ils engendrent continuellement en vertu de la loi de Joule, on les constitue avec des lames de 50 millimètres de largeur et de 2 millimètres d'épaisseur séparées par un intervalle d'environ 3 millimètres dans lequel l'air peut circuler (fig. 126). Ces détails, qui paraissent étrangers au problème qui nous occupe actuellement, ont pour but de faire comprendre comment le phénomène magnétique dont nous allons parler, est resté longtemps inaperçu.

Fig. 126.

Nous avions remarqué que, dans une usine électro-métallurgique où les conducteurs avaient la forme que nous venons d'indiquer, on pouvait approcher de ces conducteurs un objet de fer jusqu'au contact sans constater d'effet mécanique appréciable. Mais, ayant eu l'occasion de répéter l'expérience avec un simple fil de 5 millimètres de diamètre plongé dans l'eau pour l'empêcher de fondre sous l'influence de l'énorme quantité de chaleur développée par unité de longueur lorsqu'il était traversé par un courant supérieur à 1 000 ampères [1], nous trouvâmes un résultat inattendu et qui, tout d'abord, nous frappa de surprise. Le fil rectiligne de 5 millimètres de diamètre et de 1 mètre de longueur étant plongé dans une auge en bois pleine d'eau et étant traversé par un courant d'un peu plus de 1 000 ampères, nous en approchâmes jusqu'au contact une clef en fer doux faisant avec lui un angle droit. Nous trouvâmes alors qu'elle adhérait après

---

1. En appliquant la formule démontrée au numéro 153, on trouve que l'élévation de température de ce fil aurait été, pour 1 000 ampères, de 670° *par minute*, en supposant, bien entendu, qu'il ne pût se refroidir. Il aurait donc commencé à fondre au bout d'une minute et demie environ.

le fil avec une telle force que lorsqu'on la retirait, ce fil, quoique bien tendu, la suivait en prenant la forme d'une ligne brisée. L'attraction ainsi exercée par le fil sur la clef était absolument comparable à celle d'un puissant aimant. La même clef, amenée au contact des conducteurs à grosse section placés dans l'air et traversés par le même courant, ne paraissait pas être soumise à une attraction *appréciable.* D'où provenait cette énorme différence entre les deux effets produits par le même courant ? Uniquement, comme nous allons le montrer, de ce que dans le fil de 5 millimètres, le courant était concentré dans un petit espace tandis que, dans les conducteurs aériens, il agissait comme s'il avait été partagé entre un grand nombre de conducteurs égaux dont les actions, dans les régions voisines de la surface, se neutralisaient en grande partie, tandis que dans les régions éloignées, elles étaient très petites en raison même de l'éloignement.

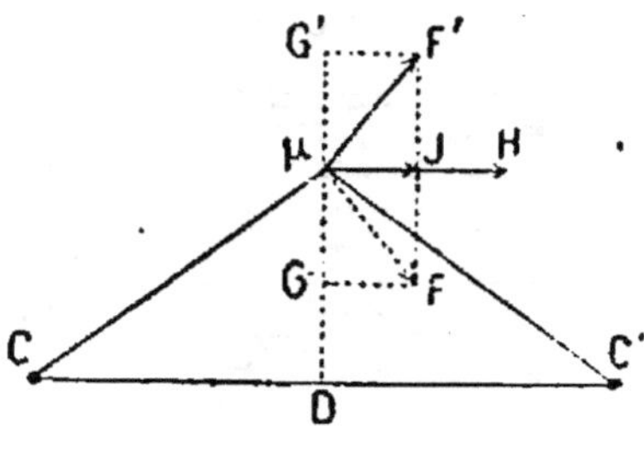

Fig. 127.

Soit : C et C' (fig. 127) les traces de deux courants rectilignes indéfinis perpendiculaires au plan de la figure ; μ une masse magnétique située sur la perpendiculaire élevée sur CC' au milieu D de la distance des deux conducteurs. La force totale appliquée à la masse μ par le conducteur rectiligne indéfini C, a pour valeur,

$$\frac{2\mu I}{C\mu} ;$$

nous la supposerons dirigée dans le sens μF, c'est-à-dire dans le sens de la rotation des aiguilles d'une montre dont le centre serait en C. Cette force totale $\overline{\mu F}$ peut être considérée comme la résultante de deux autres forces : l'une $\overline{\mu G}$ qui a pour valeur

$$\frac{2\mu I}{C\mu} \cos \widehat{F\mu G} ;$$

l'autre $\overline{\mu J}$ qui est donnée par l'expression

$$\frac{2\mu I}{C\mu} \sin \widehat{F\mu G}.$$

La force totale émanée du conducteur C' parallèle à C et parcouru par un courant égal et de même sens, se décompose aussi en deux autres forces : l'une $\mu G'$ égale et opposée à μG; l'autre égale à μJ et de même sens qu'elle. Les deux composantes perpendiculaires à CC' s'annulent donc tandis que les composantes parallèles à CC' s'ajoutent. La résultante des forces exercées sur μ par les deux conducteurs, se réduit donc à

$$2 \times \frac{2\mu I}{C\mu} \sin \widehat{F\mu G},$$

ou, en désignant par x la demi-distance CD $=$ DC' des conducteurs, et par y la distance $\overline{D\mu}$ de la masse magnétique à la droite CC'

$$\mu I \frac{y}{y^2 + y^2},$$

expression qui s'annule pour $y = 0$ et pour $y = \infty$ et qui passe par un maximum lorsque $x = y$. Dans ce dernier cas, elle a une valeur deux fois moindre que si le courant $2I$, somme des deux courants qui traversent C et C', était entièrement concentré dans un conducteur unique projeté en D. On voit facilement à l'aide de cette formule que la masse μ se déplaçant sur la droite DG', est soumise à un effort d'autant plus faible qu'elle est plus rapprochée de D, ce qui est exactement le contraire de ce qui arriverait si tout le courant passait dans un conducteur dont le point D représenterait la trace sur le plan de la figure.

274. — Cas où le conducteur a la forme d'une lame de faible épaisseur. — On comprend donc immédiatement que, si au lieu de deux conducteurs symétriques représentés par les points C et C', il y en avait un nombre quelconque parallèles entre eux et également répartis le long de la droite CDC', la résultante $\overline{\mu II}$ des actions de tous ces conducteurs serait plus petite que la force appliquée à la masse μ par un courant unique égal à la somme de tous les autres et passant par le point D.

Un calcul simple montre que, si au lieu d'une série de conducteurs distincts, on a une lame rectangulaire *de faible épaisseur*, de largeur CC' et de longueur indéfinie, perpendiculaire au plan de la figure, l'action de cette lame parcourue par un courant I, sur la masse μ aura pour valeur

$$\frac{2\mu I}{x} \text{ arc tg. } \frac{x}{y} \cdot$$

Or, lorsque la distance $\overline{\mu D} = y$, de la masse μ au milieu de lame rectangulaire servant de conducteur, devient très petite par rapport à la demi-largeur $DC' = x$ de cette lame, la valeur de cette expression diffère très peu de

$$\frac{\pi\mu I}{x},$$

c'est-à-dire est indépendante de la distance μD et inversement proportionnelle à la largeur CC' de la lame. Si, au contraire, le courant I était entièrement concentré dans le conducteur filiforme projeté en D, l'action exercée sur μ serait égale à

$$\frac{2\pi I}{y}.$$

Ces deux résultats, absolument différents, montrent que l'action d'un conducteur filiforme est bien plus énergique que celle d'un conducteur lamellaire et, a *fortiori*, que celle d'un conducteur dont la section serait par exemple un carré.

On conçoit donc que le fait relaté plus haut et dont nous avons été le témoin pour la première fois en août 1893, soit resté ignoré parce qu'il ne pouvait être constaté que sur les conducteurs filiformes traversés par d'énormes courants et par conséquent plongés dans un liquide isolant capable de leur enlever rapidement la chaleur dégagée par le passage du courant.

Pour que l'explication soit complète, il nous reste à dire pourquoi un morceau de fer doux est attiré par ce conducteur exactement comme le serait l'aimant de moment magnétique $\mathfrak{M}$ qui figure dans les calculs précédents. La raison en est que, comme nous allons le montrer bientôt, tout conducteur parcouru par un courant, est entouré d'un champ magnétique jouissant exactement des mêmes propriétés que celles dues au champ magnétique d'un aimant. Un corps magnétique placé dans le voisinage d'un courant s'aimante donc par induction comme s'il était placé à proximité d'un aimant. L'intensité de cet aimantation dépend naturellement de celle du courant et des situations respectives du conducteur et du morceau de fer. Lorsque l'intensité du courant est faible ou lorsque sa distance au morceau de fer est grande, l'aimantation induite de ce dernier est faible et le produit $\mathfrak{M} I$, auquel est proportionnelle l'action mécanique exercée par le courant, décroît beaucoup plus vite que I ou que la distance du courant à l'aimant créé par son influence.

L'infériorité des conducteurs à grande section sur les conducteurs filiformes, est donc encore plus considérable lorsque le corps soumis à leur action est une tige de fer que lorsque c'est un aimant permanent.

275. —Exemple numérique. — Supposons que le courant qui traverse le conducteur filiforme C (fig. 126), ait une intensité de 1000 ampères, ou 100 unités C. G. S. ; que le barreau rectiligne AB ait 10 centimètres de longueur, 1 centimètre carré de section et une intensité d'aimantation égale à 1000 unités. La distance λ étant peu différente des $\dfrac{4}{5}$ de la demi-longueur de l'aimant, nous aurons $\lambda = 4$. Le moment magnétique $\mathfrak{M}$ aura pour valeur le produit $\mathfrak{M} = 1000 \times 10$. Enfin la distance d du centre du barreau au centre du conducteur, peut être considérée comme égale (au contact) à $0^{cent}, 75$. La formule du n° 271 nous donne alors pour l'attraction développée au contact du barreau et du conducteur

$$\frac{2\mathfrak{M} I}{\lambda^2 + d^2} = \frac{2 \times 10\,000 \times 100}{16 + 0,56} \text{ dynes} \quad \text{ou} \quad 122 \text{ grammes.}$$

L'attraction que nous avons constatée était certainement bien plus considérable, mais le barreau employé avec beaucoup plus de 10 centimètres cubes et le courant était supérieur à 1000 ampères. Il ne nous a d'ailleurs été possible de faire aucune mesure numérique.

276. — Champ magnétique d'un conducteur tubulaire rectiligne et indéfini. — Soit DBD'B' (fig. 128) la section d'un tube rectiligne indéfini, d'épaisseur très faible par rapport à son rayon et parcouru par un courant de densité uniforme perpendiculaire au plan de la figure.

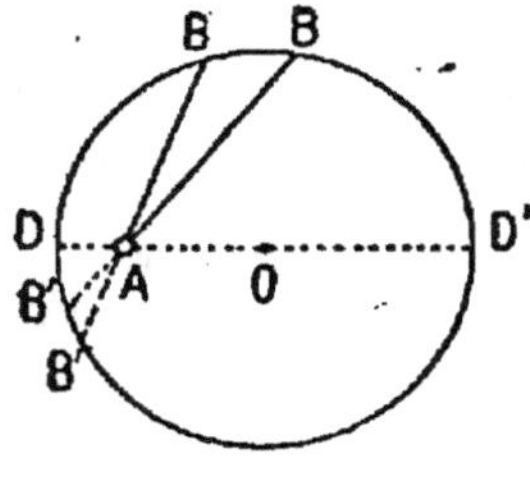

Fig. 128.

Soit A un pôle magnétique placé à l'intérieur de ce tube ; la force exercée sur ce pôle par une portion infiniment petite BB de la section du tube, portion qui forme un conducteur rectiligne indéfini, est située dans le plan de la figure et perpendiculaire à la droite qui joint A au milieu de BB. Elle a pour valeur

$$\frac{2\mu I}{AB}.$$

Mais le courant I a pour valeur le produit de *la densité* i du courant, par la section BB qui est elle-même égale au produit de l'arc linéaire *ds*, compris entre les deux droites infiniment voisines AB, AB, par l'épaisseur δ de la paroi du tube. On a donc

$$I = i\delta . ds.$$

La force exercée sur μ par BB est donc

$$\frac{2\mu i \, ds}{\overline{AB}} \cdot$$

On trouverait de même que la force exercée par l'élément B'B' découpé dans la paroi du tube par les droites AB, AB' prolongées, est égale à

$$-\frac{2\mu i \, ds'}{\overline{AB'}} \cdot$$

Elle est, en outre, opposée à la force qui émane de BB puisqu'elle est perpendiculaire à la droite AB' prolongement de AB. Or, les triangles ABB, AB'B' sont semblables comme ayant trois angles égaux chacun à chacun. Donc

$$\frac{ds}{\overline{AB}} = \frac{ds'}{\overline{AB'}} \cdot$$

Donc les forces appliquées en A se font équilibre, et comme ce raisonnement est indépendant de la position de A à l'intérieur du tube, on voit que tous les points intérieurs présentent cette propriété que le champ magnétique résultant y est nul.

On démontre par une méthode analogue que le *champ magnétique à l'extérieur du tube est le même que si l'intensité totale du courant qui le traverse était concentrée dans l'axe mathématique du tube qui se projette en O.*

On conclut de là que si une aiguille aimantée était placée à l'intérieur du tube, elle ne serait influencée en rien par le passage du courant, quelle que fût son intensité, à la condition que sa densité fût rigoureusement la même dans tous les points de la section.

CHAPITRE IV

ACTION DES AIMANTS SUR LES COURANTS

ACTION EXERCÉE PAR UN CHAMP MAGNÉTIQUE SUR UN COURANT MOBILE

277. — Action exercée par un pôle magnétique sur un élément de courant. — Les pôles d'un aimant sont, comme nous l'avons déjà dit, des points dont la définition est purement mathématique et nous avons expliqué comment les actions développées entre un élément de courant et chacune des molécules matérielles d'un aimant, peuvent obéir à la loi fondamentale qui régit toutes les forces de la nature (Action *dirigée suivant la droite qui joint* deux molécules quelconques et accompagnée d'une action égale et contraire), tandis que la résultante de toutes ces actions, supposée appliquée à un pôle, *paraît* obéir à une loi différente. On peut d'ailleurs confirmer l'exactitude de cette manière de voir en calculant directement l'action exercée par un élément de courant sur un solénoïde traversé par un courant.

Les actions élémentaires étant toutes dirigées suivant la droite qui joint deux à deux les molécules de l'élément de courant à celle du solénoïde, on trouve que l'action résultante de toutes ces forces se réduit, en ce qui concerne le solénoïde, à deux forces égales, de signe contraire, parallèles mais non directement opposées. Ce système de force, que l'on appelle un couple, n'a pas de point d'application et *on peut* le considérer comme réalisé par deux forces quelconques remplissant les conditions que nous venons d'énoncer et appliquées en deux points du solénoïde choisis arbitrairement, à la seule condition que le moment de ce couple, c'est-à-dire le produit de l'intensité de chaque force par la distance qui les sépare ait la valeur indiquée par le calcul. Or, en supposant ces forces appliquées aux extrémités du solénoïde, qui jouent ici le rôle des pôles comme nous le verrons bientôt, le calcul montre qu'elles sont perpendiculaires au plan qui joint le centre de figure de l'extrémité considérée à l'élément de courant. On retrouve donc ici le paradoxe apparent de la loi de Biot et Savart.

Cette dernière n'a donc rien d'incompatible avec la loi qui régit toutes les autres forces de la nature, et si elle n'en est réellement qu'un cas particulier, comme tendent à le prouver les considérations qui précèdent, il est facile de démontrer que la force définie par la loi de Biot et Savart doit donner naissance à une force égale parallèle et de signe contraire appliquée à l'élément de courant par le pôle magnétique. — Donc, en employant les notations et les conventions dont nous nous sommes déjà servis, nous pourrons dire que la force exercée par un pôle magnétique sur un élément de courant est perpendiculaire au plan formé par le pôle et par l'élément, qu'elle est de signe contraire à celle qui est appliquée au pôle magnétique et qu'elle a pour expression

$$\frac{I\mu ds \sin \theta}{r^2}.$$

278. — Action exercée par un champ magnétique sur un élément de courant. — L'action exercée par la masse magnétique μ sur une masse magnétique égale à l'unité qui se trouverait située à l'endroit occupé par l'élément de courant CC′ (fig. 129),

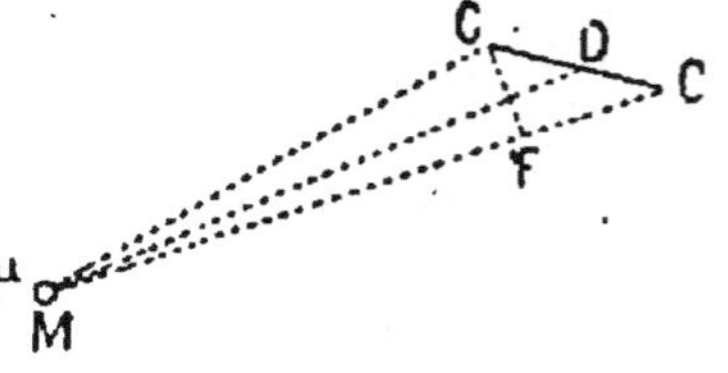

aurait pour valeur $\frac{\mu}{r^2}$ et elle serait dirigée suivant la droite MD. Cette expression représente donc, par définition, l'intensité du champ magnétique au

Fig. 129.

point D ; en la désignant par h, on voit *que la force exercée par le pôle M sur l'élément de courant CC', a pour valeur*

$$f = hl\,ds \sin \theta.$$

On peut la considérer, en vertu des conventions déjà expliquées, comme due à l'action du champ h sur l'élément ds. L'intensité h du champ peut d'ailleurs être considérée comme la résultante de deux forces appliquées simultanément à la masse-unité, l'une dirigée suivant CC' et qui a pour valeur $h \cos \theta$ (θ désignant l'angle de CC' avec la droite MD qui joint le pôle M au milieu de CC') ; l'autre, perpendiculaire à CC' et qui est égale à $h \sin \theta$. Cette dernière seule entre comme facteur dans l'expression de la force ; en la désignant par h_n, l'expression de la force se simplifie et devient

$$f = h_n l\,ds,$$

h_n s'appelle la composante *efficace* du champ.

On peut aussi considérer l'expression de la force comme étant le produit de hl par $ds \sin \theta$.

Mais

$$ds \sin \theta = CC' \sin \theta = \overline{CF}.$$

En désignant CF, projection orthogonale de CC' sur une perpendiculaire à la ligne de force MD du pôle M, par ds_n, on peut écrire la valeur de la force

$$f = hl\,ds_n.$$

Ces deux expressions de la force f sont équivalentes et peuvent être employées indifféremment.

Quant à la direction de f, elle est facile à déterminer puisqu'elle est parallèle à la force appliquée au pôle M par le courant CC', mais de signe contraire. Elle est donc perpendiculaire au plan de la figure et par conséquent aussi à la ligne de force MD du champ magnétique. — *Donc, la force exercée par un champ magnétique sur un élément de courant est perpendiculaire au plan formé par cet élément de courant et par la ligne de force du champ qui passe par le milieu de l'élément.*

L'intensité de la force étant proportionnelle à sin θ, est nulle lorsque l'élément de courant est dirigé suivant cette ligne de force.

Règle des trois doigts. — La règle pratique suivante dite « règle des trois doigts » ou « de Fleming » permet de trouver rapidement le sens du déplacement d'un élément de courant dans un champ. Elle s'énonce ainsi : les trois premiers doigts de la main *gauche* étant étendus en forme de trièdre trirectangle l'index dirigé suivant l'élément de courant, le pouce dans la direction du champ, le médius donnera la direction du déplacement.

279. — Action exercée par un champ magnétique uniforme sur un courant rectiligne. — Soit AB (fig. 130) un conducteur rectiligne de longueur l parcouru par un courant d'intensité I et plongé dans un champ magnétique uniforme d'intensité h dont les lignes de force hh, hh, font avec AB un

Fig. 130.

angle θ. La formule démontrée dans le numéro précédent pour un élément infiniment petit ds

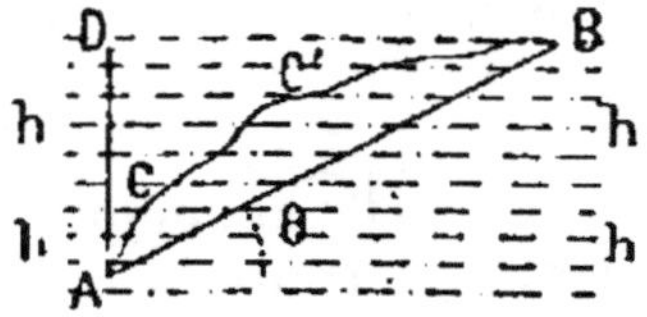

$$f = hI\,ds \cdot \sin \theta,$$

dans laquelle on suppose h et θ constants, donne immédiatement en remplaçant ds par dl et en intégrant

$$f = hIl \sin \theta.$$

Cette force f est perpendiculaire au plan mené par AB parallèlement aux lignes de force du champ, c'est-à-dire perpendiculaire au plan de la figure.

On peut simplifier cette expression en remplaçant $l \sin \theta$ par sa projection AD sur une droite perpendiculaire aux lignes de force et en posant $AD = l_n$ on trouve,

$$f = hIl_n.$$

Cette seconde forme a l'avantage de s'appliquer à un circuit curviligne tel que ACC'B dont les extrémités A et B coïncident avec celles du circuit rectiligne, parce que la projection totale des deux circuits sur une perpendiculaire aux lignes de force est la même.

280. — Action exercée par un champ magnétique uniforme sur un courant fermé. — On voit immédiatement qu'un courant fermé ACBDA (fig. 131) dont le plan est parallèle aux lignes de force du champ, sera sollicité par des forces qui seront toutes dirigées dans le même sens dans la région ACB comprise entre les deux tangentes extrêmes AE, BE', tandis qu'elles seront de signe contraire dans la région BDA.

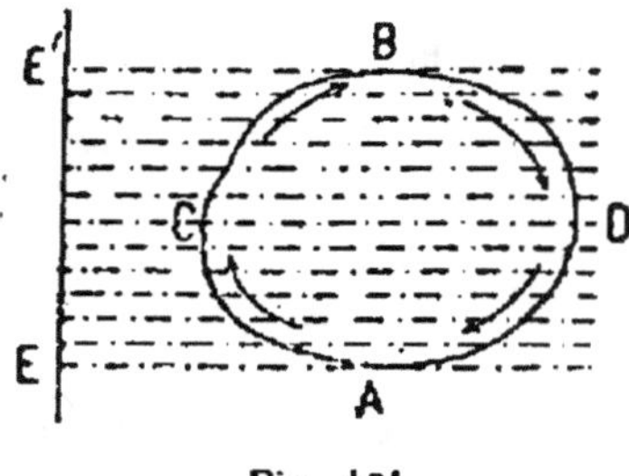

Fig. 131.

Ces forces étant égales, puisqu'elles sont appliquées à deux conducteurs ayant la même projection EE', et parallèles parce qu'elles sont toutes perpendiculaires au plan de la figure ; le conducteur ACBD sera soumis à l'action d'un couple dont nous donnerons l'expression plus loin. Mais il n'aura aucune tendance à un déplacement de translation, parce que la somme algébrique des projections sur un plan quelconque des forces qui sollicitent ses différents éléments, serait constamment nulle. Il se conduirait donc exactement comme le fait une aiguille aimantée placée dans le champ magnétique terrestre.

Si le champ n'était pas uniforme, ces conclusions ne seraient plus exactes ; le circuit serait alors soumis, en général, à deux actions, l'une tendant à lui imprimer un mouvement de rotation, l'autre un mouvement de translation et il tendrait, comme nous le verrons bientôt, à se placer dans une position dans laquelle le flux de force total qui le traverserait serait le plus grand possible.

Enfin, si les lignes de force du champ étaient perpendiculaires au plan du circuit au lieu de lui être parallèles, la résultante des forces appliquées en chaque élément du circuit serait nulle et le circuit ne tendrait à prendre ni mouvement de translation ni mouvement de rotation.

281. — Application. — Expression du couple produit par un champ uniforme sur un circuit fermé mobile autour d'un axe de rotation. — Considérons d'abord le cas le plus simple possible, celui d'un circuit CDEFC, de forme rectangulaire (fig. 132), mobile autour d'un axe de rotation AB situé dans son plan et placé dans un champ magnétique uniforme d'intensité h, dont toutes les lignes de force sont parallèles à la droite OP menée dans le plan de la figure perpendiculairement à l'axe AB. Supposons, en outre, cet axe parallèle à l'un des côtés du rectangle.

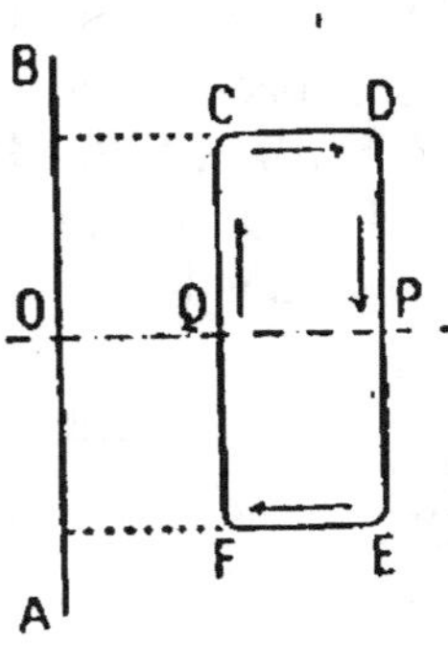

Fig. 132.

Le côté CF parcouru par le courant d'intensité I est sollicité par une force perpendiculaire au plan de la figure, qui a pour valeur

$$f = \mathrm{I}h \times \overline{\mathrm{CF}},$$

et qu'on peut considérer comme appliquée en son milieu Q. Le moment de cette force, par rapport à l'axe AB, est égal au produit

$$f \times \overline{\mathrm{OQ}} = \mathrm{I}h \times \overline{\mathrm{CF}} \times \overline{\mathrm{OQ}}.$$

De même le moment de la force appliquée au côté ED, a pour valeur

$$\mathrm{I}h \times \overline{\mathrm{DE}} \times \mathrm{OP}.$$

Ces deux moments sont de signe contraire parce que le courant est lui-même affecté de signes contraires dans les côtés CF et DE comme l'indiquent les flèches. Le moment résultant dû à ces deux côtés est donc

$$\mathrm{I}h \times \overline{\mathrm{DE}} \times \overline{\mathrm{OP}} - \mathrm{I}h \times \overline{\mathrm{CF}} \times \overline{\mathrm{OQ}},$$

ou, à cause de l'égalité des côtés CF et DE,

$$Ih \times \overline{CF}\,(\overline{OP} - \overline{OQ}) = Ih \times \overline{CF} \times \overline{PQ}.$$

Quant aux côtés CD et FE, étant parallèles à OP et par conséquent aux lignes de force, ils ne sont soumis à aucune action de la part du champ et par suite le moment total se réduit à celui dont nous venons de trouver la valeur. Or le produit

$$\overline{CF}\,(\overline{OP} - \overline{OQ}),$$

est précisément l'expression de l'aire du rectangle CDEFC. Donc enfin le moment de force appliquée au circuit fermé CDEFC est égal à

$$Ih \times \text{aire CDEFC}.$$

Si les lignes de force du champ étaient perpendiculaires au plan du circuit mobile au lieu de lui être parallèles, on trouverait sans peine que le moment des forces appliquées au circuit mobile serait nul.

Il résulte de là que si le plan du circuit mobile fait un angle θ avec les lignes de force (que l'on suppose toujours perpendiculaires à l'axe de rotation AB), on peut trouver immédiatement le couple auquel il est soumis en décomposant le champ magnétique en deux autres : l'un dont les lignes de force sont perpendiculaires au plan du circuit et qui ne produira aucun effet, tandis que le second, dont les lignes de force sont parallèles à ce plan et ont une intensité égale à $h \cos \theta$, produit un couple dont la valeur est

$$Ih \cos \theta \times \text{aire CDEFC} = Ih \times (\text{aire CDEFC} \times \cos \theta).$$

Mais le produit compris entre les parenthèses du second membre de cette égalité, n'est autre que l'aire de la projection du contour fermé CDEFC sur un plan parallèle aux lignes de force. D'où ce théorème :

Un circuit rectangulaire fermé, placé dans un champ magnétique uniforme, est soumis à l'action d'un couple dont le moment est le même que si ce circuit était remplacé par sa pro-

jection sur un plan parallèle à la direction des lignes de force du champ.

282. — Cas général. — Si le circuit, au lieu d'être rectangulaire, avait une forme quelconque, il serait facile de reconnaître que l'expression du couple reste la même. Il suffit, pour cela, de mener dans le plan de la figure (fig. 133) une série de droites équidistantes, infiniment voisines et parallèles aux lignes de force ou à leur projection sur le plan de la figure. Deux de ces droites consécutives constituent deux des côtés parallèles d'un rectangle infiniment petit dont les deux autres côtés sont des arcs infiniment petits appartenant au circuit. Chacun de ces rectangles est

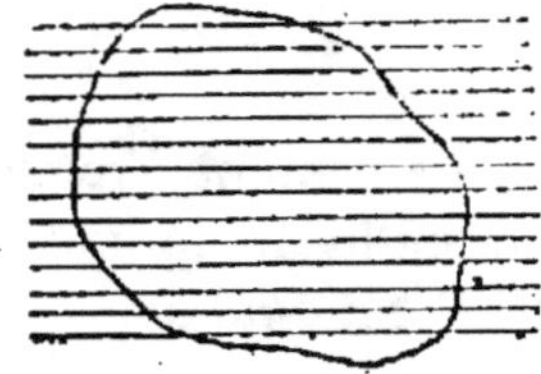

Fig. 133.

évidemment soumis à l'action d'un couple égal au produit de son aire par Ih, de sorte que le couple total, égal à la somme de tous les couples élémentaires, a pour valeur : $Ih \times$ *aire de la projection du contour fermé, sur un plan parallèle aux lignes de force.*

Il est essentiel de remarquer que l'existence de ce couple est absolument indépendante de celle de l'axe de rotation AB. Car, ainsi que nous l'avons dit plus haut, l'ensemble des forces appliquées à un circuit fermé entièrement libre dans l'espace et placé dans un champ magnétique uniforme, se réduit toujours à un couple, c'est-à-dire à un système de deux forces égales, parallèles, et de sens contraire, qui ne peut qu'orienter le plan du circuit mais non le déplacer parallèlement à lui-même. Si l'on attache le circuit à un axe de rotation, on trouvera facilement le moment du couple appliqué à cet axe, en décomposant le couple primitif appliqué au circuit et dont nous venons de trouver l'expression, en deux autres couples perpendiculaires entre eux et choisis de façon que le plan de l'un d'eux passe par l'axe de rotation, tandis que le plan de l'autre lui est perpendiculaire. C'est ce dernier seul qui tend à faire tourner l'axe. La composition des couples se faisant suivant les mêmes règles que celle des forces, ce petit problème ne présente aucune difficulté.

283. — Équivalence des effets produits par un champ magnétique uniforme sur un circuit fermé ou sur un aimant. — Soit O la projection de l'axe de rotation lié invariablement à un circuit fermé dont le plan lui est parallèle (fig. 134) ; ce circuit se projette par conséquent suivant une droite telle que CC'.

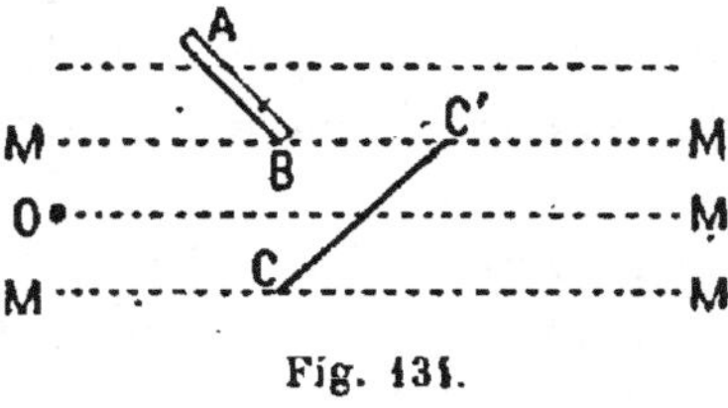

Fig. 134.

Soit OM la direction des lignes de force du champ magnétique.

Le moment du couple qui tend à orienter le circuit fermé CC', pris par rapport à l'axe O, a pour valeur

$$Ih \times Projection\ de\ l'aire\ de\ CC'\ sur\ OM$$

ou, en appelant θ l'angle du plan de CC' avec OM, et s l'aire comprise dans le contour fermé CC'

$$Ihs \cos \theta.$$

D'autre part, un aimant tel que AB lié invariablement à l'axe O et faisant avec lui un angle droit, est sollicité par un couple dont la valeur est

$$\mathfrak{M}h \sin \theta'$$

$\mathfrak{M}$ désignant le moment magnétique de l'aimant, et θ', l'angle de sa ligne polaire avec les lignes de force parallèles à OM. Si on pose

$$\theta' = \frac{\pi}{2} - \theta,$$

c'est-à-dire si on suppose sa ligne polaire perpendiculaire au plan de CC', le couple devient

$$\mathfrak{M}h \cos \theta.$$

Pour qu'il soit égal au couple dû à l'action du circuit, il suffit que l'on ait

$$Ihs \cos \theta = \mathfrak{M} h \cos \theta,$$

ou

$$Is = \mathfrak{M},$$

et les deux couples seront égaux dans toutes les positions du système. Nous avons déjà trouvé cette équation lorsque nous avons cherché dans quelles conditions un circuit fermé et un aimant produisaient la même action sur un pôle magnétique dont la distance est très grande par rapport aux dimensions du circuit ou de l'aimant.

Dans le cas actuel, le circuit ou l'aimant équivalent peuvent avoir des dimensions quelconques sans que l'équation cesse d'être rigoureuse. Cela tient à ce que nous avons supposé le champ magnétique uniforme dans toute son étendue, condition qui ne peut être réalisée matériellement qu'en produisant ce champ au moyen de centres d'action magnétique placés à une très grande distance.

Conséquence. — **Moment magnétique d'un solénoïde**. — Si, au lieu d'un circuit unique, il en existait plusieurs, et qu'ils fussent parallèles entre eux, il est évident que le moment magnétique de l'aimant équivalent devrait être égal à la somme des produits obtenus en multipliant l'aire de chaque circuit par l'intensité du courant correspondant. En désignant cette somme par ΣIs, on aurait donc,

$$\mathfrak{M} = \Sigma Is.$$

L'exemple le plus simple que l'on puisse choisir dans cet ordre d'idées, est la disposition qui consiste à enrouler sur un cylindre un conducteur recouvert d'isolant, de façon que les spires successives de l'hélice constituée par cet enroulement ne puissent se toucher métalliquement.

On obtient ainsi ce que Ampère a désigné sous le nom de *solénoïde*.

En appelant n le nombre de ces spires identiques que l'on

peut, sans erreur appréciable, considérer comme étant des cercles de surface égale parcourus par le même courant, la valeur du moment $\mathfrak{M}$ de l'aimant équivalent, sera donnée par l'expression

$$\mathfrak{M} = n\mathrm{Is}.$$

Prenons comme exemple un solénoïde composé de cent spires de 5 centimètres de diamètre parcouru par un courant d'un ampère, et cherchons le moment magnétique de l'aimant équivalent. On a

$$n = 100, \qquad \mathrm{I} = 0{,}1 \ \mathrm{C.G.S}, \qquad \mathrm{S} = 19{,}63,$$

d'où

$$\mathfrak{M} = 196{,}3.$$

C'est le moment magnétique d'un petit aimant cylindrique de 5 millimètres de diamètre, de 40 millimètres de longueur et dont l'acier aurait une intensité d'aimantation égale à 250. Il pèserait environ $6^{gr}{,}3$ tandis que le cuivre du solénoïde pèserait (en supposant que le fil eût 1 millim. de diamètre) 110 grammes ; soit 17 fois $\frac{1}{2}$ autant. Mais cette supériorité de l'aimant permanent sur le solénoïde électrique, n'existe que lorsque la valeur de $\mathfrak{M}$ n'est pas considérable, parce que le moment magnétique d'un aimant n'est même pas proportionnel au cube de ses dimensions homologues, c'est-à-dire à son poids. Nous avons dit en effet en parlant de l'intensité d'aimantation qu'elle décroît rapidement lorsque les dimensions des aimants augmentent, tandis que le *moment magnétique d'un solénoïde est proportionnel à la quatrième puissance des dimensions homologues, lorsqu'on maintient constante la densité du courant.*

Considérons, en effet, deux solénoïdes ayant le même nombre de spires et géométriquement semblables entre eux ; c'est-à-dire que toutes les dimensions linéaires du second sont à celles du premier comme le nombre k est à 1. La surface s' de chacune des spires du second sera égale à k^2s ; et, en outre, le fil qui constitue chaque spire ayant un diamètre k fois aussi grand, aura aussi une section k^2 fois aussi grande et pourra livrer passage à un courant égal à $k^2\mathrm{I}$. Le moment magnétique du second solénoïde sera donc égal à

$$k^2\mathrm{I} \times k^2s = k^4\mathrm{Is},$$

tandis que son poids ne croîtra que proportionnellement à k^3.

ACTION EXERCÉE PAR UN CHAMP MAGNÉTIQUE
SUR UN ÉLÉMENT DE CONDUCTEUR A TROIS DIMENSIONS

284. — Expression de la force exercée par un champ magnétique sur un conducteur à trois dimensions. — Dans tout ce qui précède nous avons supposé que les conducteurs étaient filiformes, c'est-à-dire sans épaisseur, et par une abstraction irréalisable, nous avons admis que le courant pouvait cependant avoir une intensité finie. Les lois d'Ohm et de Joule nous apprennent que la quantité de chaleur dégagée dans ces conditions par le passage d'un courant, serait infinie, à moins que l'intensité du courant ne fût infiniment petite; mais il est à peine besoin de dire que cette impossibilité de faire passer un courant d'intensité finie dans un fil de section infiniment petite, n'infirme en rien les résultats auxquels nous sommes arrivés. Dans la réalité, on devra considérer un conducteur comme étant composé d'une infinité de conducteurs filiformes de section infiniment petite et soudés entre eux comme les fils d'un câble. En appelant $d\sigma$ la section infiniment petite d'un de ces conducteurs élémentaires et i la densité du courant que l'on se donne d'avance, le courant qui passe dans le fil de section $d\sigma$ a pour valeur

$$i\, d\sigma,$$

de sorte que la formule de Biot et Savart pourrait s'écrire, en introduisant la section du conducteur

$$f = \frac{\mu\, i\, d\sigma\, ds\, \sin\theta}{r^2} .$$

Il faut remarquer que $d\sigma$ étant une section infiniment petite, est un infiniment petit du second ordre, tandis que ds est du premier ordre, la force f est donc un infiniment petit du troisième ordre.

Pour trouver la valeur de f sous forme finie, il faudrait, en général, rapporter le système conducteur à un système d'axes coordonnés et exprimer les quantités qui entrent dans cette formule en fonction des trois coordonnées de chaque point du système conducteur et faire au moins deux intégrations successives (si toutefois elles étaient possibles). Cela conduirait à des calculs inextricables pour obtenir simplement la valeur de l'action exercée sur un pôle magnétique, c'est-à-dire du champ magnétique en un seul point de l'espace. Dans la pratique, on a dû chercher des méthodes ou des expédients permettant de supprimer ou du moins de réduire considérablement les calculs dont nous venons de donner la très rapide énumération et on est arrivé, dans un certain nombre de cas simples, à trouver non seulement la valeur de f, mais aussi à déterminer la forme des lignes de force du champ magnétique d'un système conducteur.

Nous reviendrons plus loin sur ce sujet lorsque nous parlerons du potentiel d'un circuit fermé, mais nous voulons montrer tout de suite le parti que l'on peut tirer des flux de force pour éviter dans certains cas les calculs dont nous venons de parler.

Rappelons d'abord que l'on peut décomposer l'intensité du champ magnétique en un point de l'espace comme on décompose une force, puisque cette intensité est, par définition, la force appl:quée à l'unité de masse magnétique. Cela étant, représentons par un petit rectangle C (fig. 135) de base dx et de hauteur dz la section infiniment petite d'un conducteur de longueur dy perpendiculaire au plan de la figure. Nous pourrons considérer l'intensité du champ magnétique dans lequel se trouve cet élément de conducteur,

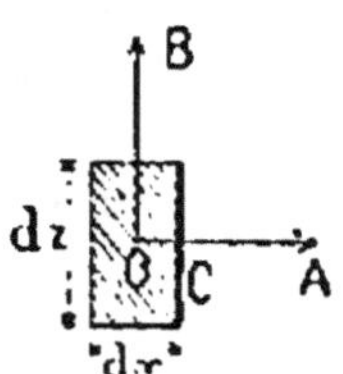

Fig. 135.

comme étant la résultante de trois intensités différentes rectangulaires entre elles ; les deux premières OA et OB situées dans le plan de la figure et par conséquent perpendiculaires à la direction du courant ; et la troisième perpendiculaire au plan de la figure et dirigée suivant l'élément de courant. Cette dernière, en vertu de la formule démontrée au n° 285, ne donne lieu à aucune action mécanique sur l'élément de conducteur ; nous pouvons donc la laisser de côté. Quant à la composante du champ représentée par $\overline{OA}$, elle donne lieu à une force perpendiculaire au plan formé par cette composante et par l'élément du courant et qui, par conséquent, se projette suivant la direction OB de la seconde composante ou suivant son prolongement. L'intensité f_{OB} de cette force est donnée par l'expression

$$f_{OB} = \overline{OA} \times I \times dy.$$

Mais l'intensité totale I du courant qui traverse la section du conducteur, a pour valeur le produit de cette section par la densité i du courant, donc

$$f_{OB} = \overline{OA} \times i \times dx \cdot dz \times dy.$$

dy étant la dimension du conducteur dans le sens perpendiculaire au plan de la figure, le produit $dy.dz$ représente l'aire de la face du conducteur qui est perpendiculaire à OA ; tandis que le produit $\overline{OA}\ dy.dz$ représente *le flux de force* magnétique qui la traverse. Nous pouvons donc écrire, en désignant ce flux élémentaire par φ_{0z}

$$f_{0n} = i\,dx\,\varphi_{0z},$$

ou en remplaçant f_{0n} par f_z et φ_{0z} par φ_r

$$f_z = i\,dx\,\varphi_r.$$

Le produit $i\,dx$ peut se mettre sous une autre forme ; en effet, le courant total I qui traverse la section droite C étant égal au produit de cette section par la densité i du courant, on a

$$I = i\,dx\,.\,dz,$$

d'où

$$i\,dx = \frac{I}{dz}\,.$$

Mais $\dfrac{I}{dz}$ est l'intensité du courant qui traverserait un élément de conducteur ayant la même épaisseur dx que celui que représente la figure, mais dont la hauteur dz serait égale à l'unité. Si nous représentons cette intensité par I_1 nous aurons l'expression très simple

$$f_z = I_1\varphi_r.$$

dont nous allons faire immédiatement une application intéressante.

285. — **Effort longitudinal exercé sur un solénoïde par un aimant placé à son intérieur.** — Supposons d'abord que le solénoïde AB (fig. 136) soit très long par rapport à son diamètre, et qu'au lieu d'un aimant il y ait en M un simple pôle magnétique placé sensiblement au milieu du solénoïde. Pour appliquer la formule que nous venons de démontrer,

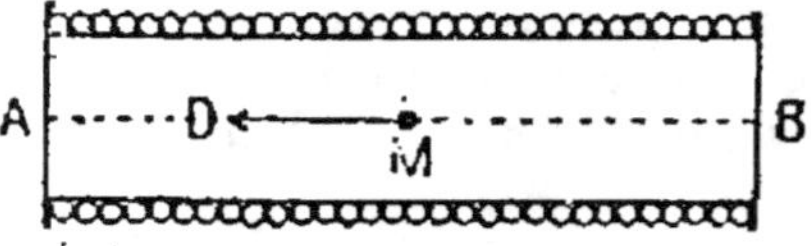

Fig. 136.

nous supposerons que l'axe des z se confond avec l'axe AB du solénoïde et nous allons chercher l'expression de la somme des forces élémentaires appliquée au pôle M suivant cette direction. Nous venons de voir que chaque élément de conducteur exerce, sur le pôle M, une force qui a pour mesure le produit de I_1 par le flux de force magnétique qui traverse normalement la face du conducteur parallèle à la direction de cette force. Par conséquent, la somme de toutes ces forces élémentaires est égale au facteur commun J_1 (dont la valeur est la même en chaque point du solénoïde si l'enroulement est bien régulier) multiplié par la somme de tous les flux de force qui traversent normalement la surface intérieure du solénoïde. Or, le théorème de Green nous permet d'évaluer immédiatement la valeur de ce flux. En désignant par μ la quantité de magnétisme contenue dans le pôle M, nous savons que le flux total qui traverserait la surface du solénoïde, si elle s'étendait *indéfiniment* à droite et à gauche de M, aurait pour valeur $4\pi\mu$. Par conséquent, l'effort total exercé parallèlement à AB par un solénoïde indéfini, a pour expression

$$F = 4\pi\mu J_1.$$

Cette expression étant indépendante de la position de M lorsque le solénoïde est indéfini, s'appliquera également à un nombre quelconque d'autres masses magnétiques, et si ces masses étaient solidaires les unes des autres, la résultante de toutes ces forces parallèles serait égale à leur somme ΣF; on aurait donc, en désignant par $\Sigma\mu$ la somme de toutes les masses magnétiques

$$\Sigma F = 4\pi J_1 \Sigma\mu.$$

Si le solénoïde ne peut être considéré comme infiniment long, on peut tenir compte de la manière suivante de l'erreur commise en appliquant la formule ci-dessus.

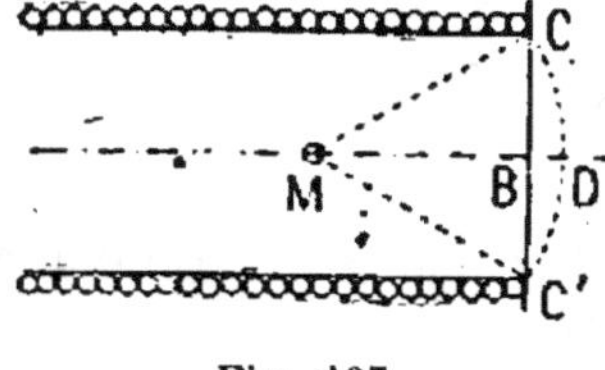

Fig. 137.

Le flux de force *total* émané d'un pôle magnétique M (fig. 137) de masse μ, a pour valeur $4\pi\mu$. Mais lorsque la surface qui enveloppe la masse magnétique M n'est pas entièrement fermée, il faut déduire de ce flux celui qui traverse les ouvertures pratiquées dans la surface, c'est-à-dire $\mu\omega$; ω désignant la grandeur de la surface découpée dans la sphère de rayon 1, par un cône dont le sommet est en M et dont les génératrices s'appuient sur le contour de l'ouverture considérée.

Si nous supposons que la masse M soit située sur l'axe d'un solénoïde cylindrique, l'évaluation de la quantité désignée par ω est facile. Décrivons, du point M comme centre, une sphère dont le rayon MC est égal à la distance qui sépare du point M chacun des points de l'ouverture circulaire CC' du solénoïde, et calculons l'aire de la calotte sphérique CDC'. En la divisant par le carré du rayon MC de la sphère, nous obtiendrons la valeur de la surface ω découpée sur la sphère de rayon 1 par le cône CMC'.

La géométrie élémentaire nous apprend que l'aire d'une calotte sphérique est égale au produit de la circonférence d'un grand cercle par la hauteur de cette calotte, soit

$$2\pi \times \overline{MC} \times \overline{BD}.$$

La surface ω découpée sur la sphère de rayon 1 est donc

$$\frac{2\pi \times \overline{MC} \times \overline{BD}}{\overline{MC}^2} = 2\pi \times \frac{\overline{BD}}{\overline{MC}} \cdot$$

Le rapport de cette surface ω à la surface entière 4π de la sphère de rayon 1, est donc égal à

$$2\pi . \frac{\overline{BD}}{\overline{MC}} : 4\pi = \frac{1}{2} \frac{\overline{BD}}{\overline{MC}} \cdot$$

La seconde ouverture du solénoïde (non représentée sur la figure) donnerait lieu à un calcul identique. En remplaçant $\overline{BD}$ et $\overline{MC}$ par $\overline{B'D'}$ et $M'C'$, et ω par ω', on aurait pour cette seconde ouverture

$$\frac{\omega'}{4\pi} = \frac{1}{2} \frac{\overline{B'D'}}{\overline{M'C'}} \cdot$$

L'erreur *relative* commise en écrivant

$$F = 4\pi \mu I_1,$$

est donc égale à

$$\frac{1}{2} \left(\frac{\overline{BD}}{\overline{MC}} + \frac{\overline{B'D'}}{\overline{M'C'}} \right),$$

ou, en désignant par α l'angle plan CMD et par α' l'angle correspondant à l'autre ouverture du solénoïde

$$\frac{1}{2} \left[(1 - \cos \alpha) + (1 - \cos \alpha') \right] = 1 - \frac{\cos \alpha + \cos \alpha'}{2} \cdot$$

Cette expression peut se simplifier lorsque le rayon BC de l'ouverture est une petite fraction de MC. On a en effet, dans ce cas, avec une très grande approximation

$$1 - \cos \alpha = \frac{\alpha^2}{2} = \frac{1}{2} \left(\frac{\overline{BC}}{\overline{MC}} \right)^2,$$

et par conséquent l'erreur relative commise en supposant le solénoïde infiniment long, deviendrait

$$\frac{1}{4} \left[\left(\frac{\overline{BC}}{\overline{MC}} \right)^2 + \left(\frac{\overline{B'C'}}{\overline{M'C'}} \right)^2 \right] \cdot$$

Si on prend par exemple

$$\frac{\overline{BC}}{\overline{MC}} = \frac{1}{10}, \qquad \frac{\overline{BC'}}{\overline{MC'}} = \frac{1}{10},$$

c'est-à-dire si on suppose que le diamètre de l'ouverture du solénoïde est égal à la dixième partie de sa longueur et que le pôle M est à égale distance des deux ouvertures, on trouve que l'erreur relative est de $\frac{1}{200}$.

Si au lieu d'un pôle magnétique, on suppose qu'il en existe deux égaux et de signe contraire placés tous deux sur l'axe du solénoïde, mais à des distances inégales du milieu, on trouverait facilement l'action longitudinale exercée par le solénoïde, en calculant l'action exercée sur chaque pôle comme nous venons de le faire, et en les retranchant l'une de l'autre.

Enfin, s'il s'agit d'un aimant pour lequel on ne croit pas pouvoir considérer les masses magnétiques comme concentrées en deux pôles, le théorème s'applique encore en toute rigueur lorsque le solénoïde peut être considéré comme infiniment long et encore sous la condition, bien entendu, que l'aimant n'ait qu'une seule région polaire engagée dans le solénoïde et que sa longueur neutre soit telle que le second pôle, placé en dehors et loin de l'ouverture du solénoïde, ne subisse qu'une action négligeable.

On verra dans le chapitre relatif aux méthodes employées pour mesurer l'intensité absolue des courants, l'importance de ces considérations ainsi que le moyen de tenir compte expérimentalement de l'erreur commise lorsque le solénoïde n'est pas très long.

La valeur de I_1 se déduit facilement de celle du nombre de spires contenues dans une longueur de 1 centimètre, comptée parallèlement à l'axe du solénoïde. Si on désigne par n_1 ce nombre et par I l'intensité du courant, il est facile de voir que l'on a

$$I_1 = n_1 I$$

et que, par conséquent, la force exercée sur une masse magnétique μ a pour expression, lorsque le rapport de la longueur du solénoïde à son diamètre est grand

$$F = 4\pi n_1 I \mu.$$
$$H = 4\pi n_1 I.$$

CHAPITRE V

TRAVAIL PRODUIT PAR LE DÉPLACEMENT RELATIF D'UN SYSTÈME D'AIMANTS ET DE COURANTS

TRAVAIL PRODUIT PAR LE DÉPLACEMENT D'UN CONDUCTEUR DANS UN CHAMP MAGNÉTIQUE

286. — **Théorème du flux de force coupé.** — L'effort appliqué à un élément de conducteur de longueur dl, parcouru par un courant d'intensité I, placé dans un champ magnétique d'intensité h, avec les lignes de force duquel il fait un angle θ, est donné par l'équation

$$f = h\mathrm{I}dl \sin \theta$$

et il est dirigé perpendiculairement au plan formé par l'élément dl et par la ligne qui passe par le milieu de cet élément.

Si on lui permet de se déplacer dans une direction quelconque, nous savons que le travail produit a pour mesure le produit de la force f par la projection du déplacement sur la direction de cette force. Par conséquent, si on désigne par dx la grandeur du déplacement et par φ l'angle de dx avec la direction de f, le travail a pour valeur

$$f dx \cos \varphi = h\mathrm{I} \cdot dl \cdot \sin \theta \cos \varphi \cdot dx.$$

Pour interpréter cette expression le plus simplement possible, soit CC′ (fig. 138) l'élément de courant et MM′ une des lignes de force du champ coupant CC′ en son milieu m et faisant avec lui un angle C′mM′ $= \theta$.

La projection DD′ de CC′ sur une perpendiculaire à MM′,

rèprésente la quantité $dl \sin \theta$; et si cette projection était réellement un élément de conducteur traversé par le courant I, cet

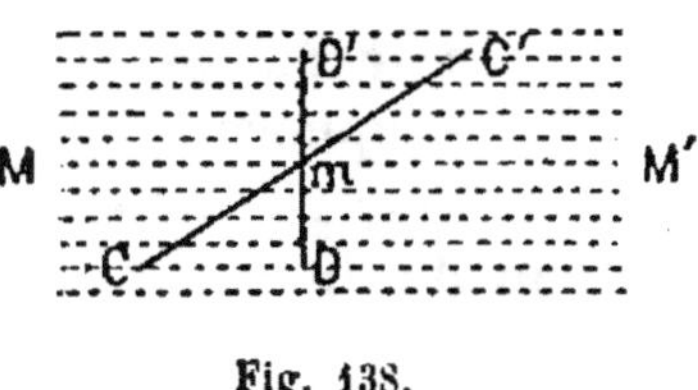

Fig. 138.

élément serait sollicité par la même force f perpendiculaire-
ment au plan de la figure. Désignons maintenant par dz la projection ($dx \cos \varphi$) sur la direction de f, du déplacement imprimé à DD' qui, pour nous, remplace CC', et par dx
la longueur DD' $= dl \sin \theta$. Nous pouvons écrire

$$f dx \cos \varphi = hI \cdot dx \cdot dz.$$

Or, le produit $dx.dz$ est l'aire du rectangle ayant pour base
DD' $= dx$ et pour hauteur le déplacement dz de CC' suivant la
direction de f. Les deux côtés de ce rectangle étant perpendiculaires aux lignes de force, son plan l'est également, et le produit de son aire $dx.dz$ par l'intensité h du champ, représente la
valeur du flux de force magnétique qui le traverse et qui traverse également l'aire du parallélogramme réellement engendré par le déplacement de l'élément CC'. On a donc, en désignant par $d\mathcal{F}$ le flux de force

$$f dx \cos \varphi = I d\mathcal{F}.$$

D'où ce théorème important :

*Le travail produit par un élément de conducteur qui se
déplace dans un champ magnétique, a pour mesure le produit de l'intensité du courant qui le traverse, par le flux
de force magnétique coupé par l'élément pendant son déplacement.*

Mais ceci pouvant s'appliquer à chacun des éléments d'un
conducteur de longueur et de forme quelconques traversé par
un courant qui a la même intensité dans tous ses points, on
voit que le théorème peut s'énoncer d'une façon beaucoup plus
générale en disant que le travail développé par un circuit quelconque qui se déplace dans un champ magnétique, est égal au

produit de l'intensité du courant par la somme de tous les flux de force magnétique coupés par chacun de ses éléments pendant qu'il passe d'une position à une autre.

287. — Autre forme de l'énoncé du théorème précédent. Théorème du flux de force embrassé. — Supposons que le circuit soit constitué par une courbe fermée, déformable ou non, à laquelle on imprime un déplacement absolument quelconque dans un champ magnétique produit par des centres magnétiques distribués arbitrairement dans l'espace. Appelons $\mathfrak{F}_0$ le flux total de force magnétique embrassé par le circuit dans sa première position et $\mathfrak{F}_1$ la valeur de ce flux lorsque le circuit occupe la seconde position (en ayant soin de bien tenir compte du sens dans lequel les lignes de force traversent le plan du circuit). Il est évident que le flux embrassé par la courbe fermée qui forme le circuit, n'a pu augmenter ou diminuer qu'à la condition qu'un nombre de canaux de force égale à $\mathfrak{F}_1 - \mathfrak{F}_0$ passe de l'extérieur à l'intérieur de la courbe et coupe par conséquent le périmètre de cette courbe. C'est au moment où cette intersection a lieu, que se produit le travail mécanique qui a par conséquent pour mesure

$$I\,(\mathfrak{F}_1 - \mathfrak{F}_0),$$

d'où on conclut que :

Le travail mécanique développé par un circuit fermé filiforme qui se déplace dans un champ magnétique, a pour mesure le produit de l'intensité du courant par la variation du flux total de force magnétique embrassé par ce circuit pendant le déplacement.

Il résulte de là, que le travail produit par un circuit déformable ou non qui, partant d'une certaine position, revient l'occuper exactement après avoir parcouru un trajet quelconque dans un champ magnétique, est finalement égal à zéro. Mais ceci n'est vrai qu'à la condition expresse que l'intensité du courant ainsi que les éléments du champ magnétique n'aient éprouvé aucune variation pendant le cycle décrit par le circuit. S'il en était autrement, le travail mécanique pourrait avoir une valeur différente de zéro. Elle serait, dans tous les cas, égale à la valeur de l'intégrale $\int \mathrm{I}\,d\mathfrak{F}$.

288. — Exemples de calcul du travail produit par le déplacement d'un circuit fermé dans un champ magnétique. — La seconde forme de l'expression du travail est précieuse au point de vue pratique, parce que le calcul direct du flux qui coupe le périmètre du circuit serait souvent très difficile et peut-être même impossible, tandis que celui de la variation du flux enfermé dans ce périmètre, est aisé dans nombre de cas. Mais il ne faut pas perdre de vue que cette seconde forme est une conséquence algébrique de la première et rien de plus. La première, au contraire, exprime un fait physique sans lequel le travail mécanique ne se produit pas, et qui consiste en ce que les éléments du conducteur doivent se *déplacer dans un espace doué de la propriété magnétique, et par conséquent couper les lignes de force* par lesquelles nous représentons géométriquement cette propriété magnétique. Il est à peine besoin de dire d'ailleurs, que si le circuit était fixe dans l'espace et que les centres magnétiques fussent mobiles, le résultat serait rigoureusement le même, à la condition, bien entendu, que le mouvement relatif du circuit et des centres magnétiques, fût identique dans les deux cas.

Nous allons donner quelques exemples de l'application de cette seconde formule.

PREMIER EXEMPLE. — *Cherchons d'abord le travail produit par un fil rectiligne (fig. 139) CC' qui glisse parallèlement à lui-même sur deux conducteurs rectilignes parallèles AB, A'B' reliés entre eux par un troisième conducteur AA' dans lequel est intercalée une source d'électricité P. Cet ensemble est supposé placé dans un champ magnétique uniforme dont toutes les lignes de force sont perpendiculaires au plan de la figure.*

Le conducteur étant supposé placé d'abord dans la position CC', forme avec les côtés CA, AA', A'C', un circuit fermé dont nous n'avons pas besoin de connaître l'aire, puisque c'est de l'*accroissement* du flux de force qui la traverse et non de la valeur absolue de ce flux, que dépend le travail produit. En passant de la position CC' à la position DD' le conducteur mobile augmente l'aire totale de la quantité CDD'C'C. Le travail τ produit pendant ce déplacement a donc pour mesure le

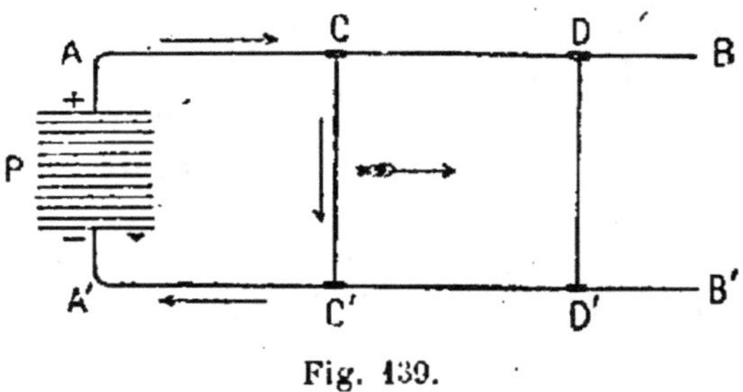

Fig. 139.

produit de l'intensité I du courant par l'accroissement de flux magnétique correspondant. On a donc

$$\tau = I \times h \times \text{ surface CDD'C'C,}$$

h désignant l'intensité du champ uniforme.

Si nous avions traité ce problème en nous appuyant directement sur la loi de Biot et Savart, nous aurions calculé d'abord la force appliquée au fil mobile CC' en vertu de l'action du champ magnétique et nous aurions trouvé, en la désignant par F

$$F = h \times I \times \overline{CC'}.$$

Puis nous aurions obtenu le travail en multipliant F (qui est dirigé dans le sens de la flèche empennée) par le déplacement de CC' dans le sens de la force, c'est-à-dire par CD ou C'D', nous aurions eu ainsi

$$\tau = h \times I \times \overline{CC'} \times \overline{CD} = hI \times \text{ surface CDD'C'C,}$$

valeur identique à celle que nous venons de trouver.

DEUXIÈME EXEMPLE. — *Supposons maintenant que le conducteur, au lieu de glisser parallèlement à lui-même, tourne autour d'un axe C (fig. 140) perpendiculaire au plan de la figure et parallèle aux lignes de force du champ uniforme.* Cet axe communique au moyen d'un frotteur B' et du conducteur B'DE avec l'un des pôles de la pile P. L'autre pôle est relié au frotteur B, lequel appuie constamment sur la circonférence métallique BJKLB dont l'un des points C' est soudé au conducteur C'C et qui tourne par conséquent avec ce conducteur. L'ensemble formé par la circonférence BJKLB et le con-

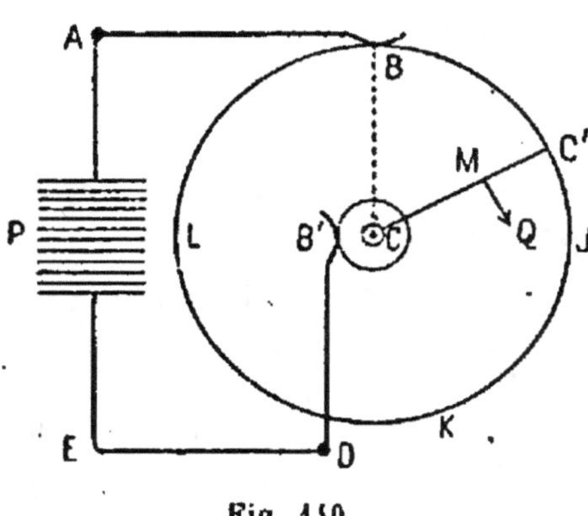

ducteur C'C, est supporté par un disque en matière isolante de façon que le courant, après s'être partagé entre les deux portions de circonférence BC' et BLKJC', est obligé de traverser intégralement le conducteur mobile C'C. Ce dernier, étant placé dans un champ magnétique dont les lignes de force sont

Fig. 140.

perpendiculaires au plan de la figure, est sollicité en chaque point par des forces telles que MQ situées dans le plan de la figure et perpendiculaires à CC'; il tend donc à prendre un mouvement de rotation sous l'influence des forces constantes qui agissent sur lui et dont nous allons calculer le moment.

Désignons par l la longueur du conducteur CC'; par α l'angle BCC' décrit depuis la position initiale CB jusqu'à la position actuelle CC'; par h l'intensité du champ magnétique et par I celle du courant.

Le travail développé pendant que le conducteur décrit l'angle BCC', a pour mesure

$$\mathcal{E} = I \times h \times \text{aire BCC'B} = Ih \cdot \frac{\alpha l^2}{2} \cdot$$

Mais ce travail a aussi pour expression le produit du

moment $\mathfrak{M}$ de la résultante de toutes les forces appliquées au conducteur CC' par l'angle α, d'où

$$\tau = \mathfrak{M}\alpha.$$

Ces deux valeurs de τ devant être égales, on a nécessairement

$$\mathfrak{M}\alpha = Ih\,\frac{\alpha l^2}{2},$$

d'où

$$\mathfrak{M} = \frac{Ihl^2}{2}.$$

C'est la valeur de la force qui, appliquée à la circonférence d'une poulie de rayon 1, produirait le même travail τ lorsque la poulie tournerait d'un angle α.

Choix des unités. — Pour traduire ces formules en nombres, il faut exprimer l'intensité I en unités électro-magnétiques C.G.S., c'est-à-dire en dizaines d'ampères ; h en unités magnétiques C.G.S. ; l en centimètres. L'angle α doit être considéré comme représentant le rapport de l'arc *linéaire* BC', au rayon CC' ; il doit donc être pris égal à 2π ou 6,2832 lorsqu'on veut calculer le travail τ développé pendant un tour complet. Quant au travail mécanique τ, il est exprimé en *ergs* (Un kilogrammètre vaut 98,100,000 ergs).

Troisième exemple. — *Une bague métallique C (fig. 141), coupée en un point, dans laquelle on entretient un courant circulaire d'intensité I en faisant glisser deux de ses points très rapprochés dd sur deux conducteurs fixes (non représentés sur la figure) aboutissant à une pile, se meut parallèlement à elle-même, de façon que son centre décrive une droite qui se confond avec la ligne polaire d'un aimant droit AB. On demande d'évaluer le travail mécanique produit pendant ce déplacement, en admettant que dans sa première position C, la bague soit assez loin du pôle A pour ne recevoir qu'un flux de force négligeable et que dans sa seconde position C', son centre coïncide avec le point neutre de l'aimant.*

Si nous voulions appliquer la loi du flux coupé, le problème serait au-dessus de nos forces, parce que nous ne pourrions exprimer analytiquement la valeur de ce flux correspondant à chacun des déplacements successifs de la bague. La seconde forme de la valeur du travail (loi du flux embrassé) va nous

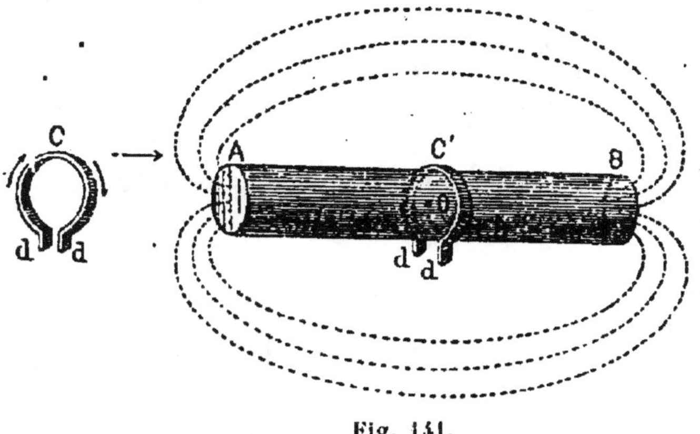

Fig. 141.

permettre, au contraire, de résoudre immédiatement la question. En effet, le travail produit étant égal à

$$\mathrm{I}\,(\vec{\mathcal{F}}_1 - \vec{\mathcal{F}}_0),$$

il suffit de trouver la valeur de ces deux flux de force. Or on a, dans la première position

$$\vec{\mathcal{F}}_0 = 0,$$

le travail se réduit donc à

$$\mathrm{I}\vec{\mathcal{F}}_1.$$

Mais $\vec{\mathcal{F}}_1$ est précisément le flux total de force qui traverse l'aimant en son milieu, c'est-à-dire $4\pi\Im s$, $\Im$ étant l'*intensité d'aimantation* du barreau et s sa section.

Le travail cherché a donc pour valeur

$$4\pi\Im s\mathrm{I}.$$

Supposons par exemple qu'il s'agisse d'un gros électro-aimant de 20 centimètres de diamètre dans lequel il est facile d'obtenir un flux de 10 000 unités par centimètre carré, on aura

$$s = 314 \text{ cent. carr.}$$
$$\mathcal{F}_1 = 314 \times 10\,000 = 3\,140\,000,$$

et si la bague est traversée par un courant de 10 ampères ou 1 unité C.G.S., le travail développé aura pour valeur 3 140 000 *ergs* ou environ $0^{\text{kgm}},032$. Si l'on fait passer ainsi successivement 1 000 bagues ou spires de la position C à la position C' et qu'on rompe le courant dans chacune d'elles lorsqu'elle arrive en C', le travail total produit sera égal à 32 kilogrammètres.

289. — Ce dernier exemple montre bien l'importance pratique de la seconde forme de l'expression du travail mécanique développé par un circuit fermé qui se déplace dans un champ magnétique, et nous verrons, en traitant des moteurs électriques, à quel degré de simplicité il permet de ramener leur théorie, soit qu'ils servent à produire du travail mécanique au moyen d'un courant, soit qu'ils aient au contraire un but inverse.

La facilité avec laquelle ce théorème permet ainsi de résoudre des problèmes dans lesquels on élimine des quantités qu'il serait nécessaire de connaitre si l'on se servait de la première forme (théorème du flux coupé), a eu pour résultat de faire perdre de vue son origine à quelques savants qui le considèrent comme un théorème indépendant et déduit directement de l'expérience, attendu, disent-ils, qu'on ne peut jamais opérer que sur des circuits fermés. Certains d'entre eux lui appliquent même la dénomination de *principe* du flux embrassé.

290. — **Digression sur les écrans magnétiques.** — Nous n'adopterons pas cette manière de voir, d'abord parce que, au point de vue purement historique, il est certain que le théorème du flux coupé a précédé l'autre qui n'en est qu'une simple conséquence, comme on l'a vu, et ensuite parce que, si le second théorème présente de grands avantages pratiques, il a, en revanche, l'inconvénient de faire connaitre les résultats bruts d'un calcul, sans donner aucune notion sur l'enchainement des phénomènes intermédiaires qui entrent en jeu dans la question pour laquelle on l'utilise. Nous allons faire comprendre ceci par un exemple auquel nous avons fait allusion en parlant de la propriété du fer à laquelle on a donné le nom d'*écran magnétique*.

Supposons que dans le second exemple de l'alinéa précédent (fig. 140), on ait entouré le conducteur radial tournant CC' d'un tube de fer à parois très épaisses : les lignes de force du champ magnétique extérieur seront-elles affectées par sa présence ou bien, au contraire, conserveront-elles la même forme ? Dans les ouvrages classiques actuels, on affirme nettement que leur forme est profondément modifiée et que, si le tube est très épais, aucune d'elles ne pénètre dans la région centrale occupée par le con-

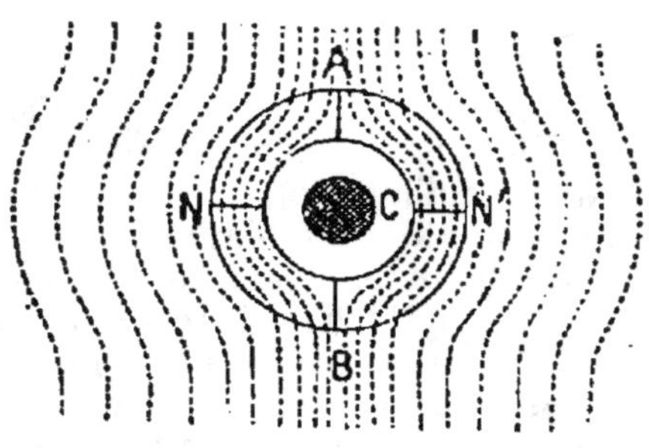

Fig. 142.

ducteur qui se trouve ainsi dans un milieu non magnétique ; les parois du tube seraient, au contraire, sillonnées par des lignes de force très denses affectant une forme sensiblement demi-circulaire comme on le voit (fig. 142).

Cette manière de voir paraît d'ailleurs corroborée par l'aspect des fantômes magnétiques qui accusent un champ très énergique en dehors du tube et un champ presque nul à l'intérieur, et enfin, il est bien certain que les parois du tube livrent passage à un flux magnétique intense, car si on coupe le tube en deux par un plan diamétral NN', perpendiculaire aux lignes de force et passant par le conducteur C, on constate que les deux moitiés NAN', NBN' du tube, adhèrent énergiquement l'une à l'autre dans toute leur longueur. Si, au contraire, on fait la section longitudinale du tube suivant AB, par un plan parallèle aux lignes de force, on trouve que les deux moitiés ANB, AN'B se repoussent, ce qui prouve en A la présence d'un pôle conséquent et en B la présence d'un second pôle conséquent qui est de signe contraire. On conclut de là qu'une certaine portion du flux de force du champ extérieur se divise en deux nappes symétriques par rapport à AB et qu'elle reste confinée dans les parois métalliques du tube, qui lui offrent un chemin beaucoup moins résistant que l'air contenu dans la région intérieure occupée par le conducteur.

Nous n'admettons pas cette manière d'expliquer la répartition des lignes de force, et voici l'interprétation que nous lui donnons.

Comme nous l'avons déjà exposé dans la partie de cet ouvrage qui est relative à l'induction magnétique, nous pensons que, conformément à ce que *l'on admet implicitement lorsqu'on démontre le Théorème de Green*, les actions émanées de chaque centre magnétique élémentaire se propagent en ligne droite et comme si les autres centres n'existaient pas. Mais, si on cherche la résultante de ces actions indépendantes appliquées simultanément à une masse magnétique, la grandeur et la direction de cette résultante n'a aucun rapport simple avec les composantes. Les lignes de force, que l'on peut se représenter comme décrites par le libre mouvement dans l'espace de la masse-magnétique-unité soumise aux forces simultanées qui émanent de tous les centres primitifs (cette masse-unité étant supposée dénuée d'inertie), prennent une forme extrèmement compliquée qui n'a plus le moindre rapport avec les lignes de force rectilignes des centres d'action élémentaires, bien qu'elles en soient déduites suivant les règles ordinaires de la statique. Cela posé, il devient facile de reconnaitre que la présence du tube de fer donne naissance à deux systèmes de lignes de force qui sont : 1° le système qui existait primitivement avant l'introduction du tube dans le champ; 2° le système développé dans le fer lui-même par induction magnétique et qui prend naturellement naissance dans la portion de l'espace où ce métal existe, puisque chacune de ses molécules est douée de la propriété de se transformer en un aimant énergique sous l'influence du champ extérieur. Ce second système est donc propre au fer ; les flux de force qui le constituent ont été créés dans le métal lui-même; et ils n'appartiennent nullement au champ extérieur. *C'est ce que tous les auteurs admettent expressément* lorsque, exposant les principes fondamentaux de l'induction magnétique, ils écrivent l'équation :

Flux total intérieur = Flux du champ extérieur + Flux induit.

Ces deux systèmes de lignes de force émanant de deux systèmes matériels (le ou les aimants qui engendrent le champ magnétique, et le tube) coexistent, suivant nous, dans l'espace sans s'influencer et l'expérience suivante permet de séparer complètement l'action des aimants extérieurs de celle qui est due au tube de fer.

291. — Supposons que le conducteur tournant CC' (fig. 141), au lieu de s'arrêter en C' à une conférence métallique contre laquelle frotte le balai B qui ramène directement le courant à la pile, soit courbé en C' (fig. 143) suivant un arc de cercle C'D', puis recourbé de nouveau en D' suivant un second rayon D'D de même longueur que CC'. Les extrémités C et D de ce circuit, étant à la même distance du centre D de rotation du disque en bois qui sert de support, et communiquant avec deux frotteurs non représentés sur la figure, on comprend sans peine que si un courant est lancé dans ce système de façon à entrer en C pour sortir en D, les actions mécaniques produites par le champ magnétique sur les deux conducteurs identiques C'C, D'D seront égales et inverses, les lignes de force du champ étant toutes d'égale intensité et parallèles à l'axe O.

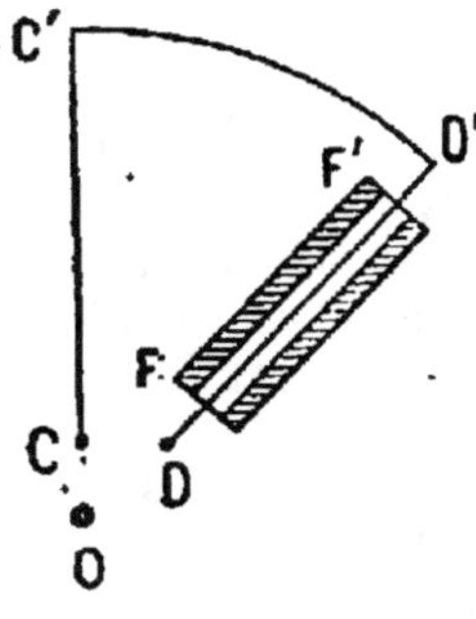

Fig. 143.

Mais, si on enveloppe le conducteur DD' d'un tube de fer FF', qui fasse corps avec lui, sans le toucher, le champ magnétique est profondément modifié en apparence dans la région où se trouve le tube, comme le montre le tracé graphique de la figure 143 ; l'espace qui environne immédiatement le conducteur DD' paraît complètement dépourvu de lignes de force, tandis que les parois du tube sont sillonnées de lignes de force très nombreuses. Malgré ce changement considérable apporté au champ magnétique primitif, l'expérience montre que le système CC'D'D reste en équilibre quelles que soient l'intensité du courant, celle du champ magnétique et les dimensions du tube de fer.

Pour tirer de cette expérience des conclusions, relativement à la grandeur des forces appliquées à chaque portion du circuit, remarquons d'abord que le tube de fer étant lié invariablement au circuit mobile CC'D'D, les actions exercées sur lui par les différentes parties de ce circuit sont, en vertu du principe de la réaction égale et contraire à l'action, accompagnées d'actions inverses qui leur font équilibre, de sorte que nous n'avons pas à en tenir compte. Il en est de même des actions mutuelles des différentes portions du conducteur CC'D'D.

Il ne nous reste donc plus à évaluer que les forces développées par les aimants extérieurs qui engendrent le champ uniforme dans lequel se meut, en tournant autour du point O, le système CC'D'D. On peut les réduire à quatre, savoir :

(a) ACTION DU CHAMP EXTÉRIEUR SUR LE CONDUCTEUR CC'. — Nous avons vu qu'elle est mesurée par le moment d'une force qui a pour expression

$$\mathcal{M} = \frac{Ihl^2}{2}$$

(b) ACTION DU CHAMP SUR L'ARC DE CERCLE C'D'. — La force appliquée en chaque point de ce conducteur est perpendiculaire au plan passant par la direction du courant et de la ligne de force au point considéré; elle est donc normale au conducteur C'D' en chacun de ses points et passe par conséquent par l'axe de rotation O. Il en résulte que l'ensemble des forces appliquées à C'D' est simplement équilibré par la résistance des pivots et ne produit aucune tendance à la rotation.

(c) ACTION EXERCÉE SUR LE TUBE DE FER FF'. — Ce tube est soumis à l'influence du champ magnétique principal engendré par les aimants extérieurs ainsi qu'à celle du circuit fermé CC'D'D. Ces deux influences produisent dans le tube une aimantation résultante, indépendante de l'angle qu'il décrit pendant sa rotation autour de l'axe O, le champ extérieur étant supposé uniforme. La rotation du tube autour de l'axe O ne peut donc donner lieu à aucune production de travail; car s'il en était autrement, en le remplaçant par un aimant permanent identique à lui et en supprimant le circuit CC'D'DC, on pourrait obtenir une production indéfinie de travail qui n'entraînerait aucune dépense d'énergie.

Donc, le moment des forces dues à l'action du champ magnétique extérieur uniforme sur le tube de fer, est constamment nul.

(d) ACTION DU CHAMP SUR LE CONDUCTEUR DD'. — Par hypothèse, cette action nous est inconnue; mais nous allons la déduire immédiatement de l'état d'équilibre du système, considéré comme un fait expérimental.

Les quatre actions (a), (b), (c), (d) auxquelles se réduisent toutes les forces qui tendent à faire tourner le système autour de l'axe O, nous donnent l'équation symbolique

$$(a) + (b) + (c) + (d) = 0.$$

Mais nous venons de démontrer que l'on a séparément

$$(b) = 0, \qquad (c) = 0.$$

Donc, on a nécessairement

$$(a) = - (d),$$

équation qui, traduite en langage ordinaire, signifie que *l'action exercée sur le conducteur DD', par les aimants extérieurs servant à créer le champ magnétique uniforme, est absolument la même que si le tube de fer FF' n'existait pas.*

ACTION EXERCÉE PAR LE TUBE DE FER SUR LE CIRCUIT CC'D'DC. — Il est facile de prouver que le tube de fer, transformé en aimant sous les influences combinées du champ uniforme extérieur et du champ créé, par le courant CC'D'DC, exerce, sur ce dernier, une action mécanique de sens contraire à celle qui est due au champ extérieur et qui est, en outre, variable avec l'épaisseur du tube. Il suffit pour cela de détruire la solidarité que nous avions établie entre le tube de fer et le circuit mobile et de solidariser au contraire le circuit avec les aimants extérieurs ; le seul organe mobile est alors le tube FF'. On trouve ainsi, en mesurant la force qu'il faut lui appliquer pour le maintenir au repos malgré les actions auxquelles il est soumis, que cette force est très faible lorsque l'épaisseur de ses parois est elle-même très faible et qu'elle va en augmentant avec l'épaisseur des parois du tube jusqu'à devenir égale à la force qui est développée par le champ magnétique extérieur. Elle est d'ailleurs de signe contraire à celui de cette dernière et ne peut la dépasser en valeur absolue, même lorsque les parois du tube sont très épaisses, pour des motifs que nous avons expliqués en parlant des écrans magnétiques.

292. — Conclusion. — La discussion qui précède prouve que :

1° Les aimants extérieurs servant à créer le champ magnétique dans lequel se déplace le circuit mobile, agissent sur les portions de ce circuit qui sont entourées de fer, absolument comme si le fer n'existait pas ;

2° L'enveloppe de fer transformé en aimant par les actions simultanées des aimants extérieurs et du circuit, développe sur ce dernier une action mécanique de sens contraire à celle des aimants extérieurs. Cette action est la même que si les aimants extérieurs n'existaient pas et que l'enveloppe de fer reçût, par un procédé quelconque, l'aimantation qu'elle prend sous leur influence.

Nous retrouverons bientôt ces deux lois en parlant de l'induction électro-magnétique et nous en tirerons alors toutes les conséquences qu'elles comportent.

TRAVAIL PRODUIT PAR LA ROTATION DE MASSES MAGNÉTIQUES AUTOUR D'UN COURANT

293. — Travail produit par la rotation d'un pôle magnétique autour d'un courant rectiligne indéfini. — Soit C (fig. 144) la trace d'un courant rectiligne indéfini, d'intensité I, perpendiculaire au plan de la figure, et M un pôle magnétique contenant

une quantité μ de magnétisme et assujetti à la condition d'être
à une distance constante de C autour duquel il peut tourner
librement. L'effort tangentiel développé par le courant I sur le
pôle M, a pour valeur

$$\frac{2\mu I}{r};$$

r désignant la distance CM ; le travail développé pendant une
rotation de M autour de C est donc égal à

$$2\pi r \times \frac{2\mu I}{r} = 4\pi\mu I.$$

Il est indépendant de la distance MC.

Supposons maintenant que, au lieu de décrire un cercle, le

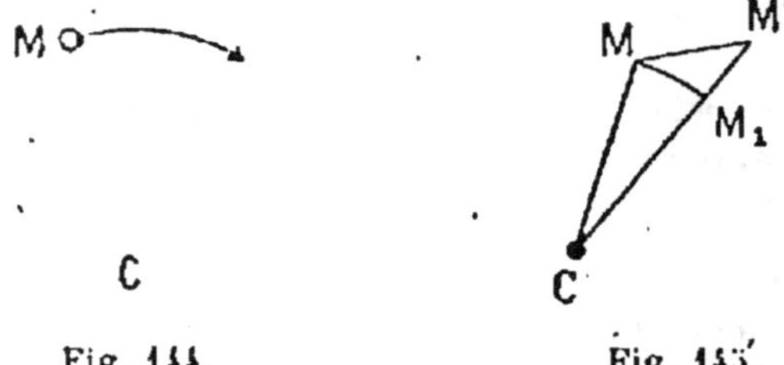

Fig. 144.   Fig. 145.

pôle décrive une courbe quelconque ; et soit MM' (fig. 145) un
élément de cette courbe.

Joignons M et M' au point C et décrivons, de ce point comme
centre, un arc de cercle de rayon CM qui vient couper le rayon
vecteur CM' en M_1.

Amenons le pôle M d'abord en M_1 en lui faisant décrire l'arc
de cercle MM_1 ; le travail développé a pour expression le produit de la force $\frac{2\mu I}{r}$ par le déplacement MM_1. Mais, en désignant par $d\theta$ l'angle MCM_1, et par r la distance MC, on a

$$MM_1 = r d\theta,$$

d'où il résulte que le travail accompli pendant le déplacement
suivant MM_1 est égal à

$$2\mu I d\theta.$$

Amenons maintenant le pôle de M_1 en M' en lui faisant parcourir l'élément rectiligne M_1M' qui passe par C. Le travail développé pendant ce déplacement est nul, parce que M_1M' est perpendiculaire à la direction de la force exercée sur le pôle par le conducteur C.

Le travail développé sur le pôle pendant qu'il passe d'une position M à une autre position infiniment voisine M', a donc pour valeur

$$2\mu I d\theta$$

et ne dépend que de l'angle que font entre eux les deux rayons vecteurs qui passent par les deux positions M et M'.

Par conséquent, si le pôle décrit une courbe fermée de forme quelconque, le travail développé pendant que le rayon vecteur qui le joint au point C décrit un angle θ, a pour mesure

$$2\mu I \theta$$

294. — Travail produit par la rotation d'un aimant autour d'un courant. — Le calcul précédent va nous permettre de trouver immédiatement le travail produit par la rotation d'un aimant matériel, en faisant disparaître le symbole abstrait auquel nous avons donné le nom de pôle. Supposons en effet que, au lieu d'une seule masse magnétique μ, nous en ayons plusieurs liées ensemble comme les molécules d'un corps solide, de façon que les angles décrits autour de C par les divers rayons vecteurs qui aboutissent à chacune d'elles, soient tous égaux entre eux. Le travail développé pendant que cet ensemble de masses magnétiques décrira autour du conducteur C une trajectoire quelconque, aura pour expression

$$2\mu I\theta + 2\mu' \theta I + 2\mu'' I\theta + \ldots = 2\theta I (\mu' + \mu'' + \ldots).$$

Mais la somme des termes $\mu + \mu' + \mu'' + \ldots$ est égale à la quantité totale de magnétisme contenue dans l'aimant, et cette somme algébrique est, comme nous le savons, égale à zéro, lorsqu'on considère les deux pôles. Donc, *si un aimant se meut autour d'un courant rectiligne indéfini de façon que les rayons vecteurs, menés perpendiculairement de chaque molécule de l'aimant au conducteur, tournent d'angles égaux entre eux, le travail développé pendant ce mouvement sera constamment égal à zéro.*

Si les angles décrits par les différents rayons vecteurs, n'étaient pas constamment égaux entre eux, l'aimant pourrait, pendant certaines portions de son déplacement total autour du conducteur, développer un travail, mais s'il partait d'une position et qu'il revînt l'occuper après avoir effectué une série de mouvements quelconques, le travail total développé serait algébriquement nul, pourvu, bien entendu, que le courant restât constant pendant tous ces déplacements.

APPLICATION. — Un aimant AB (fig. 146) est lié en A à une manivelle AC dont le centre C est la projection du courant rectiligne indéfini sur le plan de la figure. L'autre extrémité B décrit une ligne droite passant par C, de sorte que la force exercée par le courant C sur le pôle B, étant perpendiculaire à BC, ne produit aucun travail pendant le mouvement rectiligne de B suivant la droite BC. L'action du courant sur

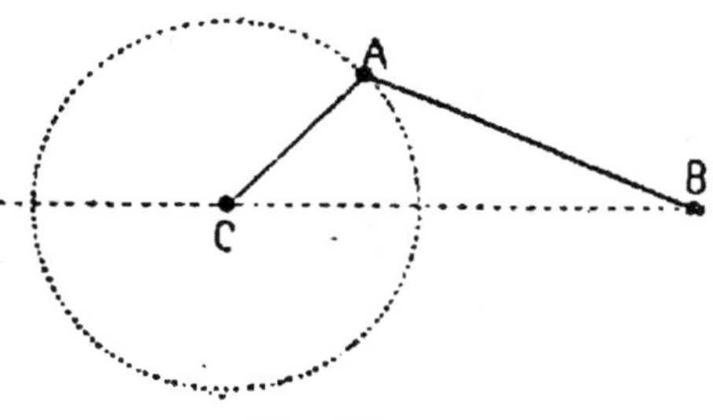

Fig. 146.

l'extrémité A étant, au contraire, constamment perpendiculaire à AC, exerce sur la manivelle AC un effort tangentiel constant, de sorte qu'il semble que l'aimant doive développer pendant une rotation complète un travail égal à $4\pi\mu I$. Le théorème paraît donc en défaut. Mais il faut remarquer que l'aimant AB étant un corps solide, ne peut (comme cela devrait arriver nécessairement s'il effectuait un tour complet) traverser le conducteur C sans le couper ou sans être coupé par lui, ce qui est absolument contraire aux conditions que suppose le théorème. En outre, même quand l'aimant pourrait traverser le conducteur, grâce à des dispositions mécaniques permettant son passage *sans interruption ni modification du courant*, le travail développé après une révolution complète de la manivelle serait, non pas égal à $4\pi\mu I$, mais bien égal à zéro, parce que pendant le passage de l'aimant dans la région où il coupe géométriquement le conducteur C, il développe un travail égal et de signe contraire à celui qui a été produit pendant le reste de la révolution.

TRAVAIL PRODUIT PENDANT LA ROTATION
D'UN COURANT AUTOUR DE MASSES MAGNÉTIQUES

295. — Travail produit pendant la rotation d'un courant autour d'un pôle magnétique. — Supposons d'abord que l'axe de rotation MA (fig. 147) de l'élément de courant CC', passe par le pôle magnétique M, et cherchons la valeur du travail développé pendant un tour complet. Nous allons appliquer, pour cela, le théorème du flux de force coupé démontré précédemment.

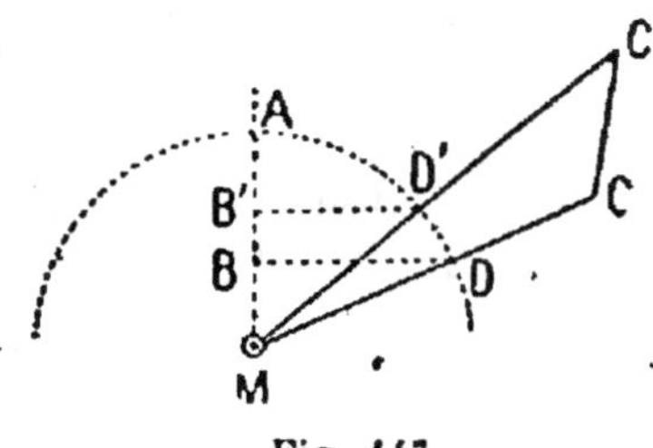

Fig. 147.

Le flux coupé par l'élément CC' pendant une révolution complète autour de AM, a pour mesure (Théorème de Green) le produit de la quantité μ de magnétisme contenue dans le pôle M, par la surface de la zone découpée par les rayons vecteurs MC, MC', sur la sphère décrite du point M comme centre avec un rayon égal à l'unité. Cette surface a pour valeur $2\pi \times \overline{BB'}$, B et B' étant les projections sur MA des points d'intersections des rayons vecteurs MC, MC' avec la circonférence MD de rayon 1. On a donc

Flux de force coupé pendant une révolution de CC' $= 2\pi\mu.\overline{BB'}$.

Travail produit pendant une révolution $= 2\pi\mu I.\overline{BB'}$.

Nous allons appliquer cette formule à trois exemples.

Premier exemple. — Supposons d'abord que le courant CC' soit rectiligne, indéfini et parallèle à l'axe MA. Alors il est facile de voir que les deux rayons vecteurs MC' et MC se confondent : le premier avec MA, le second avec le prolongement de MA en dessous de M, de sorte que la valeur de $\overline{BB'}$ deviendra précisément égale à deux fois le rayon de la sphère c'est-à-dire à 2. Le travail produit pendant une révolution de ce courant rectiligne indéfini qui tourne autour de M en restant parallèle à MA, est donc égal à

$$2\pi\mu I \times 2 = 4\pi\mu I.$$

C'est précisément l'expression que nous venons de trouver pour la valeur du travail développé par la rotation du pôle M autour d'un courant rectiligne indéfini supposé fixe, et il est évident qu'il en doit être ainsi puisque le travail développé ne dépend que du mouvement relatif du pôle et du courant, et non de leur mouvement absolu. Il doit donc être le même lorsque le pôle décrit une révolution autour du courant ou lorsque le courant décrit une révolution autour du pôle.

Second exemple. — Supposons que le conducteur mobile ait la forme d'une courbe fermée $CC_1C'C_2C$ (fig. 148), parcourue par un courant d'intensité I dont le sens est indiqué par les deux flèches comprises entre CC_1C' et $C'C_2C$.

Menons par le pôle M les rayons vecteurs MC, MC', respectivement tangents en C et en C' à la courbe formée par le conducteur, et évaluons le travail développé pendant une rotation complète de ce conducteur autour de l'axe MA, en le

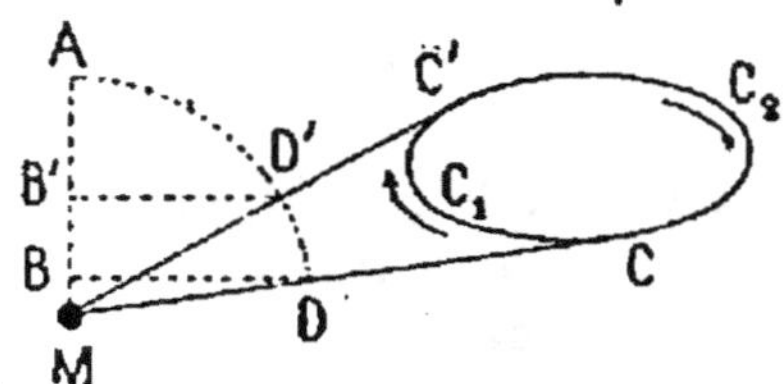

Fig. 148.

considérant comme égal à la somme des travaux développés par les deux portions CC_1C' et CC_2C'. Pour cela, faisons les mêmes constructions que dans la figure 148 et nous trouverons :

Travail produit pendant une révolution de la portion $CC_1C' = 2\pi\mu I.\overline{BB'}$.

Travail produit pendant une révolution de la portion $CC_2C' = 2\pi\mu I.\overline{BB'}$.

Ces deux travaux sont donc égaux en valeur absolue, mais ils sont de signe contraire, parce que le courant se propage de C vers C' dans la première portion, tandis qu'il se propage de C' vers C dans la seconde, c'est-à-dire en sens contraire. Leur somme algébrique est donc nulle ; d'où le théorème suivant :

Le travail développé pendant une révolution d'un circuit fermé, de forme quelconque, autour d'un pôle magnétique, est égal à zéro.

Ce théorème peut se démontrer immédiatement si l'on se sert de l'expression du travail qui contient le flux de force embrassé par le circuit. En effet, lorsque le circuit mobile revient, après une révolution complète, à la position qu'il occupait primitivement, le flux total de force magnétique, dû au pôle M qui est contenu dans son périmètre, reprend nécessairement la même valeur. Le travail mécanique développé par le déplacement du circuit, ayant pour expression le produit de l'intensité du courant par la *variation* du flux de force embrassé dans son périmètre, est donc nécessairement nul.

Il semble donc qu'il était inutile de chercher une autre démonstration et que celle que nous avons donnée n'a pas d'intérêt. Nous allons bientôt voir qu'elle permet, au contraire, d'expliquer certains phénomènes d'apparence paradoxale, beaucoup plus facilement que le théorème du flux de force embrassé.

Troisième exemple. — Soit CC' (fig. 149) une courbe non fermée parcourue par un courant qui entre en C et sort en C' par un point situé sur l'axe de rotation.

La communication entre les conducteurs fixes qui amènent le courant et la courbe mobile CC' est obtenue par l'emploi de godets remplis de mercure, de façon à supprimer presque totalement le frottement. Du pôle M comme centre, avec un rayon MD égal à l'unité, décrivons une circonférence et faisons les mêmes constructions géométriques que dans les exemples précédents ; nous aurons, pour la valeur du travail développé pendant un tour du conducteur mobile,

$$2\pi\mu I \times \overline{BB'}.$$

Si l'extrémité C se trouvait aussi sur l'axe de rotation, on aurait $\overline{BB'} = 2\overline{MA} = 2$, et le travail deviendrait égal à $4\pi\varphi.l$ c'est-à-dire au travail développé par la rotation d'un pôle autour d'un conducteur rectiligne indéfini.

La figure 151 montre comment on réalise expérimentalement la rotation d'un conducteur mobile sous l'influence d'un des pôles M d'un aimant droit MM'. Le courant entre dans le conduc-

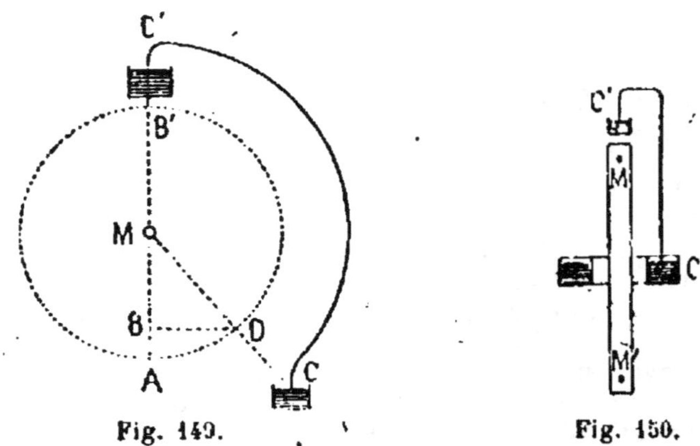

Fig. 149.   Fig. 150.

teur mobile par le godet mercuriel C' situé sur la verticale qui passe par les pôles M et M' de l'aimant et autour de laquelle s'effectue la rotation ; puis il sort par le godet C qui a la forme d'un petit canal circulaire entourant complètement l'aimant et situé un peu au-dessus du point neutre de ce dernier.

En se servant d'un aimant, on introduit un second pôle M' de signe contraire au premier et il est nécessaire de rechercher si son action ne contrarie pas celle du pôle M.

La plupart des auteurs disent à ce sujet que le second pôle pouvant être très éloigné du pôle M, son action est négligeable. Cette raison n'est pas suffisante, car nous avons vu dans le second exemple que les portions du conducteur fermé $CC_1C'C_2C$ situées dans la région CC_2C', donnaient lieu à des actions mécaniques qui équilibraient exactement celles de la région CC_1C', et cette dernière est cependant beaucoup plus rapprochée du pôle M.

La véritable raison pour laquelle le pôle M' n'exerce sur le circuit mobile CC' (fig. 150) qu'une action négligeable, c'est qu'il est *extérieur* à la surface engendrée par la rotation de ce circuit, tandis que le pôle M est, au contraire, *intérieur* à cette même surface.

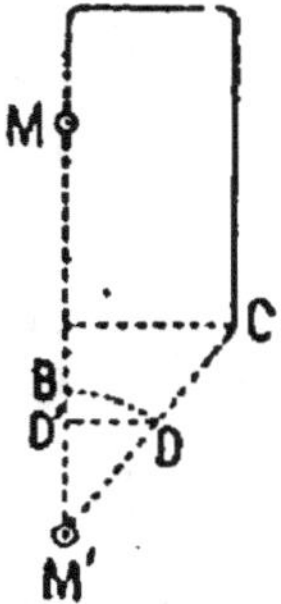
Fig. 151.

Le travail négatif développé par le pôle M est d'ailleurs facile à évaluer rigoureusement. Décrivons du point M' (fig. 151) comme centre une circonférence de rayon M'B = 1 ; joignons M' à l'extrémité C du conducteur mobile CC', et projetons en D', sur la ligne des pôles, l'intersection D de M'C avec la circonférence de rayon 1.

Il est facile de voir, en appliquant les raisonnements exposés plus haut, que le travail développé pendant un tour, par l'action du pôle M', a pour mesure $2\pi\mu I \times BD'$. Il est donc d'autant plus petit que l'extrémité C du conducteur mobile est plus rapprochée de l'axe polaire.

296. — Extension des théorèmes précédents au cas où le nombre des masses magnétiques actives est quelconque. — Lorsque le circuit mobile est soumis à l'action d'un aimant permanent, il n'est pas toujours permis de considérer cet aimant comme se réduisant à deux pôles; c'est, en effet, une simplification que l'on ne peut accepter que si l'aimant est très long par rapport à ses dimensions transversales. Il faut alors avoir recours au théorème général qui permet d'exprimer le travail en fonction du flux de force magnétique coupé par le circuit mobile, en ayant soin de séparer les flux de force en deux groupes distincts : ceux qui émanent de masses magnétiques situées à l'intérieur de la surface engendrée par la rotation du circuit mobile, et ceux qui émanent de masses magnétiques situées à l'extérieur de cette même surface. Les premiers ne sont coupés qu'une seule fois par le circuit à chacune de ses révolutions ; le travail mécanique engendré, pendant qu'ils sont ainsi traversés par le circuit, n'est donc développé, pour chacun d'eux, qu'une seule fois par tour. Il n'en est pas de même des canaux de force qui émanent de masses magnétiques extérieures à la surface décrite par le circuit mobile; chacun d'eux, en effet, la traverse nécessairement deux fois, tantôt dans un sens, tantôt dans l'autre, et il en résulte que le travail mécanique produit par le circuit mobile au moment où il coupe un de ces canaux de force, a lieu deux fois par tour et qu'il est affecté de signes contraires. Ce travail a d'ailleurs la même valeur absolue $ld\cdot$ dans les deux passages successifs. Le travail mécanique produit dans un tour entier du circuit, sous l'influence des masses magnétiques extérieures, est donc nul.

Il y a toutefois une exception à cette règle ; il peut arriver en effet que les canaux de force émanés de masses extérieures pénètrent directement à l'intérieur de la surface sans la traverser. C'est ce qui a lieu dans le cas actuel, car la surface engendrée par le circuit mobile doit nécessairement présenter une ouverture pour laisser passer l'aimant dont un des pôles doit être situé à l'extérieur.

Ainsi, dans la disposition représentée par la figure 150, la surface engendrée par le circuit mobile (qui est un arc de cercle plus petit qu'une demi-circonférence) est une sphère qui présente à la partie inférieure une ouverture circulaire dont le rayon est $\overline{AC}$.

Cette ouverture laisse passer : 1° des canaux de force émanés de toutes les masses magnétiques inférieures et qui, n'étant pas coupés par le circuit mobile, ne donnent lieu à la production d'aucun travail ; 2° des canaux de force émanés des masses extérieures et qui ne coupent la sphère qu'à leur passage de l'intérieur à l'extérieur de cette sphère ; ils donnent lieu à la production d'un travail qui est de signe contraire à celui qui est dû à l'action des masses intérieures, puisque le magnétisme libre de la portion de l'aimant qui sort de la sphère, est de signe contraire à celui de la portion intérieure.

En désignant par $\mathcal{J}$ le flux total émis par la portion de l'aimant intérieure à la sphère ; par k la fraction de ce flux qui sort par l'ouverture circulaire, le flux coupé par le circuit mobile, pendant un tour, a pour valeur $(1-k)\,\mathcal{J}$, et le travail moteur développé pendant ce tour, a pour mesure $(1-k)\,\mathcal{J}I$. Mais, pour obtenir le travail disponible, il faut retrancher de là le travail négatif dû au flux de force f' qui, émané de la région de l'aimant extérieure au circuit, passe par l'ouverture inférieure. Ce travail a pour expression $f'I$, de sorte qu'il reste, pour le travail disponible

$$\left[(1-k)\,\mathcal{J} - f'\right]I.$$

297. — Réalisation expérimentale de la rotation d'un courant sous l'influence d'un aimant.

— Les figures 152 et 153 montrent comment on réalise expérimentalement la rotation d'un courant au moyen d'un aimant.

Dans la figure 152, l'aimant AB est fixe ; le courant arrive par le godet mercuriel G et se divise entre les deux conducteurs mobiles GDC, GD'C', pour rejoindre le second contact mercuriel CC'.

Lorsque le courant passe, l'équipage mobile tourne autour du pivot d'acier à pointe très fine qui est supporté par le godet G et, comme il n'a à vaincre que des frottements extrêmement faibles, il semble que sa vitesse devrait s'accroître indéfiniment. Mais pour des motifs que nous verrons bientôt, il n'en est rien et sa vitesse tend vers une limite que nous apprendrons à calculer.

La figure 153 représente un autre dispositif dans lequel l'expérience revêt un caractère paradoxal, en ce sens qu'elle paraît contraire au principe de l'égalité de l'action et de la réaction.

Le conducteur CC' prend la forme d'un tube de cuivre qui recouvre complètement l'une des moitiés de l'aimant BA de

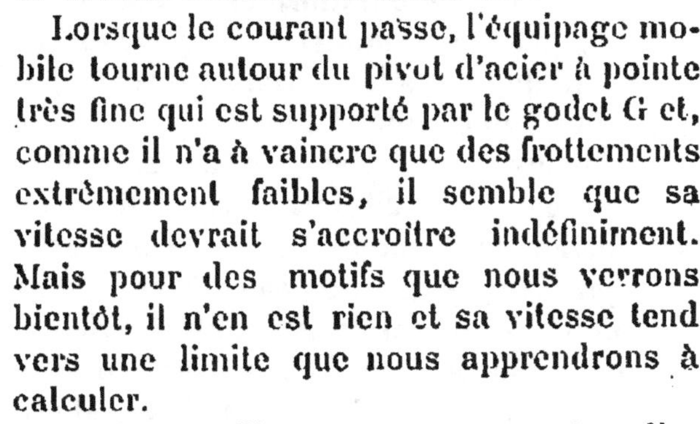

Fig. 152.

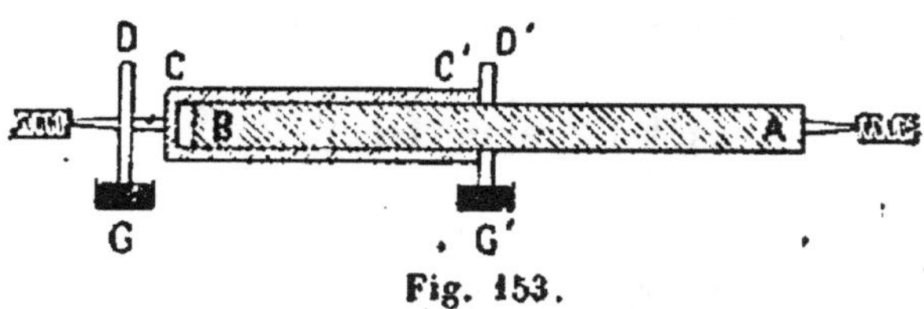

Fig. 153.

forme cylindrique. Ce tube fait corps avec l'aimant et reçoit le courant au moyen de deux petits disques en cuivre nickelé D et D' qui trempent dans du mercure contenu dans les godets G et G'. Tout l'ensemble, mobile autour de deux pointes d'acier situées dans le prolongement de l'axe de l'aimant, entre en rotation dès qu'on lance le courant et serait capable de produire un travail mécanique. Ce qui constitue le côté paradoxal de cette expérience, c'est que les deux pièces entre lesquelles s'exerce l'action motrice, l'aimant et le conducteur, sont solidaires et que, par conséquent, il semble impossible que les actions mutuelles qui s'exercent entre elles puissent donner un travail extérieur. Cela est impossible, en effet, et on est nécessairement amené à affirmer l'existence d'une force extérieure qui agit sur l'aimant BA. Or, cette force extérieure, c'est la résultante de toutes les actions exercées par les portions du circuit, autres que celle qui est liée à l'aimant et tourne avec lui. Nous avons vu, en effet, que la résultante des forces dues à l'ensemble du circuit fermé est nulle ; on conclut de là qu'une portion quelconque du circuit exerce sur l'aimant une action égale et de signe contraire à celle de tout le reste du circuit. Donc, si on solidarise ladite portion avec l'aimant (ce qui est une manière d'annuler son action sur lui), on rendra apparente l'action exercée par le reste du circuit et l'aimant rentrera en rotation.

Exemple numérique — Supposons que l'aimant AB soit un électro-aimant dont chaque moitié émet un flux total de 100 000 unités, et que le courant qui traverse le conducteur mobile soit de 100 ampères ou 10 unités C.G.S. ; le travail développé par tour, aura pour valeur, si on néglige la fraction k et le flux f, ce qui est en général permis,

$$f I = 100\,000 \times 10 = 1\,000\,000 \text{ d'ergs}$$

soit un peu plus de $\dfrac{1}{100}$ de kilogrammètre.

POTENTIEL MAGNÉTIQUE D'UN COURANT FERMÉ

298. — **Équivalence d'un courant fermé et d'un feuillet magnétique.** — On appelle potentiel magnétique d'un courant fermé, la valeur du travail développé par ce courant sur un pôle magnétique qui, situé d'abord à une distance du circuit fermé, très grande par rapport aux dimensions de ce dernier, s'en approcherait graduellement de manière à venir occuper une position déterminée.

Pour trouver la valeur du travail développé, nous allons nous servir du théorème du flux de force embrassé par le circuit.

Dans la première position du pôle magnétique le circuit, de surface infiniment petite *ds*, étant à une distance infiniment grande du pôle, embrasse un flux total de force égale à zéro.

Dans sa seconde position M (fig. 154), le pôle magnétique

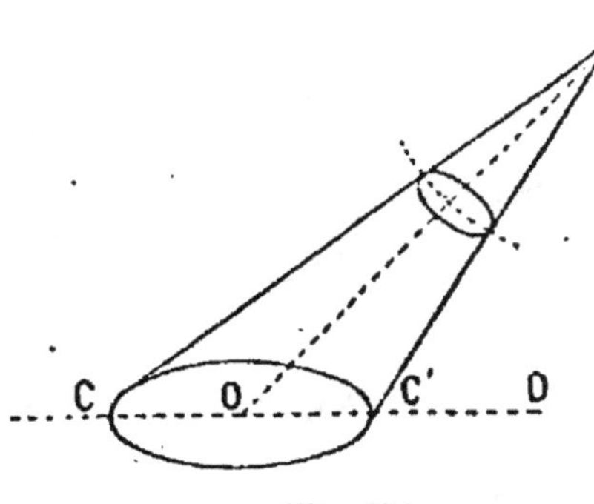

Fig. 154.

se trouve à une distance $MO = r$ du milieu O du circuit CC', et le flux de force reçu par la surface de CC', a pour valeur, d'après le théorème de Green.

$$\mu\,\frac{ds\cos\theta}{r},$$

expression dans laquelle μ désigne la masse magnétique du pôle M ; θ, l'angle du rayon vecteur OM avec la normale à l'élément de surface *ds* ; et *r* la longueur OM.

Le travail développé, en supposant que le circuit soit mobile et que le pôle soit fixe, est évidemment le même que lorsque le circuit est fixe et le pôle mobile, les positions relatives initiales et finales du pôle et du circuit étant, bien entendu, supposées les mêmes. Or, lorsque le circuit est mobile, le travail qu'il développe pendant son déplacement, est égal au produit de l'intensité I du courant par la variation du flux de force magnétique enfermé dans son périmètre, soit :

$$I\left(\mu\,\frac{ds\cos\theta}{r_2}\right)$$

le flux de force ayant zéro pour valeur initiale

Donc, le travail développé par la masse magnétique μ, lorsqu'on la suppose mobile et que le circuit CC' est fixe, est représenté par cette même expression dans laquelle il suffit de faire $\mu = 1$ pour avoir la valeur de ce qu'on appelle le potentiel magnétique du circuit CC'. On obtient ainsi

$$\textit{Potentiel du circuit } CC' = I\,\frac{ds\cos\theta}{r_2},$$

Mais, nous avons vu que le potentiel d'un feuillet magnétique de puissance Φ et de surface ds, a pour expression

$$\Phi \, \frac{ds \cos \theta}{r_2},$$

θ et r désignant les mêmes quantités que dans le problème actuel. *Ces deux valeurs seront égales, quelle que soit la position du pôle M, si on a $\Phi = I$, c'est-à-dire si la puissance du feuillet magnétique est représentée par le même nombre que l'intensité du courant.*

299. — Nous retrouvons ainsi l'équivalence que nous avons. déjà constatée dans plusieurs cas particuliers, entre un circuit électrique fermé et un feuillet magnétique. Mais, nous allons voir maintenant que cette équivalence est absolument complète[1]; et que tous les effets mécaniques auxquels peut donner lieu un circuit électrique filiforme, lorsqu'il agit sur un système d'aimants, peuvent être rigoureusement reproduits par un feuillet magnétique limité par un contour identique à celui du circuit fermé, pourvu que l'on satisfasse à l'égalité

$$\Phi = I.$$

Considérons, en effet (fig. 155), un feuillet magnétique FF et un courant fermé CC, tous deux infiniment petits, de forme identique, et satisfaisant à la relation $\Phi = I$, et supposons que la masse magnétique $M = 1$ occupe, par rapport à FF, une situation identique à celle de la masse $M' = 1$ par rapport à CC, c'est-à-dire que l'on ait

$$\overline{OM} = \overline{O'M'}$$

et

$$\widehat{MOP} = \widehat{M'O'P'}$$

---

1. A la condition, toutefois, que la masse magnétique ne pénètre pas à l'intérieur du circuit ou entre les deux faces du feuillet, car alors, l'équivalence des feuillets et des circuits n'existe plus, comme nous le démontrerons plus loin.

OP et O'P' étant les normales élevées respectivement en O et en O' au feuillet et au circuit. Le point M fait partie d'une surface équipotentielle dont tous les points satisfont à la relation

$$\frac{\Phi ds \cos \theta}{r_2} = \text{constante}$$

et nous savons que si l'on fait glisser la masse-unité sur cette surface, la force, qui lui est appliquée par FF, est constamment normale à ladite surface et qu'elle a pour valeur $\frac{dV}{dn}$, dV étant l'accroissement du potentiel qui correspond à un dépla-

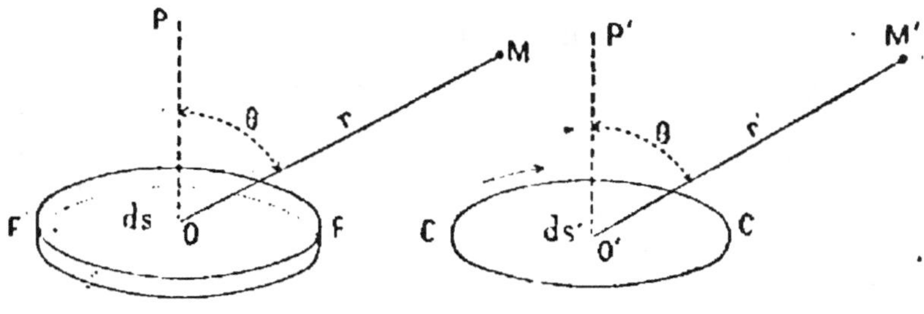

Fig. 155.

cement de longueur dn, de la masse magnétique, dans le sens de la normale à la surface équipotentielle.

Or, lorsque l'égalité $\Phi = 1$ est satisfaite, toute valeur donnée au potentiel détermine, pour le feuillet magnétique et pour le circuit électrique, deux surfaces équipotentielles identiques ; il résulte de là que la force appliquée à la masse-unité, soit par le feuillet lorsqu'elle est en M, soit par le circuit lorsqu'elle est en M', a la même valeur dans les deux cas, si M et M' ont comme nous l'avons supposé, des coordonnées identiques, l'origine des coordonnées de M étant en O, et celle des coordonnées de M' en O'.

300. — Décomposition d'un circuit fermé en une infinité d'autres produisant la même action totale. — Soit un circuit fermé plan AB....JA (fig. 156). Menons dans son plan une série de droites parallèles horizontales et équidistantes telles que

AE, JF, et une série de droites verticales BI, CH, DG. Ces deux systèmes de droites divisent l'aire enfermée dans le circuit en une série de carrés égaux dont la somme totale diffère d'autant moins de l'aire du circuit, que leur nombre est plus grand. Supposons que les quatre côtés de chacun de ces carrés soient électriquement isolés des côtés des carrés adjacents, de façon que l'on puisse y faire passer un courant électrique individuel qui transformera chaque carré en un circuit fermé complète-ment indépendant des cir-cuits qui le touchent géo-métriquement. Ces cou-rants idéaux que nous sup-posons égaux entre eux, sont représentés sur la figure par des flèches pla-cées à l'intérieur des carrés auxquels elles se rappor-tent. Tous ces courants fer-més, tournant dans le même sens, on voit immédiate-

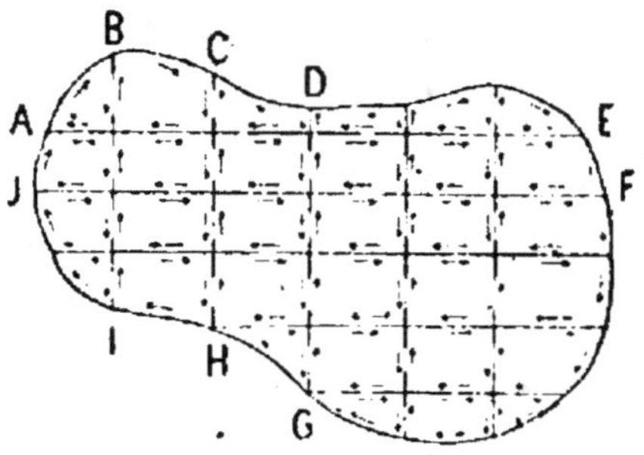

Fig. 156.

ment que deux côtés adjacents appartenant à deux carrés con-sécutifs, seront parcourus par des courants égaux et contraires occupant géométriquement la même situation dans l'espace. Si cet espace est un champ magnétique, il exercera sur lesdits côtés des efforts qui se détruiront puisqu'on suppose les carrés mécaniquement solidaires les uns des autres. Toutefois, ce rai-sonnement n'est pas applicable aux carrés incomplets dont un ou deux côtés sont remplacés par une portion du circuit fermé telle que AB, BC, CD,.... Il est facile de voir que pour ceux-là, l'action du champ magnétique sur le courant n'est entièrement annulée que sur la portion rectiligne de leur périmètre, mais quelle reste entière sur les portions curvilignes AB, BC, CD,.... de sorte que l'action totale exercée sur l'ensemble de ces carrés se réduit à celle qui est exercée sur le contour fermé AB.... JA. L'artifice que nous venons de décrire ne change donc rien à la grandeur ou à la répartition des forces appliquées au con-tour curviligne matériel ABC....JA. Le raisonnement que nous venons d'exposer est toujours rigoureusement exact, même quand on remplace la division en carrés réguliers par un autre mode de division de la surface en figures irrégulières de formes absolument quelconques.

Supposons maintenant que les circuits élémentaires dont l'ensemble équivaut au circuit ABC.... JA, soient infiniment petits ; nous pourrons, d'après le théorème démontré au numéro précédent, remplacer un quelconque d'entre eux par un feuillet magnétique de même forme satisfaisant à la relation

$$\Phi = 1$$

et l'action mécanique exercée sur ce feuillet par les masses magnétiques environnantes, sera exactement égale à celle qui était exercée sur le circuit élémentaire. En appliquant cette substitution à chacun des circuits élémentaires, nous aurons finalement éliminé complètement le circuit électrique qui sera remplacé par un feuillet magnétique de puissance uniforme

$$\Phi = 1$$

et nous serons certains que le système de forces appliquées par les masses magnétiques extérieures à ce feuillet, *considéré comme un corps solide*, sera exactement équivalent à celui des forces qui étaient appliquées au circuit filiforme considéré aussi comme un corps solide.

301. — Nous disons à dessein « les actions exercées par les masses magnétiques extérieures », et non « les actions exercées par le champ magnétique », comme on le dit habituellement dans la plupart des ouvrages, parce que cette dernière expression est dangereuse et conduit facilement à des conclusions absolument contraires à la réalité. Quelques développements à cet égard nous paraissent nécessaires. Si on lit avec attention les raisonnements que nous venons d'exposer, on remarquera que nous avons remplacé les actions exercées réellement sur le circuit matériel AB... JA, par d'autres qui seraient exercées sur une collection d'aimants égaux dont la réunion constitue ce qu'on appelle un feuillet magnétique. Ces aimants occupent, dans l'espace, des positions absolument différentes de celles où se trouvent les portions du circuit électrique soumises aux actions mécaniques

qu'il s'agit de calculer; ils peuvent même en être extrêmement
éloignés. Les forces qui agissent sur eux n'ont aucun rapport
simple avec celles qui sont réellement appliquées aux différentes
portions du circuit, et cependant l'action totale exercée sur ces
deux systèmes, l'un magnétique, l'autre électrique, est rigoureusement la même.

302. — Ce beau théorème qui a été découvert par Ampère, a
donc pour but de remplacer une intégrale définie par une autre
dont l'origine est absolument différente; mais il n'est possible
que parce que les forces qui agissent sur un élément du feuillet,
même très éloigné du contour AB... JA, ont un rapport intime
avec celles qui agissent sur ce contour. En effet, le *champ magnétique* est, en chaque point de l'espace, déterminé par la résultante
des actions émanées de masses matérielles dont il est impossible
de modifier le nombre ou les positions relatives, sans le modifier
lui-même *dans toute son étendue*. Par conséquent, tout changement,
si léger qu'il soit, apporté à la grandeur ou à la position d'une
seule de ces masses matérielles, a pour conséquence immédiate
la grandeur et la direction du champ, non seulement dans les
points de l'espace où se trouve le circuit électrique, mais aussi
dans toute l'étendue du feuillet.

Il résulte de là que les éléments qui finissent complétement un
champ magnétique en un point de l'espace, ne sont nullement
indépendants de ceux qui le caractérisent en un point voisin ou
éloigné. Cette relation intime entre les valeurs du champ en différents points de l'espace, n'a plus aucun caractère d'évidence
quand on perd de vue l'origine matérielle de ce champ. Il semble
alors tout naturel que l'on puisse assigner à son intensité et à
sa direction des valeurs arbitraires en respectant la seule loi de
continuité. On arriverait ainsi à lui donner, dans la région
occupée par le circuit, la valeur qu'il a réellement, tandis qu'il
aurait des valeurs arbitraires dans les régions intérieures à ce
circuit occupées par le feuillet magnétique. L'action totale
exercée sur ce dernier, pourrait donc varier dans des limites très
étendues, tandis que celle exercée sur le circuit resterait invariable, ce qui est contraire au théorème que nous venons de
démontrer.

303. — **Différence entre le potentiel d'un feuillet magnétique
et celui d'un circuit fermé.** — On vient de voir que le potentiel d'un feuillet magnétique et celui d'un circuit fermé ont la
même valeur, pourvu que leur contour soit identique et que
l'on satisfasse à la relation $\Phi = I$. Toutefois cette identité

d'effets cesse d'exister lorsqu'on suppose que la masse-unité
pénètre entre les deux faces du feuillet. Dans ce cas, en effet,
la force qui la sollicite change de signe, tandis que cela n'a
pas lieu quand on remplace le feuillet magnétique par un circuit électrique fermé. Nous avons déjà donné l'expression
du travail produit par la masse-unité lorsqu'elle quitte l'une
des faces AA' d'un feuillet magnétique chargée d'une certaine
quantité de magnétisme de même signe qu'elle, pour se rendre
à l'autre face BB', et nous avons trouvé que le travail total pro-

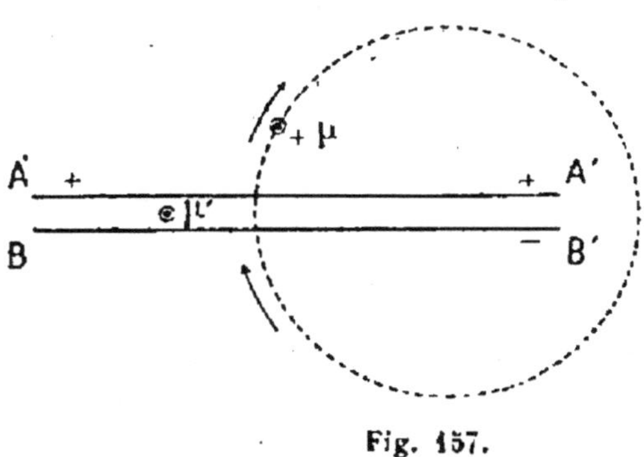

Fig. 157.

duit, lorsque le trajet suivi (fig. 157) est entièrement extérieur
au feuillet, a pour valeur $4\pi\Phi$. Si, au lieu de suivre ce chemin
détourné, la masse unité μ' passe directement de AA' à BB',
c'est-à-dire si elle se meut en sens contraire des flèches indi-
catrices du déplacement précédent, il est facile de démontrer
que le travail a encore pour valeur $4\pi\Phi$; mais il est de signe contraire au travail développé dans le premier trajet. Par conséquent, si la masse-unité partait d'une position quelconque μ
en se mouvant dans le sens de la flèche, si elle décrivait la trajectoire extérieure et si enfin, au lieu de s'arrêter à la face BB',
elle la traversait en se mouvant toujours dans le même sens de
manière à traverser ensuite AA' pour revenir à son point de
départ μ, le travail mécanique total développé après qu'elle
aurait décrit ce cycle, aurait pour valeur zéro.

Il n'en est pas ainsi lorsqu'on remplace le feuillet par un circuit électrique. Nous avons déjà montré qu'un pôle magné-

tique situé sur une droite passant par le centre d'un courant circulaire et perpendiculaire à son plan, est sollicité par une force dont le signe reste le même lorsque le pôle se déplace le long de la droite depuis — ∞ jusq'à + ∞.

Si donc la masse-unité μ décrivait un cycle ABDOA (fig. 158)

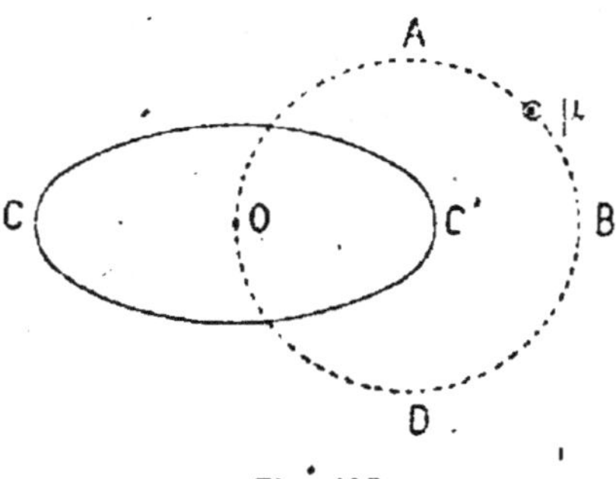

Fig. 158.

comme nous venons de le supposer pour le feuillet, le travail développé aurait une valeur égale à celle qui correspond au trajet extérieur seul, lorsqu'il s'agit d'un feuillet magnétique équivalent au circuit électrique, soit (en tenant compte de la relation Φ = I), 4πI. Cette valeur est d'ailleurs indépendante de la position du point d'intersection O du cycle avec le plan

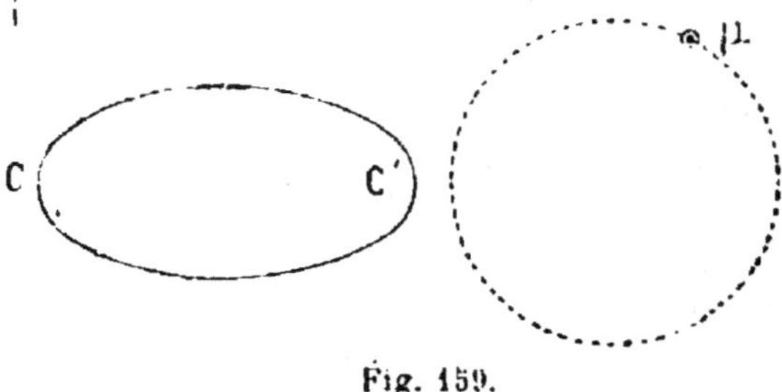

Fig. 159.

du courant, pourvu que O soit situé à l'intérieur du courant CC'.

Si le cycle décrit était entièrement extérieur au courant (fig. 159), *le travail deviendrait nul, comme dans le cas du feuillet magnétique.*

Cette valeur $4\pi I$ est précisément égale à celle du travail développé par la masse-unité lorsqu'elle décrit un cycle fermé autour d'un courant rectiligne indéfini.

La discussion à laquelle nous venons de nous livrer montre que, tandis qu'un feuillet magnétique possède un potentiel parfaitement défini et égal à $4\pi\Phi$, un courant fermé n'a pas de potentiel rigoureusement déterminé parce que la masse-unité magnétique peut accomplir, en passant d'une position à une autre, un travail aussi grand qu'on voudra, à la seule condition de l'amener de la première position à la seconde, en lui faisant traverser un certain nombre de fois, dans le même sens, l'aire embrassée par le courant.

CHAPITRE VI

AIMANTATION PRODUITE PAR LES COURANTS

PROPRIÉTÉS DES CIRCUITS FERMÉS QUI CONTIENNENT UN MÉTAL MAGNÉTIQUE

304. — Aimantation produite par un courant rectiligne indéfini. — Un courant rectiligne filiforme indéfini est entouré d'un système de lignes de force constituées par des cercles dont le plan est perpendiculaire au conducteur et dont le centre est situé sur ce même conducteur. Soit C (fig. 160) la trace du conducteur sur le plan de la figure, et CA le rayon d'un de ces cercles sur la circonférence duquel nous plaçons des barreaux de fer tels que ab, $a'b'$, $a''b''$ de section et de longueur très petites par rapport à CA. Chacun de ces barreaux étant dirigé

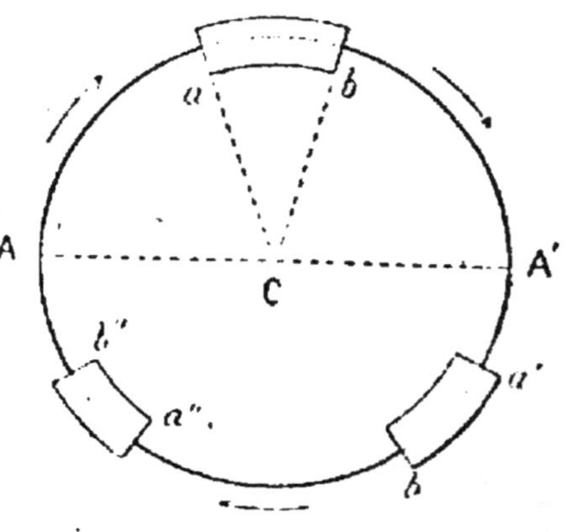

Fig. 160.

suivant la ligne de force du champ magnétique dans lequel il se trouve, s'aimantera par induction et prendra un moment magnétique égal à $\varkappa \mathcal{H}sl$; $\varkappa$ désignant la susceptibilité magnétique qui correspond au champ d'intensité $\mathcal{H}$; s, la section du barreau et l sa longueur. Le champ magnétique d'un courant indéfini ayant pour valeur $\dfrac{2i}{r}$ (à une distance r du conducteur) le moment magnétique de chaque barreau sera exprimé par

$$2\kappa s \frac{l}{r}\, 1 = 2\kappa s \kappa l$$

κ désignant l'angle $\widehat{aCb}$ sous-tendu par le barreau. Cette équation convient évidemment aux autres barreaux $a'b'$, $a''b''$, de sorte que si nous plaçons à la suite les uns des autres une série de barreaux identiques dont la longueur soit choisie de manière qu'ils ne laissent entre eux aucun intervalle, nous constituerons une circonférence entièrement métallique, formée d'aimants accolés par leurs pôles de nom contraire, et ne pouvant, par conséquent, exercer aucune action sur une masse magnétique extérieure ou intérieure.

Nous retombons ainsi sur un cas déjà traité.

305. — Aimantation d'un tube de fer au moyen d'un courant dirigé suivant son axe. — Soit AA' le diamètre du tube, (fig. 161) que nous supposons assez grand par rapport à son épaisseur, pour qu'on puisse considérer l'intensité $\dfrac{2I}{r}$ du champ magnétique produit par le conducteur C, comme constante dans toute l'épaisseur du tube.

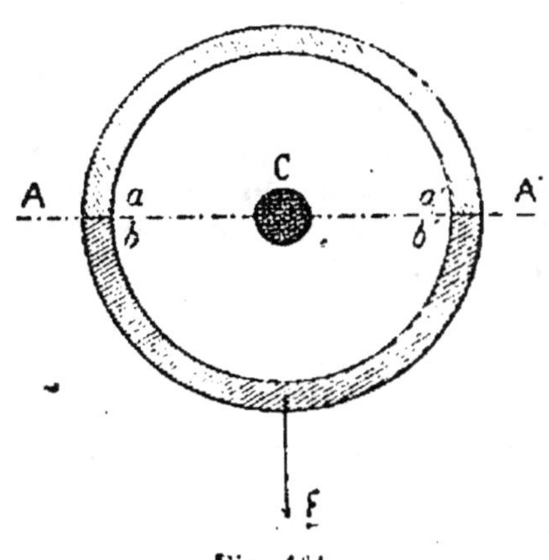

Fig. 161.

D'après ce que nous venons de dire, toutes les molécules du tube prendront, pendant le passage du courant, un état magnétique qui ne se traduira par aucune action extérieure, mais dont on pourra cependant manifester l'existence en coupant le tube suivant un plan diamétral AA', et en cherchant l'effort F qu'il faut appliquer à l'une des moitiés du tube pour la séparer de l'autre. Nous avons vu que l'intensité $\mathcal{K}$ du champ magnétique dont les lignes de force circulaires déterminent dans le fer l'aimantation induite $\varkappa\mathcal{K}$, est liée à l'effort F par l'équation

$$\mathcal{K} = \frac{1}{2\varkappa} \sqrt{\frac{\pi s}{F}}$$

qui, en remplaçant $\mathcal{K}$ par sa valeur $\dfrac{2I}{r}$, donne

$$F = 16\pi\varkappa^2 \; \frac{s}{r^2} \, I^2$$

dans laquelle s désigne le produit de l'épaisseur de la paroi du tube par la longueur de ce tube comptée perpendiculairement au plan de la figure. Le flux de force magnétique *total*, compté suivant la circonférence du tube, est égal à

$$\mathcal{K}s + 4\pi\varkappa\mathcal{K}s = \frac{2Is}{r} (1 + 4\pi\varkappa) = 2\mu \frac{Is}{r} \cdot$$

Exemple numérique. — Un tube de fer ayant 2 centimètres de diamètre moyen, 2 millimètres d'épaisseur et 10 centimètres de longueur, contient un conducteur qui se confond avec son axe et qui est traversé par un courant de 20 ampères ou 2 unités C. G. S. On demande le poids nécessaire pour séparer les deux moitiés du tube opposé scié longitudinalement suivant un plan diamétral.

La section s a pour valeur $0,2 \times 10 = 2$ centimètres carrés. L'intensité $\mathcal{K}$ du champ produit par le courant, à une distance du conducteur égale au rayon du tube, a pour valeur

$$\mathcal{K} = \frac{2I}{r} = 2 \times \frac{2}{1} = 4.$$

Or, la table des constantes d'aimantation (page 359) donne, pour $\mathcal{K} = 3, 9$ une valeur de $\varkappa$ égale à 151. Nous admettrons donc pour $\mathcal{K} = 4$, une valeur de $\varkappa$ égale à 150 et nous aurons

$$F = 16\pi.\overline{150}^2 \times \frac{2}{1^2} \times 2^2 = 9\,047\,700 \text{ dynes} \quad \text{ou} \quad 9^k,225.$$

Nous devons dire tout de suite qu'une expérience faite dans les conditions que nous venons d'indiquer, nous a donné un nombre très inférieur à celui que nous venons de trouver.

Cette divergence tient probablement à ce que le coefficient $\varkappa$ est, pour les fers de qualité médiocre, avec lesquels on fait les tubes que l'on trouve dans le commerce, beaucoup plus petit (surtout pour les faibles valeurs de $\mathcal{H}$) que les nombres trouvés par M. Ewing pour des fers très doux ; or, comme le coefficient $\varkappa$ intervient au carré dans la valeur de F, son influence est très considérable.

306. — Aimantation des diverses parties d'un circuit magnétique fermé. — Dispersion magnétique. — Nous avons vu qu'un aimant est entouré d'un système de lignes de force tel

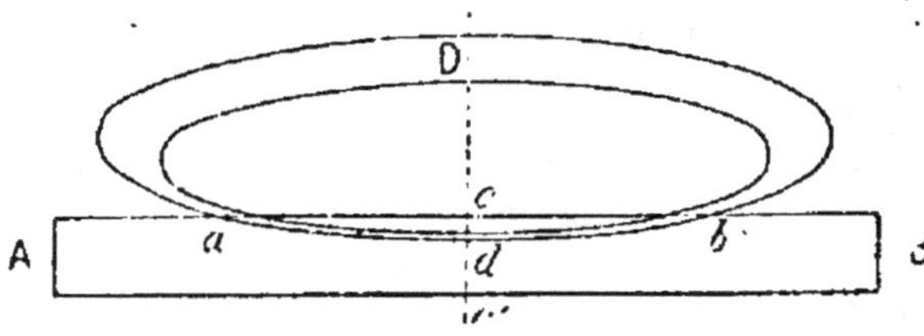

Fig. 162.

que chaque canal de force est composé de deux parties, l'une intérieure, l'autre extérieure à l'aimant (fig. 162). Ces deux parties se rejoignent sur les deux faces du plan cc' élevé au centre de figure de l'aimant, normalement à son axe ; il en est de même de tous les autres canaux de force.

Dans chacun de ces canaux, le flux de force (c'est-à-dire la force constante appliquée à un petit plan de surface égale à la section du canal, chargé d'une unité magnétique par cm²), a une direction tangente à celle du canal et une intensité constante ; mais la valeur de chaque flux de force est distincte de celle du flux de force voisin.

Tous ces flux de force forment un ensemble qu'on appelle le *flux de force total*.

Nous insistons sur tous ces faits afin que l'on sache bien que les formules dont nous allons nous servir dans la suite, ne sont pas rigoureusement exactes ; elles supposent, en effet que tous les canaux de force sortent et entrent par les deux faces A et B et que les canaux tels que $adbD$ n'existent pas.

Les canaux de force qui s'échappent ainsi dans l'air, sans

sortir par la face terminale A de l'aimant, donnent lieu à ce qu'on appelle une *dispersion magnétique*.

Les formules employées dans la pratique supposent, comme nous venons de le dire, que cette dispersion n'existe pas ou, tout au moins, qu'elle est négligeable.

307. — Analogie entre les canaux de force magnétiques et le flux électrique dans un milieu indéfini à trois dimensions. — Reprenons la figure précédente (fig. 163) et supposons que AB soit un corps très bon conducteur de l'électricité et qu'on ait intercalé en d une pile ; supposons enfin le tout plongé dans un liquide conducteur *ayant comme résistance spécifique l'unité*.

Le flux électrique, engendré par la pile, pourra être calculé, en chaque point du liquide, par la loi d'Ohm, et il est facile de comprendre que l'on puisse construire dans le liquide, une série de courbes équipotentielles.

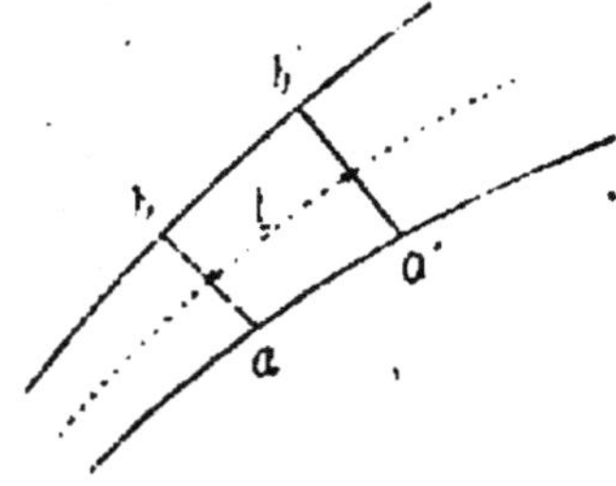

Fig. 163.

La figure ainsi obtenue sera identique à celle des lignes de force du barreau aimanté que nous avons d'abord considéré ; cette similitude a fait dire que la même loi régissait ces deux phénomènes, mais, en réalité, ils n'ont rien de commun.

308. — On peut démontrer cette identité de forme par le calcul.

Si, en effet, on considère un tube de force (fig. 163) et le petit plan ab, chargé de l'unité de quantité de magnétisme, qui l'engendre ; lorsque ce plan se déplace d'une longueur l, le travail effectué pendant ce déplacement, a pour expression

$$\tau = Fl,$$

F étant la force normale qui le sollicite ; mais ce travail est égal à

$$V\mu,$$

V étant la différence de potentiel magnétique entre les deux positions ab, $a'b'$ du plan et μ la quantité de magnétisme dont il est chargé. Or, par définition

$$\mu = s,$$

s étant la surface du plan ; d'un autre côté d'après nos conventions, F n'est autre chose que le flux total de force du canal considéré, il vient donc, en désignant par $\mathcal{J}$

$$\mathcal{J} = \frac{V}{\left(\dfrac{l}{s}\right)}.$$

formule algébriquement identique à celle qui résulte de l'application de la loi d'Ohm au calcul du courant électrique qui traverserait l'élément de conducteur compris entre les parois du canal de force et les éléments *ab*, *a'b'* découpés dans deux surfaces équipotentielles très voisines correspondant à deux potentiels électriques dont la différence serait V. La substance de ce condensateur devrait, bien entendu, avoir une résistance spécifique égale à 1.

Rappelons enfin que cette formule représente aussi le flux de force qui traverse l'intervalle des deux armatures d'un condensateur à lame d'air.

Mais, dans la question qui nous occupe, la formule

$$\mathcal{J} = \frac{V}{\left(\dfrac{l}{s}\right)}$$

n'est exacte que dans un cas seulement, celui où le circuit magnétique est formé par un anneau de fer de section constante et recouvert d'un enroulement uniforme (fig. 107) ; dans les autres cas, on ne peut l'appliquer que si l'intervalle d'air à franchir entre les deux épanouissements polaires, est très petit, et ces épanouissements eux-mêmes, de très grande surface.

Nous avons trouvé que le flux total dans un circuit hétérogène a pour expression

$$\mathcal{J} = \frac{\mathfrak{M}}{\displaystyle\sum \frac{l}{\mu s}}.$$

Nous avons vu comment on calculait $\displaystyle\sum \frac{l}{\mu s}$. Nous allons indiquer maintenant comment on calcule la force magnéto-motrice.

309. — Calcul de la force magnéto-motrice. — D'après ce que nous avons dit, la force magnéto-motrice n'est pas autre chose que la différence de potentiel magnétique de deux points F et K (fig. 164) du champ magnétique dans lequel est plongée une portion d'un circuit magnétique tel que C.

Dans le cas de la figure 164, la force magnéto-motrice est produite par le solénoïde de longueur FK.

Comme le champ magnétique est alors égal à $4\pi n_1 I$, la

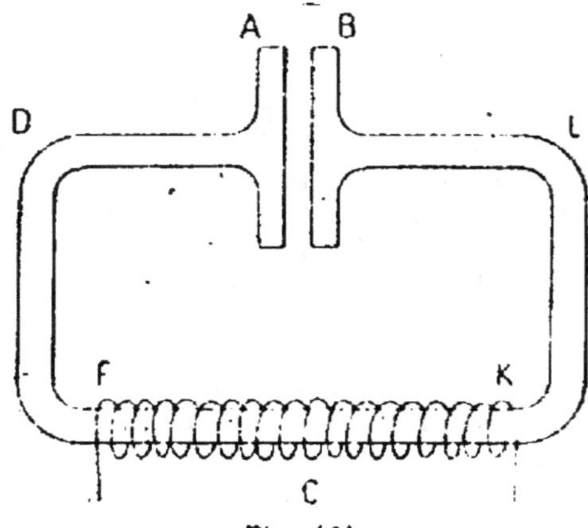

Fig. 164.

différence de potentiel magnétique produite par ce solénoïde, sera :

$$V = 4\pi n_1 I \times l,$$

n_1 étant le nombre de spires par unité de longueur et l la longueur du solénoïde.

Si on pose $$N = n_1 l$$

N désignant le nombre total de spires, on aura pour la valeur de la force magnéto-motrice :

$$\mathfrak{M} = 4\pi N I$$

d'où l'on tire la valeur du flux total :

$$\mathfrak{s} = \frac{4 N \pi I}{\sum \frac{l}{\mu s}}.$$

APPLICATIONS

310. — **Valeur du champ magnétique** $\mathfrak{K} = 4\pi n_1 I$ **et du flux total de force à l'intérieur d'un solénoïde enroulé sur un tore.** —

Soit ABDEA (fig. 165) une courbe fermée de forme quelconque qui, en tournant autour de l'axe YY', engendre un tore ; sur ce tore, enroulons une série de spires situées dans des plans méridiens passant tous par YY' et faisant entre eux des angles égaux. Si ces spires sont parcourues par des courants égaux, le système électro-magnétique que nous aurons ainsi créé, sera équivalent à une série de feuillets magnétiques se touchant par

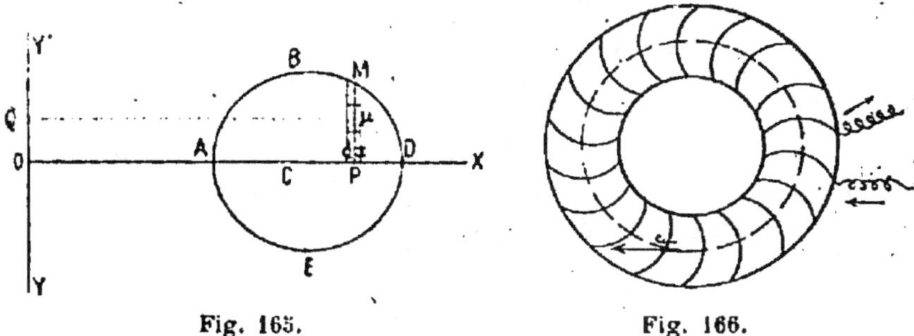

Fig. 165.   Fig. 166.

leurs faces de signes contraires et n'exerçant, par conséquent, aucune action sur une masse magnétique située en dehors du périmètre des spires. *Nous allons calculer l'intensité du champ à l'intérieur de ce périmètre.*

Supposons d'abord qu'il n'y ait qu'une seule spire ABDEA parcourue par le courant d'intensité I, et qu'une masse magnétique μ partant d'un point quelconque situé à l'intérieur du périmètre de cette spire, décrive un cercle ayant pour centre P et pour rayon Qμ (elle se meut donc comme la courbe ABDEA lorsque cette dernière engendre le tore). Quand elle sera revenue à sa position primitive après avoir fait un tour complet, elle aura engendré un travail mécanique qui a pour valeur $4\pi\mu$I. Si au lieu d'une seule spire, nous en avions un nombre égal à N, chacune d'elles produirait le même travail $4\mu\pi$I pendant une révolution complète de la masse μ, puisque la valeur de ce travail est indépendante de la position initiale de la masse μ par rapport à la spire considérée. Le travail total produit par la masse sous l'influence des N spires parcourues par le même courant aura donc pour valeur 4πNI $\times \mu$. Mais si

ces spires sont équidistantes comme nous l'avons supposé, et
extrèmement rapprochées, il est clair que la force f appliquée
à la masse μ est constante pendant la durée d'une révolution de
cette masse ; la valeur de cette force s'obtient immédiatement
en divisant le travail produit pendant un tour par le chemin
parcouru pendant l'accomplissement de ce tour ; or si nous
appelons x la distance μQ de la masse μ à l'axe de révolution YY', le chemin parcouru pendant un tour a pour valeur
$l = 2\,\pi x$; la force f est donc donnée par l'expression

$$f = \frac{4\pi\mu \mathrm{N} \mathrm{I}}{l} \quad \text{ou} \quad f = \frac{4\pi\mu \mathrm{N} \mathrm{I}}{2\pi x} = \frac{2\mu \mathrm{N} \mathrm{I}}{x}.$$

Si la masse μ était égale à l'unité, la force f représenterait alors
l'intensité du champ magnétique pour tous les points situés à la
même distance x de YY' ; en la désignant par h, on aurait
donc

$$h = \frac{2\mathrm{N}\mathrm{I}}{x},$$

et suivant la circonférence moyenne

$$\mathcal{H} = \frac{4\pi \mathrm{N}\mathrm{I}}{l}, \quad \text{ou} \quad \mathcal{H} = 4\pi n_1 \mathrm{I}.$$

Si nous voulons trouver la valeur du flux de force qui traverse
le rectangle de base infiniment petite dx et de hauteur infiniment petite dy, il suffira, d'après la définition même du flux de
force, de multiplier l'aire $dx \times dy$ par l'intensité h du champ
au point considéré ; le flux de force élémentaire a donc pour
expression

$$2\mathrm{N}\mathrm{I}\,\frac{dx.dy}{x}.$$

Si on considère, dans cette expression dx et x comme constants, on pourra intégrer immédiatement cette expression par
rapport à dy, de sorte que le flux qui traverse un rectangle
infiniment petit limité au contour de la spire, ayant pour base
dx et pour hauteur $\mathrm{MP} = y$, a pour valeur

$$2\mathrm{N}\mathrm{I}\,\frac{y\,dx}{x};$$

dans cette expression, y est une fonction de x définie par la forme de la courbe qui constitue la spire:

Le flux total qui traverse chacune des spires a donc pour valeur

$$2NI \int \frac{y\,dx}{x} \cdot$$

Cette intégrale s'obtient facilement dans le cas où la spire ABDEA a la forme d'un rectangle, et l'on trouve en désignant pai a_1 et a_2 les distances respectives à YY' des côtés du rectangle parallèles à cet axe et par b la longueur de chacun des deux autres côtés

$$\mathcal{F} = 2NIb \log_e \frac{a^2}{a_1},$$

a_2 présentant la distance du côté le plus éloigné de YY'.

Si la spire ABDEA avait la forme d'une circonférence de rayon r dont le centre B serait à une distance R de YY', on trouverait

$$\mathcal{F} = 2NI \left[R - \sqrt{R^2 - r^2} \right].$$

Nous pouvons donner au coefficient 2NI une autre forme; si, en effet, nous désignons par n_1 le nombre de spires comprises entre deux plans méridiens faisant entre eux un angle égal à l'unité (57°,3), on a

$$N = 2\pi n_1$$

et par suite

$$2NI = 4\pi n_1 I.$$

La formule générale donnée plus haut,

$$\mathcal{F} = 2NI \int \frac{y\,dx}{x},$$

qui s'applique à un tore engendré par une figure de forme quelconque, paraît très différente de la formule

$$\mathcal{F} = \frac{4\pi NI}{\left(\frac{l}{s}\right)},$$

qui convient au cas d'un solénoïde rectiligne de grande longueur.

Mais, nous allons montrer que ces formules sont identiques lorsque la figure qui engendre le tore, est petite par rapport à la distance de ses différents points de l'axe à révolution.

Reprenons la formule qui donne le flux de force dans l'élément de surface qui a pour base dx et pour hauteur dy,

$$\mathfrak{F} = 2NI \frac{dx\,dy}{x} .$$

Nous pouvons l'écrire

$$\mathfrak{F} = 4\pi NI \frac{dx\,.\,dy}{2\pi x} .$$

Mais dx, dy est égal à la section s du rectangle que nous, considérons cette fois comme constituant la figure génératrice du tore. D'autre part, $2\pi x$ est la valeur de la longueur de la circonférence décrite par le centre du rectangle $dx\,dy$ dans sa révolution autour de YY'; désignons-la par l, et la formule deviendra

$$\mathfrak{F} = 4\pi NI \times \frac{s}{l} = \frac{4\pi NI}{\left(\dfrac{l}{s}\right)} .$$

On voit que cette formule est identique à celle qui convient au solénoïde rectiligne.

Dans tout ce qui précède, nous avons supposé que le solénoïde était enroulé sur un tore ne contenant pas de fer. Dans le cas contraire, il faut multiplier la valeur du flux $\mathfrak{F}$, calculé plus haut, par la perméabilité μ dont on prendra la valeur dans la table citée plus haut, en fonction de celle du flux magnétique moyen à l'intérieur du tore lorsqu'il ne contient pas de fer.

311. — **Valeur du champ magnétique et du flux total de force à l'intérieur d'un circuit hétérogène formé de fer et d'air**. — Nous supposerons, pour pouvoir appliquer la formule

$$\mathfrak{F} = \frac{4\pi NI}{\sum \dfrac{l}{\mu s}} ,$$

avec quelque exactitude, que la densité du flux magnétique dans le fer est petite ; nous aurons alors

$$\sum \frac{l}{\mu s} = \frac{l}{\mu s} + \frac{\delta}{S},$$

l étant la longueur du circuit magnétique dans le fer, s la section de ce fer, δ l'épaisseur de la couche d'air à traverser, S la section de cette couche d'air.

Si on admet que s est très grand par rapport à l, et que μ est également très grand, nous pourrons négliger la fraction

$$\frac{l}{\mu s}$$

et la formule simplifiée deviendra

$$\mathcal{F} = \frac{4\pi NI}{\dfrac{\delta}{S}},$$

ou

$$\frac{\mathcal{F}}{S} = \frac{4\pi NI}{\delta}.$$

ou encore

$$4\pi NI = \frac{\mathcal{F}}{S}\,\delta = \mathcal{H}\delta,$$

formule dans laquelle $\mathcal{H}$ est le champ magnétique dans l'air et NI un produit qu'on appelle le nombre d'*ampères-tours* qui produisent le champ. Nous ferons un très grand usage de ces résultats dans l'étude des électro-aimants et du circuit magnétique des machines dynamos.

Exemple numérique. — Supposons que, dans la figure précédente mise sous une forme pratique (fig. 167), nous ayons à produire un champ de 1 000 unités C. G. S. entre deux épanouissements carrés de 10 centimètres de côté et espacés de 1 centimètre.

Le flux total à produire sera

$$1000 \times 10^2 = 1000.000 \text{ unités C. G. S.}$$

Calcul de la section du fer. — Pour nous rapprocher de la formule que nous venons de trouver, où nous avons supposé μ très grand, nous prendrons, 5 000 unités C. G. S. pour valeur du flux dans le fer, μ sera alors voisin de 2 000.

Le flux total étant de 100 000 unités, la section du fer sera

$$s = \frac{100000}{5000} = 20 \text{ centimètres carrés,}$$

soit un diamètre de 5^{cm},05.

Calcul de l'enroulement. — En appliquant la formule, on trouve

$$4\pi NI = \frac{\mathcal{F}\delta}{S} = \frac{100000 \times 1}{100},$$

d'où $\qquad NI = 79,6$ unités C. G. S.

soit 80 en nombres ronds.

Pour avoir le nombre de tours-ampères, on multipliera 80 par

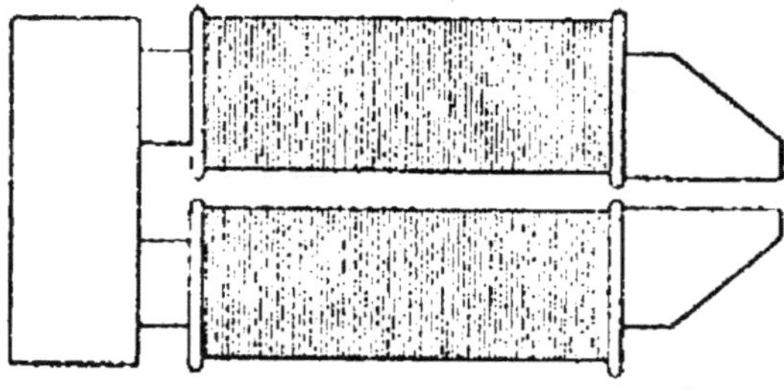

Fig. 167.

10, l'unité C. G. S. de courant étant 10 fois plus grande que l'ampère. Il faut donc 800 tours-ampères.

Remarque. — Si on doublait l'écartement des pièces polaires, il faudrait doubler le produit NI ; mais on arriverait à de grossières erreurs en continuant cette progression ; car il ne faut pas oublier qu'une des hypothèses que nous avons faites dans les formules, est que l'écartement δ des épanouissements polaires était très petit par rapport à leur surface.

SIMILITUDE DES SYSTÈMES ÉLECTRO-MAGNÉTIQUES

312. — **Systèmes électro-magnétiques semblables.** — Jusqu'ici, nous avons toujours supposé que les circuits étaient filiformes. Pratiquement, il n'en est pas ainsi, et nous allons examiner ce que deviennent, dans ce cas, les formules précédentes et quelles sont les lois qui régissent les efforts de systèmes électro-magnétiques, composés de plusieurs spires.

Prenons le cas de la boussole des tangentes, mais en supposant un fil à section carrée (fig. 168).

Nous avons vu que l'action exercée sur une masse magnétique μ, égale à l'unité, placée en M sur la perpendiculaire

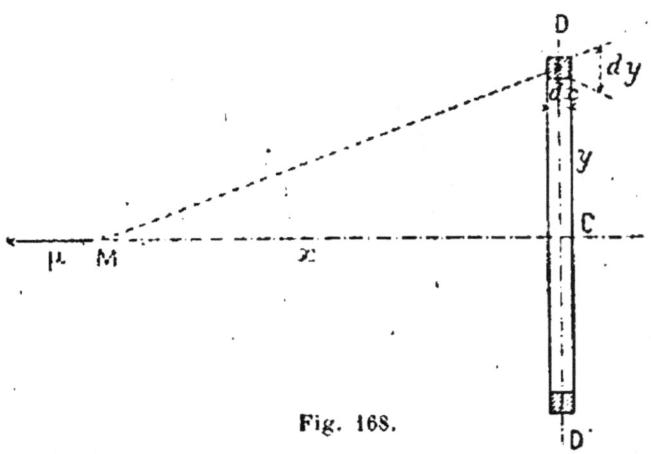

Fig. 168.

MC au plan du circuit circulaire DD', par un élément de courant, est donnée par la formule

$$df = \mu \mathrm{I}.ds \, \frac{r}{(\sqrt{r^2 + a^2})^3} \cdot$$

Remplaçons dans cette formule, le rayon r du cadre, par y ; la distance a du centre du cadre à la masse magnétique, par x ; l'intensité I du courant, par le produit de la densité i de ce courant par l'élément de section $dxdy$, et faisons $\mu = 1$. Nous aurons :

$$df = i.dxdy.ds \, \frac{y}{(x^2 + y^2)^{\frac{3}{2}}} \cdot$$

En intégrant cette expression par rapport à s, entre les limites $s = 0$ et $s = 2\pi y$, il vient, pour valeur de la force due à une spire complète de section $dxdy$

$$f = \frac{2\pi y^2 dxdy}{(x^2 + y^2)^{\frac{3}{2}}} i$$

et pour le cadre entier

$$F = 2\pi i \iint \frac{y^2 dx dy}{(x^2 + y^2)^{\frac{3}{2}}} \cdot$$

Si on multiplie les dimensions du cadre par le nombre k, dx deviendra kdx; dy deviendra kdy et la valeur de F sera finalement multipliée par k.

On en conclut que : *dans des systèmes électro-magnétiques semblables, l'intensité du champ magnétique, pour des points semblablement placés, est proportionnelle au rapport de similitude des systèmes, à la condition que la densité du courant reste la même.*

313. — Cherchons maintenant ce qui se passe si on augmente toutes les dimensions du système, y compris le cadre et l'aimant.

Le couple produit par le cadre sur l'aimant, a pour valeur le produit de l'effort F exercé sur l'unité de masse magnétique, par le moment de l'aimant. Mais ce moment est égal au produit de l'intensité d'aimantation ϑ par le volume u de l'aimant. On a donc, en désignant par C la valeur de ce couple

$$C = \frac{2\pi y^2 dx dy}{(x^2 + y^2)^{\frac{3}{2}}} i \vartheta u.$$

Si on multiplie par k, les dimensions de l'aimant seul, son volume u deviendra $k^3 u$ et C deviendra $k^3 C$.

Si on multiplie également les dimensions du cadre, par k, le couple sera multiplié par k^4.

Si, par exemple, on multipliait les dimensions du cadre seul sans changer celles de l'aimant, par le facteur 3, le couple serait multiplié par 3.

Mais, si on multipliait également les dimensions de l'aiman par 3 (ϑ conservant bien entendu la même valeur) le couple deviendrait 81 fois aussi considérable.

QUATRIÈME PARTIE

ÉLECTRO-DYNAMIQUE

CHAPITRE UNIQUE

ACTIONS ÉLECTRO-DYNAMIQUES

LOIS D'AMPÈRE ET APPLICATIONS

314. — **Action mutuelle de deux éléments de courant.** — C'est
à Ampère que l'on doit la découverte de lois régissant les
actions mécaniques que les courants exercent les uns sur les
autres ; l'Electro-dynamique a pour but l'étude de ces actions.
Ampère a résumé ces lois dans la formule suivante :

$$ f = f_1 \frac{\mathrm{II}' dl dl'}{r^2} \left(\cos \omega - \frac{3}{2} \cos \alpha \cos \alpha' \right) $$

formule dans laquelle :

f est la force avec laquelle s'attirent ou se repoussent deux

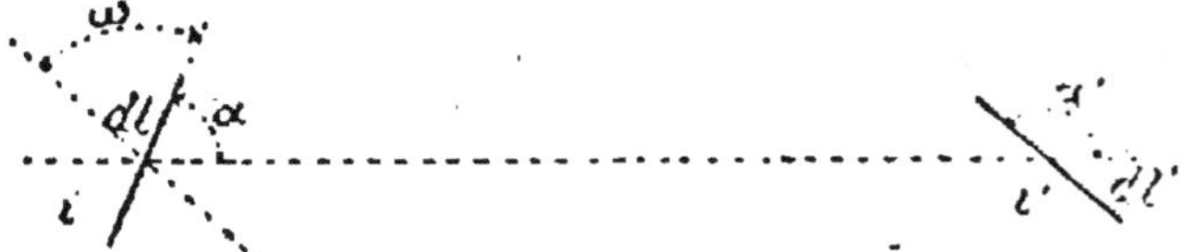

Fig. 169.

éléments de courant infiniment petits dl et dl' (fig. 169), suivant la droite de longueur r qui joint leurs milieux. Ces éléments s'attirent si les courants sont de même sens, et se
repoussent s'ils sont de sens contraire ;

I et I' sont les intensités des courants qui parcourent les
éléments dl et dl' ;

α et α', les angles qu'ils forment ; l'un avec la droite qui joint
leurs milieux, l'autre avec son prolongement ;

ω, l'angle que forment entre eux ces deux éléments ;

f_1, une constante qui dépend du système d'unités adopté.

La force f est dirigée suivant la droite qui joint les milieux des éléments de courants ; cette force est répulsive lorsque sa valeur est positive ; elle est attractive lorsque cette valeur est

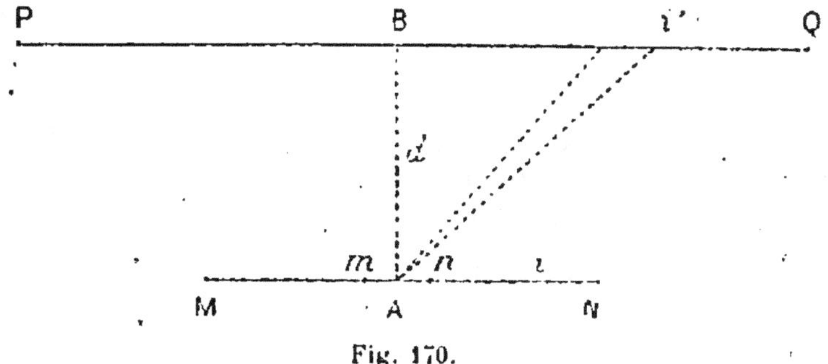

Fig. 170.

négative. On voit que, dans le cas particulier où les deux éléments de courant sont perpendiculaires entre eux, et qu'un des éléments est perpendiculaire à la droite qui joint leurs milieux, la force f s'annule.

315. — Action de deux courants rectilignes et parallèles dont l'un est indéfini. — Définition de l'unité électro-dynamique d'intensité de courant. —. Soient deux courants rectilignes et parallèles (fig. 170) dont l'un PQ est indéfini ; sur l'autre MN, de longueur finie l, prenons un élément de courant $mn = dl$; et appliquons la formule d'Ampère. La distance qui sépare les deux courants est la perpendiculaire, $AB = d$, abaissée du milieu de l'élément mn sur PQ. L'angle ω des deux courants est constamment égal à 0 ; on a donc, quels que soient les éléments dl et dl', cos ω = 1 ; et la formule générale devient

$$f = f_1 \frac{II' dl dl'}{r^2} \left(1 - \frac{3}{2} \cos \alpha . \cos \alpha' \right).$$

On voit que f est un infiniment petit du second ordre et que, pour trouver la valeur de l'effort F réellement exercé entre les deux courants, il faudra faire deux intégrations successives. On aura donc

$$F = f_1 \text{II}' \int\int \frac{dl\,dl'}{r^2} \left(1 - \frac{3}{2} \cos \alpha \cos \alpha'\right).$$

L'intégration étant faite, on arrive à l'expression

$$F = f_1 \text{II}' \frac{l}{d}.$$

316. — Cette formule va nous permettre de définir *l'unité électro-dynamique de courant.*

Si, en effet, dans cette formule, on fait

$$f_1 = 1, \qquad I = I' = 1, \qquad l = 1 \qquad \text{et} \qquad d = 1$$

on aura

$$F = 1.$$

D'où la définition de l'unité électro-dynamique de courant : *C'est l'intensité du courant rectiligne qui exercerait une action égale à l'unité de force, sur un courant indéfini parallèle, situé à une distance égale à sa propre longueur.*

Cette définition est peu pratique, et difficilement réalisable.

317. — **Actions mutuelles de deux courants fermés rectangulaires, mobiles autour d'axes de rotation parallèles. — Deuxième définition de l'unité électro-dynamique d'intensité de courant. —** Soient deux circuits ABCD et A'B'C'D' (fig. 171), que nous supposerons carrés et situés à une distance assez grande l'un de l'autre pour que l'on puisse considérer leurs dimensions comme très petites par rapport à cette distance. Nous supposerons que le centre O' du second cadre est situé sur la perpendiculaire élevée en O, au plan du premier, et que les plans des deux cadres sont perpendiculaires entre eux. Le cadre ABCD étant supposé fixe, exerce sur A'B'C'D' des efforts que l'on peut calculer directement par la formule d'Ampère, parce que nous avons supposé les côtés a et a' des deux cadres très petits par rapport à la distance OO'. Désignons par I et I' les intensités des courants qui traversent les deux cadres, et remarquons que les côtés AD, A'D' étant parallèles, on a, dans la formule d'Ampère :

$$\cos \omega = 1, \qquad \cos \alpha = 0, \qquad \cos \alpha' = 0.$$

Nous en déduirons pour la valeur de l'effort exercé par le côté AD sur le côté A'D'

$$f_1 \frac{aa'.11'}{\overline{MN}^2},$$

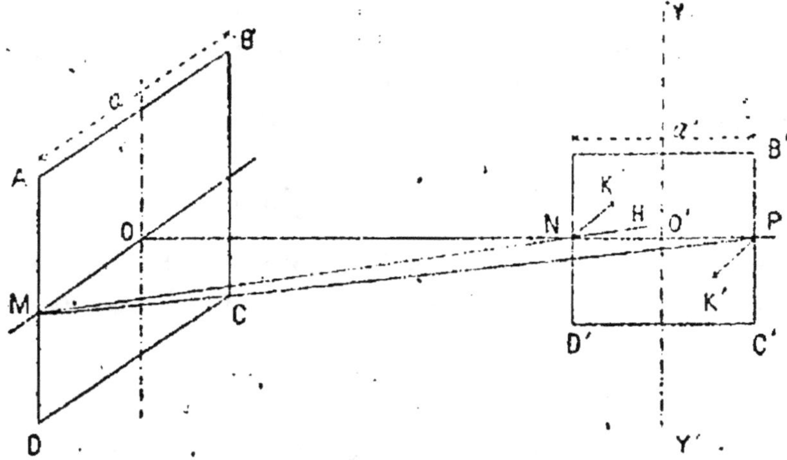

Fig. 171.

et la composante suivant NK' normale au plan A'B'C'D', sera

$$f_1 \frac{aa'.11'}{\overline{MN}^2} \cos K'NH = f_1 \frac{aa'.11'}{\overline{MN}^2} \sin ONM = f_1 \frac{a^2 a'.11'}{2\overline{MN}^3}.$$

De même, BC exerce sur A'D' une action dont la composante, perpendiculaire au second cadre, est de même signe et égale à celle que nous venons de calculer.

La somme des moments de ces deux forces par rapport à YY', est donc égale à

$$f_1 \frac{a^2 a'.11'}{\overline{MN}^3} \cdot \frac{a'}{2} = f_1 11' \frac{a^2 a'^2}{2\overline{MN}^3}.$$

On démontrerait de même que la somme des moments des forces exercées par AD et BC sur B'C', aurait pour expression

$$f_1 \mathrm{H}' \, \frac{a^2 a'^2}{2\overline{\mathrm{MP}}^3} \cdot$$

Le moment total des actions mutuelles des côtés verticaux des deux cadres, est donc égal à

$$\frac{1}{2} \cdot f_1 \mathrm{H}' a^2 a'^2 \left(\frac{1}{\overline{\mathrm{MN}}^3} + \frac{1}{\overline{\mathrm{MP}}^3} \right) \cdot$$

Quant aux moments des actions des côtés AB et DC sur le cadre A'B'C'D', il est facile de voir qu'ils sont nuls.

Le moment total de rotation sera donc égal à

$$\mathrm{M} = f_1 \cdot \frac{a^2 a'^2 . \mathrm{H}'}{2} \cdot \left(\frac{1}{\overline{\mathrm{MN}}^3} + \frac{1}{\overline{\mathrm{MP}}^3} \right),$$

et comme on peut poser approximativement $\mathrm{MN} = \mathrm{MP} = r$, en raison du grand éloignement des deux cadres, la formule devient

$$\mathrm{M} = f_1 \cdot \frac{a^2 a'^2 . \mathrm{H}'}{r^3} \cdot$$

et, si on désigne par S et S' les surfaces des deux carrés, on a finalement

$$\mathrm{M} = f_1 \frac{\mathrm{SS}' . \mathrm{H}'}{r^3} \cdot$$

La même formule s'applique à des circuits fermés quelconques, placés comme les cadres que nous venons de considérer; à deux courants circulaires par exemple.

318. — En faisant, dans la formule que nous venons de trouver

$$f_1 = 1, \qquad \mathrm{S} = \mathrm{S}' = 1, \qquad \mathrm{I} = \mathrm{I}' = 1$$

on trouve

$$\mathrm{M} = \frac{1}{r^3} \cdot$$

On pourra donc définir l'unité électro-dynamique d'intensité : *celle d'un courant qui, traversant deux cadres de surface égale à l'unité, placés dans des plans normaux, à une grande distance l'un de l'autre, de façon que le centre du second se trouve sur une normale élevée au centre du premier, exercerait sur le second circuit un couple de rotation dont le moment serait égal à l'unité divisée par le cube de la distance des deux centres.*

Cette définition est due à Weber.

319. — Autre solution du problème précédent. — Dimensions des unités électro-dynamiques. — On peut traiter le problème des deux cadres d'une autre façon, en supposant que le premier circuit traversé par le courant I, donne naissance à un champ magnétique dans lequel est plongé le deuxième circuit fermé que l'on assimile à un feuillet magnétique.

Si on suppose que les circuits sont circulaires, le champ créé par le premier circuit sera, en désignant par r le rayon du premier cadre et par a la distance des deux cadres

$$\mathcal{H} = 2\pi I \frac{r^2}{(r^2 + a^2)^{\frac{3}{2}}},$$

ou bien, en remarquant que $\pi r^2 = S$

$$\mathcal{H} = 2 \frac{IS}{(r^2 + a^2)^{\frac{3}{2}}}.$$

D'un autre côté, le moment magnétique du deuxième circuit, considéré comme un feuillet magnétique, est égal à I'S ; le couple exercé sur le deuxième circuit sera donc

$$M = 2 \frac{SS'II'}{(r^2 + a^2)^{\frac{3}{2}}},$$

mais nous pouvons négliger r devant a, et alors il vient

$$M = 2 \frac{SS'II'}{a^3},$$

nous arrivons donc finalement à un résultat deux fois auss

grand que dans le numéro précédent. On en conclut qu'il faudra multiplier la formule d'Ampère par le nombre 2 pour arriver à des résultats identiques à ceux que donne la formule de Biot et Savart, et, qu'à un coefficient constant près, il y a identité entre les définitions électro-magnétique et électro-dynamique de l'unité d'intensité de courant.

320. — Identité des dimensions de l'intensité d'un courant dans les systèmes électro magnétique et électro-dynamique. — Cette identité résulte des considérations suivantes.

L'intensité d'un courant, tirée de la formule de Biot et Savart qui est la base de l'électro-magnétisme, a pour valeur

$$I = \frac{Fr^2}{\mu ds \sin \alpha} \cdot$$

Si nous remplaçons F par sa valeur symbolique

$$MLT^{-2},$$

en unités absolues ; r^2, par le carré d'une longueur L^2 ; la masse magnétique μ par sa valeur exprimée en unités absolues

$$M^{\frac{1}{2}} L^{\frac{3}{2}} T^{-1} ;$$

ds, qui est une longueur, par L ; et en remarquant que $\sin \alpha$ est un nombre indépendant du choix des unités, il vient

$$I = M^{\frac{1}{2}} L^{\frac{1}{2}} T^{-1},$$

ce qui est la racine carrée d'une force.

Cherchons maintenant l'expression symbolique du courant donnée par la formule d'Ampère

$$F = \frac{II'dsds'}{r^2} \left(\cos \omega - \frac{3}{2} \cos \alpha \cos \alpha' \right) \cdot$$

Nous pouvons supposer $I = I'$, et la formule donne

$$I^2 = \frac{Fr^2}{dsds'} \cdot \frac{1}{\cos \omega - \dfrac{3}{2} \cos \alpha \cos \alpha'} \cdot$$

Nous pouvons, dès à présent, laisser de côté le coefficient numérique

$$\frac{1}{\cos \omega - \frac{3}{2} \cos \chi \cos \chi'}$$

puisqu'il est indépendant du choix des unités, et en remplaçant comme nous l'avons fait dans la formule de Biot et

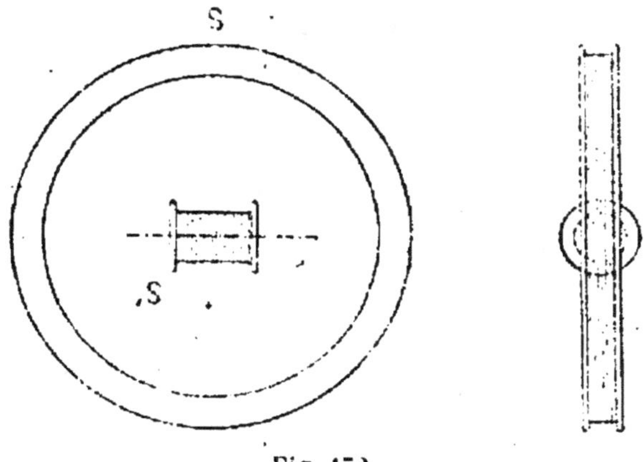

Fig. 172.

Savart, ds et ds' par la lettre L qui représente une longueur; r^2 par L^2; et F par

$$MLT^{-2},$$

il vient finalement

$$I = M^{\frac{1}{2}} L^{\frac{1}{2}} T^{-1},$$

expression identique à celle que donne la loi de Biot et Savart.

L'intensité d'un courant a donc une expression identique, à un coefficient numérique près, dans les systèmes électro-magnétique et électro-dynamique.

Il est facile de voir qu'il résulte de là que toutes les autres quantités électriques auront des expressions identiques dans les deux systèmes, à la condition toutefois qu'on les multiplie par ce même coefficient numérique. Si nous voulons, par exemple, exprimer une quantité d'électricité Q, nous savons que l'on peut écrire

$$Q = IT,$$

et, comme l'unité de temps est la même dans les deux systèmes, il suffira, pour passer d'un système à l'autre, de multiplier le nombre qui exprime la quantité d'électricité dans le système électro-magnétique, par le coefficient déjà employé pour l'intensité de courant.

Il en serait de même pour le potentiel qui est le quotient d'un travail par une quantité d'électricité ; car l'unité de travail étant la même dans les deux systèmes, l'expression du potentiel n'est affectée que par le coefficient qui entre dans l'expression de la quantité d'électricité, et par conséquent, dans celle de l'intensité de courant.

321. — Cas particulier où les deux circuits circulaires sont concentriques. — Électro-dynamomètre. — On peut supposer que les deux circuits circulaires ou solénoïdes sont concentriques, tout en conservant leur position respective d'orientation comme l'indique la figure 172.

Le premier solénoïde, traversé par le courant I, de rayon r et contenant n spires, donne naissance à un champ magnétique égal à

$$\mathcal{H} = \frac{2\pi n I}{r}.$$

Le deuxième solénoïde, plongé dans ce champ, se comportera comme un aimant dont le moment magnétique aurait pour valeur

$$n'S'I',$$

S' désignant la surface embrassée par toute la spire moyenne du second cadre et n' le nombre de spires. Le couple appliqué à ce cadre a donc pour valeur

$$n'S'I' \times \mathcal{H}.$$

En remplaçant $\mathcal{H}$ par sa valeur, et en désignant le couple par M, on aura

$$M = 2\pi \frac{n n' I I' S'}{r}.$$

On voit que ce couple est proportionnel au produit des intensités I et I' des courants qui traversent les deux cadres.

322. — Weber a réalisé, d'après ce principe, un appareil que l'on appelle l'*Electro-dynamomètre* et qui sert à mesurer l'intensité d'un courant; il suffit pour cela de faire passer le même courant dans les deux cadres ce qui revient à faire I = I' dans la formule précédente; l'intensité du courant y figurant alors au carré, son signe n'intervient plus, ce qui permet de mesurer l'intensité de courants alternatifs.

M. Marcel Deprez a montré, comme nous le verrons plus tard, que l'on peut appliquer l'électro-dynamomètre à la mesure de l'énergie produite par un courant. L'appareil qu'il a imaginé à cet effet, a servi de type à tous les instruments réalisés depuis par différents constructeurs sous le nom de *Wattmètres, Ergmètres,* etc.

Nous aurons l'occasion de décrire complètement l'électro-dynamomètre quand nous parlerons des instruments de mesures électriques.

SIMILITUDE DES SYSTÈMES ÉLECTRO-DYNAMIQUES

323. — **Théorème de M. Marcel Deprez**. — Dans les différents problèmes que nous venons de traiter, nous avons toujours supposé que les conducteurs étaient filiformes ; mais en réalité tout conducteur exige une certaine section ; voyons ce que devient la formule d'Ampère quand on y introduit cet élément nouveau.

Appelons s la section du premier conducteur traversé par un courant de densité i ; s' et i' la section et la densité du courant pour le deuxième conducteur, on a alors

$$I = is,$$
$$I' = i's',$$

la formule d'Ampère devient

$$f = \frac{f_1\, ii's\, dl\,.\, s'\, dl'}{r^2}\left(\cos\omega - \frac{3}{2}\cos\alpha\cos\alpha'\right).$$

et, si on remarque que les produits $s\,dl$, $s'\,dl'$ sont précisément les volumes du et du' des éléments de conducteurs, la formule devient :

$$f = f_1 \frac{ii'\,du\,du'}{r^2} \left(\cos \omega - \frac{3}{2} \cos \alpha \cos \alpha' \right).$$

Multiplions maintenant par k toutes les dimensions linéaires de chaque système électro-dynamique, sans changer le nombre des portions de circuits élémentaires ; du deviendra $k^3 du$; du', $k^3 du'$, et en appelant f_k la nouvelle valeur de f, correspondant au système des deux conducteurs dont toutes les dimensions sont amplifiées k fois, on aura

$$f_k = f_1 \frac{ii'\,k^3 du\,k^3 du'}{k^2 r^2} \left(\cos \omega - \frac{3}{2} \cos \alpha \cos \alpha' \right).$$

On tire de cette formule, en la divisant par la valeur de f

$$f_k = k^4 f.$$

On en conclut le théorème suivant :

Si on multiplie par k toutes les dimensions ainsi que les distances mutuelles des éléments de deux conducteurs A et B, de façon à former un nouveau système de conducteurs A' et B' géométriquement semblable au premier et parcouru par un courant de même densité, les actions mécaniques développées entre A' et B', seront k^4 fois aussi grandes que les actions développées entre A et B.

Si par exemple, on double toutes les dimensions linéaires ainsi que les distances des deux systèmes, l'effort développé sera 16 fois aussi grand.

324. — Comparaison des dépenses d'énergie dans les deux systèmes. — Si on calcule l'énergie transformée en chaleur par le passage du courant, dans le premier système, elle a pour valeur

$$\rho u i^2,$$

dans le second système, elle a pour valeur

$$\rho u' i^2 ;$$

le rapport de ces deux dépenses sera égal à

$$\frac{u'}{u} = k^3,$$

tandis que l'effort sera multiplié par k^3; donc la dépense d'énergie par unité d'effort sera k fois moindre dans le grand système; plus le système sera grand, plus la dépense sera faible.

325. — D'autre part, les poids des conducteurs employés dans les deux systèmes, sont entre eux comme u' est à u; *l'effort produit par unité de masse est donc multiplié par k dans le système amplifié.*

Ces théorèmes, démontrés par M. Marcel Deprez en 1882 [1], ont été vérifiés expérimentalement au moyen d'appareils spéciaux. Ils sont d'une grande utilité dans la pratique, puisqu'ils montrent les avantages considérables des systèmes électro-dynamiques de grandes dimensions.

326. — Moments de rotation de deux systèmes électro-dynamiques semblables. — Nous allons chercher comment croît le moment de rotation d'un système, quand on augmente toutes ses dimensions dans un certain rapport k.

Le moment de chaque élément s'obtient en multipliant l'effort auquel il est soumis, par sa distance à l'axe de rotation. Si on multiplie toutes les dimensions linéaires du premier système par k, le bras de levier est aussi multiplié par k; mais nous avons déjà vu que la force exercée par l'un des conducteurs sur l'autre était, dans le système amplifié, k^4 fois aussi grande que dans le premier. Son moment sera donc proportionnel à $k^4 \times k = k^5$.

Ainsi, si un système A', B', est deux fois aussi grand qu'un autre système A, B, le couple développé dans AB croîtra comme la cinquième puissance de 2, c'est-à-dire deviendra 32 fois auss grand.

1. Comptes rendus de l'Académie des sciences (février 1882).

On démontrerait de la même façon que le travail produit par un même déplacement angulaire du circuit mobile de chaque système est k^3 fois aussi grand dans le deuxième système que dans le premier.

327. — Calcul des actions mécaniques mutuelles de deux courants. — Nous ne nous étendrons pas sur le cas général du calcul des actions mutuelles de deux circuits fermés de forme quelconque. La solution de ce problème conduit en général, même dans des cas simples, à des formules d'une extrême complication ; dans la plupart des cas, elle est au-dessus des ressources de l'analyse. A titre d'exemple, nous donnerons la formule de l'attraction de deux cadres carrés, égaux, parallèles, *sans épaisseur* et situés à une distance d l'un de l'autre ; a étant le côté du carré, I et I' les courants qui traversent les cadres

$$F = II'.8 \left[\frac{a^2}{d\sqrt{a^2+d^2}} - \frac{a^2 d}{(a^2+d^2)\sqrt{2a^2+d^2}} + \frac{2d}{\sqrt{a^2+d^2}} - \frac{d}{\sqrt{2a^2+d^2}} - 1 \right].$$

328. — Applications du théorème de l'équivalence entre les circuits fermés et les feuillets magnétiques. — Nous avons vu qu'un circuit fermé équivaut, pour les actions qu'il exerce sur une masse magnétique, à un feuillet magnétique tel que

$$\Phi = I,$$

Φ étant la puissance du feuillet magnétique, I l'intensité du courant qui traverse le circuit.

En continuant cette assimilation, on peut dire que l'action mutuelle de deux circuits fermés peut être ramenée à celle de deux feuillets magnétiques et on peut appliquer aux circuits fermés toutes les propriétés des feuillets magnétiques à la seule condition de remplacer dans les formules que nous avons démontrées en parlant des feuillets magnétiques, la puissance Φ des feuillets par l'intensité I des courants équivalents. Le coefficient M qui entre dans l'expression du travail dû au rapprochement des feuillets, de l'infini jusqu'à leur position actuelle, prend, lorsqu'il s'agit de courants électriques, le nom de *coefficient d'induction mutuelle*.

Reprenons la formule qui donne le travail dû au déplacement de deux feuillets magnétiques

$$\tau = M\Phi_A\Phi_B,$$

et remplaçons Φ_A et Φ_B par les intensités I_A et I_B, des courants équivalents, de même contour que les feuillets considérés, l'expression du travail deviendra

$$\tau = MI_AI_B.$$

Faisons $I_A = 1$ et $I_B = 1$; on aura, en appelant τ_1 le travail produit,

$$\tau_1 = M.$$

Le coefficient M est donc égal à la valeur numérique du travail produit lorsque les deux circuits se rapprochent depuis l'infini jusqu'à leur position actuelle, le courant qui les traverse ayant une intensité égale à l'unité.

Or, nous démontrerons, en traitant de l'Induction électromagnétique, que la valeur de ce travail est précisément égale au coefficient d'induction mutuelle des deux circuits dans leur position actuelle.

La détermination du facteur M peut être obtenue par le calcul, au moyen d'une formule due à Neumann que nous ne donnerons pas malgré son importance théorique parce que, dans la plupart des cas, elle conduit à des calculs qui sont au-dessus des forces de l'analyse.

329. — Equivalence d'un solénoïde et d'un aimant. — Un solénoïde peut être considéré comme composé d'un nombre infini de spires représentant des feuillets magnétiques se touchant par leurs faces de nom contraire, de sorte que les actions magnétiques de deux faces adjacentes se neutralisent mutuellement, et il ne reste plus à considérer que les deux faces des feuillets situées aux extrémités des solénoïdes, et qui sont chargées d'une quantité de magnétisme libre $+\mu$ pour l'une et $-\mu$ pour l'autre.

Cette quantité de magnétisme est facile à évaluer, on a en effet

$$\mu = \lambda s,$$

λ étant la densité magnétique et s la surface d'une spire. D'autre part, la puissance Φ d'un des feuillets est, par définition, égale à $\lambda\delta$ d'où

$$\lambda = \frac{\Phi}{\delta},$$

δ étant la distance des deux faces du feuillet; mais, en appelant N le nombre des spires et L la longueur du solénoïde, on a

$$\delta = \frac{L}{N};$$

en remplaçant δ et λ par leur valeur dans l'expression de μ, il vient

$$\mu = \frac{\Phi}{\delta} s = \frac{\Phi N s}{L},$$

et, en posant

$$\frac{N}{L} = n_1$$

n_1 étant le nombre de spires par unité de longueur, et en remplaçant Φ par I, on arrive à la formule

$$\mu = n_1 s \mathrm{I}.$$

Quant au moment magnétique de ce solénoïde, il a pour valeur le produit de la quantité de magnétisme μ répartie sur l'une des faces, multipliée par la longueur L du solénoïde ; soit

$$(n_1 L)s\mathrm{I} = (n_1 \mathrm{I})Ls = Ns\mathrm{I}.$$

Ces trois expressions du moment magnétique d'un solénoïde, ont chacune leur utilité suivant les problèmes que l'on a à traiter.

Les pôles de cet aimant artificiel sont exactement situés dans le plan des spires terminales, puisque ces plans sont les seuls qui contiennent du magnétisme libre.

RÉSUMÉ

Le chapitre de l'électromagnétisme est si important que nous avons cru devoir en résumer comme suit les principaux résultats.

330. — Phénomènes fondamentaux. — Ces phénomènes ont pour base l'expérience d'Œrsted.

Une aiguille aimantée disposée parallèlement à un fil est

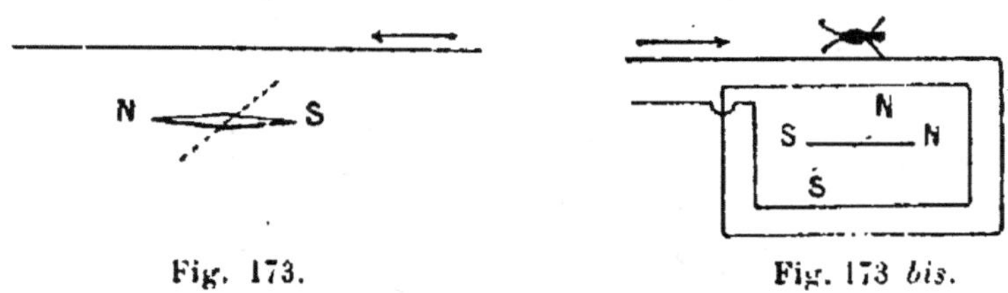

Fig. 173.

Fig. 173 *bis.*

déviée de sa position d'équilibre par le passage du courant.

L'expérience est encore rendue plus nette par l'utilisation de cadres multiplicateurs dans lesquels les effets précédents s'ajoutent (fig. 173 et 173 *bis*).

C'est le principe des galvanomètres.

Si on considère un observateur placé de telle manière que le courant lui entre par les pieds et lui passe par la tête, s'il regarde à l'intérieur du cadre, il verra le pôle nord de l'aiguille se diriger vers la gauche du courant.

331. — Champ galvanique. — Pour expliquer le phénomène précédent, Ampère a mis en évidence toute une série de résultats que nous allons passer en revue.

Si l'on met (fig. 174) de la limaille de fer sur un papier traversé par un fil dans lequel passe un courant, on voit cette limaille s'orienter en cercles concentriques, de manière à représenter un spectre galvanique, tout à fait analogue au spectre magnétique.

Si l'on dispose une petite aiguille aimantée dans ce champ

galvanique, elle s'orientera tangentiellement aux lignes de force, suivant la règle dite du tire-bouchon de Maxwell :

Si l'on enfonce un tire-bouchon dans le sens du courant, le sens de rotation de la poignée donnera la direction du pôle nord de l'aiguille.

C'est ce que nous appelons la direction des lignes de force du champ galvanique.

Inversement, si on cherche à faire avancer le tire-bouchon

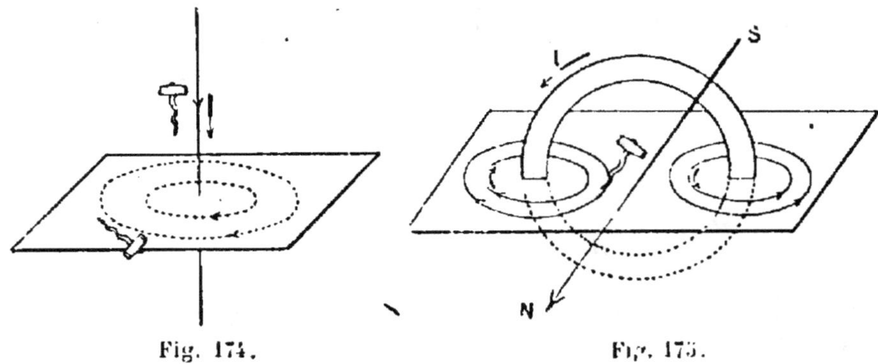

Fig. 174.   Fig. 175.

dans le sens des lignes de force, le sens de rotation de la poignée donnera le sens du courant dans le fil.

Si, au lieu d'un fil indéfini, nous considérons une spire fermée, chaque élément de la spire se comportera comme un élément de courant en donnant des lignes de force suivant la règle de Maxwell. Le spectre aura l'aspect indiqué (fig. 175). Tout se passera comme si la spire devenait un feuillet magnétique ayant un pôle N en avant de la figure et un pôle S en arrière. Nous verrons plus loin que *le feuillet équivalent a pour puissance l'intensité du courant qui circule dans la spire.*

Observons que la règle de Maxwell s'applique encore soit aux lignes de force, soit à la direction du courant.

Si on dispose le tire-bouchon dans le sens des lignes de force du champ galvanique, le sens de rotation de la poignée donnera le sens de rotation du courant de la spire.

332. — **Action électromagnétique.** — Puisqu'une spire parcourue par un courant se comporte comme un feuillet, il en résulte qu'une spire rendue mobile et pouvant se déplacer dans un champ magnétique devra s'orienter comme le ferait un feuillet.

On le vérifie par les expériences classiques suivantes, pour le détail desquelles nous renvoyons aux Traités de physique élémentaire.

On dispose (fig. 176) sur un flotteur en liège, placé sur de l'eau acidulée, un couple cuivre et zinc constituant une pile

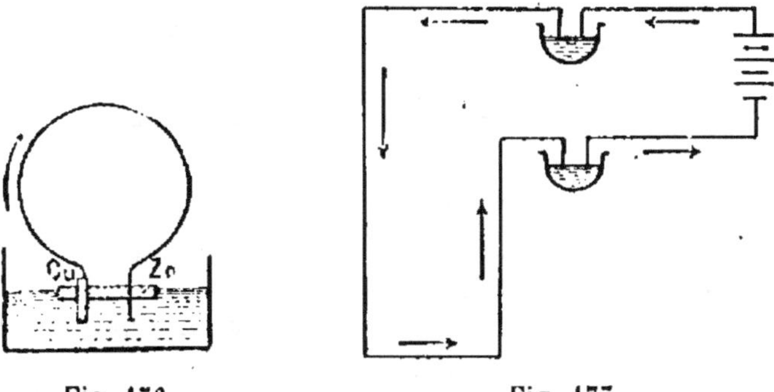

Fig. 176.   Fig. 177.

dont on réunit les deux pôles par une spire. On forme ainsi un feuillet dont le pôle nord est à la gauche du courant et qui par conséquent va s'orienter perpendiculairement au méridien magnétique. C'est ce que l'on observe.

Le même résultat s'obtient aussi avec un cadre reposant (fig. 177) sur deux godets remplis de mercure et servant de pivots. Si on approche un aimant, le cadre dévie, il présente sa face négative au pôle nord de l'aimant et *vice versa*.

Il est également possible de réaliser des déplacements continus. C'est ce qui a lieu avec la roue de Barlow, par exemple.

C'est (fig. 178) une roue dont les dents viennent plonger dans du mercure. Elle est placée entre les faces d'un aimant dont les lignes de force peuvent être considérées comme perpendiculaires à la face de la roue. On fait circuler un courant du centre vers la périphérie. Il résulte de là la production d'un effort tangentiel constant qui provoque la rotation continue de la roue et l'amène à la vitesse pour laquelle le couple électro-magnétique est équilibré par le couple des frottements.

Dans ces expériences, le champ est dû à un aimant. Il peut encore être produit par un courant. Il suffit de prendre (fig. 179)

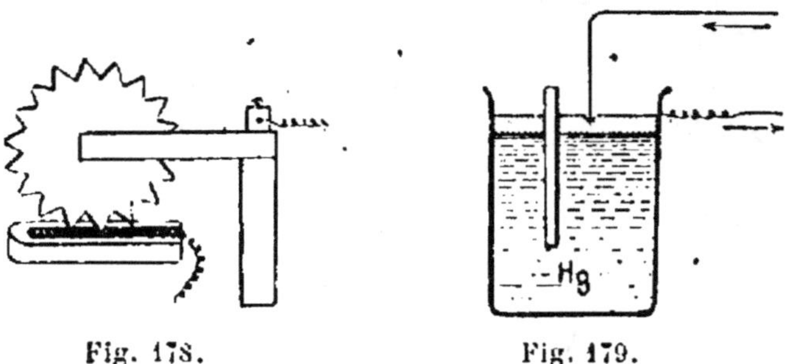

Fig. 178.   Fig. 179.

une éprouvette de mercure, dans laquelle on met en suspension un aimant qui flotte.

En produisant un courant on obtient un champ galvanique dans lequel l'aimant se met à tourner.

L'identité des courants et des aimants a été démontrée une fois de plus par Ampère à l'aide de solénoïdes composés d'une

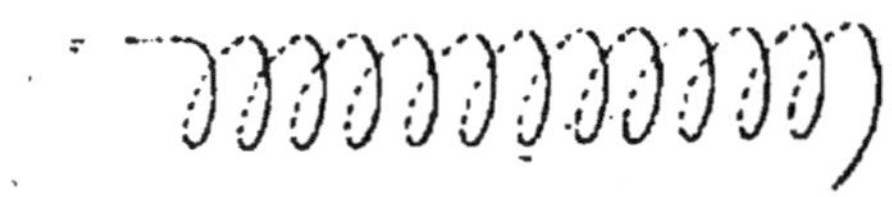

Fig. 180.

série de spires parcourues par un courant (fig. 180) et formant une bobine.

Chacune de ces spires peut être, sans grande erreur, assimilée à une spire indépendante, et, comme elle constitue un feuillet magnétique, l'ensemble doit évidemment se comporter comme un aimant.

Remarquons qu'une certaine différence existe dans la production d'un aimant solénoïdal et celle d'un aimant véritable. Pour le solénoïde il faut créer un courant, et par suite faire intervenir une énergie extérieure; le champ magnétique, au contraire, n'exige aucune dépense d'énergie.

Ampère admet que l'aimantation d'un aimant, par exemple dans le phénomène d'influence, est réalisée quand toutes les particules sont orientées suivant l'axe magnétique du barreau. Chaque molécule d'un corps se comporte comme si elle était le siège d'un courant circulant dans un circuit élémentaire de résistance nulle. Dans un fil, la résistance n'intervient que par suite du passage du courant d'une molécule à la suivante.

Dans le premier cas (aimantation) les molécules s'orientent purement et simplement; dans le deuxième cas (solénoïde) le courant passe d'une molécule à l'autre.

Observons encore qu'un solénoïde se comportera comme un aimant uniforme, c'est-à-dire que les faces terminales seules posséderont du magnétisme libre.

333. — Loi de Biot et Savart.

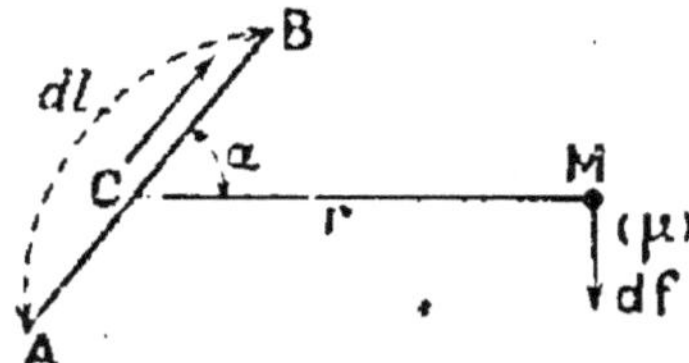

Fig. 181.

— Cette loi qui sert de base à tout l'électromagnétisme, ne peut pas se vérifier sur un élément de courant qui est irréalisable, mais elle se vérifie par toutes ses conséquences. Elle s'énonce ainsi :

Étant donné (fig. 181) un élément de courant AB et un pôle de masse magnétique μ en M, cet élément AB exerce sur le point M une action df donnée par la relation

$$(1) \qquad df = f_1 \frac{\mu I dl \sin \theta}{r^2}$$

dl : longueur infiniment petite de l'élément AB.

θ : angle que fait l'élément avec la droite qui joint cet élément à m ;

r : distance de l'élément à m ;

f_1 une constante numérique.

Cette force est perpendiculaire au plan défini par l'élément de courant et le point M.

Le sens de cette force est tel que le point M se déplace vers la gauche du courant.

REMARQUE. — Pour avoir l'action totale d'un courant sur un point, il faut faire la somme géométrique de toutes les forces f dues aux éléments constituant le courant.

Dans la plupart des cas, le courant est situé dans un plan avec M (fig. 182). Le problème revient alors à une intégration.

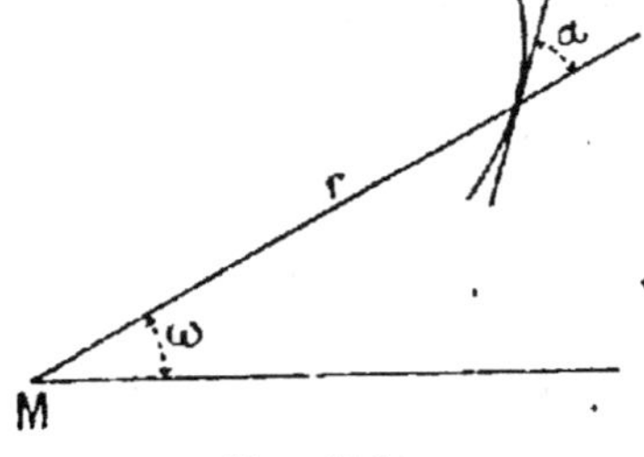
Fig. 182.

Souvent même la forme de la spire est donnée par une équation en coordonnées polaires, et la formule de Biot et Savart prend une forme qui est commode dans beaucoup de cas.

Soit $r = f(\omega)$ l'équation de la spire, on sait, d'après la représentation des courbes en coordonnées polaires, que

$$\operatorname{tg} \theta = \frac{r}{r'_\theta},$$

$$\sin \theta = \frac{\operatorname{tg} \theta}{\sqrt{1 + \operatorname{tg}^2 \theta}} = \frac{r}{\sqrt{r^2 + r'^2}},$$

et

$$dl = d\omega \sqrt{r^2 + r'^2}$$

(longueur d'un arc de courbe infiniment petit).

Donc

$$df = f_1 \frac{\sin \theta \, d\theta}{r} \tag{2}$$

Nous allons, dans ce qui suit, appliquer les formules (1) et (2) à divers exemples.

334. — Expérience fondamentale de Biot et Savart. — Biot et Savart ont établi expérimentalement l'action d'un courant indéfini sur un pôle; figure 182 *bis*.

L'expérience consiste à comparer les actions exercées sur une aiguille aimantée horizontale très courte par un courant vertical indéfini et par la terre.

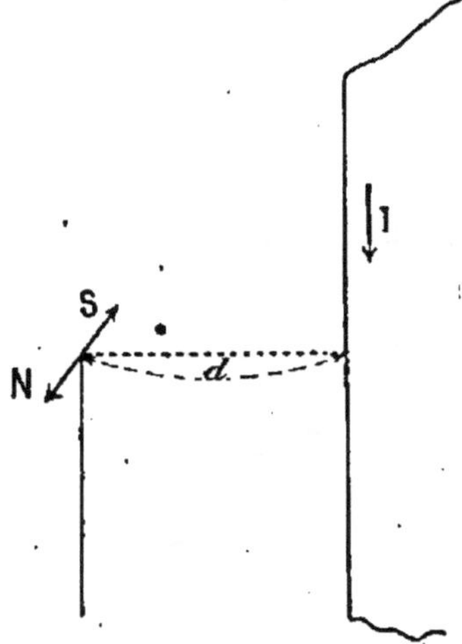

Fig. 182 *bis*.

Prenons comme plan de la figure un plan passant par le courant et perpendiculaire au méridien magnétique.

Si l'aiguille est très petite par rapport à la distance d, elle peut être considérée comme soumise à l'action du champ terrestre augmentée du champ uniforme produit par le courant circulant dans le sens de la flèche. Écartons-la légèrement de sa position d'équilibre : elle oscillera, et l'on sait que les nombres d'oscillations NN' à diverses distances dd' sont proportionnels aux racines carrées des champs magnétiques (puisque $T = \dfrac{1}{n} = \sqrt{\dfrac{\mathrm{K}}{\mathrm{M H}}}$. On aura donc, en désignant par C une constante, par $\mathcal{K}$ l'action de la terre, par HH' les actions du courant aux distances d et d' : et par n le nombre d'oscillations dans le champ terrestre seul

$$n^2 = C\,\mathcal{K}.$$
$$N^2 = C(\mathcal{K} + \mathrm{H})$$
$$N'^2 = C(\mathcal{K} + \mathrm{H}')$$

d'où

$$\frac{N^2 - n^2}{N'^2 - n^2} = \frac{\mathrm{H}}{\mathrm{H}'}.$$

Or l'expérience donne

$$\frac{N^2 - n^2}{N'^2 - n^2} = \frac{d'}{d}.$$

On en conclut

$$\frac{\mathrm{H}}{\mathrm{H}'} = \frac{d'}{d} \qquad \mathrm{H}d = \mathrm{H}'d'.$$

D'autre part, H et H' sont évidemment proportionnels aux courants, et par suite le champ dû au courant *est proportionnel à I et en raison inverse de la distance*. D'ailleurs la constante de proportionnalité est donnée par l'expérience; elle est égale à 2 si l'on mesure les grandeurs en unités électromagnétiques, donc

$$H = \frac{2I}{d} \cdot \qquad (1)$$

REMARQUE. — En opérant de même avec un courant angulaire xAy pratiquement indéfini (fig. 182 *ter*) d'angle 2α, Biot et Savart ont trouvé que l'action sur un point de la bissectrice extérieure est proportionnelle à $\operatorname{tg} \frac{\alpha}{2}$ et en raison inverse de la distance du point au sommet A.

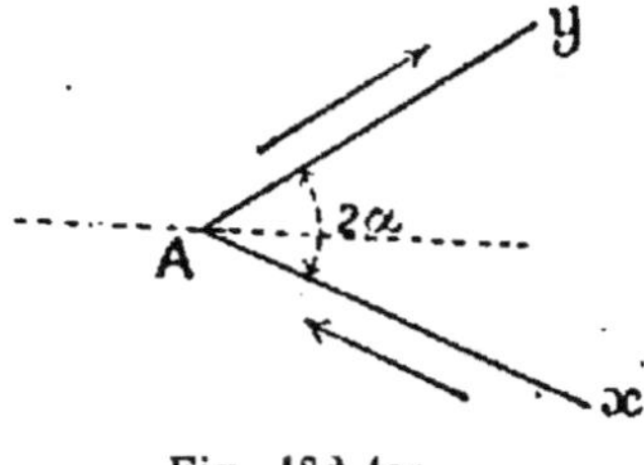

Fig. 182 *ter*.

Ces résultats concordent avec la loi élémentaire. Vérifions-le pour la formule (1).

APPLICATIONS. — 1° *Action d'un courant rectiligne indéfini sur un pôle*. — Dans le système d'unités électromagnétiques C. G. S. on prend arbitrairement $f_1 = 1$.

Soit alors (fig. 183) un fil indéfini et un point μ distant d'une longueur d du fil.

Prenons un élément dx à une distance x au pied de la perpendiculaire, on a :

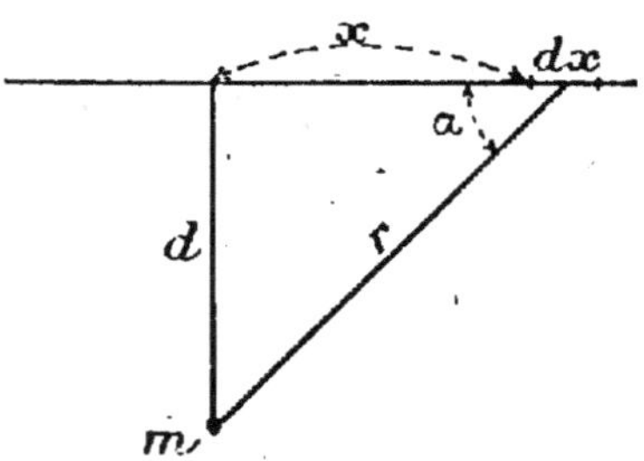

Fig. 183.

$$df = \frac{\mu I dx \sin \theta}{r^2},$$

$$r = \frac{d}{\sin \theta},$$

$$df = \frac{\mu I dx \sin^3 \theta}{d^2} \cdot$$

Or

$$x = \frac{d}{\mathrm{tg}\,\theta},$$

$$dx = -\frac{d}{\mathrm{tg}^2\,\theta} \cdot \frac{1}{\cos^2\,\theta}\, dx = -\frac{d}{\sin^2\,\theta}\, d\theta,$$

$$df = -\frac{\mu l d \sin\theta d\theta}{d^2} = -\frac{m l}{d}\sin\theta d\theta.$$

Il faudra faire varier de α de $\dfrac{\pi}{2}$ à 0 et doubler le résultat :

$$F = 2\int_{\frac{\pi}{2}}^{0} -ml\sin\alpha d\alpha = 2\frac{ml}{d}\int_{0}^{\frac{\pi}{2}}\sin\alpha d\alpha = \frac{2ml}{d}.$$

Remarquons que chacune des actions élémentaires étant perpendiculaire au plan de la figure, la résultante est ici égale à la somme arithmétique des actions élémentaires.

En coordonnées polaires on aurait immédiatement :

$$r = \frac{d}{\sin\theta},$$

$$df = \frac{\mu l \sin\theta d\theta}{d},$$

$$f = \frac{\mu l}{d}\times 2\int_{0}^{\frac{\pi}{2}}\sin\theta d\theta = \frac{2\mu l}{d}.$$

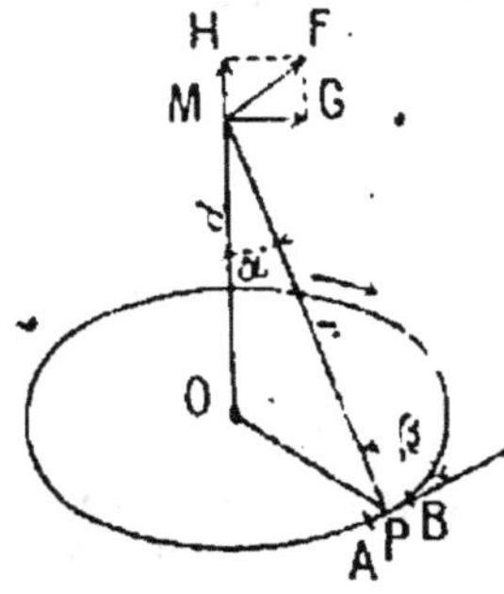

Fig. 184.

Si $\mu = 1$, on a l'expression du champ

$$H = \frac{2l}{d},$$

produit par le fil.

2° *Action d'un courant circulaire de rayon R sur un pôle magnétique situé sur l'axe.* — Soit (fig. 184) M le point donné, AB un élément de courant. L'action de M sera MF perpendiculaire au plan MAB, c'est-à-dire dans le plan OHP et égale à

$$df = \frac{\mu l dl \sin\beta}{r^2}.$$

Décomposons cette force en deux, l'une dirigée suivant l'axe MH, l'autre horizontale MG.

Nous n'avons pas à nous occuper des composantes horizontales, qui par raison de symétrie vont se détruire deux à deux, la résultante sera dirigée suivant l'axe.

La composante verticale $df_v = \dfrac{mIdl}{r^2} \cos \widehat{HMF}$;

mais MF est perpendiculaire à MP.

$$\cos HMF = \cos \left(\frac{\pi}{2} - \alpha \right),$$

$$df_v = \frac{mIdl}{r^2} \sin \alpha,$$

$$F = \frac{mI \sin \alpha}{r^2} \int dl = \frac{mI \sin \alpha}{r^2} 2\pi R.$$

On peut mettre cette formule sous une autre forme, en remarquant que

$$r^2 = d^2 + R^2 \qquad \sin \alpha = \frac{R}{\sqrt{d^2 + R^2}},$$

$$F = \frac{mIR . 2\pi R}{\sqrt{R^2 + d^2}\,(R^2 + d^2)} = \frac{2\pi mR^2 I}{(R^2 + d^2)^{\frac{3}{2}}}.$$

Cas particulier. — La distance d est nulle. Le pôle est au centre de la spire.

$$F = \frac{2\pi mI}{R}.$$

En coordonnées polaires, ce dernier résultat se déduit immédiatement de la formule (2).

Pratiquement (fig. 185), si l'on dispose au centre d'une spire une aiguille aimantée suffisamment courte pour que l'on puisse considérer ses deux pôles comme étant au centre, chacun d'eux sera soumis à une force perpendiculaire au plan de la spire et égale à

$$\frac{2\pi mI}{R}.$$

On utilise cette propriété pour la mesure des intensités absolues à l'aide de la boussole des tangentes et des sinus.

3° *Champ produit par une spire ayant la forme d'une ellipse au foyer de cette ellipse.* — En coordonnées polaires, l'équation de l'ellipse rapportée au foyer est

$$\frac{1}{r} = \frac{1 + e \cos \omega}{p},$$

e étant l'excentricité et le paramètre étant $p = \dfrac{b^2}{a}$; intégrons de 0 à 2π la formule (2) en remplaçant $\dfrac{1}{r}$ par sa valeur ; il vient, pour $i = 1$:

$$H = \frac{2\pi i}{p}.$$

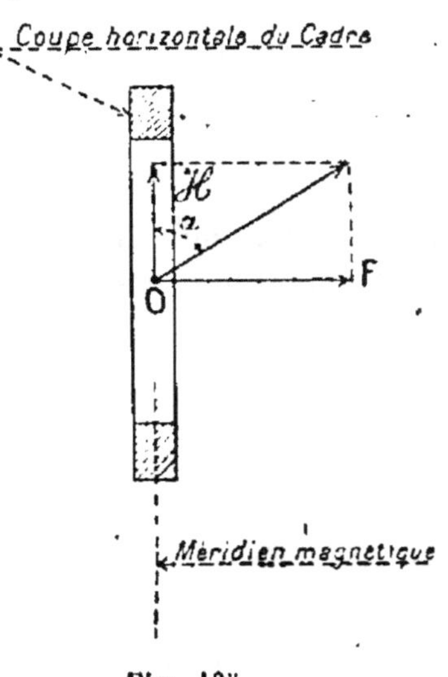

Fig. 185.

335. — Boussole des tangentes. — Disposons au centre d'un cadre circulaire vertical orienté dans le plan du méridien magnétique une aiguille aimantée très courte, suspendue par un fil sans torsion.

Soit (fig. 185) O l'un de ses pôles, H la composante horizontale du champ terrestre. Le point O est soumis à l'action du champ dû au cadre et du champ terrestre ; or, si le cadre est suffisamment aplati, chacune des spires produira sur une masse positive unité une action normale au plan

$$\frac{2\pi i}{R}.$$

L'action résultante des N spires

$$F = \frac{2\pi N i}{R}$$

produira sur l'aiguille de moment $\mathfrak{M}$ un couple

$$\mathfrak{M} \mathfrak{F} \cos \alpha.$$

Le champ terrestre produit en même temps le couple $\mathfrak{M}\,\mathcal{H}\sin z$, et l'on a

$$\mathfrak{M}\,F\cos z = \mathfrak{M}\,\mathcal{H}\sin \alpha,$$

d'où
$$\operatorname{tg} z = \frac{F}{\mathcal{H}} = \frac{2\pi N}{R\mathcal{H}}\,I.$$

Or z est facile à mesurer à l'aide de la méthode optique. Par suite, cette formule donnera I d'après les dimensions géométriques du cadre.

On note souvent

$$\operatorname{tg} z = GI.$$

G s'appelle la constante de la boussole.

Cette mesure de I, ne dépendant que de l'angle z des dimensions de l'appareil et de $\mathcal{H}$ qui se détermine par des mesures absolues, est dite elle-même mesure absolue.

Remarque. — I est obtenu ainsi en C. G. S. ; on sait que 1 ampère vaut $\frac{1}{10}$ d'unité électromagnétique.

336. — Boussole des sinus. — Elle repose sur un principe tout à fait analogue au précédent. Au lieu de laisser l'aiguille se déplacer librement par rapport au cadre, on poursuit celle-ci à l'aide du cadre mobile jusqu'à ramener l'aiguille dans le plan du cadre.

A ce moment, il y a équilibre entre le couple terrestre et le couple dû à l'action du cadre.

Soit alors (fig. 187) $\mathcal{H}$ la direction de la composante horizontale du champ terrestre ; l'aiguille ramenée dans le plan du cadre par une rotation θ de celui-ci est soumise à deux couples

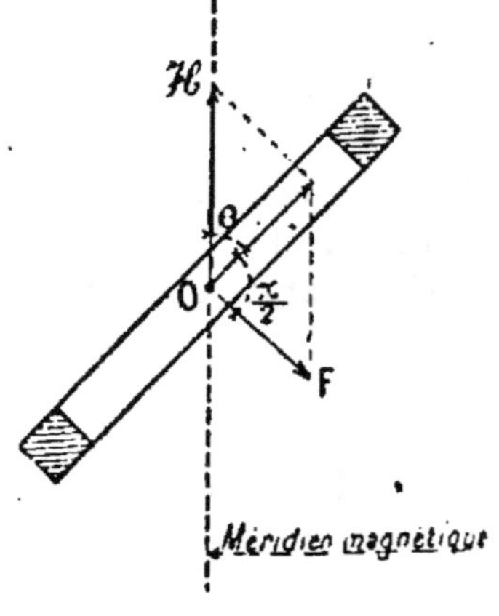

Fig. 186.

$$\mathfrak{M}\,F \text{ et } \mathfrak{M}\,\mathcal{H}\sin \theta.$$

Écrivons qu'il y a équilibre

$$\mathfrak{M} F = \mathfrak{M} \mathcal{H} \sin \theta,$$

$$\sin \theta = \frac{F}{\mathcal{H}} = \frac{2\pi NI}{RH} = GI.$$

Remarque. — Pour transformer ces appareils absolus en appareils relatifs, il suffit d'y faire passer un courant connu et de déterminer, une fois pour toutes, la constante de la boussole.

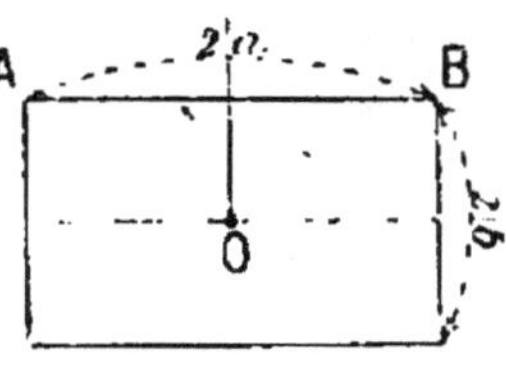

Fig. 187.

Si le cadre était constitué par des spires rectangulaires de dimensions $2a$ et $2b$ (fig. 188), on obtiendrait sans difficulté par une intégration le champ produit au centre O, et par suite la constante G du cadre, puisqu'il s'agit de 4 courants rectilignes. Nous laissons au lecteur le soin de faire ce calcul.

337. — Action d'un pôle d'aimant sur un courant. — Un pôle produit sur un élément de courant une force df égale et opposée à la force élémentaire, en vertu du principe de l'action et de la réaction.

Lorsque le pôle est remplacé par un champ, on peut mettre la loi de Laplace sous une forme plus commode en remarquant (fig. 188) que $\frac{m}{r^2}$ n'est autre que

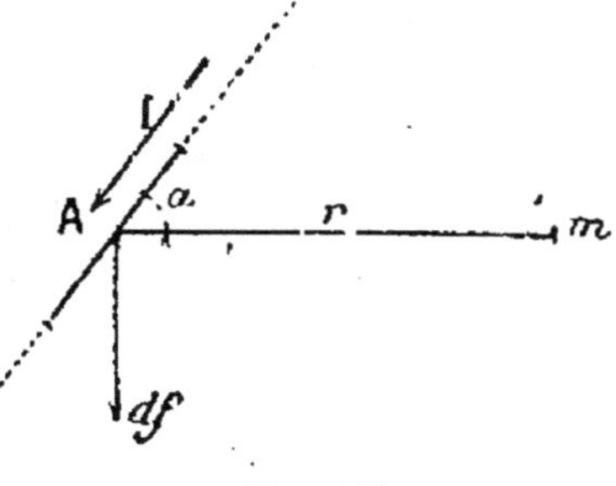

Fig. 188.

le champ produit en A par le pôle m et que α est l'angle de ce champ avec l'élément de courant.

Alors

$$df = \frac{m I dl \sin \alpha}{r^2} \text{ devient } df = \mathcal{H} I dl \sin (\mathcal{H} dl). \tag{3}$$

338. — Règle pratique de Fleming. — On peut retrouver
le sens dans lequel le
déplacement spontané
d'un courant dans un
champ aura lieu, à l'aide
de la règle dite des trois
doigts de Fleming.

Si l'on place (fig. 190)
l'index de la *main gau-
che* dans la direction du
champ, le pouce dans la
direction du courant, le
médius donnera la di-
rection du déplacement

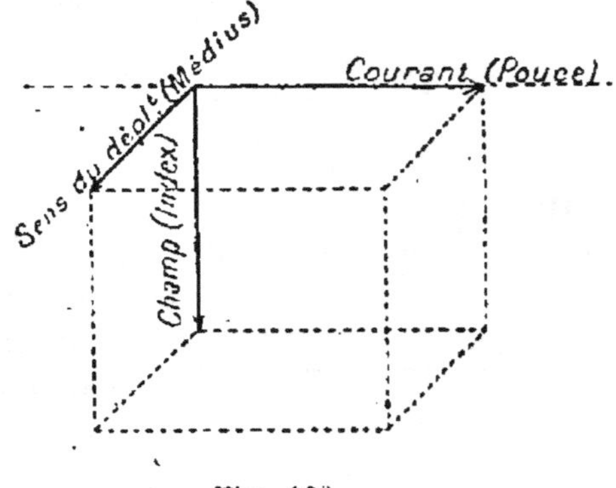

Fig. 189.

lorsque ces trois doigts formeront un trièdre trirectangle.

**339. — Travail produit par le déplacement d'un courant en
présence d'un pôle ou dans un champ.** — Considérons d'abord
(fig. 191) un champ uniforme hori-
zontal H et un courant I vertical de
longueur l projeté en A. Il est le siège
d'une force

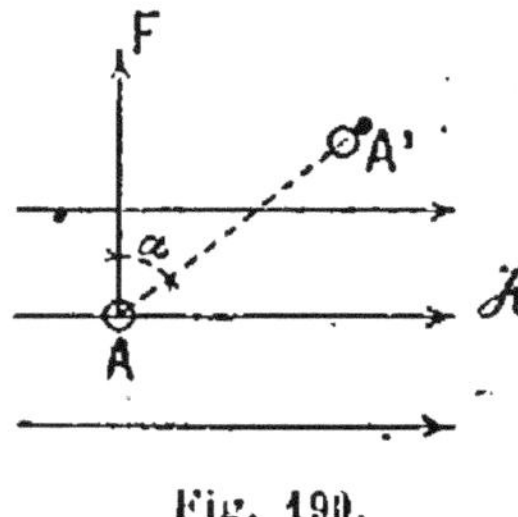

Fig. 190.

$$F = HIl$$

et tend à se déplacer parallèlement à
lui-même dans une direction perpendiculaire à H.

Soit h le déplacement; le travail correspondant emprunté à
la source de courant, si le déplacement est spontané, sera :

$$T = Fh = HIhl = I\mathscr{F},$$

$\mathscr{F}$ étant le flux coupé par le courant I dans son déplacement.

Plus généralement, si le courant se déplace parallèlement à
lui-même de A en A', AA' = h', le travail sera :

$$T = Fh' \cos \alpha = HIlh' \cos \alpha l = \mathscr{F}'I,$$

$\mathscr{F}'$ étant encore le flux coupé dans le déplacement du courant.

Nous allons généraliser le cas particulier précédent, car il est très important de connaître l'expression du travail accompli par le déplacement d'un courant dans un champ.

1° Déplacement élémentaire d'un élément de courant. — Proposons-nous de déterminer le travail accompli par un élément de courant qui se déplace infiniment peu dans un champ magnétique.

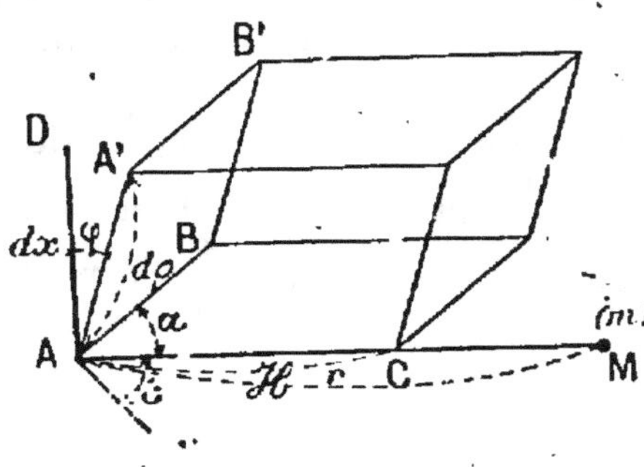

Fig. 191.

Soit AB (fig. 192) l'élément de courant, $AC = \mathfrak{H}$ l'intensité du champ. Supposons le plan BAC horizontal, on sait que l'action exercée sur l'élément de courant sera perpendiculaire à ce plan, soit AD.

$$AD = df = \lambda \mathrm{III} dl \sin \alpha.$$

Le travail élémentaire, qui sera accompli quand AB passera en A'B' infiniment voisin, sera :

$$dw = df . d\varphi \cos \varphi.$$

Transformons cette expression en construisant le parallélipipède sur AB, AC, AA'

$$dw = \lambda i AC . AB \sin \alpha\, AA' \cos \varphi,$$

AA' cos φ est la projection de AA' sur la hauteur du parallélipipède.

AC.AB sin α est la surface du parallélogramme BAC, donc le produit est le volume du parallélipipède, par suite

$$dw = \lambda I dV.$$

Mais nous pouvons considérer ce parallélipipède comme ayant pour base ABA'B' et pour hauteur la projection du champ H sur la normale à cette face.

Or, par définition même, cela n'est autre que le flux qui traverse la surface ($H ds \cos \mathcal{C}$), par conséquent dV n'est autre que $d\mathfrak{F}$, flux élémentaire coupé par AB pendant le déplacement, et dans le système d'unité électromagnétique où $\lambda = 1$, on a le théorème suivant :

Le travail élémentaire dû au déplacement d'un élément de courant dans un champ est égal au produit de l'intensité du courant par le flux balayé par l'élément du courant pendant son déplacement élémentaire.

Si H est produit par un pôle M, on a une autre forme du théorème. Remarquons que $H = \dfrac{m}{r^2}$ et que le volume du parallélipipède qui a pour base ABA'B' et pour hauteur la projection de AC sur la normale est :

$$dV = AB.A'B'.H. \cos \mathcal{C}$$

$$dV = d\sigma \frac{m}{r^2} \cos \mathcal{C},$$

$\mathcal{C}$ étant l'angle de H avec la normale à ABA'B' ; mais $\dfrac{d\sigma \cos \mathcal{C}}{r^2}$ c'est l'angle solide $d\omega$ sous lequel on voit du point M l'élément ABA'B'

donc $$dV = md\omega;$$

d'où $$dW = mId\omega.$$

THÉORÈME. — *Le travail dû au déplacement d'un élément de courant en présence d'un pôle m est égal au produit de la masse magnétique du pôle par l'intensité du courant et par l'angle solide élémentaire sous lequel on voit le déplacement considéré du point M.*

Par une généralisation facile, on étendra ce résultat sans difficulté à un déplacement fini d'un élément de courant fini.

340. — Travail dû au déplacement d'un circuit fermé dans un champ. — Soit (fig. 193) une spire $anbq$ parcourue par un courant i. Cette spire passe, en se déformant au besoin, de la position (1) à la position (2) en présence du pôle M de masse m.

Si nous découpons par la pensée un élément sur (1), cet élément, dans son mouvement, va décrire une certaine surface, et le travail élémentaire qui lui correspond sera égal au produit de mi par l'angle solide sous lequel on voit de M la surface balayée. Il faudra faire la somme de tous ces angles solides pour avoir le travail total.

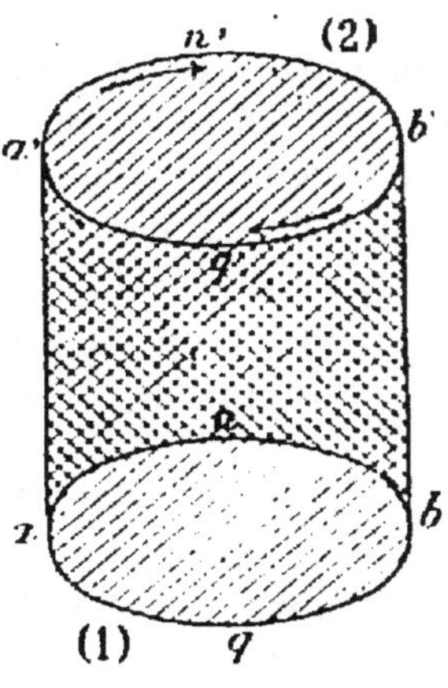

Fig. 192.

Considérons l'angle solide sous lequel on voit la surface $aqbb'q'a'$ d'une part, et l'angle solide sous lequel on voit la surface $anbb'n'a'$ d'autre part. Ces deux angles solides ont une partie commune correspondant à la région quadrillée. Par suite, la différence des angles solides correspondant à ces deux parties du circuit se réduit à la différence des angles solides sous lesquels on voit du point M les circuits (1) et (2) pris séparément.

THÉORÈME. — *Le travail dû au déplacement d'un circuit fermé d'intensité I, en présence d'un pôle M, est égal au produit de* mi *par la différence des angles solides* ω_0 *et* ω_1 *sous lesquels le circuit est vu du point M dans la position initiale et dans la position finale par une même face.*

On convient de regarder comme positif un angle solide ω, quand de M on voit la face sud du feuillet équivalent.

Autre expression de ce travail. — Nous avons trouvé également ment pour le travail élémentaire :

$$dw = id\mathcal{F},$$

$d\mathcal{F}$ flux élémentaire balayé par l'élément de courant.

En partant de cette expression, on trouverait, par un raisonnement identique :

THÉORÈME. — *Le travail dû au déplacement d'un circuit fermé d'intensité I dans un champ est égal au produit de I par la* *différence des flux $\vec{\jmath}_0$ et $\vec{\jmath}_1$ qui traversent le circuit dans sa position initiale et finale par une même face.*

$$w = \mathrm{I}\,(\vec{\jmath}_1 - \vec{\jmath}_0).$$

341. — Energie d'un courant dans un champ. — Considérons une spire disposée dans un champ, elle se comporte comme un feuillet, et si elle présente une face convenable pour qu'il y ait répulsion et si on l'abandonne à elle-même, elle s'en ira à l'infini.

Réciproquement, si on veut la ramener de l'infini au point considéré, il faudra dépenser un certain travail qui sera emmagasiné à l'état potentiel.

C'est ce que l'on appelle l'énergie de la spire dans le champ. Nous connaissons cette énergie, ce sera soit $- \mathrm{I}\vec{\jmath}$, soit $- \mathrm{I}\Omega$, d'après les théorèmes précédents, puisque quand la spire est à l'∞, l'angle solide d'où elle est vue ou le flux $\vec{\jmath}$ qui la traverse sont nuls.

342. — Sens du déplacement spontané d'une spire dans un champ. — On sait que les lois de Newton relatives à la pesanteur sont tout à fait analogues aux lois de Coulomb ; par suite, un disque tombant dans le champ terrestre donne une image de ce qui se passe pour un circuit parcouru par un courant et situé dans un champ.

Un disque, attiré vers le sol, se mettra à plat de façon à embrasser le maximum de flux terrestre, en même temps son énergie potentielle tend à devenir minimum.

De même *la spire va se déplacer de manière à embrasser le flux maximum par sa face négative ou sud,* en réduisant autant que possible son énergie potentielle, car $\vec{\jmath}$ devient maximum, et par suite $- \vec{\jmath}$ minimum.

Remarque. — Les théories qui précèdent semblent, à première vue, abstraites et compliquées ; nous allons voir leur importance dans les considérations qui suivent.

343. — Puissance du feuillet équivalent à une spire parcourue par un courant I. — Théorème fondamental. — *Une spire* *parcourue par un courant I est équivalente à un feuillet magné-tique ayant cette spire pour contour et une puissance numéri-quement égale à l'intensité I du courant.*

En effet, nous avons trouvé que le potentiel magnétique d'une spire parcourue par un courant I est — $I\omega$ en un point M qui voit la spire sous l'angle solide ω. D'autre part, on a trouvé que le potentiel d'un feuillet qui aurait même contour était au même point avec une convention de signe convenable — $\omega\Phi$, Φ étant la puissance du feuillet. Si on prend $\Phi = I$, les deux expressions deviendront les mêmes et le feuillet sera équivalent à la spire.

Ce théorème permet l'assimilation complète des solénoïdes et des aimants.

Théorème. — *Si l'on fait décrire à une masse magnétique positive unité un circuit quelconque fermé traversant une fois*

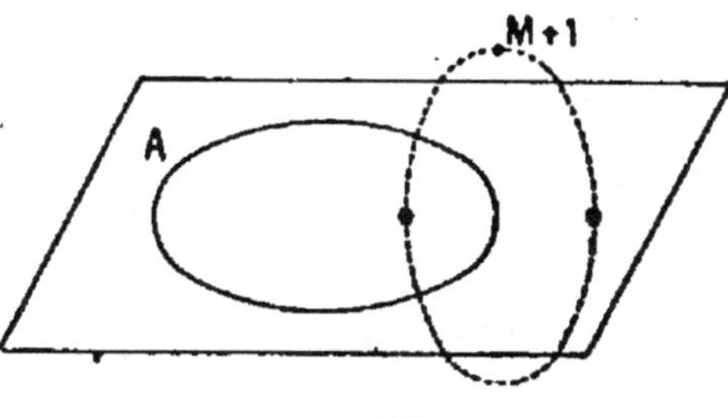

Fig. 193.

le plan d'une spire parcourue par le courant I et passant à l'in-térieur et à l'extérieur de la spire, le travail correspondant est : $W = 4\pi I$.

En effet, si ω_1 et ω_2 sont les angles solides sous lesquels on voit la spire dans deux positions du point M (fig. 134), le tra-vail correspondant pour passer de la première à la deuxième sera en valeur absolue :

$$W = I\,(\omega_2 - \omega_1).$$

Or, dans une rotation de M, le long d'un circuit fermé la variation de l'angle solide est 4π,

donc
$$W = 4\pi I,^{1}$$

si l'on tourne n fois
$$W = 4\pi n I.$$

Si l'on tourne une seule fois autour d'un cylindre de n spires, le travail sera encore $4\pi n I$.

344. — Moment magnétique d'un solénoïde. — Puisqu'un solénoïde est assimilable à un aimant, il est important d'en connaître son moment magnétique.

Théorème. — *Le moment magnétique d'un solénoïde formé de N spires de surface S, parcouru par un courant I, est égal à NSI.*

En effet, soit E l'épaisseur d'une spire, comme il y en a N, la longueur du solénoïde sera $l=NE$: mais le moment magnétique d'un barreau qui aurait même section droite que le solénoïde et même longueur serait

$$\mathfrak{M} = S\sigma l,$$

σ, densité d'aimantation sur les faces. Soit Φ la puissance du feuillet équivalent à la spire

$$\Phi = E\sigma = I,$$
$$E = \frac{l}{N} \qquad \sigma = \frac{NI}{l},$$

d'où
$$\mathfrak{M} = NSI.$$

Théorème. — *L'intensité du champ en gauss à l'intérieur d'un solénoïde creux, ne contenant pas de fer, et supposé infiniment long par rapport à sa dimension transversale, est constante et donnée par la formule :*

$$\mathcal{H} = 4\pi n_1 I,$$

$n_1 = n$ nombre de spires par cm. du solénoïde.

---

1. Autre démonstration. La masse magnétique $+1$ produit 4π lignes de forces (th. de Green) qui sont toutes coupées par la spire dans une rotation complète. Donc le travail correspondant sera $W = 4\pi I$ (th. du flux coupé).

Considérons un solénoïde en forme de tore (fig. 195). Il est bien évident, par raison de symétrie, que le champ, c'est-à-dire l'action exercée sur une masse positive unité par le solénoïde, est la même en tous les points de la circonférence moyenne du tore et tangente à cette circonférence moyenne.

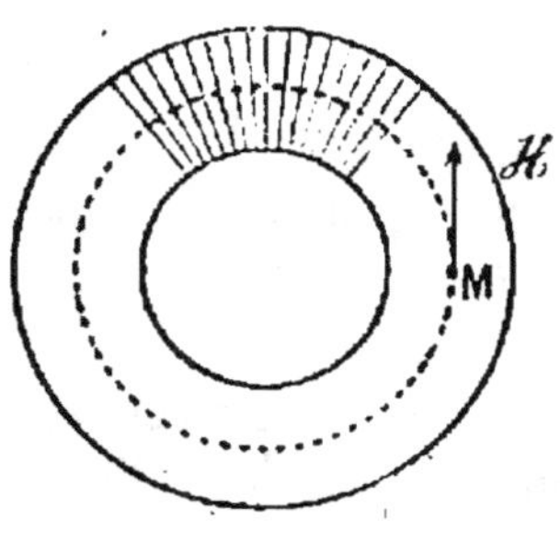

Fig. 194.

Évaluons alors de deux façons le travail nécessaire pour faire décrire au point M une circonférence complète, l_1 étant la longueur de la circonférence moyenne.

Le travail est, d'une part, $\mathcal{H}l$.

D'autre part, on a traversé une fois et une seule fois chacune des spires parcourues par le courant I, et par suite accompli un travail

$$n4\pi I,$$

donc

$$\mathcal{H}l = n4\pi I,$$

$$\mathcal{H} = 4\pi \; \frac{n}{l} \; 1 = 4\pi n_1 I.$$

Augmentons maintenant indéfiniment le rayon du tore, le théorème sera vrai quelque grand que soit ce rayon et à la limite dans le cas d'un solénoïde infiniment long.

345. — Introduction à l'intérieur d'un solénoïde infiniment long d'un noyau en fer doux. — Electro-aimant. — On sait que, si l'on introduit dans le solénoïde un noyau de fer, le champ dont l'intensité était $\mathcal{H}$ va devenir

$$\mathcal{B} = \mu\mathcal{H} \quad (\mathcal{B} \text{ est exprimé en gauss)};$$

μ étant le coefficient de perméabilité du noyau.

$$\mathcal{B} = \frac{4\pi n I}{\dfrac{l}{\mu}} .$$

Le flux correspondant sera

$$\mathcal{F} = \mathcal{B}s = \dfrac{4\pi n i}{\dfrac{l}{\mu s}} = \dfrac{\mathcal{E}}{\mathcal{R}}$$

$\mathcal{R} = \dfrac{l}{\mu s}$ s'appelle la *reluctance* du circuit magnétique ; $\mathcal{E} = 4\pi n i$ est la *force magnétomotrice* qui produit le flux $\mathcal{F}$, et sous cette forme la formule précédente est analogue à la loi d'Ohm.

346. — Lois du circuit magnétique. — Notions sur l'électro-aimant. — On a vu plus haut que le champ à l'intérieur d'un solénoïde infiniment long était donné par

$$\mathcal{H} = 4\pi n_1 I.$$

Si I est en ampères, le résultat doit être multiplié par 10^{-1} ce qui donne

$$\mathcal{H} = 0{,}4\pi n_1 I. \tag{1}$$

nI ; s'appellent les ampères-tours du solénoïde, $n_1 I$ les ampères-tours spécifiques ou ampères-tours par centimètre.

Si le solénoïde renferme un noyau de fer, on a

$$\mathcal{B} = 0{,}4\pi\mu n_1 I. \tag{2}$$

Comme la perméabilité μ dépend de $n_1 I$, l'induction dans le noyau est une fonction de $n_1 I$ ou de $\mathcal{H}$. Par conséquent, si l'on porte en abscisses les valeurs de $n_1 I$ (ou de $\mathcal{H}$ par un changement d'échelle) et en ordonnées les valeurs correspondantes de $\mathcal{B}$ mesurées expérimentalement comme il sera expliqué d'autre part, on aura une courbe de forme caractéristique dite « courbe d'induction » du noyau. Ces courbes ont été établies une fois pour toutes sur des qualités moyennes des métaux usuels : fer, fonte, acier.

Nous en montrerons l'usage à titre d'exemple pour la détermination des principaux éléments d'un électro-aimant.

Un électro-aimant est un solénoïde à noyau de fer, fonte ou acier, ayant ordinairement la forme d'un fer à cheval.

Soit à calculer les éléments d'un électro-aimant en fer à

cheval capable de supporter un poids de 120 kilogr., avec un courant de 1 ampère. L'induction admise dans le noyau de fer est $\mathfrak{B} = 1.500$ gauss, à laquelle correspond une perméabilité $\mu = 525$.

Dire que la perméabilité est $\mu = 525$ revient à dire que les ampères-tours spécifiques correspondant à $\mathfrak{B} = 15.000$ pour le métal considéré sont de

$$\frac{15.000}{0,4\pi \times 525} = 27,$$

ce que l'on pourrait lire directement sur une courbe d'induction.

On trace alors par analogie avec des électro-aimants existants un croquis coté du noyau représenté par la figure, et l'on trouve à l'échelle que la ligne de force moyenne est de 22 cm.

La section du noyau est donnée par la formule de la force portante

$$F = \frac{\mathfrak{B}^2 S}{8\pi} \text{ dynes,}$$

$$120 \text{ kg}^s \times 1.000 \times 981 = \frac{\mathfrak{B}^2 S}{8\pi} = \frac{\overline{15.000}^2 S}{8 \times 3,14},$$

d'où
$$S = 14 \text{ cm}^2;$$

soit pour chaque noyau 7^{cm^2} et un diamètre de 3^{cm}.

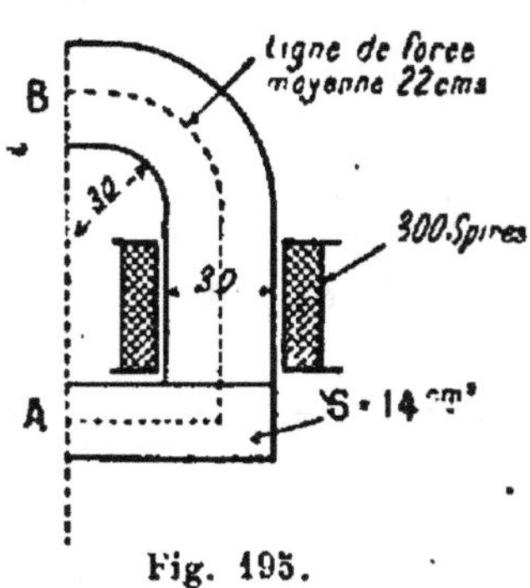

Fig. 195.

Pour déterminer le nombre de spires on raisonne comme suit :

La force magnétomotrice doit entretenir dans le noyau 15.000 gauss sur 22^{cm} de longueur exigeant 27 ampères-tours par cm. Il faudra donc au total

$$22 \times 27 = 594 \text{ ampères-tours,}$$

soit 600 en chiffres ronds, en supposant que les joints sont parfaitement dressés, c'est-à-dire qu'il y a contact absolu entre les deux parties de l'électro-aimant.

Le courant étant de 1ᵃ, il devra y avoir 600 spires, soit 300 par bobine.

REMARQUE. — Si le circuit magnétique le long de la ligne de force moyenne de 22^{cm} comportait des inductions différentes $\mathfrak{B}_1$, $\mathfrak{B}_2$, $\mathfrak{B}_3$ sur des longueurs l_1, l_2, l_3 parce que la culasse A, le noyau B, sont constitués par des métaux divers : fer, fonte, acier, on chercherait les ampères-tours spécifiques sur les courbes d'induction des formulaires correspondant à ces divers métaux. On trouverait ainsi :

Pour $\qquad\qquad$ $\mathfrak{B}_1$, $\qquad$ a_1 ampères-tours spécifiques

$\qquad\qquad\qquad\quad$ $\mathfrak{B}_2$, $\qquad$ a_2 $\qquad\qquad$ —

$\qquad\qquad\qquad\quad$ $\mathfrak{B}_3$, $\qquad$ a_3, etc.

Le nombre total des ampères-tours serait alors $A = a_1 l_1 + a_2 l_2 + a_3 l_3$, et non plus 600, comme dans l'exemple précédent. On raisonnerait ainsi sur A comme on a raisonné sur 600.

347. — Intensité d'aimantation d'un solénoïde sans noyau. —

THÉORÈME. — *L'intensité d'aimantation d'un solénoïde sans noyau est* $\mathfrak{I} = n_1 i$.

En effet, rapprochons la formule trouvée dans le chapitre du magnétisme $\mathfrak{B} = 4\pi\mathfrak{I}$ de $\mathcal{H} = 4\pi n_1 I$, en remarquant que s'il n'y a pas de noyau, $\mathfrak{B} = \mathcal{H}$; et posons $\mathfrak{I} = n_1 I$. On voit qu'un solénoïde se comporte comme un aimant uniforme dont les faces présentent une densité magnétique $\sigma = \mathfrak{I} = n_1 I$.

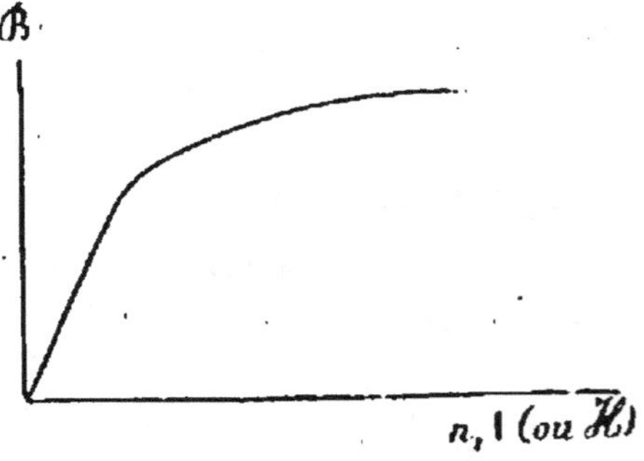

Fig. 196.

APPLICATION I. — *Quel est le champ produit par un solénoïde de section S, de longueur finie* $2l$, *portant* N *spires, parcouru par un courant* I ;

1° en un point C à une distance x de l'axe ;

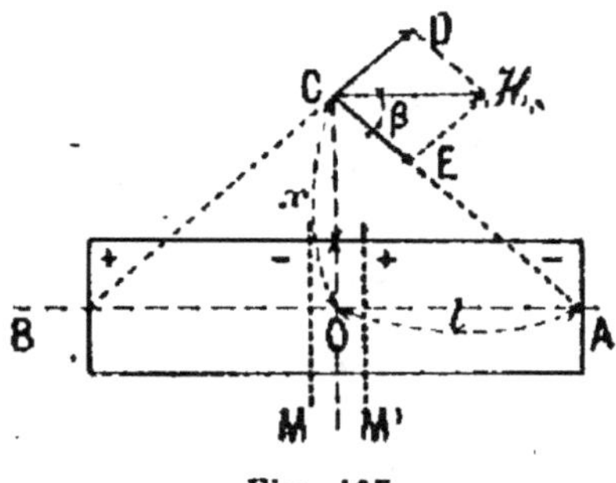

Fig. 197.

2° au centre O ?

1° Le solénoïde (fig. 197) est assimilable à un aimant uniforme dont les faces sont recouvertes d'une quantité de magnétisme :

$$S\sigma = S\,\frac{NI}{2l}\,.$$

Nous supposerons que ce magnétisme est concentré en A et B, en sorte que l'action résultante sur C sera :

$$H_c = 2\,CE \cos\beta = 2\,CE \times \frac{CA}{l}$$

$$= \frac{NSI}{CA^3} = \frac{\mathfrak{M}}{(x^2 + l^2)^{\frac{3}{2}}}$$

en posant $\mathfrak{M} = NSI$.

2° L'action en O se compose de l'action des deux faces infiniment voisines M et M', l'une —, l'autre +, et de celle des deux faces B et A de polarités contraires. Les deux premières produisent une action :

$$4\pi\sigma = \frac{4\pi NI}{2l}\,;$$

les deux secondes, une action en sens inverse :

$$2 \times \frac{S\sigma}{l^2} = \frac{NIS}{l^3}\,,$$

soit, pour le champ en O :

$$H_0 = \frac{4\pi NI}{2l} - \frac{\mathfrak{M}}{l^3}\,.$$

APPLICATION II. — 1° *Retrouver par le calcul intégral la formule fondamentale* $\mathcal{H} = 4\,\pi\,n_1 I$.

Soit un solénoïde infiniment long par rapport à sa dimension transversale. Cherchons l'intensité du champ au point o, milieu de l'axe de ce solénoïde.

Soient (fig. 198) deux plans AB, A'B' infiniment voisins à la distance x de O. Il y a dans cet intervalle $n_1 dx$ spires. Or, nous

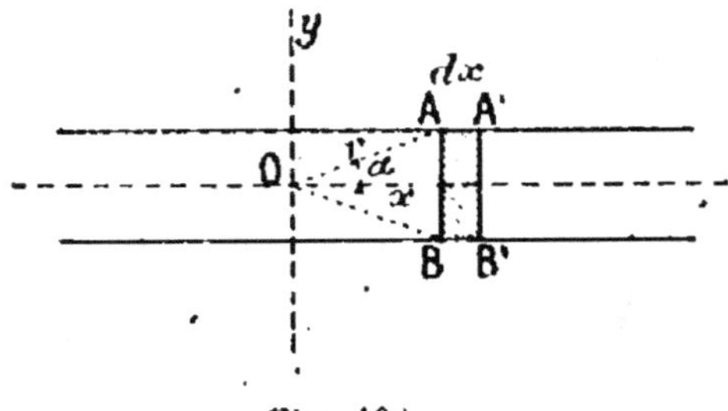

Fig. 198.

avons trouvé que l'action d'une spire sur une masse positive, unité, à une distance x sur l'axe, était

$$F = \frac{2\pi m I R^2}{(R + x)^{\frac{3}{2}}} \; ;$$

mais les $n_1 q x$ spires se comportent comme une seule spire parcourue par le courant $n_1 I dx$, donc l'action des spires ABA'B' sur le point O sera $n_1 dx$

$$dH = \frac{2\pi n_1 I R^2 \, dx}{(R^2 + d^2)_{\frac{3}{2}}} \; .$$

Intégrons en prenant comme variable l'angle α sous lequel on voit la moitié de AB, on a alors :

$$d\mathcal{H} = \frac{n_1 I \, dx \sin \alpha}{r^2} \, 2\pi R,$$

avec

$$x = \frac{R}{\operatorname{tg} \alpha}, \quad r = \frac{R}{\sin^2 \alpha} \, ,$$

$$dx = - \frac{R}{\operatorname{tg}^2 \alpha} \frac{dx}{\cos^2 \alpha} = - \frac{R}{\sin^2 \alpha} \, dx,$$

$$d\mathcal{H} = - 2\pi R n_1 I \frac{R}{\sin \alpha} \, dx \, \frac{\sin^2 \alpha}{R^2} \, ,$$

$$\mathcal{H} = 2 \int_0^{\frac{\pi}{2}} 2\pi n_1 I \sin \alpha \, dx,$$

$$\mathcal{H} = 4\pi n_1 I.$$

Si le solénoïde avait une longueur finie (fig. 138), le champ en O serait :

$$\mathcal{X}_0 = 4\pi n_1 I \int_{\omega_1}^{\omega_2} \sin \alpha \, d\alpha = 4\pi n_1 I (\cos \omega_1 - \cos \omega_2),$$

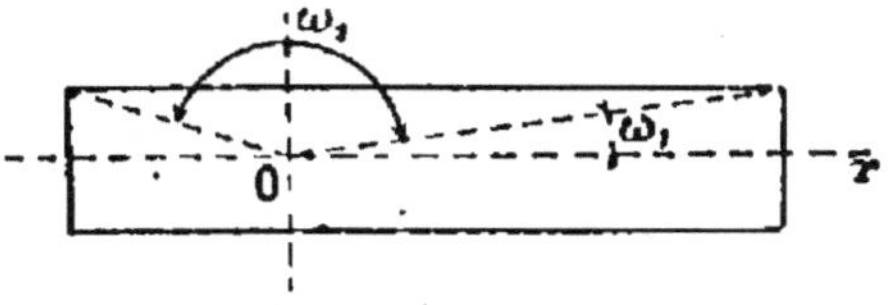

Fig. 199.

ω_1 et ω_2 étant deux angles indiqués sur la figure ci-contre.

CINQUIÈME PARTIE

INDUCTION ÉLECTRO-MAGNÉTIQUE

CHAPITRE PREMIER

INDUCTION ÉLECTRO-MAGNÉTIQUE

Lois de l'Induction. — Applications. — Self-induction d'un circuit. — Induction mutuelle de 2 circuits. — Quantité d'électricité induite. — Hystérésis. — Courants de Foucault. — **Résumé.**

§ 1. — INDUCTION PRODUITE PAR LE DÉPLACEMENT RELATIF D'UN CONDUCTEUR ET D'UN AIMANT

348. — Généralités. — C'est en 1832 que Faraday découvrit les phénomènes d'induction électro-magnétique.

Ces phénomènes peuvent se diviser en quatre classes suivant que l'on considère :

1° Le déplacement, dans un champ magnétique, d'un circuit parcouru par un courant.

2° Le déplacement relatif de deux circuits dont l'un est parcouru par un courant.

3° La variation d'intensité d'un champ magnétique dans lequel est plongé un circuit en repos parcouru par un courant.

4° La variation d'intensité du courant qui traverse l'un des deux circuits, supposés en repos relatif.

Tous ces phénomènes peuvent être ramenés à un seul cas : celui du déplacement relatif d'un circuit par rapport à un aimant. Nous verrons en effet que, grâce au théorème de Neumann, vérifié par Félici, on a pu ramener l'induction due à la variation d'intensité d'un aimant ou d'un courant, aux lois de l'induction due au mouvement relatif.

Nous allons constater enfin, que toutes ces lois sont des conséquences nécessaires du principe de la conservation de l'Energie.

349. — Loi de Lenz. — Lenz a résumé, dans une seule loi, les phénomènes d'induction dus au déplacement, d'un circuit dans un champ magnétique, produit soit par des courants, soit par des aimants ; il a formulé la loi suivante :

Tout déplacement relatif d'un circuit et d'un champ magné-tique, donne naissance à un courant induit qui tend à s'oppo-ser au mouvement.

350. — Induction due au déplacement relatif d'un aimant et d'un courant. — Théorème du flux de force coupé. — Soit un

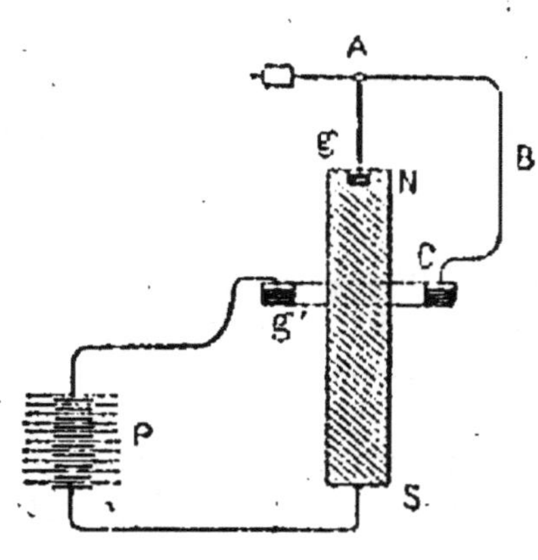

Fig. 200.

aimant NS vertical (fig. 200) autour duquel peut tourner un petit équipage mobile équi-libré ABC, dont les extré-mités plongent dans des go-dets *gg'* remplis de mercure de façon à pouvoir y faire passer continuellement le cou-rant d'une pile P. On constate que l'équipage se met à tour-ner autour de l'aimant ; nous savons, en effet, que sous l'action du champ magnétique créé par l'aimant, le fil ABC est soumis à une force dont nous avons déjà donné l'expres-sion. Dans son mouvement de rotation, il engendrera un cer-tain travail mécanique $\mathfrak{C}$ dont on peut trouver la valeur en s'appuyant sur le théorème du flux de force coupé.

La pile étant la seule source d'énergie disponible, le travail qu'elle fournira dans l'unité de temps, pendant la rotation de ABC, sera.

$$E_0 I = RI^2 + \mathfrak{C},$$

E_0 étant la *f. e. m.* de la pile ; R, la résistance du circuit ABC et de la pile ; I le courant qui parcourt ce circuit.

Mais le travail $\mathfrak{C}$ a pour mesure le produit de la force cons-tante *f* appliquée à un point matériel quelconque, invariablement lié à l'équipage mobile, par la vitesse linéaire V de ce point; on a donc

$$\varepsilon = f \cdot V;$$

il vient donc

$$E_0 I = R I^2 + f \cdot V,$$

d'où

$$E_0 = R I + \frac{f}{I} \cdot V.$$

Il faut donc, pour que le mouvement du fil soit possible, que la *f. e. m.* de la pile soit égale à RI augmenté d'un terme $\frac{f}{I}$. V, représentant une nouvelle *f. e. m.* s'ajoutant à RI et qui n'existerait pas si f ou V était nul. Cette *f. e. m.*, qui prend ainsi naissance, est indépendante de l'état électrique primitif du conducteur et s'appelle la *force électro-motrice d'induction*.

Par conséquent, si on supprime la pile et qu'on fasse mouvoir le fil, il se développera une *f. e. m.* d'induction égale à celle que nous venons de trouver. L'expérience confirme cette prévision.

On constate en effet, en intercalant un électromètre à la place de la pile, qu'il se développe une *f. e. m.* d'induction

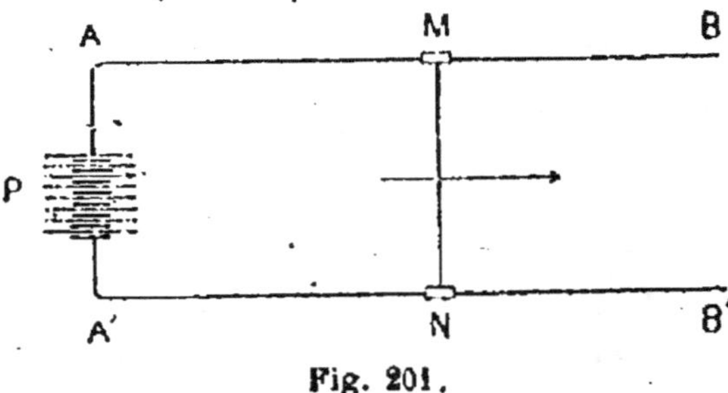

Fig. 201.

ayant la même valeur que dans l'expérience précédente, la vitesse de déplacement étant, bien entendu, la même. Cette *f. e. m.* d'induction qui prend ainsi naissance par suite du mouvement du conducteur est, comme nous venons de le dire, indépendante de l'état électrique du conducteur et de sa substance.

Comme extension de ce qui précède, considérons maintenant le cas d'un mouvement de translation rectiligne ; soient AB, A'B' (fig. 201), deux conducteurs rectilignes, parallèles et indéfinis, et MN un fil rectiligne pouvant glisser sur AB, A'B', en leur restant constamment perpendiculaire. Supposons que le tout soit plongé dans un champ magnétique uniforme dont les lignes de force sont perpendiculaires au plan ABA'B' et qu'un courant, fourni par une pile P, parcoure le circuit AMNA' ; comme dans le cas précédent, la seule source d'énergie étant la pile, on a

$$E_0 = RI + \frac{f}{I} \cdot V,$$

et la *f. e. m.* d'induction E_1, a pour valeur

$$E_1 = \frac{f}{I} \cdot V.$$

On peut la mettre sous une autre forme ; en effet, en désignant par $\mathcal{H}$ la valeur du champ magnétique, on a

$$f = \mathcal{H} l_n I,$$

d'où, en remplaçant dans l'équation précédente, f par sa valeur, il vient

$$E_1 = \mathcal{H} l_n V,$$

formule dans laquelle $l_n \cdot V$ est précisément l'aire engendrée par le fil pendant l'unité de temps, et le produit $\mathcal{H} l_n V$ le flux magnétique qui traverse cette aire. De cette formule, on peut déduire le théorème suivant :

La f. e. m. d'induction engendrée par un fil se déplaçant dans un champ magnétique uniforme, a pour valeur le flux magnétique total coupé par le fil pendant l'unité de temps.

351. — Cas général. — Examinons maintenant le cas général du déplacement d'un élément de circuit dans un champ magnétique.

Nous avons vu que l'action exercée par un champ magnétique $\mathcal{H}$, sur un élément de circuit $CC' = dl$ (fig. 202), est égale à

$$\mathcal{H} I dl \sin \alpha,$$

α étant l'angle de l'élément avec la direction MN des lignes de force. Nous savons que cette force est perpendiculaire au plan P formé par l'élément dl et la direction des lignes de force.

Le travail produit pendant un déplacement dx suivant une

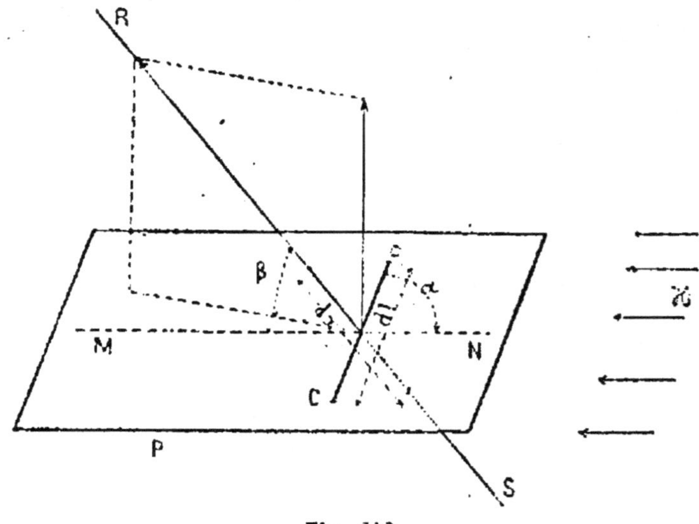

Fig. 202.

direction quelconque RS, aura pour valeur le produit de cette force par le déplacement projeté sur sa direction, c'est-à-dire, par $dx \sin \beta$; β étant l'angle de RS avec le plan P. On aura donc, pour le travail produit pendant ce déplacement

$$\mathcal{K} l \, dl \, \sin \alpha \sin \beta \, dx,$$

et pendant l'unité de temps

$$\frac{\mathcal{K} l \, dl \cdot \sin \alpha \cdot \sin \beta \, dx}{dt}.$$

En divisant cette expression par I, on en déduira la $f.\,e.\,m.$ d'induction

$$\mathrm{E_1} = \frac{\mathcal{K} \, dl \, \sin \alpha \sin \beta \, dx}{dt},$$

ou, en désignant par la vitesse $\dfrac{dx}{dt}$,

$$\mathrm{E_1} = \mathcal{K} \, dl \, \sin \alpha \sin \beta . \mathrm{V}.$$

Telle est la formule générale. Nous nous servirons néanmoins toujours de la première formule que nous avons trouvée

$$E_1 = \mathcal{K}l_n . V,$$

car elle est beaucoup plus simple et conserve cependant la même généralité ; il suffit, pour l'appliquer, de convenir expressément que la vitesse est comptée suivant la perpendiculaire au plan formé par la direction des lignes de force et l'élément de courant.

352. — Considérons en effet le produit des trois facteurs $\mathcal{K}$, dl, $\sin \alpha$; on peut écrire ce produit des deux façons suivantes :

$$(\mathcal{K} \sin) \alpha . dl$$
$$\mathcal{K} . (dl . \sin \alpha).$$

Dans la première expression, $(\mathcal{K} \sin \alpha)$ représente la composante du champ magnétique exprimée suivant une direction perpendiculaire à l'élément de conducteur.

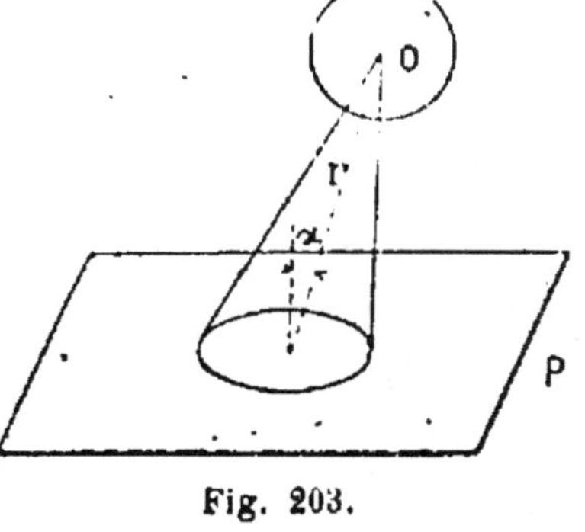

Fig. 203.

Dans la deuxième, $(dl \sin \alpha)$ représente la projection du conducteur suivant la direction du champ.

La formule générale se trouve donc ramenée à la forme très simple d'un produit de trois facteurs

$$\mathcal{K} . l_n . V,$$

ne contenant aucune ligne trigonométrique [1].

1. On peut représenter très simplement, au moyen des phénomènes lumineux, les formules que nous venons de démontrer.

Soit O une source lumineuse sans dimension (fig. 203) d'une intensité telle que, sur une sphère transparente de rayon égal à 1, l'unité de surface donne passage à une quantité de lumière égale à μ unités.

La quantité de lumière interceptée par un plan P quelconque situé à une distance r du point O sera, d'après les lois de l'optique,

$$\frac{\mu s \cos \alpha}{r^2}$$

α étant l'angle que fait la normale au plan avec le faisceau lumineux.

353. — Quantité d'électricité mise en mouvement dans un circuit induit. — Nous venons de voir que la *f. e. m.* d'induc-

Or, cette expression est justement celle que nous avons trouvée pour la valeur du flux de force qui émane d'une masse magnétique μ.

Il suffit donc, pour qu'il y ait identité entre les valeurs numériques du flux de force magnétique et de l'intensité du faisceau lumineux, que *l'intensité de la source lumineuse, telle qu'elle vient d'être définie, soit représentée par le même nombre que l'intensité de la masse magnétique.*

Dans cet ordre d'idées, la force électro-motrice d'induction pourra être représentée de la manière suivante :

Soient AB, A'B' (fig. 204) deux conducteurs fixes ; MN un conducteur

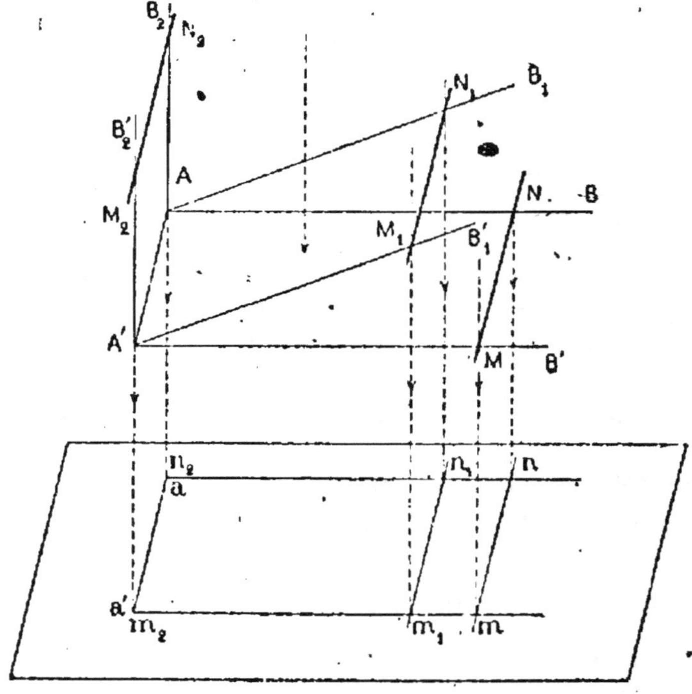

Fig. 204.

mobile se déplaçant parallèlement à lui-même en restant perpendiculaire à AB, A'B' et s'appuyant sur ces derniers ; P un plan de projection perpendiculaire aux rayons lumineux A*a*, B*b*, M*m* etc. supposés parallèles entre eux.

Nous supposerons d'abord le plan AB, A'B' des conducteurs fixes, parallèle au plan de projection P ; le conducteur mobile MN, projettera alors

tion a pour expression, dans le cas le plus général, la valeur du flux de force magnétique coupé pendant l'unité de temps ; nous allons chercher maintenant la quantité d'électricité correspondante développée dans le circuit.

La force électro-motrice d'induction ayant pour valeur

$$E_1 = \mathcal{K}l_n V,$$

reportons-nous à la figure 201 et appelons R la résistance de l'ensemble, la pile étant supprimée ; le courant I_1 qui circule dans le circuit est alors

$$I_1 = \frac{E_1}{R} = \frac{\mathcal{K}l_n V}{R} \cdot$$

Pendant le temps T la quantité d'électricité mise en jeu est

$$Q_1 = I_1 T$$

ou, en remplaçant I_1 par sa valeur,

$$Q_1 = \frac{\mathcal{K}l_n VT}{R} \cdot$$

Mais VT représente le chemin parcouru par le conducteur MN pendant le temps T ; en appelant l' ce chemin, on aura

$$Q_1 = \frac{\mathcal{K}l_n l'}{R},$$

formule dans laquelle $\mathcal{K}l_n l'$ représente le flux de force coupé par le conducteur mobile pendant son mouvement. On a donc, finalement, en désignant par $\mathcal{F}$ le flux de force coupé

$$Q_1 = \frac{\mathcal{F}}{R} \cdot$$

sur ce plan une ombre *mn* et l'aire balayée dans l'unité de temps, pendant le déplacement de MN, sera égale à l'aire balayée par son ombre *mn* sur le plan P. Cette aire représentera précisément la force électro-motrice d'induction.

Si on fait tourner le plan des conducteurs autour de AA', l'aire balayée par l'ombre *mn* de MN, qui représente la *f. e. m.* induite, deviendra, pour le même déplacement, de plus en plus petite, jusqu'à s'annuler pour la position AB_1, $A'B'_1$.

Telle est la quantité d'électricité développée par induction électro-magnétique pendant le mouvement d'un conducteur.

354. — Il est facile de voir que cette formule est générale et applicable à un circuit fermé de forme complexe, susceptible de se déformer, et dont toutes les parties se meuvent dans des champs magnétiques différents, avec des vitesses différentes.

Appelons, en effet, h_1, le champ magnétique dans lequel se meut le circuit ; l_1 et v_1, la longueur et la vitesse d'un élément de ce circuit : h_2, l_2, v_2 ; h_3, l_3, v_3 ; etc... les quantités correspondantes des autres éléments du circuit ; le courant développé dans l'ensemble sera

$$ I_1 = \frac{h_1 l_1 v_1 + h_2 l_2 v_2 + \cdots}{R} , $$

R étant la résistance totale du circuit.

La quantité d'électricité développée pendant le temps t, sera donc

$$ Q = It = \frac{h_1 l_1 v_1 t + h_2 l_2 v_2 t + \cdots}{R} , $$

or

$$ h_1 l_1 v_1 t = \mathcal{F}_1, $$
$$ h_2 l_2 v_2 t = \mathcal{F}_2, $$
$$ \cdots \cdots \cdots $$

$\mathcal{F}_1$, $\mathcal{F}_2$, ..., désignant le flux de force total coupé pendant le déplacement de chaque tronçon ; à la condition, bien entendu, que les lettres h_1, h_2, h_3 ... représentent, non pas la valeur absolue du champ magnétique au point considéré, mais sa composante efficace. On a donc finalement

$$ Q = \frac{\Sigma \mathcal{F}}{R}, $$

quantité indépendante du temps et par conséquent de la vitesse ; on en déduit le théorème suivant :

La quantité d'électricité développée dans un circuit fermé, par induction électro-magnétique, est égale au quotient de la somme de tous les flux de force coupés par toutes les portions du circuit, par la résistance totale de ce circuit.

355. — Exemples numériques. — Donnons maintenant quelques exemples numériques des lois de l'induction, afin de bien faire comprendre l'emploi des unités.

Soit un fil de 100^m de long se mouvant dans un plan horizontal, à la surface du globe, avec une vitesse de 10^m par seconde perpendiculairement au méridien magnétique ; on demande la force électro-motrice et la quantité d'électricité induites dans le fil, en supposant que sa résistance soit de $\dfrac{1}{10}$ d'ohm.

Calcul de la force électro-motrice induite. — Nous savons que l'intensité du champ magnétique doit être comptée perpendiculairement à la direction du mouvement du fil ; c'est donc la composante verticale du champ terrestre que nous avons à considérer ; la valeur de cette composante à Paris est 0,42, la *f. e. m.* d'induction aura donc pour valeur

$$0,42 \times (100 \times 100)^{\text{cent.}} \times 1\,000^{\text{cent. p. s.}} = 4.200.000 \text{ unités C. G. S.}$$

Or, nous savons que le volt vaut 100.000.000 d'unités C. G. S.; donc, en volts, cette *f. e. m.* sera égale à

$$\frac{4\,200\,000}{100\,000\,000} = 0^v,042$$

soit un peu plus de $\dfrac{1}{25}$ de volt.

Calcul de la quantité d'électricité induite. — La résistance du circuit étant de 0,1 d'ohm, l'intensité du courant sera

$$I = \frac{0,042}{0,1} = 0,42 \text{ d'ampère,}$$

soit une quantité d'électricité égale à 0,42 de coulomb.

Vérifications de la formule $Q_t = \dfrac{\mathcal{J}}{R}$. — Remarquons d'abord que 0,42 de coulomb = 0,042 d'unité de quantité C. G. S.; ceci posé, cherchons $\mathcal{J}$; c'est le flux total coupé pendant une seconde, c'est-à-dire pendant 10^m; il a donc pour valeur

$$\mathcal{J} = 0,42 \times 100 \times 100 \times 1\,000 = 4\,200\,000 \text{ C. G. S.;}$$

d'autre part, la résistance du fil en unités C. G. S. sera

$$0,1 \times 1\,000\,000\,000 \text{ C. G. S.;}$$

donc

$$R = 100\,000\,000$$

et

$$Q_1 = \frac{4\,200\,000}{100\,000\,000} = 0,042 \text{ de C. G. S.}$$

356. — AUTRE EXEMPLE. — Nous allons chercher quelle devrait être la longueur d'un fil semblable à celui de l'application précédente et animé de la même vitesse, pour produire une différence de potentiel de 1 volt.

En appelant $\mathscr{F}$ le flux de force coupé par seconde, on a, puisque 1 volt vaut 100.000.000 d'unités C. G. S.,

$$E = \mathscr{F} = 100\,000\,000.$$

D'un autre côté, le flux magnétique vertical du globe terrestre est égal, par mètre carré, à

$$0,42 \times 10\,000 = 4\,200.$$

Par suite, pour produire une différence de potentiel de 1 volt, le fil devrait balayer par seconde une surface de

$$\frac{100\,000\,000}{4\,200} = 23\,800^{m2},$$

et, comme le fil est animé d'une vitesse de 10^m par seconde, il devra avoir 2 380 mètres de long.

357. — Autre forme de l'expression de la f. e. m. induite. Théorème du flux de force embrassé.
— Soit un circuit déformable ABCD (fig. 205) dont les différentes parties peuvent prendre des positions quelconques dans l'espace. Considérons deux portions AB et CD, de ce circuit placé dans un champ magnétique, et soient $\mathscr{F}_1$ le flux qui entre par la portion AB, pendant l'unité de temps, à l'intérieur du circuit; $\mathscr{F}_2$ le flux qui sort de ce circuit

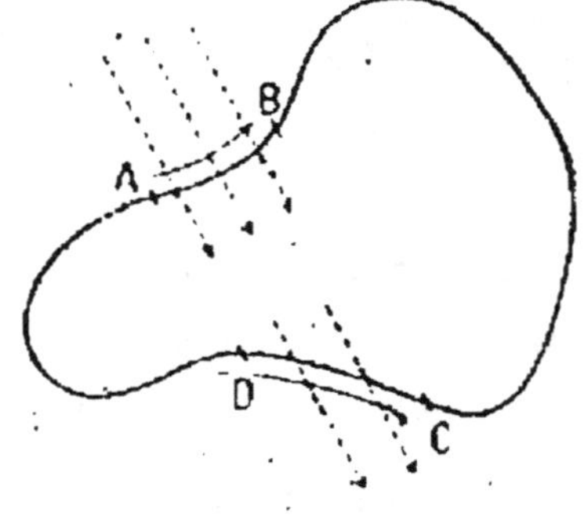

Fig. 205.

par la portion CD pendant le même temps. Dans AB, le flux $\mathscr{F}_1$ développera une $f.\ e.\ m.\ E_1 = \mathscr{F}_1$, dont le sens est indiqué sur la figure par une flèche ; tandis que le flux $\mathcal{J}_2$ développera dans CD une *f. e. m.* $E_2 = \mathcal{J}_2$ de même sens, mais tendant à s'opposer à la première puisque le circuit est fermé ; la *f. e. m.* résultante E sera égale à la différence des deux *f. e. m.*

$$E_1 - E_2 = \mathcal{J}_1 - \mathcal{J}_2 = E.$$

En appliquant le même raisonnement à toutes les portions du circuit, on trouve que *la f. e. m. développée dans un circuit fermé, placé dans un champ magnétique, est égale à l'excès des flux de forces qui y entrent sur ceux qui en sortent, pendant l'unité de temps.*

C'est ce qu'on exprime couramment en disant que *la f. e. m. développée dans un circuit fermé, rigide ou non, dont toutes les parties ont un mouvement quelconque dans l'espace, est égale à la variation du flux de force embrassé par le périmètre du circuit pendant l'unité de temps.* Si on désigne par $d\mathcal{J}$ la variation élémentaire pendant un temps infiniment petit dt on a donc

$$E = \frac{d\mathcal{J}}{dt}\,.$$

La f. e. m. d'induction est la dérivée du flux embrassé prise par rapport au temps. C'est la forme habituelle d'emploi du théorème précédent.

358. — Expression de la quantité d'électricité mise en mouvement par la force électro-motrice d'induction. — On peut trouver facilement l'expression de la quantité d'électricité, mise en mouvement par la *f. e. m.* d'induction, pendant un temps dt, dans un circuit fermé ; on a, en effet

$$E = \frac{d\mathcal{J}}{dt}\,,$$

expression dans laquelle $d\mathcal{J}$ est la variation du flux de force embrassé par le circuit, pendant le temps dt.

On en conclut, en désignant par R la résistance du circuit

$$I = \frac{d\mathcal{J}}{R\,dt}\,,$$

d'où

$$I dt = \frac{d\vec{\mathfrak{F}}}{R} ,$$

mais

$$I dt = dQ.$$

On en déduit le théorème suivant :

La quantité d'électricité mise en mouvement par la f. e. m. d'induction dans un circuit fermé, est égale au quotient de la variation du flux de force magnétique embrassé par ce circuit, par sa résistance, quelle que soit la durée pendant laquelle s'effectue cette variation.

359. — REMARQUE. — On voit qu'une analogie complète existe entre ces divers théorèmes et ceux qui sont relatifs au travail produit par un courant électrique qui se déplace dans un champ magnétique.

APPLICATIONS DES LOIS DE L'INDUCTION
DUE AU MOUVEMENT D'UN CONDUCTEUR DANS UN CHAMP MAGNÉTIQUE

360. — Étude du mouvement d'un fil rectiligne parcouru par un courant et se déplaçant dans un champ magnétique en pro-

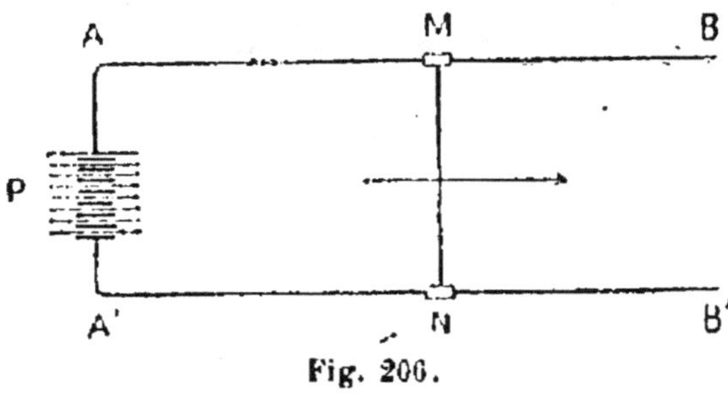

Fig. 200.

duisant un travail. — Reprenons le cas d'un fil rectiligne MN se mouvant sur deux conducteurs parallèles sans résistance AB, A'B' (l'ensemble formant un circuit parcouru par le courant d'une pile P), placés dans un champ magnétique uniforme dont les lignes de force sont perpendiculaires au plan ABA'B' (fig. 206). Si on appelle, E_0 la *f. e. m.* de la pile, E_1 la force électro-motrice d'induction créée par le champ magnétique dans le conducteur MN pendant son déplacement, R la résistance de l'ensemble, on aura, pour valeur du courant I parcourant MN

$$I = \frac{E_0 - E_1}{R} .$$

Mais en désignant, pour simplifier l'écriture, par L la longueur du fil MN, que nous avons désignée jusqu'à présent par l_n, nous aurons

$$E_1 = \mathcal{K}LV$$

et, si on appelle F la force qui sollicite le fil MN à se déplacer sur AB, A'B', on a

$$F = \mathcal{K}LI = \frac{\mathcal{K}L\,(E_0 - E_1)}{R} ,$$

ou, en remplaçant E_1 par sa valeur

$$F = \frac{\mathcal{K}L\,(E_0 - \mathcal{K}LV)}{R} ,$$

d'où l'on tire

$$V = \frac{\mathcal{K}LE_0 - FR}{\mathcal{K}^2L^2} = \frac{E_0}{\mathcal{K}L} - \frac{R}{\mathcal{K}^2L^2} \cdot F.$$

On remarquera que si l'on fait dans cette formule

$$F = 0$$

on aura, en appelant V_0 la valeur correspondante de V

$$V_0 = \frac{E_0}{\mathcal{K}L} .$$

V_0 est la vitesse que prendrait le fil si la force F était nulle ; le courant est alors nul et il n'y a aucune dépense d'énergie.

Si, au contraire, on fait dans la formule générale

$$V = 0$$

on a

$$F_0 = \Im CL \, \frac{E_0}{R} \, ,$$

F_0 est l'effort maximum que produirait le courant égal alors à $\frac{E_0}{R}$, le fil étant en repos et n'étant plus le siège d'aucune $f.$ $e.\ m.$ d'induction.

361. — Représentation graphique de la relation qui existe entre F. et V. — L'équation qui lie V à F, étant du premier degré, représente une droite AB. Si on désigne par F_0 et V_0 les coordonnées OA et OB (fig. 207) de l'intersection

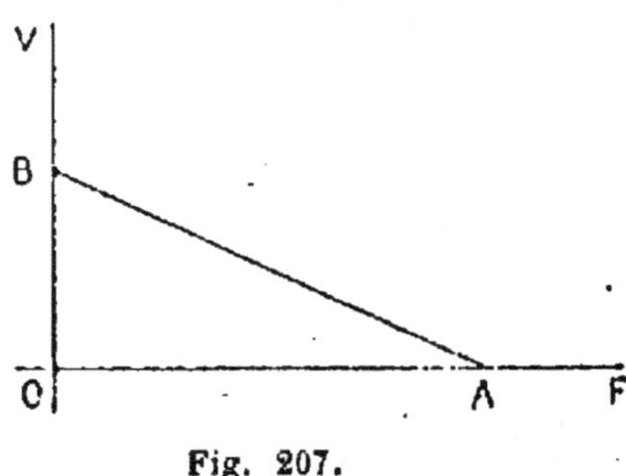

Fig. 207.

de cette droite avec l'axe des forces OF et l'axe des vitesses OV, on peut mettre l'équation sous la forme générale

$$\frac{x}{OA} + \frac{y}{OB} = 1,$$

ou, en remplaçant x, y, OA et OB par leurs valeurs dans le cas actuel,

$$\frac{F}{F_0} + \frac{V}{V_0} = 1,$$

équation dans laquelle il n'entre que des quantités d'ordre mécanique.

Nous retrouverons cette équation dans la théorie des moteurs électriques et nous montrerons qu'elle représente précisément la relation qui existe entre le couple moteur développé par une turbine hydraulique et la vitesse de rotation correspondant à ce couple.

362. — Cas où la source extérieure d'électricité est supprimée. — Effort nécessaire pour déplacer le conducteur dans le

champ magnétique. — Reprenons le problème du conducteur se mouvant dans un champ magnétique uniforme sous l'action d'une force extérieure, mais en supprimant la source d'énergie électrique, comme nous l'avons déjà fait pour trouver la quantité d'électricité induite. La $f.\ e.\ m.$ due à cette source étant nulle, on aura

$$E_0' = 0,$$

la $f.\ e.\ m.$ d'induction développée pendant le déplacement du conducteur sera

$$E_1 = \mathcal{H}LV,$$

et le courant qui en résulte

$$I = \frac{E_1}{R} = \frac{\mathcal{H}LV}{R}.$$

La force qui tend à s'opposer au mouvement du fil est

$$F = \mathcal{H}LI = \frac{\mathcal{H}^2 L^2 V}{R}.$$

Si, d'un autre côté, on désigne par
    ρ la résistance spécifique du conducteur mobile,
    u son volume,

on a

$$u = \frac{\rho L^2}{R},$$

d'où

$$\frac{L^2}{R} = \frac{u}{\rho}.$$

L'équation

$$F = \frac{\mathcal{H}^2 L^2 V}{R}$$

devient donc

$$F = \frac{\mathcal{H}^2 u}{\rho} V.$$

Nous avons supposé, bien entendu, que les deux conducteurs AB, A'B' étaient sans résistance.

On voit donc que l'effort qu'il faut appliquer au conducteur pour le déplacer dans un champ magnétique, est *proportionnel à la vitesse, au carré de l'intensité du champ, au volume du conducteur et inversement proportionnel à la résistance spécifique du conducteur.*

Il est bon de remarquer que l'on a là le seul exemple connu d'une *force proportionnelle à la vitesse* du mobile auquel elle est appliquée. Nous allons décrire quelques applications de cette propriété des courants induits développés dans un conducteur en mouvement dans un champ magnétique.

363. — Force électro-motrice produite par la rotation d'un cadre conducteur dans un champ magnétique. — Soit un con-

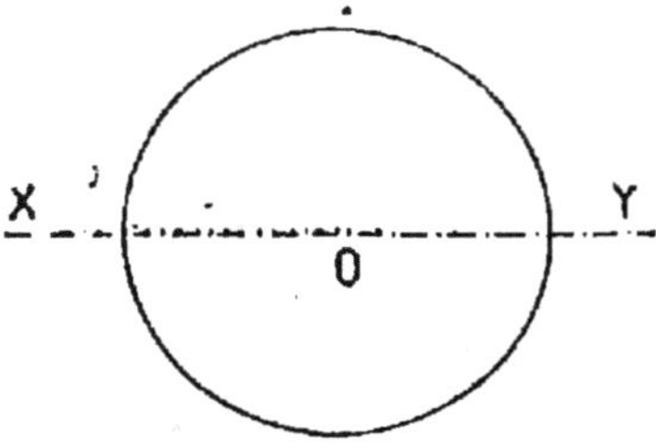

Fig. 208.

ducteur circulaire (fig. 208) se mouvant autour d'un axe XY dans un champ magnétique dont les lignes de forces sont perpendiculaires au plan de la figure.

Nous savons que la *f. e. m.* d'induction, créée par le mouvement du cadre, a pour expression le quotient de la variation du flux de force embrassé, par la durée de cette variation.

En appelant $\mathfrak{K}$ l'intensité du champ, α l'angle que fait le plan du cadre avec les lignes de force, ce flux a pour valeur

$$\mathfrak{f} = \mathfrak{K} S \sin \alpha,$$

formule dans laquelle S sin α représente la projection, sur un plan parallèle aux lignes de force, de la surface S du cadre pour un angle α.

En différentiant cette expression, pour avoir la variation $d\mathfrak{I}$ du flux pendant un temps dt, il vient

$$\frac{d\mathfrak{I}}{dt} = \mathcal{K}S \cos \alpha \, \frac{d\alpha}{dt},$$

or, $\dfrac{d\alpha}{dt}$ représente la vitesse angulaire [1] ω du cadre ; on voit donc que la *f. e. m.* induite E est, à chaque instant, donnée par l'équation

$$E = \omega \mathcal{K}S \cos \alpha.$$

Cette *f. e. m.* est variable ainsi que le courant qui change deux fois de signe dans un tour et dont l'expression sera

$$I = \frac{\omega \mathcal{K}S \cos \alpha}{R},$$

R étant la résistance du cadre.

Si ce dernier se compose de n spires on aura, pour la valeur du courant

$$I = \frac{n\omega \mathcal{K}S \cos \alpha}{R}.$$

364. — Quantité d'électricité induite dans le circuit du cadre. — La quantité d'électricité induite dans le circuit du cadre pendant un quart de révolution, s'obtiendra en divisant la variation totale du flux qui est $S\mathcal{K}$ par la résistance R du circuit et en multipliant le tout par le nombre n de spires ; on a donc

$$q = \frac{nS\mathcal{K}}{R}.$$

Dans le quart de révolution suivant, la quantité d'électricité induite aura une valeur numérique égale mais de signe contraire, de telle façon qu'au bout d'un demi-tour, la quantité totale d'électricité induite est algébriquement nulle.

Remarque. — Nous verrons dans la suite que les expressions

1. Nous rappelons ici que l'angle s'exprime par le rapport de l'arc au rayon et non pas en degrés.

de I et de q ne sont pas tout à fait exactes, parce que la production d'un courant alternatif dans le cadre que nous venons de considérer, fait naître des *f. e. m.* perturbatrices qui s'ajoutent à la *f. e. m.* due au mouvement seul ; de sorte que les formules que nous venons de donner ne peuvent être considérées que comme approximativement vraies et sous réserve que la vitesse angulaire soit faible.

365. — Redressement des courants. — Commutateur à coquille. — L'équation qui donne la valeur de I, montre que le courant change de signe à chaque demi-révolution, on en-

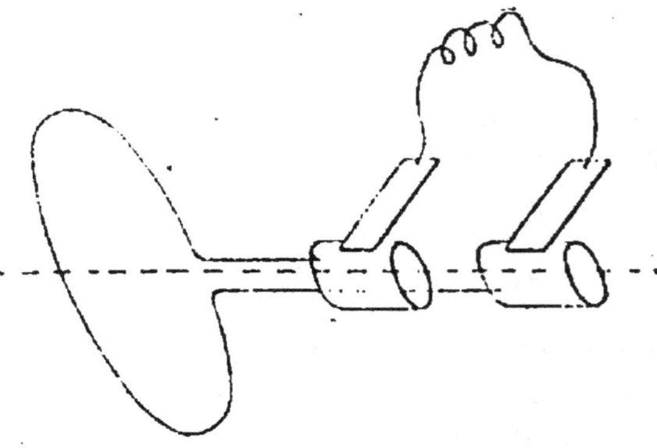

Fig. 209.

gendre donc des courants alternatifs. On peut faire passer ces courants dans un circuit extérieur en coupant la spire et en attachant chaque extrémité du circuit mobile à une bague correspondante isolée et montée sur l'axe de rotation ; deux balais frotteurs servent à recueillir les courants alternatifs (fig. 209).

Si on veut avoir dans le circuit extérieur des courants ayant toujours le même sens, on emploiera la disposition représentée par la figure 210. Le *collecteur* ou *commutateur* est alors composé de deux coquilles isolées auxquelles viennent s'attacher les extrémités libres de la spire ou du cadre mobile ; deux balais frotteurs servent à recueillir le courant ; ces balais sont placés dans une position telle que les deux coquilles changent de balais au moment où le courant change de direction dans le cadre induit. On aura ainsi une série de courants *redressés*, mais non continus, puisqu'ils passeront par une valeur nulle à chaque demi-révolution.

On peut diminuer beaucoup ces variations considérables dans

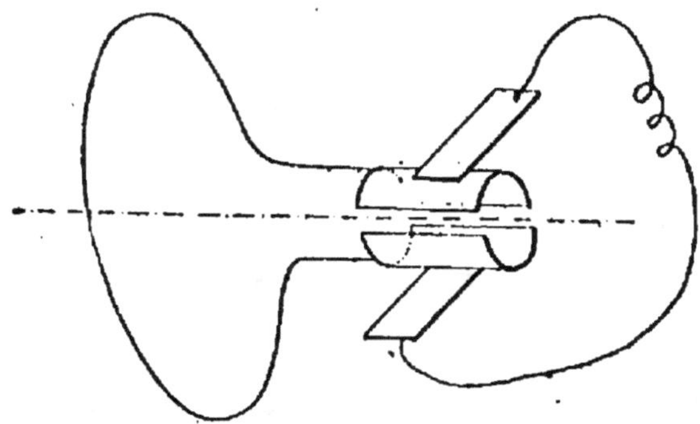

Fig. 210.

l'intensité du courant, en groupant en tension deux cadres identiques faisant entre eux un angle droit et munis chacun d'un commutateur redresseur.

Le maximum d'intensité du courant qui se développe dans le deuxième cadre, aura lieu précisément au moment où le courant du premier cadre passera par une valeur nulle. Le courant total recueilli aura toujours le même signe et ne s'annulera jamais.

Enfin, si au lieu de deux cadres faisant entre eux un angle droit, nous en employons n faisant entre eux un angle égal à $\dfrac{2\pi}{n}$ et possédant chacun son commutateur et ses balais, le courant recueilli se rapprochera de plus en plus d'un courant continu.

Nous aurons l'occasion de revenir sur ce sujet quand nous aborderons la question des machines à courants continus.

366. — Impossibilité de produire un courant continu au

moyen de l'induction exercée sur un circuit fermé indéformable, en mouvement dans un champ magnétique. — La *f. e. m.* d'induction étant proportionnelle à la variation du flux de force $d\vec{\mathcal{F}}$ embrassé par un circuit pendant l'unité de temps, on a

$$E = \frac{d\vec{\mathcal{F}}}{dt} \cdot$$

Dans le cas d'une machine produisant une *f. e. m.* constante E_1, il faudrait que l'on eût

$$d\vec{\mathcal{F}} = E_1 dt,$$

d'où, en intégrant

$$\vec{\mathcal{F}} = E_1 t + \text{Constante}$$

ce qui veut dire que dans la machine ainsi considérée, devant engendrer un courant continu, *le flux de force croîtrait proportionnellement au temps, c'est-à-dire indéfiniment.*

367. — Il n'est donc possible d'obtenir une *f. e. m.* constante par le mouvement d'un circuit dans un champ magnétique, qu'à la condition que le flux de force magnétique embrassé par ce circuit augmente proportionnellement au temps.

On pourrait satisfaire à cette condition de deux manières différentes ; soit en augmentant indéfiniment l'intensité du champ magnétique parcouru par le circuit, ce qui est physiquement impossible ; soit en faisant croître sans limite l'aire embrassée par le circuit se mouvant dans un champ constant. On peut réaliser cette dernière condition au moyen de la disposition suivante (fig. 211).

Deux solénoïdes S et S' traversés par un courant font naître un champ magnétique intense entre les épanouissements f et f' des noyaux de fer sur lesquels ils sont enroulés ; entre les deux faces de ces épanouissements, est placé un plateau circulaire en matière isolante, monté sur un axe OO' coïncidant avec l'axe des solénoïdes et auquel on peut imprimer un mouvement de rotation.

Sur le plateau isolant est disposée, suivant un rayon, une

barre métallique *ab* communiquant d'une part, en *a*, avec un anneau métallique entourant le plateau mobile et, d'autre part

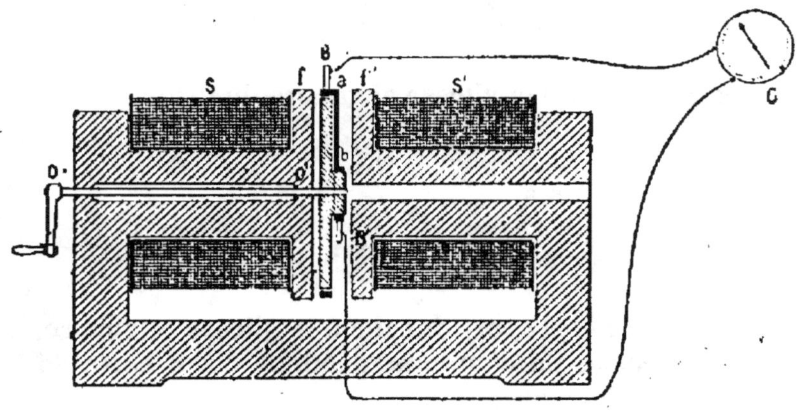

Fig. 211.

en *b*, avec une bague isolée; deux balais B et B' servent à recueillir le courant engendré par la rotation du disque qui donne naissance à une *f. e m.* constante. En effet le flux de force embrassé par le secteur circulaire *aba'* (dont l'un des côtés *ab* est fixe, tandis que le côté *a'b* tourne avec une vitesse uniforme), compté à partir d'une origine quelconque *oa* (fig. 212), croît proportionnellement à l'angle *aba'*, c'est-à-dire proportionnellement au temps. Nous allons calculer la valeur de ce flux de force.

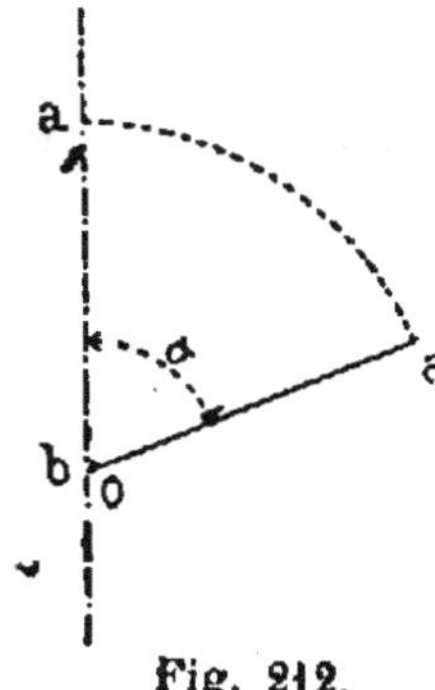

Fig. 212.

L'aire balayée pendant que le conducteur *ab* décrit un angle α, est égale à

$$\frac{1}{2}\,\alpha R^2,$$

R désignant la longueur du conducteur *ab*.

Le flux embrassé sera

$$\mathfrak{F} = \frac{1}{2}\,\mathcal{H}\alpha R^2,$$

différentiant pour avoir la variation du flux de force par unité de temps, il vient

$$E = \frac{d\mathfrak{F}}{dt} = \frac{1}{2}\, \mathfrak{IC}\, \frac{d\alpha}{dt}\, R^2;$$

or, en désignant par ω la vitesse angulaire du disque, on a

$$\frac{d\alpha}{dt} = \omega,$$

par suite,

$$E = \frac{1}{2}\, \omega\mathfrak{IC}R^2.$$

La f. e. m. est donc proportionnelle à la vitesse angulaire du disque, à l'intensité du champ magnétique et au carré de la longueur du conducteur tournant.

368. — Exemple numérique. — Supposons que le champ magnétique créé entre les deux épanouissements polaires de l'appareil précédent, ait pour valeur

$$\mathfrak{IC} = 5.000 \text{ unités C. G. S.,}$$

prenons $ab = R = 10^{cm}$ et supposons la vitesse du disque égale à 20 tours par seconde[1]; la vitesse angulaire ω a pour valeur

$$\omega = 20 \times 2\pi = 125,6$$

d'où

$$E = \frac{1}{2} \cdot 125,6 \times 5.000 \times 100,$$

$$E = 0^{volt},314.$$

**369. — Nous voyons, par cet exemple, qu'un seul conducteur ab produit déjà une *f. e. m.* appréciable; on pourrait à la rigueur l'augmenter autant qu'on le voudrait en répartissant sur la surface du disque mobile d'autres conducteurs tels que ab, faisant entre eux des angles égaux et aboutissant chacun à deux bagues collectrices ayant chacune un frotteur spécial. En groupant ces divers éléments en tension, on obtiendrait une

---

1. Rappelons que la vitesse angulaire est représentée par l'arc décrit dans une seconde; un tour par seconde est donc égal à 2π.

f. e. m. proportionnelle à leur nombre; cette disposition serait très compliquée, mais c'est malheureusement la seule que l'on puisse employer.

Il est bon, en effet, de remarquer que si on faisait une spire complète, c'est-à-dire, si on revenait au centre du disque, après avoir décrit le contour *abcd* (fig. 213), la *f. e. m.* développée dans le conducteur *cd* ferait équilibre à celle développée dans *ab* et il n'y aurait plus de courant.

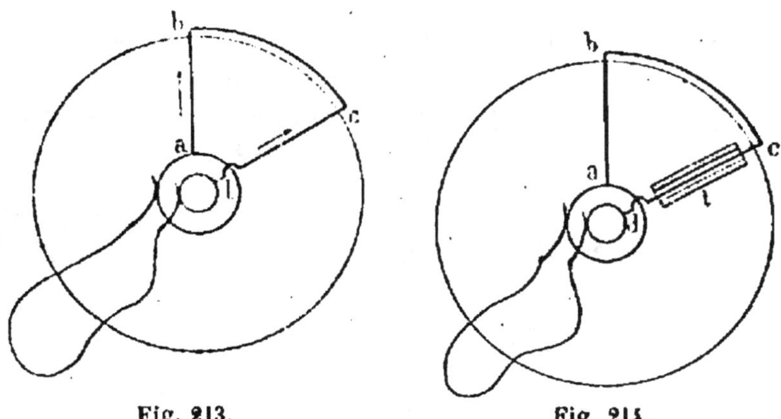

Fig. 213.   Fig. 214.

370. — Si l'on pouvait supprimer la *f. e. m.* qui prend naissance dans le conducteur *cd*, les deux balais seraient ramenés tous les deux au centre, et l'appareil donnerait la même force électro-motrice que l'appareil de la figure 211. Pour multiplier cette *f. e. m.* par un nombre quelconque *n*, il suffirait de constituer le contour *abcd* au moyen de *n* spires identiques formant un fil continu dont les deux extrémités aboutiraient aux deux bagues sur lesquelles s'appuient les balais.

Pour obtenir cette neutralisation de la *f. e. m.* développée dans le conducteur *cd*, on a eu l'idée de l'entourer d'un tube de fer *t* (fig. 214) à parois très épaisses. On espérait ainsi, que les lignes de force du champ magnétique, suivant de préférence le chemin métallique qui leur était offert par les parois du tube, ne couperaient plus le conducteur *ab* et par conséquent ne produiraient pas de *f. e. m.* dans ce fil.

Nous avons vu que l'on avait déjà essayé une disposition analogue pour réaliser un moteur électrique dépourvu d'inverseur de courant et nous avons démontré que la présence du tube de fer n'avait aucune espèce d'influence. La démonstration que nous avons donnée, s'applique intégralement au cas actuel et l'expérience confirme complètement les prévisions de la théorie.

Nous reviendrons, du reste sur cette question en traitant des *machines dynamo-électriques*.

Mais, on peut conclure des considérations précédentes, que pour obtenir un courant continu, il faut, dans la pratique, avoir recours à des machines à courants alternatifs redressés ; à moins qu'on ne se contente d'une *f. e. m.* très faible.

371. — Courant produit dans une bague glissant le long d'un aimant. — Considérons un aimant cylindrique NS (fig. 215) le

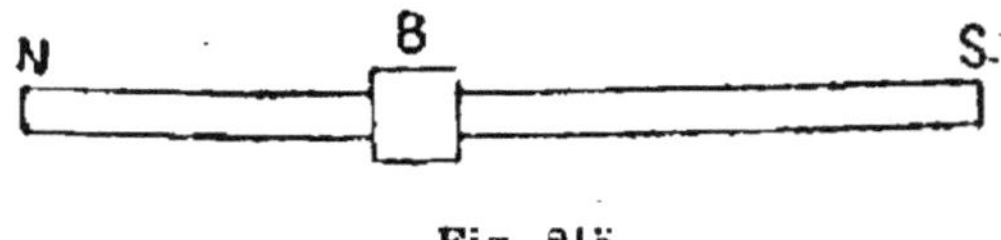

Fig. 215.

long duquel se meut une bague conductrice B. Il est évident que la *f. e. m.* développée à chaque instant dans la bague est la même dans des portions égales de cette bague et, si on désigne par e_1 la *f. e. m.* engendrée dans l'unité d'arc, pour un arc α, la *f. e. m.* aura pour valeur

$$e = e_1 \alpha,$$

et par conséquent la *f. e. m.* totale développée dans la bague entière, sera égale à $2\pi e_1$. De même, si on désigne par r_1 la résistance de l'unité d'arc, la résistance d'un arc α, sera αr_1 et la résistance de la bague entière sera égale à $2\pi r_1$; de sorte que l'intensité du courant dans la bague considérée comme un circuit fermé, aura pour expression

$$I = \frac{2\pi e_1}{2\pi r_1} = \frac{e_1}{r_1}.$$

Cherchons maintenant quelle est la *d. d. p.* $(V_0 - V_1)$ entre les deux extrémités d'un arc correspondant à l'angle x.

En désignant par e la *f. e. m.* développée dans l'arc x_1 et par r la résistance de cet arc, on a d'après la loi d'Ohm,

$$I = \frac{e + (V_0 - V_1)}{r},$$

d'où

$$V_0 - V_1 = rI - e.$$

Remplaçant respectivement r, e et I par xr_1, xe_1 et $\dfrac{e_1}{r_1}$, il vient

$$V_0 - V_1 = 0;$$

ainsi donc la différence de potentiel entre deux points quelconques de la bague est nulle ; il y a cependant un courant et tout le travail nécessaire pour l'engendrer se transforme en chaleur.

372. — Représentation de la résistance d'un conducteur par une vitesse. — Reprenons le cas d'un fil rectiligne glissant

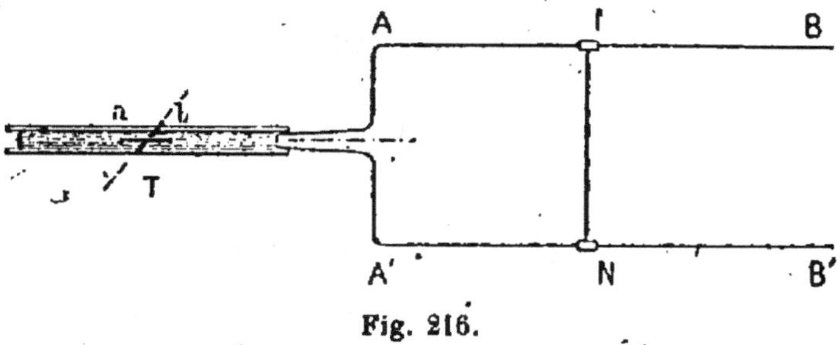

Fig. 216.

sur deux conducteurs dans le champ magnétique terrestre ; remplaçons la pile par une boussole des tangentes T dont le cadre coïncide avec le plan du méridien magnétique (fig. 216).

Si on désigne par $\mathcal{H}_y$ la composante verticale du champ magnétique terrestre, le courant engendré dans le circuit MATA'N, a pour expression

$$I = \frac{\mathcal{H}_y L V}{R}.$$

Ce courant traverse la boussole des tangentes et fait dévier l'aiguille aimantée ; si on appelle $\mathfrak{M}$ le moment magnétique de l'aiguille, α l'angle dont elle dévie, et n le nombre de spires du cadre, on a, pour la valeur du couple développé par le courant,

$$\frac{2\pi n \mathrm{I} \mathfrak{M} \cos \alpha}{r} ,$$

r étant le rayon du cadre.

Mais puisqu'il y a équilibre, ce couple est nécessairement égal et opposé à celui développé sur l'aiguille par le magnétisme terrestre

$$\mathcal{H}_y \mathfrak{M} \sin \alpha,$$

on a donc

$$\frac{2\pi n \mathrm{I} \mathfrak{M} \cos \alpha}{r} = \mathcal{H}_y \mathfrak{M} \sin \alpha,$$

d'où

$$\mathrm{I} = \frac{\mathcal{H}_y r \operatorname{tg} \alpha}{2\pi n} .$$

Egalant les deux valeurs de I, on a

$$\frac{\mathcal{H}_y r \operatorname{tg} \alpha}{2\pi n} = \frac{\mathcal{H}_y \mathrm{LV}}{\mathrm{R}} ,$$

d'où

$$\mathrm{R} = \frac{2\pi n \mathrm{LV}}{r \operatorname{tg} \alpha} .$$

Or, dans cette formule n est un nombre abstrait ; c'est le nombre de spires du fil enroulé sur le cadre ; le rapport $\frac{\mathrm{L}}{r}$ est le rapport de deux longueurs, indépendant, par suite, du choix des unités ; on voit donc finalement que R et V sont du même ordre de grandeur.

Il ne faut voir dans ce résultat qu'une simple spéculation de l'esprit ; il a, cependant, servi de principes à plusieurs méthodes de mesure de l'unité électro-magnétique de résistance, comme nous le verrons plus tard quand nous parlerons des mesures électriques ; nous allons en donner, du reste, de suite un exemple.

373. — Mesure absolue d'une résistance. — L'expérience que nous venons d'indiquer et qui permet de déduire la mesure d'une résistance de celle d'une vitesse, serait très difficile, sinon impossible, à réaliser. Mais nous allons voir que, en la modifiant légèrement on peut au contraire la rendre non seulement facile, mais encore susceptible d'un degré de précision assez élevé.

Au lieu d'imprimer au conducteur mobile un mouvement de translation, nous pouvons en effet le fixer à un disque vertical mobile autour d'un axe horizontal situé dans le méridien magnétique et animé d'une vitesse angulaire ω.

Le calcul développé dans le n° 373 nous fera connaître immédiatement la *f. e. m.* engendrée. En désignant par l_1 le rayon de la bague correspondante au balai extérieur ; par l_0, le rayon de la seconde bague, celle qui est le plus rapprochée de ce centre (fig. 211); et par h la composante horizontale du champ magnétique terrestre, on a

$$E = \frac{1}{2}\, \omega h \, (l_1^2 - l_0^2).$$

L'intensité du courant *continu* qui traverse le circuit fermé du conducteur mobile et de la boussole des tangentes intercalée dans ce circuit, a pour valeur

$$I = \frac{E}{R} = \frac{\omega h \, (l_1^2 - l_0)}{2R}.$$

La déviation de l'aiguille aimantée placée au centre du cadre circulaire de rayon r, contenant n spires, sera donnée par la formule

$$\mathrm{tg}\ \alpha = \frac{2\pi n I}{h r} = \frac{\pi n \omega \, (l_1^2 - l_0)}{R r},$$

de laquelle on tire

$$R = \frac{\pi n \omega \, (l_2 - l_0^2)}{r\,\mathrm{tg}\ \alpha}.$$

374. — Exemple numérique. — Soit $R = 1$ Ohm $= 1\,000\,000\,000$ d'unités C. G. S. ; $l_1 = 1$ mètre $= 100$ centimètres; $l_0 = 0$; $n = 100$ spires;

$\omega = 50$ ou environ 8 tours par seconde; $r = 10$ centimètres. On trouve

$$\operatorname{tg} x = \frac{3,1416 \times 100 \times 50 \times 10\,000}{1\,000\,000\,000 \times 10} = 0,0157.$$

Ce procédé, permettant de ramener la mesure d'une résistance à celle d'un certain nombre de longueurs et d'une vitesse angulaire, constitue ce que nous sommes convenus d'appeler une mesure absolue.

La résistance d'un conducteur étant du même ordre de grandeur qu'une vitesse et cette dernière quantité s'exprimant dans le système C. G. S. en centimètres par seconde, on dit souvent que l'unité de résistance est égale à $\dfrac{\text{un centimètre}}{\text{une seconde}}$.

L'*Ohm* ayant été choisi de façon à contenir un milliard d'unités C. G. S., vaut donc $\dfrac{\text{dix millions de mètres}}{\text{une seconde}}$.

COURANTS INDUITS DÉVELOPPÉS DANS UNE MASSE MÉTALLIQUE EN MOUVEMENT DANS UN CHAMP MAGNÉTIQUE.

375. — **Expérience d'Arago.** — **Disque de Faraday.** — Jusqu'à présent nous n'avons considéré que l'induction développée dans des conducteurs filiformes en mouvement dans des champs magnétiques ; il est évident que les phénomènes d'induction auxquels donnent lieu ces déplacements se retrouvent dans le cas de masses métalliques.

Les lois élémentaires de l'induction sont d'ailleurs les mêmes dans les deux cas, c'est-à-dire que la *f. e. m.* développée en un point quelconque d'une masse métallique en mouvement, est proportionnelle à l'intensité du champ magnétique au point considéré, et à la vitesse de ce point, cette vitesse étant comptée perpendiculairement à la direction des lignes de force ; enfin cette *f. e. m.* est dirigée suivant la normale au plan déterminé par la direction de la vitesse et celle du champ. Il résulte de là que la grandeur et la direction des *f. e. m.* élémentaires développées dans l'intérieur de la masse métallique, varie d'une façon continue d'un point à l'autre ; il en est de même des courants élémentaires dont l'intensité et la direction dépendent non seulement des *f. e. m.*, mais aussi de la conductibilité et de la forme du corps. On comprend que la détermination théorique de l'intensité du courant en chaque point, conduise, dans le cas le plus général à des calculs d'une extrême complication ; aussi le problème n'est-il accessible à l'analyse que dans quelques cas particuliers.

Quelle que soit d'ailleurs la distribution des courants dans l'intérieur des masses métalliques, leur existence a pour conséquence, d'après la loi de Joule, une certaine production

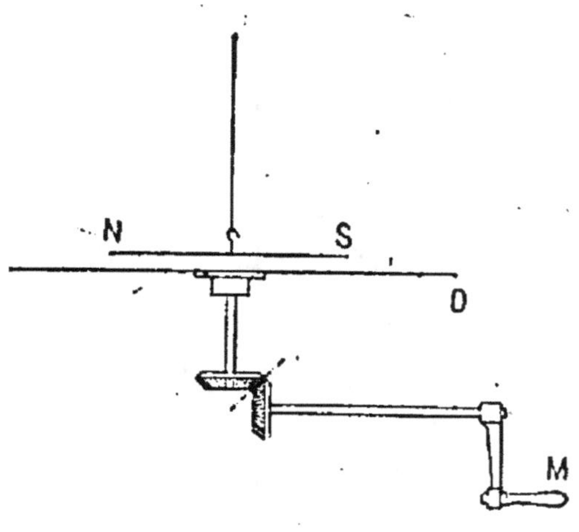

Fig. 217.

d'énergie calorifique qui exige, à son tour, une dépense équivalente de travail mécanique en mouvement dans le champ magnétique.

On retrouve d'ailleurs ici, les mêmes lois que dans le cas des conducteurs filiformes en ce qui concerne la proportionnalité entre la vitesse de la masse métallique et l'intensité de la force nécessaire pour maintenir cette vitesse constante.

C'est à Arago que l'on doit la découverte des phénomènes mécaniques produits par le mouvement relatif d'une masse métallique et d'un aimant. Il les mit en évidence par l'expérience suivante ;

Une aiguille aimantée NS (fig. 217) est suspendue par son

centre à un fil de cocon ou à un fil métallique très fin ; au-dessous et à une très petite distance de cette aiguille, est placé un disque en cuivre D horizontal dont le centre est situé sur le prolongement du fil de suspension et qui peut recevoir un mouvement de rotation au moyen d'un système d'engrenages actionné par la manivelle M. L'appareil étant d'abord en repos, l'aiguille se dirige suivant le méridien magnétique, mais si on imprime un mouvement de rotation à la manivelle M, on cons-

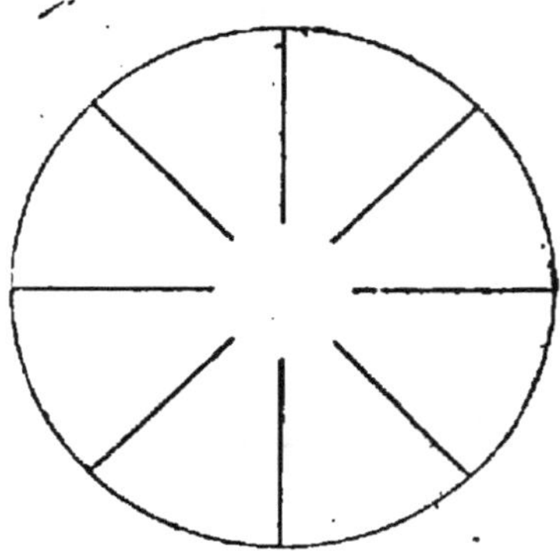

Fig. 218.

late que l'aiguille est déviée d'un angle qui croît avec la vitesse du disque

Les phénomènes d'induction étaient inconnus à l'époque où Arago fit cette expérience pour la première fois, il ne put donc en donner aucune explication ; il donna à la cause inconnue du mouvement de l'aiguille, le nom de magnétisme de rotation.

Tout ce que nous avons dit plus haut montre clairement l'origine de la force développée par le disque en mouvement sur l'aiguille aimantée ; le mouvement relatif de ces deux corps développe, en effet, dans le disque, des $f.\ e.\ m.$ d'induction donnant naissance à des courants électriques qui exercent à leur tour une action mécanique sur l'aiguille aimantée.

Faraday, le premier, donna cette explication dont il prouva l'exactitude en montrant qu'un disque dans lequel on empêche la production des courants induits (en créant dans sa masse un grand nombre de rotations de continuité au moyen de

traits de scie équidistants) (fig. 218), ne produit plus l'entraînement de l'aiguille.

Il compléta la démonstration en construisant un appareil
composé d'un disque en cuivre qui tourne entre les branches
d'un aimant dont les pôles sont situés sur une droite parallèle
à l'axe de rotation et très près de la circonférence extérieure
du disque. En mettant un frotteur au centre du disque et un
autre à l'extrémité du rayon qui joint ce centre à la ligne des
pôles de l'aimant, et en réunissant ces deux frotteurs par un fil,
on obtient dans ce fil un courant continu qui démontre l'existence d'une différence de potentiel entre le centre et la circonférence du disque ; c'est là le premier exemple connu d'une
machine d'induction à courants rigoureusement continus.

370. — Expérience de Matteucci. — Matteucci a déterminé la
forme des courants qui se développent dans le disque métallique de l'expérience d'Arago.

Pour cela, il fit tourner un disque en cuivre PEFP en face des
pôles A et B d'un électro-aimant (fig. 219) en fer à cheval ; il se
développe ainsi des courants qui restent fixes dans l'espace et
par suite se déplacent par rapport au disque. Matteucci déter-
mina d'abord la forme des lignes équipotentielles de la surface
du disque ; dans ce but, il approcha jusqu'au contact de ce
dernier en un point P, l'extrémité fixe d'un fil aboutissant à un
galvanomètre dont il promenait le second fil sur la surface du
disque jusqu'à ce que la déviation de l'aiguille du galvanomètre
fût nulle. Il était évident alors que les deux extrémités des fils
du galvanomètre étaient situées sur une courbe équipotentielle.
On peut donc obtenir autant de points que l'on veut en déplaçant le second fil du galvanomètre. Lorsque l'on a déterminé
ainsi un certain nombre de courbes équipotentielles, il suffit,
pour construire les courbes représentatives des courants qui
sillonnent la surface du disque, de tracer les *trajectoires
orthogonales* des courbes équipotentielles. Sur la figure 219,
les courbes en traits pleins représentent les lignes équipotentielles et les traits ponctués représentent les courbes des courants que l'on appelle « courants parasites » ou « courants de

Foucault » (v. § suivant). Ces courants ont une forme elliptique
et se produisent par paires. Il est facile de trouver leur sens.
En effet soit A un pôle nord produisant des lignes de forces
d'avant en arrière. Par suite de la rotation du disque dans le
sens f leur nombre tend à augmenter à l'intérieur des circuits
elliptiques de gauche. En vertu de la loi de Lenz les courants

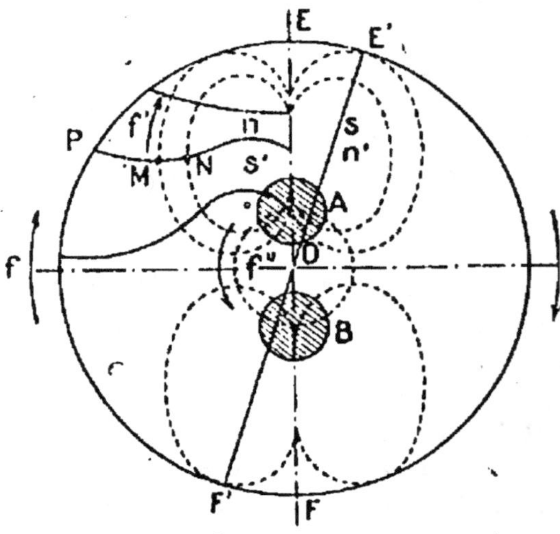

Fig. 214.

induits produiront donc un flux de sens contraire qui s'oppose
à cette augmentation, c'est-à-dire d'après la règle de Maxwell
que le sens des courants cela celui de f' et qu'ils donneront
naissance à un pôle sud s'. Pareillement les courants de droite
donneront naissance à un pôle n'.

Matteucci observa le phénomène suivant : pour une faible
vitesse toutes les lignes équipotentielles étaient symétriques
par rapport aux axes EF et CD ; mais, la vitesse venant à augmenter, l'axe de symétrie EF s'écartait de sa position normale
pour venir en EF', faisant avec EF un angle α proportionnel à
la vitesse de rotation du disque [1].

1. Imprimons à l'ensemble du système un mouvement de rotation égal
et opposé à celui du disque, le système des pôles A et B et les paires de

En se basant sur les expériences que nous venons de décrire, Matteucci en fit une autre qui en était la synthèse.

Il reproduisit, par incrustation de fils métalliques dans un disque en matière isolante, le dessin des courants qu'il avait obtenus par l'expérience précédente, et il fit passer dans ce réseau de conducteurs le courant d'une pile ; il constata qu'une aiguille aimantée suspendue au centre du disque était déviée de la même façon que dans l'expérience d'Arago.

377. — Expérience de Foucault. — Dans les expériences d'Arago et de Matteucci, on a vu que le sens des courants qui se forment dans le disque de cuivre est tel qu'ils tendent, en vertu de la loi de Lenz, à s'opposer au mouvement. Foucault a démontré d'une façon très frappante cette application de la loi de Lenz en faisant tourner un disque dans un champ magnétique très intense produit par un fort électro-aimant ; le mouvement de rotation du disque étant amplifié par une série d'engrenages, tant que le courant ne passe pas dans l'électro-aimant, on n'éprouve aucun effort à faire tourner le disque ; mais dès que le champ magnétique est créé, les courants induits engendrés dans le disque s'opposent au mouvement, comme le ferait un frein, et l'on est obligé de produire sur la manivelle un effort considérable pour maintenir en mouvement le disque dont la température s'élève alors très rapidement. Cet effort est proportionnel à la vitesse [1].

378. — Indicateur magnétique de vitesse de M. Marcel Deprez. — On peut en se basant sur cette propriété, construire un indi-

courants elliptiques vont tourner dans le sens *f''* mais les pôles *n'* et *s'* seront inversés et deviendront *n* à gauche et *s* à droite, en sorte que si le disque est libre de se mouvoir il *sera entraîné dans le sens de rotation des pôles A et B*, le pôle nord A poussant devant lui le pôle nord *n* et tirant le pôle sud *s*. c'est ce que vérifie l'expérience. Nous reviendrons sur cette importante remarque.

1. Il résulte des expériences d'Arago, de Matteucci et de Foucault que les courants d'induction produits dans les masses métalliques étant assimilables à des filets qui se déplacent dans un champ produisent un couple résistant proportionnel à la vitesse relative du filet par rapport au champ et au carré de l'intensité du champ.

cateur de vitesse, comme M. Marcel depuis l'a fait en 1880. Il suffit, en effet, dans l'expression trouvée plus haut.

$$F = \frac{N^2 u}{\rho}\, V,$$

de connaître F pour en déduire la vitesse V.

L'indicateur de vitesse (fig. 220) se compose d'un aimant en fer à cheval NS mobile autour d'un axe creux, auquel on peut communiquer, au moyen d'une poulie p et d'une courroie, le mouvement de rotation dont on veut mesurer la vitesse.

Entre les branches de cet aimant, se trouve un tube de cuivre (fig. 221) renforcé intérieurement d'un tube de fer dont le rôle est d'augmenter l'intensité du champ magnétique; l'axe de ce tube de cuivre qui coïncide avec celui de l'aimant, est monté sur des couteaux C et C', comme une balance, et il est muni d'un petit contrepoids M qui tend constamment

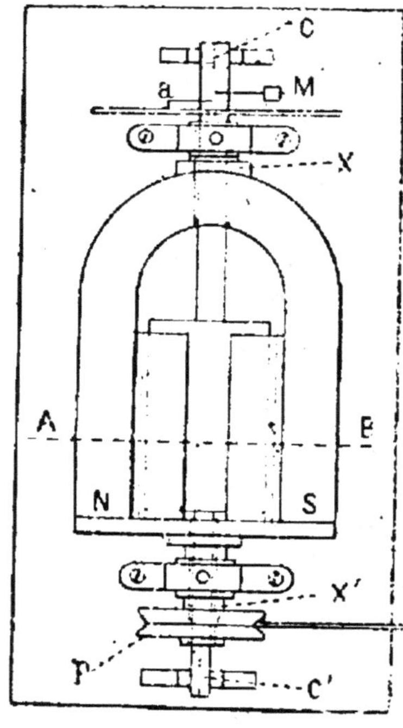

Fig. 220.

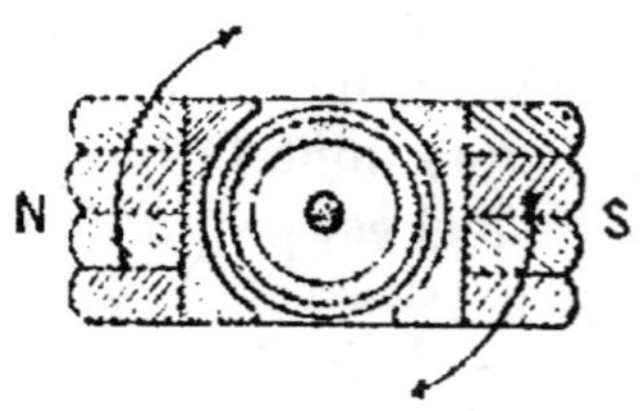

Fig. 221.

à le ramener dans une position déterminée; on peut mesurer ses déviations, pendant la rotation de l'aimant, au moyen d'une aiguille a qui se déplace devant un cercle gradué.

Si on désigne par ω la vitesse angulaire de l'aimant,

f l'effort tangentiel exercé sur le tube lorsque l'aimant est animé d'une vitesse angulaire égale à l'unité,

r le rayon du tube,

l la distance de l'axe du tube au centre de gravité de la masse M,

p le poids de la masse M,

x l'angle dont le tube est dévié par suite de l'induction.

L'effort tangentiel étant f pour une vitesse égale à 1, deviendra $f\omega$ pour une vitesse ω ; le couple qui en résultera aura pour valeur $f\omega r$ et comme il doit être égal au couple inverse développé par la masse M, on a

$$f\omega r = pl \sin \alpha$$

d'où

$$\omega = \frac{pl}{fr} \sin \alpha,$$

et

$$\sin \alpha = \frac{fr}{pl} \omega.$$

On voit que la vitesse cherchée est proportionnelle au sinus de l'angle et, par suite, à l'angle lui-même, lorsqu'il n'excède pas une vingtaine de degrés, et, que la sensibilité est inversement proportionnelle à pl.

Lorsque l'instrument doit être installé sur un bateau ou sur une locomotive, la force antagoniste qui mesure la force d'entraînement est produite par un ressort en spirale.

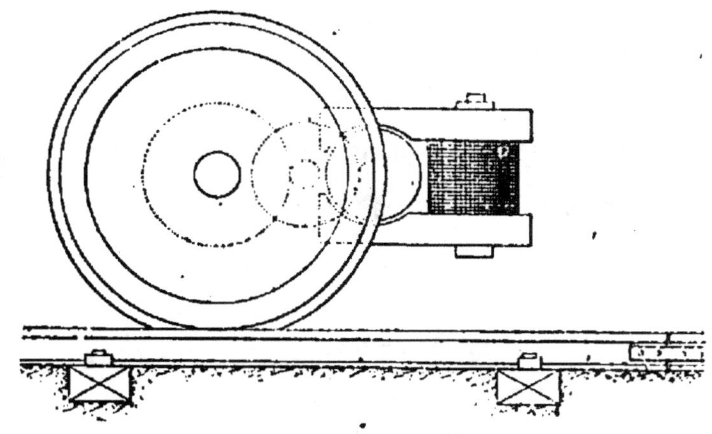

Fig. 222.

379. — **Frein électro-magnétique.** — On pourrait profiter de l'effort qui s'oppose à la rotation d'un cylindre métallique dans un champ magnétique, pour construire un frein très énergique. Il suffirait en effet d'amplifier le mouvement de rotation des roues par une série d'engrenages communiquant un mouvement rapide à un tambour en cuivre placé dans les épanouissements polaires d'un gros électro-aimant, à la manière d'un induit de machine dynamo-électrique (fig. 222). On graduerait l'effet du frein en envoyant un courant plus ou moins intense dans l'électro-aimant, c'est-à-dire en créant un champ magnétique plus ou moins fort ; il est certain que le frein serait d'une très grande souplesse. Il est intéressant à ce sujet de rechercher l'influénce qu'a dans un pareil système, l'amplification de la vitesse au moyen des engrenages.

Supposons que le frein soit appliqué à un wagon de chemin de fer ; soit V la vitesse du train et V' celle de la circonférence du cylindre en cuivre,

F, l'effort tangentiel appliqué à la roue du wagon,

F', l'effort tangentiel appliqué au cylindre du frein.

Supposons, pour simplifier, qu'il n'y ait aucun frottement dans la transmission par engrenages ; on a, à chaque instant en vertu du théorème du travail virtuel

$$FV = F'V'$$

'où

$$\frac{F}{F'} = \frac{V'}{V} ;$$

mais, d'autre part, l'effort F' appliqué au cylindre est proportionnel à la vitesse, c'est-à-dire que

$$F' = f'V',$$

f' étant l'effort développé quand la vitesse tangentielle du cylindre est égale à l'unité.

On a donc, en remplaçant F' par sa valeur,

$$\frac{F}{f'} = \frac{V'^2}{V} \qquad \text{ou} \qquad FV = f'V'^2 :$$

mais

$$V' = KV,$$

K étant le rapport d'amplification ; donc

$$FV = f'K^2V^2$$

ou

$$F = K^2 f'V,$$

c'est-à-dire que *l'effort est toujours proportionnel à la vitesse du train et au carré du rapport des vitesses linéaires du train et du cylindre.*

380. — Amortissement des oscillations dans les appareils de mesures. — Une autre application peut encore être faite de ces principes en vue d'amortir les oscillations de l'équipage mobile d'un galvanomètre ou d'un électromètre et en général de toute espèce d'appareil de mesure,

On en a un exemple frappant dans le galvanomètre Deprez-d'Arsonval; le cadre mobile en se déplaçant dans un champ magnétique intense engendre des courants d'induction qui s'opposent à son mouvement et le ramènent ainsi très rapidement au repos.

Dans certains électromètres, on a aussi employé cette disposition.

Il est d'ailleurs essentiel de remarquer que cette force antagoniste s'annulant en même temps que la vitesse, ne modifie en rien la position d'équilibre que prendrait l'équipage mobile si elle n'existait pas.

<h2 style="text-align:center">INDUCTION MUTUELLE PRODUITE
PAR LE DÉPLACEMENT RELATIF DE DEUX CIRCUITS
PARCOURUS PAR DES COURANTS</h2>

381. — **Calcul de la f. e. m. induite.** -- Considérons deux circuits A et A′ (fig. 223) alimentés chacun par une source d'électricité P, P′, à *f. e. m. variable*, E, E′, destinée à maintenir constantes les intensités I et I′ des courants dans chaque circuit. Cherchons la valeur de la *f. e. m.* d'induction créée dans les circuits A et A′ pendant leur déplacement relatif.

Le circuit A′ est traversé par un flux de force magnétique émané de A ; nous considérons comme un axiome que le champ magnétique ainsi créé, produit sur A′ des effets indépendants de son origine ; c'est-à-dire qu'il agit comme s'il émanait d'un aimant permanent. Nous avons vu que l'énergie dépensée par la source pendant le mouvement relatif de A′ par rapport à A est, pendant le temps dt, donnée par l'équation

$$E'I'dt = R'I'^2dt + F.V.dt,$$

R′ étant la résistance de A′ ; V, la vitesse du mouvement relatif, en supposant que les deux circuits restent parallèles entre eux ; F, la force nécessaire pour produire ce mouvement relatif, mesurée suivant la direction de la vitesse relative.

En appliquant la même équation au circuit A considéré

comme animé d'un mouvement relatif par rapport au champ magnétique créé par le circuit A', on aura

$$EI dt = RI^2 dt + F.V.dt,$$

R étant la résistance du circuit A.

D'un autre côté, la formule d'Ampère nous apprend que la

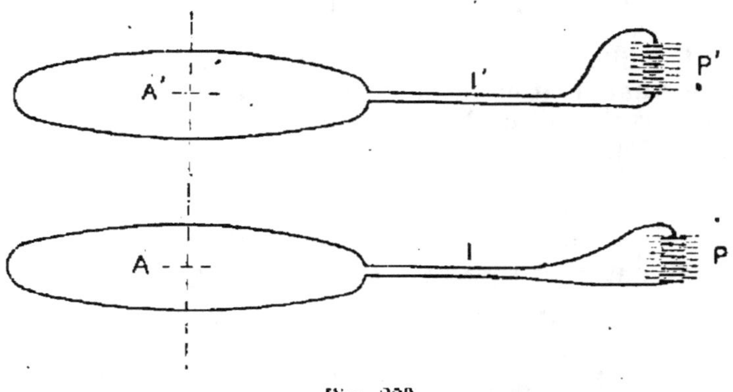

Fig. 223.

force F est proportionnelle au produit des deux courants I et I'; on peut donc l'écrire

$$F = f.II',$$

f étant l'effort développé actuellement par l'action mutuelle des deux circuits et compté dans le sens de leur déplacement relatif, lorsque le courant est égal à l'unité dans chacun d'eux.

En remplaçant F par sa valeur dans les deux premières équations, il vient :

$$E'I' dt = R'I'^2 dt + fII'V dt$$

et

$$EI dt = RI^2 dt + fII'V dt,$$

d'où l'on tire

$$E' = R'I' + fIV,$$
$$E = RI + fI'V.$$

Or, les produits RI' et RI' sont précisément les valeurs que devraient avoir les $f. e. m.$ E' et E pour entretenir les courants I' et I si les $f. e. m.$ d'induction étaient nulles ; en en conclut que les termes fIV et fI'V représentent des *f. e. m.* d'induction que nous désignerons par E'_1 et E_1 ; nous aurons donc

$$E'_1 = f\text{IV}, \qquad E_1 = f\text{I'V}.$$

En ajoutant membre à membre les deux premières équations, on a

$$(\text{EI} + \text{E'I'})dt = \text{RI}^2 dt + \text{R'I'}^2 dt + 2\text{FV}dt,$$

or, le premier membre de cette équation représente le travail total engendré par les sources P et P' ; $\text{RI}^2 dt + \text{R'I'}^2 dt$ représente la quantité de chaleur totale produite dans les deux circuits, tandis que $2\text{FV}dt$ est le double du travail mécanique $\text{FV}dt$ dû au déplacement relatif des deux circuits. Nous sommes donc obligés de conclure qu'il se produit, pendant ce déplacement, un travail mécanique d'une nature immesurable et sur lequel nous aurons bientôt l'occasion de revenir.

382. — En se reportant aux formules trouvées pour la *f. e. m.* d'induction, on voit que la *f. e. m.* d'induction développée dans A', est proportionnelle au courant qui passe dans A et réciproquement ; elle est aussi proportionnelle à f, f étant, bien entendu, compté dans la direction de la vitesse relative.

Si les courants I et I' étaient égaux, les *f. e. m.* d'induction seraient les mêmes dans les deux circuits, *bien qu'ils puissent être de dimensions très différentes.*

Cela tient à ce que l'effort mécanique F exercé par A' sur A est égal et opposé à l'effort mécanique — F exercé par A sur A' et à ce que, en outre, la vitesse relative de A' par rapport à A est égale et opposée à la vitesse relative de A par rapport à A'.

383. — Nous venons de conclure, dans la recherche de l'induction par déplacement relatif, à l'existence d'un travail d'une nature immesurable, en décomposant le terme $2\text{FV}dt$ en deux parties, l'une $\text{FV}dt$, due au travail mécanique développé pendant le déplacement relatif des deux circuits, l'autre, qui ne répond à aucune des formes du travail mécanique directement constatable mais dont nous démontrerons expérimentalement l'existence par les phénomènes qui se manifestent au moment de la rupture du courant. Il est bon de justifier cette conséquence du

calcul en recherchant l'origine du mécanisme qui régit ces phénomènes.

Remplaçons, d'abord, les deux circuits A et A' par deux aimants
permanents (fig. 224) ; en amenant de l'infini l'aimant A' à la
position actuelle A'$_2$, on aura produit évidemment un certain
travail, positif ou négatif suivant que A et A' s'attirent ou se
repoussent. On peut du reste produire pratiquement le même
travail en choisissant comme point de départ une
certaine position intermédiaire A'$_1$, telle qu'aucun
travail n'ait été produit pour amener l'aimant A'
de l'infini à cette position ; il suffira, pour cela,
d'amener A' à la position A'$_1$ de façon que l'axe du
barreau A' soit constamment tangent à une trajectoire telle que le travail développé le long de cette
trajectoire soit constamment nul.

En passant de la position A'$_1$ à la position A'$_2$, on
aura produit le même travail qu'en amenant A' de
l'infini à la position A'$_2$; ce travail exige une dépense d'énergie ; mais l'état des aimants A et A'
n'ayant pas changé, on est amené à conclure que
cette énergie a été empruntée au milieu ambiant
(Ether) ou emmagasinée dans ce milieu de telle
façon qu'elle lui sera restituée ou soustraite, si

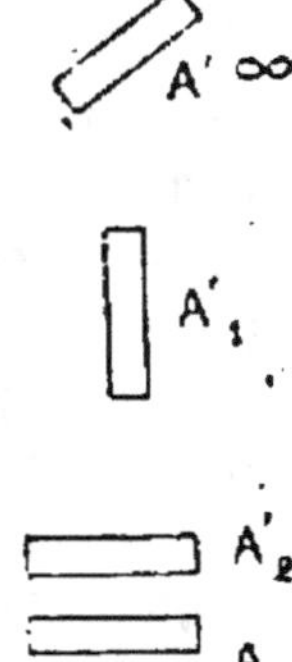

Fig. 224.

on reporte A' à la position A'$_1$ ou, ce qui revient au même, à l'infini.

Mais l'aimant A' peut être remplacé par un circuit parcouru
par un courant ; et dans ce cas, les conclusions que nous avons
tirées de l'expérience dans laquelle un courant, tournant
autour d'un pôle d'aimant, produit un travail sans limite bien
que la distance du courant au pôle reste constante, nous amènent
inévitablement à conclure que ce travail est entièrement fourni
par la source du courant.

D'autre part, les propriétés d'un champ magnétique étant
indépendantes de son origine, nous pouvons appliquer au système
formé par un aimant et par un circuit fermé, les mêmes raisonnements qu'au système formé de deux aimants permanents, et
dire que le travail mécanique développé pendant le mouvement
relatif du circuit et de l'aimant, a été fourni, d'abord par le
milieu ambiant, mais qu'il lui est restitué immédiatement ou ulté-
rieurement par la source d'électricité. Dans le cas où la restitution
est immédiate, l'énergie potentielle du milieu reste invariable ;
dans le cas contraire, elle augmente ou elle diminue d'une quantité égale à l'excès de l'énergie totale produite par la source, sur
le travail mécanique mesurable F.V.dt..

Enfin, dans le cas du déplacement de deux circuits, chacun

d'eux se comportant comme un aimant par rapport à l'autre, l'énergie est encore intégralement fournie par le milieu ambiant au circuit considéré et restituée à ce milieu par les deux sources d'électricité. Mais nous avons vu que le travail mécanique mesurable, $F.V.dt$, ne représente que la moitié de l'énergie totale fournie par ces deux sources ; nous sommes donc contraints d'admettre qu'une autre quantité d'énergie égale, $F.V.dt$, est emmagasinée dans le milieu ambiant sous forme d'énergie potentielle, et qu'elle doit manifester son existence lorsqu'on supprime le courant qui traverse l'un ou l'autre des circuits. C'est ce qui a lieu, en effet, et nous verrons bientôt que cette énergie ainsi emmagasinée, se manifeste, au moment de la rupture du courant, par la production d'un travail électrique dans le circuit que l'on vient de rompre. En vertu de la conservation de l'énergie, ce travail doit être égal au travail mécanique qui serait développé en éloignant à l'infini l'aimant permanent équivalent au courant que l'on supprime.

384. — Autre méthode de recherche de la f. e. m. d'induction. — On aurait pu trouver la *f. e. m.* d'induction en appliquant le théorème du flux de force embrassé.

En effet, en appelant E'_1 la *f. e. m.* d'induction développée par le circuit A sur le circuit A', il vient

$$E'_1 = \frac{d\vec{\mathcal{F}}_{AA'}}{dt},$$

$d\vec{\mathcal{F}}_{AA'}$ étant la variation, pendant le temps dt, du flux de force émané de A et traversant A'.

En multipliant les deux termes de cette fraction par le déplacement relatif dx des deux circuits pendant l'unité de temps, il vient

$$E'_1 = \frac{d\vec{\mathcal{F}}_{AA'}}{dx}\frac{dx}{dt},$$

d'où

$$E'_1 = V\,\frac{d\vec{\mathcal{F}}_{AA'}}{dx}.$$

D'autre part, le travail élémentaire $d\mathcal{E}$ dû au déplacement relatif des deux circuits, a pour expression, en vertu du théorème du flux de force embrassé (294).

$$d\mathcal{E} = I\,d\vec{\mathcal{F}}_{AA'}.$$

On peut aussi écrire, en désignant par F l'effort mécanique mutuel des deux circuits, compté suivant la direction du déplacement dx

$$d\mathcal{E} = F dx.$$

Donc

$$F dx = I' d\vec{\mathcal{F}}_{AA'},$$

d'où

$$F = \frac{I' d\vec{\mathcal{F}}_{AA'}}{dx},$$

ou encore

$$\frac{d\vec{\mathcal{F}}_{AA'}}{dx} = \frac{F}{I'}.$$

Donc enfin

$$E'_1 = V \frac{F}{I'}.$$

Mais en vertu des lois d'Ampère, on a

$$F = f I I',$$

f étant la valeur de F correspondant à $I = I' = 1$. On arrive donc enfin à l'équation

$$E'_1 = f I V,$$

expression identique à celle déjà trouvée.

Nous avons supposé naturellement que A et A' étaient filiformes; car sans cela, il faudrait répéter la première équation pour chaque spire des systèmes A et A' et faire une double intégration, le flux de force traversé variant avec les dimensions et les positions des spires. Ceci montre l'élégance de la première démonstration qui est exacte quelles que soient la forme et les dimensions des circuits A et A'.

385. — **Quantité d'électricité mise en mouvement dans chaque circuit par le fait de l'induction seule.** — Le courant qui circule dans un circuit quelconque où existent deux *f. e. m.* de sens contraire, a pour expression

$$I = \frac{E - E_1}{R}.$$

Pendant un temps dt la quantité d'électricité mise en mouvement sera

$$I dt = \frac{E}{R} dt - \frac{E_1}{R} dt$$

d'où

$$\int I dt = \int \frac{E dt}{R} - \int \frac{E_1 dt}{R} \; ;$$

le terme $\int \frac{E dt}{R}$ représente la quantité d'électricité mise en mouvement par le *f. e. m.* de la source agissant seule, puisque, si l'induction était nulle, il resterait justement ce terme ; par conséquent le deuxième terme

$$\int \frac{E_1 dt}{R}$$

représente la quantité d'électricité qui est mise en mouvement par l'induction ; en désignant par Q_1 celle qui correspond au circuit A, et en remplaçant E_1 par sa valeur $f'V$, on a

$$Q_1 = \int \frac{f'V}{R} dt;$$

on aurait de même

$$Q'_1 = \int \frac{fV}{R'} dt.$$

Mais $V dt$ est égal au déplacement relatif dx des deux circuits pendant le temps dt ; on a donc finalement

$$Q_1 = \frac{f'}{R} \int f dx$$

$$Q'_1 = \frac{f}{R'} \int f dx;$$

Or, f étant la force mécanique exercée entre les deux bobines et mesurée dans le sens du déplacement relatif, lorsqu'elles sont traversées par l'unité du courant, $f dx$ sera le travail élémentaire accompli pendant le déplacement dx et la somme de tous ces travaux élémentaires sera le travail total développé, quand les bobines se rapprochent depuis l'infini jusqu'à leur position actuelle ; en le désignant par $\tilde{c}_1$, on aura

$$\tilde{c}_1 = \int f dx \, ;$$

et par suite

$$Q_1 = \frac{I'}{R} \, \tilde{c}_1, \qquad Q'_1 = \frac{I}{R'} \, \tilde{c}_1.$$

$\tilde{c}_1$ a reçu, pour des motifs que nous verrons dans le chapitre suivant, le nom de coefficient *d'induction mutuelle*.

386. — Détermination des flux de force embrassés par les deux circuits en fonction du travail développé pendant leur mouvement relatif. — Les forces électro-motrices dans les circuits A' et A, sont données par les équations :

$$E'_1 = \frac{d\tilde{\mathcal{F}}_{AA'}}{dt} \qquad \text{et} \qquad E_1 = \frac{d\tilde{\mathcal{F}}_{A'A}}{dt},$$

mais, nous venons de voir qu'on peut aussi les mettre sous la forme

$$E'_1 = fIV \qquad \text{et} \qquad E_1 = fI'V.$$

Remplaçant V par $\dfrac{dx}{dt}$ et intégrant, il vient, en supposant que A' part de l'infini pour arriver à sa position actuelle,

$$\tilde{\mathcal{F}}_{AA'} = I \int f dx, \qquad \tilde{\mathcal{F}}_{A'A} = I' \int f dx,$$

équations vraies quel que soit le chemin parcouru pour arriver à la position finale relative des deux bobines, parce que, pour amener A' de l'infini jusqu'à sa position actuelle, le travail dépensé ou produit (I et I' restant bien entendu constants) est indépendant de la trajectoire parcourue.

387. — Cas où les deux circuits contiennent du fer. — Les formules qui donnent la *f. e. m.* induite en fonction de l'intensité du courant, ne sont plus applicables, parce que le flux de

force émané du fer n'est pas proportionnel à l'intensité du
courant. Seules, les formules générales

$$E'_1 = \frac{d\mathcal{F}_{AA'}}{dt}$$

$$E_1 = \frac{d\mathcal{F}_{A'A}}{dt}$$

sont encore exactes ; mais, malheureusement, elles restent à
l'état de formules algébriques sans application numérique,
parce que la loi qui lie le flux de force développé dans le fer au
courant inducteur, n'est pas connue.

Nous reviendrons d'ailleurs avec détails sur ce sujet, dans
le chapitre suivant.

CHAPITRE II

INDUCTION MUTUELLE DE DEUX SYSTÈMES
ÉLECTRO-MAGNÉTIQUES EN REPOS RELATIF

INDUCTION MUTUELLE DE DEUX CIRCUITS FIXES
TRAVERSÉS PAR DES COURANTS VARIABLES

388. — Théorème de Neumann. — Expérience de Felici. — Nous avons vu que quand on amène d'une distance infinie à une certaine position, deux circuits parcourus par des courants, on développe dans chacun d'eux une certaine quantité d'électricité induite. Si, dans une deuxième expérience, on supprime le courant dans chacun des circuits et qu'on les amène encore de l'infini à la même position relative, puis que l'on rétablisse les deux courants avec les mêmes intensités que dans la première expérience, on constate qu'il y a production de courants induits dans chacun des circuits. Le théorème de Neumann établit que la quantité d'électricité induite dans les deux cas est la même ; on peut donc l'énoncer ainsi :

La quantité d'électricité induite développée par déplacement relatif dans deux circuits parcourus par des courants, quand on les amène d'une très grande distance à une certaine position relative, est égale à celle qui serait développée si, dans cette position, on rétablissait dans chaque circuit, préalablement ouvert, des courants de même intensité que dans le cas où il y a déplacement relatif.

Felici a démontré ce théorème très important par une expérience à laquelle on peut donner la forme suivante.

On prend deux bobines plates A et A' (fig. 225) de diamètres différents, de façon que l'une A' puisse entrer facilement dans l'autre A et s'y mouvoir en tournant autour d'un de ses diamètres. A cet effet, la bobine A' est montée sur pivots et elle est sollicitée à rester constamment dans le même plan que A à l'aide d'un ressort r et d'une corde s'enroulant sur une poulie p ; la bobine A est parcourue par le courant d'une pile P et la bobine A' est pdaus lacée le circuit d'un galvanomètre G. On

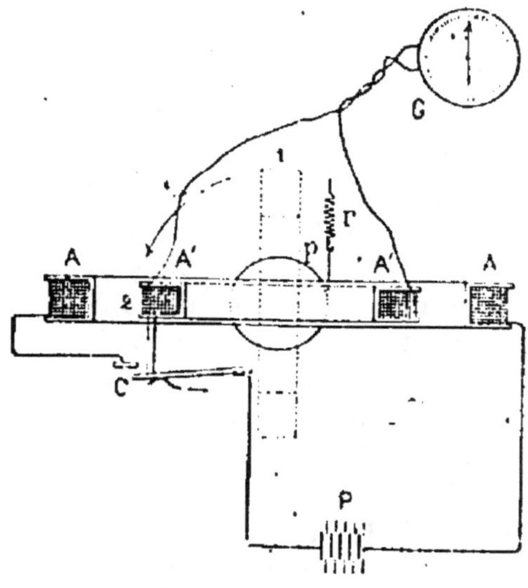

Fig. 225.

peut, à l'aide de ce dispositif, démontrer l'existence de l'induction due au *déplacement relatif* des deux bobines en plaçant d'abord A' dans un plan perpendiculaire à A (position 1) et en l'abandonnant ensuite à l'action du ressort qui la ramène brusquement dans le plan de A (position 2) ; l'aiguille du galvanomètre G sera momentanément déviée.

Faisons maintenant une deuxième expérience ; le circuit A' étant dans le plan de A, nous démontrerons l'existence de l'induction *sans déplacement relatif* en lançant dans A le courant de la pile P ; on constate alors la déviation momentanée au galvanomètre G. Si on interrompt le courant, on constate une deuxième déviation égale à la première, mais de sens contraire ; il y a donc eu induction sans déplacement relatif.

Il faut maintenant démontrer que la quantité d'électricité induite développée par déplacement relatif est égale à celle développée sans déplacement relatif. Pour cela on se base sur ce fait (que nous démontrerons dans l'étude des mesures électriques) que l'équipage mobile d'un galvanomètre possède une certaine inertie qui l'empêche de dévier d'une quantité appréciable, si l'on vient à lancer dans son circuit, à des intervalles de temps très rapprochés, deux quantités d'électricité égales mais de signe contraire.

Pour appliquer cette propriété des galvanomètres à l'expérience de Felici, on place dans le circuit A un interrupteur C disposé de telle façon que la bobine A' interrompt le courant qui traverse A juste au moment où les plans de A et de A″ coïncident. On fait alors l'expérience suivante : A' étant maintenu dans un plan perpendiculaire à A, l'interrupteur C est fermé et le circuit A est parcouru par le courant de la pile ; on abandonne A', le ressort r ramène dans un temps très court, ce circuit dans le plan de A ; une certaine quantité d'électricité induite est ainsi développée dans A', par suite de son déplacement relatif. Mais au moment où les plans des deux bobines coïncident, l'interrupteur C entrant en jeu, le courant est interrompu dans A, et cette interruption a pour effet de développer dans A' une quantité d'électricité induite sans déplacement relatif. L'expérience a eu lieu dans un temps très court grâce à l'énergie du ressort r ; les deux quantités d'électricité induite de sens contraire ainsi développées, l'une par déplacement relatif (mouvement de rotation), l'autre sans déplacement relatif (interruption), traversent le galvanomètre dans un intervalle de temps très court ; comme on ne constate aucune déviation, on en conclut que les deux quantités d'électricité induites sont égales, ce qui démontre le théorème.

Nous avons démontré que la quantité d'électricité induite dans un circuit fermé en mouvement dans un champ magnétique, est numériquement égale au quotient de la variation du flux de force embrassé par la résistance du circuit ; *cette variation étant due au mouvement du circuit dans le champ magnétique*. Si l'on admet que le théorème est toujours vrai *quelle que soit l'origine de la variation du flux de force* embrassé, le théorème de Neumann en devient une simple conséquence.

389. — Calcul de la f. e. m. d'induction développée dans deux circuits en repos relatif traversés par des courants variables. — Supposons que les deux circuits A et A' voisins l'un de l'autre, ne soient d'abord parcourus par aucun courant, et que nous établissons le courant dans A'; d'après le théorème de Neumann, la quantité d'électricité induite dans A sera égale à celle qui aurait été développée si A' avait été placé à une très grande distance et amené ensuite dans sa position actuelle; le courant I' ayant une intensité constante pendant ce déplacement. Or nous avons vu que la quantité d'électricité induite dans A par le déplacement de A', a pour valeur

$$Q_1 = \frac{I'}{R}\, \mathfrak{C}_1.$$

L'établissement du courant dans A' supposé en repos, a donc pour conséquence le développement dans A d'une quantité d'électricité représentée par cette équation.

Supposons maintenant que l'intensité I' soit modifiée et devienne I' + dI'; la quantité d'électricité développée dans A, éprouvera elle-même un accroissement dont on déterminera la valeur en différenciant l'équation ci-dessus, ce qui donnera

$$dQ_1 = \frac{dI'}{R}\, \mathfrak{C}_1.$$

En divisant les deux membres par le temps dt, nécessaire pour que l'intensité du courant varie de dI', on trouve

$$\frac{dQ_1}{dt} = \frac{\mathfrak{C}_1}{R} \cdot \frac{dI'}{dt};$$

ou encore

$$R\, \frac{dQ_1}{dt} = \mathfrak{C}_1\, \frac{dI'}{dt}.$$

Or, le facteur $\dfrac{dQ_1}{dt}$ représente l'intensité I_1 du courant induit dans A ; si nous maintenons ce courant constant, en faisant croître le courant inducteur suivant une certaine loi (nous allons voir qu'il suffit de le faire croître proportionnellement au temps), le premier membre de cette équation représentera la *f. e. m.* RI_1, nécessaire pour produire le courant induit, *f. e. m.* constante, puisque nous avons supposé $\dfrac{dQ_1}{dt}$ constant; on a donc

$$E_1 = \mathcal{C}_1 \frac{dI'}{dt} \cdot$$

Si l'on veut que I_1 soit constant, il faut que E_1 le soit aussi et l'équation devient

$$\mathcal{C}_1 dI' = E_1 dt$$

et par conséquent, en intégrant,

$$I' = \frac{E_1}{\mathcal{C}_1} \cdot t + \text{constante,}$$

c'est-à-dire que le courant inducteur devra croître proportionnellement au temps.

Nous venons de voir que la variation d'un courant dans un circuit engendre, dans un circuit voisin, une *f. e. m.* induite ; on peut déjà entrevoir que dans un même circuit parcouru par un courant variable, chaque spire engendre dans les autres, une *f. e. m.* d'induction ; c'est cette *f. e. m.* que l'on appelle la *force électromotrice de self-induction* et c'est pour éviter d'en tenir compte que nous avons supposé que l'on maintenait constante l'intensité du courant induit I_1.

390. — Définition des coefficients d'induction. — L'équation

$$E_1 = \mathcal{C}_1 \frac{dI'}{dt}$$

montre que la *f. e. m.* d'induction est proportionnelle à la vitesse $\dfrac{dI'}{dt}$ de variation du courant inducteur, et nullement à l'intensité de ce courant lui-même. Résolue par rapport à ε_1, l'équation ci-dessus donne

$$\varepsilon_1 = \frac{E_1}{\left(\dfrac{di'}{dt}\right)} \cdot$$

La vitesse de variation du courant inducteur étant supposée égale à l'unité, on trouve $\varepsilon_1 = E_1$, d'où cette définition très simple : *Le coefficient d'induction mutuelle de deux circuits, est numériquement égal à la f. e. m. développée dans l'induit quand l'intensité du courant inducteur varie d'une unité par seconde.*

S'il s'agit de l'induction d'un circuit sur lui-même, c'est-à-dire de la *self-induction*, on peut dire que le *coefficient de self-induction* est numériquement égal à la *f. e. m.* développée dans ce circuit, lorsque l'intensité du courant qui le traverse, éprouve, dans l'unité de temps, une variation égale à l'unité.

Lorsqu'il s'agit de deux circuits, nous avons désigné par ε_1, le travail positif ou négatif développé pendant le mouvement relatif des deux circuits, lorsque leur distance mutuelle décroît depuis l'infini jusqu'à la valeur actuelle, le courant qui traverse chacun d'eux étant égal à l'unité.

Cette définition est simple et facile à comprendre, mais lorsqu'il s'agit d'un circuit unique dont on veut évaluer le coefficient de self-induction, la définition de ε_1 est beaucoup moins claire. Elle doit être modifiée de la façon suivante : Si l'on suppose que les différentes spires d'un circuit soient d'abord à une très grande distance les unes des autres, et parcourues par un courant égal à l'unité, et qu'on les amène ensuite successivement dans la position qu'elles occupent réellement, le travail développé pendant cette reconstitution du circuit dans sa forme réelle, est égal au *coefficient de self-induction.*

Nous désignerons dans tout ce qui va suivre, le coefficient d'induction mutuelle par la lettre M et le coefficient de *self-induction*, par la lettre L.

Le calcul des deux coefficients d'induction étant ramené

à celui de ε_1, peut être effectué dans quelques cas simples. Neumann a donné, pour faire ce calcul, une forme générale à laquelle nous avons déjà fait allusion et dont on ne se sert pas dans la pratique à cause de l'extrême difficulté des calculs analytiques qu'elle comporte dans la plupart des cas. On préfère se servir de procédés moins généraux basés sur l'emploi du symbole géométrique auquel on a donné le nom de feuillet magnétique et permettant d'arriver beaucoup plus simplement au résultat cherché. Nous donnerons plus loin quelques exemples de ces calculs.

Dans la pratique, les coefficients d'induction se déterminent au moyen de procédés expérimentaux, que nous ferons connaître dans l'électrométrie.

391. — Dimension du coefficient d'induction. — Définition du Quadrant ou Henry. — Reprenons l'équation

$$E_1 = \varepsilon_1 \frac{dI'}{dt} \cdot$$

et supprimons l'accent de I et l'indice de E. La dérivée $\dfrac{dI}{dt}$ étant du même ordre de grandeur que $\dfrac{I}{T}$, on peut écrire symboliquement

$$\varepsilon_1 = \frac{E}{\dfrac{I}{T}} = \frac{ET}{I} \cdot$$

Mais on a vu que I est représenté en unités absolues, par le symbole

$$M^{\frac{1}{2}} L^{\frac{1}{2}} T^{-1},$$

tandis que E, comme le potentiel, est représenté par

$$M^{\frac{1}{2}} L^{\frac{3}{2}} T^{-2}.$$

En remplaçant E et I par ces symboles, on trouve que

$$\varepsilon_1 = L,$$

ε_1 est représenté par une longueur.

On peut le démontrer autrement ; en effet, $\mathfrak{C}_1$ étant le travail développé par unité de courant, et ce travail étant proportionnel au carré de l'unité d'intensité choisie, en vertu de la loi d'Ampère, on a symboliquement :

$$\mathfrak{C}_1 = \frac{\text{Travail}}{(\text{Intensité})^2} \cdot$$

Mais le travail est représenté par (10)

$$ML^2T^{-2},$$

tandis que le carré du courant est

$$MLT^{-2} ;$$

en faisant le calcul, on retrouve

$$\mathfrak{C}_1 = L.$$

Pour appliquer numériquement en unités pratiques, la formule donnant la *f. e. m.* d'induction

$$E_1 = \mathfrak{C}_1 \frac{dI'}{dt}$$

qui ne peut s'employer directement que lorsque E_1, $\mathfrak{C}_1$, I' et t sont exprimés en unités C. G. S., il faut remplacer ces diverses quantités par leurs valeurs en unités pratiques.

En faisant cette transformation, on trouve que le travail $\mathfrak{C}_1$ étant exprimé en watts-seconde pour un ampère, et $\dfrac{dI'}{dt}$ en ampères par seconde, E_1 est exprimé en volts. Le coefficient $\mathfrak{C}_1$ est désigné alors sous le nom de *quadrant* ou *Henry*.

Quand on dit que le coefficient d'induction mutuelle de deux bobines est de 1 Henry, on veut dire que le courant variant dans l'une d'elles de 1 ampère par seconde, la f. e. m. développée dans l'autre sera égale à 1 volt.

392. — **Quantité d'électricité induite développée dans deux circuits parcourus par des courants variables. — Forces électro-motrices totales.** — Considérons deux circuits à proximité l'un de l'autre et parcourus par des courants engendrés par des *f. e. m. variables suivant une loi quelconque.*

Dans chaque circuit la *f. e. m.* de la source d'électricité doit être, à chaque instant, égale au produit RI de la résistance du circuit par l'intensité du courant, augmenté de la somme de toutes les *f. e. m.* d'induction,

Or, ces *f.e.m.* d'induction se réduisent, dans chaque circuit, à deux ; l'une, due à la self-induction du circuit considéré, et l'autre, à l'induction développée par la variation du courant dans le second circuit.

Donc, dans le premier circuit, la *f. e. m.* développée par la source sera

$$E = RI + L \frac{dI}{dt} + M \frac{dI'}{dt}$$

et dans le deuxième circuit,

$$E' = R'I' + L' \frac{dI'}{dt} + M \frac{dI}{dt} \cdot$$

Multiplions les deux membres de ces équations par dt, il vient

$$Edt = RIdt + LdI + MdI',$$
$$E'dt = R'I'dt + L'dI' + MdI$$

et en intégrant

$$\int_0^t Edt = R \int_0^t Idt + L(I_1 - I_0) + M(I'_1 - I'_0)$$
$$\int_0^t E'dt = R \int_0^t I'dt + L'(I'_1 - I'_0) + M(I_1 - I_0);$$

les intégrales $\int_0^t Edt$ et $\int_0^t E'dt$ s'appellent *les f.e.m. totales* de chaque circuit, par analogie avec ce qu'on appelle, en mécanique, l'*impulsion totale d'une force* ; d'autre part $\int_0^t Idt$ et $\int_0^t dt$ sont les *quantités totales* d'électricité développées dans les deux circuits pendant le temps t; les valeurs de ces quantités sont

$$\int_0^t I dt = \frac{1}{R}\left[\int_0^t E dt - L(I_1 - I_0) - M(I'_1 - I'_0)\right],$$

$$\int_0^t I' dt = \frac{1}{R'}\left[\int_0^t E' dt - L'(I'_1 - I'_0) - M(I_1 - I_0)\right].$$

Les quantités d'électricité Q_1, Q'_1 dues à l'induction seule, ont pour expression dans chacun des circuits, en faisant $E = 0$, $E' = 0$

$$Q_1 = -\frac{1}{R}\left[L(I_1 - I_0) + M(I'_1 - I'_0)\right],$$

$$Q'_1 = -\frac{R'}{1}\left[L'(I'_1 - I'_0) + M(I_1 - I_0)\right].$$

Pour simplifier, supposons que le premier circuit seul contienne une source d'électricité, mais qu'il soit d'abord rompu, le second circuit étant constamment fermé; fermons le premier circuit, le courant qui avait d'abord une valeur nulle, atteint au bout d'un temps très court l'intensité constante I_1 et pendant ce temps, provoque dans le second circuit un courant induit dont l'intensité, d'abord égale à zéro, passe par un maximum et redevient nulle lorsque le courant inducteur prend une valeur permanente. Il faut donc pour déterminer Q_1 et Q'_1 faire $I_0 = 0$, $I'_0 = 0$, $I'_1 = 0$; il vient alors

$$Q'_1 = -\frac{1}{R'} M I_1.$$

D'un autre côté, dans le circuit inducteur, la quantité d'électricité induite sera

$$Q_1 = -\frac{1}{R} L I_1;$$

c'est-à-dire que le premier circuit se comporte comme s'il était isolé dans l'espace, puisque Q_1 ne dépend que de la self-induction de ce circuit. Si nous rompons le circuit inducteur, les quantités d'électricité induite pendant la disparition du courant inducteur, seront numériquement égales, mais de signe contraire aux précédentes.

393. — Energie développée dans les deux circuits. — Multiplions chacune des équations fondamentales, respectivement par Idt et $I'dt$, on aura

$$EIdt = RI^2dt + LIdI + MIdI',$$
$$EI'dt = RI'^2dt + L'I'dI' + MI'dI;$$

en intégrant, on a

$$\int_0^t EIdt = \int_0^t RI^2dt + \frac{1}{2} L(I_1^2 - I_0^2) + M \int_0^t IdI',$$

$$\int_0^t EI'dt = \int_0^t RI'^2dt + \frac{1}{2} L'(I_1'^2 - I_0'^2) + M \int_0^t I'dI.$$

Pour simplifier et rendre plus claire la signification de ces deux équations, nous supposerons que

$$I_0 = 0 \qquad \text{et} \qquad I'_0 = 0$$

et que le deuxième circuit ne contienne pas de $f. e. m.$ Alors le premier membre, $\int_0 EIdt$ représente l'énergie totale dépensée pendant le temps t par la source d'électricité ; voyons maintenant la signification des trois termes du second membre ; le 1er terme

$$\int_0^t RI^2dt$$

représente la chaleur dégagée d'après la loi de Joule ; le 2e terme

$$\frac{1}{2} LI_1^2$$

est indépendant du temps et représente ce qu'on appelle l'énergie intrinsèque du courant.

C'est un travail dont la forme nous est inconnue et qui est emmagasinée soit dans le conducteur, soit dans le milieu ambiant (Éther) ; nous allons voir en effet qu'il est intégralement restitué au circuit lorsqu'on ramène à zéro l'intensité du courant inducteur. En effet, si le courant part de zéro pour revenir à zéro, le terme $\frac{1}{2} L(I_1^2 - I_0^2)$, devient nul ce qui exige que pendant que le courant décroît de I_1 jusqu'à 0, le travail représenté par ce terme ait une valeur égale à $-\frac{1}{2} LI_1^2$. Il y a là une analogie complète avec ce que nous avons dit à l'occasion du travail emmagasiné lorsque deux circuits mobiles parcourus par des courants constants et situés d'abord à une très grande distance l'un de l'autre, se rapprochent jusqu'à une distance infinie ; nous avons démontré que le travail emmagasiné dans le milieu qui environne les deux circuits, était précisément égal au travail mécanique mesurable $\int FVdt$ développé pendant leur rapprochement

Le 3ᵉ terme

$$M \int_0^t I dI'$$

représente une forme de l'énergie que nous n'avons pas encore vu paraitre.

Nous allons démontrer que, dans le cas actuel,

$$\int_0^t I dI' = \int_0^t I'dI ;$$

lorsque le courant inducteur passe d'une permanente I_0 à une seconde permanente I_1. En effet, cherchons à déterminer la forme de la courbe qui représente I' en fonction de I, en supposant que le courant inducteur parte de 0, pour atteindre une valeur constante I_1 ; le courant induit I' part alors de 0, passe par un maximum et redevient nul lorsque I_1 reste constant.

On obtient ainsi la courbe représentée approximativement par la figure 226 ; nous disons approximativement parce que, comme nous le verrons, le courant inducteur n'atteint théoriquement sa valeur permanente qu'au bout d'un temps infini ; il en est de même du courant induit ; mais, au contraire, en pratique on peut considérer ces deux courants comme différant extrêmement peu de leur valeur-limite au bout d'un temps très court ; il y a là une analogie complète avec la décharge d'un condensateur en fonction du temps.

$\int I dl'$ représente la surface OATNCO diminuée de la surface OATMO, c'est-à-dire la surface OMTNCO ; d'un autre côté,

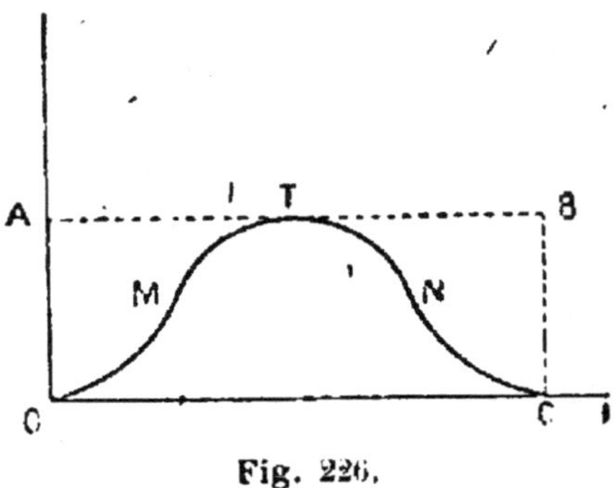

Fig. 226.

l'intégrale $\int I' dl$ est aussi égale à la surface OMTNCO ; on a donc

$$\int I dl' = \int I' dl.$$

On en conclut qu'il y a eu transmission d'énergie, *sans perte*, du circuit inducteur au circuit induit à travers l'espace, ce qui est un argument considérable de plus en faveur de l'existence d'un milieu ambiant intermédiaire capable de transmettre intégralement cette énergie.

ÉNERGIE INTRINSÈQUE DES COURANTS

394. — **Énergie intrinsèque d'un courant fermé.** — Nous avons déjà parlé de l'analogie qui existe entre les feuillets magnétiques et les circuits fermés parcourus par des courants ; nous allons l'utiliser en recherchant l'énergie intrinsèque d'un courant.

Nous avons vu que l'énergie intrinsèque d'un feuillet magnétique d'épaisseur λ, est le travail mécanique nécessaire pour écarter les deux faces du feuillet depuis le contact jusqu'à la distance λ ; si on désigne par C la capacité magnétique, on aura pour l'expression de ce travail

$$W = \frac{1}{2}\,CV^2,$$

ou encore

$$W = \frac{1}{2}\,\frac{S}{4\pi\lambda}\,(16\pi\Phi)^2 = 2\pi\,\frac{S}{\lambda}\,\Phi^2.$$

Mais, si on remplace le feuillet magnétique par un circuit par-

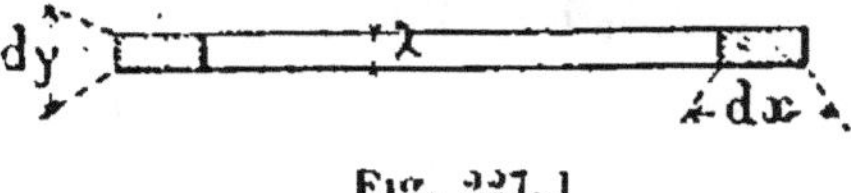

Fig. 227.]

couru par un courant I, dont le conducteur aurait pour section un rectangle de base dx et de hauteur dy (fig. 227) ; on aura

$$\Phi = I = i.dx.dy$$

i étant la densité du courant.
Posons

$$\lambda = dy,$$

d'après l'équation qui donne I, on a

$$(i\,dx)^2 = \frac{I^2}{dy^2}\,.$$

W devient donc

$$2\pi S dy \left(\frac{I}{dy}\right)^2.$$

Si on désigne par I_1 le courant par unité de hauteur

$$I_1 = \frac{I}{dy}$$

et par n_1 le nombre de spires par unité de hauteur, on

$$I_1 = n_1 I$$

par conséquent

$$W = 2\pi S dy (n_1 I)^2$$

et pour une hauteur de la bobine égale à y

$$W = 2\pi S y n_1^2 I^2 ;$$

telle est l'expression de l'énergie nécessaire pour établir un courant d'intensité I dans un circuit fermé ayant la forme d'une bobine de hauteur y et sur laquelle est enroulée une couche de fil d'épaisseur négligeable.

395. — On peut arriver au même résultat en considérant le flux de force total à l'intérieur d'un feuillet magnétique et en appliquant la formule du travail $\int \mathrm{Id}\vec{\mathfrak{I}}$ produit par la variation du flux de force embrassé par un courant d'intensité I. Le flux total à l'intérieur d'un feuillet magnétique a pour expression

$$4\pi\Phi \frac{S}{\lambda}.$$

Si le feuillet est remplacé par un courant de même contour, on a

$$\vec{\mathfrak{I}} = 4\pi\mathrm{I} \frac{S}{\lambda}.$$

Pour une variation de flux $d\vec{\mathfrak{I}}$, on aura

$$d\vec{\mathfrak{I}} = \frac{4\pi S}{\lambda} d\mathrm{I}$$

et en intégrant

$$\int \mathrm{Id}\vec{\mathfrak{I}} = \frac{2\pi S}{\lambda} \mathrm{I}^2,$$

Mais $\mathrm{Id}\vec{\mathfrak{I}}$ est le travail mécanique produit lorsque le flux de force embrassé par le courant I éprouve une variation $d\vec{\mathfrak{I}}$. On arrive donc bien à la même formule que plus haut

$$2\pi \frac{S}{\lambda} \Phi^2$$

et en effectuant les mêmes calculs, on arriverait nécessairement à la même valeur finale pour W.

396. — Enfin nous pouvons arriver d'une troisième façon, au même résultat, en appliquant les lois des courants induits.

En effet, la $f.\ e.\ m.$ développée dans un circuit fermé pendant l'établissement du courant, a pour expression la variation du flux de force qui émane du circuit lui-même

$$E_1 = \frac{d\mathcal{F}}{dt}.$$

Mais, en supposant que ce courant soit engendré par une pile de force électro-motrice E_0, on aura

$$E_0 = E_1 + RI.$$

Assimilant maintenant le circuit à un feuillet magnétique, il viendra

$$\mathcal{F} = 4\pi\Phi\cdot\frac{S}{\lambda} = 4\pi I\,\frac{S}{\lambda}.$$

$$d\mathcal{F} = 4\pi\,\frac{S}{\lambda}\,dI.$$

donc, en remplaçant E_1 par sa valeur dans l'équation de E_0, on aura

$$E_0 = 4\pi\,\frac{S}{\lambda}\,\frac{dI}{dt} + RI :$$

En multipliant les deux membres par Idt

$$E_\iota Idt = 4\pi\,\frac{S}{\lambda}\,IdI + RI^2 dt$$

et en intégrant

$$\int E_0 Idt = 2\pi\,\frac{S}{\lambda}\,I^2 + \int RI^2 dt.$$

Or, $\int E_0 Idt$ est le travail total fourni par la pile pendant le temps t ;

$\int RI^2 dt$ est la chaleur développée dans le circuit en vertu de la loi de Joule.

En vertu du principe de la conservation de l'énergie, l'expression

$$2\pi\,\frac{S}{\lambda}\,I^2$$

représente donc le travail que nous avons désigné plus haut par le symbole $\frac{1}{2}\,LI^2$ (399) et nous permet par conséquent de déterminer la valeur de L. Il vient en effet, en identifiant les deux expressions

$$L = \frac{4\pi S}{\lambda}$$

ou, en appliquant l'équation finale,

$$L = 4\pi S y n_1$$

dans laquelle S représente la surface embrassée par la *spire moyenne*, y la hauteur de la bobine et n_1, le nombre de spires contenues dans l'unité de longueur de la bobine.

CALCUL DE LA VALEUR DES COEFFICIENTS D'INDUCTION DANS PLUSIEURS CAS USUELS

397. — Influence de la grandeur et du nombre de spires d'un système électro-magnétique sur la valeur des coefficients d'induction. — Étant données deux bobines A et A', supposons que l'on multiplie toutes leurs dimensions ainsi que le diamètre du fil enroulé sur elles, par le nombre k, en ayant soin de multiplier également par k la distance de leurs centres de figures. Désignons par M_1 le coefficient d'induction mutuelle des deux bobines et par M_k le coefficient d'induction des bobines amplifiées. Le coefficient d'induction mutuelle étant précisément égal au travail τ_1 développé lorsque les deux bobines, traversées par l'unité de courant, se rapprochent de l'infini jusqu'à leur distance actuelle, il nous suffira de savoir comment varie τ_1 en fonction des dimensions et des distances finales des deux bobines, pour résoudre la question proposée.

Or, nous avons vu que le travail développé pendant le déplacement relatif des deux bobines d'un système électro-dynamique, est proportionnel à la cinquième puissance des dimensions des deux bobines, à la condition que ces dimensions linéaires ainsi que les distances initiale et finale des bobines soient multipliées par le même nombre et que la *densité du courant* qui les traverse reste constante.

Voyons maintenant quelle est l'influence du nombre de

spires, les dimensions du système restant constantes. Supposons que l'on coupe chaque bobine par un plan diamétral (fig. 228) et que l'on représente par la partie couverte de hachures l'épaisseur l du fil enroulé; divisons cette partie hachurée en carrés de 1^{cm} de côté et désignons par n_1 et n'_1 *le nombre de fils contenus dans* 1^{cm2} *de la section* de chacune des bobines du système ; et par I et I' les intensités des courants qui les traversent. Les densités respectives des deux cou-

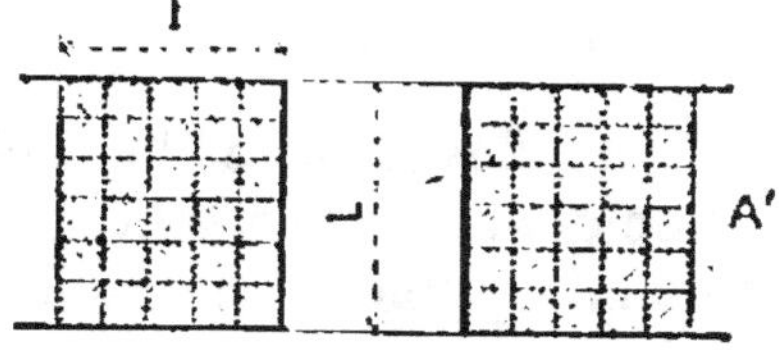

Fig. 228.

rants pourront être représentées par les produits n_1I, n'_1I', puisque nous appelons densité totale de courant l'intensité totale du courant qui passe dans l'unité de section.

Le travail produit par le déplacement relatif des deux bobines, étant proportionnel au produit ii' des densités de courant dans chacune d'elles, est donc proportionnel au produit $n_1In'_1I'$ et le travail $\mathfrak{r}_1$ correspondant à $I = 1$ $I' = 1$, sera proportionnel à $n_1n'_1$.

Ainsi, en résumé, le travail $\mathfrak{r}_1$ est proportionnel, d'une part à la 5me puissance des dimensions homologues des deux systèmes que l'on compare entre eux et d'autre part au produit $n_1n'_1$.

Il est donc en définitive proportionnel au produit $n_1n'_1k^5$, k représentant le rapport des dimensions homologues des deux systèmes.

Il en est donc de même des deux coefficients d'induction M et L.

Nous allons montrer comment on peut, dans plusieurs cas simples, trouver à l'aide du calcul, la valeur des coefficients d'induction de systèmes électro-magnétiques qui ne contiennent pas de fer.

398. — Induction mutuelle de deux bobines concentriques de très grande longueur par rapport à leur diamètre. — La bobine inductrice, contenant un nombre de spires n_1 *par unité de longueur*, et étant parcourue par un courant I, donne naissance à un champ magnétique intérieur égal à $4\pi n_1 I$ [1]. Le flux total de force qui en résulte à l'intérieur de la bobine, est égal à $S\mathcal{H}$, S désignant la surface embrassée par la spire moyenne ; on a donc, en le désignant par $\vec{\mathcal{I}}$

$$\vec{\mathcal{I}} = 4\pi n_1 I S.$$

D'autre part, la *f. e. m.* développée dans une spire de la bobine induite, supposée concentrique à la bobine inductrice et de même longueur qu'elle, a pour expression

$$\frac{d\vec{\mathcal{I}}}{dt} = 4\pi n_1 S \frac{dI}{dt} \cdot$$

Si on désigne par l la longueur commune aux deux bobines, et par n'_1 le nombre de spires contenues *dans l'unité de longueur* de la bobine induite, le nombre total des spires qu'elle contient, a évidemment pour valeur $n_1 l$. Chacune des spires induites étant le siège de la même *f. e. m.*, on a, pour la valeur de la *f. e. m.* totale E_1,

$$E_1 = 4\pi n_1 n'_1 l S \frac{dI}{dt} \cdot$$

Mais, le coefficient d'induction mutuelle M étant égal au quotient

$$\frac{E_1}{\dfrac{dI}{dt}},$$

on a, dans le cas de deux bobines concentriques,

$$M = 4\pi n_1 n'_1 l S.$$

Exemple numérique. — Supposons que l'on ait

$$n_1 = 100, \qquad n'_1 = 100, \qquad l = 20^{cm}, \qquad S = 50^{cm^2}.$$

1. On a, en effet, en désignant par F l'effort exercé par le solénoïde de longueur indéfinie sur une masse magnétique μ placée dans son intérieur, $F = 4\pi n_1 I \mu$. Si on fait $\mu = 1$, F devient ce qu'on appelle l'intensité du champ magnétique.

Ces dimensions correspondent à deux bobines concentriques ayant un diamètre moyen d'environ 8 cm. et dont les fils auraient chacun un peu moins de 1^{mm} de diamètre, la couche de fil ayant sur chacune d'elles une épaisseur d'environ 1 cm.

On trouve en appliquant la formule,

$$M = 4 \times 3,14 \times 100 \times 100 \times 20 \times 50 = 125\,600\,000.$$

Ce nombre étant exprimé en unités C. G. S., doit être divisé par 10^9 pour être exprimé en quadrants; il en résulte

$$M = 0,1256 \text{ quadrant.}$$

Cela signifie que si l'intensité du courant inducteur augmentait ou diminuait régulièrement d'un ampère dans une seconde, la *f. e. m.* développée dans l'induit aurait une valeur négative ou positive égale à 0,1256 volt.

Si on voulait calculer le coefficient de self-induction L, de la bobine inductrice, on serait conduit à trouver le même nombre que pour le coefficient d'induction mutuelle des deux bobines parce que le flux de force total aurait la même valeur dans les deux cas ainsi que le nombre de spires par unité de longueur.

399. — Induction mutuelle de deux bobines très éloignées. — Nous supposerons que les deux bobines ont des dimensions très petites par rapport à la distance qui les sépare et que leurs axes sont situés sur une même droite et que, par conséquent, toutes les spires sont dans les plans parallèles. Si on désigne par s la surface embrassée par une des spires de la bobine inductrice; N *le nombre total des spires;* I l'intensité du courant qui les traverse; s' et N' les éléments correspondants de la bobine induite et par a la distance des centres de figure des deux bobines, le flux de force magnétique qui traverse une seule des spires de la seconde bobine, a pour expression le produit de l'intensité du champ magnétique de la première bobine par la surface s'. Or, nous avons vu que l'intensité du champ magnétique produite par une seule des spires de la première bobine, en un point situé sur l'axe de cette bobine à une distance a du centre de la spire, a pour valeur

$$\frac{2 I s}{a^3} .$$

Le flux de force qui traverse une des spires de la seconde bobine, est donc égal à

$$f = \frac{2Is}{a^3} \cdot s'.$$

La première bobine contenant N spires, le flux de force embrassé par une des spires de la seconde, sera N fois aussi grand, et enfin chacune des spires de la seconde bobine donnant lieu à la même force électro-motrice, on voit que la *f. e. m.* totale induite dans la seconde bobine, sera NN' fois aussi grande que si chacune des bobines ne contenait qu'une spire. Or, dans ce dernier cas, la *f. e. m.* aurait pour expression

$$\frac{df}{dt} = \frac{2ss'}{a^3} \frac{dI}{dt} \cdot$$

La *f. e. m.* totale sera donc donnée par l'équation

$$E_1 = \frac{2NN'ss'}{a^3} \frac{dI}{dt} \cdot$$

Le coefficient d'induction mutuelle M a donc pour valeur

$$M = \frac{2NN'ss'}{a^3} \cdot$$

On voit qu'il est en raison inverse du cube de la distance des deux bobines.

Exemple numérique. — Supposons deux bobines identiques placées à une distance de 100 mètres l'une de l'autre[1] et que leur diamètre moyen est de 2 mètres ; on aura

$$s = s' = 31416 \text{ centimètres carrés.}$$

Enfin, en enroulant sur ces bobines un fil de $0^{mm},5$ de diamètre isolant compris, il est facile de placer sur chacune d'elles 40 000 spires ; savoir 400 spires dans le sens de l'axe et 100 couches

---

1. Nous choisissons une distance de 100 mètres, pour montrer que l'induction peut produire des effets appréciables à de très grandes distances.

de fil dans le sens du rayon, la formule donne alors, en exprimant tout en centimètres

$$M = \frac{2 \times \overline{40.000}^2 \times \overline{31.416}^2}{\overline{10\,000}^3} = 3\,158\,300 \; \text{C. G. S.}$$

ce qui correspond à

$$\frac{3.158.300}{10^9} \; \text{quadrant.}$$

Il résulte de là qu'une variation d'intensité de 1 ampère par seconde dans la première bobine, ferait naître dans la seconde bobine une *f. e. m.* induite égale à environ $\frac{1}{316}$ de volt ; ou encore qu'une variation d'intensité de 316 ampères par seconde, déterminerait dans la seconde bobine, la production d'une *f. e. m.* de 1 volt.

400. — Coefficient d'induction de deux circuits distincts enroulés sur le même tore. — Nous supposerons que le tore est engendré par la rotation d'un cercle de rayon r dont le centre est situé à une distance R de l'axe de rotation. Si on désigne par N *le nombre total des spires* inductrices régulièrement enroulées sur la surface du tore, et par I l'intensité du courant qui les traverse, le flux total de force embrassé par chaque spire, a pour expression

$$\mathscr{J} = 2\text{NI}\big(\text{R} - \sqrt{\text{R}^2 - r^2}\big).$$

On en conclut

$$\frac{d\mathscr{J}}{dt} = 2\text{N}\big(\text{R} - \sqrt{\text{R}^2 - r^2}\big) \frac{dI}{dt}.$$

C'est la valeur de la *f. e. m.* développée dans *une seule* spire de l'induit et comme l'induit contient N' spires, la *f. e. m.* totale aura pour expression

$$\text{E}_1 = 2\text{NN}'\big(\text{R} - \sqrt{\text{R}^2 - r^2}\big) \frac{dI}{dt},$$

et par suite

$$\text{M} = 2\text{NN}'\big(\text{R} - \sqrt{\text{R}^2 - r^2}\big).$$

On trouverait facilement que le coefficient de self-induction du circuit primaire aurait pour expression

$$L = 2N^2(R - \sqrt{R^2 - r^2}).$$

L'enroulement des deux circuits sur un tore présente cette propriété remarquable que la *f. e. m.* d'induction a rigoureusement la valeur donnée par la formule ci-dessus, tandis que les expressions qui conviennent aux cas précédents, ne sont qu'approximatives, parce que le champ magnétique, dans les bobines rectilignes, n'est pas uniforme près des bords de la bobine, comme il est facile de s'en assurer par le calcul. En outre, si on considère une seule des spires de l'induit du tore, on trouve que la *f. e. m.* développée dans cette spire, est indépendante de sa forme et de sa grandeur ; ainsi elle pourrait avoir la forme d'un cercle d'un diamètre beaucoup plus grand que celui du tore lui-même sans que la *f. e. m.* fût altérée ; la seule condition à remplir étant que la spire et le tore se traversent mutuellement comme deux bagues de diamètres différents entrelacées. Enfin, fait bien remarquable, lorsque la spire induite est ainsi notablement plus grande que les spires inductrices, la valeur du champ magnétique des régions de l'espace dans lequel elle se trouve, est constamment nulle, puisque un solénoïde enroulé sur un tore n'exerce aucune action mécanique sur une masse magnétique extérieure. Ce fait n'est nullement en contradiction avec le théorème du flux de force coupé, comme on pourrait le croire au premier abord ; il est au contraire une confirmation du principe de l'indépendance des actions inductrices simultanées de plusieurs systèmes électro-magnétiques. Il y a là une analogie frappante avec les phénomènes que nous avons étudiés en parlant des écrans magnétiques. Nous avons vu, en effet, que le champ magnétique est constamment nul à l'intérieur d'un tube de fer lorsque ce dernier a des parois suffisamment épaisses et que cela n'empêche nullement un conducteur contenu dans ce tube de fer d'être soumis aux actions mécaniques et aux *f. e. m.* d'induction produites par les masses magnétiques extérieures.

401. — Définition de la spire moyenne d'une bobine. — Dans les calculs qui précèdent, nous avons supposé que l'épaisseur de la couche de fil enroulé sur les bobines inductrices et induites, étaient très faibles dans le sens du rayon et nous avons admis qu'elles avaient toutes un rayon égal à celui d'une spire à laquelle nous avons donné le nom de *spire moyenne*. Il importe de donner une définition exacte de ce que nous entendons par là. Nous appelons spire moyenne, celle qui embrasse une surface telle qu'en la multipliant par le nombre des spires, on obtient un produit égal à la somme des surfaces embrassées par toutes les spires. On démontre facilement que le rayon de la spire moyenne ainsi définie a pour expression

$$r_m = \sqrt{\frac{1}{3} \frac{r_n^3 - r_1^3}{r_n - r_1}} = \sqrt{\frac{1}{3} r_n + r_n r_1 + r^2} \; ;$$

r_n et r_1 désignent respectivement les rayons de la plus grande et de la plus petite spire. *Lorsque ces rayons sont peu différents, le rayon de la spire moyenne diffère très peu de leur moyenne arithmétique.*

ÉTUDE DE L'ÉTAT VARIABLE DES COURANTS

402. — **Equations donnant, en fonction du temps, les intensités des courants qui traversent deux circuits doués d'induction mutuelle.** — Nous avons trouvé pour les valeurs des *f. e. m.* totales dans chacun des circuits :

$$E = RI + L \frac{dI}{dt} + M \frac{dI'}{dt}$$

et

$$E' = R'I' + L' \frac{dI'}{dt} + M \frac{dI}{dt} \cdot$$

En différenciant par rapport au temps chacune de ces équations, on obtient deux nouvelles équations qui jointes aux deux précédentes, forment quatre équations. Si entre ces quatre équations, on élimine I', $\frac{dI'}{dt}$, $\frac{d^2I'}{dt}$, on obtiendra une équation unique ne contenant plus que I, $\dfrac{dI}{dt}$, $\dfrac{d^2I}{dt^2}$, ainsi que les constantes E, E', R, R'. Par de simples considérations de symétrie, cette équation permet d'écrire immédiatement l'équation analogue qui contient I' et ses dérivés $\dfrac{dI'}{dt}$, $\dfrac{d^2I'}{dt^2}$.

Les intégrales générales de ces équations simultanées sont de la forme

$$RI - E = Ae^{at} + Be^{a't},$$
$$R'I' - E' = A'e^{at} + B'e^{a't},$$

A, B, A', B' étant des constantes que l'on détermine en se donnant les valeurs de I, I', $\dfrac{dI}{dt}$, $\dfrac{dI'}{dt}$ pour $t = 0$. Dans ces équations a et a' représentent les racines de l'équation du 2e degré

$$\left(1 - \frac{M^2}{LL'}\right) a^2 + \left(\frac{R}{L} + \frac{R'}{L'}\right) a + \frac{RR'}{LL'} = 0,$$

dont les racines sont toujours réelles et négatives.

403. — Dans le cas où l'un des circuits ne contient pas de source d'électricité, comme cela a lieu dans les bobines d'induction, il est facile de trouver la valeur des courants à chaque instant ; en effet, si on pose

$$C = \sqrt{\left(\frac{RL' - R'L}{2RM}\right)^2 + \frac{R'}{R}},$$

on trouve

$$I = \frac{E}{R}\left[1 - \frac{1}{2}\left[\left(1 + \frac{R'L - RL'}{2RMC}\right) e^{-at} + \left(1 - \frac{R'L - RL'}{2RMC}\right) e^{-a't}\right]\right],$$

$$I' = -\frac{E}{2R'C}\left(e^{-at} - e^{-a't}\right).$$

On a d'ailleurs

$$a = \frac{RL' + R'L - 2RMC}{2(M^2 - LL')},$$

$$a' = \frac{RL' + R'L + 2RMC}{2(M^2 - LL')}.$$

404. — Dans le cas particulier où les circuits sont identiques, les formules se simplifient et deviennent

$$I = \frac{E}{R}\left[1 - \frac{1}{2}\left(e^{-\frac{Rt}{L+M}} + e^{-\frac{Rt}{L-M}}\right)\right],$$

$$I' = -\frac{E}{2R'}\left[e^{-\frac{Rt}{L+M}} - e^{\frac{Rt}{L-M}}\right].$$

En discutant ces formules, il est facile de voir que le courant inducteur n'atteint jamais théoriquement une valeur permanente; dans la pratique, on considère ce résultat atteint au bout de quelques dix-millièmes de seconde à moins que L et M ne soient très grands.

405. — **Application au cas particulier de la Self-Induction.** — On peut traiter le cas particulier de la self-induction en se servant des formules générales que nous venons de trouver; en effet, dans ce cas, ces formules se simplifient puisqu'on n'a plus affaire qu'à un seul circuit; on a alors $M = 0$, $I' = 0$ et par suite

$$E = RI + L\frac{dI}{dt}$$

d'où

$$I = \frac{E - L\frac{dI}{dt}}{R}$$

dont l'intégrale générale est

$$I = \frac{E}{R} + \frac{A}{e^{\frac{Rt}{L}}}.$$

Si on fait $t = 0$ et $I = I_0$, A devient alors égal à

$$I_0 - \frac{E}{R}$$

et pour $t = \infty$, on a

$$I = \frac{E}{R}.$$

A un instant quelconque t, la valeur du courant sera

$$I = \frac{E}{R} - \left[\frac{E}{R} - I_0\right] e^{-\frac{Rt}{L}}$$

équation que l'on peut mettre sous la forme

$$I = \frac{E}{R}\left(1 - e^{-\frac{Rt}{L}}\right) = I_0 e^{-\frac{Rt}{L}};$$

c'est l'intensité du courant qui traverse à un instant t un circuit contenant une self-induction mais n'ayant pas de capacité.

406. — Durée de l'état variable nécessaire pour amener le courant à une valeur donnée de sa valeur permanente. — Nous venons de voir que la durée de l'état variable pour amener le courant à l'état permanent est théoriquement infinie ; pour que ces équations aient une signification pratique, il est donc nécessaire de chercher le temps que ce courant mettra pour atteindre une fraction donnée de sa valeur permanente.

Soit k la valeur donnée de la fraction du courant permanent que l'on veut atteindre ; cherchons le temps t en fonction de k ; servons-nous pour cela, de la formule précédemment trouvée dans laquelle nous ferons $I_0 = 0$

$$I = \frac{E}{R}\left(1 - e^{-\frac{Rt}{L}}\right),$$

$\frac{E}{R}$ étant l'intensité finale, nous devons avoir

$$k = 1 - e^{-\frac{Rt}{L}}$$

équation qui nous donne pour la valeur t

$$t = \frac{R}{L} \log_e \frac{1}{1 - k} \cdot$$

407. — Exemple numérique. — Cherchons le temps nécessaire pour que le courant qui traverserait une bobine d'une résistance de

1 ohm et dont la self-induction serait égale à 1 quadrant, atteigne les 0,999 de la valeur permanente de ce courant.

En faisant dans la formule L $=$ 1 quadrant,

$$R = 1 \text{ ohm},$$
$$k = 0,999,$$

on trouve

$$t = \frac{1}{1} \times \log_e \frac{1}{1 - 0,999} = 6,9.$$

Le temps nécessaire pour qu'un courant atteigne dans un semblable circuit, les 0,999 de sa valeur permanente, est donc de 6 secondes, 9.

408. — Calcul des extra-courants. — On a vu que le courant dans un circuit doué de self-induction était donné par la formule générale

$$I = \frac{E}{R} \left(1 - e^{-\frac{Rt}{L}} \right) = \frac{E}{R} - e^{-\frac{Rt}{L}} \frac{E}{R} \cdot$$

Le terme $\dfrac{E}{R} e^{-\frac{Rt}{L}}$ est ce qu'on appelle l'*extra-courant*, nous le désignerons par I_1.

La quantité d'électricité qu'il met en mouvement a pour expression

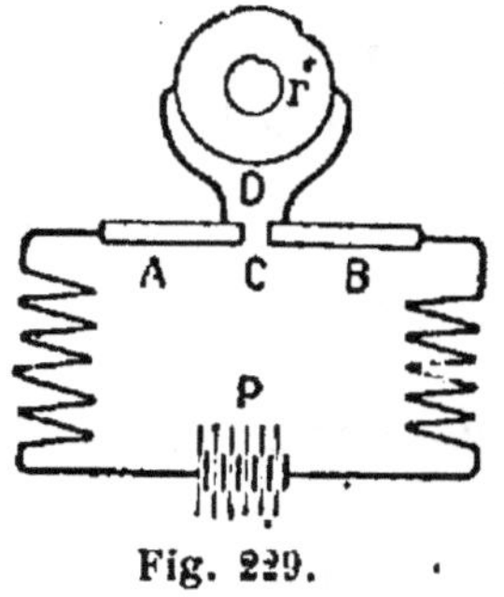

Fig. 229.

$$Q_1 = \int^x I_1 dt = \frac{E}{R} \int_0^x e^{-\frac{Rt}{L}} dt,$$

$$Q_1 = \frac{EL}{R^2} = \frac{LI}{R} \cdot$$

Résultat que nous avons déjà trouvé par une autre méthode.

409. — Calcul de l'extra-courant dans un circuit à résistance variable. — Considérons un circuit APB (fig. 229) contenant une pile P et deux barres de connexions sans résistance A et B que l'on peut mettre en contact ou écarter en C. Un circuit à self-induction D, de résistance r, est dérivé entre A et B ; A et

B étant mis en contact au point C, aucun courant appréciable ne passe dans D, mais si l'on vient à écarter A et B, on introduit brusquement la résistance r dans le circuit.

Avant la séparation de A et de B, le courant permanent était

$$I_0 = \frac{E}{R},$$

R étant la résistance du circuit APB ; après la séparation, le courant permanent final sera

$$\frac{E}{R + r}$$

à un instant t, l'intensité de ce courant sera, en appliquant les formules démontrées plus haut

$$\frac{E}{R + r}\left(1 + \frac{r}{R} e^{-\frac{(R + r)t}{L}}\right)$$

et la quantité d'électricité mise en mouvement par *l'extra-courant seul*, sera

$$\frac{Er}{R(R + r)} \int_0^\infty e^{-\frac{(R + r)t}{L}} \, dt = \frac{ELr}{(R + r)^2 R}.$$

Si on rapproche alors les deux barres A et B, tout courant appréciable cesse dans r ; la *f. e. m.* devient nulle dans ce circuit ; on a donc à chaque instant

$$rI + L \frac{dI}{dt} = 0$$

et à un instant quelconque, la valeur du courant sera

$$I = \frac{E}{R + r} e^{-\frac{rt}{L}} ;$$

la quantité d'électricité mise en mouvement sera

$$\int_0^\infty I dt = - \frac{L}{R} \frac{E}{R + r} ;$$

quant à la quantité d'énergie, elle est égale à

$$\frac{1}{2} L \left(\frac{E}{R + r} \right)^2.$$

410. — On peut mettre en évidence ces phénomènes d'extra-courant, en employant la disposition suivante (fig. 230).

On forme un pont de Weatsthone dont deux des branches

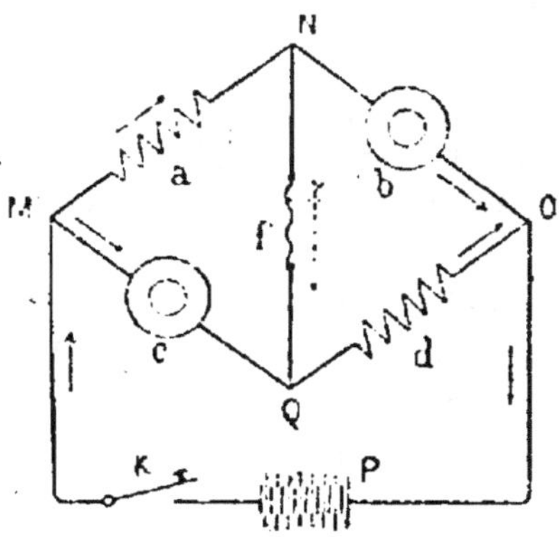

Fig. 230.

sont composées de bobines b et c douées de self-induction et les deux autres, de résistances a et d sans self-induction, telle que l'on ait

$$\frac{a}{b} = \frac{c}{d},$$

$a\,b\,c$ et d étant les résistances ohmiques des quatre bobines. Lorsque le courant de la pile P est fermé depuis un certain temps, il ne passe aucun courant dans la diagonale NQ du pont; mais au moment où l'on interrompt le courant à l'aide de la clef K, on constate le passage de l'extra-courant des deux bobines a et b dans la diagonale NQ, soit en faisant rougir et même fondre un fil f, soit de toute autre façon. On constate le même phénomène au moment de la fermeture du courant.

411. — **Décharge oscillante d'un condensateur**. — Nous allons étudier la décharge d'un condensateur à travers un circuit doué de self-induction et nous allons voir, que cette décharge peut être représentée par une courbe de forme continue ou ondulatoire.

Considérons un circuit (figure 231) formé par une pile P, un condensateur C et une bobine L douée de self-induction.

Soient E la *f. e. m.* de la pile supposée constante et ε la *d. d. p.* entre les armatures du condensateur de capacité C ; R la résistance du circuit ABDF, non compris, naturellement, le condensateur ; L le coefficient de self-induction de la bobine L.

Une clef K permet, soit de charger le condensateur, soit de le décharger.

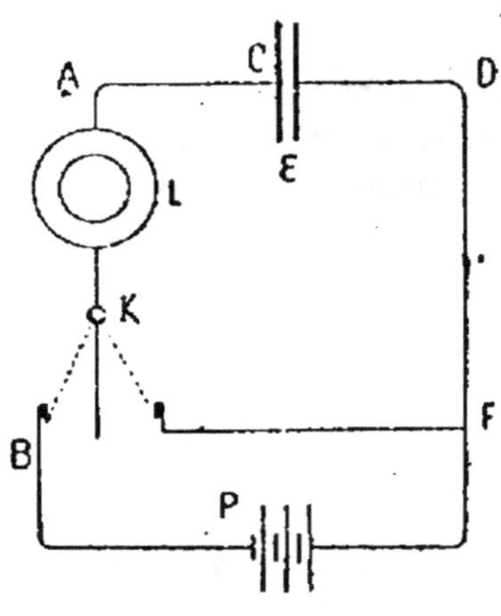

Fig. 231.

Pendant la charge du condensateur, on aura, à chaque instant,

$$E = \varepsilon + RI + L \frac{dI}{dt} ;$$

mais, en vertu des propriétés des condensateurs la quantité Q d'électricité répartie sur chaque armature, est donnée par l'équation

$$Q = C\varepsilon,$$

et comme la quantité Q est obligée de traverser le circuit CABPED, l'intensité du courant a pour valeur

$$I = \frac{dQ}{dt} \qquad \text{d'où} \qquad \frac{dI}{dt} = \frac{d^2Q}{dt^2} \cdot$$

On obtient donc, après remplacement, pour la valeur de E,

$$E = \frac{Q}{C} + R \frac{dQ}{dt} + L \frac{d^2Q}{dt^2},$$

ou

$$\frac{d^2Q}{dt^2} + \frac{R}{L} \frac{dQ}{dt} + \frac{1}{CL} Q - \frac{E}{L} = 0.$$

Telle est l'équation différentielle du second ordre qui régit les phénomènes de la charge du condensateur dans les conditions de l'expérience. Ces phénomènes ne présentant pas pour nous d'intérêt et donnant lieu d'autre part à des calculs compliqués, nous étudierons seulement la décharge à travers le circuit CAKFD.

Pour cela, faisons dans l'équation que nous venons de trouver

$$E = 0.$$

Il vient alors

$$\frac{d^2Q}{dt^2} + \frac{R}{L}\frac{dQ}{dt} + \frac{1}{CL}Q = 0.$$

Pour intégrer cette équation, posons

$$Q = e^{at};$$

en remplaçant et en développant, on obtient

$$e^{at}\left(a^2 + \frac{R}{L}a + \frac{1}{CL}\right) = 0.$$

Donc l'intégrale générale est de la forme

$$Q = Ae^{a't} + A'e^{a''t};$$

A et A' étant des constantes que l'on déterminera par les conditions aux limites; a' et a'' les racines de l'équation

$$a^2 + \frac{R}{L}a + \frac{1}{CL} = 0,$$

qui sont :

$$a' = \frac{-CR + \sqrt{C^2R^2 - 4CL}}{2CL},$$

$$a'' = \frac{-CR - \sqrt{C^2R^2 - 4CL}}{2CL}.$$

Deux cas peuvent se présenter suivant que ces racines sont réelles ou imaginaires; examinons successivement ces deux cas.

1° Supposons d'abord qu'elles soient réelles ; on aura

$$CR^2 - 4L > 0.$$

En déterminant les constantes H et A' par la condition que l'on ait

$$t = 0, \qquad Q = Q_0 \qquad \text{et} \qquad I = 0.$$

En désignant par c l'expression

$$\sqrt{\frac{R^2}{4L^2} - \frac{1}{CL}},$$

on trouve

$$Q = Q_0 e^{-\frac{Rt}{2L}} \left[\left(\frac{1}{2} + \frac{R}{4cL} \right) e^{ct} + \left(\frac{1}{2} - \frac{R}{4cL} \right) e^{-ct} \right]$$

et

$$I = \frac{Q_0}{2cCL} e^{-\frac{Rt}{2L}} (e^{ct} - e^{-ct}).$$

En discutant cette équation, on trouve que lorsque t varie depuis 0 jusqu'à l'infini, l'intensité du courant de décharge,

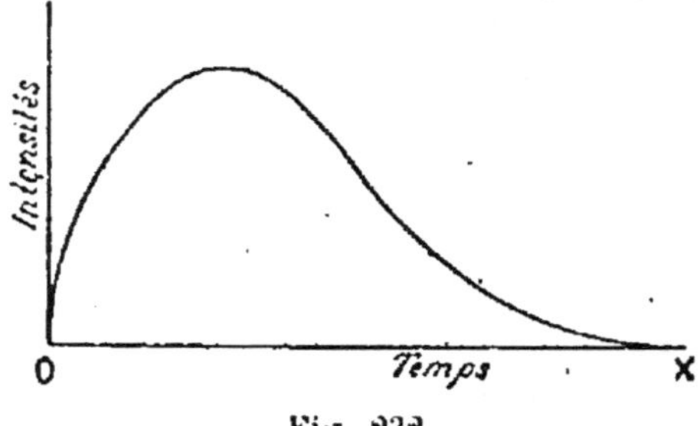

Fig. 232.

d'abord nulle, s'élève jusqu'à une valeur maxima pour décroître ensuite rapidement, mais pour n'atteindre sa valeur nulle qu'au bout d'un temps infini ; c'est ce que montre la courbe représentative de ce phénomène (fig. 232), obtenue en portant en abscisses les temps et en ordonnées les intensités correspondantes.

2° Supposons maintenant les racines imaginaires ; on a

$$CR^2 - 4L < 0.$$

Remplaçons la valeur de c, dans ce cas, par

$$c = \sqrt{\frac{1}{CL} - \frac{R^2}{4L^2}},$$

les fonctions exponentielles se transforment alors en fonctions circulaires et l'on a, en employant la formule d'Euler,

$$Q = Q_0 e^{-\frac{Rt}{2L}} \left(\cos ct + \frac{R}{2cL} \sin ct \right),$$

le courant est alors représenté par l'équation

$$I = \frac{Q_0}{cCL} e^{-\frac{Rt}{2L}} \sin ct.$$

Cette équation nous montre que dans ce cas, le courant est périodique ; quant ct varie de 0 jusqu'à 2π, le courant parcourt

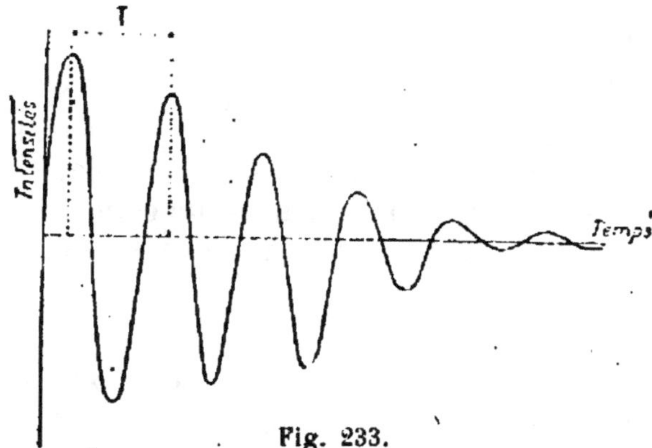

Fig. 233.

une période complète et tous les phénomènes recommencent de la même manière depuis $ct = 2\pi$ jusqu'à $ct = 4\pi$, la période T étant égale à

$$\frac{2\pi}{c},$$

ou, en remplaçant c par sa valeur,

$$T = \frac{2\pi}{\sqrt{\dfrac{1}{CL} - \dfrac{R^2}{4L^2}}}.$$

Il faut remarquer toutefois que chaque période diffère de la précédente par une intensité maxima plus petite.

La figure 233 représente la courbe obtenue dans ce cas.

En faisant varier convenablement les valeurs de C, de L et de R, on arrive à des périodes ayant une durée extrêmement petite; on peut par ce procédé obtenir au moment de la décharge une série d'étincelles électriques qui semble n'en former qu'une seule tant est grande la rapidité avec laquelle elles se succèdent; on est obligé pour constater que ces étincelles sont bien séparées l'une de l'autre d'avoir recours à l'artifice du miroir tournant imaginé par Wheatstone.

C'est en se basant sur ces phénomènes que Hertz et Tesla ont pu produire dans un circuit, des oscillations électro-magnétiques extrêmement rapides. Si, en effet, on lance dans le fil primaire d'une bobine d'induction, ces courants de forme oscillatoire, le fil secondaire sera parcouru par des courants induits dont la *f. e. m.* est égale à $M \dfrac{dI}{dt}$; or, $\dfrac{dI}{dt}$ est alors extrêmement grand et il l'est d'autant plus que le nombre d'oscillations est lui-même plus considérable. On pourra donc par ce procédé obtenir des effets d'induction très énergiques même dans des circuits placés à des distances relativement grandes du circuit inducteur.

412. — Cas où le condensateur est en dérivation sur un circuit doué de self-induction. — Moyen d'annuler l'effet de la

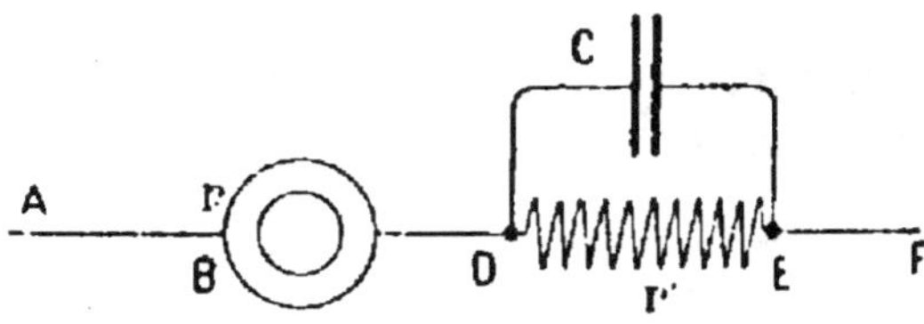

Fig. 234.

self-induction par un condensateur. — Soit un circuit AF (fig. 234) contenant en B une bobine douée de self-induction et en r' une résistance sans self-induction sur laquelle est dérivé un condensateur C. Si on désigne par r la résistance du circuit AD ; par e la *d. d. p.* entre les deux points A et D ; par e' la *d. d. p.* entre D et E ; par C la capacité du condensateur et par L le coefficient de self-induction de la bobine B ; on aura à chaque instant dans le circuit AD

$$\varepsilon = r\mathrm{I} + \mathrm{L}\,\frac{d\mathrm{I}}{dt},$$

dans le circuit DE

$$\varepsilon' = r'\mathrm{I}',$$

d'où l'on déduit

$$\int \mathrm{I}dt = \frac{\displaystyle\int \varepsilon dt - \mathrm{L}(\mathrm{I}_0 - \mathrm{I}_1)}{r},$$

$$\int \mathrm{I}'dt = \frac{\displaystyle\int \varepsilon'dt}{r'}.$$

I_0 et I_1 étant deux valeurs correspondant à deux états permanents de I. En désignant par $\Delta\mathrm{I}$ la variation

$$\mathrm{I}_0 - \mathrm{I}_1$$

et par E et E' les valeurs des intégrales définies

$$\int_{\mathrm{I}_0}^{\mathrm{I}_1} \varepsilon dt \qquad \int_{\mathrm{I}_1}^{\mathrm{I}_0} \varepsilon'dt.$$

ces deux équations peuvent s'écrire, en posant

$$\int_{\mathrm{I}_0}^{\mathrm{I}_1} \mathrm{I}dt = q, \qquad \int_{\mathrm{I}_0}^{\mathrm{I}_1} \mathrm{I}'dt = q',$$

$$q = \frac{\mathrm{E} - \mathrm{L}\Delta\mathrm{I}}{r},$$

$$q' = \frac{\mathrm{E}'}{r'};$$

mais, le condensateur est, à chaque instant, chargé d'une quantité d'électricité égale à $C\varepsilon'$; si ε' passe de la valeur ε_0' à ε_1', la charge du condensateur variera de

$$\mathrm{C}(\varepsilon'_0 - \varepsilon'_1)$$

et comme

$$\varepsilon'_0 = r'\mathrm{I}'_0, \qquad \varepsilon'_1 = r'\mathrm{I}'_1,$$

I_0' et I_1' étant les valeurs de I' correspondantes à I_0 et I_1, la variation de charge du condensateur sera donc égale à

$$\mathrm{C}r'\Delta\mathrm{I}'.$$

Or, le courant total I passant de la valeur permanente I, à la deuxième valeur permanente I_1 et le condensateur ne donnant passage a aucun courant dès que le régime permanent est établi, la variation $\Delta I'$ est nécessairement égale à la variation ΔI ; la variation de charge de condensateur est donc finalement

$$q'' = Cr'\Delta I ;$$

d'un autre côté, on a

$$q = q' + q''.$$

Cherchons maintenant la condition pour que la quantité totale d'électricité qui traverse AD pour ressortir en EF, soit la même que si le circuit ne contenait ni self-induction, ni condensateur ; quand cette condition sera remplie, on aura

$$I = \frac{\varepsilon + \varepsilon'}{r + r'}$$

et

$$q = \int I dt = \frac{\int \varepsilon dt + \int \varepsilon' dt}{r + r'},$$

$$q = \frac{E + E'}{r + r'}.$$

or, les équations établies plus haut dans le cas où le circuit contient une self-induction et un condensateur,

$$q = \frac{E - L\Delta I}{r}, \qquad q' = \frac{E'}{r'},$$

donnent

$$E = rq + L\Delta I, \qquad E' = r'q',$$

on a donc, en remplaçant E et E' par leur valeur

$$q = \frac{rq + r'q' + L\Delta I}{r + r'} ;$$

mais

$$q = q' + q'' = q' + Cr'\Delta I,$$

on a donc finalement, toutes réductions faites

$$L = Cr'^2.$$

Telle est la condition à remplir pour que tout se passe comme si l'on n'avait intercalé ni condensateur ni self-induction dans le circuit.

413. — Influence du fer soumis à l'action de circuits parcourus par des courants d'intensité variable. — Soit deux circuits voisins A et A', enroulés sur la même bobine, le premier contenant une source d'électricité et le second n'en contenant pas, mais simplement fermé sur lui-même. Nous avons déjà étudié les phénomènes qui s'accomplissent dans les deux circuits lorsque la bobine sur laquelle ils sont enroulés ne contient pas de fer. Nous allons chercher maintenant comment il faut modifier les équations générales dans le cas contraire.

Les $f.\ e.\ m.$ d'induction développées dans le circuit inducteur A sont alors au nombre de trois :

1° La $f.\ e.\ m.$ de self-induction, $L\dfrac{dI}{dt}$, due à la variation d'intensité du courant.

2° La $f.\ e.\ m.$ d'induction mutuelle, $M\dfrac{dI}{dt}$, due à la variation d'intensité du courant induit dans A'.

3° La $f.\ e.\ m.$ d'induction due à la variation du flux de force magnétique du fer.

En supposant que la valeur de ce flux soit la même dans tous les points de la bobine, de façon que chacune des spires inductrice ou induite embrasse le même nombre de canaux de force [1], la $f.\ e.\ m.$ d'induction développée dans chaque spire de A, sera égale à $\dfrac{d\mathfrak{F}}{dt}$. La $f.\ e.\ m.$ totale sera donc égale à $n\dfrac{d\mathfrak{F}}{dt}$, n désignant le nombre de spires de A. Mais lorsque la valeur de $\mathfrak{F}$ est inférieure à 4 000 unités par centimètre carré de la section du noyau de fer, on peut sans grande erreur, considérer ce flux comme proportionnel à la force magnéto-motrice qui dans le cas actuel est égale à $4\pi nI + 4\pi n'I'$, n' désignant

---

1. Cette hypothèse n'est réalisée rigoureusement que dans le cas où les deux extrémités du noyau de fer sont reliées extérieurement à la bobine par des tiges de fer d'une section suffisante ou lorsque la bobine et le noyau affectent la forme d'un tore.

le nombre de spires du circuit induit A'. Par conséquent si nous désignons par f la valeur du flux magnétique total à l'intérieur du noyau de fer lorsque la force magnéto-motrice est égale à 4π, le flux total $\vec{\mathcal{J}}$ sera donné par l'équation

$$\vec{\mathcal{J}} = (n\mathrm{I} + n'\mathrm{I}')f,$$

d'où

$$\frac{d\vec{\mathcal{J}}}{dt} = nf\frac{d\mathrm{I}}{dt} + n'f\frac{d\mathrm{I}'}{dt}.$$

Les équations générales deviennent donc

$$\mathrm{E} = \mathrm{RI} + \mathrm{L}\frac{d\mathrm{I}}{dt} + \mathrm{M}\frac{d\mathrm{I}'}{dt} + n\left(nf\frac{d\mathrm{I}}{dt} + n'f\frac{d\mathrm{I}'}{dt}\right)$$

$$= \mathrm{RI} + (\mathrm{L} + n^2 f)\frac{d\mathrm{I}}{dt} + (\mathrm{M} + nn'f)\frac{d\mathrm{I}'}{dt},$$

$$0 = \mathrm{R'I'} + \mathrm{L'}\frac{d\mathrm{I}'}{dt} + \mathrm{M}\frac{d\mathrm{I}}{dt} + n'\left(nf\frac{d\mathrm{I}}{dt} + n'f\frac{d\mathrm{I}'}{dt}\right)$$

$$= \mathrm{R'I'} + (\mathrm{L'} + n'^2 f)\frac{d\mathrm{I}'}{dt} + (\mathrm{M} + nn'f)\frac{d\mathrm{I}}{dt}.$$

Elles ne diffèrent des équations primitives que par la valeur des coefficients qui multiplient $\dfrac{d\mathrm{I}}{dt}$ et $\dfrac{d\mathrm{I}'}{dt}$. La valeur de f est d'ailleurs facile à calculer lorsqu'on connaît celle de la perméabilité μ du fer correspondant aux conditions définies plus haut. On aurait en effet, en désignant par l la longueur du noyau de fer (dont les extrémités sont supposées réunies par des barres de fer d'une grande section) et par s sa section

$$f = \frac{4\pi}{\left(\dfrac{l}{\mu s}\right)} = \frac{4\pi\mu s}{l}.$$

Le problème n'est donc pas plus compliqué que ceux que nous avons traités jusqu'à présent et dans lesquels nous supposions que les circuits ne contenaient pas de fer.

Mais lorsque la densité du flux magnétique à l'intérieur du noyau de fer dépasse notablement la valeur que nous avons admise, le problème présente des difficultés insurmontables parce qu'on ignore la loi qui exprime la perméabilité en fonction de la densité du flux ou, plus exactement, la loi qui représente le flux magnétique total du fer en fonction de la force magnéto-motrice. A la rigueur on pourrait essayer de la représenter approximativement par une fonction algébrique de forme simple mais qui devrait cependant exprimer que ce flux de force tend vers une limite finie lorsque la force magnéto-motrice augmente indéfiniment. Mais la solution du problème n'en serait pas plus avancée pour cela, en raison des difficultés insurmontables que présenterait alors l'intégration des deux équations différentielles simultanées données plus haut. Nous n'entrerons donc pas dans de plus grands développements à ce sujet, nous réservant d'ailleurs d'y revenir dans un autre volume lorsque nous traiterons des transformateurs à courants alternatifs. Le phénomène connu sous le nom d'*hystérésis* du fer consiste en ce que l'intensité d'aimantation d'un noyau de fer plongé dans un champ magnétique variable est non seulement une fonction de l'intensité du champ, mais aussi du sens dans lequel cette intensité varie, de sorte qu'à une même valeur de la force magnétisante correspondent deux valeurs différentes de l'intensité d'aimantation. Nous y reviendrons plus loin.

Nous ferons remarquer que les considérations précédentes s'appliquent aux courants alternatifs dans lesquels on suppose que le circuit primaire contient une source de *f. e. m.* qui est une fonction sinusoïdale du temps. Lorsque les circuits parcourus par ces sortes de courants ne contiennent pas de fer, ou lorsque le flux de force magnétique induit dans ce fer ne dépasse pas 4 000 unités par centimètre carré, on peut appliquer sans restriction les équations développées dans le chapitre suivant. Mais lorsque la densité du flux magnétique induit dans le fer dépasse cette limite, les courants ne peuvent plus être représentés par une fonction sinusoïdale simple et les équations dont nous parlons, cessent d'être applicables.

EN RÉSUMÉ

413 *bis*. — Les principaux résultats du chapitre de l'Induction peuvent se résumer comme suit : Si on déplace un cadre fermé sur un galvanomètre dans un champ, on observe la production d'un courant appelé *courant induit*, dont la durée correspond exactement à celle de la variation de flux à travers le circuit (fig. 234).

Supposons que l'on connaisse la loi $\vec{\mathfrak{J}} = f(t)$ suivant laquelle le nombre des lignes de force varie avec le temps à travers le circuit, et proposons-nous de trouver l'expression à chaque instant de la force électromotrice induite.

Plaçons-nous dans un cas particulier, celui d'une pile

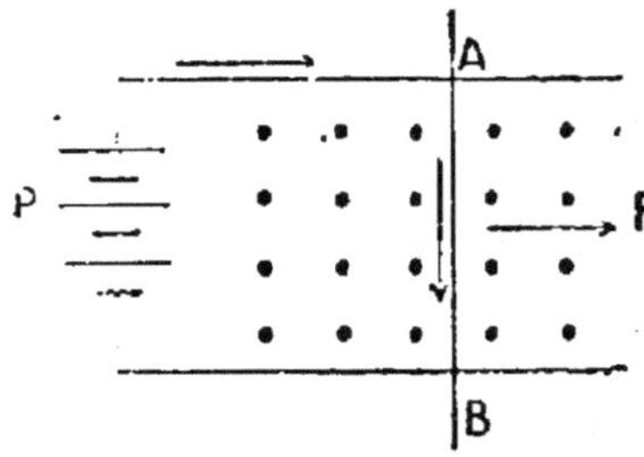

Fig. 235.

(fig. 235) débitant sur un circuit dont une partie telle que AB est mobile. Le tout est situé dans un champ uniforme dont les lignes de force sont perpendiculaires d'avant en arrière au plan de la figure. On sait que la barre va être soumise à une force F, dirigée suivant la règle de Fleming, sous l'influence de laquelle elle va se déplacer spontanément si elle est libre. Écrivons que pendant un temps infiniment petit dt, l'énergie fournie par la pile, pendant ce déplacement,

$$E\,I\,dt,$$

se retrouve sous forme :

1° d'effet Joule $RI^2\,dt$;

2° sous forme de travail élémentaire pendant le déplacement de AB. Or, si $d\vec{\mathfrak{J}}$ est la variation du flux de force à travers PAB, ce travail élémentaire est, en valeur absolue, $I\,d\vec{\mathfrak{J}}$.

On a d'ailleurs en grandeur et signe dans le cas de la figure,

$$E\,I\,dt = R\,I^2\,dt + I\,d\vec{\mathfrak{J}},$$

d'où nous tirons :

$$I = \frac{E - \dfrac{d\mathcal{F}}{dt}}{R} \cdot \qquad (1)$$

Cette formule montre que, par le fait de l'induction, tout se passe comme si la force électromotrice était remplacée par la force électromotrice $E - \dfrac{d\mathcal{F}}{dt}$.

Autrement dit, l'induction dans AB produit une force électromotrice $- \dfrac{d\mathcal{F}}{dt}$ qui s'ajoute à E, force électromotrice de la pile.

Si $\dfrac{d\mathcal{F}}{dt}$ est positif, c'est-à-dire si la dérivée du flux est positive (le flux à travers la section croît), la force électromotrice d'induction sera négative et elle tend à s'opposer à la force électromotrice de la pile. Si la dérivée est négative, c'est l'inverse qui a lieu.

Le raisonnement précédent suppose que le courant I existe, mais la formule est vraie, aussi petit que soit I ; nous admettons que la formule est encore vraie à la limite quand le circuit fermé PAB ne contient plus de générateur de courant, en sorte que :

La force électromotrice induite dans un circuit fermé, traversé par un flux variable, est égale, à chaque instant, à la dérivée changée de signe du flux par rapport au temps.

Si, au lieu d'être constitué par une spire fermée unique, le circuit contient n spires, la force électromotrice d'induction devient n fois plus grande,

$$n\frac{d\mathcal{F}}{dt} = \frac{d(n\mathcal{F})}{dt} \cdot$$

et tout se passe au point de vue de l'induction dans un circuit de n spires comme s'il n'y en avait qu'une traversée par un flux n fois plus grand.

414. — Loi de Lenz. — La loi de Lenz est une application à l'électricité d'un phénomène très général, par lequel la nature s'oppose à toute déformation qu'on veut lui faire subir[1]. Elle s'énonce ainsi : tout déplacement relatif d'un circuit et d'un champ magnétique donne naissance à un courant induit qui tend à s'opposer au mouvement ou encore *le sens du courant induit dans un circuit est tel que le flux de force produit par*

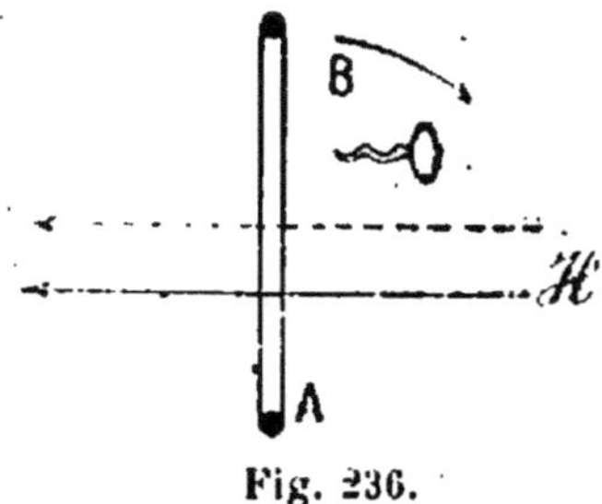

Fig. 236.

ce courant s'oppose à la variation du flux inducteur qui produit l'induction.

On en déduit, à l'aide de la règle de Maxwell, le sens de la force électromotrice induite dans un circuit.

Par exemple, soit (fig. 236) une spire AB tournant dans un champ uniforme $\mathcal{H}$ dans le sens de la flèche. Cherchons le sens de la force électromotrice. Le nombre des lignes de force à travers cette spire diminue, le courant sera donc tel que le flux correspondant s'oppose à cette diminution. Le courant produit, par suite, un flux dans le sens de la flèche pointillée.

En appliquant la règle de Maxwell, nous en déduirons le sens de la force électromotrice induite.

Dans la formule $E = -\, d\mathcal{J}$ on tient compte de la loi de Lenz par la présence du signe dt.

THÉORÈME. — *Si un conducteur de longueur l se déplace dans un champ $\mathcal{H}$ avec une vitesse v de translation à l'instant t, la force électromotrice induite dans ce conducteur est en C. G. S. à cet instant.*

$$e = \mathcal{H}\, l\, v.$$

____

1. Dans un briquet à air, par exemple, l'air comprimé s'échauffe pour réagir par dilatation contre la compression.

En effet, soit (fig. 237) AB un conducteur, de longueur l, se déplaçant dans un champ. Supposons par la pensée qu'il fasse partie d'un circuit fermé sur un galvanomètre.

Soit $\mathcal{H}$ l'intensité du champ, la variation élémentaire du

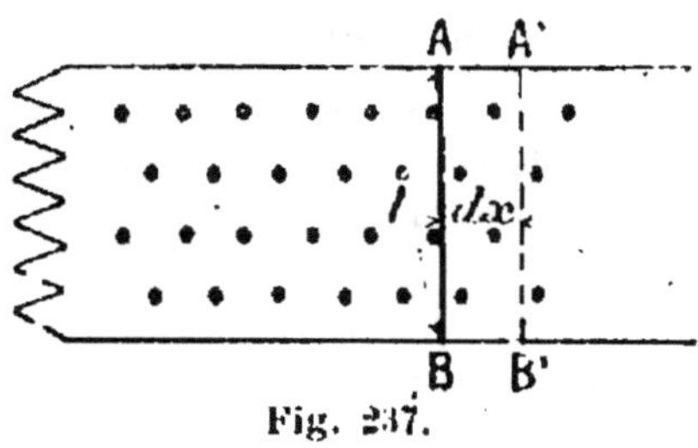

Fig. 237.

flux $d\vec{\mathcal{F}}$, pendant un déplacement élémentaire $dx = vdt$ sera :

$$d\vec{\mathcal{F}} = \mathcal{H}l v dt \qquad \text{d'où} \qquad \frac{d\vec{\mathcal{F}}}{dt} = \mathcal{H}l v,$$

v étant la vitesse à l'instant t. La loi de Lenz donnera le sens de la force électromotrice induite.

APPLICATION. — 1° *On déplace un conducteur* AB, *de longueur* l, *dans un champ uniforme* H, *d'un mouvement sinusoïdal, de*

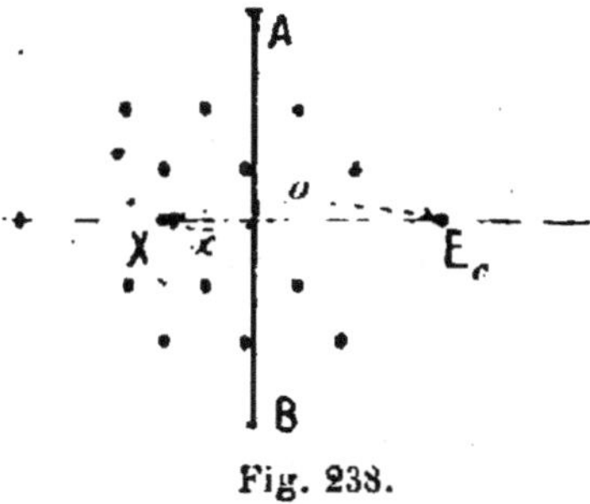

Fig. 238.

part et d'autre d'un point X, *jusqu'à une distance* A (fig. 238). *Déterminer la loi de la force électromotrice induite.*

A l'origine des temps AB est en X. A l'instant t, la distance à X sera

$$x = e_0 \sin \omega t,$$

et la vitesse correspondante sera

$$v = \frac{dx}{dt} = a\omega \cos \omega t,$$

et
$$E = a\omega Hl \cos \omega t.$$

La force électromotrice induite sera la sinusoïdale.

2° *Une barre AB se déplace dans le champ uniforme H en partant du repos elle constitue avec une résistance R un circuit fermé de résistance constante (fig. 239). On veut l'amener*

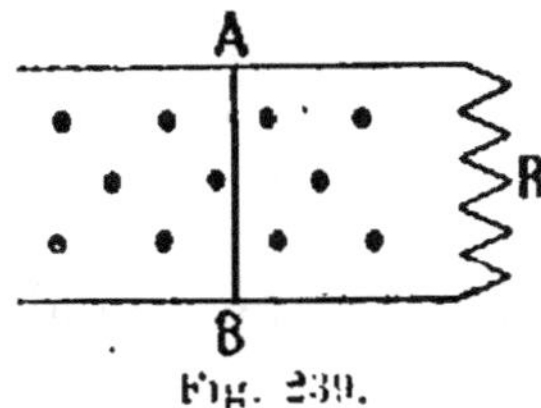

Fig. 239.

à la vitesse V en 0^{sec} d'un mouvement uniformément accéléré. On demande le travail qu'il faut effectuer.

Ecrivons que pendant un temps dt le travail élémentaire se retrouve entièrement sous forme de chaleur Joule dans la

résistance
$$dT = \frac{E^2}{R}\, dt,$$

R résistance du circuit fermé dont la barre fait partie.

$$E = Hlv \qquad dT = \frac{H^2 l^2 v^2 dt}{R} ;$$

mais
$$v = \gamma t = \frac{V}{\theta} \cdot t \qquad \text{d'où} \qquad dT = \frac{H^2 l^2 V^2}{R\theta^2} t^2 dt,$$

$$T = \frac{H^2 l^2 V^2}{\theta^2 R} \int^\theta t^2 dt,$$

$$T = \frac{H^2 l^2 V^2 \theta}{3R} = \frac{1}{2}\, KV^2.$$

Il serait facile de voir que K est homogène à une masse.

3° *Expérience de Faraday. Principe des machines à courant constant.* — Considérons (fig. 240) un disque de cuivre tournant d'un mouvement uniforme dans un champ uniforme H perpendiculaire à son plan. Si on dispose des contacts sur la périphérie et sur l'arbre, on recueille une force électromotrice qu'il s'agit d'évaluer. Cette force électromotrice est évidemment la même que celle développée entre O et M.. Or le

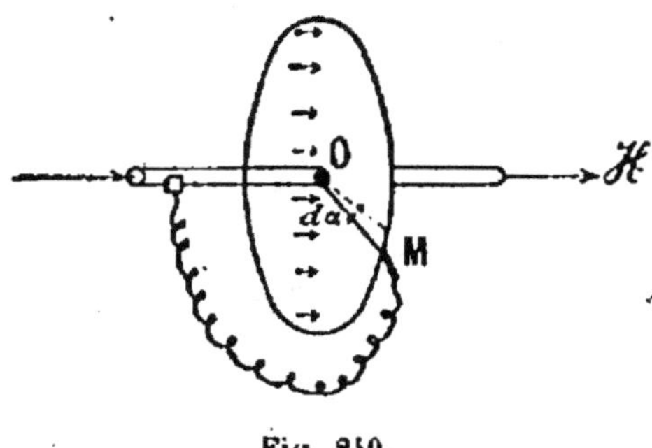

Fig. 240.

rayon OM balaye pendant le temps dt une surface élémentaire qui est égale à la surface du triangle infiniment petit $\frac{1}{2}$ $R^2 d\alpha$. Le nombre des lignes de force coupées pendant cet intervalle de temps dt sera :

$$d\mathcal{F} = \frac{1}{2} R^2 d\alpha \, \mathcal{H},$$

$$E = \frac{1}{2} R^2 \mathcal{H} \frac{d\alpha}{dt},$$

$$\frac{d\alpha}{dt} = \omega, \qquad \text{donc} \qquad E = \frac{1}{2} R^2 \mathcal{H} \omega. \tag{1}$$

On voit que l'on a produit une force électromotrice de sens constant et par suite un courant constant. On pourrait réaliser ainsi des machines à courant constant analogues à des piles, mais en chiffrant le phénomène on trouve pour E des valeurs très petites dans les conditions de vitesse et de champ réalisables pratiquement.

Remarque. — La formule (1) s'applique également si le mouvement du disque n'est pas uniforme. Elle donne la force électromotrice à l'instant t.

APPLICATION. — *La vitesse angulaire d'un disque de Faraday étant amené à la valeur ω_0, on ferme le circuit extérieur sur une résistance donnée ρ. Établir la loi suivant laquelle le mouvement du disque sera amorti (fig. 241).*

Écrivons que pendant un temps dt, la variation de puissance

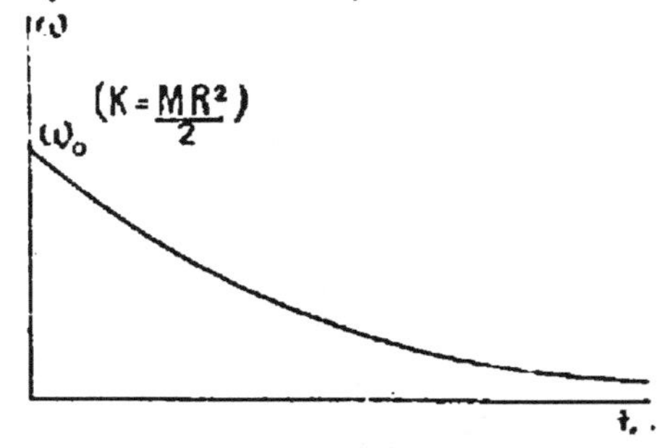

Fig. 241.

vive du système, augmentée de l'énergie qui apparaît sous forme de chaleur dans la résistance, est nulle puisque le travail est nul. Il vient :

$$0 = K\omega\, d\omega + \frac{E^2}{\rho}\, dt,$$

K moment d'inertie du disque de masse M avec

$$E = \frac{1}{2} HR^2\omega, \quad \text{d'où} \quad \frac{d\omega}{\omega} = A\, dt$$

en posant
$$A = \frac{R^4 H^2}{4\rho K},$$

$$L\omega - L\omega_0 = -At \qquad \omega = \omega_0 e^{-At}.$$

A étant en C. G. S., ω_0 en radians, t en secondes, ω sera connu en radians.

REMARQUE. — Il peut arriver que la loi suivant laquelle le flux varie à travers le circuit ne soit pas explicitement connue, mais s'obtienne par un artifice.

EXEMPLE. — *On fait tourner d'un mouvement uniforme de vitesse ω, un aimant AB autour d'un axe horizontal O, à l'in-*

*térieur d'un solénoïde très long dont les extrémités (fig. 242)
sont reliés à un électromètre. Quelles seront les indications
de cet appareil ?*

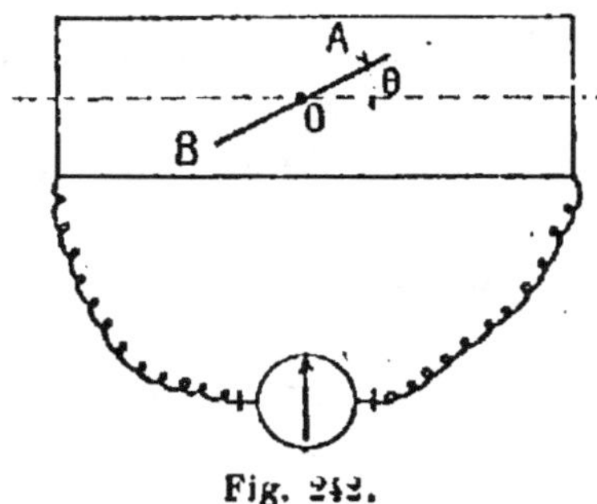

Fig. 242.

Imaginons qu'une source extérieure entretienne un courant I
dans le solénoïde, c'est-à-dire un champ

$$\mathcal{K} = 4\pi n_1 I$$

à l'intérieur.

Quand l'aimant AB tournera d'un angle $d\theta$, il accomplira un
travail élémentaire

moment du sol $\qquad \mathcal{M} \mathcal{K} \sin\theta\, d\theta.$

Ce travail est encore égal au flux élémentaire coupé par
les spires du solénoïde multiplié par I, donc

$$\mathcal{M} \mathcal{K} \sin\theta\, d\theta = I\, d\mathcal{F},$$
$$\mathcal{K} 4\pi n_1 \times \sin\theta\, d\theta = d\mathcal{F}.$$

Il apparaîtra aux bornes de l'électromètre une force électromotrice en valeur absolue

$$E = \frac{d\mathcal{F}}{dt} = 4\pi n_1 \mathcal{M} \times \sin\theta\, \frac{d\theta}{dt}\,.$$

Or $\qquad \theta = \omega t \qquad \frac{d\theta}{dt} = \omega,$

$$E = 4\pi n_1 \omega \mathcal{M} \times \sin\omega t.$$

THÉORÈME. — *La quantité d'électricité induite dans un circuit
fermé, partant du repos pour y revenir, ne dépend que de la*

variation totale du flux dans ce circuit, et non de la durée de cette variation. Elle est égale au quotient de la variation de flux par la résistance totale du circuit fermé.

Ainsi si l'on retourne face pour face une spire dans un champ, le champ terrestre par exemple, en une seconde ou en une minute à la fin de la rotation la quantité d'électricité qui aura circulé dans la spire sera la même.

1° La spire présente seulement au courant une résistance ohmique R.

On sait que la force électromotrice instantanée est

$$E = \frac{d\vec{\mathcal{F}}}{dt},$$

le courant qui en résulte est

$$I = \frac{E}{R} \text{ , c'est-à-dire } - \frac{d\vec{\mathcal{F}}}{Rdt},$$

$$Idt = - \frac{d\vec{\mathcal{F}}}{R},$$

$$dQ = - \frac{d\vec{\mathcal{F}}}{R},$$

et par suite

$$Q = \frac{\vec{\mathcal{F}}_1 - \vec{\mathcal{F}}_0}{R} = \frac{\Delta\vec{\mathcal{F}}}{R}.$$

2° Le circuit de la spire présente de la self-induction et de la résistance ohmique

Nous verrons plus loin, que le théorème s'applique sans aucune modification.

APPLICATION. — *On fait tourner un cadre de surface S portant n spires, dont le plan est perpendiculaire à la composante horizontale $\mathcal{H}$ d'un champ, face pour face. Quelle est la quantité d'électricité induite dans cette rotation ?*

Imaginons que l'une des faces soit bleue, l'autre rouge, par exemple. Tout d'abord, les lignes de force entreront par la face bleue. Après la rotation face pour face, elles entreront par la face rouge et ressortiront par la face bleue. Donc celle-ci,

qui était traversée par $+\,\mathfrak{I}$ est traversée par $-\,\mathfrak{I}$, et la variation est :

$$\mathfrak{I} - (-\,\mathfrak{I}) = 2\,\mathfrak{I}.$$

Par conséquent on aura pour n spires

$$q = \frac{2n\mathfrak{I}}{R} = \frac{2nS\,\mathfrak{I}}{R}\,.$$

Le galvanomètre balistique permettant de déterminer Q,
on en déduira $\mathfrak{K}$. C'est une méthode simple pour la mesure
d'un champ magnétique.

415. — Self-induction et induction mutuelle. — Les phénomènes d'induction dans une spire sont produits par une variation
du flux dans cette spire, quelle qu'en soit l'origine. En particulier,
si la spire est parcourue par un courant variable, produit par
une source extérieure, celui-ci produira un flux variable à travers la spire, et par suite une force électromotrice d'induction
qui se superposera à la force électromotrice qui produit le courant.

Cette force électromotrice dite de *self-induction* sera tantôt
en concordance, tantôt en opposition avec celle de la source,
suivant le sens de la variation du courant.

La loi de Lenz et la règle de Maxwell montrent sans peine
que si le courant diminue, la force électromotrice de self est en
concordance avec celle de la source (à laquelle elle peut être
supérieure).

On met ce phénomène en évidence par l'expérience du
pont décrite précédemment.

On sait aussi qu'une étincelle provenant d'une surtension
se produit quand on ouvre un circuit à l'aide d'un interrupteur.

Le phénomène inverse accompagne, bien entendu, l'établissement d'un courant.

On produit des phénomènes d'*induction mutuelle* entre deux
circuits en présence l'un de l'autre, soit en modifiant leurs
positions relatives, soit en faisant varier le courant qui parcourt l'un d'eux.

Ainsi, disposons (fig. 243) deux bobines A_1 et A_2 sur un noyau de fer en forme de tore et faisons varier le courant qui parcourt A_1, en le rompant brusquement par exemple, nous pourrons constater entre B_1 et B_1' la production d'une force électromotrice d'induction.

416. — Coefficients de self-induc-

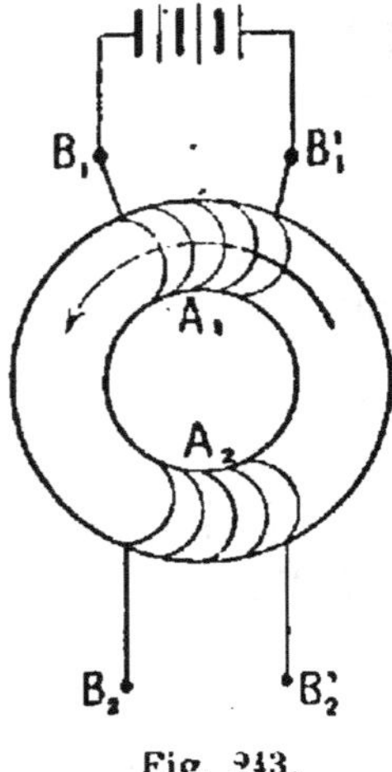

Fig. 243.

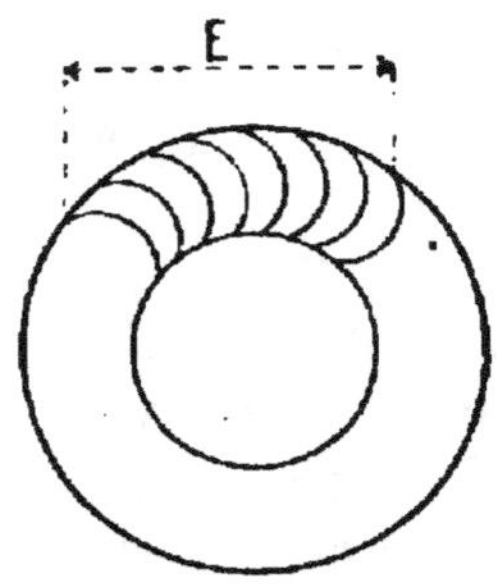

Fig. 244.

tion et d'induction mutuelle. — *On appelle coefficient de self-induction le quotient*

$$L = \frac{\mathcal{F}}{I}$$

du flux par le courant qui le produit.

L sera constant quand I varie, si la perméabilité offerte au flux est constante, dans l'air par exemple.

Le coefficient moyen de self-induction d'une *bobine* (fig. 244) dont la réluctance du noyau est $\mathcal{R}$ sera alors

$$L = \frac{4\pi n^2}{\mathcal{R}},$$

car le flux traversant n spires se comporte comme un flux n fois plus grand à travers une seule spire

On voit que, pour diminuer la self-induction d'une bobine, il faut diminuer le nombre de spires (au besoin le réduire à zéro en utilisant une forme en zigzag) et éviter le fer dans le noyau (de manière à augmenter $\mathcal{R}$).

On appelle coefficient d'induction mutuelle de deux spires le quotient du flux envoyé, de l'une dans l'autre, par le courant qui produit ce flux.

Ce coefficient (fig. 245) est le même soit que l'on parte de a spire I ou de la spire II. En effet, pour constituer le sys-

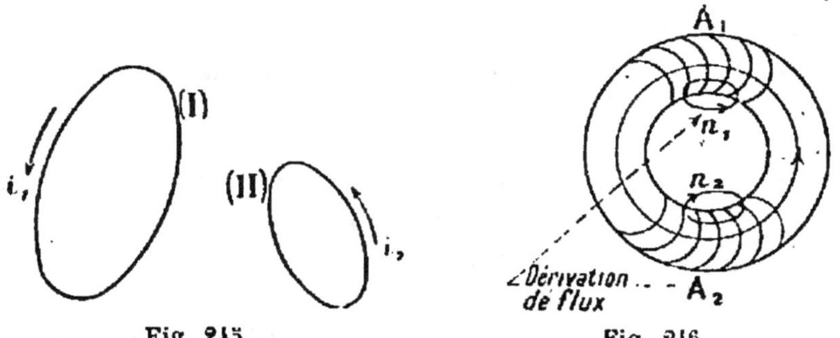

Fig. 245.   Fig. 246.

tème d'énergie potentielle des spires (I) et (II), on peut amener (I) de l'∞ en présence de (II) ou (II) de l'∞ en présence de (I), le travail sera le même dans les deux cas.

Or, dans le premier cas, on effectue un travail égal au produit de i_1 par le flux que lui envoie II qui est, d'après la définition du coefficient d'induction mutuelle, $M_2 i_2$.

Donc $T = M_2 i_1 i_2.$

On aurait dans le deuxième cas :

$$T = M_1 i_1 i_2 \qquad \text{donc} \qquad M_1 = M_2.$$

Soit alors M le coefficient d'induction mutuelle des deux spires ; l'énergie potentielle du système de ces deux spires sera

$$W = M i_1 i_2.$$

Le coefficient moyen d'induction mutuelle de deux bobines

$A_1 A_2$ disposées (fig. 245) sur un même noyau sera (même raisonnement que pour la self-induction)

$$M = \frac{4\pi n_1 n_2}{\mathcal{R}},$$

donc (1) $M^2 = L_1 L_2$.

L_1 et L_2 étant les coefficients de self-induction des deux
bobines.

Remarque. — L'égalité (1) n'a lieu que si tout le flux produi
par une des bobines traverse l'autre, s'il y a des dérivations de
flux, on a $M^2 < L_1 L_2$.

417. — Période d'établissement d'un courant. — Pendant
qu'on ferme l'interrupteur d'un circuit dont le coefficient de
self-induction supposé constant est L le courant s'établit graduellement et est par suite variable.

Soit i sa valeur à l'instant t, le flux correspondant à travers
le circuit sera Li et la force électromotrice d'induction qui

résultera d'une variation di dans le temps dt sera $-L\frac{di}{dt}$; cette

force électromotrice se superposant à la force électromotrice
de la source (supposée constante), on a

$$E - L\frac{di}{dt} = Ri.$$

R, résistance du circuit.

$$\frac{di}{E - Ri} = \frac{dt}{L},$$

d'où $\qquad -\frac{1}{R}\log_e(E - Ri) = \frac{t}{L} + C^{te}$

pour $t = 0$, $i = 0$; donc

$$i = \frac{E}{R}\left(1 - e^{-\frac{R}{L}t}\right).$$

Le courant $\frac{E}{R}$ ne s'établit donc théoriquement qu'en un temps ∞. En pratique $\dfrac{R}{L}$ est très grand, en sorte que i s'approche très vite de $\dfrac{E}{R}$ (en quelques $\dfrac{1}{10}$ de seconde).

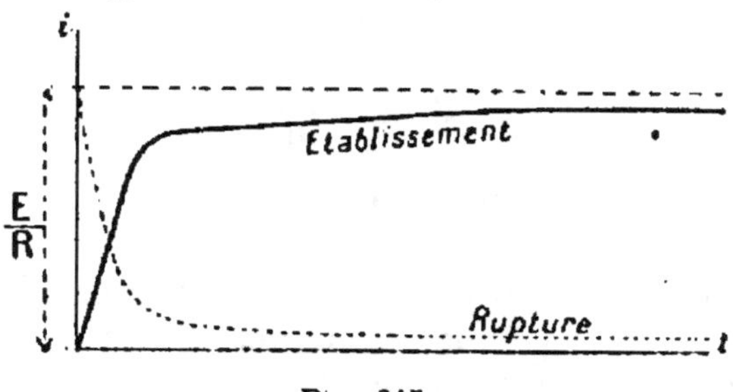

Fig. 247.

Le phénomène est représenté par une courbe analogue à celle qui est indiquée figure 247.

$\dfrac{L}{R}$ s'appelle la constante de temps du circuit[1].

On étudierait de la même façon la période de rupture d'un courant. Cela conduirait à la courbe pointillée.

418. — Équation générale d'un courant dans un circuit pré-

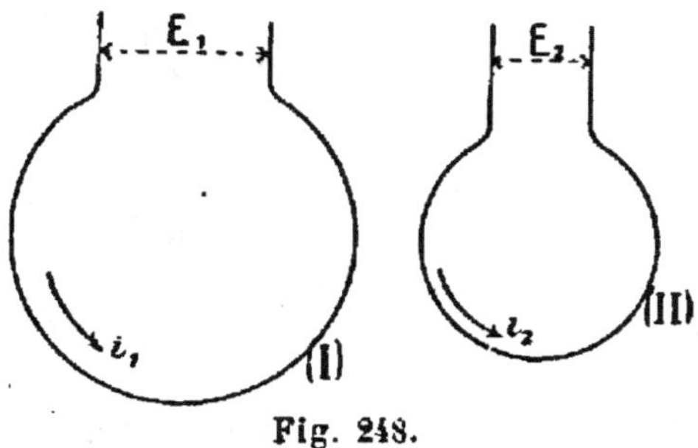

Fig. 248.

sentant de la self-induction et de la résistance. — Soit (fig. 248) la force électromotrice variable E à l'instant t, et le courant au même instant.

1. On verra dans le chapitre des unités que ce quotient est en effet homogène à un temps.

Le flux de self-induction est alors Li, et la force électromotrice de self qui se superpose à E est $-L\dfrac{di}{dt}$, d'où

$$E - L\frac{di}{dt} = Ri,$$

$$E = Ri + L\frac{di}{dt}.$$

Cette formule est très importante.

Cas de deux circuits en présence parcourus par des courants variables i_1 **et** i_2 **; le coefficient d'induction mutuelle est** M.

À l'instant t (fig. 249) le circuit I est traversé par le flux

$$L_1 i_1 + M i_2$$

produit par son propre courant i_1 et par le courant voisin i_2, en sorte que l'on a

$$E_1 - \left(L_1\frac{di_1}{dt} + \frac{Mdi_2}{dt}\right) - R_1 i_1,$$

ou

$$E_1 = R_1 i_1 + L_1\frac{di_1}{dt} + \frac{Mdi_2}{dt}.$$

On aurait d'ailleurs de même pour le circuit (II) :

$$E_2 = R i_2 + L\frac{di_2}{dt} + \frac{Mdi_1}{dt}.$$

APPLICATION. — *Au centre d'une bobine horizontale de n tours par centimètre, et que l'on considérera comme infiniment longue, est fixé un anneau métallique parallèle aux spires de la bobine et embrassant une surface S. La résistance de l'anneau est ρ.*

1° On établit dans le circuit de la bobine, de résistance totale r, une force électromotrice constante e. Calculer la quantité d'électricité induite dans l'anneau et le coefficient d'induction mutuelle de la bobine et de l'anneau.

2° On suppose la bobine de longueur finie et l'on établit à ses extrémités une force électromotrice alternative A cos ωt. Exprimer les courants i et i' dans la bobine et dans l'anneau *au bout d'un temps suffisant pour que ces courants soient devenus purement alternatifs (on supposera ρ négligeable par rapport aux coefficients de self-induction et induction mutuelle LL'M et par rapport à R).*

1° Après l'établissement du courant $i = \dfrac{e}{r}$ dans la bobine, le flux qui traverse l'anneau est :

$$\mathcal{J} = \mathrm{S} \times \frac{4\pi n e}{r} \, .$$

Comme ce flux était nul au début la quantité d'électricité induite sera :

$$q = \frac{\mathcal{J}}{\rho} = \frac{4\pi n \mathrm{S} e}{r\rho} \, .$$

Le coefficient d'induction mutuelle est

$$\mathrm{M} = \frac{\mathcal{J}}{i} = 4\pi n \mathrm{S}.$$

2° On a à l'instant t dans la bobine

$$\text{(1)} \qquad \mathrm{A} \cos \omega t = r i + \mathrm{L} \frac{di}{dt} + \frac{\mathrm{M} di'}{dt} ,$$

et dans l'anneau

$$\text{(2)} \qquad 0 = \mathrm{L} \frac{di'}{dt} + \mathrm{M} \frac{di}{dt} ,$$

puisque ρ est négligeable.
On tire de (2)

$$\frac{di'}{dt} = - \frac{\mathrm{M}}{\mathrm{L}} \frac{di}{dt}$$

$i' = - \dfrac{\mathrm{M}}{\mathrm{L}} \, i$, car i' s'annule en même temps que i.

En portant dans (1) il vient

$$\text{(3)} \qquad r i + \left(\mathrm{L} - \frac{\mathrm{M}^2}{\mathrm{L}} \right) \frac{di}{dt} = \mathrm{A} \cos \omega t.$$

On voit que l'équation (3) n'est autre que l'équation générale d'un courant alternatif circulant dans une bobine de résistance r et de self-induction.

$$L_1 = L - \frac{M^2}{L} .$$

Par suite (V. chapitre du courant alternatif)

$$i = \frac{A \cos (\omega t - \varphi)}{\sqrt{r^2 + \omega^2 L_1^2}}$$

avec $\qquad \operatorname{tg} \varphi = \frac{\omega L_1}{r} \text{ et } i' = - \frac{M}{L} i.$

419. — Décharge d'un condensateur de capacité C. — 1° *Sur résistance non inductive* R (fig. 250). Soit E la différence de potentiel aux bornes du condensateur à l'instant t, et i l'intensité correspondante dans le circuit. Pendant un temps dt la différence de potentiel diminue de dE, et l'on a

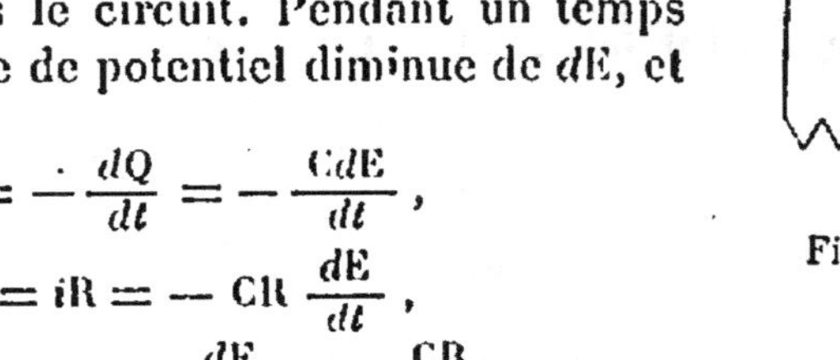

Fig. 219.

$$i = - \frac{dQ}{dt} = - \frac{CdE}{dt} ,$$

$$E = iR = - CR \frac{dE}{dt} ,$$

$$\frac{dE}{E} = - \frac{CR}{dt} ,$$

$$E = E_0 e^{-\frac{t}{CR}},$$

ou encore

$$Q = Q_0 e^{-\frac{CR}{t}} .$$

Si $Q = \frac{Q_0}{n}$ au bout du temps t, on a

$$t = CR \, Ln.$$

2° Sur résistance R de coefficient de self-induction L, on a, à l'instant t :

$$E = Ri + L \frac{di}{dt} ,$$

$$i = - \frac{dQ}{dt} = - \frac{CdE}{dt} ,$$

$$\frac{di}{dt} = - C \frac{d^2E}{dt^2}$$

$$LC \frac{d^2E}{dt^2} + RC \frac{dE}{dt} + E = 0. \tag{1}$$

L'équation (1) est une équation différentielle à coefficients constants sans deuxième membre d'équation caractéristique

$$LC\alpha^2 + RC\alpha + 1 = 0. \tag{2}$$

Quand les racines de (2) sont réelles, elles sont négatives — α_1, — α_2, car la somme est négative et le produit est positif ; donc :

si $R^2C - 4L > 0$, la décharge est continue et de forme exponentielle

$$Q = Ae^{-\alpha_1 t} + Be^{-\alpha_2 t},$$

A et B étant deux constantes qui dépendent des conditions initiales.

Si $R^2C - 4L = 0$,

$$Q = e^{-\alpha t} (At + B),$$

et la décharge est encore continue.

Si $R^2C - 4L < 0$,

$$Q = Ae^{-\frac{R}{2L}t} \cos\left[\sqrt{\frac{4L - R^2C}{2L}}\, t + B \right]$$

la décharge est oscillante et périodique de période

$$T = 2\pi \sqrt{\frac{2L}{4L - R^2C}} \cdot$$

Les courbes de la figure 251 rendent compte du phénomène.

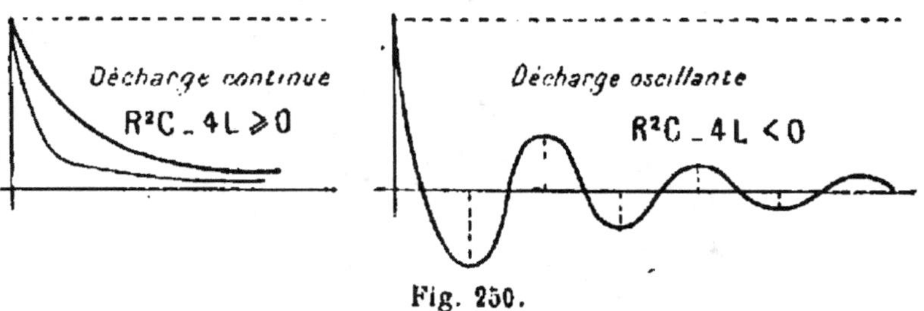

Fig. 250.

420. — Energie intrinsèque d'un courant. — Reprenons la formule :

$$E = RI + L \frac{dI}{dt},$$

qui peut s'écrire

$$EI = RI^2 + LI\,\frac{dI}{dt}\,.$$

Multiplions par dt de façon à avoir l'énergie fournie par la pile pendant le temps dt; on aura

$$EI\,dt = RI^2\,dt + LIdI,$$

et pendant toute la période d'établissement du courant

$$\int EI\,qt = \int RI^2\,dt + \int LI\,dI,$$

ce qui exprime que la puissance totale fournie par la pile se décompose en deux parties : une première dissipée par effet joule, et une seconde partie emmagasinée à l'état potentiel

$$W = \int LI\,dI = \frac{1}{2}\,LI^2.$$

Cette énergie reste emmagasinée pendant la marche normale, c'est l'*énergie intrinsèque du courant*.

Elle se manifeste, au moment de la rupture, sous forme d'étincelles.

421. — Courbes d'aimantation. Hystérésis. — Soit (fig. 252) un

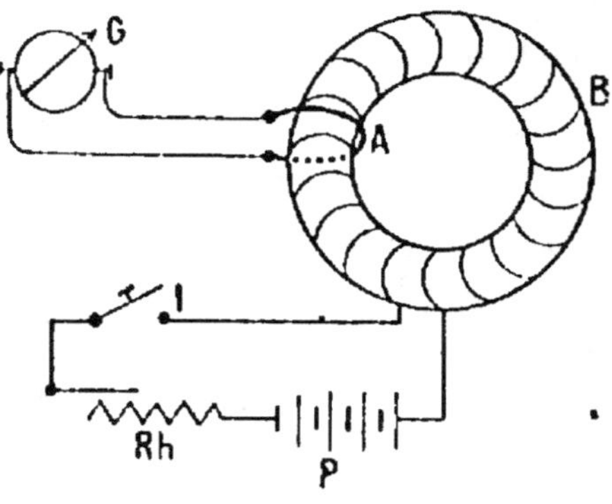

Fig. 251.

tore B uniformément recouvert de spires parcourues par un courant I, produit par une pile P et un rhéostat R*h*. Disposons en A une spire A en communication avec un galvanomètre balistique G. En interrompant brusquement le courant avec l'interrupteur I, on peut mesurer en G la quantité d'électricité induite dans la spire A, et par suite le flux ou l'induction $\mathfrak{B} = \dfrac{\mathcal{J}}{S}$ dans le noyau du tore.

Portons (fig. 253) en abscisses les valeurs de $4\pi n_1 I = \mathcal{K}$ et en ordonnées les valeurs correspondantes de $\mathfrak{B}$, nous obtiendrons

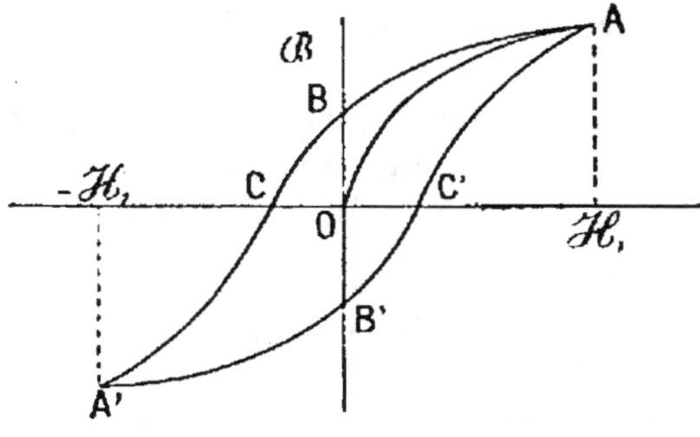

Fig. 253.

ce qu'on appelle la courbe d'aimantation du noyau du tore.

Supposons que le tore n'ait jamais été aimanté et faisons varier $\mathcal{K}$ de 0 à $\mathcal{K}_1$, puis de $\mathcal{K}_1$ à $- \mathcal{K}_1$ et de $- \mathcal{K}_1$ à $\mathcal{K}_1$, nous obtiendrons :

1° la courbe OA ;
2° la courbe ABA'[1] ;
3° la courbe A'B'A.

Si l'on recommence à faire varier $\mathcal{K}$, on suivra désormais la courbe ABA'B' sans jamais revenir à O. On dit que l'aimantation décrit un cycle d'hystérésis (du grec « rester en arrière »). L'ordonnée OB = OB' mesure l'*induction rémanente* qui subsiste quand le courant est nul, et l'abscisse OC = OC' *la force coercitive magnétomotrice* nécessaire pour ramener à 0 l'induction dans le noyau ; OB et OC varient en sens inverse suivant les échantillons de fer adoptés pour le noyau.

---

1. Les points A et A' sont symétriques par rapport à O.

Ce phénomène d'hystérésis est très important, il se produit chaque fois qu'un métal est soumis à des aimantations et désaimantations successives, comme dans les pièces massives qui tournent dans des champs. Il est accompagné d'une élévation de température du noyau et, par suite, d'une perte d'énergie empruntée à la source qu'il importe d'évaluer.

422. — Travail absorbé par l'aimantation d'un tore. — Soit un tore recouvert uniformément de spires. Quelle est l'énergie absorbée pour aimanter ce tore à l'aide d'une source extérieure ?

Elle est équivalente à l'énergie qui sera restituée sous forme d'extra-courant quand on coupera le courant entretenant le flux d'aimantation dans le noyau. Or, si E est la force électromotrice de la source, on a

$$E = RI + n\,\frac{d\mathfrak{F}}{dt}.$$

Quand le flux varie de $d\mathfrak{F}$ pendant le temps dt de la rupture, l'énergie correspondante fournie par la pile sera

$$EI\,dt = RI^2\,dt + nId\mathfrak{F};$$

mais
$$\mathfrak{F} = \mathfrak{B}s \qquad d\mathfrak{F} = s\,d\mathfrak{B}.$$

D'autre part, $\mathcal{H} = \dfrac{4\pi nI}{l}$, $\mathcal{H}$ étant l'intensité du champ qui serait produit dans l'air par la bobine

$$nI = \frac{\mathcal{H}l}{4\pi},$$

$$EI\,dt = RI\,dt + \frac{ls}{4\pi}\,\mathcal{H}d\mathfrak{B}.$$

Or le volume du tore est $ls = V$.

Intégrons pendant toute la durée de la rupture :

$$\int EI\,dt = \int RI^2\,dt + \frac{V}{4\pi}\int_0^{\mathfrak{B}} \mathcal{H}d\mathfrak{B}$$

avec $\mathfrak{B} = \mu\mathcal{H}$

Ainsi l'énergie totale, pendant la rupture, se décompose en deux

Énergie calorifique correspondante à l'effet joule, et

Énergie correspondante à l'aimantation, laquelle apparaît sous forme d'étincelles.

$$\frac{V}{4\pi} \int_0^{\mathcal{B}} \mathcal{H}\, d\mathcal{B}.$$

Le travail d'aimantation, pour amener un noyau à une induction donnée, est par suite

$$\frac{V}{4\pi} \int_0^{\mathcal{B}} \mathcal{H}\, d\mathcal{B}$$

$$\text{avec } \mathcal{B} = \mu\mathcal{H}.$$

423. — **Énergie perdue par hystérésis dans un cycle.** — Dans

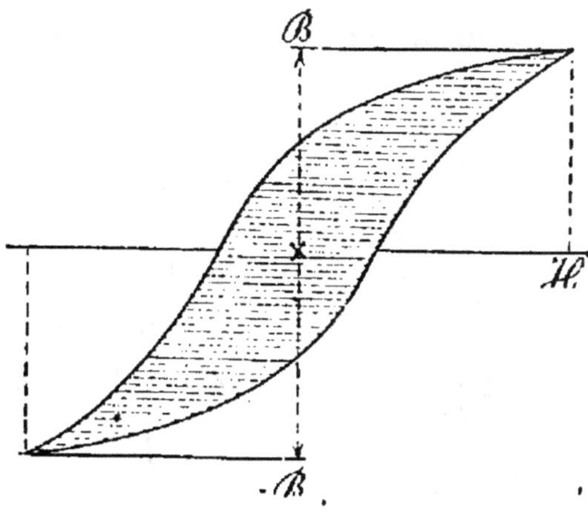

Fig. 253.

un cycle d'hystérésis toute l'énergie correspondante à la variation de l'aimantation à chaque instant apparaît sous forme de chaleur.

Représentons (fig. 254) un cycle d'hystérésis, en portant en abscisses les valeurs de $\mathcal{H} = \dfrac{4\pi n I}{l}$.

La perte sous forme de chaleur sera

$$W = \frac{V}{4\pi} \int_{-\mathcal{B}}^{+\mathcal{B}} \mathcal{H}\, d\mathcal{B}.$$

C'est l'aire du cycle multipliée par $\dfrac{V}{4\pi}$.

Donc *l'énergie perdue par cm³ dans un cycle s'obtient en divisant l'aire du cycle par 4π.*

REMARQUE. — Steinmetz a donné une formule empirique évitant le calcul du cycle ; c'est $W = V\eta_1\mathfrak{B}_{max}^{1.6}$, η_1 étant un coefficient numérique et $\mathfrak{B}_{max}$ l'induction maximum.

On évalue en C. G. S. et le résultat est en ergs.

Extension du théorème relatif à la quantité d'électricité induite dans un circuit, dans le cas où ce circuit présente de la self-induction.

Une variation de flux $d\vec{\mathcal{F}}$ dans le temps dt produit à travers le circuit une force électromotrice $- \dfrac{d\vec{\mathcal{F}}}{dt}$, et l'on a,

$$- \frac{d\vec{\mathcal{F}}}{dt} = RI + L\frac{dI}{dt} ,$$
$$RI\,dt = - d\vec{\mathcal{F}} - L\,dI,$$
$$R\,dq = - d\vec{\mathcal{F}} - L\,dI.$$

Or, le courant part de 0 pour revenir à 0, donc $\int L\,dI = 0$,

$$Q = \int_{\vec{\mathcal{F}}_0}^{\vec{\mathcal{F}}_1} \frac{d\vec{\mathcal{F}}}{R} = \frac{\Delta\vec{\mathcal{F}}}{R} .$$

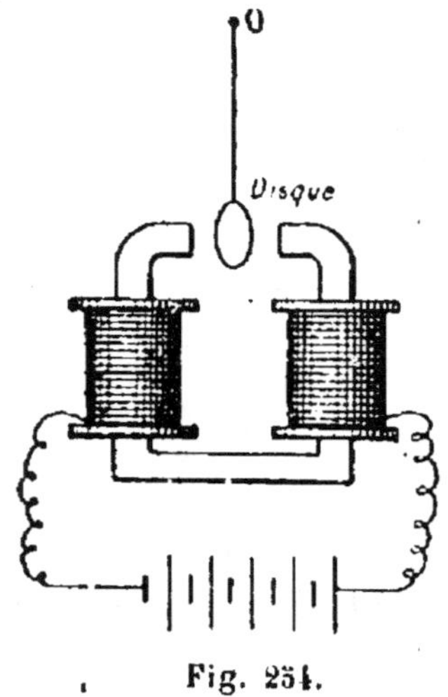

Fig. 254.

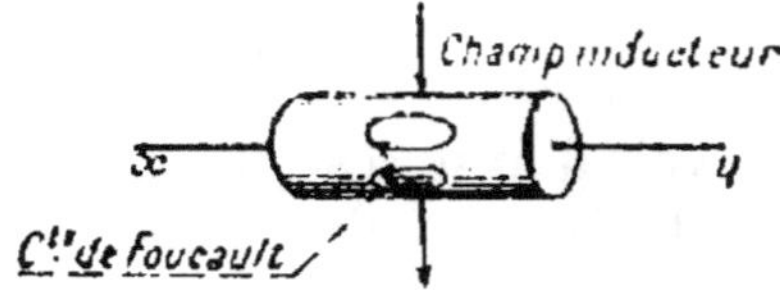

Fig. 255.

424. — Courants de Foucault. — Si on fait osciller un disque de cuivre (fig. 255 et 255 *bis*) entre les mâchoires d'un électro-aimant, les oscillations sont normales tant que l'aimant n'est pas excité, mais elles s'arrêtent par un freinage énergique dès que le courant passe dans les bobines, en même temps le disque s'échauffe. On observe ce même effet de freinage en faisant tourner un disque dans un champ. Le couple résistant d'après les expériences de Matteucci et de Foucault est proportionnel au carré de l'intensité dn champ et à la vitesse relative du disque par rapport au champ (v. page 546). On fait souvent usage de cette remarque notamment dans l'étude des compteurs électriques.

Il se produit, en effet, dans la masse du disque des courants d'induction appelés courants de Foucault. Ces courants se produisent par paire dans toutes les masses métalliques en mouvement dans un champ. Ces courants jouent un rôle important dans l'étude des dynamos. Nous y reviendrons. Bornons-nous à dire pour le moment que Fleming a donné une formule empirique donnant en ergs l'énergie dissipée par courant de Foucault et par cm^3 dans un disque métallique d'épaisseur $e\,cm$ tournant à la vitesse de ω tours par seconde dans un champ où l'induction est B gauss $W = Ke^2\omega^2B^2$, K est un coefficient qui dépend de la nature du métal.

APPLICATION DE L'INDUCTION. — Un cadre rectangulaire est suspendu verticalement dans un champ uniforme de 800 gauss. Son plan est parallèle aux lignes du champ.

Dimensions du cadre : hauteur, 6,5 cm.; largeur 3 cm; moment d'inertie K = 12,5 C. G. S. ; nombre de spires 500. Lorsqu'il est parcouru par 100 micro-amp., il tourne de 7°,5.

Cela posé, aucun courant ne passant dans le cadre dont le circuit est ouvert, on l'écarte d'un angle θ_0 de sa position d'équilibre et on le laisse osciller librement. On demande d'exprimer la différence de potentiel aux extrémités de l'enroulement, le système étant dépourvu d'amortissement.

On ferme à un instant quelconque le circuit du cadre, l'on calculera pour $\theta = 28°$ la quantité totale de chaleur dégagée dans le circuit depuis la fermeture jusqu'au moment où le cadre est au repos.

1° On sait que les angles d'oscillations d'un pendule composé sont donnés par

$$\theta = \theta_0 \cos \omega t \qquad \omega = \sqrt{\frac{C}{K}} \qquad C = C^{te}$$

de torsion. D'ailleurs $\varphi = nHS \sin \theta$,

$$E = -\frac{d\varphi}{dt} = -nHS \cos \theta \frac{d\theta}{dt},$$

avec
$$\frac{d\theta}{dt} = -\theta_0 \omega \sin \omega t.$$

Calculons C et ω. Pour $i = 100 \times 10^{-6}\,|\,10^{-1}$ C.GS..

$$\theta_1 = 7°,5 \quad \text{et} \quad nSi. \cos \theta_1 = C\theta_1,$$

d'où
$$C = \frac{78 \cos 7°,5}{\frac{7,5 \times \pi}{180}} = 590 \text{ C.G.S.} = \frac{7,5 \times \pi}{180} \text{ rad.}$$

$$\omega = \sqrt{\frac{C}{K}} = 6,9 \text{ C. G. S.}$$

Chaleur dégagée. — Soit C_1 le couple correspondant à θ radians.

$$C_1 = C\theta.$$

Pour un déplacement $d\theta$, le travail sera $C_1 d\theta$, donc

$$dT = C\theta\, d\theta,$$

et pour revenir de θ_0 à 0, le travail total deviendra

$$T = \int_0^{\theta_0} C\theta\, d\theta = \frac{1}{2} C\theta_0^2,$$

$$\theta_0 = \frac{28 \times \pi}{180} = 0^{rad},4887,$$

$$T = \frac{590 \times \overline{0,4887}^2}{2} = 70 \text{ ergs,}$$

$$T = 70 \times 10^{-7} \times 0,24 = 1,7 \times 10^{-6} \text{ calories.}$$

CHAPITRE III

UNITÉS ÉLECTRIQUES.

Dans les chapitres précédents on a défini les diverses unités à leurs places rationnelles. Nous avons groupé dans ce chapitre les principaux résultats obtenus.

425. — Unités C. G. S. en général. — Mesurer une grandeur, c'est la comparer à une grandeur unité de même espèce.

Le système C. G. S. a pris comme base trois unités fondamentales.

le *Centimètre* ou 100e partie de la $\dfrac{1}{40 \times 10^5}$ partie du méridien terrestre ;

le *Gramme-masse*,

la *Seconde*.

Le *gramme-masse* ou gramme est la masse d'un centimètre cube d'eau à $4°$. On a pris comme unité la masse et non le poids, car la masse est constante en tous les points du globe.

La *seconde* est la 86400e partie du jour solaire moyen.

426. — Unités dérivées. — De ces unités sont dérivées un grand nombre d'autres grandeurs.

On appelle *équation aux dimensions* la relation simple liant une unité dérivée aux unités fondamentales.

Ainsi la vitesse d'un mouvement uniforme est le quotient d'une longueur par un temps.

Si l'on désigne par les symboles LMT les unités fondamentales, on dit qu'une vitesse aura pour *équations de dimensions* LT^{-1}.

Chaque unité dérivée s'obtient en partant de l'équation de définition de la grandeur considérée.

L'unité de vitesse est la vitesse d'un mobile parcourant un centimètre en une seconde.

Il arrive souvent qu'une unité n'est pas commode dans la pratique, on emploie alors un multiple ou un sous-multiple.

Si le multiple est 1.000.000 de fois plus grand, on l'appelle *méga*.

Si le multiple est 10.000 fois plus grand, on l'appelle *myria*.

Si le multiple est 1.000 fois plus grand, on l'appelle *kilo*.

Si le sous-multiple est 1.000.000 de fois plus petit, c'est le *micro*.

Nous allons indiquer les équations de dimensions des principales grandeurs :

1° *Grandeurs géométriques :*

Longueur. — L Unité centimètre.

Surface. — L² d° centimètre carré.

Volume. — L³ d° centimètre cube.

Angle. — Un angle est le quotient d'un arc par un rayon ; c'est donc le quotient de deux longueurs. C'est un nombre sans dimensions. L'unité C. G. S est le radian ou angle interceptant un arc égal au rayon ou $\dfrac{360'}{2\pi} = 57°17'44''$. On remarquera que 180° correspondent à π ou 3,14 radians.

2° *Grandeurs mécaniques :*

Vitesse : quotient d'une longueur par un temps $[v] = [LT^{-1}]$.

Vitesse angulaire : quotient d'un angle par un temps $[\omega] = [T^{-1}]$. L'unité est le radian par seconde.

Si un corps fait n tours par seconde : quelle est sa vitesse angulaire en C. G. S. ?

Un tour vaut 2π radians, la vitesse angulaire est donc : $2\pi n$ radians.

Accélération : quotient d'une vitesse par un temps $[\gamma] = [LT^{-2}]$. L'unité est l'accélération d'un mouvement pour lequel la vitesse s'accroît de un centimètre par seconde. L'accélération de la pesanteur est à Paris 981 cm.

Force : produit d'une masse par une accélération $[F] = [MLT^{-2}]$.

L'unité est la *dyne*, qui imprime à un gramme-masse une accélération d'un cm. par seconde. La force agissant sur la masse du gramme, c'est-à-dire le poids du gramme, ou encore le gramme-poids est donc 1 gramme-masse multiplié par 981 ; donc 1 gramme pratique vaut 981 dynes. Une dyne vaut $\frac{1}{981}$ gramme ou un milligramme sensiblement ; c'est une unité très faible, qu'on remplace par la *mégadyne*.

Travail : produit d'une force par une longueur $[ML^2T^{-2}]$. L'unité est le travail d'une dyne déplaçant son point d'application d'un centimètre, c'est l'*erg*.

Les électriciens emploient le *Joule* $= 10^7$ ergs.

L'ancienne unité était le kilogrammètre, qui vaut 981.000 dynes $= 100$ cm. $= 9,81$ joules.

$$1 \text{ joule} = \frac{1}{981} \text{ kilogrammètre.}$$

L'énergie s'exprime en ergs, puisque le travail est une forme de l'énergie.

Unité calorifique. — La *grande calorie* est l'unité qui élève de 0 à 1° une masse de 1 kilogr. Si la masse d'eau est 1.000 fois plus petite, on a la *petite calorie* ou *calorie C. G. S.*

Le rapport de l'énergie calorifique à l'énergie du travail est l'*équivalent mécanique* de la chaleur.

1 grande calorie $= 425$ kilogrammètres, par suite

$$1 \text{ calorie-gramme vaut } \frac{425 \times 9,81}{1000} = 4,17 \text{ joules et } 1 \text{ joule}$$

$$= \frac{1}{4,17} = 0,^{cal}24.$$

Puissance : quotient d'un travail par un temps $[L^2MT^{-3}]$. L'unité est un erg par seconde.

On emploie, en électricité, le *watt* correspondant au joule :

1 watt $= 1$ joule par seconde $= 75 \times 9,81 \times 10^7$ ergs seconde $= 735,75 \times 10^7$ ergs seconde. Le cheval-vapeur vaut 736 watts.

REMARQUE. — On emploie encore le *poncelet* : 100 kilogrammètres par seconde ; qui vaut sensiblement 1 kilowatt.

Le cheval-heure vaut un cheval pendant une heure ou

$$3.600 \times 75 = 270.000 \text{ kilogrammètres-sec.}$$

1 watt-heure $= 3.600$ joules.

Pression : quotient d'une force par une surface $[ML^{-1}T^{-2}]$. L'unité ou *barie* est la pression d'une dyne sur un centimètre carré. On n'emploie guère que le méga-barie.

427. — Homogénéité des formules. — Les équations de dimensions permettent une vérification très simple des calculs. Ainsi, la durée d'oscillation d'un pendule étant $T = 2\pi\sqrt{\dfrac{l}{g}}$. Il s'agit de vérifier que le second nombre est homogène à un temps : l est un longueur, g est une accélération, on a

$$\frac{L}{LT^{-2}} = \frac{1}{T^{-2}}.$$

La quantité sous le radical est homogène à T^2, le premier membre est bien homogène à un temps.

428. — Des changements d'unités. — D'une manière générale, soit une grandeur q_1 qui dans un premier système a pour dimensions $L^{\alpha_1}M_1^{\beta}T_1^{\gamma}$. On demande le nombre q_2 qui mesure cette grandeur dans un autre système d'unités $L_2M_2T_2$.

Soit, pour fixer les idées, à évaluer en C. G. S. la vitesse d'un train faisant 36 kilomètres à l'heure. Dans le système C. G. S. on a

$$V_2 = L_2T_2^{-1}.$$

et dans le système kilomètre à l'heure $V_1 = L_1 T_1^{-1}$ L_2 correspondra à un centimètre et L_1 à un kilomètre ; T_2 à une seconde, T_1 à une heure

$$\frac{[V_2]}{[V_1]} = \frac{[L_2T_2^{-1}]}{[L_1T_1^{-1}]}.$$

Évaluons les grandeurs dans le *nouveau système*.

$$\frac{L_2}{L_1} = \frac{1}{10^5} \quad \text{et} \quad \frac{T_1}{T_2} = \frac{3.600}{1} \quad \frac{[V_2]}{[V_1]} = \frac{36}{1.000}.$$

Ainsi les dimensions de V_2 sont à celles de V_1 comme 36 est à 1.000 ; or, quand l'unité devient n fois plus petite, le nombre mesurant la grandeur devient n fois plus grand. Le nombre exprimant V_2 en C. G. S. sera donc $\dfrac{1.000}{36}$ fois le nombre donné. Ce sera 1.000 centimètres par seconde.

En généralisant ce résultat on a cette règle :

Pour passer d'un système I *à un système* II, *on forme*

$$\frac{q_2}{q_1} = \frac{L_2^{\alpha}\, M_1^{\beta}\, T_1^{\gamma}}{L_2^{\alpha}\, M_2^{\beta}\, T_2^{\gamma}} ,$$

en évaluant les unités anciennes et nouvelles dans le système II.

APPLICATIONS. — 1° *On a trouvé que le moment magnétique d'un barreau d'acier pesant 453,6 grammes était* 100×77.000 ; *la densité de l'acier étant 7,85, l'unité de longueur étant le millimètre, l'unité de temps la seconde et l'unité de masse le milligramme-masse, quelle est l'intensité du barreau en C. G. S. ?*

L'intensité d'aimantation est le quotient du moment magnétique par le volume. Or, la masse magnétique a pour dimensions :

$$L^{\frac{3}{2}} M^{\frac{1}{2}} T^{-1}.$$

Donc $\Im$ a pour dimensions :

$$\frac{L^{\frac{3}{2}} M^{\frac{1}{2}} T^{-1} \times L}{L^3} = L^{-\frac{1}{2}} M^{\frac{1}{2}} T^{-1}.$$

On aura donc

$$\frac{\Im_2}{\Im_1} = \frac{L_1^{-\frac{1}{2}} M_1^{\frac{1}{2}} T_1^{-1}}{L_2^{-\frac{1}{2}} M_2^{\frac{1}{2}} T_2^{-1}} = \left(\frac{L_2}{L_1}\right)^{\frac{1}{2}} \left(\frac{M_1}{M_2}\right)^{\frac{1}{2}} \left(\frac{T_2}{T_1}\right) .$$

Avec $\quad \dfrac{L_2}{L_1} = \dfrac{1}{\frac{1}{10}} = 10 \qquad \dfrac{M_2}{M_1} = \dfrac{1}{\frac{1}{1.000}} = 1.000 \qquad \dfrac{T_2}{T_1} = 1,$

$$\frac{\Im_2}{\Im_1} = 10^{\frac{1}{2}} \times \frac{1}{10^{\frac{3}{2}}} \times 1 = \frac{1}{10} .$$

Or,
$$I_1 = \dfrac{\dfrac{100 \times 77.000}{453,6 \times 1.000}}{7.85}$$

d'où
$$I_2 = \dfrac{100 \times 77 \times 7,85}{453,6} \cdot \text{C. G. S.}$$

2° *Le coefficient f de la loi de l'attraction* $F = f \dfrac{mm'}{r_2}$ *étant égal à* $6,7 \times 10^8$ *dans le système C. G. S., on demande :* 1° *l'équation aux dimensions de f ;* 2° *quelle est l'unité de masse* M_2 *dans un deuxième système, sachant que dans ce système K devient égal à* 1, *que l'unité de temps est la seconde et que l'unité de vitesse est celle de la lumière* 3×10^{10} *centimètre ?*

1° Les dimensions de f résultent de :

$$f = \frac{Fr^2}{mm'} = \frac{MLT^{-2}L^2}{M^2}$$

$$f = [M^{-1}L^3T^{-2}].$$

2° Cherchons l'unité de longueur dans le nouveau système, en remarquant que le nombre qui mesure le chemin parcouru par un mobile en une seconde dans le nouveau système est 1 lorsqu'il est 3×10^{10} dans le système C. G. S., donc l'unité de longueur C. G. S. est 3×10^{10} fois plus petite que la nouvelle unité de longueur ; par suite

$$\frac{L_1}{L_2} = \frac{1}{3 \times 10^{10}} ;$$

nous aurons alors

$$\frac{f_2}{f_1} = \frac{1}{6,7 \times 10^{-8}} = \frac{M_1^{-1} L_1^3 T_1^{-2}}{M_2^{-1} L_2^3 T_2^{-2}} = \frac{M_2}{M_1} \left(\frac{1}{3 \times 10^{10}}\right)^3,$$

$$\frac{M_2}{M_1} = \frac{(3 \times 10^{10})^3}{6,7 \times 10^{-8}} \cdot$$

Donc la nouvelle unité de masse vaudra

$$\frac{(3 \times 10^{10})^3 \times 10^8}{6,7} \text{ grammes masses.}$$

429. — **Unités électrostatiques C. S. S.** — Ces unités sont peu employées, car l'électricité statique joue un rôle peu important dans l'industrie.

Elles sont basées sur la formule de Coulomb relative aux attractions électriques

$$f = f_1 \frac{qq'}{r^2},$$

dans laquelle on fait $f_1 = 1$.

Quantité d'électricité Q. — C'est la quantité d'électricité exerçant sur une quantité égale placée à un centimètre une répulsion de 1 dyne.

Les dimensions s'en déduisent :

$$F = \frac{qq'}{r^2},$$

faisons $\qquad q = q' \qquad r = L \qquad [Q] = [L\sqrt{F}]$.

Or, on a $\qquad\qquad F = MLT^{-2} = \frac{q^2}{L^2}$,

donc $\qquad\qquad [q^2] = [ML^3T^{-2}]$,

$$[q] = [M^{\frac{1}{2}} L^{\frac{3}{2}} T^{-1}]$$

Cette unité est très petite, on la remplace par le *coulomb*, qui vaut 3×10^9 unités C. G. S. électrostatiques.

Potentiel ou différence de potentiels. — On a

$$V = \Sigma \frac{q}{r} \qquad [V] = \left[\frac{q}{L} \right]$$

$$[V] = [L^{\frac{1}{2}} M^{\frac{3}{2}} T^{-1}].$$

L'unité de potentiel électrostatique C. G. S. est le potentiel d'une sphère de 1 cm. de rayon contenant la quantité unité d'électricité.

L'unité pratique est le *volt*, qui vaut $\frac{1}{300^e}$ d'unité électrostatique C. G. S.

Capacité. — Équation de définition :

$$[C] = \left[\frac{Q}{V} \right] = \frac{[M^{\frac{1}{2}} L^{\frac{1}{2}} T^{-1}]}{[M^{\frac{1}{2}} L^{\frac{1}{2}} T^{-1}]} = [L].$$

En U. E. S. une capacité est homogène à une longueur.

L'unité est la capacité d'un condensateur dont le potentiel augmente d'une unité quand Q augmente d'une unité. Cette unité est très petite. On prend comme unité le *farad,* qui vaut 9×10^{11} unités électrostatiques, ou le *micro-farad* qui vaut 9×10^{5} U. E. S.

Les unités pratiques (*coulomb, volt, farad*) ont été déduites d'un autre système, le système électromagnétique, qui est beaucoup plus employé.

430. — Système électromagnétique. — Remarquons qu'il existe cinq grandeurs fondamentales :

Quantité d'électricité Q.

Intensité I.

Force électromotrice ou différence de potentiel E.

Résistance électrique R.

Masse magnétique m.

Nous connaissons quatre relations fondamentales :

1° *Loi de Pouillet* $Q = It.$

2° *Loi d'Ohm* $E = RI.$

3° *Loi de Joule* $W = RI^{2}t.$

4° *Loi de Biot et Savart* $df = \dfrac{f_1 \mu I\, ds \sin\alpha}{r^{2}}.$

Si on ajoute une cinquième relation, nous aurons cinq équations pour déterminer Q, I, E, R, m.

En prenant la loi des attractions et répulsions électriques $f = \mathrm{K}\,\dfrac{qq'}{r^{2}}$ nous avons formé le système électrostatique.

En prenant la loi de Coulomb, relative aux actions magnétiques $f = \mathrm{K}'\,\dfrac{mm'}{r}$, on aura le système électromagnétique en faisant $\mathrm{K}' = 1$.

L'unité de masse magnétique sera celle qui repousse une masse égale placée à un centimètre avec une force de 1 dyne, m étant défini, la loi de Laplace dans laquelle on fera $\lambda = 1$ permettra de définir l'intensité I ; la loi de Joule permettra de définir R, celle de Ohm E, et celle de Pouillet Q.

On passera ensuite à toutes les autres grandeurs magnétiques et électriques.

1° GRANDEURS MAGNÉTIQUES. — *Masse magnétique m.* — Nous venons de la définir; son équation de dimension se déduit de la formule $F = \dfrac{m^2}{L^2}$ ou

$$[m] = [L\sqrt{F}] = [L^{\frac{1}{2}} M^{\frac{1}{2}} T^{-1}].$$

Champ magnétique $\mathcal{H}$. — C'est le quotient d'une force par une masse magnétique. L'unité électromagnétique C. G. S. ou gauss est l'intensité d'un champ uniforme dans lequel une masse magnétique unité supporte un effort de 1 dyne.

L'équation de dimension est

$$\left[\frac{F}{L\sqrt{F}}\right] = [M^{\frac{1}{2}} T^{-1} L^{-\frac{1}{2}}].$$

Flux. — Se déduit $\mathcal{F} = \mathcal{H}S$. L'unité ou *maxwell* est le flux traversant un centimètre carré normalement aux lignes de force dans un champ uniforme de un gauss.

$$[\mathcal{F}] = [\sqrt{F}L].$$

Induction magnétique. — $\mathcal{B} = \dfrac{\mathcal{F}}{S}$. Les dimensions sont les mêmes que celles du champ, l'unité sera la même ou *gauss*.

Perméabilité. — $\dfrac{\mathcal{B}}{\mathcal{H}} = \mu$. C'est un nombre, car $\mathcal{B}$ et $\mathcal{H}$ ont mêmes dimensions.

Réluctance magnétique. — $\mathcal{R} = \dfrac{l}{\mu S} = [R] = [L^{-1}]$.

L'unité est l'*œrsted*, c'est la réluctance d'un cylindre d'air de 1 centimètre de longueur et 1 centimètre carré de section.

Force magnétomotrice. — $E = 4 \pi NI$.

Dimensions d'un courant soit $[\sqrt{F}]$.

L'unité ou *gilbert* est la force magnétomotrice entretenant un maxwell dans un circuit de 1 œrsted.

Il y a entre la force électromotrice et la différence de potentiel magnétique les mêmes relations qu'entre la différence de potentiel électrique et la résistance. La différence de potentiel magnétique sera exprimée en gilberts.

On définirait de même

$$[\mathfrak{M}] = [\mathfrak{m}\mathrm{L}]$$

$$[\mathfrak{I}] = \left[\frac{\mathfrak{M}}{\mathrm{L}^3}\right]$$

$$[\mathfrak{d}] = \left[\frac{m}{\mathrm{L}^2}\right]$$

$$[\Phi] = [\mathrm{L}\mathfrak{d}]$$

etc.

Les grandeurs que nous venons de définir n'existent qu'en C. G. S. et n'existent pas en unités pratiques.

2° GRANDEURS ÉLECTRIQUES. — *Courant* :

$$f_1 \frac{\mu \mathrm{I}\, ds \sin \alpha}{r^2} = df.$$

Si on intègre le long d'un cercle de rayon R = 1, la force exercée sur la masse positive au centre du cercle, quand le courant est I, sera $f = 2\pi\mathrm{I}$.

L'unité électromagnétique de courant est le courant qui, circulant dans un circuit circulaire de 1 cm. de rayon, exerce sur une masse magnétique unité, placée au centre, un effort de 2π dynes.

La relation de Biot et Savart revient à $\mathrm{F} = \dfrac{m\mathrm{IL}}{\mathrm{L}^2}$, car f et sin α sont des nombres. Or m est homogène, à $\mathrm{I}\sqrt{\mathrm{F}}$, donc

$$[\mathrm{I}] = [\sqrt{\mathrm{F}}] = [\mathrm{L}^{\frac{1}{2}}\,\mathrm{M}^{\frac{1}{2}}\,\mathrm{T}^{-1}].$$

Résistance. — $\mathrm{W} = \mathrm{RI}^2 t$. L'unité est celle d'un conducteur dans lequel un courant égal à 1 dépense une énergie d'un erg.

La dimension d'une résistance sera

$$[\mathrm{R}] = \frac{\mathrm{W}}{\mathrm{I}^2 t} = [\mathrm{LT}^{-1}].$$

La résistivité $[\rho] = \dfrac{RS}{L} = [RL]$ est homogène au produit d'une résistance par une longueur.

On la définit en ohm centimètre, comme il a été dit au chapitre de la loi d'Ohm.

Différence de potentiel. — $E = RI [L^{\frac{3}{2}} M^{\frac{1}{2}} T^{-2}]$. L'unité produit un courant unité dans la résistance unité.

Quantité d'électricité. — $[Q] = IT = [\sqrt{FT}]$. L'unité est produite par un courant unité en une seconde.

Capacité. — $[C] = \left[\dfrac{Q}{E}\right] = [L^{-1} T^{2}]$. L'unité est la capacité d'un condensateur dont la charge augmente d'une unité quand la différence de potentiel augmente d'une unité.

Coefficients d'induction M *ou* L. — Quotient d'un flux par une intensité.

$$\frac{L^{\frac{3}{2}} M^{\frac{1}{2}} T^{-1}}{L^{\frac{1}{2}} M^{\frac{1}{2}} T^{-1}}$$ homogène à une longueur L.

Ils s'exprimeront donc en centimètres. L'unité de coefficient de self-induction est celui d'un circuit traversé par un flux de un maxwell quand le courant qui le parcourt est une unité C. G. S.

431. — **Unités pratiques**. — Ces unités ne conviennent pas toujours aux besoins de la pratique, et l'on en prend des multiples ou sous-multiples.

Ce sont :

L'*ohm* $= 10^{9}$ unités électromagnétiques ;
L'*ampère* $= 10^{-1}$ d°
Le *volt* $= 18^{8}$ d°

On voit que 1 volt $=$ 1 ohm $\times$ 1 ampère.

Ces unités pratiques sont définies comme suit : l'ohm est la résistance offerte à un courant constant par une colonne de mercure de 14,452 grammes-masses, d'une longueur de 106,3 et d'une section de 1 millimètre carré.

Nous avons défini l'intensité de courant en électrolyse.

L'unité pratique de force électromotrice est celle qui, appliquée à un conducteur de 1 ohm y fait circuler un ampère.

La quantité d'électricité s'en déduit :

Un coulomb vaut 10^{-1} U. E. M.

L'unité de capacité ou farad vaut 10^{-9} U. E. M.

Le travail et la puissance se déduisent de $W = RI^2 T$ (Joule et Watt).

L'unité pratique du coefficient de self-induction est le henry, qui vaut 10^9 C. G. S., c'est-à-dire 10^9 centimètres ; c'est le quart du méridien terrestre, d'où le nom de quadrant donné aussi à l'henry.

REMARQUE IMPORTANTE. — Il importe de ramener toujours à un même système toutes les grandeurs que l'on emploie. En particulier, lorsqu'il entre dans une formule des grandeurs qui n'ont pas d'unités pratiques (gauss, maxwell, œrsted, etc.), il faut tout ramener en C. G. S.

EXEMPLE. — *Une bobine de 50 mètres de long contient 1000 spires parcourues par 6 ampères. Quelle est la force magnétomotrice et l'intensité du champ ?*

La force magnétomotrice est :

$$\mathcal{E} = 4\pi NI = 4\pi \times 1.000 \times \frac{6}{10} = 1,25 \times 1.000 \times 6 = 7.500$$

gilberts.

La force magnétisante est :

$$\mathcal{H} = \frac{\mathcal{E}}{L} = \frac{7.500}{50} = 150 \text{ gauss.}$$

432. — **Comparaison des deux systèmes.** — Il est facile de montrer que les deux systèmes d'unités U. E. S. et U. E. M. sont incohérents : voilà ce que cela signifie.

Considérons la distance de deux points A et B, soit D = 15 kilomètres, mesurée avec le kilomètre comme unité de longueur. On peut encore mesurer la distance par le temps nécessaire à la parcourir à une vitesse donnée. La distance de A à B sera, par exemple, de 3 heures à pied, sous-entendu à la vitesse d'un piéton faisant 5 kilomètres à l'heure. Le rapport des nombres 15 et 3 mesurant la distance dans les deux systèmes est 5, c'est-à-dire la vitesse du piéton.

Ainsi, le rapport de deux grandeurs n'est pas un simple nombre, c'est une vitesse. Les deux systèmes sont dits incohérents.

Revenons aux deux systèmes U. E. S. et U. E. M. et évaluons une même quantité d'énergie dans les deux systèmes. Nous affecterons de lettres majuscules le système U. E. M. Je vient :

$$W = ei t = EIT,$$
$$ri^2 t = R^2 I t,$$
$$\frac{1}{2} c e^2 = \frac{1}{2} C E^2,$$
$$\frac{1}{2} e q = \frac{1}{2} Q E,$$

d'où
$$\frac{e}{E} = \frac{1}{i} \sqrt{\frac{r}{R}} = \frac{Q}{q} = \frac{e}{E} = \sqrt{\frac{c'}{c}} \cdot \quad (1)$$

Ces relations existent entre les nombres qui mesurent les grandeurs ; les relations inverses existeront donc entre les équations aux dimensions. Or on a trouvé :

en U. E. M.
$$[I] = [\sqrt{F}],$$

et en U. E. S.
$$[i] = \left[\frac{Q}{T}\right] = \left[\frac{L\sqrt{F}}{T}\right] \cdot$$

donc :
$$\frac{1}{i} = \frac{[i]}{[I]} = [LT^{-1}].$$

Ces égalités expriment, comme dans l'exemple précédent, que le rapport des nombres qui mesurent une quantité d'électricité ou une intensité dans les deux système est une vitesse. Les deux systèmes sont donc incohérents.

Pour déterminer la grandeur de cette vitesse, il suffit de mesurer à l'aide des unités des deux systèmes une même grandeur, par exemple une quantité d'électricité déterminée. On trouve ainsi à la balance de Coulomb, qui donne q en U. E. S.

et au galvanomètre balistique ; qui donne Q en U. E. M., que cette vitesse $v = 3 \times 10^{10}$ centimètres. C'est la vitesse de la lumière. Il semble qu'il y ait, dans ce fait, autre chose qu'une coïncidence et un argument de plus en faveur de l'identité des phénomènes lumineux et électriques.

On déduit des égalités (1) que si on considère *les quantités d'électricité ou intensités :*

$$1 \text{ U. E. M. vaut } v \text{ U. E. S.}$$

$$\text{les différences de potentiel} \quad 1 \text{ U. E. M. vaut } \frac{1}{v} \text{ U. E. S.}$$

$$\text{les capacités} \quad 1 \text{ U. E. M. vaut } v^2 \text{ U. E. S.}$$

$$\text{les résistances} \quad 1 \text{ U. E. M. vaut } \frac{1}{v^2} \text{ U. E. S.}$$

$$v = 3 \times 10^{10}$$

ce qui justifie l'introduction des multiples que nous avons considérés en U. E. S. pour le volt, le coulomb, etc.

Exercice. — *1° Quelles sont les unités fondamentales L M T dans le système pratique ampère, volt, etc. ?*

Puisque le henry est homogène à L et vaut 10^9 cm., on a immédiatement la nouvelle unité de longueur : c'est le $\frac{1}{4}$ du méridien terrestre.

L'unité de temps se déduit de :

$$[R] = [LT^{-1}] = 10^9 \text{ U. E. M., donc } T = 1.$$

L'unité de temps est la seconde.

L'unité de masse se déduira, par exemple, de :

$$[I] = [L^{\frac{1}{2}} M^{\frac{1}{2}} T^{-1}] = 10^{-1} \text{ U. E. M.,}$$

$$10^{\frac{1}{2}} M^{\frac{1}{2}} = 10^{-1}, \quad M = 10^{-11} \text{ grammes.}$$

UNITÉS C. G. S.

GRANDEURS	ÉQUATIONS de définition. On part de :	DIMENSIONS	UNITÉS C. G. S.	UNITÉS pratiques.
Surface.	$S = L^2$	L^2	Cent. carré.	Mètre carré.
Volume	$V = L^3$	L^3	Cent. cube.	Mètre cube.
Angle	$L = \dfrac{\text{arc}}{\text{rayon}}$	Nombre.	Radian $= \dfrac{180}{\pi} = 57°\,17'\,44''$	Degré. minute, seconde.
Vitésse.	$V = \dfrac{L}{T}$	LT^{-1}	Cm. par sec.	Mètre p. seconde.
Vitesse angul^re.	$\omega = \dfrac{\alpha}{T}$	T^{-1}	Radian par seconde.	Tours p minute.
Accélération . .	$\gamma = \dfrac{V}{T}$	LT^{-2}	Cm. par sec.	Mètre p. seconde.
Force	$F = M\gamma$	LMT^{-2}	Dyne.	Gramme $= 981$ dynes.
Travail énergie.	$W = FL$	L^2MT^{-2}	Erg.	Kilogr. mètre $= 9,81 \times 10^7$ energs.
Puissance . . .	$P = WT^{-1}$	L^2MT^{-3}	Erg par sec.	Watt $= 1$ joule/s. 1 chev. $= 736$ w.
Masse magnét.	$F = \dfrac{M^2}{L^2}$	$L^{\frac{3}{2}}M^{\frac{1}{2}}T^{-1}$	Masse magnétique.	»
Champ.	$\mathcal{H} = \dfrac{F}{M}$	$L^{-\frac{1}{2}}M^{\frac{1}{2}}T^{-1}$	Gauss.	»
Flux	$\mathcal{F} = \mathcal{H}S$	$L^{\frac{3}{2}}M^{\frac{1}{2}}T^{-1}$	Maxwell.	»
Induction . . .	$\mathcal{B} = \dfrac{\Phi}{S}$	$L^{-\frac{1}{2}}M^{\frac{1}{2}}T^{-1}$	Gauss.	»
Réluctance. . .	$\mathcal{R} = \dfrac{l}{\mu S}$	L^{-1}	Œrsted.	»
Force magnétis^e	$F = \mathcal{F}\mathcal{B}$	$M^{\frac{1}{2}}L^{\frac{1}{2}}T^{-1}$	Gilbert.	»
Intensité	$F = \dfrac{2\pi mI}{R}$	$L^{\frac{1}{2}}M^{\frac{1}{2}}T^{-1}$	U.E.M. d'intensité.	Amp. $= 10^{-1}$ U.E.M. $= 3 \times 10^9$ U.E.S.
Résistance . . .	$W = RI^2T$	LT^{-1}	id., de résistance, etc.	Ohm $= 10^9$ U.E.M.
Force électrom^ce	$E = RI$	$L^{\frac{3}{2}}M^{\frac{1}{2}}T^{-2}$		Volt $= 10^8$ U.E.M. $= 1/300$ U.E.S.
Quantité d'élect.	$Q = IT$	$L^{\frac{1}{2}}M^{\frac{1}{2}}$	»	Coul. $= 10^{-1}$ U.E.M. $= 3 \times 10^9$ U.E.S. Amp. h. $= 3.600$ coul.
Capacité	$C = \dfrac{Q}{V}$	$L^{-1}T^2$	»	Farad $= 10^{-9}$ U.E.M. $= 9 \times 10^{11}$ U.E.S.
Coefficients d'induction. . . .	$L = \dfrac{\mathcal{F}}{I} = M$	L	»	Henry $= 10^9$ U.E.M.
Énergie électr. .	$W = EIT$	L^2MT^{-2}	»	Joule $= 10^7$ ergs.
Puissance électr.	$P = EI$	L^2MT^{-3}	»	Watt-h. $= 3.600$ J. Watt $= 10^7$ ergs par seconde.

SIXIÈME PARTIE

LOIS DES COURANTS ALTERNATIFS

CHAPITRE PREMIER

ÉQUATIONS GÉNÉRALES DU COURANT ENGENDRÉ DANS UN CIRCUIT DOUÉ DE SELF-INDUCTION PAR UNE F. E. M. SINUSOIDALE.

433. — Génération d'un courant alternatif[1]. — Reprenons le cas d'un cadre tournant dans un champ magnétique (fig. 256) et supposons, pour plus de simplicité, que ce cadre se compose

[1]. Afin d'éviter de nombreuses répétitions dans le cours de ce chapitre, nous croyons utile de reproduire ici les valeurs des intégrales suivantes :

$$\int \sin \omega t\, dt = -\frac{1}{\omega} \cos \omega t + C^{te},$$

$$\int \cos \omega t\, dt = \frac{1}{\omega} \sin \omega t + C^{te},$$

$$\int \sin^2 \omega t\, dt = \frac{1}{2}\left(t - \frac{\sin 2\omega t}{2\omega}\right) + C^{te},$$

$$\int \cos^2 \omega t\, dt = \frac{1}{2}\left(t + \frac{\cos 2\omega t}{2\omega}\right) + C^{te},$$

$$\int \sin \omega t . \sin (\omega t - \varphi)\, dt = \frac{t \cos \varphi}{2} - \frac{1}{4\omega}(\sin 2\omega t - \varphi) + C^{te}.$$

Il en résulte que les intégrales définies prises depuis $t = 0$ jusqu'à $t = 1$, auront pour valeurs

$$\int_0^1 \sin \omega t\, dt = 0,$$

$$\int_0^1 \cos \omega t\, dt = 0,$$

$$\int_0^1 \sin^2 \omega t\, dt = \frac{1}{2},$$

$$\int_0^1 \cos^2 \omega t\, dt = \frac{1}{2},$$

$$\int_0^1 \sin \omega t \sin (\omega t - \varphi)\, dt = \frac{1}{2} \cos \varphi.$$

d'une seule spire; nous savons déjà que le sens du courant engendré dans cette spire par sa rotation dans le champ ma-

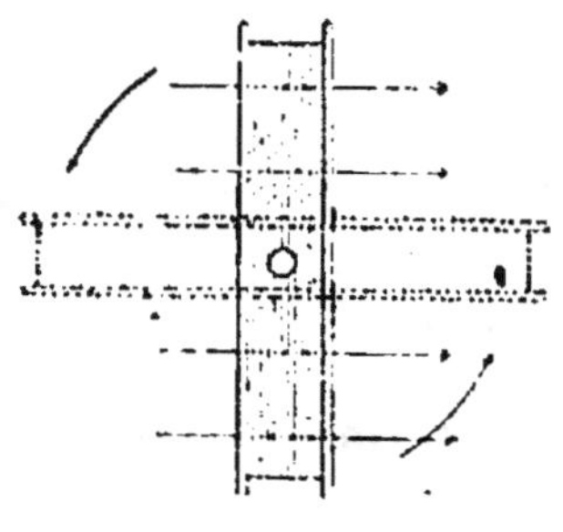

gnétique, est renversé deux fois pendant une révolution. Quand le cadre sera parallèle à la direction du champ magnétique, la *f. e. m.* d'induction sera maxima et égale à E_0, et à chaque instant, cette *f. e. m.* d'induction aura pour valeur

$$E = E_0 \sin \alpha, \qquad (1)$$

Fig. 256.

α étant l'angle que fait le plan du cadre avec la direction des lignes de force.

Mais si on appelle *t* le temps nécessaire pour décrire l'angle α, T celui qui est nécessaire pour décrire l'angle 2π, c'est-à-dire la durée d'une *période* ou d'une révolution, on aura

$$\frac{\alpha}{2\pi} = \frac{t}{T},$$

d'où

$$\alpha = 2\pi \frac{t}{T} = \omega t.$$

$\omega = \frac{2\pi}{T}$ s'appelle la *pulsation* de la *f. e. m.* et $f = \frac{1}{T}$ la fréquence

$$\omega = 2\pi f$$

en remplaçant dans l'équation (1) il vient

$$E = E_0 \sin 2\pi \frac{t}{T}; \qquad (2)$$

et en remplaçant dans l'équation (2), $\frac{1}{T}$ par sa valeur, il vient

$$E = E_0 \sin 2\pi f t = E_0 \sin \omega t. \qquad (3)$$

Cette *f. e. m.* donnera naissance à un courant périodique I; le circuit étant, en général, doué de self-induction, on aura

$$E = RI + L \frac{dI}{dt};$$

en égalant ces deux valeurs de la *f. e. m.*, il vient.

$$RI + L\frac{dI}{dt} = E_0 \sin \omega t \quad [1] \qquad (4)$$

Le courant engendré ayant évidemment la même période que la *f. e. m.*, on pourra écrire

$$I = A \cos \omega t + B \sin \omega t \qquad (5)$$

A et B étant deux constantes qu'il faut déterminer. Pour cela, différentions l'équation (5) il vient

$$\frac{dI}{dt} = -\omega A \sin \omega t + \omega B \cos \omega t;$$

en remplaçant dans l'équation (4), I et $\frac{dI}{dt}$ par leurs valeurs, il vient

$$E_0 \sin \omega t = RI - \omega LA \sin \omega t + \omega LB \cos \omega t,$$

ou

$$E_0 \sin \omega t = (RA + \omega LB) \cos \omega t + (RB - \omega LA) \sin \omega t$$

et enfin

$$(RA + \omega LB) \cos \omega t + (RB - \omega LA - E_0) \sin \omega t = 0.$$

---

[1] L'équation (4) est une équation différentielle à coefficients constants et à 2ᵉ membre dont nous trouvons plus loin la solution particulière $I_1 = I_0 \sin (\omega t - \varphi)$. Pour avoir la solution générale il suffit de poser $I = I_1 + I_2$ et de substituer dans (4). On en déduit $RI_2 + L \frac{dI_2}{dt} = 0$ et en séparant les variables $I_2 = Ae^{-\frac{Rt}{L}}$, A étant une constante qu'on détermine par la condition que pour $t = 0$ $I = 0$ $A = I_0 \sin \varphi$. La solution générale est donc

$$I = I_0 \sin \varphi \, e^{-\frac{Rt}{L}} + I_0 \sin (\omega t - \varphi)$$

mais dans la pratique la constante de temps $\frac{L}{R}$ est telle que le premier terme devient négligeable devant le deuxième au bout d'un temps extrêmement petit (la durée de la fermeture d'un interrupteur par exemple) en sorte que l'on peut négliger l'exponentielle. On dit que le régime est établi et que le courant est purement alternatif. C'est toujours dans ce cas que nous nous placerons désormais.

Cette équation devant être satisfaite quelle que soit la valeur de t, on doit avoir séparément

$$RA + \omega LB = 0,$$
$$RB - \omega LA - E_0 = 0;$$

de ces deux équations, on tire la valeur de A et B

$$A = - \frac{\omega L E_0}{R^2 + \omega^2 L^2} = - \frac{\omega L E_0}{Z^2}$$

$$B = \frac{R E_0}{R^2 + \omega^2 L^2} = \frac{R E_0}{Z^2}$$

en posant

$$Z = \sqrt{R^2 + \omega^2 L^2}$$

en remplaçant A et B dans l'équation (5), on a

$$I = - \frac{\omega L E_0}{Z^2} \cos \omega t + \frac{R E_0}{Z^2} \sin \omega t;$$

d'un autre côté, en désignant par φ un angle auxiliaire et par C un coefficient, on a

$$-A \cos \omega t + B \sin \omega t = C \sin (\omega t - \varphi) = C \sin \varphi \cos \omega t - C \cos \varphi \sin \omega t,$$

on en tire immédiatement les valeurs de A et de B en fonction de l'angle φ

$$A = C \sin \varphi,$$
$$- B = C \cos \varphi,$$

d'où

$$\sqrt{A^2 + B^2} = C.$$

$$- \frac{A}{B} = \operatorname{tg} \varphi.$$

Remplaçant, dans cette dernière expression A et B par leurs valeurs, il vient pour la valeur de φ

$$\operatorname{tg} \varphi = \frac{\omega L}{R}; \tag{5'}$$

mais en remplaçant C par sa valeur, on peut écrire

$$- A \cos \omega t + B \sin \omega t = \sqrt{A^2 + B^2} \sin (\omega t - \varphi);$$

on en déduit, pour la valeur de I, l'expression définitive

$$I = \frac{E_0}{\sqrt{R^2 + \omega^2 L^2}} \sin(\omega t - \varphi) = \frac{E_0}{Z} \sin(\omega t - \varphi) = I_0 \sin(\omega t - \varphi) \quad (6)$$

en posant

$$I_0 = \frac{E_0}{\sqrt{R^2 + \omega^2 L^2}} = \frac{E_0}{Z}. \quad (6')$$

Ainsi le courant instantané circulant dans le circuit est donné par la formule (6) pourvu que φ prenne la valeur donnée par (5') et I_0 la valeur donnée par (6').

434. — Décalage du courant par rapport à la f. e. m. — En discutant l'équation (6), on constate que le maximum du courant a lieu pour

$$\omega t - \varphi = \frac{\pi}{2},$$

tandis que le maximum de la *f. e. m.* a lieu pour

$$\omega t = \frac{\pi}{2}.$$

On voit que ces deux maximums ne sont pas simultanés et diffèrent d'un intervalle de temps égal à $\dfrac{\varphi}{\omega}$; le courant est en retard ou *décalé* par rapport à la *f. e. m.* ; le maximum angulaire de ce décalage est égal à $\dfrac{\pi}{2}$ ou 90°, lorsque le produit L tend vers l'infini. L'angle φ s'appelle *l'angle de décalage ;* il est donné par la formule que nous avons déjà trouvée .

$$\operatorname{tg} \varphi = \frac{\omega L}{R}.$$

On voit que cet angle est nul quand la fraction $\dfrac{L}{R}$ est nulle, c'est-à-dire quand le coefficient de self-induction du cadre est très petit par rapport à la résistance de ce cadre, ou bien encore, quand le nombre de périodes est très petit par rapport à la résistance ; il devient au contraire très grand lorsque le nombre de périodes est lui-même très considérable, à moins cependant que la self-induction ne soit très faible.

RÉSISTANCE APPARENTE D'UN CIRCUIT PARCOURU
PAR UN COURANT SINUSOIDAL

435. — Impédance du circuit. — Nous venons de voir que le courant est en raison inverse de la valeur du radical

$$Z = \sqrt{R^2 + \omega^2 L^2}.$$

Si L était nul, ce radical se réduirait à

$$\sqrt{R^2},$$

c'est-à-dire à R ; on peut donc dire que le carré du produit $\omega L = S$ qui a reçu le nom de *réactance*, s'ajoute au carré de la résistance et semble ainsi l'augmenter ; il est d'ailleurs du même ordre de grandeur que cette résistance mais on démontre, comme nous allons le voir, que ce n'est pas une résistance.

Le terme

$$Z = \sqrt{R^2 + \omega^2 L^2}$$

a pour cette raison reçu le nom d'*impédance* [1].

On remarquera, immédiatement, que si le produit $S = \omega L$ est très grand, l'impédance du circuit ne dépend que très peu de la résistance ohmique R.

On déduit aussi
$$\begin{cases} \sin \varphi = \dfrac{R}{Z}\,. \\ \cos \varphi = \dfrac{\omega L}{Z} = \dfrac{S}{Z}\,. \end{cases}$$

436. — Résistance apparente des conducteurs parcourus par des courants alternatifs. — L'expérience montre cependant que la résistance ohmique d'un conducteur semble augmenter

---

1 Remarquons que la réactance $S = \omega L$ et par suite l'impédance Z sont homogènes à une résistance et s'expriment en ohms. En effet on a

$$[\omega L] = \left[\frac{2\pi L}{T}\right] = [LT^{-1}] = [R]. \ (V. \ page \ 640).$$

ou encore

$$\left[\frac{\omega L}{R}\right] = [tg \, \varphi] = nombre.$$

quand il est parcouru par des courants alternatifs ; on explique facilement ce phénomène de la façon suivante.

Chacun des fils élémentaires est soumis à une *f. e. m.* d'induction totale égale à la somme de toutes les *f. e. m.* partielles dues à l'action des autres fils. Mais ces *f. e. m.* partielles sont d'autant plus faibles que la distance des autres fils au fil considéré est plus grande. Or, le fil central est celui dont la distance moyenne aux autres fils est la plus petite, c'est donc celui qui est soumis à l'induction la plus forte et dont par conséquent l'impédance est la plus considérable. Il sera donc traversé par un courant moyen plus faible que celui des fils extérieurs bien que la *d. d. p.* de ses extrémités soit la même que celle de ces derniers ; il paraîtra donc plus résistant.

Un fil de la circonférence sera au contraire soumis à une induction moins grande que le fil central, parce que sa distance moyenne aux autres fils est plus grande, la densité du courant dans le conducteur ira donc en diminuant jusqu'au centre où le courant moyen sera relativement faible ; cette inégalité de densité *augmente évidemment avec la fréquence qui augmente l'effet d'induction ;* aussi est-on amené rationnellement à employer des conducteurs tubulaires pour les courants de haute fréquence.

L'augmentation de la résistance n'est donc due en réalité qu'à un effet de self-induction ; le coefficient de self-induction est lui-même modifié ; le calcul montre en effet que l'inégale répartition du courant entre les fils élémentaires qui composent le conducteur, a pour conséquence une augmentation apparente de ce coefficient.

Maxwell a fait connaître la formule suivante pour exprimer la résistance apparente d'un conducteur cylindrique parcouru par des courants alternatifs.

Si on appelle l la longueur du conducteur en centimètres, R sa résistance ohmique en unités C. G. S., R_1 sa résistance apparente et n la fréquence du courant sinusoïdal, on a

$$R_1 = R \left[1 + \frac{1}{12} \frac{l^2}{R^2} (\omega)^2 - \frac{1}{180} \frac{l^4}{R^4} (\omega)^4 + \dots \right]$$

et pour le coefficient de self-induction apparent

$$L_1 = l\left[\left(A + \frac{1}{2}\right) - \frac{1}{48}\,\frac{l^2}{R^2}\,(\omega)^2 + \frac{13}{8640}\,\frac{l^4}{R^4}\,(\omega)^4 - \dots\right],$$

A étant un coefficient à déterminer par le calcul et qui ne dépend que des dimensions du conducteur.

Lorsque le conducteur est en fer, ces formules sont modifiées par suite des propriétés magnétiques du fer, et les formules ci-dessus (dans lesquelles on a introduit la perméabilité magnétique μ) deviennent

$$R_1 = R\left[1 + \frac{1}{12}\,\frac{\mu^2 l^2}{R^2}\,(\omega)^2 - \frac{1}{180}\,\frac{\mu^4 l^4}{R^4}\,(\omega)^4 + \dots\right],$$

$$L_1 = l\left\{A + \mu\left[\frac{1}{2} - \frac{1}{48}\,\frac{\mu^2 l^2}{R^2}\,(\omega)^2 + \frac{13}{8640}\,\frac{l^4}{R^4}\,(\omega)^4 - \dots\right]\right\}.$$

Il est à remarquer que ces formules ne sont applicables qu'en considérant la perméabilité μ du fer comme constante, ce qui n'est vrai que pour les faibles aimantations, pour lesquelles on peut prendre $\mu = 2\,000$, valeur qui modifie déjà considérablement les valeurs numériques de R_1 et de L_1.

Formules pratiques. — Sir William Thomson a calculé, pour la fréquence de 80 périodes par seconde, le tableau suivant, qui donne le coefficient par lequel il faut multiplier la résistance ohmique d'un conducteur pour avoir la résistance apparente au passage des courants alternatifs de cette fréquence :

DIAMÈTRE en millimètres.	COEFFICIENT
0,5	1,0000
1,0	1,0001
1,5	1,0258
2,0	1,0805
3,0	1,3186
5,0	2,0430
10,0	3,7940
15,0	5,5732
20,0	7,3250

M. Mordey a fait connaître les valeurs du coefficient de résistance en fonction de l'intensité du courant, pour une fréquence égale à 80 périodes. Ces valeurs sont consignées dans le tableau suivant :

FRÉQUENCE	DIAMÈTRE en millimètres.	COEFFICIENT	INTENSITÉ du courant en ampères.
80	1.00	1,0001	55
	1,50	1,0250	133
	2.00	1,0800	220
	2,50	1,1750	»
	4.00	1,6800	»
	10.00	4.8000	»

Enfin MM. Loppé et Bouquet ont donné la formule pratique suivante pour représenter la résistance apparente d'un conducteur :

$$R_1 = R(1 + 7,5d^4f \cdot 10^{-7}).$$

dans laquelle d est le diamètre du conducteur en centimètres et n le nombre de périodes par seconde. Nous ferons remarquer que ni les tableaux ni les résultats de ces différentes formules ne sont d'accord entre eux.

437. — Expériences de MM. Jamin et Manœuvrier. — MM. Jamin et Manœuvrier ont démontré, par l'expérience suivante, que la résistance ohmique d'un circuit n'est nullement altérée par le passage d'un courant alternatif.

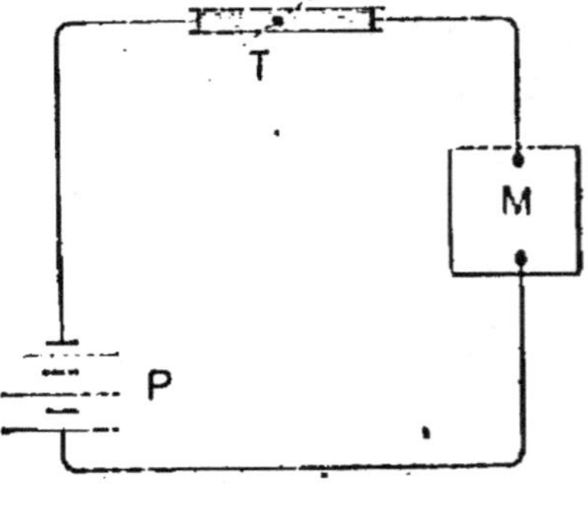

Fig. 257.

Dans le circuit d'une machine M à courants alternatifs, sont intercalées une pile P et une boussole des tangentes T (fig. 237).

Nous démontrerons plus tard que cet appareil de mesure n'est pas influencé par le passage de courants alternatifs ; la machine étant au repos, on lance dans le circuit le courant de la pile P et on note une certaine déviation de la boussole des tangentes ; on met en marche l'alternateur et on constate que la déviation est restée la même ; on en conclut comme nous allons le voir, que la résistance du circuit n'a pas changé.

En effet, le courant I qui traverse le circuit, dans la deuxième expérience, peut se mettre sous la forme

$$I = \frac{E + E'}{R} = \frac{E}{R} + \frac{E'}{R} .$$

E étant la *f. e. m.* de la pile ; E' la somme des *f. e. m.* d'induction qui sont variables à chaque instant.

Or $\frac{E}{R}$ est le courant dû à la pile seule ; $\frac{E'}{R}$ est le courant dû à chaque instant à la somme de toutes les autres *f. e. m.* ; mais ces *f. e. m.* étant alternativement positives et négatives et produisant successivement des quantités d'électricité égales et contraires, les courants qui en résultent produisent sur la boussole des tangentes des impulsions égales et contraires qui se détruisent ; le courant dû à la pile est donc seul manifesté par cet instrument.

Mais ce courant qui a pour valeur $\frac{E}{R}$ serait modifié si la valeur de R l'était elle-même par suite du passage des courants alternatifs. Ceci n'ayant pas lieu, on en conclut que la résistance ohmique d'un conducteur n'est nullement modifiée par le passage d'un courant périodique représenté par une loi quelconque.

DÉFINITIONS ET MESURE DES CONSTANTES
DES COURANTS ALTERNATIFS

438. — **Intensité moyenne d'un courant alternatif.** — Par définition, le courant moyen a pour valeur le quotient de la quantité d'électricité engendrée pendant une demi-période par la durée $\frac{1}{2}$ T de cette demi-période ; on a donc, en désignant ce courant par I_m

$$I_m = \frac{\displaystyle\int_0^{\frac{1}{2}T} I\,dt}{\frac{1}{2}\,T}.$$

Nous avons intégré la quantité d'électricité entre 0 et $\frac{1}{2}$ T, parce que si on intégrait entre 0 et T, les quantités d'électricité mises en mouvement dans le circuit pendant deux demi-périodes consécutives, seraient égales et de signe contraire et leur somme serait algébriquement nulle.

Cherchons la valeur de I_m ; rappelant que nous avons désigné par f le nombre de périodes par seconde ; par T la durée d'une période, et que nous avons supposé le courant sinusoïdal, c'est-à-dire exprimé par une équation de la forme $I = I_0 \sin \omega t$, on a

$$I_m = \frac{\displaystyle\int_0^{\frac{1}{2}T} I\,dt}{\frac{1}{2}\,T} = \frac{2}{T}\int_0^{\frac{1}{2}T} I\,dt = \frac{2}{T}\int_0^{\frac{1}{2}T} I_0 \sin \omega t\,dt.$$

$$\int_0^{\frac{1}{2}T} I_0 \sin \omega t\,dt = \frac{I_0}{\pi f},$$

d'où

$$I_m = \frac{2}{T}\,\frac{I_0}{\pi f}.$$

Mais $f\,T = 1$, donc

$$I_m = \frac{2I_0}{\pi}.$$

Le courant moyen ainsi défini, n'a pas d'intérêt pratique, car, ainsi que nous venons de le dire, dans un ampère-mètre ordinaire aussi bien que dans une boussole des tangentes, l'alternance du courant donne à l'aiguille des impulsions qui se détruisent.

Cet inconvénient n'existe pas avec l'électro-dynamomètre dans lequel les forces mises en jeu ont un sens indépendant de celui du courant ; nous sommes donc amenés à chercher les conditions d'équilibre de cet appareil sous l'action d'un courant alternatif.

439. — Valeur du couple exercé sur le cadre d'un électro-dynamomètre par un courant alternatif de forme quelconque. — Lorsque les deux circuits d'un électro-dynamomètre sont parcourus par le même courant, le couple développé par leur action mutuelle peut être représenté par $C_1 I^2$; C_1 désignant la valeur du couple développé lorsque $I = 1$.

Si on désigne par ω la vitesse angulaire imprimée au cadre par la résultante des forces qui agissent sur lui pendant le temps t ; par M le moment d'inertie du cadre mobile ; par C_0 le moment de la force développée par le ressort antagoniste, lorsque le cadre mobile semble en repos apparent, on a, à chaque instant, en vertu des lois de la mécanique rationnelle,

$$M \frac{d\omega}{dt} = C_0 - C_1 I^2, \qquad \text{d'où} \qquad \omega = \frac{1}{M} \int_0^t (C_0 dt - C_1 I^2 dt).$$

Si le courant est périodique (sans que, d'ailleurs, sa valeur soit nécessairement exprimable sous une forme analytique) et que l'on suppose nulle la vitesse angulaire initiale du cadre, ainsi que l'intensité initiale du courant, l'équation ci-dessus montre que cette vitesse angulaire sera également nulle à la fin d'une période, lorsque le courant passe de nouveau par zéro, à la condition que l'on ait

$$\int_0^T C_0 dt = \int^T C_1 I^2 dt,$$

T représentant la durée d'une période. On tire de là

$$\int^T I^2 dt = \frac{C_0}{C_1} T.$$

La vitesse angulaire du cadre mobile sera donc nulle au commencement de chaque période et nous démontrerons plus loin qu'il oscille autour d'une position moyenne en s'en écartant d'autant moins que son moment d'inertie est plus grand et que la durée de la période du courant est plus courte.

440. — Équation du mouvement vibratoire du cadre d'un électro-dynamomètre lorsqu'il est en repos apparent sous l'action d'un courant sinusoïdal. — Appelons :

M le moment d'inertie des pièces mobiles,

C_0 le couple développé par le ressort antagoniste lorque le cadre mobile est en repos apparent,

C_1 le couple moteur développé lorsque les deux cadres sont traversés par un courant permanent égal à l'unité,

θ la déviation actuelle du cadre.

En appliquant les lois du mouvement angulaire d'un corps qui ne peut que tourner autour d'un axe fixe, et en remarquant que le cadre est soumis à l'action d'un couple C_0 qu'on peut considérer comme constant à cause de la faible amplitude des oscillations et d'un autre couple variable $C_1 I_2$, on aura

$$M \; \frac{d^2\theta}{dt^2} = C_0 - C_1 I^2, \tag{1}$$

d'où l'on tire

$$\frac{d^2\theta}{dt^2} = \frac{C_0}{M} - \frac{C_1}{M} I^2.$$

Mais, puisque les courants sont sinusoïdaux, on a

$$I = I_0 \sin \omega t \;;$$

on en conclut que

$$\frac{d^2\theta}{dt^2} = \frac{C_0}{M} - \frac{C_1}{M} I_0^2 \sin^2 \omega t = \frac{C_0}{M} - \frac{C_1}{2M} I_0^2 + \frac{C_1}{2M} I_0^2 \cos 2\omega t. \tag{2}$$

Supposons que l'on tende le ressort jusqu'à ce que le couple C_0 qu'il développe, satisfasse à l'équation

$$\frac{C_0}{M} = \frac{C_1}{2M} I_0^2$$

ou bien

$$C_0 = \frac{C_1}{2} I_0^2 \;; \tag{3}$$

les deux premiers termes du deuxième membre de l'équation (2) s'annulent et il reste simplement

$$\frac{d^2\theta}{dt^2} = \frac{C_1}{2M} I_0^2 \cos 2\omega t,$$

équation qui montre que dans ces conditions le mouvement du cadre est vibratoire.

De cette équation, l'on tire

$$\frac{d\theta}{dt} = \frac{C_1}{2M}\, I_0^2 \left(-\frac{\sin 2\omega t}{2\omega} + C^{te}\right).$$

En admettant que $\frac{d\theta}{dt}$ est nul lorsque $t = 0$, on aura, en intégrant une deuxième fois,

$$\theta = \frac{C_1}{2M}\, I_0^2 \left(-\frac{\cos 2\omega t}{4\omega^2} + C^{te}\right).$$

Cette équation nous montre que l'amplitude angulaire ou élongation totale que l'on obtient en faisant successivement

$$\cos \omega t = + 1 \qquad \text{et} \qquad \cos \omega t = - 1$$

et en retranchant l'une de l'autre les valeurs correspondantes de θ dans lesquelles on a remplacé $C_1 I_0^2$ par $2C_0$ tirée de l'équation (3), a pour expression

$$\frac{2C_0}{4\omega^2 M^2} = \frac{C_0}{2\omega^2 M^2};$$

cette équation nous montre en outre que la *durée d'une période oscillatoire de l'instrument est égale à la moitié de celle de la période du courant.*

444. — Mesure de l'intensité efficace d'un courant sinusoïdal. — On appelle intensité efficace I_e d'un courant alternatif la valeur du courant continu qui produirait dans la même résistance et pendant le même temps, la même quantité de chaleur, on a donc au bout d'une période

$$I_e^2\, T = \int_0^T I^2 dt.$$

Si nous supposons que ce courant est sinusoïdal, on aura

$$I = I_0 \sin \omega t,$$

d'où

$$l^2 = l_0^2 \sin^2 \omega t = l_0^2 \frac{1 - \cos 2\omega t}{2};$$

on tire de là

$$\int_0^T l^2 dt = l_0^2 \left(\frac{t}{2} - \frac{\sin 2\omega t}{4\omega} \right),$$

et si on suppose qu'il y ait un nombre entier de périodes dans l'unité de temps, on trouve, en faisant $t = 1$,

$$\int_0^T l^2 dt = \frac{l_0^2}{2},$$

d'où

$$l_e = \sqrt{\frac{1}{2}}\, l_0,$$

ou encore

$$l_0 = \sqrt{2}\, l_e.$$

Nous avons vu que l'électro-dynamomètre fait connaître la valeur l_e, quelle que soit la loi du courant ; si cette loi est représentée par une fonction sinusoïdale, l'instrument fait donc connaître aussi l_0, c'est-à-dire la valeur maxima du courant.

Ses indications permettent de trouver également la valeur du courant moyen l_m tel que nous l'avons défini; on a en effet

$$l_m = \frac{2l_0}{\pi} = \frac{2\sqrt{2}}{\pi}\, l_e = 0,9003\, l_e.$$

442. — Définitions du potentiel efficace et du potentiel moyen ; leur mesure au moyen de l'électromètre. — Supposons qu'un électromètre à quadrants soit mis en communication avec les bornes d'un appareil traversé par des courants alternatifs ; l'une des paires de quadrants et l'aiguille aboutissent à l'une des bornes tandis que l'autre paire est en communication avec l'autre borne. Dans ces conditions, l'aiguille est soumise à chaque instant à un couple proportionnel au carré de la différence de potentiel ; il y a donc une analogie complète entre la nature des forces appliquées à l'aiguille d'un électromètre et celles qui entrent en jeu dans l'électro-dynamomètre, puisque dans ce dernier, le couple appliqué au cadre mobile est à chaque instant proportionnel au carré de l'intensité du courant. Nous pourrons donc appliquer à l'électromètre toutes les équations déjà établies pour l'électro-dynamomètre en remplaçant simplement dans ces équations l'intensité du courant par la différence de potentiel ; on aura pour la valeur V_e de la *d. d. p.* apparente accusée par l'électromètre sous l'influence de potentiels périodiques

$$V_e = \sqrt{\int_0^1 V^2 dt} \; ;$$

cette valeur de V_e s'appelle *la d. d. p. efficace.*

Si le courant est sinusoïdal, le potentiel est représenté par une expression de la forme

$$V = V_0 \sin \omega t + \varphi,$$

sa valeur maxima est donc égale à V_0 ; on aura donc, dans ce cas

$$V_e = \sqrt{\frac{1}{2}} \, V_0$$

d'où

$$V_0 = \sqrt{2} \, V_e ; {}^{[1]}$$

et enfin on trouve que la *d. d. p.* moyenne V_m, pendant une demi-période étant définie par la relation

$$V_m = \frac{\displaystyle\int_0^{\frac{1}{4} T} V dt}{\frac{1}{2} T}$$

---

1. Les valeurs efficaces étant égales aux valeurs maximum divisées par $\sqrt{2}$ on pourra dans la plupart des cas remplacer les secondes par les premières.

Exemple : de $I_0 = \dfrac{E_0}{Z}$,

on déduit immédiatement $I_e = \dfrac{E_e}{Z}$.

Dans la représentation vectorielle on fait fréquemment usage de cette remarque.

qui devient dans le cas actuel

$$V_m = \frac{2V_0}{\pi},$$

donne, en remplaçant comme nous venons de le dire, le courant par la *d. d. p.*

$$V_m = \frac{2\sqrt{2}}{\pi} V_0 = 0{,}9003 V_0.$$

443. — Emploi de l'Électro-dynamomètre pour mesurer la différence de potentiel entre deux points d'un circuit parcouru par des courants alternatifs. — Supposons que les deux bobines de l'électro-dynamomètre (composées de fil fin très résistant) soient groupées en série et que les extrémités du circuit ainsi formé soient placées en dérivation sur les deux points dont on veut mesurer la différence de potentiel. En appelant V cette différence de potentiel à un instant quelconque, et V_0 la différence maximum, on a

$$V = V_0 \sin \omega t.$$

L'intensité du courant I qui passera dans le circuit de l'instrument à un instant donné sera

$$I = \frac{V_0}{\sqrt{R^2 + \omega^2 L^2}} \cdot \sin(\omega t - \varphi).$$

Le maximum de ce courant aura lieu pour

$$\sin(2\omega t - \varphi) = 1$$

et il sera égal à

$$I_0 = \frac{V_0}{\sqrt{R^2 + \omega^2 L^2}} \cdot$$

Il est facile de trouver le couple C_0 que doit développer le ressort antagoniste pour maintenir le cadre en repos apparent, puisque nous avons déjà vu que ce couple est donné par l'équation

$$C_0 = \frac{1}{2} C_1 I_0^2,$$

C_1 étant le couple nécessaire pour ramener le cadre mobile au 0 quand tout l'instrument est parcouru par un courant permanent égal à l'unité.

Remplaçons I_0 par sa valeur tirée de cette équation

$$I_0 = \sqrt{\frac{2C_0}{C_1}},$$

il vient

$$V_0 = \sqrt{\frac{2C_0}{C_1}(R^2 + \omega^2 L^2)} = \sqrt{\frac{2C_0}{C_1}}\sqrt{R^2 + \omega^2 L^2} = Z\sqrt{\frac{2C_0}{C_1}}.$$

Le rapport $\dfrac{C_0}{C_1}$ peut être remplacé par le rapport des angles de torsion correspondants ; il suffira donc pour déterminer V_0, de connaître le nombre f de périodes du courant ainsi que le coefficient de self-induction et la résistance du circuit de l'électro-dynamomètre.

On verra qu'il est possible d'éviter ces calculs par l'emploi d'un condensateur, mais cette solution est p u pratique, puisqu'à chaque changement du nombre de périodes il faudrait un condensateur d'une capacité différente.

On peut mesurer avec l'électro-dynamomètre le potentiel efficace, puisque l'on a

$$V_e = \sqrt{\frac{T}{2}} V_0,$$

donc

$$V_e = \sqrt{\frac{C_0}{C_1}}\sqrt{R^2 + \omega^2 L^2} = \sqrt{\frac{C_0}{C_1}} \times Z.$$

444. — Puissance moyenne nécessaire pour entretenir un courant alternatif $P = E_e I_e \cos \varphi$. — Dans un circuit doué de self-induction, le travail dû à cette self-induction, quand le courant qui traverse le circuit part d'une certaine valeur pour y revenir, est nul, à la condition toutefois qu'il n'y ait pas d'induction mutuelle créée par des circuits voisins. On n'a donc pas à tenir compte de la self-induction, dans l'expression du travail développé par un courant périodique pendant la durée d'une période.

Toute l'énergie développée dans ce cas par le courant, se transforme en chaleur. En effet, en désignant par E la *f. e. m.* variable, on a, à chaque instant

$$E = RI + L\frac{dI}{dt},$$

d'où, en multipliant par Idt et en intégrant de 0 à t,

$$\int_0^t EIdt = \int_0^t RI^2dt + \frac{1}{2}L(I^2 - I_0^2),$$

I_0 désignant la valeur de I lorsque $t = 0$. Si l'on donne à t une valeur telle que le courant repasse par la valeur I_0 (ce qui a lieu lorsque t est égal à la durée T d'une période), le second membre se réduit à

$$\int_0^T RI^2dt.$$

qui représente la quantité d'énergie transformée en chaleur d'après la loi de Joule.

Or, l'électro-dynamomètre nous fait connaître par une simple lecture, la valeur de l'intégrale définie

$$\int_0^1 I^2dt,$$

puisque l'on a

$$\int_0^1 I^2dt = \frac{C_0}{C_1}.$$

Donc s'il y a un nombre entier de périodes dans l'unité de temps, le travail calorifique développé dans le circuit pendant l'unité de temps, aura pour expression

$$R\int_0^1 I^2dt = R\frac{C_0}{C_1} = RI_3^2.$$

L'électro-dynamomètre permet donc de mesurer la valeur du travail calorifique accompli dans un circuit parcouru par un courant périodique de forme quelconque, lorsqu'on connaît la résistance R de ce circuit. Si le circuit est disposé de façon à ne donner lieu à aucune dépense d'énergie autre que la chaleur développée par le fait de sa résistance, l'expression ci-dessus donnera la valeur du travail total du courant, quelle que soit la loi qui le représente, en fonction du temps.

Lorsque le courant est sinusoïdal, on a

$$I = J_0 \sin \omega t \qquad \text{et} \qquad \int_0^1 RI^2 dt = \frac{1}{2} RI_0^2 = RI_e^2,$$

comme cela résulte de la définition, on a donc $P = RI_{eff} \dfrac{E_e}{Z}$ et comme $\dfrac{R}{Z} = \cos \varphi$

$$P = E_e I_e \cos \varphi.$$

445. — **Cas général.** — Soit à un instant t quelconque, E la *d. d. p.* entre les deux extrémités du circuit et E_0 le maximum de cette *d. d. p.* Le courant étant sinusoïdal, on a

$$E = E_0 \sin \omega t.$$

Le courant I qui traverse le circuit, a d'autre part, pour expression, en désignant par I_0 sa valeur maxima,

$$I = J_0 \sin (\omega t - \varphi).$$

Le travail électrique accompli par le courant pendant un temps t a pour expression

$$\int EI dt\,;$$

ou, en remplaçant E et I par leurs valeurs,

$$\int E_0 I_0 \sin \omega t . \sin (\omega t - \varphi) dt.$$

Le travail accompli pendant une période par le courant est égal à

$$\int_0^T E_0 I_0 \sin \omega t . \sin (\omega t - \varphi) dt = \frac{1}{2} T E_0 I_0 \cos \varphi.$$

Pendant une seconde, ce travail sera

$$\frac{1}{2} f T E_0 I_0 \cos \varphi,$$

ou, comme $fT = 1$,

$$P = \frac{1}{2} E_0 I_0 \cos \varphi = E_e I_e \cos \varphi.$$

446. — Actions mécaniques réciproques de deux courants sinusoïdaux déphasés. — La mesure de l'angle φ peut se faire au moyen de l'électro-dynamomètre ; mais pour le démontrer, il nous faut chercher d'abord la valeur du couple développé entre les deux bobines de cet instrument lorsqu'elles sont parcourues par deux courants sinusoïdaux de même période, mais déphasés et ayant en outre des intensités efficaces différentes. Supposons d'abord que ces deux courants soient simplement périodiques mais représentés par une loi quelconque et désignons par I et I' leur valeur à l'instant t, par C_0 le couple développé par le ressort antagoniste lorsque le cadre mobile est en repos apparent, et par C_1 le couple développé entre les deux cadres lorsqu'ils sont tous deux traversés par un courant continu égal à l'unité. Des calculs identiques à ceux qui sont développés plus haut, montrent que le cadre mobile sera en repos apparent lorsqu'on donnera au ressort une tension telle que l'on ait

$$\int_0^T C_0\, dt = \int_0^T C_1 II'\, dt.$$

d'où on tire, en intégrant le premier membre

$$\int_0^T II'\, dt = \frac{C_0}{C_1}\, T.$$

L'intégrale $\displaystyle\int_0^T II'\, dt$ a la même valeur dans chacune des périodes successives ; elle est donc contenue f fois dans l'unité de temps ; il en résulte que l'on a

$$\int_0^1 II'\, dt = \frac{C_0}{C_1}\, fT,$$

ou enfin, puisque nT $= 1$,

$$\int_0^1 II'\, dt = \frac{C_0}{C_1}.$$

Cette égalité a lieu pour tous les courants périodiques ; les courants étant sinusoïdaux dans le cas particulier qui nous occupe, il vient

$$I = I_0 \sin \omega t, \qquad I' = I'_0 \sin (\omega t - \varphi),$$
$$II' = I_0 I'_0 \sin \omega t \,.\, \sin (\omega t - \varphi) ;$$

mais

$$\sin \omega t \cdot \sin (\omega t - \varphi) = \frac{1}{2} \left[\cos \varphi - \cos (\omega t - \varphi) \right];$$

on en conclut que

$$\int \mathrm{II}' dt = \frac{1}{2} \mathrm{I}_0 \mathrm{I}'_0 \left(t \cos \varphi - \frac{\sin (2\omega t - \varphi)}{2\omega} \right).$$

Pour une période, cette intégrale aura pour valeur

$$\int_0^{\mathrm{T}} \mathrm{II}' dt = \frac{1}{2} \mathrm{I}_0 \mathrm{I}'_0 \mathrm{T} \cos \varphi$$

et pour l'unité de temps, elle devient

$$\int_0^1 \mathrm{II}' dt = \frac{1}{2} \mathrm{I}_0 \mathrm{I}'_0 \cos \varphi.$$

Mais le même électro-dynamomètre peut nous donner I_0 et I'_0 ; on a en effet

$$\mathrm{I}_0 = \sqrt{2}\, \mathrm{I}_e, \qquad \mathrm{I}'_0 = \sqrt{2}\, \mathrm{I}'_e,$$

d'où

$$\mathrm{I}_0 \mathrm{I}'_0 = 2 \mathrm{I}_e \mathrm{I}'_e$$

et

$$\int_0^1 \mathrm{II}' dt = \mathrm{I}_e \mathrm{I}'_e \cos \varphi.$$

En multipliant les deux nombres par C_1 il vient

$$\mathrm{C}_1 \int_0^1 \mathrm{II}' dt = \mathrm{C}_1 \mathrm{I}_e \mathrm{I}'_e \cos \varphi.$$

 Le premier membre de cette équation représente la valeur
du couple moyen exercé sur le cadre mobile lorsque l'un des
cadres est parcouru par le courant I et l'autre par le courant I' ;
on voit que cette valeur est exprimée en fonction des quantités
connues I_e, I'_e, $\cos \varphi$, et qu'elle est la plus grande possible
lorsque $\varphi = 0$ ou π, c'est-à-dire lorsque la différence de phase
des deux courants est nulle ou égale à $\frac{1}{2}$ période. Si la différence de phase était égale à $\frac{1}{4}$ de période, on aurait $\varphi = \frac{\pi}{2}$,
$\cos \varphi = 0$ et le couple moyen serait nul. Le cadre resterait en

repos apparent sans qu'il fût besoin de donner aucune tension au ressort antagoniste.

447. — Mesure de la différence de phase de deux courants sinusoïdaux. — En désignant par C''_0 le couple moyen représenté par l'expression $C_1 \int_0^1 II' dt$, par C_0 et C'_0 les couples développés lorsque les deux cadres de l'électro-dynamomètre sont parcourus, d'abord par le courant I, ensuite par le courant I' on a

$$\int_0^1 II' dt = \frac{C''_0}{C_1}, \qquad I_e = \sqrt{\frac{C_0}{C_1}}, \qquad I'_e = \sqrt{\frac{C'_0}{C_1}}.$$

d'où on tire, en vertu de l'équation

$$\int_0^1 II' dt = I_e I'_e \cos \varphi,$$

$$\cos \varphi = \frac{C''_0}{\sqrt{C_0 C'_0}}.$$

Les angles de torsion du ressort antagoniste etant proportionnels aux couples, on peut écrire également

$$\cos \varphi = \frac{\alpha''}{\sqrt{\alpha \alpha'}},$$

α, α', α'' représentant les angles de torsion correspondant aux couples C_0, C'_0, C''_0.

448. — Application du mesureur d'énergie à la mesure du travail produit par un courant sinusoïdal. — Comme exemple d'application des formules que nous venons de trouver, cherchons à mesurer, au moyen d'un électro-dynamomètre spécial (mesureur d'énergie de M. Marcel Deprez) le travail produit par un courant sinusoïdal.

Soit PP' (fig. 258) un conducteur traversé par le courant principal I qui produit un travail utile en M (moteur, lampe, etc...), DD' un conducteur dérivé. Plaçons dans cet ensemble trois électro-dynamomètres *identiques* E_1, E_2, E_3. Les deux bobines de E_1 groupées en tension sont parcourues par le courant principal I, les deux bobines de E_2 également groupées en tension sont parcourues par le courant dérivé I'; la bobine fixe a de

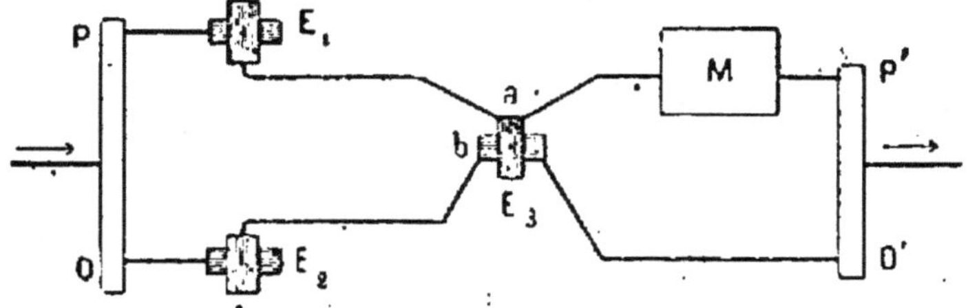

Fig. 258.

E_3 étant parcourue par I, la bobine mobile b est parcourue par I'.

L'énergie développée pendant une seconde, dans le circuit PP', est exprimée par l'intégrale

$$\int_0^1 VIdt.$$

Cherchons la valeur de cette intégrale en fonction des indications des trois instruments.

La *d. d. p.* V, entre les conducteurs PD' et PD', est donnée par l'équation

$$V = RI' + L'\frac{dI'}{dt};$$

en multipliant les deux membres de cette équation Idt, il vient

$$VIdt = R'II'dt + L'IdI'$$

et

$$\int VIdt = R'\int II'dt + L'\int IdI'. \tag{1}$$

Supposons maintenant que les courants soient sinusoïdaux, c'est-à-dire que l'on ait

$$I = I_0 \sin \omega t, \qquad I' = I'_0 \sin (\omega t - \varphi),$$

d'où l'on tire

$$dI' = \omega I'_0 \cos (\omega t - \varphi)dt$$

et en remplaçant dans IdI', le produit de deux sinus par la somme de deux autres sinus

$$IdI' = \pi f I_0 I'_0 \left[\sin(2\omega t - \varphi) - \sin\varphi\right] dt,$$

d'où

$$\int IdI' = \pi f I_0 I'_0 \left[-\frac{\cos(2\omega t - \varphi)}{2\omega} - t\sin\varphi\right] + C^{te},$$

qui donne

$$\int_0^1 IdI' = -\pi f I_0 I'_0 \sin\varphi. \tag{2}$$

D'autre part, on a

$$\int II'dt = \int I_0 I'_0 \sin\omega t \sin(\omega t - \varphi)dt,$$

qui donne, en effectuant les mêmes transformations que ci-dessus,

$$\int II'dt = I_0 I'_0 \int \frac{1}{2}\left[\cos\varphi - \cos(2\omega t - \varphi)\right] dt,$$

d'où

$$\int II'dt = \frac{1}{2} I_0 I'_0 \left[t\cos\varphi - \frac{\sin(2\omega t - \varphi)}{2\omega}\right] + C^{te},$$

et par suite

$$\int_0^1 II'dt = \frac{1}{2} I_0 I'_0 \cos\varphi$$

et enfin

$$\cos\varphi = 2\frac{\int_0^1 II'dt}{I_0 I'_0},$$

$$\sin\varphi = \sqrt{1 - \frac{4\left(\int_0^1 II'dt\right)^2}{I_0 I_0}}.$$

Mais l'électro-dynamomètre E_1 donne

$$\int_0^1 I^2 dt = \frac{C_0}{C_1},$$

l'électro-dynamomètre E_2,

$$\int_0^1 I'^2 dt = \frac{C'_0}{C_1},$$

l'électro-dynamomètre E_3;

$$\int_0^1 II' dt = \frac{C''_0}{C_1} \cdot \qquad (3)$$

On a d'ailleurs

$$\int_0^1 I^2 dt = \frac{I_0^2}{2} \qquad \text{d'où} \qquad I_0^2 = 2\frac{C_0}{C_1},$$

$$\int_0^1 I'^2 dt = \frac{I_0'^2}{2} \qquad \text{d'où} \qquad I_0'^2 = 2\frac{C'_0}{C_1},$$

les valeurs de $\cos\alpha$ et de $\sin\alpha$ deviennent

$$\cos\alpha = \frac{C''_0}{\sqrt{C_0 C'_0}} \qquad \sin\alpha = \sqrt{1 - \frac{C''^2_0}{C_0 C'_0}}$$

et finalement, on a, en remplaçant dans l'équation (1) $\int II' dt'$, $\int I dl'$ par leurs valeurs tirées des équations (3) et (2)

$$\int_0^1 VI dt = R'\frac{C''_0}{C_1} - \frac{\omega L'}{C_1}\sqrt{C_0 C'_0 - C''^2_0}.$$

On pourra à l'aide d'un seul instrument mesurer C_0, C'_0, C''_0, par un simple changement de connexions et éviter ainsi l'emploi de trois instruments.

EFFETS PRODUITS PAR UN CONDENSATEUR INTERCALÉ DANS UN CIRCUIT DOUÉ DE SELF-INDUCTION ET SOUMIS A L'ACTION D'UNE F. E. M. SINUSOIDALE.

449. — **Moyen d'annuler les effets de la self-induction par l'emploi d'un condensateur intercalé dans le circuit.** — Considérons un circuit (fig. 259) contenant une source A de *f. e. m.* sinusoïdale, des bobines B. B douées de self-induction et un condensateur C qui, étant intercalé dans le circuit, empêche absolument le passage d'un courant permanent tandis qu'au contraire, comme nous allons le voir, il ne s'oppose pas au passage d'un courant alternatif.

Appelons, E la *f. e. m.* variable de la source ; V, la différence de potentiel des armatures du condensateur ; C, sa capa-

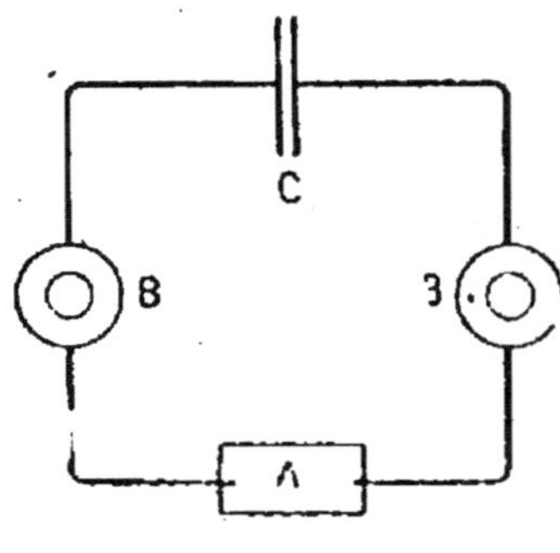

Fig. 259.

cité ; L, la self-induction du circuit et R la résistance que présenterait le circuit si les armatures du consendateur se touchaient ; nous aurons, à chaque instant

$$E = V + RI + L\,\frac{dI}{dt}. \tag{1}$$

Il vient donc, en différentiant cette équation par rapport au temps

$$\frac{dE}{dt} = \frac{dV}{dt} + R\,\frac{dI}{dt} + L\,\frac{d^2I}{dt^2}. \tag{2}$$

Mais, en désignant par Q la charge du condensateur, on a

$$V = \frac{Q}{C},$$

d'où

$$\frac{dV}{dt} = \frac{1}{C}\,\frac{dQ}{dt};$$

on a d'ailleurs

$$\frac{dQ}{dt} = I;$$

il vient donc

$$\frac{dE}{dt} = \frac{1}{C}\,I + R\,\frac{dI}{dt} + L\,\frac{d^2I}{dt^2}\cdot \tag{3}$$

Si le circuit ne contenait pas de condensateur et s'il n'était pas doué de self-induction, on aurait simplement

$$E = RI \qquad \text{et} \qquad \frac{dE}{dt} = R\,\frac{dI}{dt}\cdot$$

Il faut donc, pour que tout se passe comme si cette condition était remplie, que l'on ait

$$\frac{1}{C}\,I + L\,\frac{d^2I}{dt^2} = 0$$

ou

$$\frac{d^2I}{dt^2} + \frac{1}{CL}\,I = 0. \tag{4}$$

Cette équation différentielle est satisfaite lorsqu'on suppose que le courant est de la forme

$$I = I_0 \sin \omega t.$$

On a alors

$$\frac{dI}{dt} = 2\pi n I_0 \cos \omega t$$

$$\frac{d^2I}{dt^2} = -\,4\pi^2 n^2 I_0 \sin \omega t.$$

En remplaçant dans l'équation (4) I et ses dérivées par leurs valeurs, il vient :

$$\frac{1}{CL}\,I_0 \sin \omega t - \omega^2 I_0 \sin \omega t = 0$$

ou enfin

$$\omega^2 CL = 1,$$

$$f^2 CL = \frac{1}{4\pi^2}, \tag{5}$$

équation qui montre à quelle relation doivent satisfaire le nombre de périodes du courant par seconde, la capacité C du condensateur, et la self-induction L, pour que l'intensité du courant soit, à chaque instant, représentée par l'équation simple .

$$I = \frac{E}{R},$$

E étant la *f. e. m. sinusoïdale* qui agit sur le circuit. *Cette f. e. m.* peut avoir une origine quelconque ; elle peut être due par exemple à l'induction exercée par un circuit voisin sur les bobines B, B.

Le produit $f^2 CL$ est indépendant du choix des unités; on peut écrire en effet symboliquement

$$f^2 = \left(\frac{Nombre\ de\ périodes}{Temps} \right)^2, \qquad C = \frac{Quantité\ d'électricité}{Potentiel},$$

ou, en vertu des relations démontrées plus haut,

$$C = \frac{(Temps)^2}{Longueur}$$

et enfin

$$Coefficient\ de\ self\text{-}induction\ (L) = Longueur.$$

Donc

$$f^2 CL = (Nombre\ de\ périodes)^2.$$

Le produit $f^2 CL$ est donc homogène au carré d'un nombre abstrait et par suite complètement indépendant des unités de longueur, de masse et de temps.

Exemple numérique. — Nous allons chercher le nombre de périodes que devrait avoir un courant sinusoïdal pour qu'un circuit doué d'une self-induction de 1 henry et dans lequel est intercalé un condensateur de 1 microfarad, se comporte comme s'il n'y avait ni condensateur, ni self-induction.

L'équation

$$f^2 CL = \frac{1}{4\pi^2}$$

donne

$$f = \frac{1}{2\pi} \sqrt{\frac{1}{CL}};$$

mais, par hypothèse

$$C = \frac{1}{1\,000\,000} \text{ de farad}, \qquad L = 1 \text{ Henry};$$

en remplaçant ces quantités par leurs valeurs dans l'équation de f, on trouve

$$f = 159 \text{ périodes par seconde.}$$

Dans un tel circuit, bien qu'il soit coupé par le condensateur, l'intensité du courant sinusoïdal aura, à chaque instant, pour valeur l'expression simple

$$I = \frac{E}{R} \cdot$$

450. — Valeur de la différence de potentiel des armatures du condensateur. — Si nous supposons que l'équation générale

$$E = V + RI + L\,\frac{dI}{dt} \qquad (1)$$

se réduise, grâce à l'interposition du condensateur, à l'équation

$$E = RI.$$

Il en résultera que

$$V + L\,\frac{dI}{dt} = 0 ; \qquad (2)$$

or, en désignant par E_0 la $f.\ e.\ m.$ maxima, on a

$$I = \frac{E}{R} = \frac{E_0 \sin \omega t}{R}$$

et par conséquent

$$L\,\frac{dI}{dt} = \frac{\omega L}{R}\,E_0 \cos \omega t.$$

L'équation (2) nous donnera donc, en remplaçant $L\,\dfrac{dI}{dt}$ par sa valeur

$$V = -\frac{\omega L}{R}\,E_0 \cos \omega t. \qquad (3)$$

Telle est la valeur de la différence de potentiel entre les armatures du condensateur. En faisant

$$t = 0$$

on aura la valeur maxima de V

$$-\frac{\omega L}{R}\,E_0.$$

On voit que la *f. e. m.* maxima E_0 qui engendre le courant sinu-soïdal est multipliée par le facteur

$$\frac{\omega L}{R}$$

qui peut atteindre facilement de très grandes valeurs. Ainsi, comme exemple, supposons que L soit égal à un henry et R à 1 ohm; si le nombre de périodes est de 50 par seconde, on trouve pour la valeur maxima de V

$$V_0 = - 314 . E_0,$$

c'est-à-dire que la *d. d. p.* maxima des armatures du condensateur serait plus de 300 fois aussi grande que la *f. e. m.* maxima E_0.

451. — Energie potentielle totale du système. — Nous allons démontrer que l'énergie potentielle totale emmagasinée dans le condensateur et la bobine douée de self-induction reste constante.

En effet, l'énergie due à la self-induction, a pour valeur, à chaque instant

$$\frac{1}{2} LI^2 = \frac{1}{2} LI_0^2 \sin^2 \omega t$$

ou bien, puisque

$$I = \frac{E_0 \sin \omega t}{R}$$

$$\frac{1}{2} LI^2 = \frac{1}{2} \frac{LE_0^2}{R^2} \sin^2 \omega t. \tag{4}$$

D'autre part, l'énergie potentielle du condensateur est égale à

$$\frac{1}{2} CV^2$$

ou, en vertu de l'équation (3),

$$\frac{1}{2} CV^2 = \frac{1}{2} C \frac{\omega^2 L^2}{R^2} E_0^2 \cos^2 \omega t \tag{5}$$

Mais C est donné par l'équation que nous avons trouvée plus haut

$$\omega^2 CL = 1,$$

d'où

$$C = \frac{1}{\omega^2 L} \,;$$

en remplaçant C par cette valeur dans l'équation (5), il vient

$$\frac{1}{2} CV^2 = \frac{1}{2} \frac{LE_0^2}{R^2} \cos^2 \omega t. \tag{6}$$

Ajoutons (4) et (6) pour avoir l'énergie potentielle totale; il vient

$$\frac{1}{2} LI^2 + \frac{1}{2} CV^2 = \frac{1}{2} \frac{LE_0^2}{R^2} = \text{c}^{\text{te}}.$$

L'énergie potentielle totale emmagasinée est donc bien constante.

APPLICATION AUX TRANSFORMATEURS SANS FER

452. — Considérons deux bobines concentriques l'une intérieure à gros fil (primaire), l'autre extérieure à fil fin (secondaire) sans noyau de fer.

Dans ce cas, les équations fondamentales qui régissent les courants inducteurs et induits développés dans les deux circuits, le circuit induit ne contenant pas de source de $f. e. m.$, sont

$$E = RI + L \frac{dI}{dt} + M \frac{dI'}{dt},$$

$$0 = R'I' + L' \frac{dI'}{dt} + M \frac{dI}{dt}.$$

Mais le circuit secondaire étant rompu, la deuxième équation se réduit à

$$0 = R'I' + M \frac{dI}{dt}$$

et nous conduit en remarquant que R' est infini, à une indétermination facile à lever, puisque nous savons que les *f. e. m.* se réduisent dans ce cas, à la seule *f. e. m.* d'induction mutuelle

$$\mathrm{M}\frac{dI}{dt};$$

nous aurons donc, en la désignant par E',

$$\mathrm{E}' = -\mathrm{M}\,\frac{dI}{dt}$$

que l'on peut écrire

$$\mathrm{E}' = -\frac{\mathrm{M}}{\mathrm{L}}\,\mathrm{L}\,\frac{dI}{dt};$$

mais, de la première équation, on tire

$$\mathrm{L}\,\frac{dI}{dt} = (\mathrm{E} - \mathrm{RI}) - \mathrm{M}\frac{dI'}{dt}$$

qui se réduit à E — RI puisque I' est constamment nul; on a donc finalement

$$\mathrm{E}' = -\frac{\mathrm{M}}{\mathrm{L}}\,(\mathrm{E} - \mathrm{RI}).$$

En désignant par n et n' le nombre de spires du circuit primaire et du circuit secondaire, coupées par centimètre carré d'une section plane passant par l'axe de la bobine, nous savons que l'on a

$$\mathrm{M} = m \times n \times n'$$

et

$$\mathrm{L} = l \times n^2,$$

m et l étant les valeurs respectives de M et de L quand on a

$$n = 1$$

et

$$n' = 1;$$

on en conclut que

$$\mathrm{E}' = -\frac{n'}{n}\,\frac{m}{l}\,(\mathrm{E} - \mathrm{RI}),$$

qui se réduit sensiblement à

$$\mathrm{E}' = -\frac{n'}{n}\,\frac{m}{l}\,\mathrm{E},$$

lorsqu'on suppose la résistance très petite.

Telle est la valeur de la *f. e. m.* d'induction développée dans le circuit induit lorsqu'il est coupé. Cette équation justifie l'emploi de fils fins dans le circuit induit et de gros fil dans le circuit inducteur des bobines d'induction où le but est de rendre E' le plus grand possible ; on est conduit ainsi à prendre n' très grand et n très petit

453. — Calcul de la f. e. m. et du courant induits dans le circuit secondaire lorsque le courant inducteur est sinusoïdal. — Soit I le courant sinusoïdal qui traverse le circuit primaire à chaque instant, il est donné par l'équation

$$I = I_0 \sin \omega t. \tag{1}$$

I_0 étant la valeur maxima de I.

Par suite des phénomènes de self-induction et d'induction mutuelle, le courant induit I' se trouvera en retard d'un certain angle φ sur le courant inducteur et on aura

$$I' = I'_0 \sin (\omega t - \varphi), \tag{2}$$

équation que l'on peut écrire, en développant $\sin (\omega t - \varphi)$,

$$I' = I'_0 \sin \varphi \cos \omega t - I'_0 \cos \varphi \sin \omega t; \tag{3}$$

le circuit secondaire ne contenant pas de source de *f. e. m.*, sera parcouru par un courant induit donné par l'équation générale

$$0 = R'I' + L' \frac{dI'}{dt} + M \frac{dI}{dt}. \tag{4}$$

Mais l'équation (3) donne par différentiation.

$$\frac{dI'}{dt} = \omega I'_0 \cos \varphi \cos \omega t + \omega I'_0 \sin \varphi \sin 2\omega t;$$

on a de même, en différentiant l'équation (1),

$$\frac{dI}{dt} = \omega I_0 \cos \omega t.$$

Et en remplaçant dans l'équation (4), $\dfrac{dI'}{dt}$ et $\dfrac{dI}{dt}$ par les valeurs que nous venons de trouver, on arrive à l'équation suivante, ordonnée par rapport à cos ωt et sin ωt :

$$0 = -(R'I'_0 \sin \varphi + \omega L'I'_0 \cos \varphi + \omega M I_0) \cos \omega t$$
$$+ (R'I'_0 \cos \varphi + \omega L'I'_0 \sin \varphi) \sin \omega t.$$

Cette équation doit être satisfaite quelle que soit la valeur attribuée à t ; il en résulte que les coefficients de cos ωt et de sin ωt doivent être nuls, on a donc

$$- R'I'_0 \sin \varphi + \omega L'I'_0 \cos \varphi + \omega M I_0 = 0, \tag{5}$$
$$R'I'_0 \cos \varphi + \omega L'I'_0 \sin \varphi = 0. \tag{6}$$

Nous avons ainsi deux équations qui vont nous permettre de déterminer I'_0 et φ. De l'équation (6) on tire

$$\operatorname{tg} \varphi = \frac{R'}{\omega L'},$$

et par conséquent

$$\cos \varphi = \frac{\omega L'}{\sqrt{R'^2 + \omega^2 L'^2}} \qquad \cos \varphi = \frac{\omega L'}{Z'},$$
$$\sin \varphi = \frac{R'}{\sqrt{R'^2 + \omega^2 L'^2}} \qquad \sin \varphi = \frac{R'}{Z'}.$$

En remplaçant dans l'équation (5), sin φ et cos φ par leurs valeurs, on trouve

$$\frac{R'^2 + \omega^2 L'^2}{\sqrt{R'^2 + \omega^2 L'^2}} I'_0 = -2\omega M I_0.$$

d'où l'on tire

$$I'_0 = \frac{-\omega M}{\sqrt{R'^2 + \omega^2 L'^2}} I_0. \tag{7}$$

Telle est la valeur du courant maximum traversant le circuit secondaire. On aura la valeur de ce courant à un instant quelconque, en remplaçant dans (3) I'_0, sin φ, et cos φ, par leurs valeurs, et on trouve ainsi :

$$I' = -\left[\frac{\omega M R'}{R'^2 + \omega^2 L'^2} I_0 \cos \omega t + \frac{\omega^2 L'M}{R'^2 + \omega^2 L'^2} I_0 \sin \omega t \right]. \tag{8}$$

Cherchons maintenant la valeur totale de la $f. e. m.$ d'induc-

tion développée dans le circuit secondaire dépourvu de source
de *f. e. m.* ; elle a pour expression

$$E' = - \left[M \frac{dI}{dt} + L' \frac{dI'}{dt} \right]. \tag{9}$$

Remplaçons dans (9) $\frac{dI}{dt}$ et $\frac{dI'}{dt}$ par leurs valeurs données
plus haut, il vient

$$E' = - \left[\left(\omega M + \frac{\omega^3 L'^2 M}{R'^2 + \omega^2 L'^2} \right) \cos \omega t - \frac{\omega^2 M L' R'}{R'^2 + \omega^2 L'^2} \sin \omega t \right] I_0. \tag{10}$$

Les équations (8) et (10) constituent la solution complète du
problème qui nous occupe.

. **454. —** Examinons le cas particulier où le circuit induit est
ouvert, c'est-à-dire où l'on a

$$R' = \infty.$$

la valeur de E' se réduit dans ce cas à

$$E' = \omega M \cos \omega t I_0.$$

Si au contraire la résistance R' devient négligeable, on pourra
poser

$$R' = 0$$

et alors on a

$$E' = - 2\omega M \cos \omega t I_0.$$

On voit que, dans les deux cas, la *f. e. m.* induite est
déphasée de 1/4 de période par rapport au courant inducteur
et qu'elle est proportionnelle au maximum I_0 de ce courant ;
quant à la valeur de I', elle est évidemment nulle dans le premier cas ; dans le deuxième, le courant induit I' devient égal à

$$\frac{M}{L'} I_0 \sin \omega t,$$

il est donc de même phase que le courant inducteur.

455. — Calcul du rapport des quantités d'énergie développées
dans les deux circuits. —Il reste maintenant à chercher ce qu'on

pourrait appeler le rendement économique de la bobine d'induction, c'est-à-dire le rapport entre l'énergie développée dans le circuit induit et l'énergie dépensée pendant le même temps dans le circuit inducteur; ce rapport a pour mesure

$$\frac{\int_0^1 EI'dt}{\int_0^1 EIdt}.$$

On peut trouver sa valeur sans être obligé d'effectuer le calcul des intégrales générales $\int EIdt$ et $\int EI'dt$, en se servant simplement des théorèmes généraux déjà établis et qui conviennent aux courants périodiques quelle que soit leur forme.

En effet, remarquons que le travail total dépensé pendant l'unité de temps dans le circuit inducteur, se compose de deux parties (399), l'une qui a pour valeur

$$\int_0^1 RI^2 dt$$

qui représente la chaleur développée pendant l'unité de temps dans le circuit inducteur et l'autre

$$\int_0^1 MIdI'$$

qui représente l'énergie transmise à travers l'espace du premier circuit au second.

Dans le circuit secondaire qui ne contient pas de $f.\ e.\ m.$ extérieure, toute l'énergie développée par les $f.\ e.\ m.$ d'induction se transforme en chaleur; or, le travail dû à la $f.\ e.\ m.$ d'induction émanant du circuit primaire, a pour valeur

$$\int_0^1 MI'dt$$

et nous avons démontré (399) que cette intégrale était égale à

$$\int_0^1 MIdI';$$

qui représente le travail développé par les $f.\ e.\ m.$ d'induction dans le circuit secondaire et qui se transforme finalement en une quantité de chaleur représentée par l'intégrale

$$\int_0^1 R'I'^2 dt.$$

On a donc en définitive

$$\int_0^1 MIdI' = \int_0^1 MI'dI = \int_0^1 R'I'^2 dt.$$

Par conséquent le travail total dépensé dans le circuit primaire pendant l'unité de temps, sera égal à

$$\int_0^1 RI^2 dt + \int_0^1 R'I'^2 dt.$$

tandis que le travail fourni par le circuit secondaire sous forme de chaleur, pendant l'unité de temps, se réduit à

$$\int_0^1 R'I'^2 dt.$$

Le rendement économique de la bobine d'induction est égal au rapport de ces deux travaux. Mais les deux courants étant sinusoïdaux, on a

$$\int_0^1 RI^2 dt + \int_0^1 R'I'^2 dt = \frac{1}{2} RI_0^2 + \frac{1}{2} R'I_0'^2$$

et, par suite, le rendement k a pour valeur

$$k = \frac{R'I_0'^2}{RI_0^2 + R'I_0'^2} ;$$

mais l'équation (7) nous donne I'_0 en fonction de I_0 et on trouve, toutes réductions faites

$$k = \frac{\omega^2 M^2 R'}{\omega^2 M^2 R' + R(R'^2 + \omega^2 L'^2)} .$$

On voit que lorsque f devient très grand, le rendement tend vers la fraction

$$\frac{M^2 R'}{M^2 R' + L'^2 R} ,$$

tandis qu'il s'annule pour $f = 0$.

Nous nous bornerons aux calculs que nous venons de donner sur la théorie des bobines d'induction qui ne contiennent pas de fer. Toutes ces équations s'appliquent encore au cas où la bobine d'induction contient du fer, mais à la condition, toutefois, que la densité du flux magnétique dans le fer ne dépasse pas 3 000 à 4 000 unités C. G. S. par centimètre carré. Dans le cas contraire, le problème ne peut plus être résolu avec précision : nous étudierons du reste ce cas dans le deuxième volume en abordant la question des transformateurs industriels.

456. — Actions mécaniques développées entre deux circuits, inducteur et induit, parcourus par des courants sinusoïdaux périodiques. — Expériences d'Élihu Thomson. — L'étude des

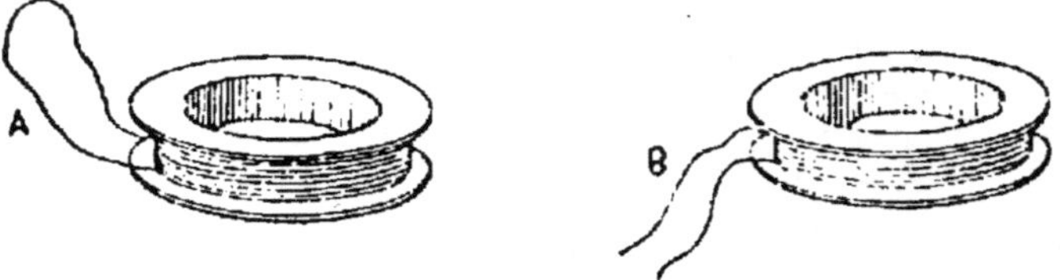

Fig. 260.

bobines d'induction nous conduit à étudier les actions mécaniques qui se développent entre deux bobines dont l'une B (fig. 260) est parcourue par un courant sinusoïdal périodique et l'autre A fermée sur elle-même. Nous avons vu que le couple moyen exercé entre les deux cadres d'un électro-dynamomètre, lorsqu'ils sont parcourus simultanément par des courants sinusoïdaux déphasés d'un angle α, a pour expression

$$\frac{1}{2}\, C_1 I_0 I'_0 \cos \alpha.$$

Il est facile d'en déduire que, si on désigne par F l'effort moyen développé entre deux circuits parcourus par des courants sinusoïdaux déphasés, on a

$$F = \frac{1}{2}\, F_1 I_0 I'_0 \cos \alpha,$$

F, étant l'effort exercé par l'unité de courant permanent, traversant simultanément les deux bobines ; I_0 et I'_0, les valeurs maxima des courants sinusoïdaux et α l'angle de déphasement. Or, les équations que nous venons de trouver, donnent

$$I'_0 = - \frac{\omega M}{\sqrt{R'^2 + \omega^2 L'^2}} I_0,$$

$$\cos \alpha = \frac{\omega L'}{\sqrt{R'^2 + \omega^2 L'^2}},$$

d'où l'on déduit

$$F = - \frac{F_1}{2} \frac{\omega^2 M L'}{R'^2 + \omega^2 L'^2} I_0^2.$$

Telle est l'expression de l'effort moyen exercé entre le circuit inducteur et le circuit induit ; on voit que cet effort n'est jamais nul quelles que soient les valeurs attribuées à ω, M, L', et R' pourvu qu'elles soient différentes de zéro.

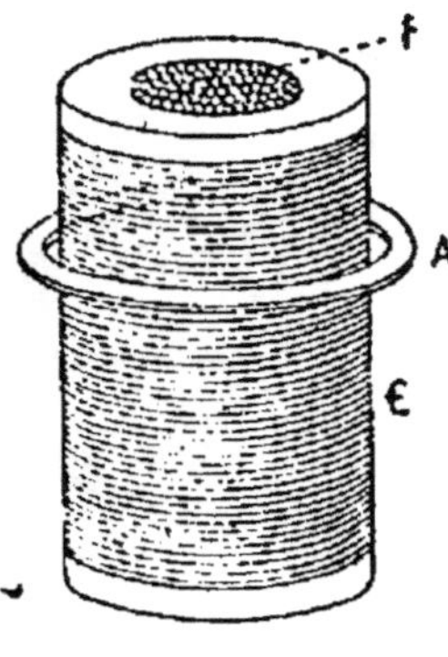

Fig. 261.

On peut citer comme une confirmation des calculs que nous venons de faire, l'expérience suivante due à Elihu Thomson. Une bobine verticale E (fig. 261) sur laquelle est enroulé un seul fil, est traversée par un courant périodique sinusoïdal ; si, autour de cette bobine on place un anneau métallique A, on peut, pourvu que l'intensité du courant soit suffisante, obtenir que cet anneau malgré son poids, reste suspendu en l'air sous l'influence des actions mécaniques que nous venons d'étudier.

On constate également, comme l'indique notre formule, que cette action est d'autant plus faible que le métal de l'anneau est plus mauvais conducteur et qu'elle cesse lorsqu'on le coupe en un point quelconque. On renforce considérablement ces actions mécaniques en mettant au centre de la bobine un faisceau de fil de fer F que l'on aperçoit sur la figure.

PROBLÈMES SUR LES COURANTS ALTERNATIFS

457. — Limite de l'intensité d'un courant sinusoïdal dont la f. e. m. maxima est proportionnelle à la fréquence. — Nous allons chercher la limite de l'intensité d'un courant alternatif dont la *f. e. m.* maxima est proportionnelle au nombre d'alternances, comme cela a lieu avec les machines industrielles. Pour cela, reprenons l'équation

$$I = \frac{E_0}{\sqrt{R^2 + \omega^2 L^2}} \sin (2\omega t + \varphi) ;$$

on voit immédiatement que si on pose

$$E_0 = C^{te}$$

et si on augmente indéfiniment le nombre f de périodes par seconde, le courant I tendra vers 0.

Mais si nous supposons que E_0 soit proportionnel à f, c'est-à-dire que l'on ait

$$E_0 = f e_0,$$

e_0 étant la *f. e. m.* maxima développée pour $f = 1$; on aura

$$I = \frac{f e_0}{\sqrt{R^2 + \omega^2 L^2}} \sin (\omega t - \varphi),$$

que l'on peut écrire

$$I = \frac{e_0}{\sqrt{\dfrac{R^2}{f^2} + 4\pi^2 L^2}} \sin (\omega t - \varphi).$$

Si on fait alors tendre f vers l'infini, le courant I tendra vers la limite

$$\frac{e_0}{2\pi L} \sin (\omega t - \varphi),$$

c'est-à-dire qu'il deviendra *indépendant de la résistance ohmique*.

458. — Limite du travail produit dans l'unité de temps par

**un courant sinusoïdal dont la f. e. m. maxima est proportion-
nelle à la fréquence.** — Dans l'expression du travail produit par
un courant alternatif pendant une période

$$\int_0^T EI\,dt,$$

remplaçons E et I par leur valeur en fonction de E_0; le courant
étant supposé sinusoïdal nous aurons, pour la valeur du travail
pendant une période

$$W_0^T = \int_0^T \frac{E_0^2}{\sqrt{R^2 + \omega^2 L^2}} \sin \omega t \sin (\omega t - \varphi)\,dt;$$

en faisant l'intégration et en tenant compte de la relation

$$\cos\varphi = \frac{R}{\sqrt{R^2 + \omega^2 L^2}},$$

il vient

$$W_0^T = \frac{R E_0^2}{2f(R^2 + \omega^2 L^2)};$$

ce travail étant répété n fois dans l'unité de temps, on a

$$W_0^1 = \frac{R E_0^2}{2(R^2 + \omega^2 L^2)}.$$

Si on pose, comme dans le numéro précédent,

$$E_0 = f e_0,$$

on aura

$$W_0^1 = \frac{R e_0^2}{\dfrac{2R^2}{f^2} + 8\pi^2 L^2};$$

en faisant tendre n vers l'infini, la limite de cette expression
sera

$$\frac{R e_0}{8\pi^2 L^2}.$$

Mais le courant limite a été trouvé égal à

$$\frac{e_0}{2\pi L} \sin (\omega t - \varphi);$$

le travail est donc bien encore égal à la moitié du produit de la résistance du circuit, par le carré de l'intensité maxima pendant une période, résultat que nous avons déjà trouvé.

459. — Analogie qui existe entre les équations qui régissent les courants sinusoïdaux et celles qui représentent certains phénomènes mécaniques. — Considérons une masse M assu-

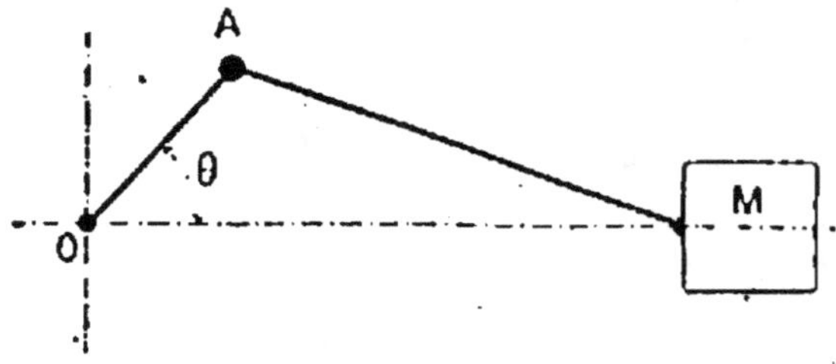

Fig. 261 *bis*.

jettie à se mouvoir suivant la droite OM (fig. 261 *bis*) et animée d'un mouvement alternatif à l'aide d'une bielle très longue MA et d'une manivelle OA accomplissant f révolutions dans l'unité de temps.

En désignant par θ l'angle que fait la manivelle à un instant quelconque avec la droite OM ; par a la longueur de la manivelle ; par x l'abscisse du point A, on a

$$x = a \cos \theta = a \cos \omega t ;$$

d'un autre côté, la vitesse V de M est égale à la projection horizontale de la vitesse de A, c'est-à-dire que l'on a

$$V = \frac{dx}{dt} = - \omega a \sin \omega t,$$

et en désignant par V_1 le produit ωa,

$$V = - V_1 \sin \omega t,$$

d'où

$$\frac{dV}{dt} = - \omega V_1 \cos \omega t.$$

Supposons maintenant que la masse M soit soumise à un effort résistant proportionnel à la vitesse, on aura pour la valeur de l'effort à appliquer à M, en désignant par f_1 la résistance correspondant à l'unité de vitesse,

$$F = f_1 V + M \frac{dV}{dt},$$

ou, en remplaçant V et $\frac{dV}{dt}$ par leurs valeurs données plus haut,

$$F = - f_1 V_1 \sin \omega t - \omega M V_1 \cos \omega t.$$

Le travail à fournir pendant le temps dt a pour expression

$$F V dt = f_1 V_1^2 \sin^2 \omega t + 2\pi f M V_1^2 \sin \omega t . \cos \omega t$$

et, pendant une seconde, ce travail aura pour valeur

$$\int_0^1 F V dt = \frac{1}{2} f_1 V_1^2.$$

Le travail dépensé par seconde ne dépend donc que de V_1 et nullement du nombre de périodes.

En posant

$$fa = C^{te}$$

on trouve que la vitesse V_1 est constante, de sorte que le travail dépensé par seconde est constant quel que soit f; mais il n'en est pas de même de l'effort appliqué au bouton de la manivelle par l'intermédiaire de la bielle AM, effort dans l'expression duquel, le terme $2\pi f M V_1$ augmente indéfiniment avec f. On peut, en effet, écrire

$$F = - \sqrt{f_1^2 + 4\pi^2 f^2 M^2} . V_1 \sin (2\pi t + \varphi),$$

l'angle φ étant donné par l'équation

$$\lg \varphi = \frac{\omega M}{f_1};$$

l'effort F tend donc vers l'infini; il aurait pour résultat de faire casser les pièces de transmission.

Pour établir l'analogie avec un courant périodique, remplaçons V par l'intensité I, à l'instant t, d'un courant périodique ; f_1, par la résistance totale R du circuit traversé par le courant ; F, par la *f.e.m.* E nécessaire pour que le courant atteigne la valeur I ; et M par le coefficient de self-induction L du circuit, nous retrouvons les équations que nous avons déjà établies.

$$E = RI + L \frac{dI}{dt},$$

et comme

$$I = I_0 \sin \omega t,$$

on aura

$$E = \sqrt{R^2 + \omega^2 L^2}\, I_0 \sin(\omega t - \varphi)$$

et

$$\mathrm{tg}\, \varphi = \frac{\omega L}{R},$$

enfin

$$\int_0^t E I\, dt = \frac{1}{2} R I_0^2.$$

Nous voyons encore que le travail dépensé par seconde ne dépend que de I_0 et nullement du nombre de périodes, tandis que la *f.e.m.* E_0 tend vers l'infini ; on peut donc dire que l'analogie entre ces deux sortes de phénomènes est complète.

CHAPITRE II

REPRÉSENTATION VECTORIELLE
DES FONCTIONS PÉRIODIQUES

460. — Dans l'étude des courants alternatifs on a souvent à faire la somme de deux fonctions périodiques

$$y_1 = A_1 \sin (\omega t - \varphi_1)$$
$$y_2 = A_2 \sin (\omega t - \varphi_2).$$

Il est commode de mettre cette somme sous la forme

$$y = A \sin (\omega t - \varphi).$$

La solution trigonométrique qui donne A et φ est assez lon-

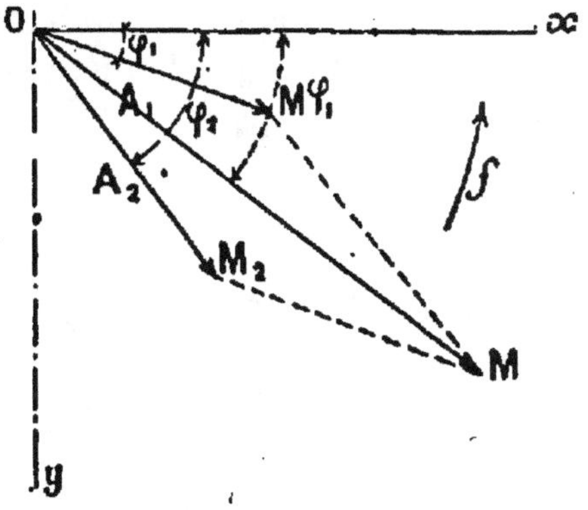

Fig. 262.

gue et fastidieuse. Nous allons montrer comment on peut la simplifier graphiquement. On a en effet quel que soit ωt

$$A \sin (\omega t - \varphi) = A_1 \sin (\omega t - \varphi_1) + A_2 \sin (\omega t - \varphi_2).$$

En faisant $\omega t = 0$ et $\omega t = \dfrac{\pi}{2}$ il vient

$$(1) \quad \begin{cases} A \sin \varphi = A_1 \sin \varphi_1 + A_2 \sin \varphi_2 \\ A \cos \varphi = A_1 \cos \varphi_1 + A_2 \cos \varphi_2 \end{cases}$$

Ces deux relations s'expriment graphiquement ainsi (fig. 262) : en arrière d'un vecteur origine Ox portons $OM_1 = A_1$ décalé de φ_1 sur Ox puis $OM_2 = A_2$ décalé de φ_2. Leur somme géométrique sera $OM = A$ décalée de φ sur Ox, car les relations n'expriment

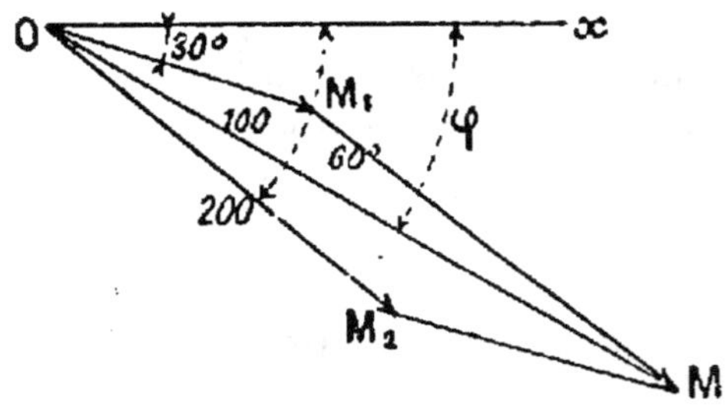

Fig. 263.

pas autre chose que le théorème des projections sur Oy et Ox.

On peut donc sans calcul et par la méthode graphique seule trouver immédiatement A et φ.

EXEMPLE. — Soit à ajouter (fig. 263) :

$$y_1 = 100 \sin \left(\omega t - \frac{2\pi}{12} \right)$$

$$y_2 = 200 \sin \left(\omega t - \frac{\pi}{3} \right).$$

En arrière de Ox prenons à une échelle quelconque $OM_1 = 100$ décalée de $\dfrac{2\pi}{12} = 30°$ puis à la même échelle $OM_2 = 200$ décalée de $\dfrac{\pi}{3} = 60°$.

Faisons graphiquement la somme géométrique de OM_1,

et OM_2 soit OM qui mesurée à l'échelle de OM_1 donne 240 par exemple ; au rapporteur mesurons $\varphi = 50^{\circ}$

ou

$$\frac{\pi}{180} \times 50 \doteq \frac{5}{18}\ \pi\ \text{radians.}$$

la somme cherchée sera

$$y = 240 \sin \left(\omega t - \frac{5}{18}\ \pi \right) \cdot$$

REMARQUE I. — On a d'ailleurs

$$A^2 = A_1^2 + A_2^2 + 2A_1 A_1 \cos \widehat{A_1 A_2}$$

et on tire de (1)

$$\operatorname{tg} \varphi = \frac{A_1 \sin \varphi_1 + A_2 \sin \varphi_2}{A_1 \cos \varphi_1 + A_2 \cos \varphi_2}$$

On peut par suite calculer algébriquement A et φ.

REMARQUE II. — 1° Un angle φ_1 négatif sera porté *en avant* de Ox.

2° Une amplitude A_1 négative sera portée sur le *prolongement* du vecteur dans le sens négatif.

3° Pour multiplier une fonction par un nombre il suffit de multiplier son vecteur par ce nombre.

4° On peut remplacer les amplitudes par les valeurs efficaces en les divisant par $\sqrt{2}$.

EXEMPLE. — 1° Représenter une fonction et sa dérivée (fig. 264).

Soit

$$y = A \sin (\omega t - \varphi)$$

$$\frac{dy}{dt} = A\omega \cos (\omega t - \varphi)$$

$$= A\omega \sin \left(\frac{\pi}{2} - \omega t + \varphi \right)$$

$$= - A\omega \sin \left(\omega t - \varphi - \frac{\pi}{2} \right)$$

sur la direction ON décalée de $\varphi + \dfrac{\pi}{2}$ on porte $- A\omega$ soit OP et on a la dérivée cherchée.

Le vecteur de la dérivée est décalé de $\frac{\pi}{2}$ en avant du vecteur de la fonction.

2° Résoudre l'équation

$$E_0 \sin \omega t = RI_0 \sin (\omega t - \varphi) + L\,\frac{dI}{dt}\,.$$

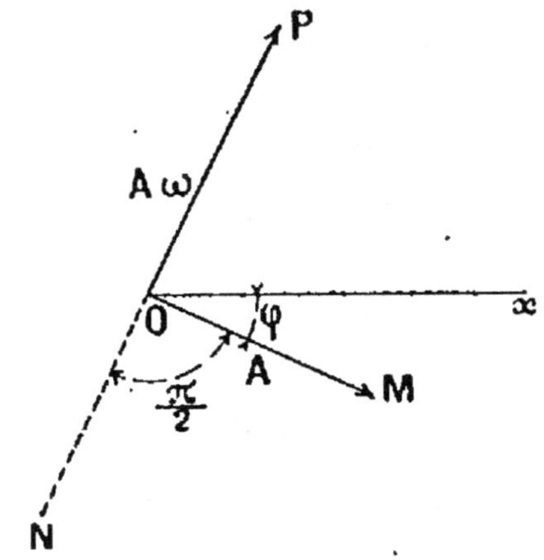

Fig. 264.

Cette équation exprime que le vecteur E_0 est la somme géométrique de RI_0 et de ωLI_0 décalée de $\frac{\pi}{2}$ en avant de ce dernier.

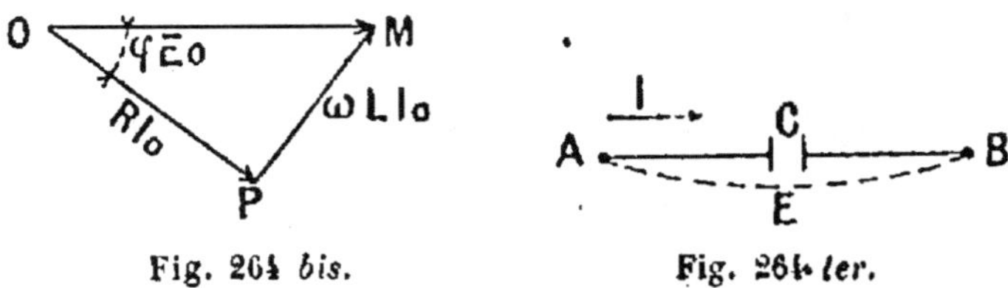

Fig. 264 *bis.*   Fig. 264 *ter.*

Ce qui donne la figure suivante (fig. 264 *bis*).

OPM est rectangle en P et l'on a

$$\operatorname{tg} \varphi = \frac{\omega L_0}{R_0}$$

$$E_0^2 = \overline{RI_0}^2 + \overline{\omega LI_0}^2$$

$$I_0 = \frac{E_0}{Z} \qquad Z = \sqrt{R^2 + \omega^2 L^2}.$$

Ce sont les formules fondamentales trouvées précédemment par une autre méthode.

461. — Introduction d'une capacité dans un circuit alternatif soumis à une f. e. m. — Soit q la charge prise par le condensateur à l'instant t (fig. 264 *ter*).

Pendant un instant dt cette charge varie de $dq = I dt = C d\mathrm{E}$, $\mathrm{E} = \mathrm{E}_0 \sin \omega t$ étant la *f. e. m.* aux bornes du condensateur

$$\frac{d\mathrm{E}}{dt} = \frac{I}{C}$$

$$\mathrm{E}_0 \omega \cos \omega t = \frac{I}{C}$$

$$I = \mathrm{E}_0 \omega C \sin \left(\omega t + \frac{\pi}{2} \right)$$

Le courant qui circule dans le circuit a pour valeur maximum $\mathrm{E}_0 \omega C$ *et est décalé de* $\dfrac{\pi}{2}$ *en avant de la tension aux bornes du condensateur.*

462. Conséquence I. — **Cas d'un condensateur en série avec une bobine de résistance R et de réactance ωL** (fig. 265 et 266).

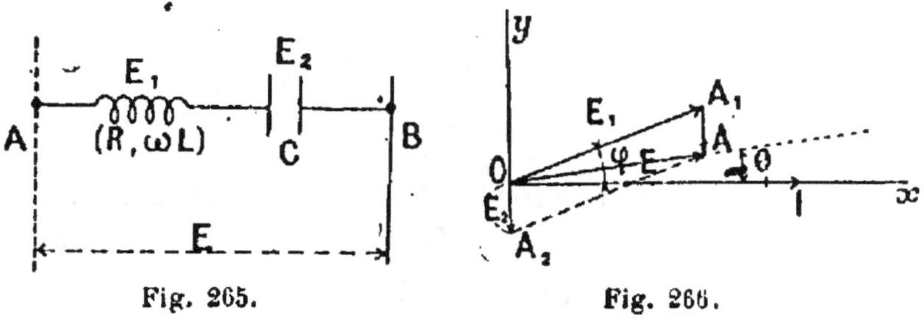

Fig. 265.   Fig. 266.

— Soit I le courant efficace qui circule dans le système, E la tension efficace aux bornes AB, E_1, E_2 la *d. d. p.* aux bornes de la bobine et du condensateur; prenons pour vecteur origine celui de I. E_1 est décalé en avant de Ox de l'angle φ $\left(\mathrm{tg}\,\varphi = \dfrac{\omega L}{R} \right)$ et E_2 est décalé de $\dfrac{\pi}{2}$ en arrière de Ox de sorte que OA, somme géométrique de OA_1 et OA_2 représente E. En projetant sur Ox et Oy on a :

$$E \cos \theta = E_1 \cos \varphi = IZ \cos \varphi = IR \text{ car } \cos \varphi = \frac{R}{Z}$$
$$E \sin \theta = E_1 \sin \varphi - E_2.$$

En posant comme toujours

$$Z = \sqrt{R^2 + \omega^2 L^2}$$
$$I = \frac{E_1}{Z} \qquad \sin \varphi = \frac{\omega L}{Z}$$

or

$$E_2 = \frac{1}{\omega C}$$

donc

$$E \sin \theta = I \left(\omega L - \frac{1}{\omega C} \right)$$

posons

$$L_1 = L' - \frac{1}{\omega^2 C} \tag{1}$$

et comme

$$E \sin \theta = I \omega L_1$$
$$E \cos \theta = IR.$$

On en déduit

$$\begin{cases} \operatorname{tg} \theta = \dfrac{\omega L_1}{R} \\[2mm] I = \dfrac{E}{Z_1} \end{cases}$$

$$Z_1 = \sqrt{R^2 + \omega^2 L_1^2}$$

Ainsi tout se passe comme si le condensateur n'existait pas pourvu que l'on change L en L_1, c'est-à-dire que la réactance apparente est devenue $\omega L_1 = \omega L - \dfrac{1}{\omega C}$ (2).

463. — Cas particuliers. Résonance. — Si $\omega L = \dfrac{1}{\omega C}$ tout se passe comme si le circuit n'avait plus que de la résistance ohmique : on dit qu'il y a résonance. Le décalage du courant sur la tension est nul et le courant passe brusquement par un maximum $I = \dfrac{E}{R}$ quand on fait varier graduellement la capacité C et la self-induction L de manière à obtenir $\omega L = \dfrac{1}{\omega C}$. L'effet est comparable à un court-circuit.

REMARQUE. — Si la résistance est faible tg θ est très grand, θ est voisin de $\dfrac{\pi}{2}$ et E_1 et E_2 sont presque en opposition (fig. 247), de sorte que E est très petit bien que E_1 et E_2 puissent être très grands.

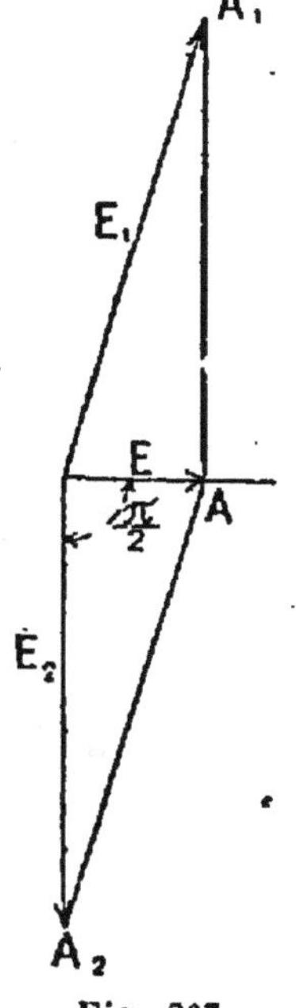

EXEMPLE. — Un circuit a une réactance de 100 ohms, quelle est la capacité qui produirait la résonance à la fréquence de 50 périodes.

$$\omega C = \frac{1}{\omega L}$$
$$\omega = 100\,\pi = 314$$
$$C = \frac{1}{314 \times 10} = \frac{1}{310}\ \text{farad.}$$

Si la résistance du circuit est 1 ohm et la f. e. m. totale 1 000 volts efficaces le courant

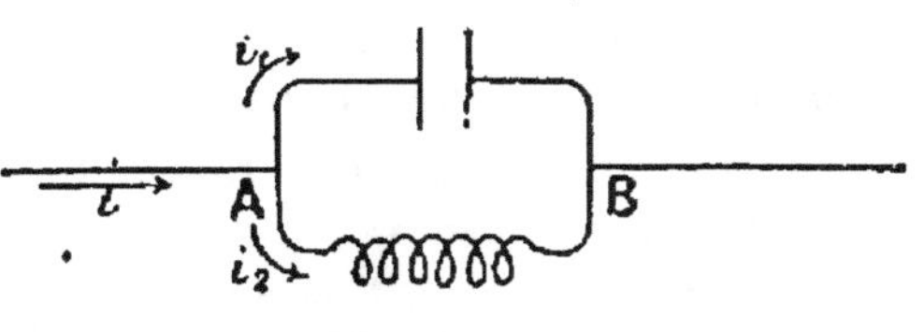

Fig. 267.   Fig. 268.

sera 1 000 ampères et il apparaîtra aux bornes de la résistance une f. e. m.

$$E_1 = ZI = \sqrt{1^2 + 10^2} \times 1000$$

soit un peu plus de 10 000 volts et aux bornes du condensateur

$$E_2 = \frac{1}{\omega C} = \omega L I = 10.000\ \text{volts.}$$

464. — Cas d'un condensateur en dérivation avec une bobine de résistance R et de réactance ωL (fig. 268).

Soit E la *f. e. m.* efficace appliquée entre A et B et dirigée suivant Ox (fig. 269). Le courant qui circule dans le condensateur est $I_{1eff} = E_{eff}\,\omega C$ décalé de $\dfrac{\pi}{2}$ en avant de E_{eff}; celui qui circule dans la bobine est $I_{2eff} = \dfrac{E_{eff}}{Z}$ décalé de φ sur Ox tel que $\operatorname{tg}\varphi = \dfrac{\omega L}{R}$ en arrière de OA. Par suite le courant total

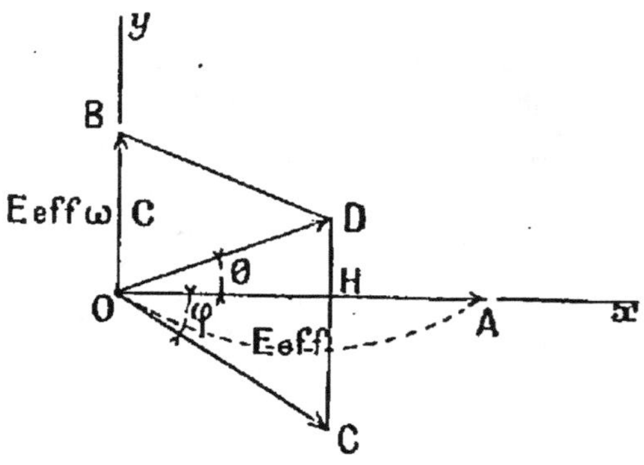

Fig. 269.

est représenté par OD décalé de θ en avant ou en arrière suivant les grandeurs des vecteurs OB et OC.

On obtiendra sans difficulté OD et θ soit graphiquement, soit en appliquant le théorème des projections sur Ox et Oy.

Dans le cas particulier où le décalage est nul on dit encore qu'il y a résonance. Dans ce cas D vient en H et l'on a

$$\sin\varphi = \frac{\omega L}{Z} = \frac{OB}{OC}$$

$$Z^2 = \frac{L}{C}.$$

Si R est très petit devant ωL la condition devient

$$\omega^2 L^2 = \frac{L}{C}$$

$$\omega L = \frac{1}{\omega C}$$

et l'on a la même condition de résonance que dans le montage en série.

464 *bis*. — Courant watté et courant déwatté ou magnétisant

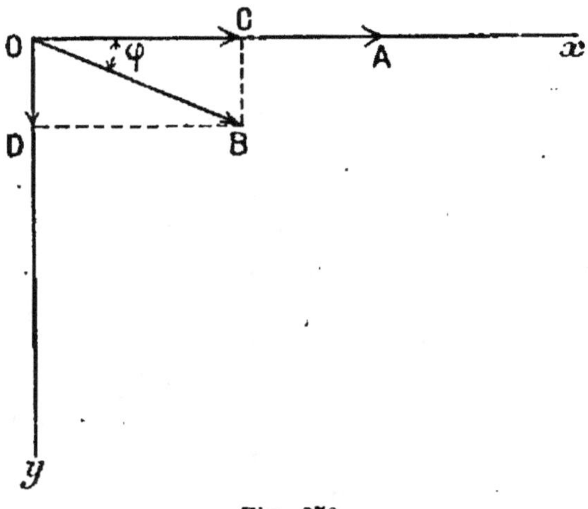

Fig. 270.

Soit Ox (fig. 270) le vecteur origine sur lequel on porte $OA = E_{eff}$, soit φ tel que

$$\text{tg } \varphi = \frac{\omega L}{R}$$

le décalage du courant sur la *f. e. m.* et soit $OB = \dfrac{E_{eff}}{Z}$ le courant I_{eff} correspondant. La puissance électrique est comme on sait

$$P = E_{eff}\, I_{eff}\, \cos \varphi.$$

Projetons OB en OC et OD sur Ox et Oy. On peut évidemment regarder OB comme la somme géométrique de OC et OD c'est-à-dire regarder le courant réel I_{eff} comme la somme de deux courants fictifs

$$I_w = I_{eff}\, \cos \varphi$$
$$I_d = I_{eff}\, \sin \varphi$$

le 1er s'appelle le courant watté. Il est en phase avec la *f. e. m.*; et produit toute la puissance P, le 2e s'appelle le courant déwatté. Il est en quadrature avec la *f. e. m.* et ne produit aucune puissance. On peut se demander quel rôle joue le courant fictif dewatté. Or dans la formule

$$E = RI + L \frac{dI}{dt}$$

faisons R = 0 il restera

$$E = L \frac{dI}{dt} = \frac{d(LI)}{dt}$$

la *f. e. m.* fait à chaque instant équilibre à la *f. e. m.* due à la variation du courant, c'est-à-dire due aux magnétisations et aux démagnétisations successives. Ce courant dans ce cas est en quadrature avec la *f. e. m.* puisque celle-ci est égale à la dérivée de I multipliée par la constante L, c'est le courant déwatté qu'on appelle aussi magnétisant pour rappeler qu'il sert à entretenir les variations du flux d'induction magnétique; il emprunte de l'énergie à la génératrice pendant un quart de période et la rend intégralement pendant le quart de période suivant, de sorte que la puissance moyenne qui lui correspond est nulle à la fin de chaque période. Ces remarques importantes seront utilisées dans l'étude des machines à courant alternatif.

EXEMPLE. — Soit un courant de 100 a. décalé d'un angle φ sur sa *f. e. m.* tel que cos φ = 0,8, calculer les courants watté et déwatté.

On a
$$I_w = I \cos \varphi = 100 \times 0,8$$
$$= 80 \text{ a.}$$

D'autre part
$$\sin \varphi = \sqrt{1 - \overline{0,8^2}} = 0,6$$
$$Id = 100 \times 0,6 = 60 \text{ a.}$$

Ainsi on peut remplacer *fictivement* le courant réel de 100 a. décalé de φ (cos φ = 0,8) par un courant de 80 a. en phase avec sa *f. e. m.* et produisant toute la puissance et par un courant de 60 a. en quadrature avec la *f. e. m.*, ne produisant aucune puissance, et servant à aimanter et désaimanter constamment les noyaux de fer des bobines.

CHAPITRE III

COURANTS POLYPHASÉS ET CHAMPS MAGNÉTIQUES TOURNANTS

COURANTS ET F. E. M. POLYPHASÉS

On dit que 2, 3, 6 courants ou *f. e. m.* sont diphasés, triphasés, hexaphasés, lorsqu'ils se succèdent à $\frac{1}{4}$, $\frac{1}{3}$, $\frac{1}{6}$ de période tout en conservant la même valeur maxima ou efficace.

Soit OA l'onde d'une *f. e. m.* alternative ou d'une intensité

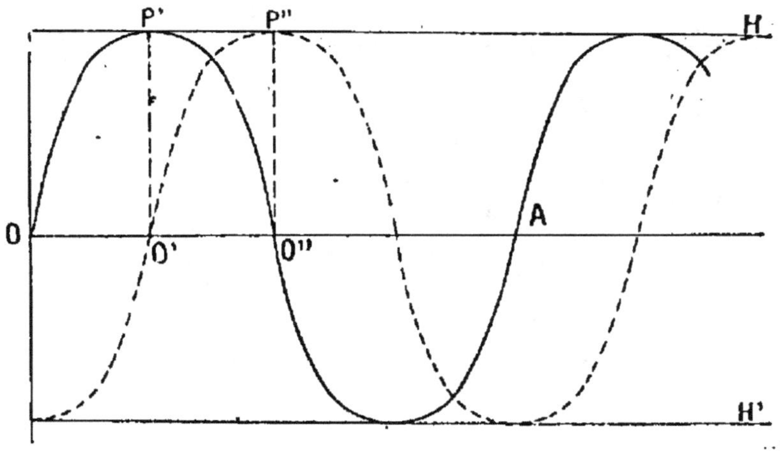

Fig. 271.

(fig. 271). Partageons la période en quatre parties égales, ce qui nous donne le point O', puis faisons glisser la première sinusoïde jusqu'à ce que O devienne en O'. Nous obtenons une seconde sinusoïde dont les maxima correspondent aux zéros de la première. On aura deux sinusoïdes diphasées représentées par

$$E_1 = I' \sin \omega t$$

$$E_2 = E_0 \sin \left(\omega t - \frac{2\pi}{4}\right) = - E_0 \cos \omega t$$

Appliquons ω_0 *f. e. m.* aux bornes de deux circuits identiques, chacune d'elles produira un courant décalé de φ en arrière.

$$I_1 = I_0 \sin (\omega t - \varphi)$$
$$I_2 = I_0 \cos (\omega t - \varphi)$$

Vectoriellement, une des *f. e. m.* E_1 sera en quadrature avec E_2 (fig. 272).

En arrière de E_1 décalé de φ, on portera $OI_1 = I_0$ et de même OI_2. Remarquons au surplus que la figure verticale n'est autre chose que la figure horizontale qui a tourné de $\frac{\pi}{3}$. Cette remarque

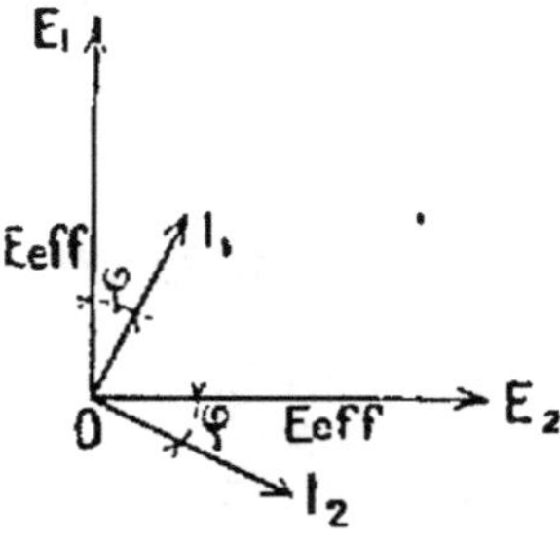

Fig. 272.

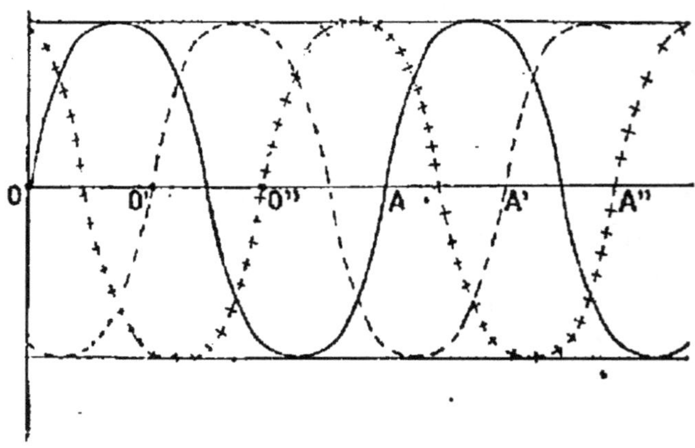

Fig. 273.

permet de ramener les calculs de courants diphasés au cas d'une phase unique (1).

F. e. m. et courants triphasés. — Considérons l'onde d'une *f. e. m.* par exemple OA et partageons OA en trois parties égales aux points O' et O''; puis faisons glisser la première sinusoïde parallèlement à elle-même en O' puis en O''. Nous obtenons trois ondes des sinusoïdes triphasées. En prolongeant indéfiniment ces sinusoïdes nous aurons trois *f. e. m.* triphasées. On se rend compte que cette représentation graphique conduirait à des figures très compliquées. Aussi préfère-t-on raisonner, soit à l'aide des vecteurs, soit à l'aide des formules analytiques. Trois *f. e. m.* triphasées ont pour expression

$$E_1 = E_0 \sin \omega t$$

$$E_2 = E_0 \sin \left(\omega t - \frac{2\pi}{3} \right)$$

$$E_3 = E_0 \sin \left(\omega t - \frac{4\pi}{3} \right)$$

Les courants produits dans trois circuits identiques sont

$$I_1 = I_0 \sin (\omega t - \varphi)$$

$$I_2 = I_0 \sin \left(\omega t - \varphi - \frac{2\pi}{3} \right)$$

$$I_3 = I_0 \sin \left(\omega t - \varphi - \frac{4\pi}{3} \right).$$

avec
$$\operatorname{tg} \varphi = \frac{\omega L}{R} \cdot$$

Prenons comme origine $OA_1 = E_1$. Le vecteur de E_2 sera décalé sur le précédent en arrière de $\dfrac{2\pi}{3} = 120°$. Il aura même grandeur. De même pour OA_3.

I_1 sera décalé de φ en arrière de E_1 de même pour I_2 et I_3. On peut d'ailleurs remarquer que si l'on fait tourner la figure A_1OB_1 de 120°, on tombera sur A_2OB_2 puis sur A_3OB_3. Donc en pratique, il suffira de raisonner sur les courants et tensions d'une phase A_1OB_1 et d'imaginer que l'on fait tourner deux fois de 120° pour avoir la figure complète, ce qui ramène l'étude des courants triphasés aux monophasés.

Enfin avec des *f. e. m.* et courants dits hexaphasés on partage l'intervalle OA en six parties égales et on opère comme précédemment. L'intervalle entre deux sinusoïdes est de $\frac{2\pi}{6}$; les phases sont au nombre de six. Il suffira d'ailleurs de rai-

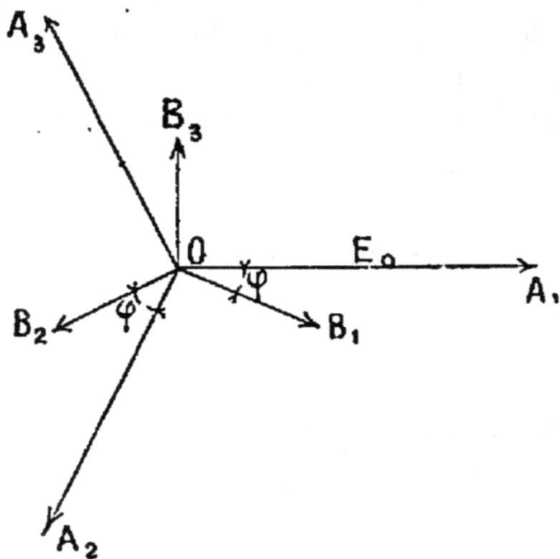

Fig. 274.

sonner sur une seule phase et de faire tourner six fois de 60° les diagrammes obtenus.

465. — Réalisation théorique des f. e. m. et courants polyphasés. — Les *f. e. m.* et courants polyphasés sont d'une réalisation pratique très facile.

1. On peut remarquer que le système diphasé comporte en réalité 4 phases

$$I_1 = I_0 \sin \omega t$$

$$I_2 = I_0 \sin \left(\omega t - \frac{2\pi}{4} \right)$$

$$I_3 = I_0 \sin \left(\omega t - \frac{4\pi}{4} \right) = - I_1$$

$$I_4 = I_0 \sin \left(\omega t - \frac{6\pi}{4} \right) = - I_2.$$

On voit que I_3 et I_4 sont les courants de retour des courants d'aller I_1, I_2.

En effet, imaginons deux cadres rectangulaires AB et CD

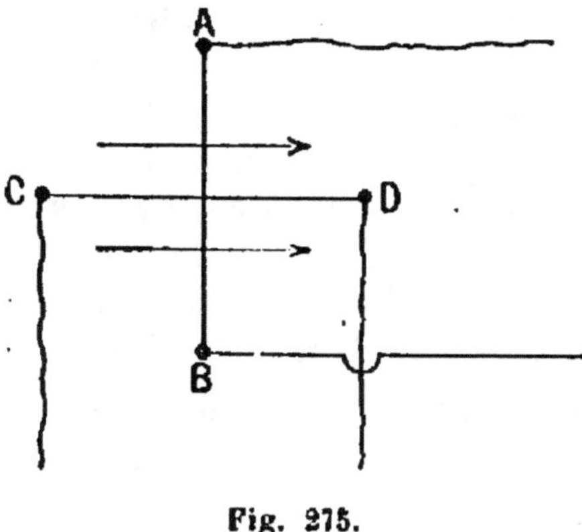

Fig. 275.

(fig. 275) identiques et situés dans un champ uniforme $\mathcal{H}$; fai-

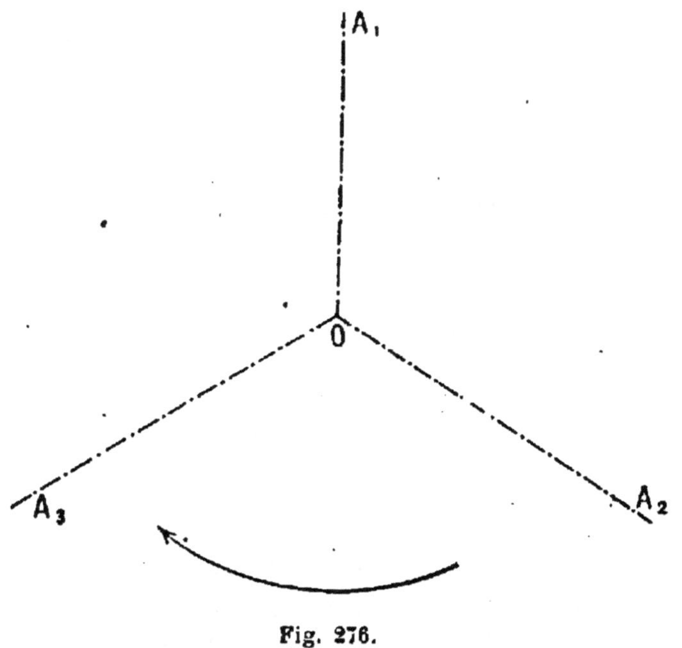

Fig. 276.

sons tourner leur ensemble avec une vitesse angulaire ω, puis par des bagues, recueillons les *f. e. m* qui se développent. On sait que ces *f. e. m.* seront sinusoïdales et que lorsque la première est maximum, la seconde est nulle et réciproquement. Nous aurons donc deux *f. e. m.* diphasées.

Si nous faisons débiter ces deux *f. e. m.* sur deux récepteurs identiques, nous aurons deux courants décalés du même angle φ sur leurs *f. e. m.* et par suite deux courants diphasés.

Si au lieu de deux cadres nous en prenons trois (fig. 276) dont les axes OA_1, OA_2, OA_3 soient décalés de 120°, ils seront le siège de trois *f. e. m.* triphasées, débitant sur trois récepteurs identiques trois courants triphasés.

Plus généralement, avec n cadres décalés de $\dfrac{2\pi}{n}$ on obtiendrait des *f. e. m.* et courants à n phases. Nous verrons, en

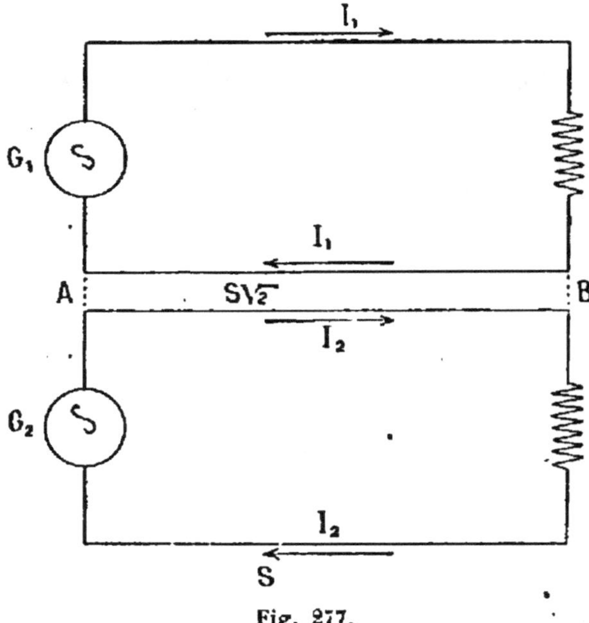

Fig. 277.

parlant des alternateurs, comment on modifie pratiquement la production théorique que nous venons d'indiquer. Mais quelle que soit la méthode réelle de production, elle ne diffère que par des questions de détails du principe que nous venons d'indiquer.

466. — Réduction à trois du nombre des lignes de transmission polyphasées, dans le cas des courants di- et triphasés. — Il semble qu'il faille nécessairement quatre conducteurs pour transmettre des courants diphasés et six pour transmettre les courants triphasés. En réalité le nombre des conducteurs peut toujours se ramener à trois.

1° *Cas des courants diphasés* (fig. 277). — Supposons, pour plus de clarté, que les deux cadres générateurs soient distincts. Soit I_1 le courant de la première phase, I_2 le courant de la seconde. Nous savons que ces deux courants sont en quadrature (fig. 278).

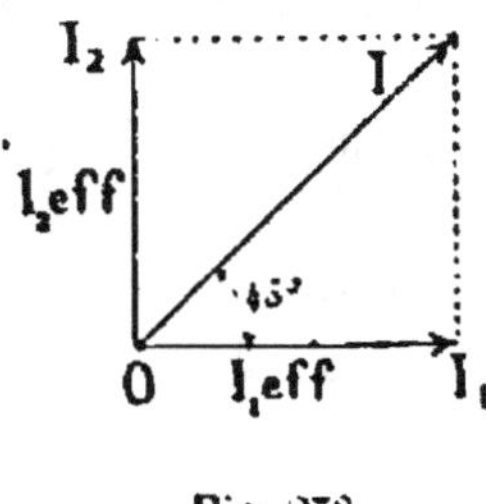

Fig. 278.

Donc l'un d'entre eux, I_1 par exemple, sera représenté par le vecteur OI_1 et l'autre par OI_2 égaux entre eux et à la valeur efficace.

Réunissons en un seul les deux fils AB. Il va passer dans AB la somme géométrique de I_1 et de I_2, c'est-à-dire un courant dont la valeur efficace sera

$$I_{\text{eff.}} \sqrt{2}.$$

On réduit ainsi à trois le nombre des lignes et on n'apportera aucune perturbation à la transmission si l'on donne au fil AB une section $\sqrt{2}$ fois plus grande que celle des fils extrêmes. Le courant instantané, dans AB est décalé de $\frac{\pi}{4}$ en arrière de I_1 et au contraire de $\frac{\pi}{4}$ en avant de I_2. Les sinusoïdes de ces trois courants sont représentés.

467. — Application numérique. — On a deux *f. e. m.* diphasées de 100ᵛ· avec fil commun. Elles débitent sur des récepteurs de résistances 3 ohms et de réactance 4 ohms. On demande le courant qui circule dans les fils extrêmes et le fil commun, la tension entre les fils extrêmes, la section des trois fils (la densité dans les extrêmes est de 2 ampères par millimètre carré).

Si la première phase existait seule elle débiterait sur une indépendance de $\sqrt{3^2 + 4^2} = 5\omega$ un courant de $\dfrac{100}{5} = 20^a$, c'est l'intensité dans les fils extrêmes et par suite $20\sqrt{2}$ dans le fil commun soit 28 ampères. La $f.\,e.\,m.$ entre les extrêmes est la somme géométrique des $f.\,e.\,m.$ entre A et B et B et C lesquelles sont en quadrature. Cette somme géométrique sera $100\sqrt{2} = 141$ volts.

La section d'une extrême sera de 10 millimètres carrés et la section du fil commun de 14 millimètres carrés.

468. — Distribution triphasée, en étoile et en triangle. — *Lemme. — La somme algébrique instantanée de trois courants ou de trois f. e. m. triphasées est nulle à chaque instant.*

Première démonstration. — Soit les trois $f.\,e.\,m.$ triphasées.

$$E_1 = E_0 \sin \omega t$$

$$E_2 = E_0 \sin \left(\omega t - \frac{2\pi}{3}\right)$$

$$E_3 = E_0 \sin \left(\omega t - \frac{4\pi}{3}\right).$$

Je dis que $E_1 + E_2 + E_3 = 0$. On sait en effet que :

La somme des sinus et cosinus de n arcs en progression arithmétique de raison $\dfrac{2\pi}{n}$ est nulle. Ici on a 3 arcs de raison $\dfrac{2\pi}{3}$. Démontrons-le directement.

$$E_1 + E_3 = E_0 \left(\sin \omega t + \sin \left(\omega t - \frac{4\pi}{3}\right)\right)$$

$$= 2E_0 \sin \left(\omega t - \frac{2\pi}{3}\right) \cos \frac{2\pi}{3}$$

$$E_1 + E_2 + E_3 = E_0 \sin \left(t - \frac{2\pi}{3}\right) \left[1 + 2 \cos \frac{2\pi}{3}\right]$$

$$\cos \frac{2\pi}{3} \text{ ou } 120^\circ = - \frac{1}{2}$$

et la quantité entre crochets est nulle.

Démonstration absolument identique pour les intensités.

Deuxième démonstration. — Soit OE_1, OE_2, OE_3 les vecteurs des *f. e. m.* ou intensités considérées (fig. 279). On veut montrer que

$$E_1 + E_2 = - E_3$$

or la somme des vecteurs E_1 et E_2 est OE égale et opposée à E_3. En effet, $\hat{E}_1 = 60°$ et comme la figure est un losange, OE est bissectrice de l'angle en O. Mais $\hat{O} = 120°$, sa moitié vaut $60°$ et le triangle $OE\,E_1$ est équilatéral et par suite

OE opposée à $OE_3 = OE_1 = OE_3$.

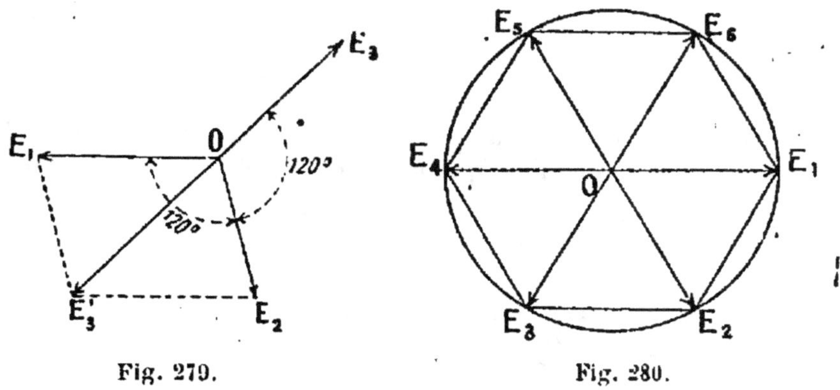

Fig. 279.   Fig. 280.

RemarQue. — Le théorème est vrai pour un nombre quelconque de phases d'après la propriété de trigonométrie rappelée plus haut. Par exemple la somme instantanée des *f. e. m.* ou courants d'un système hexaphasé est nulle à chaque instant. Le résultat est évident par la méthode vectorielle (fig. 280).

En effet six *f. e. m.* hexaphasées sont représentées par six vecteurs égaux décalés de $60°$. Par suite leurs extrémités sont les sommets d'un hexagone régulier. Effectuons la somme géométrique des vecteurs en partant de E_3.

On mène

$E_5\,E_6$ égal et parallèle au vecteur OE_4

$E_6\,E_1$ —   — OE_3 etc.

le polygone se ferme et la résultante est nulle.

En résumé : *la somme de n courants ou f. e. m. à n phases est nulle à chaque instant.*

469. — Distribution en étoile. — Soient trois cadres décalés de 120° produisant des *f. e. m.* E_1 E_2 E_3 triphasées. Soient L_1

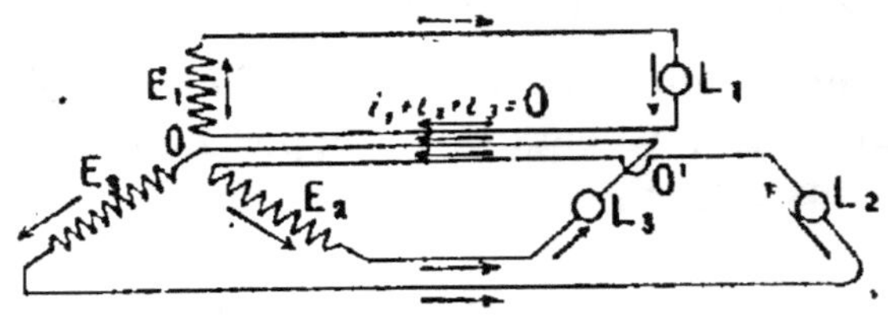

Fig. 281.

L_2 L_3 les récepteurs à alimenter. Disposons les 6 lignes d'alimentation comme l'indique la figure 281, de sorte que les trois

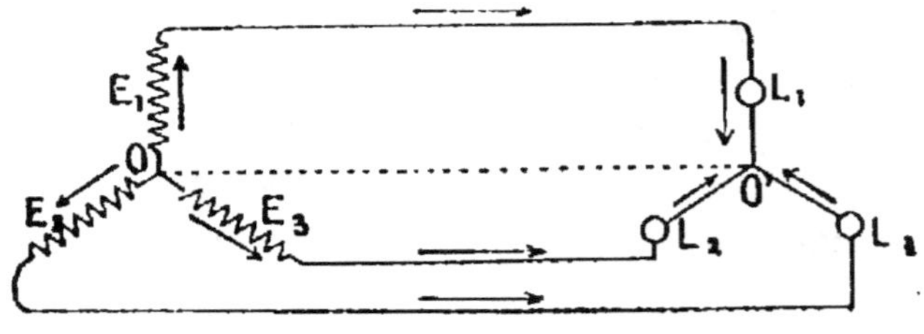

Fig. 282.

courants triphasés aient même sens à un instant donné. On sait qu'on a à chaque instant

$$I_1 + I_2 + I_3 = 0.$$

Donc si nous réunissons les trois fils du centre en un seul (fig. 282), ce fil OO' ne sera parcouru par aucun courant. On peut donc le supprimer et l'on obtient la distribution triphasée en étoile.

Remarque. — Les trois courants instantanés s'éloignent au même instant du centre de l'étoile des générateurs et au contraire se rapprochent du centre de l'étoile réceptrice.

470. — Distribution en triangle. — On peut encore réduire à trois fils (fig. 283) d'une seconde manière la distribution des courants triphasés. Imaginons que l'on dispose à cet effet les générateurs et récepteurs en triangle comme l'indique la figure.

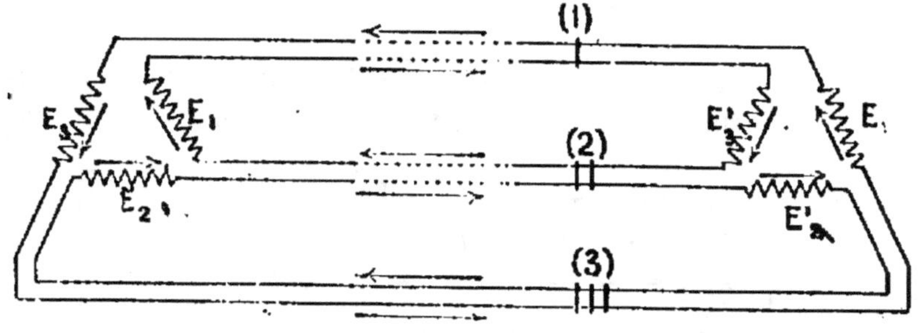

Fig. 283.

Soit E_1 la première phase qui débite sur E'_1 dans le sens indiqué par les flèches instantanées.

Prenons de même E_3 débitant sur E'_3 et E_2 sur E'_2 puis réunissons deux à deux en un seul les fils parcourus par des courants de sens inverses. Nous obtenons finalement la figure qui ne comporte plus que trois fils de transmission (fig. 267).

C'est la distribution triphasée en triangle. On doit se rappeler que dans cette distribution les courants tournent dans le même sens soit dans le récepteur, soit dans le générateur et l'intensité dans un des fils (1 par exemple) est la différence instantanée des courants de deux phases.

471. — Eléments de ligne et éléments de phase dans une distribution triphasée. — On appelle *éléments de ligne* en triphasé la tension entre 2 fils de ligne et l'intensité dans l'un de ces fils. On appelle au contraire *éléments de phase* ces mêmes quantités dans chacune des phases du générateur ou du récepteur.

Nous conviendrons de représenter par des grandes lettres les éléments de ligne et par des petites lettres les éléments de phase.

Proposons-nous de rechercher les éléments de ligne et de phase dans la distribution en triangle et en étoile.

1° *Triangle*. — D'après les figures, la *d. d. p.* produite par une phase *e* est évidemment la même que la *d. d. p.* entre deux fils de ligne.

Donc $E = e$.

Dans la ligne, passe, nous l'avons dit, la différence instantanée des courants I_1 et I_3 (fig. 284). Donc pour avoir la va-

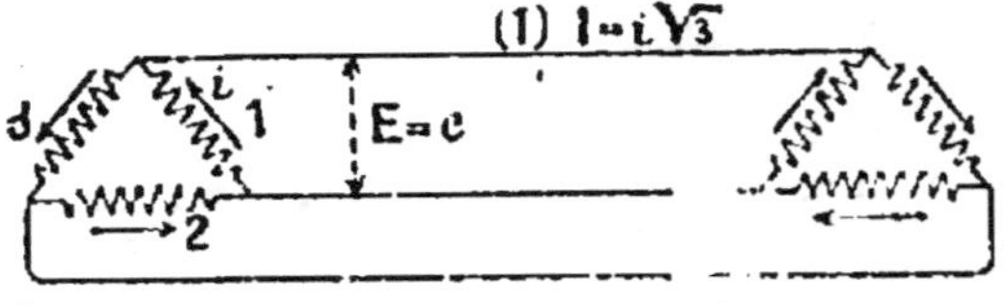

Fig. 284.

leur efficace du courant résultant qui passe dans le fil de ligne, il faut ajouter à (OI_2) $(- OI_1)$ c'est-à-dire OI'_1 égale et opposée à OI_1. La résultante sera donc le courant I somme géométrique de OI_2 et de OI'_1. Or $I_1OI_2 I$ est un losange et par suite $OI = 2OII$.

$$OII = i \cos 30° = \frac{i\sqrt{3}}{2}$$
$$OI = i\sqrt{3}$$
$$I = i\sqrt{3} \, .$$

Dans le montage en triangle la f. e. m. de ligne est égale à la f. e. m. de phase et le courant de ligne est égal à $\sqrt{3}$ fois le courant de phase.

REMARQUE. — La figure 285 montre que le courant de ligne est décalé de 30° en arrière du courant de phase.

2° *Etoile*. — Dans cette distribution, nous avons fait remarquer que les trois courants instantanés s'éloignaient simultanément ou se rapprochaient simultanément du centre de l'étoile. De plus on voit immédiatement que $I = i$. Cherchons la différence de potentiel entre deux fils de ligne. Si les courants allaient dans le même sens entre A_1 et A_2, la différence de

potentiel cherchée serait la somme géométrique des différences
de potentiel de phase. Comme ils vont en sens inverse, il faut
faire la différence géométrique; il faut donc ajouter au vecteur
OA_1 un vecteur égal et opposé à un autre décalé de 120°. C'est

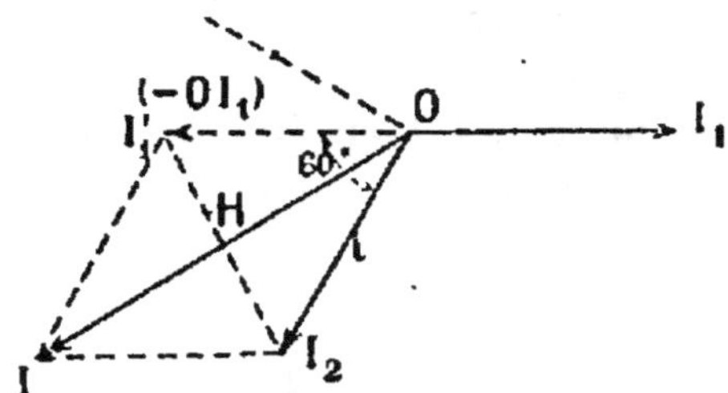

Fig. 285.

le même problème que dans le cas précédent en remplaçant le
mot « intensité » par le mot « *f. e. m.* » par suite :

Dans la distribution en étoile la f. e. m. de ligne est égale à
$\sqrt{2}$ *fois la f. e. m. de phase, mais l'intensité de ligne est égale*
à l'intensité de phase.

$$E = \sqrt{3}\, e \qquad I = i.$$

REMARQUE. — En pratique on fait usage simultanément des
deux modes de distribution. Par exemple distribution en étoile
et réception en triangle ou inversement.

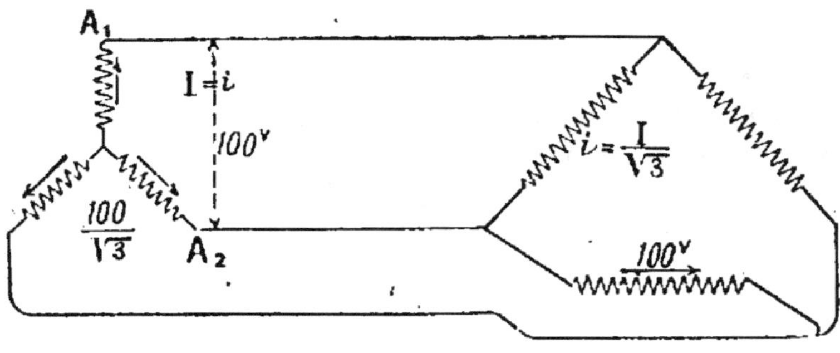

Fig. 286.

EXEMPLE. — Un récepteur fonctionnant en triangle exige
100 ampères sous 100 volts dans chaque élément de phase. Quel

sera le courant de ligne ? Quels seront les éléments de phase et de ligne à la génératrice sachant qu'elle est branchée en étoile ? On néglige la perte en ligne (fig. 286).

Puisque la distribution au récepteur est en triangle, les éléments de ligne à l'arrivée seront 100 volts entre deux fils $100 \sqrt{3} = 173$ ampères.

Au départ le montage est en étoile. Nous aurons donc en phase la même intensité qu'en ligne soit 173 ampères et une *f. e. m.* de $\dfrac{100}{\sqrt{3}}$ volts par phase.

472. — **Puissance d'une distribution di- ou triphasée.** — Il est évident que la puissance débitée en di- ou triphasée est la somme des puissances fournies par chaque phase. Donc

en diphasé $\qquad P = 2ei \cos \varphi$

et en triphasé $\qquad P = 3ei \cos \varphi.$

Mais en général, en triphasé on ne connait pas les éléments de phase sauf le $\cos \varphi$ qui est un élément du fonctionnement. On préfère mettre en évidence la *f. e. m.* et l'intensité de ligne. On sait qu'on a

en étoile $\qquad E = \sqrt{3}\,e \qquad\qquad i = I$

en triangle $\qquad E = e \qquad\qquad\qquad I = \sqrt{3}\,i.$

On peut écrire $P = \sqrt{3}\sqrt{3}\,ei \cos \varphi$ si le montage est en étoile $\sqrt{3}\,e$ sera E si le montage est en triangle $\sqrt{3}\,i$ sera I.

De sorte que dans tous les cas, on aura

$$P = \sqrt{3}\,EI \cos \varphi,$$

E et I étant les éléments de ligne.

EXEMPLE. — Un moteur triphasé, montage en étoile de 10 kilowatts $\cos \varphi = 0,8$ fonctionne sous 100 volts. Quel est le courant absorbé ?

Appliquons $P = \sqrt{3}\, EI \cos \varphi$, car les éléments ainsi donnés sont toujours les éléments de ligne sauf $\cos \varphi$

$$10.000 = \sqrt{3} \times 100 \times 1 \times 0.8$$

d'où
$$I = \frac{100}{0.8\,\sqrt{3}} = 73 \text{ ampères.}$$

Donc le moteur absorbera 73 ampères et comme il est en étoile, il passera en phase 73 ampères et il faudra isoler le moteur pour $\dfrac{100}{\sqrt{3}} = 50$ volts environ.

Remarque. — *Distribution par phases équilibres et non équilibrées.* — Lorsqu'on a supposé que la somme $I_1 + I_2 + I_3$ était nulle à chaque instant, ce qui nous a permis de supprimer le fil neutre OO' joignant les centres des deux étoiles. On admettait que les 3 phases étaient parfaitement symétriques et également chargées. Il n'en est pas toujours ainsi car la distribution comprend non seulement des vecteurs en étoile mais aussi des lampes qui forment des récepteurs en triangle chargeant également les trois phases.

Dans ce cas, on n'est plus fondé à écrire rigoureusement

$$I_1 + I_2 + I_3 = 0$$

dans le fil neutre OO' qui doit être maintenu. C'est la distribution triphasée à 4 fils, mais l'expérience montre que des différences de charge sur les 3 phases, même assez importantes, n'influencent pas sensiblement la marche des récepteurs, surtout s'il y a parmi eux soit des moteurs (formant volant), soit des bobines de self induction et dans la plupart des cas on peut se contenter de la distribution à trois fils.

CHAMPS MAGNÉTIQUES TOURNANTS

473. — Le rôle capital joué par les courants polyphasés dans les distributions actuelles, est dû en grande partie à la réalisation de ce qu'on appelle des *champs magnétiques tournants.*

Ces champs tournants ont totalement modifié l'industrie électrique. La propriété qui leur a donné naissance a été découverte en France par Marcel Deprez en 1882-1883.

Champs tournants produits par des courants diphasés. — Considérons deux bobines fixes identiques, par exemple deux cadres dont les plans sont perpendiculaires au plan de la figure 287 et à angle droit AB, A'B'. Faisons circuler dans la première la première phase d'un courant diphasé, dans la seconde le courant de la deuxième phase et supposons que les conditions de saturation du circuit magnétique soient telles que les courants soient proportionnels aux champs. Ce cas est toujours réalisé en pratique.

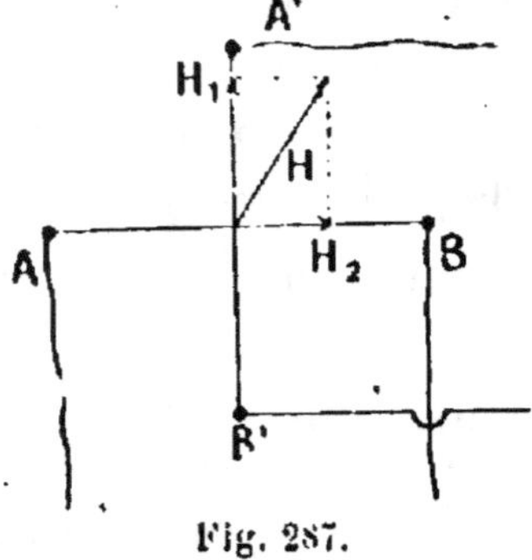

Fig. 287.

Le premier cadre AB produira un champ perpendiculaire à son plan et proportionnel au courant c'est-à-dire de forme

$$\mathcal{H}_1 = \mathcal{H}_0 \sin \omega t.$$

La second cadre produira un champ perpendiculaire à son plan

$$\mathcal{H}_2 = \mathcal{H}_0 \cos \omega t.$$

L'ensemble des deux cadres produira un champ $\mathcal{H}$ somme géométrique de $\mathcal{H}_1$ et de $\mathcal{H}_2$.

Je dis que $\mathcal{H}$ *est constant en grandeur et tourne d'un mouvement uniforme avec la vitesse de pulsation* ω.

En effet, dans le trirectangle $O\mathcal{H}_2\mathcal{H}_1$ on a

$$\mathcal{H}^2 = \mathcal{H}_1^2 + \mathcal{H}_2^2 = \mathcal{H}_0^2 \text{ d'où } \mathcal{H} = \mathcal{H}_0$$

$$\operatorname{tg} \alpha = \frac{\mathcal{H}_1}{\mathcal{H}_2} = \frac{\sin \omega t}{\cos \omega t}$$

$$\operatorname{tg} \alpha = \operatorname{tg} \omega t$$

$$\alpha = \omega t.$$

Dans α varie proportionnellement au temps, ou encore le vecteur $O\mathcal{H} = \mathcal{H}_0$ tourne autour du point O à la vitesse angulaire ω.

Ainsi :

A l'aide de deux bobines fixes identiques à angle droit, on peut produire un champ uniforme tournant à la vitesse de pulsation ω [1].

Pour le vérifier, on peut faire l'expérience suivante (fig. 288).

On repartit les ampères-tours d'un seul cadre AB sur deux

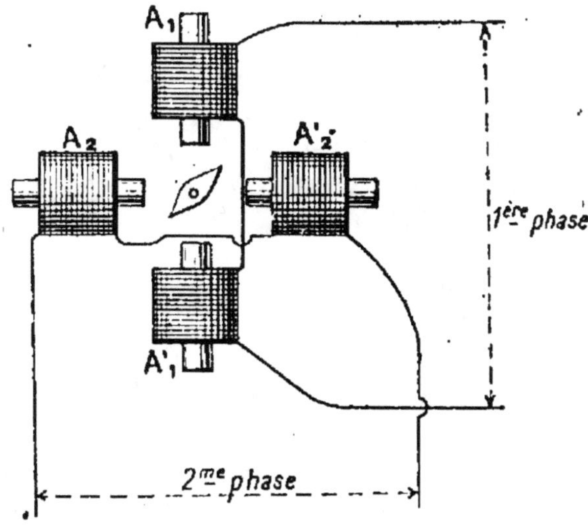

Fig. 288.

bobines $A_1 A'_1$ et de même les ampères-tours de A'B' sur les deux bobines $A_2 B'_2$ en quadrature avec les premières. Il est évident que rien n'est changé dans la démonstration, si l'on envoie le courant d'une phase dans le premier groupe et le courant de la deuxième phase dans le deuxième groupe.

Si on dispose au centre une petite aiguille aimantée de faible inertie elle se trouve dans le champ $\mathcal{H}_0$ calculé tout à l'heure et

1. Remarquons que le champ tournant présente un maximum (que nous appellerons pôle Nord par exemple) coïncidant avec l'axe du cadre de la phase 1 quand le courant est maximum dans cette phase, car à ce moment $\omega t = \dfrac{\pi}{2}$, $\mathcal{H}_1 = \mathcal{H}_0$, $\mathcal{H}_2 = 0$.

se met à tourner avec la vitesse de pulsation ω. C'est le principe des moteurs synchrones qui seront étudiés d'autre part.

474. — Champs tournants diphasés multipolaires. — L'ensemble du système précédent est équivalent à deux pôles Nord et Sud qui tourneraient à la vitesse ω. Or cette vitesse est très grande :

Par exemple, si la fréquence est de 50 périodes par seconde, le système des pôles fera 50 tours à la seconde, soit 3000 tours à la minute. Mais il est très facile de réduire cette vitesse comme l'on veut. En effet, doublons le système précédent en disposant les bobines sur des diamètres à 45° soit huit bobines

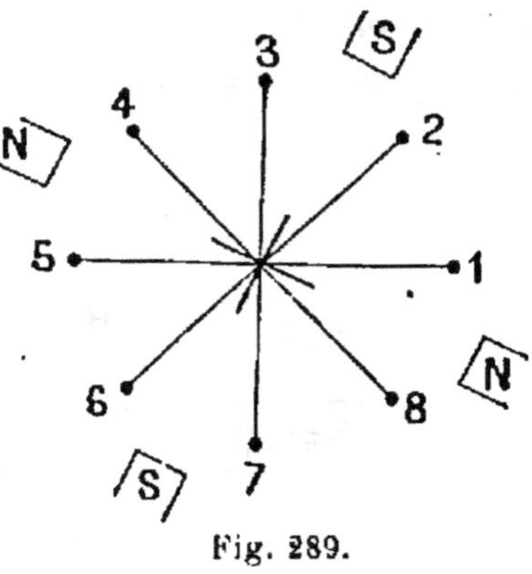

Fig. 289.

au lieu de quatre (fig. 289). Puis faisons circuler le courant de la première phase à travers les bobines 1-3, 5-7, le courant de la seconde phase à travers 2-4, 6-8 en série.

Il est évident qu'alors l'aiguille aimantée fera un demi-tour, en une période, alors qu'elle faisait un tour auparavant, parce que nous aurons réalisé deux champs tournants perpendiculaires équivalents à quatre pôles alternés [1].

En doublant encore ce système, on obtiendrait un système à huit pôles, tournant à la vitesse $\dfrac{\omega}{4}$ et ainsi de suite.

Un système à $2\,p$ pôles tournera à la vitesse $\dfrac{\omega}{p}$.

EXEMPLE. — A quelle vitesse tournera un champ tournant diphasé 50 périodes, six pôles, et quel sera le nombre de

---

1. En effet à l'instant $\omega t = \dfrac{\pi}{2}$ on a par une disposition convenable des sens d'enroulement un pôle Nord en face des bobines 1 et 5, un pôle Sud en face des bobines 3 et 7 (V. note précédente).

bobines inductrices à décaler régulièrement sur la circonférence ?

Puisque 2 pôles correspondent à 4 bobines

6 pôles correspondront à 12 bobines

On disposera 12 bobines décalées de 30° (1-3-5-7-9-11 constituant la 1ʳᵉ phase, 2-4-6-8-10-12 la seconde)

$$p = 3$$

et la vitesse sera

$$\frac{50}{3} = 15, 17 \text{ tours par seconde.}$$

475. — Réalisation pratique des champs tournants indus-

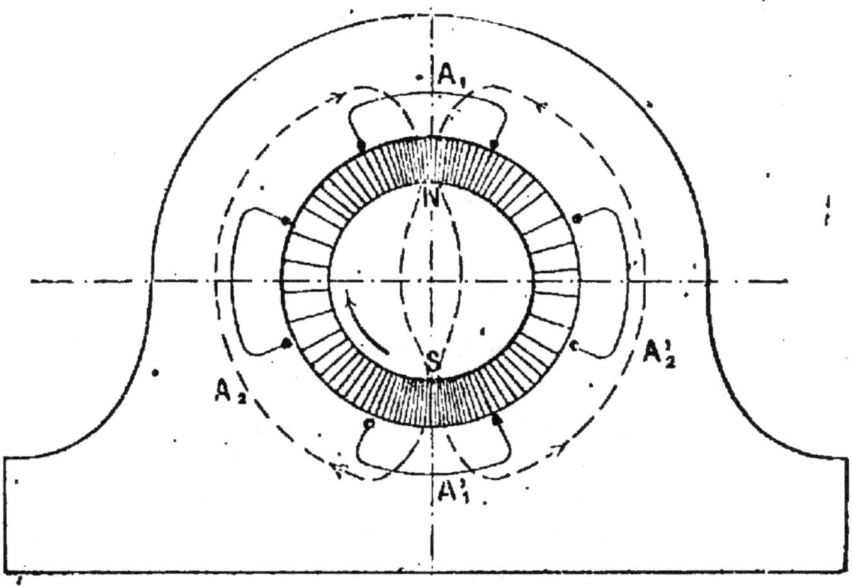

Fig. 289 *bis*.

triels. — **Champs tournants radiaux**. — Revenons pour simplifier au cas d'un champ tournant bi-polaire. Dans la pratique,
la méthode des cadres conduira à des champs tournants
de faible intensité. On emploie alors le dispositif suivant
(fig. 289 *bis*), on dispose les bobines $A_1 A'_1 — A_2 A'_2$ à la périphérie d'un anneau dans des encoches de manière à diminuer

la reluctance du circuit magnétique, un même côté de bobine pouvant être situé dans plusieurs encoches.

Au centre on dispose un cylindre conducteur. Dans ces conditions les lignes de force du champ tournant passent suivant des rayons, par le chemin de reluctance minimum et grâce à

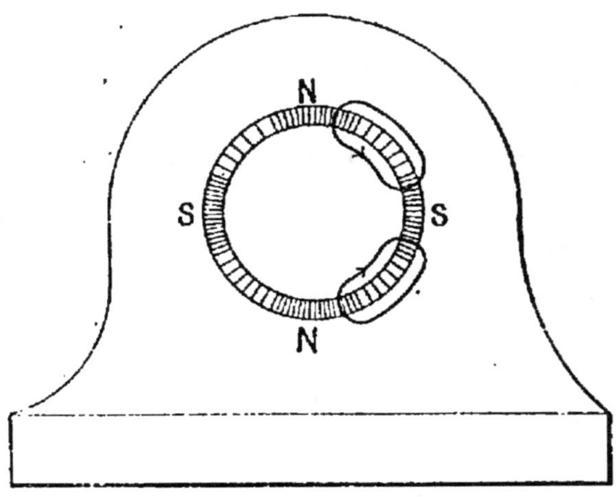

Fig. 290.

la répartition des bobines dans les encoches, il se produit dans l'entrefer un champ radial qui tourne à la vitesse $\frac{\omega}{p}$ (il est représenté à l'instant précis où il passe dans l'axe des bobines $A_1 A'_1$, c'est-à-dire au moment où I est maximum).

Si on double le nombre des bobines en les décalant régulièrement sur la partie fixe ou stator, on obtiendrait un champ tournant radial à quatre pôles dont la disposition générale est celle de la figure 290. On peut ainsi modifier le nombre de pôles et par suite la vitesse du champ tournant radial.

476. — Champs tournants triphasés. — Nous allons montrer que si l'on envoie dans trois bobines trois courants triphasés, les bobines étant à 120° et fixes, un champ magnétique tournant va prendre naissance dont la grandeur sera

$$\frac{3}{2} \cdot \mathcal{K}_0$$

$\mathcal{H}_0$ étant le champ maxima produit par un seul cadre et la vitesse de rotation étant encore ω (fig. 291).

Pour le démontrer, soit OX l'axe du premier cadre sur lequel

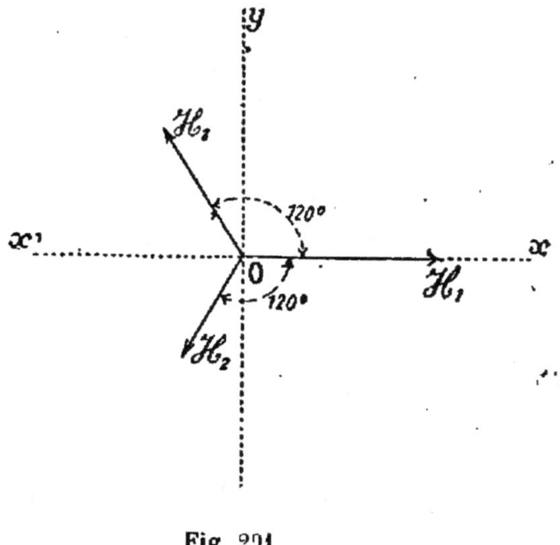

Fig. 291.

nous portons un vecteur $O\mathcal{H}_1$ égal au champ produit par ce cadre.

On a $\qquad \mathcal{H}_1 = \mathcal{H}_0 \sin \omega t.$

Soit $O\mathcal{H}_2$ l'axe du second cadre. On aura

$$\mathcal{H}_2 = \mathcal{H}_0 \sin \left(\omega t - \frac{2\pi}{3} \right).$$

Si $O\mathcal{H}_3$ est l'axe du troisième cadre

$$\mathcal{H}_3 = \mathcal{H}_0 \left(\sin \omega t - \frac{4\pi}{3} \right).$$

Je dis que la résultante de $\mathcal{H}_1$, $\mathcal{H}_2$, $\mathcal{H}_3$ est constante en grandeur et tourne autour de 0 à la vitesse de ω.

Pour le démontrer, projetons cette résultante inconnue sur OX et sur OY. On sait que la projection de la résultante est égale à la somme des projections des composantes. Soit X la projection de la résultante sur OX. Elle est égale à la somme de

$$\text{proj. } \mathcal{K}_1 = \mathcal{K}_1$$
$$\text{proj. } \mathcal{K}_2 = - \mathcal{K}_2 \cos 60^\circ$$
$$\text{proj. } \mathcal{K}_3 = - \mathcal{K}_3 \cos 60^\circ.$$

Sur OY soit Y cette projection de la résultante. Elle sera égale à la somme de

$$\text{proj. } \mathcal{K}_1 = 0$$
$$\text{proj. } \mathcal{K}_2 = - \mathcal{K}_2 \cos 30^\circ$$
$$\text{proj. } \mathcal{K}_3 = + \mathcal{K}_3 \cos 30^\circ$$

$$\cos 60^\circ = \frac{1}{2}$$

$$\cos 30 = \sin 60 = \frac{\sqrt{3}}{2}.$$

Donc

$$X = \mathcal{K}_0 \sin \omega t - \frac{1}{2} \mathcal{K}_0 \left[\sin \left(\omega t - \frac{2\pi}{3} \right) + \sin \left(\omega t - \frac{4\pi}{3} \right) \right]$$

$$Y = \mathcal{K}_0 \frac{\sqrt{3}}{2} \left[\sin \left(\omega t - \frac{4\pi}{3} \right) - \sin \left(\omega t - \frac{2\pi}{3} \right) \right]$$

ou

$$X = \mathcal{K}_0 \sin \omega t - \mathcal{K}_0 \sin (\omega t - \pi) \cos \frac{\pi}{3}$$

$$= \mathcal{K}_0 \sin \omega t \left(1 + \cos \frac{\pi}{3} \right) = \frac{3}{2} \mathcal{K}_0 \sin \omega t$$

$$Y = \mathcal{K}_0 \sqrt{3} \sin \frac{\pi}{3} \cos (\omega t - \pi).$$

Or

$$\cos (\omega t - \pi) = \cos (\pi - \omega t) = - \cos \omega t$$

$$\sin \frac{\pi}{3} = \frac{\sqrt{3}}{2}$$

$$Y = - \frac{3}{2} \mathcal{K}_0 \cos \omega t.$$

Ainsi

$$X = \frac{3}{2} \mathcal{K}_0 \sin \omega t \quad (1)$$

$$Y = - \frac{3}{2} \mathcal{K}_0 \cos \omega t \quad (2).$$

Mais à chaque instant

$$\mathcal{K}^2 = X^2 + Y^2$$

c'est-à-dire

$$\mathcal{K}^2 = \left(\frac{3}{2}\,\mathcal{K}_0\right)^2$$

d'où

$$\mathcal{K} = \frac{3}{2}\,\mathcal{K}_0.$$

Divisons membre à membre (1) et (2), on aura

$$\mathrm{tg}\,\alpha = -\,\mathrm{tg}\,\omega t$$
$$\alpha = -\,\omega t$$

c'est-à-dire que le champ tourne autour de O avec la vitesse ω.

Donc trois cadres décalés de 120° parcourus par trois courants triphasés donnent naissance à un champ tournant dont la grandeur est une fois et demie celle du champ maximum produit par un seul cadre. Tout ce que nous avons dit sur les champs tournants produits par des courants diphasés s'applique donc sans modification aux courants triphasés, notamment, si l'on dédouble les trois cadres à 120°, on obtiendra un champ tournant bipolaire triphasé. Si on prend 12 bobines disposées aux extrémités de 6 diamètres à 60°, en série de 3 en 3, on obtiendra un champ tournant triphasé tétrapolaire. On pourra réaliser de même plus généralement.

Un champ tournant à 2 p pôles tournants à la vitesse $\dfrac{\omega}{p}$.

Enfin si l'on dispose un cylindre ou rotor à l'intérieur de l'anneau ou stator, on pourra réaliser des champs radiaux à 2 p. pôles.

REMARQUE. — Au temps $t = 0$, c'est-à-dire à l'instant où le courant est nul dans le premier cadre $\mathcal{K}_1$ sera nul, et $X = 0$. Donc le champ tournant est dirigé suivant OY.

Au temps $t = \dfrac{\pi}{2\,\omega}$ le courant est maximum dans la 1re phase et $X = \dfrac{3}{2}\,\mathcal{K}_0$ $Y = 0$, donc l'axe du champ tournant coïncide avec l'axe de la 1re phase. On peut suivre ainsi dans le temps les positions successives du champ.

477. — Champs tournants produits par un courant mono-phasé. — *Théorème de Leblanc.* — Considérons une spire fixe AB (fig. 292) parcourue par un courant alternatif simple. On sait que cette spire va produire un champ perpendiculaire à son plan $\mathcal{H} = \mathcal{H}_0 \sin \omega t$.

Décrivons de O comme centre une circonférence de rayon $\dfrac{\mathcal{H}_0}{2}$ et imaginons deux rayons OM et OM' tournant en sens inverse à la vitesse angulaire ω. Soit OM et OM' leurs positions à l'instant t faisant l'angle ωt avec l'horizontale. On a

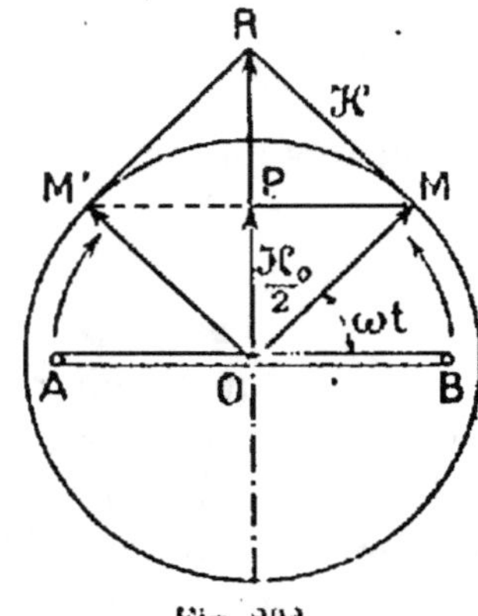

Fig. 292.

$$OP = \frac{\mathcal{H}_0}{2} \sin \omega t$$

et par suite, si l'on fait la somme géométrique de OM et de OM on obtiendra

$$OR = 2 \, OP = \mathcal{H} = \mathcal{H}_0 \sin \omega t.$$

Donc le champ produit par la bobine est à chaque instant la somme géométrique de deux champs constants égaux à $\dfrac{\mathcal{H}_0}{2}$ tournant en sens inverse à la vitesse angulaire ω.

Ce théorème permet de remplacer dans la pratique un champ alternatif produit par une bobine fixe AB par deux champs tournants constants égaux à $\dfrac{\mathcal{H}_0}{2}$ tournant en sens inverse et dont l'un sera dit *champ principal* (et jouera un rôle utile) et l'autre, *champ parasite*. On le détruira par des artifices qui seront décrits dans une autre partie du cours.

PRINCIPE DU FONCTIONNEMENT DU MOTEUR ASYNCHRONE

On a vu par les expériences d'Arago, de Foucault et de Matteucci (p. 546) que si l'on fait tourner les 2 pôles d'un aimant au-dessus d'un disque, celui-ci devient le siège de paires de courants elliptiques dont il est facile de retrouver le sens, d'après les règles de Lenz et Maxwell. Ces paires de courants produisent à leur tour des lignes de forces perpendiculaires au plan du disque, et l'on reconnaît sans peine, que si un pôle nord de l'aimant, soit A (fig. 219), tourne dans le sens des aiguilles d'une montre, il poussera devant lui un pôle parasite nord (celui de droite) et attirera le pôle parasite sud symétrique par rapport à EF (ici le pôle MN), en sorte que le disque sera sollicité par un couple et tournera aussi dans le sens des aiguilles d'une montre, c'est-à-dire dans le sens de l'aimant.

Or, le système des 2 pôles réels A et B (fig. 219) peut évidemment être remplacé par un champ magnétique tournant bipolaire, réalisé par des courants diphasés ou triphasés, circulant dans les enroulements d'un anneau fixe ou stator.

Le disque peut, à son tour, être remplacé par un cylindre creux ou rotor, ayant même axe que l'anneau. Il se formera encore des paires de courants elliptiques dont le grand axe de l'ellipse sera parallèle à l'axe de rotation.

Si au lieu d'un système bipolaire, nous réalisons un champ tournant multipolaire, le raisonnement sera toujours le même. Les courants parasites formeront des paires de pôles encadrant chacun des pôles du champ tournant (un pôle nord poussera devant lui un pôle parasite de même nom).

Ce dispositif réalise un *moteur asynchrone*, bipolaire dans le 1er cas, multipolaire dans le 2e. Cette dénomination provient de ce que le disque ou le cylindre ne tourne pas à la même vitesse que le champ tournant, car sans cela il n'y aurait plus de déplacement relatif du champ, par rapport au disque, et par suite, il ne se produirait plus de courants parasites. Si ω est la vitesse du champ, ω' celle du disque, la vitesse relative est $\omega - \omega'$ et l'on appelle *glissement* $g = \dfrac{\omega - \omega'}{\omega}$, c'est-à-dire la différence pour cent des deux vitesses.

Si le champ fait 1 000 tours à la minute et le cylindre 980, le glissement est de $\dfrac{20}{1\,000} = 2\,\%$.

On peut d'ailleurs généraliser comme suit les résultats précédents. Disposons à la périphérie d'un cylindre de fer des cadres ou même des enroulements polyphasés, fermés en court circuit sur eux-mêmes, et autour desquels se déplace un champ tournant multipolaire. Ces enroulements deviendront le siège de f. é. m., et par suite, de courants induits, puisqu'ils sont fermés en court circuit qui, d'après la loi de Lenz, s'opposeront à la cause qui les produit, c'est-à-dire au mouvement relatif du champ et du cylindre. Donc le cylindre se mettra à tourner et s'efforcera de rattraper le champ, pour rendre nul le mouvement relatif. Il serait facile de montrer que ce rotor produit un champ tournant à la vitesse de $\omega' < \omega$, ayant même nombre de pôles que le champ inducteur. C'est le principe des moteurs asynchrones qui seront étudiés dans une autre partie du cours.

NOTE SUR LES SYSTÈMES OSCILLANTS

478. — Rappelons quelques propriétés de mécanique rationnelle :

1° Quand un point de masse m se déplace de ds de M en M' sous l'action d'une force F, faisant un angle α avec la tangente à la trajectoire le travail correspondant est

$$d\mathrm{T} = \mathrm{F} \times \mathrm{MM'} \times \cos \alpha = \mathrm{MM'F}_t = ds \times \mathrm{F}_t.$$

F_t étant la composante tangentielle de la force ; mais $\mathrm{F}_t = m\gamma$, γ_t étant l'accélération tangentielle du mouvement.

Or, si la vitesse correspondante étant v, on a $\gamma_t = \dfrac{dv}{dt}$, donc

$$(1) \qquad d\mathrm{T} = m\,ds \times \frac{dv}{dt} = m \frac{ds}{dt}\,dv = m v\,dv = d\left(\frac{1}{2}\,mv^2\right),$$

donc :

Théorème. — *Le travail élémentaire accompli par un point matériel de masse* m *sous l'action des forces extérieures est égal à la variation élémentaire de puissance vive de ce point.*

Cas particulier. — Le point est animé d'un mouvement de rotation autour d'un axe.

On a alors, à chaque instant, $v = \omega r$, r distance du point à l'axe, et

$$(1') \qquad dT = mr^2\omega d\omega.$$

2° Appliquons le théorème précédent au cas d'un système de points matériels constituant un corps solide dans deux cas particuliers :

(*a*) Le corps est animé d'un mouvement général de translation.

. Soit v la vitesse linéaire commune de toutes les molécules à l'instant t. Faisons la somme des travaux de toutes les forces appliquées, en tenant compte de (1), il vient

$$(2) \qquad dT = \Sigma mv dv = v d\Sigma m = M v dv.$$

M, masse totale du corps.

(*b*) Le corps est animé d'un mouvement général de rotation autour d'un axe fixe.

Soit ω la vitesse angulaire commune de toutes les molécules à l'instant t. Faisons la somme des travaux de toutes les forces appliquées, en tenant compte de (1'), il vient

$$(2') \qquad dT = \Sigma mr^2\omega d\omega = \omega d\omega \Sigma mr^2 = K\omega d\omega,$$

K, étant le moment d'inertie du corps par rapport à l'axe.

La formule (2') est particulièrement importante ; on peut la transformer en mettant en évidence dans T les travaux moteurs T_m et résistants T_R ; on a alors :

$$d(T_m - T_R) = K\omega d\omega$$

ou

$$dT_m = dT_R + K\omega d\omega. \qquad (3)$$

Cette formule s'énonce ainsi :

Le travail moteur élémentaire se retrouve à chaque instant sous forme de travail élémentaire résistant et de variation élémentaire de puissance vive.

Soient A un point du corps, soumis à la force F qui se décompose en AQ parallèle à l'axe, et AP projection de AF sur un plan perpendiculaire à l'axe. Dans un déplacement élémentaire AA' autour de l'axe X, le travail de Q est nul; celui de P sera

$$P \times AA' \cos \widehat{P_1 AA'}.$$

Or $\qquad \widehat{P_1 AA'} = \widehat{AOI},\qquad$ OI étant perpendiculaire à AA',

$$AA' \cos \widehat{AOI} = rd\theta \times \cos \widehat{AOI} = OI \times d\theta,$$

donc le travail élémentaire de F sera

$$P \times OI \times d\theta = d\theta \times (MF)_X,$$

par suite $\qquad dT = d\theta \Sigma (MF)_X.$

THÉORÈME. — *Quand un corps solide est mobile autour d'un axe, le travail total élémentaire des forces appliquées est égal à la somme des moments des forces par rapport à l'axe, multipliée par l'angle élémentaire de la rotation.*

En particulier si les forces se réduisent à un couple de torsion produit par un fil, par exemple, et de moment $C\theta$, on a la formule importante

$$(4) \qquad dT = C\theta d\theta = K\omega d\omega.$$

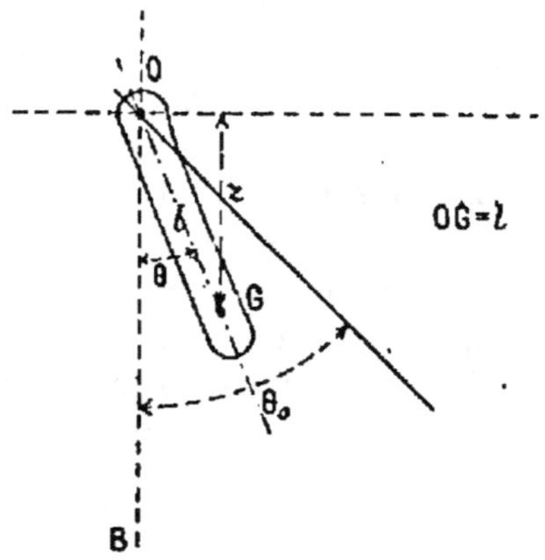

REMARQUE. — La formule

$$K\omega d\omega = d\theta \Sigma (MF)_X$$

peut encore s'écrire en divisant par dt

$$\frac{d\omega}{dt} = \frac{\Sigma (MF)_X}{K}.$$

L'accélération angulaire est égale à la somme des moments des forces par rapport à l'axe de rotation divisée par le moment d'inertie.

APPLICATION. — *1° Mouvement d'un pendule composé, non*

Fig. 293.

amorti (dans le vide), de poids P. *Le centre de gravité* G *est à la distance* l *de l'axe de rotation.*

Ecartons un pendule OB (par exemple une tige pesante) de sa position d'équilibre d'un angle θ_0 (fig. 268), et abandonnons-le sans vitesse initiale. Soit θ l'angle qu'il fait à l'angle t avec OB. Appliquons (3) en observant que le travail moteur est

$$P dz = - Pl \sin \theta d\theta,$$

car
$$z = l \cos \theta$$

et que le travail résistant est nul puisqu'il n'y a pas d'amortissement, donc :

$$- PL \sin \theta d\theta = K \omega d\omega$$

et pour les petites oscillations

$$\sin \theta = \theta \qquad \omega = \frac{d\theta}{dt},$$

$$K \frac{d^2\theta}{dt} + Pl\theta = 0.$$

Equation du deuxième ordre dont l'équation caractéristique à racines imaginaires est

$$K\lambda^2 + Pl = 0,$$

donc
$$\theta = C_1 \cos (\beta t + C_2),$$

en posant $\beta = \sqrt{\dfrac{Pl}{pl}}$ on déterminera les constantes en écrivant

que pour $t = 0$, $\dfrac{d\theta}{dt} = 0$ et $\theta = \theta_0$, ce qui donne

$$\theta = \theta_0 \cos \sqrt{\frac{Pl}{K}}\, t. \tag{5}$$

La période du mouvement s'obtient en posant

$$\sqrt{\frac{Pl}{K}}\, T = 2\pi,$$

$$T = 2\pi \sqrt{\frac{K}{Pl}}. \tag{6}$$

La vitesse angulaire avec laquelle le pendule passe suivant

la verticale s'obtient en faisant $\theta = 0$ ou $\sqrt{\dfrac{Pl}{K}}\, t = \dfrac{\pi}{2}$, ce qui

donne en portant dans $\dfrac{d\theta}{dt}$

$$\omega_0 = - \sqrt{\frac{Pl}{K}}\; \theta_m. \qquad\qquad (7)$$

REMARQUE. — Le mouvement d'une aiguille aimantée, de moment magnétique $\mathfrak{M}$, suspendue dans un champ uniforme $\mathfrak{H}$ par son centre de gravité et écartée très peu de sa position d'équilibre, conduit exactement aux mêmes formules (5), (6), (7), dans lesquelles il suffit de changer Pl en $\mathfrak{M}.\mathfrak{H}$.

2° *Mouvement d'un cadre suspendu par un fil de torsion et écarté de sa position d'équilibre, avec amortissement.*

Coulomb a vérifié expérimentalement que la durée des oscillations d'un corps, suspendu par un fil de torsion est indépendante de l'angle de torsion quand celui-ci ne dépasse pas certaines limites et que cette durée T est telle que

$$T^2 = \frac{A.K.l}{d^4} \qquad\qquad (8)$$

d diamètre du fil, l sa longueur, K moment d'inertie du système par rapport à l'axe du fil, A une constante dépendant de la nature du fil.

Si l'on admet que le fil développe un couple proportionnel à l'angle de torsion $C\theta$ nous aurons, sans le vide, les mêmes équations que dans le cas précédent, où Pl est remplacé par C,

et en particulier $\qquad\qquad T = 2\pi \sqrt{\dfrac{K}{C}}$. $\qquad\qquad (9)$

En comparant (8) et (9) on voit que si l'hypothèse est exacte

on doit avoir $\qquad\qquad 4\pi^2 \dfrac{K}{C} = \dfrac{AKl}{d^4}$,

$$C = \frac{4\pi^2 d^4}{Al} .$$

Cette valeur de C, déterminée directement par l'expérience, est en effet inversement proportionnelle à l et directement proportionnelle à d^4. Il en résulte qu'on peut admettre qu'un fil de torsion produit un couple $C\theta$ proportionnel à l'angle.

Ceci posé, écartons le cadre suspendu d'un angle θ_0 de sa position d'équilibre, et soit θ l'angle d'écart à l'instant t

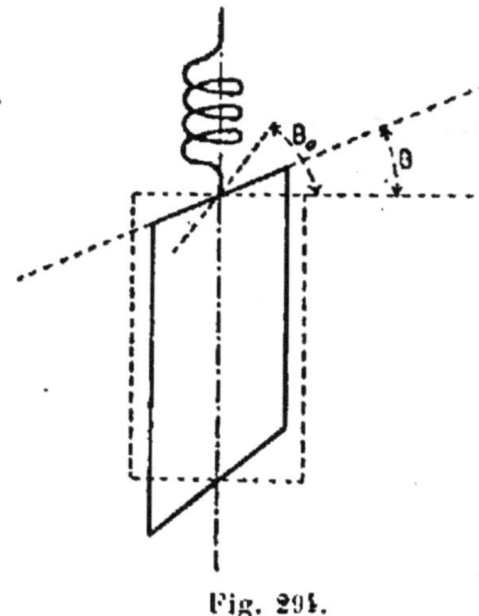

Fig. 291.

(fig. 269). Pendant un temps dt l'angle varie de $-d\theta$, et le travail est $-C\theta d\theta$, d'après la formule (4) établie précédemment.

Admettons que le couple résistant dû à l'amortissement, à l'air, par exemple, est proportionnel à la vitesse angulaire, soit $h\dfrac{d\theta}{dt}$: le travail résistant sera $h\dfrac{d\theta}{dt}\,d\theta$, donc

$$-C\theta d\theta = h\frac{d\theta}{dt}\,d\theta + K\omega d\omega,$$

ou $K\dfrac{d^2\theta}{dt^2} + h\dfrac{d\theta}{dt} + C\theta = 0.$ (10)

Discussion.
1° $h^2 - 4KC > 0$: le mouvement sera déterminé par une loi exponentielle

$$\theta = C_1 e^{-r_1 t} + C_2 e^{-r_2 t}.$$

C_1 et C_2 sont deux constantes déterminées par les conditions que pour $t = 0$ $\theta = \theta_0$ $\dfrac{d\theta}{dt} = 0$.

2° $h^2 - 4KC = 0$: on dit que le circuit présente la résistance critique et

$$\theta = e^{-\alpha t}(C_1 t + C_2).$$

Dans les deux cas, le cadre atteindra sa position d'équilibre asymptotiquement sans la dépasser, le mouvement sera dit apériodique.

3° $h^2 - 4KC < 0$: le mouvement est déterminé par la loi

$$\theta = C_1 e^{-\alpha t} \cos(\beta t + C_2).$$

On a $$\alpha = \frac{h}{2K} \qquad \beta = \frac{\sqrt{4KC - h^2}}{2K} \cdot$$

Le cadre oscille périodiquement, la période étant

$$T = \frac{2\pi}{\beta} = \frac{4\pi K}{\sqrt{4KC - h^2}}$$

et les maximums et minimums successifs varient en progression géométrique de raison

$$e^{-\frac{\alpha T}{2}},$$

car si t_1 est l'époque du 1er maximum le suivant aura lieu en sens contraire au temps $t_1 + \frac{T}{2}$. Le cos reprenant la même valeur absolue les 2 élongations sont entre elles comme les exponentielles, c'est-à-dire comme

$$e^{\frac{\alpha T}{2}} \cdot$$

$\lambda = \frac{\alpha T}{2}$ s'appelle le décrément logarithmique des oscillations.

On voit que si l'on appelle $\theta_1\ \theta_2 \ldots\ldots \theta^{m+1}$ les élongations successives succédant à la première θ_0, on aura

$$\frac{\theta_1}{\theta_3} = \frac{\theta_2}{\theta_1} = \ldots\ldots = \frac{\theta_m}{\theta_{m+1}} = e^\lambda,$$

donc $$\lambda = \frac{1}{m}\ \mathrm{L}\ \frac{\theta_1}{\theta_{m+1}} \cdot$$

On fera usage de ces remarques dans l'étude du galvanomètre balistique.

FORMULES PRINCIPALES D'ÉLECTRICITÉ GÉNÉRALE

479. — Electricité statique.

(1) *Lois de Coulomb* $\qquad f = \frac{qq'}{r^2}$ en UES.

(2) *Théorème de Grun* $\qquad \mathfrak{J} = 4\pi\Sigma m.$

(3) *Champ produit par un* $\mathcal{H} = 2\pi\delta$ (plan indéfini).

(4) *Tension électrostatique* $F = 2\pi\delta^2$.

(5) *Théorème de Newton.* — L'action d'une couche sphérique homogène sur un point intérieur est nulle. Sur un point extérieur elle est la même que si la couche était concentrée au centre.

(6) *Expression de la fonc-*
tion potentielle $V = \Sigma \dfrac{q}{r}$.

(7) *Dérivée du potentiel* $\mathcal{H} = -\dfrac{dV}{dn}$.

(8) *Formule de la capacité* $Q = C.V.$

(9) *Capacité des systèmes* $\left\{\begin{array}{l} \text{Sphère } C = R. \\[4pt] \text{Ensemble de 2 sphères} \\[4pt] C = \dfrac{R^2 - R_1}{R_1 R^2}\, K. \\[10pt] \text{Plan } C = \dfrac{S}{4\pi a} . \\[10pt] \text{Cylindre } C = \dfrac{l}{2L\dfrac{l}{R}} . \\[14pt] \text{Ensemble de deux cylindres} \\[4pt] C = \dfrac{l}{2L\dfrac{R_2}{R_1}} . \end{array}\right.$

(10) *Couplage des capa-*
cités. $\left\{\begin{array}{l} \text{en dérivation } C = \Sigma c. \\[8pt] \text{en série } \dfrac{1}{C} = \Sigma \dfrac{1}{C} . \end{array}\right.$

(11) *Énergie d'un conden-*
sateur. $W = \dfrac{1}{2} CV^2 = \dfrac{1}{2} QV.$

479 bis. — Électricité dynamique.

(1) *Résistance d'un con-*
ducteur $\left\{\begin{array}{l} R = \rho \dfrac{l}{s} \quad R = R_0 (1 + \alpha t). \\[6pt] \alpha = 0{,}0038 \\[4pt] \rho = 1{,}6 \times 10^{-6} \end{array}\right\} \begin{array}{l}\text{cas du} \\ \text{cuivre.}\end{array}$

(2) *Loi d'Ohm* $E = RI.$

(3) *Lois de Kirchhoff*
$\begin{cases} \Sigma i = 0 \text{ dans un nœud de conducteurs.} \\ \Sigma e = \Sigma ir \text{ dans une maille fermée.} \end{cases}$

(4) *Loi des circuits dérivés* $\dfrac{1}{R} = \Sigma \dfrac{1}{r}$.

(5) *Loi de Joule* $W = 0,24 \, RI^2 t$.

(6) *Pont de Weasthone équilibré* $ac = bd$.

480. — Electrolyse.

(1) *Lois de Faraday.* — 1° L'action électrolytique est la même en tous les points d'un circuit.

2° La masse électrolytique et des ions décomposés est proportionnelle à la quantité d'électricité.

3° Les masses d'électrolytes différents décomposées dans le même temps sont proportionnelles aux masses qui correspondent à une valeur des ions mis en liberté.

(2) *Équivalent électrochimique.* — Masse d'un corps décomposée par 1 coulomb.

$$K = 0,01036 \, \frac{M}{n} \text{ milligr.}$$

M, masse moléculaire du corps ; n, nombre de valences rompues.

(3) *Définition de l'ampère.* — Courant constant qui dépose dans une solution d'azote d'argent $0^{gr},001118$ d'argent par seconde, ou encore qui libère $0^{mmgr},1036$ d'hydrogène par seconde.

481. — Piles.

(1) *F. e. m. à circuit fermé.* $e = E - \rho I$.
E, *f. e. m.* à circuit ouvert : ρ, résistance intérieure ; I, courant débité.

(2) *Conditions de puissance maximum*
$\begin{cases} \rho = R \text{ (résist. extérieure = résist. intérieure).} \\ e = \dfrac{E}{2} \text{ Rend}^t = 0,5. \end{cases}$

(3) *Groupement des piles* $I = \dfrac{xE}{\rho x + Ry}$ (x en série, y groupes en parallèle).

482. — Magnétisme.

(1) *Lois de Coulomb* $f = \dfrac{mm'}{r^2}$ en VEM.

(2) *Puissance d'un feuillet* $\Phi = \lambda\delta$.

(3) *Potentiel d'un feuillet* $V = \Omega\Phi$.

(4) *Energie d'un feuillet dans un champ* $W = \Phi\mathcal{J}$.

(5) *Couple exercé sur un barreau dont l'axe fait l'angle* α *avec la direction d'un champ* $\mathcal{K}$ $C = \mathfrak{M}\,\mathcal{K}\sin\alpha$.

(6) *Oscillations d'un barreau dans un champ.*

$$\theta = \theta_0 \cos\sqrt{\frac{\mathfrak{M}\,\mathcal{K}}{K}}\,t,$$

$$T = 2\pi\sqrt{\frac{K}{\mathfrak{M}\,\mathcal{K}}},$$

K, moment d'inertie du bureau par rapport à l'axe d'oscillation.

(7) *Systèmes d'aimants.* — Le système se comporte comme un aimant unique dont l'axe et le moment magnétique seraient la somme géométrique des vecteurs égaux aux moments individuels et dirigés suivant les axes des divers aimants.

(8) *Intensité d'aimantation* $\mathfrak{I} = \dfrac{\mathfrak{M}}{V}$, $\mathfrak{I} = \delta$ (si l'aimantation est uniforme V volume de l'aimant).

(9) *Formules*

$$\mathfrak{B} = 4\pi\mathfrak{I} \text{ (aimantation uniforme)}.$$
$$\mu = 1 + 4\pi\varkappa.$$

($\varkappa = \dfrac{\mathfrak{I}}{\mathcal{K}}$ la susceptibilité magnétique d'un barreau plongé dans un champ uniforme ; $\mathcal{K}$ est le quotient de l'intensité d'aimantation de l'aimant par l'intensité du champ générateur.).

$$F = \frac{\mathfrak{B}^2 S}{8\pi} \text{ (force portante)}.$$

REMARQUE. — Se rappeler que l'aimantation uniforme n'est vraie que pour un aimant infiniment délié ou un solénoïde.

Mesure de $\mathcal{K}$ ou de $\mathcal{M}$. — On détermine $\mathcal{M}\mathcal{K}$ et $\dfrac{\mathcal{M}}{\mathcal{K}}$ (méthode de Gauss).

483. — Electromagnétisme.

(1) *Loi de Biot et Savart.* — Action d'un élément de courant $I dl$ sur le pôle m $df = \lambda . \dfrac{mI dl \sin \alpha}{r^2}$.

$\lambda = 1$ en U. E. M.

df est perpendiculaire au plan ABm et dirigé vers la *gauche* du courant.

(2) *Action d'un courant indéfini sur un pôle* m *distant de* d.

$$f = \frac{2mI}{d} .$$

(3) *Action d'un courant circulaire sur un point magnétique* m *de l'axe à la distance* d.

$$F = 2\pi m \frac{R^2}{(R^2 + d^2)^{\frac{3}{2}}}$$

Cas particulier $d = 0$.

$$F = \frac{2\pi mI}{R} .$$

(4) *Action d'un champ* $\mathcal{K}$ *sur un élément de courant* I dl.

$$df = \mathcal{K} I dl \sin (\widehat{\mathcal{K}.dl}) ;$$

le sens du déplacement est donné par la règle des trois doigts.

(5) *Energie d'un courant* I *traversé par un flux* $\mathfrak{f}$.

$$W = - I\mathfrak{f} .$$

(6) *Énergie d'un courant* I *en présence d'un pôle* m *qui le voit sous l'angle solide* Ω.

$$W = - mI\Omega .$$

(Ces formules s'établissent en partant du travail élémentaire dû à un déplacement infiniment petit d'un élément de courant.)

(7) *Formules fondamentales.*

1° $Q = I$: équivalence d'une spire et d'un feuillet.

2° $W = 4\pi I$.

3° $\mathfrak{R} = NSI$ (M⁺. magnétique d'un solénoïde).

4° $\mathcal{H} = 4\pi n_1 I \left(n_1 = \dfrac{n}{l} \right)$ (champ à l'intérieur d'un solénoïde).

5° $\mathfrak{F} = \dfrac{\dfrac{4\pi nI}{l}}{\mu S} = \dfrac{\mathcal{C}}{\mathfrak{R}} = \dfrac{\text{f. magnétomotrice}}{\text{reluctance}}$.

484. — Induction.

(1) *F. e. m. induite*

$$E = -\frac{d\mathfrak{F}}{dt} \cdot$$

(2) *Loi de Lenz.*

(3) *Formule* $E = \mathcal{H}lv$ relative à un déplacement d'un conteur rectiligne parallèlement à lui-même.

(4) *F. e. m. des machines à courant constant.*

$$E = \frac{1}{2} R^2 \mathcal{H}\omega.$$

(5) *Formule*

$$Q = \frac{\Delta \mathfrak{F}}{R}$$

$$\text{quantité d'électricité induite} = \frac{\text{Variation du flux}}{\text{Résistance du circuit}} \cdot$$

(6) *Coefficient de self-induction* $L = \dfrac{\mathfrak{F}}{I}$.

Cas d'un tore $\qquad L = \dfrac{4\pi n^2}{\mathfrak{R}}$.

(7) *Coefficient d'induction mutuelle*

$$M = \frac{\mathfrak{F}}{I} \cdot$$

Ce coefficient est le même en partant de l'un ou l'autre des circuits en présence.

Cas de deux bobines sur tore

$$M = \frac{4\pi n_1 n_2}{\mathcal{R}} \cdot$$

(8) *Formule*

$$L_1 L_2 = M^2.$$

(9) *Formule fondamentale d'un courant variable dans une résistance* R *de self* L.

$$E = RI + L\,\frac{dI}{dt} \cdot$$

Cas le plus général

$$E_1 = R_1 I_1 + L_1\,\frac{dI_1}{dt} + M\,\frac{dI_2}{dt}$$

$$E_2 = R_2 I_2 + L_2\,\frac{dI_2}{dt} + M\,\frac{dI_1}{dt}$$

(10) *Énergie intrinsèque d'un courant.*

$$W = \frac{LI^2}{2} \cdot$$

Variation élémentaire d'énergie $W = LIdI$.

(11) *Travail dans un cycle d'aimantation.*

$$W = \frac{V}{4\pi}\int_{-\mathfrak{B}}^{+\mathfrak{B}}\mathfrak{H}d\mathfrak{B}.$$

485. — Unités.

(1) *Grandeurs géométriques.* — 180° vaut 3,14 radians.

(2) *Grandeurs mécaniques.* — 1 gr. vaut 981 dynes.

    »   — 1 joule vaut 10^7 ergs et $0^{cal},24$.

    »   — 1 cheval-vapeur vaut 736 w.

(3) *Changements d'unités.* — La grandeur ancienne est à la grandeur nouvelle dans le rapport inverse des équations de dimensions si l'on évalue les deux unités dans le deuxième système.

(4) *Unités électrostatiques et électromagnétiques.*

1 *coulomb* vaut 3×10^1 U. E. S.	10^{-1} U. E. M.
1 *ampère*	d°	d°
1 *farad*	9×10^{11} U. E. S.	10^{-9} U. E. M.
1 *volt*	$\dfrac{1}{30J}$ U. E. S.	10^1 U. E. M.

. (Se reporter au tableau et aux formules fondamentales)

PROBLÈMES D'ÉLECTRICITÉ [1]

I. Etant donnée l'expression :

$$ 1 = \frac{E_0}{R^2 + L^2\omega^2} (L\omega \sin \omega t + R \cos \omega t). $$

la mettre sous la forme :

$$ I = I_0 \cos (\omega t - \varphi). $$

Déterminer I_0 et φ.

Application numérique : $E = 155$, $R = 2,50$, $L = 0,2$, $\omega = 251$.

II. Calculer la quantité de chaleur rayonnée en une heure par une lampe à incandescence fonctionnant sous 110 volts avec un courant de 0,4 ampère.

III. Un condensateur est chargé à l'aide d'une pile impolarisable, genre Daniell ; il est déchargé dans un galvanomètre balistique qui marque une élongation α. La même pile est fermée sur un circuit extérieur R ; la décharge dans le galvanomètre donne une élongation α'. Calculer la résistance intérieure de la pile.

Application numérique : $\alpha = 128°$, $\alpha' = 32°$, $R = 15,74$ ohms.

IV. Calcul de la puissance qui se dépense dans le fer de l'induit d'une dynamo par suite du phénomène d'hystérésis.

On applique la formule W watts $= K$ FPB, dans laquelle B est l'induction à laquelle travaille le fer $B = 15.000$; P est le poids en kilogrammes du fer de l'induit $P = 240$; F, est la fréquence

---

1. Les problèmes d'électricité proposés à titres d'exemples ont été choisis parmi ceux qu'ont à résoudre les candidats aux Ecoles supérieures d'électricité.

cyclique d'aimantation en cycles complets par seconde $F = 7$;
K est un coefficient numérique $K = 0,31$.

V. Évaluer la dépense d'un appareil de chauffage électrique
pour un fonctionnement de 5 heures pendant un mois. L'appareil
fonctionne sous 110 volts aux bornes. La résistance à chaud en
régime normal est de 11 ohms. L'énergie électrique est vendue
au prix de 7 centimes l'hectowatt-heure. Donner le prix de revient
de 1.000 calories (Kg.-degré).

VI. Une bobine creuse assez longue pour qu'on puisse, sans
erreur, la considérer comme infinie, est assujettie de façon que
son axe soit horizontal. Dans la région centrale est suspendue une
bobine plate qui peut osciller librement autour d'un diamètre vertical. Un même courant circule entre les deux bobines; il est
amené à la bobine mobile par des contacts appropriés qui n'en-
travent en rien son mouvement; si l'on écarte la bobine mobile
de sa position d'équilibre et si on l'abandonne à elle-même, elle
exécute une série d'oscillations isochrones.
    Calculer la quantité d'électricité qui circule dans le système pen-
dant la durée d'une oscillation.
    On ne tiendra pas compte du magnétisme terrestre et l'on sup-
posera que la petite bobine est suspendue par un fil sans torsion.
    On représentera par des symboles toutes les quantités dont on
peut avoir besoin.

VII. Un circuit d'utilisation tout entier en cuivre rouge est traversé par un courant de 15 ampères. La différence de potentiel
aux extrémités du circuit est de 110 volts. La température stationnaire est de 40° centigrades. On demande le poids et le prix de
circuit, sachant que :
    1° le conducteur a la forme d'un ruban de $1_{cm},5$ de long sur $0^{mm},2$
d'épaisseur ;
    2° le coefficient d'augmentation de résistance du cuivre avec la
température est de 0,0039 ;
    3° la résistivité du cuivre (résistance rapportée à une longueur
de 1 cm. et à une section de 1_{cm}^2) est de 1,8 microhm ;
    4° la densité du cuivre,à zéro est de 8,9 ;
    5° le prix du cuivre est de 2,60 le kilogramme.

VIII. Un voltmètre ordinaire dont le circuit est bobiné avec du
fil de cuivre donne des mesures exactes à la température de 15°.
    On demande le voltage exact quand l'appareil marque n volts
à 0°.
    Application numérique : pour $n = 117 - \theta = 35°$.

La variation de résistance du cuivre avec la température est donnée dans la précédente question.

IX. Deux piles de forces électromotrices E_1, E_2, de résistances intérieures y_1, y_2 sont couplées en opposition, et un circuit AF de résistance R, réunit les fils de jonction.

On demande : 1° l'intensité dans les branches AB, AE, B, AE$_2$, B ;

2° la puissance fournie par chacune des deux piles.

On négligera les résistances des fils qui joignent les points A et B aux deux piles.

X. Dans l'intérieur d'un solénoïde assez long pour qu'on puisse sans erreur sensible le considérer comme indéfini, est disposée une bobine plate qui tourne d'un mouvement uniforme autour du diamètre AB perpendiculaire à l'axe du solénoïde. A l'aide d'un dispositif approprié, les deux extrémités du circuit de la petite bobine sont mises en communication, une fois par tour, avec deux points fixes P et Q, à l'instant même où, dans son mouvement, la bobine mobile passe dans le plan qui contient l'axe du grand solénoïde. D'autre part, les deux points P et Q sont en communication constante avec les armatures d'un condensateur de capacité C.

On demande la charge finale prise par le condensateur.

Le solénoïde contient 15 spires par cm. Il est parcouru par un courant de deux ampères. La petite bobine est formée de 200 spires de 20 cm. de diamètre. Elle tourne à une vitesse de 20 tours par seconde. C = 1 microfarad.

XI. Une batterie d'éléments de piles impolarisables, genre Daniell, est formée par la réunion, en parallèle, de 3 groupes d'éléments. Chaque groupe comprend 50 éléments en série. Les deux pôles de la batterie sont réunis par une résistance R. On relie, d'autre part, à ces deux pôles les armatures d'un condensateur de 10 microfarads.

On demande l'énergie prise par le condensateur.

Données numériques : R = 82 ohms ; f. e. m. d'un élément, 1v,07 ; résistance intérieure de chaque élément, 3,8 ohms.

XII. Un conducteur dont les extrémités peuvent être reliées à deux points entre lesquels existe une différence de potentiel de 110 volts est plongé dans un vase contenant 4 kilogrammes d'eau pure. On ferme le circuit pendant 6 minutes, la température de l'eau s'élève de 32° centigrades.

On demande l'intensité du courant et la résistance du conducteur.

On négligera les pertes dues au rayonnement et l'influence de la chaleur spécifique du récipient et du conducteur. On supposera en outre que la résistance du conducteur est indépendante de la température.

XIII. Sur un noyau de fer de 4 cm² de section sont enroulées 60 spires d'un fil très fin en relation, par l'intermédiaire d'une résistance en série, avec un galvanomètre balistique. Le circuit total a une résistance de 11.000 ohms.

Ce noyau est au centre d'un solénoïde assez long pour qu'on puisse le considérer comme infini. Le solénoïde présente 12 spires par cm. et est parcouru par un courant de 2,4 ampères.

1° Sachant que le coefficient μ de perméabilité du fer est 400, on demande la quantité d'électricité induite dans le circuit à fil fin quand on renverse brusquement le courant dans le solénoïde.

2° Sachant que dans l'expérience précédente on observe au balistique une élongation de 180 mm., on demande l'élongation correspondant à un microcoulomb.

XIV. Calculer en unités C. G. S. le moment magnétique d'un solénoïde composé de 150 spires et parcouru par un courant de 0,4 ampère. Le diamètre d'enroulement est de 3 cm. Ce solénoïde, étant suspendu, est soumis à l'action d'un champ horizontal uniforme dont la valeur H = 0,19 unités C. G. S.

Quelle est en unités C. G. S. la valeur du couple agissant sur ce solénoïde, quand son axe fait un angle de 35° avec la direction du champ ?

XV. Soit donnée une bobine assez longue pour qu'on puisse, sans erreur sensible, négliger l'action des extrémités. On dispose d'une force électromotrice E qu'on applique aux extrémités du fil.

1° Calculer la valeur du champ au point milieu de l'axe et étudier sa variation quand on fait varier l'épaisseur du fil et l'épaisseur de l'isolant (les dimensions d'enroulement restant les mêmes).

2° Etudier, dans les mêmes conditions, la variation de la puissance qui se dépense dans le fil bobiné.

2° Quel est le coefficient d'induction mutuelle entre cette bobine et une spire circulaire de rayon a disposée au point milieu de l'axe et dont le plan coïncide avec le plan d'enroulement de la grande bobine.

On admettra que l'on peut prendre pour longueur de toutes les spires celle de la spire moyenne.

Les données sont celles de la figure :

D' diam. ext. de la bobine ;

D diam. de l'évidement ;

d diam. du fil ;

p résistance spécifique du fil ;
e épaisseur de l'isolant telle que $(d = e) =$ diamètre total du fil ;
b longueur de la bobine ;
$$a = \frac{D' = D}{2} .$$

XVI. Soit donné un conducteur de cuivre par un courant. Ce conducteur a une masse de P kilogrammes.

Quelle doit être la densité du courant, en ampères par mm² pour que la quantité de chaleur dégagée pendant le temps t soit 9 calories C. G. S ?

On représentera par a la résistivité du cuivre ; δ sa masse spécifique ; l l'équivalent en joules d'une calorie C. G. S.

Application numérique : P $= 2,5$ kg. ; $t = 5$ minutes, $a = 2$ microhms $\dfrac{cm^2}{cm}$; $\delta = 8,8$; $q = 3.400$ calories C. G. S.

XVII. Un cadre rectangulaire de dimensions a, b comporte n spires. Il est suspendu verticalement par un fil de torsion dans un champ uniforme d'intensité horizontale H de façon que, dans sa position d'équilibre, son plan contienne la direction du champ.

Quel courant doit-on faire passer dans le cadre pour que sa nouvelle position d'équilibre fasse un angle α avec la position première ?

On appellera c le couple de torsion du fil pour l'unité du fil pour l'unité d'angle (on sait que le couple de torsion d'un fil est proportionnel à l'angle de torsion).

Application numérique. — On exprimera I en microampères, $a = 7$ cm., $b = 4$ cm., $n = 500$, $\alpha = 30°$, $c = 14$ unités C. G. S. pour un degré.

Quant à la composante horizontale H, on la déterminera par l'expérience suivante : le cadre étant pris dans une position perpendiculaire à celle de la figure, on relie les extrémités du fil à un galvanomètre balistique par l'intermédiaire d'une résistance en série de 15.400 ohms. Le cadre lui-même a une résistance de 100 ohms, le balistique une résistance de 500 ohms.

On fait tourner brusquement le cadre autour du fil de torsion de 180°, et l'on observe une élongation au balistique qui mesurée par la méthode ordinaire sur une échelle graduée, est de 147 mm. On sait que, dans les mêmes conditions d'amortissement, un microcoulomb donnerait, dans le même balistique, une élongation de 12 mm.

XVIII. Deux éléments de pile de f. e. m. E et de résistance intérieure r sont associés en dérivation et travaillent sur un circuit de résistance extérieure R.

Donner la puissance totale perdue par effet joule à l'intérieur des éléments. Que devient ensuite cette puissance si les deux éléments, tout en gardant la même résistance intérieure, ont des forces électromotrices légèrement différentes s'écartant de la fraction $\dfrac{a}{100}$ de leur valeur moyenne E ?

XIX. Un solénoïde qu'on suppose infiniment grand, à axe horizontal, possède 10 spires par cm. et est parcouru par un courant de 8 ampères. A l'intérieur se trouve un solénoïde court à axe vertical enroulé bien régulièrement d'un fil très fin sur un cylindre de 4 cm. de rayon. Ce solénoïde possède en tout 300 spires et il est parcouru par un courant de 0,1 ampère ; il est porté par un fléau de balance bien équilibré quand aucun courant ne circule dans l'appareil. On demande quelle masse en C. G. S. il serait nécessaire d'accrocher à l'extrémité du fléau pour maintenir l'équilibre lors du passage du courant. Le bras de levier du fléau a 15 cm. de long ; l'accélération due à la pesanteur $g = 981$ unités C. G. S. On négligera l'action du magnétisme terrestre.

XX. Deux circuits sont en présence et leur coefficient d'induction mutuelle est M. Le circuit n° 1 est relié à une source et est parcouru par un courant I. Le circuit n° 2, de résistance r, est relié à un balistique B de résistance g. On inverse brusquement le courant dans le circuit n° 1 et on observe au balistique une élongation α. Quelle est la valeur du coefficient d'induction mutuelle M, si, dans les mêmes conditions de fonction du balistique, on obtient une élongation β quand on le fait traverser par une quantité d'électricité ?

Application numérique : $\alpha = 150$ mm. ; $\beta = 60$ mm. ; $Q = 3,5$ microcoulombs ; $r = 1.200$ ohms ; $g = 500$ ohms ; $I = 0,7$ unité C. G. S. d'intensité. On exprimera M en henrys.

XXI. Un solénoïde, qu'on suppose infiniment long, possède a couches de fil semblables entre elles, enroulées bien régulièrement. A l'intérieur se trouve une bobine plate dont l'axe fait un angle α avec l'axe du solénoïde ; la bobine intérieure possède N spires de rayon r.

Dans cette position, le coefficient d'induction mutuelle est égal à M. Calculer le nombre de spires par centimètre contenues dans chaque couche de fil de la grande bobine.

Application numérique : $a = 5$; $N = 525$; $r = 8$ cm. ; $M = 0,07047$ henry ; $\alpha = 15°$.

XXII. Le tuyau d'alimentation d'une petite turbine débite 2,06 litres par seconde sous une pression de 4 kilogrammes par centimètre carré. Cette turbine conduit une petite dynamo de 35 volts. Le groupe fonctionnant à pleine puissance, quelle est l'intensité fournie par la dynamo ? Son rendement est 0,85, celui de la turbine est 0,82.

XXIII. Un circuit comprenant un galvanomètre de résistance g shunté par une résistance s (s ne varie plus avec la température et est égal à $0\omega,042$) ; g varie avec la température, sa valeur à 15° est $0\omega,75$ et son coefficient de variation est 0,0038 ; à la température d'une expérience $T = 27°$ le galvanomètre marquait 53 divisions. Quelle est l'intensité du courant dans le circuit principal ? Le galvanomètre marque 100 divisions pour $0^v,04$ à ses bornes à 15°.

XXIV. Deux solénoïdes S_1 et S_2 assez longs pour qu'on puisse négliger l'action des extrémités ont le même axe ; ils portent une seule couche de fil enroulé bien régulièrement. Les diamètres moyens d'enroulement sont D_1 et D_2. Les nombres moyens de spires par cm. sont N_1 et N_2 et les solénoïdes sont parcourus par des courants I_1 et I_2 en ampères. Dans la région médiane se trouvent trois bobines plates dont les axes sont parallèles à ceux de S_1 et S_2. 1 est à l'intérieur des deux solénoïdes, 2 dans l'intervalle, 3 entoure le solénoïde intérieur.

Les bobines portent au total n_1, n_2, n_3 spires (au total) et les rayons d'enroulement sont r_1, r_2, r_3.

Exprimer le flux à travers chacune de ces trois bobines en C. G. S. : 1° quand I_1 et I_2 ont même sens ; 2° quand I_1 et I_2 sont de sens contraires.

1° l'intensité en ampères du courant qui parcourt le solénoïde ;

2° la durée d'une oscillation complète du barreau supposé soumis à la seule action du champ terrestre.

Application numérique : $t_1 = 8$ secondes ; $t_2 = 12$ secondes ; $H = 0,19$ C. G. S. ; $n = 5$.

XXV. Une usine génératrice est à une distance L d'un centre d'utilisation où se trouvent les lampes à incandescence. La différence de potentiel au départ est U ; la différence de potentiel au centre d'utilisation est U'. L'intensité du courant est I. Calculer le poids et le prix de la ligne.

On représentera par ρ résistivité du cuivre ; δ masse spécifique ; m prix de l'unité de masse du cuivre.

Application numérique : $U = 150$ volts ; $U' = 110$ volts ; $I = 50$ ampères; $L = 2$ kilomètres; $\rho = 2$ microhms cent.; $\delta = 8,8$ grammes par cm^3; $m = 2$ fr. par kilogramme.

XXVI. Un condensateur de capacité C' est chargé à la différence de potentiel initial V_0; à un instant donné, à partir duquel on compte le temps, les deux armatures du condensateur sont mises en communication par l'intermédiaire d'une résistance élevée R. Quel est le temps T nécessaire pour que le condensateur ait perdu les $\dfrac{n-1}{n}$ parties de sa charge ?

Application numérique : $C = 3,7$ microfarads; $R = 2.981$ mégohms, 828, $n = 100$.

XXVII. Un disque de rayon r et de moment d'inertie K est animé d'un mouvement de rotation dans un champ uniforme H normal au disque. Deux frotteurs f et f_1 prennent contact, l'un sur la périphérie, l'autre sur l'axe (l'axe est une ligne géométrique). Au temps 0, le disque étant animé d'une vitesse angulaire ω_0, on réunit entre eux les deux frotteurs par un conducteur de résistance R. Etudier le phénomène et l'expression de la vitesse au temps t. On négligera les frottements et la résistance ohmique du disque lui-même.

On sait que :

$$K = \frac{1}{2} Mr^2 : M \text{ masse du disque.}$$

$\omega = 2$ tours par seconde.
$M = 250$ grammes.
$r = 10$ centimètres.
$H = 2.000$ C. G. S.
$R = 1$ ohm.
$t = 15$ minutes.

XXVIII. Un circuit se bifurque en plusieurs dérivations de résistances a, b, c, d. On demande l'expression du rapport $\dfrac{I}{I_1}$, I étant le courant dans la branche principale, I_1 le courant dans la branche a.

XXIX. Une machine génératrice sert à l'éclairage et absorbe une puissance de 200 chevaux. Son rendement est de 0,92; elle alimente 2.400 lampes à incandescence de 16 bougies sous la différence de potentiel 110^v.

On demande : 1° la consommation des lampes en watts par bougie; 2° l'intensité du courant total fourni par la génératrice;

3° la résistance d'une lampe à chaud. On suppose que toutes les lampes sont exactement semblables, et on négligera la résistance de la ligne.

XXX. Un cadre rectangulaire, analogue à celui d'un galvanomètre de Déprez et d'Arsonval, est suspendu verticalement par un fil métallique dans un champ magnétique horizontal uniforme de 800 gauss ; le plan d'enroulement du cadre est parallèle à la ligne de force du champ.

Les dimensions du cadre sont : hauteur 6,5 centimètres ; largeur 3 centimètres ; l'épaisseur d'enroulement est négligeable ; son moment d'inertie, par rapport à l'axe d'oscillation, est de 12,5 unités C. G. S. Le cadre possède 500 spires.

On sait que lorsqu'il est parcouru par un courant de 100 microampères, il tourne d'un angle de 7°,5. Cela posé, aucun courant ne passant dans le cadre, le circuit étant ouvert, on écarte le cadre de la position d'équilibre d'un angle θ_0 et on laisse osciller librement.

On demande d'exprimer, en fonction du temps, la différence de potentiel aux deux extrémités de l'enroulement.

On suppose que le système est dépourvu d'amortissement, c'est-à-dire que, à circuit ouvert, il oscille comme s'il était dans le vide et dans un champ nul.

On ferme à un instant quelconque le circuit du cadre, les oscillations s'éteignent peu à peu ; on en donnera, sans calcul, la raison physique et on calculera pour $\theta_0 = 28°$, la quantité totale de la chaleur dégagée dans le circuit, à partir de l'instant de la fermeture jusqu'au moment où le cadre est revenu au repos.

On demande d'établir une construction graphique permettant de trouver pour chaque valeur I du courant dans le circuit extérieur :

1° la différence de potentiel aux bornes de ce circuit qui sont les bornes communes aux deux générateurs ;

2° Les courants I^A et I^B débités par ces deux générateurs.

XXXI. Une source de force électromotrice constante et de résistance intérieure ρ alimente un circuit AB de résistance a. Calculer la valeur du shunt S qu'il faut établir entre les points A et B pour que la chaleur dégagée dans le conducteur a soit la fraction $\dfrac{1}{m^2}$ de la chaleur dégagée dans le conducteur a pendant le même temps avant l'établissement de shunt. On négligera la résistance des conducteurs qui relient la source à A et B.

XXXII. A l'aide d'une source de force électromotrice E on charge un condensateur c par l'intermédiaire d'une languette vibrante L mobile entre deux boutons *a* et *b*. Le schéma montre que quand la languette vient en *b* le conducteur se décharge dans le circuit AM*b*.

La languette fait *n* vibrations complètes par seconde, et on admet que le condensateur a le temps de prendre sa charge complète pendant que la languette touche le butoir *a*.

Au bout de combien de temps la source aura-t-elle fourni une énergie *w*?

Application numérique : $E = 100$ volts ; $c = 10$ microfarads ; $n = 200$; $w = 50$ kilogrammètres.

XXXIII. Un circuit rectangulaire fermé est parcouru par un courant I et constitué par 4 conducteurs métallique de longueur *a* et *b*. Le système est rigide et mobile autour de AB qui est horizontal. Les conducteurs sont pesants, homogènes, de diamètres négligeables et ont une masse *p* par unité de longueur.

1° Le système étant disposé dans un champ de direction verticale et d'intensité H, on demande de déterminer la position d'équilibre.

2° Le système toujours mobile autour de AB est placé dans un champ uniforme H, horizontal et perpendiculaire à AB ; il est dépourvu d'amortissement. On l'écarte de sa position d'équilibre et on l'abandonne à lui-même.

On demande la valeur de la période pour des oscillations de faible amplitude (on se bornera à écrire l'équation du mouvement, et d'après les formules classiques on en déduira la valeur de la période).

XXXV. Un cadre de surface totale S, tourne avec une vitesse angulaire uniforme ω, dans un champ d'intensité uniforme H. Déterminer la f. e. m. maxima engendrée en volts.

Application numérique :

$$H = 800 \text{ gauss.}$$
$$S = 5000 \text{ cm}^2.$$
$$\omega = 420 \text{ t. m.}$$

XXXVI. On donne un circuit constitué par un galvanomètre shunt et une résistance en série. Le shunt du galvanomètre a un pouvoir multiplicateur *m*. Quelle est la résistance *x* qu'il faut mettre en série pour que le galvanomètre donne la même déviation quand le voltage aux extrémités du circuit devient *n* fois plus grand ?

Application numérique :

$$g = 200 \,\omega.$$
$$m = 10.$$
$$R = 100 \,\omega.$$
$$n = 2.$$

XXXVII. Entre deux points A et B on dispose un circuit comprenant en série une résistance R et un condensateur de capacité C. A un instant donné, on établit brusquement une d. d. p. U entre A et B. On demande la quantité de chaleur Q dégagée dans la résistance pendant que le condensateur se charge.

Application numérique :

$$U = 500 \,v.$$
$$C = 10 \text{ microfarads.}$$

On donnera Q en calories-gramme-degré.

XXXVIII. Deux condensateurs parallèles, indéfinis vers la droite, sont reliés perpendiculairement à leur direction, par un conducteur AB de longueur a. Un conducteur CD qui ferme le circuit peut glisser parallèlement à AB le long de AX et de BX'. Ce système est disposé dans un champ magnétique uniforme d'intensité H perpendiculaire au plan ABCD. On suppose que tous les conducteurs ont la même résistance ρ par unité de longueur, et on suppose négligeable la résistance des contacts en C et en D. Quelle est la loi du déplacement du conducteur CD pour que le courant induit qui naît dans le circuit fermé garde une valeur constante I pendant tout le déplacement ? Au temps zéro CD est en contact avec AB. Quelle est la valeur initiale de la vitesse ? On suppose nulle la self-induction du circuit.

Application numérique : Calcul de la vitesse initiale en unités C. G. S. pour $I = 0,01$ ampère $\rho = 0,1$ ohm par mètre, $H = 50$ V. E. M. C. G. S.

XXXIX. Un circuit magnétique de section constante porte un enroulement de N spires, alimenté par une force de f. e. m. constante. On pratique dans le plan de la section droite du métal perpendiculairement aux lignes de force, une coupure d'air à faces parallèles d'épaisseur $e = \dfrac{1}{100}$ de la longueur de la ligne de force moyenne du circuit magnétique primitif.

On constate que pour ramener le flux magnétique à sa valeur initiale, on doit sans changer N diminuer la résistance r de l'enroulement de $\dfrac{9}{10}$ de sa valeur. On demande le coefficient de perméabilité du métal?

XL. Un conducteur rectiligne de longueur l tourne dans un plan d'un mouvement uniforme de vitesse angulaire ω autour de son extrémité O.

Dans le même plan est disposé un conducteur rectiligne indéfini parcouru par un courant I et situé à la distance r de O. On demande la valeur, en fonction du temps, de la d. d. p. entre les extrémités du conducteur.

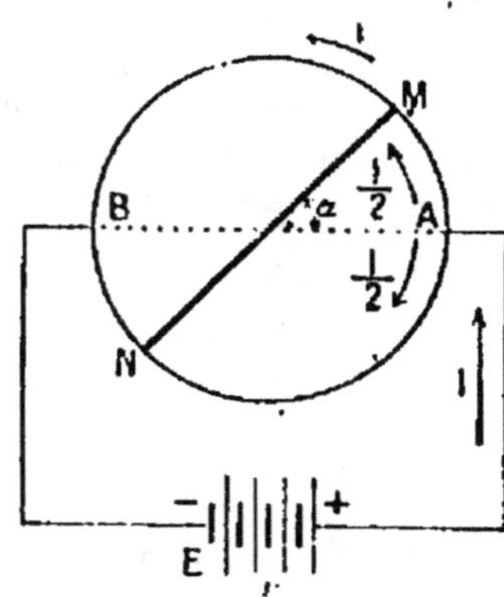

Fig. 295.

Application numérique :

$$I = 100^A.$$
$$l = 0^m,90.$$
$$r = 1 \text{ mètre.}$$
$$\omega = 120 \text{ t./m.}$$

Donner en volts la valeur numérique de cette d. d. p. pour la position OA de l perpendiculaire au conducteur indéfini.

XLI. Une source de f. e. m. E et de résistance intérieure négligeable est mise en communication avec les extrémités A et B d'une bobine de self-induction de résistance R et de coefficient de self L. On demande : 1° l'expression de l'énergie totale fournie par la source pendant le temps t compté à partir de la fermeture du circuit ; 2° la valeur en calories-gramme-degré de la quantité de chaleur dégagée pendant le même temps t.

Application. E = 110^v, R = 8$^\omega$, t = 0.243 seconde, l = 6 $\times$ 10^8 U. E. M. C. G. S.

XLII. Une source de f. e. m. E travaille sur une portion de circuit AB de résistance connue R, mais on ignore si sur ce circuit il y a ou non une f. e. m. de sens quelconque. Un voltmètre V branché entre les deux points A et B marque une d. d. p. U de valeur positive ds de sens $V_A - V_B$; la résistance de la portion de circuit AEB est r, la résistance du voltmètre est y. On demande :

1° La valeur des courants I, I', i ;

2° Ce qui existe dans le circuit AB.

Application numérique :

> E = 115 volts.
> U = 112 volts.
> R = 5 ohms.
> r = 0,6 ohm.
> g = 560 ohms.

XLIII. En l'absence de toute communication avec une source, et à circuit ouvert, s'arrête au bout d'un temps t_1. On demande de calculer la vitesse de régime ω_1 du moteur sous la d. d. p. U_1. On représentera par I le moment d'inertie de la partie tournante par rapport à l'axe de rotation.

Application numérique :

> U_1 = 120 volts.
> r = 11 ohms.
> i_1 = 2,5 amp.
> t_1 = 18 secondes.
> ω_0 = 2.400 t./m.
> I = 10^6 C. G. S.

Donner ω_1 en tours-minute.

XLIV. Un condensateur homogène, continu, de résistance ρ par unité de longueur est disposé suivant une circonférence de rayon a ; le conducteur est alimenté en deux points diamétralement opposés A et B à l'aide d'une source de f. e. m. E et de résistance intérieure r, les fils de connexion ayant une résistance négligeable, le point A étant relié au pôle +, le point B au pôle —.

Une réglette isolante diamétrale MN porte à ses extrémités deux contacts M et N qui frottent contre le conducteur circulaire. Cette réglette tourne dans le sens de la flèche 1 d'un mouvement uniforme, de vitesse angulaire ω.

Donner en fonction du temps, en grandeur et en signe, la valeur de la d. d. p. U entre les points M et N prise dans le sens $V_M - V_N$.

Au temps zéro, la réglette MN coïncide avec le diamètre AB.

Donner la même valeur pour r négligeable. Discussion et traduction graphique dans ce dernier cas.

XLV. On considère le système d'unités (système électromagnétique pratique) admettant comme unités fondamentales, les grandeurs suivantes : unité de masse 10^{-11} gramme-masse ; unité de longueur 10^3 c/m ; unité de temps la seconde.

Exprimer : 1° en kilogramme-poids l'unité de force de ce système. 2° en kilogrammètres l'unité de travail, 3° en C. G. S. l'unité de mouvement d'inertie.

XLVI. Deux sources de f. é. m. E_1 et E_2 sont placées en série comme l'indique le schéma ci-contre. Un pont de résistance r est connecté entre les points A et B. La résistance totale du circuit AE_1B est R_1; celle du circuit BE_2A est R_2.

1° Donner la valeur du courant i dans la branche AB; 2° étudier la fonction $i = f(r)$· tous les autres paramètres restant constants; 3° étudier la fonction $i = \varphi(E_n)$ tous les autres paramètres restant constants.

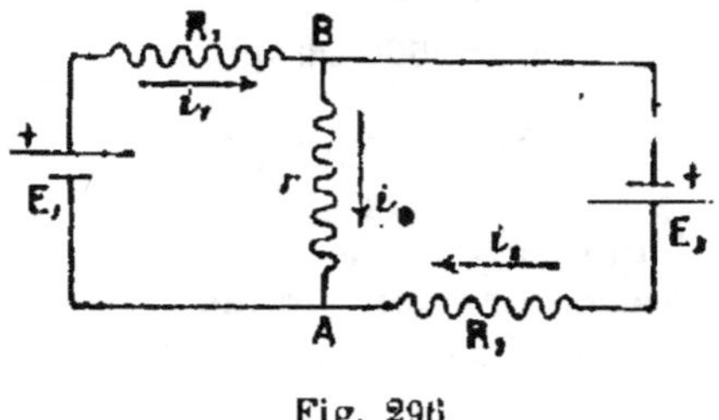

Fig. 296.

XLVII. Quelle est la valeur dans le système pratique des unités électriques, de l'unité usuelle de résistivité, le microhm-centimètre.

XLVIII. Deux sources de f. é. m. e. et $é$. et de résistances intérieures r et r' sont associées en parallèle et débitent sur un circuit extérieur de résistance R.

1° Calculer les intensités dans les trois branches.

2° On remplace les deux sources, par une source unique de f. e. m. E et de résistance intérieure ρ; on constate que le courant I reste le même que dans le cas précédent, avec le même circuit extérieur. Quelle est la valeur de R?

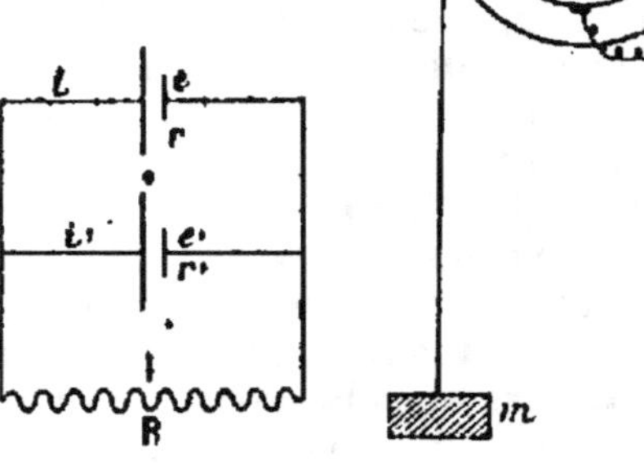

Fig. 297.

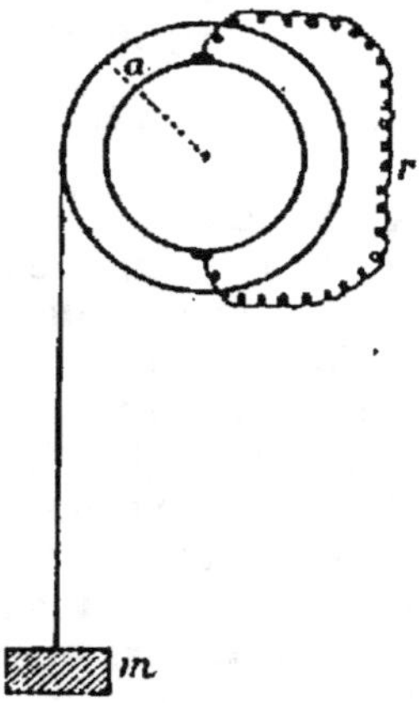

Fig. 298.

Discuter les conditions de possibilité du problème dans les deux hypothèses suivantes :

$$a) \quad E > e > é \qquad b) \quad E < é < e.$$

XLIX. L'induit d'une dynamo à excitation indépendante et constante, sans frottements, est fermée sur un circuit de résistance totale r. Sur l'axe de cette machine est fixée une poulie de rayon a. Sur cette poulie s'enroule un fil inextensible de masse négligeable auquel est attaché un corps de masse m soumis à l'action de la pesanteur. L'induit est tout d'abord immobilisé. Au temps zéro on le libère et on l'abandonne sans vitesse à l'action de la masse m. On demande : 1° d'étudier en fonction du temps, la loi de variation de la tension du fil ; 2° de calculer au bout de quel temps Σ la tension du fil sera égale à la $\dfrac{1}{2}$ de sa valeur de régime ; 3° quelle est en tours par minute la vitesse angulaire à l'instant t.

On suppose nulle, la self-induction du circuit r et négligeable la réaction d'induit. On représentera par K le moment d'inertie par rapport à l'axe de la partie tournante, et par α le coefficient de proportionnalité de la f. é. m. à la vitesse angulaire ω.

Application numérique pour la 2° et 3° partie :

$$m = 20 \text{ kilogs} \qquad a = 10 \text{ cm} \qquad r = 4\omega.$$
$$K = 1,6 \times 10^8 \text{ C. G. S.}$$

On sait d'autre part qu'à circuit ouvert et à la vitesse de 1.200 tours par minute, la machine donne 120 volts aux bornes.

L. On met en série une pile de f. é. m. E et deux condensateurs de capacité C_1 et C_2.

1° On demande la charge, l'énergie, la d. d. p. de chaque con-

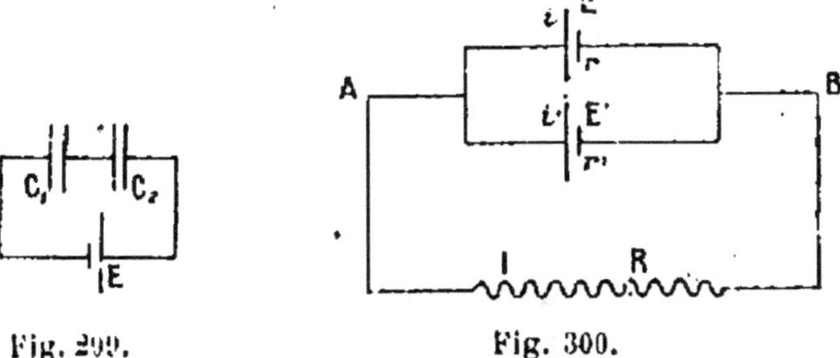

Fig. 299.   Fig. 300.

densateur, l'énergie fournie par la pile, l'énergie perdue par chaleur Joule ; 2° on court-circuite C_1. On demande la variation d'énergie de C_2, l'énergie fournie à nouveau par la pile et l'énergie absorbée à nouveau par chaleur Joule.

LI. Deux piles impolarisables de forces électromotrices E et E', de résistances intérieures r et r' sont couplées en parallèle et travaillent sur un circuit extérieur de résistance R.

I.II. Les deux bobines d'un galvanomètre balistique différentiel G ont chacune une résistance r. L'une d'elles est parcourue par la décharge périodique d'un condensateur de capacité C. Cette décharge de fréquence F est assurée par une languette vibrante L faisant F vibrations par seconde et assurant périodiquement la connection du condensateur avec les deux pôles d'une pile de force

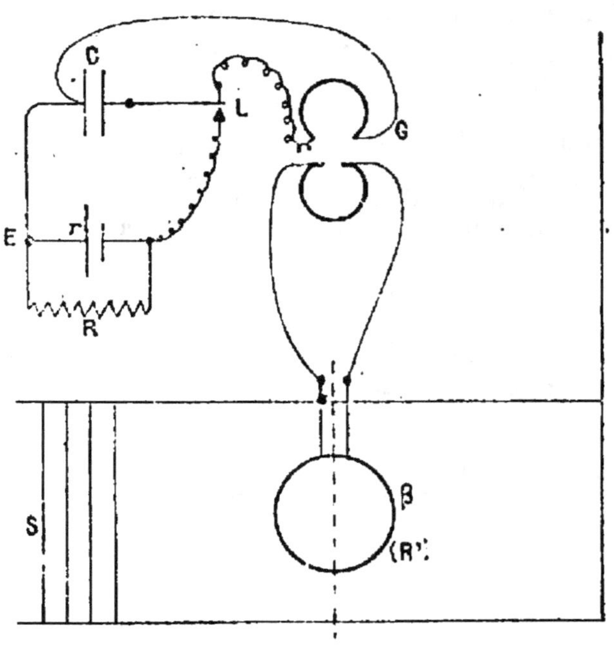

Fig. 301.

électromotrice E, de résistance intérieure f, et qui est fermée sur une résistance R.

La deuxième bobine du balistique est mise en relation avec les extrémités du circuit d'une bobine plate B ; cette bobine est placée à l'intérieur d'un solénoïde S supposé assez long pour qu'on puisse négliger l'influence des extrémités. Cette bobine B peut osciller autour d'un de ses diamètres et un dispositif mécanique approprié assure une oscillation régulière de fréquence F' et d'une amplitude de 180° entre deux positions extrêmes qui sont perpendiculaires à l'axe du solénoïde S.

La bobine B de résistance R' a N spires, la surface de chacune des spires est égale à s.

Le solénoïde S présente n spires par centimètre et est parcouru par un courant I.

Quel est le rendement du système en admettant que toute l'énergie disponible aux bornes de R soit utilisée ?

Que devient l'expression de ce rendement si $E = E'$, $r = r'$?

Donnez la valeur du courant I en fonction des autres données pour que le balistique reste au repos. Tous les fils de connections ont une résistance négligeable, F est la fréquence de vibrations de la languette L.

F' est la fréquence d'oscillation simple de la bobine B, d'une position extrême à l'autre. Un commutateur inverse les connections de la bobine B et de la deuxième bobine du balistique à chaque demi-oscillation quand la bobine B atteint ses positions extrêmes.

Calcul de I en ampères pour le cas particulier où $F' = F$ et pour les données numériques suivantes :

$$R = 5 \text{ ohms,}$$
$$\rho = 3 \text{ ohms.}$$
$$r = 500 \text{ ohms.}$$
$$R' = 2 \text{ ohms.}$$
$$C = 2 \text{ microfarads.}$$
$$E = 1,5 \text{ volt.}$$
$$n = 10 \text{ spires par cm.}$$
$$N = 100.$$
$$s = 75 \text{ cm}^2.$$

LII. Une machine magnéto-électrique possède deux enroulements (1) et (2) de résistances r_1 et r_2.

On alimente l'enroulement n° 1 à l'aide d'une source auxiliaire et on met l'enroulement n° 2 en court-circuit.

On laisse s'établir le régime et l'on constate dans chacun des deux circuits l'existence de courants I_1 et I_2.

Cela posé, on demande :

1° De déterminer le rapport des courants I_1 et I_2 et de calculer la valeur respective de ces deux courants si la source auxiliaire maintient aux bornes du circuit (1) une différence de potentiel U_0.

2° De calculer la valeur de la vitesse angulaire de régime ω_0.

Les frottements sont négligeables ainsi que l'hystérésis et les courants de Foucault.

On sait que sous la différence de potentiel U appliquée à (1) le circuit (2) étant ouvert, la machine prend en régime une vitesse angulaire ω_1 et que sous la même différence de potentiel U appliquée au circuit (2) le circuit (1) étant ouvert, la machine prend en régime une vitesse angulaire ω_2.

Application numérique :

$$u = 120 \text{ volts.}$$
$$\omega_1 = 2.100 \text{ tours par minute.}$$
$$\omega_2 = 1.800 \quad — \quad —$$
$$U_0 = 9 \text{ volts.}$$
$$r_1 = 0,3 \text{ ohm.}$$
$$r_2 = 0,4 \text{ ohm.}$$

on donnera ω_0 en tours par minute et en unité C. G. S.

TABLE DES MATIÈRES

DEUXIÈME PARTIE

ÉLECTRO-CINÉTIQUE

TROISIÈME PARTIE

MAGNÉTISME ET ÉLECTRO-MAGNÉTISME

QUATRIÈME PARTIE

ÉLECTRO-DYNAMIQUE

CINQUIÈME PARTIE

INDUCTION ÉLECTRO-MAGNÉTIQUE

SIXIÈME PARTIE

LOIS DES COURANTS ALTERNATIFS

ÉVREUX, IMPRIMERIE CH. HÉRISSEY

Travaux pratiques d'électricité industrielle, par P. ROBERJOT, professeur à l'École pratique d'industrie de Reims. Préface de L. BARBILLON, directeur de l'Institut électro-technique de Grenoble.

> TOME I. — *Mesures industrielles.* In-16 13×21 de x-238 pages, avec 238 figures. Cartonné . . . . 6 fr.
>
> Étalons et appareils de mesure. Mesure de résistance par le pont de Wheatstone. Application de la méthode du pont à la recherche des terres. Mesures des isolements, d'une résistance à l'aide d'un voltmètre et d'un ampèremètre, des forces électromotrices et des différences de potentiel, des intensités. Potentiomètres. Mesures des puissances, d'énergie, des quantités magnétiques et électriques alternatives. Compteurs pour courants alternatifs. Photométrie.
>
> TOME II. — *Étude des machines électriques. Propriétés. Essais.* In-16 13×21 de x-276 pages, avec 227 figures. Cartonné . . . . 7 fr. 50
>
> Organisation d'un laboratoire d'électricité. Vérifications expérimentales des propriétés d'une génératrice à courant continu. Propriétés des machines à courant continu suivant le mode d'excitation. Caractéristiques. Essais de réception. Rendement. Vérifications expérimentales des propriétés des moteurs à courant continu. Propriétés des différents types de moteurs. Rendement d'un moteur. Défauts et accidents. Étude des alternateurs. Transformateurs. Moteurs synchrones. Commutatrices. Moteurs asynchrones.
>
> TOME III et dernier. — *Installations intérieures.* In-16 13×21 de 938 pages, avec 496 figures. Cartonné . . . . 6 fr.
>
> Sonneries. Téléphones. Exécution des installations de sonneries et de téléphones. Distribution de l'énergie électrique. Installations intérieures d'éclairage. Exécution de l'installation. Électromoteur à courant continu. Moteurs à courant alternatif. Moteurs synchrones. Installation des moteurs.

Schémas et règles pratiques de bobinage des machines électriques, par F. TORICES et A. CURCHOD. In-8 13×21 de 128 pages, comprenant 38 pl. de schémas . . . . 4 fr. 50

La technique pratique des courants alternatifs, à l'usage des électriciens, contremaîtres, monteurs, etc., par G. SARTORI, ingénieur, professeur d'électrotechnique à l'Institut royal technique supérieur de Milan, traduit de l'italien par J. A. MONTPELLIER.

> *Tome premier.* — Exposé élémentaire et pratique des phénomènes du courant alternatif. 4ᵉ *édition revue et augmentée.* In-8° 16×25 de x-376 pages, avec 397 figures . . . . 22 fr. 50
>
> *Tome second.* — Développements théoriques et calculs pratiques sur les phénomènes du courant alternatif. 3ᵉ *édition revue et augmentée.* In-8° 16×25 de viii-644 pages, avec 287 figures . . . . 25 fr.

Traité pratique du transport de l'énergie par l'électricité, par Louis BELL, ingénieur-électricien, traduit sur la troisième édition américaine, revu et augmentée, par A. LEMMANS, ing. des Arts et Manufactures. In-8° 16×25 d 735 p., avec nombreuses fig. et pl. Broché, 25 fr.; cartonné . . . . 28 fr. 5

Les maladies des machines électriques. Défauts et accidents qui peuvent se produire dans les génératrices, moteurs et transformateurs à courants continus et à courants alternatifs, par E. SCHULZ, traduit par HALPHEN, ing. électricien. In-16 de 92 pages, avec 42 figures. Cartonné . . . . 2 fr. 5

Production et vente de l'énergie électrique, par Ch. BOILEAU, ingénieur-conseil. In-8° 16×25 de vi-72 pages, avec figures . . . . 3 fr. 50

Étude résumée des accumulateurs électriques, par L. JUMAU, ingénieur. In-8° 16×25 de 206 pages, avec 124 figures . . . . 15 fr.